浙江省普通高校“十三五”新形态教材

Medium and large scale integrated network practice

中大型综合网络实践教程

高小能 / 主编

ZHEJIANG UNIVERSITY PRESS
浙江大学出版社

图书在版编目(CIP)数据

中大型综合网络实践教程 /高小能主编.—杭州：浙江大学出版社，2020.3

ISBN 978-7-308-20007-3

Ⅰ.①中… Ⅱ.①高… Ⅲ.①计算机网络—教材 Ⅳ.①TP393

中国版本图书馆 CIP 数据核字(2020)第 025897 号

中大型综合网络实践教程

高小能　主编

责任编辑　吴昌雷

责任校对　刘　郡

封面设计　北京春天

出版发行　浙江大学出版社

(杭州市天目山路 148 号　邮政编码 310007)

(网址：http://www.zjupress.com)

排　　版　杭州林智广告有限公司

印　　刷　杭州杭新印务有限公司

开　　本　787mm×1092mm　1/16

印　　张　25

字　　数　608 千

版 印 次　2020 年 3 月第 1 版　2020 年 3 月第 1 次印刷

书　　号　ISBN 978-7-308-20007-3

定　　价　59.00 元

前言

本书是编者在多年网络技术课程教学基础上，根据学生学习网络技术的需要和教学体会总结编写完成的。在多年网络技术课程教学中，编者发现许多学生在交换、路由、安全等技术课程学习中掌握了大量的网络技术知识和技能，却缺乏从整体的角度来应用网络技术的能力。本书的最大特点是将学生学习过的交换、路由、安全、无线局域网和服务器技术应用在一个大型综合网络中。编者有意识地将一个大型网络分成多个有机联系的单元项目，通过引导学生一步步完成各个单元项目，巧妙地完成整个工程项目。由于中大型网络所用的设备类型和数量都比较多，如果采用真实的网络硬件设备，则实验室中的设备数量远远不够用，造成课堂上学生观摩得多，动手操作的机会少。为了避免发生这种情况，结合近年来发展越来越强大的网络模拟器软件，编者近两年在网络技术课程，特别是综合网络课程的实验教学中，逐步使用网络模拟器来开展实验教学。在实际使用中发现，使用网络模拟器有几个优势：一是突破了实验室硬件设备数量的限制，学生分组实验可以做到一人一组，再也不用几个人甚至十几个人一组完成实验，所以使用网络模拟器对网络硬件设备数量不够或者还没来得及采购硬件设备的实验室是一个非常好的辅助教学手段；二是课程容量加大，由于使用模拟器操作实验省去了使用硬件设备时需要设备连线的时间，所以使用模拟器时实验费时要少得多，原来两小时的实验有可能只要半小时到一小时就可以完成，因此在学时不变的基础上可以增加教学内容；三是拓宽了实验场地和时间，实验场地从实验室延伸到学生笔记本电脑可以携带的任何地方，包括寝室、图书馆、家里，在实验课里没有完成的实验可以下课后带到其他地方继续完成；四是模拟器完成的部分实验更形象直观，实验结果所见即所得；五是网络模拟器软件免费，省去了采购硬件设备的大量费用。通过使用网络模拟器，使学生得到了更多的综合性练习，提高了学生解决问题的能力。

完成本书的教学大约需要 32～80 学时。除了需要掌握交换和路由技术之外，还要求掌握防火墙和无线局域网技术。如果之前已学习过交换、路由、防火墙和无线局域网，则 32 学时就可以完成本书的教学。如果没有学习过防火墙和无线局域网，则需要额外安排一些学时来学习这两门技术。

本书在章节安排上并没有按照传统的“知识点”方式来组织内容，而是有意识地以问题为导向，按照学生认知发展过程和实验项目来展开。例如按照传统方式，第 11 章和第 12 章可以合为一章，但是本书将其安排为两章。第 11 章在完成 NAT 配置后，还不能实现局域网访问 Internet，促使学生思考原因并积极寻找解决办法。再如第 17 章实现 WLAN 网络时按照实现一个 AP、两个 AP、三个 AP 等安排了三个实验项目展开。本书附录中列出了所有实验项目，可以安排学生自主完成。

最后需说明的是，由于时间仓促，加之本人水平有限，书中难免出现错误。欢迎使用本书的读者找出错误，提出意见或建议，并发电子邮件至 249837801@qq.com，以供本人在实际教学中参考和对本书进行修改。对提出中肯意见的读者，本人致以诚挚的谢意。

编　者

2018 年 8 月 31 日

各章节教学 PPT

目　录

第一篇　企业局域网规划设计与实现

第二篇 广域网组网技术及网络互通

第三篇 网络安全

第四篇 企业网络服务器

第五篇 无线局域网

第一篇　企业局域网规划设计与实现

第 1 章

局域网的层次化设计

网络通信应用于现代工商业和人们休闲生活的各个方面，包括企业管理、电子商务、电子银行、远程医疗诊断、教育服务、信息服务业等。越来越多的政府机构、商业组织、大中型企业、大中专院校需要建立一个专属网络来为员工提供网络服务。局域网（LAN，Local Area Network）或园区网就是根据这些需求应运而生的。局域网技术是当前计算机网络研究与应用极为活跃的技术之一。局域网的传输媒质从同轴电缆、双绞线发展到光纤，传输速率从10Mbp/s、100Mbp/s、1000Mbp/s 再到万兆及更高速率。WLAN（Wireless LAN，无线局域网）技术的发展更让局域网延伸到无线领域。尽管局域网技术还在不断快速发展，但局域网的网络架构相对稳定，其组网技术发展得相对成熟，让学习者更容易掌握构建和管理局域网。企业越来越需要大量的专业人才设计、架构、管理并充分发挥计算机互联网络的作用。

1.1　层次化网络的概念

20 世纪 90 年代初期 Cisco（思科系统）公司率先提出采用层次化模型设计方法，将局域网的层次化模型细分为接入层、汇聚层和核心层等三个层次。简要地讲，核心层主要完成网络的高速交换，汇聚层主要提供基于策略的连接，而接入层则是将用户计算机工作站接入网络。层次化的架构大大简化了网络设计，并使网络建设、施工、后期扩容以及网络管理更为容易。现代大中型企业网、政府网、园区网等各种应用于不同机构的局域网组网普遍都采用层次化的网络架构，甚至连广域网也采用了类似的层次化网络架构。当然，三个层次并不意味着实际局域网建设必须同时需要这三个层次和三种不同的设备（如路由、交换机等）。有时根据局域网规模的大小适当进行调整。小规模网络可能只有两个层次，而较大规模的网络可能还会将某个层次分为两个子层来实现。下面对局域网的三个层次进行简要的说明和功能定义。

1. 接入层

接入层向本地网段内的所有计算机工作站提供接入的接口。接入层交换机直接与用户计算机的网卡连接。由于网络内的用户数量可能比较多，所以接入层设备应该提供足够多的接口，接口足够多的目的是允许尽可能多的终端用户连接到网络。接入层的功能主要是创建分隔的冲突域，完成用户流量的接入和隔离，确保工作组到汇聚层的连通性。接入层是用户与网络的接口，它应该具备即插即用的特性，同时应该非常易于使用和维护。接入层作用比较简单，接入层交换机可以采用低端交换机，在实际组建网络时可以选用低价格和多端口的交换机。

2. 汇聚层

当接入层连接的计算机比较多时，成千上万的用户通信流量显得杂乱和分散，此时将某些子网的用户通过一个上层交换机进行流量汇聚后再发送到核心层交换机，以减轻核心层设备的负担，这个汇聚接入层通信流量的层次就被称为汇聚层。所以汇聚层位于接入层和核心层之间，起着“承上启下”的作用。汇聚层主要承担的基本功能有：汇聚接入层的用户流量，进行数据分组传输的汇聚、转发和交换；根据接入层的用户流量，进行本地路由、过滤、流量均衡、QoS(Quality of Service，服务质量)优先级管理、流量整形、组播管理等处理；根据处理结果将用户流量转发到核心层或在本地进行路由处理等。所以汇聚层应采用支持三层交换技术的交换机，以达到子网汇聚和路由的目的。基于这个原因，与接入层交换机相比，汇聚层交换机具备更高的性能和更高的交换速率，因此价格也比接入层交换机要高。

3. 核心层

核心层又称骨干层，用于连接服务器集群，各建筑物子网汇聚路由，以及与城域网连接的出口。它是园区网络的枢纽中心和高速交换大动脉，主要负责可靠和迅速地传输大量的数据流，对整个网络的连通起到至关重要的作用。如果把接入层比作人的四肢，汇聚层比作人的躯干，那么核心层就好像是人的大脑。在这一层上不要做任何影响通信流量的事情，如部署访问控制列表、划分 VLAN 和实施包过滤等。网络的控制功能最好尽量少在骨干层上实施，也不要在这一层接入工作组计算机。

所有汇聚层交换机将汇聚的数据流量转发到核心层交换机，核心层交换机要保证快速转发来自众多汇聚层交换机的数据流量。核心层的主要目的在于通过高速转发通信，提供优化、可靠的骨干传输结构，因此核心层交换机应拥有更高的性能和吞吐量，高效、快速是核心层的最重要指标。因为核心层的重要性，人们往往希望局域网络永远不要出故障，特别是核心层不要出故障。如果这一层出现了故障将会影响到每一个用户，所以核心层要具有容错能力。最好的方式是在核心层采用双机冗余热备份，也就是在核心层同时使用两台设备。两台设备同时工作，在互为备份的同时，还可以实现负载均衡，进一步改善网络性能。目前中大型园区网两台核心层交换机通常是核心层的标准配置。核心层设备要选用高端交换机，其网络吞吐量要足够高，最好采用高带宽的万兆或千兆以上交换机。虽然核心层设备数量少，但核心层设备往往占整个局域网建设投资中的较大比例。

1.2 实际网络组网举例及对比分析

前面分析了局域网的层次化架构模型。在实际设计局域网时，也要具备这样的理念，即采用分层次的局域网架构。下面先来看看几个具体的园区网络构架实例，以便从这些实例中找出一些共同的网络构建方法。

图 1-1 是某著名大学建设的校园网核心层连接到 Internet 出口部分简图。

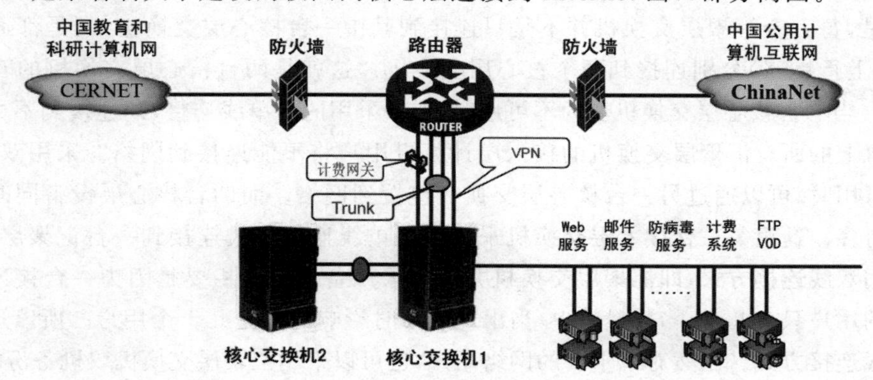

图 1-1 A 大学校园网出口和服务器集群

图中的核心交换机 1 和核心交换机 2 是校园网中使用的两台核心层交换机。核心层采用两台交换机的目的是实现互为备份和负载均衡。路由器的两个接口分别通过两个防火墙将局域网连接到 Internet。一个出口连接到中国公用计算机互联网 ChinaNet，另一个出口则连接到中国教育和科研计算机网 CERNET。ChinaNet 和 CERNET 是我国两个主要的 ISP (Internet Service Provider，因特网服务提供方)的基础设施网络。这样连接是确保局域网的用户既可以访问 ChinaNet，又可以访问 CERNET。校园网服务器集群连接在核心层交换机上，方便局域网用户和外网用户同时访问服务器。

图 1-2 是该大学校园网的接入层、汇聚层和核心层部分。

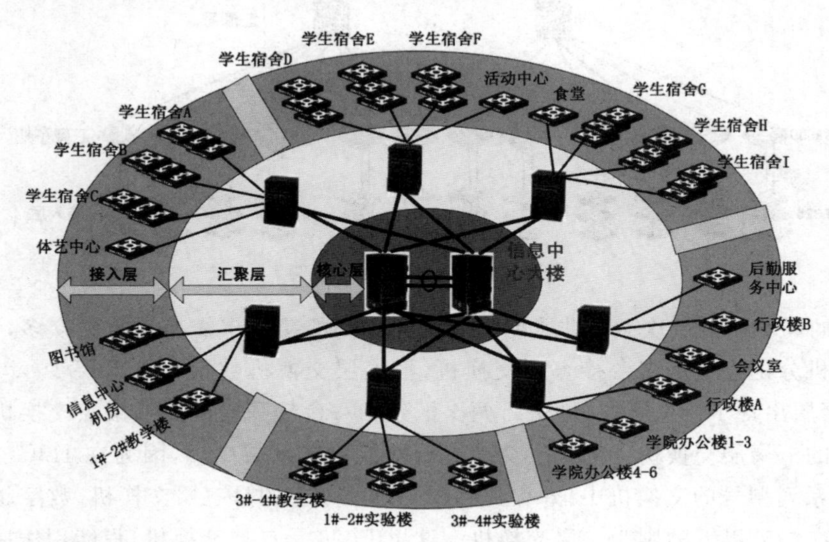

图 1-2 A 大学校园网结构

该图比较形象地展现了接入层、汇聚层和核心层等三个层次架构。接入层交换机非常明显地面向各个楼层的用户计算机，向用户提供接入到网络的接口。接入层的特点是地理位置分散，接入层交换机的数量众多，且一般性能较低。汇聚层则负责将来自接入层的流量进行汇聚，一个汇聚层交换机往往连接多个接入层交换机，所以汇聚层交换机比接入层交换机数量少多了，并且其性能也较高端。核心层则只采用了两台性能极其高端的交换机。值得注意的是，每一个汇聚层交换机并不是只连接到其中一台核心层交换机，而是都通过双线（也称为双上行链路）分别连接到两个核心层交换机。这就是两台核心层交换机的互为备份连接方式。当一台核心层交换机变为不可用时，如果采用的是单线连接，则连接到不可用的核心层交换机上的所有汇聚层交换机的接入层计算机用户将不能连接到网络。采用双线连接，当一台不可用时，可以通过另一台核心层交换机连接到网络。而两台核心层设备同时坏掉的概率则低得多。这里每一台接入层交换机采用的是单线连接方式连接到一台汇聚层交换机，并没有采用双线连接方式，即汇聚层交换机并没有采用备份。这主要是因为一台接入层交换机下连接的用户只有几十个，数量较少，当出现故障时影响的只是几十个用户。所以这里就只是采用单线连接方式。当然对于重要的网络用户，也可以采用汇聚层交换机双机备份的方式。

图 1-3 是另一所大学的校园网结构图。

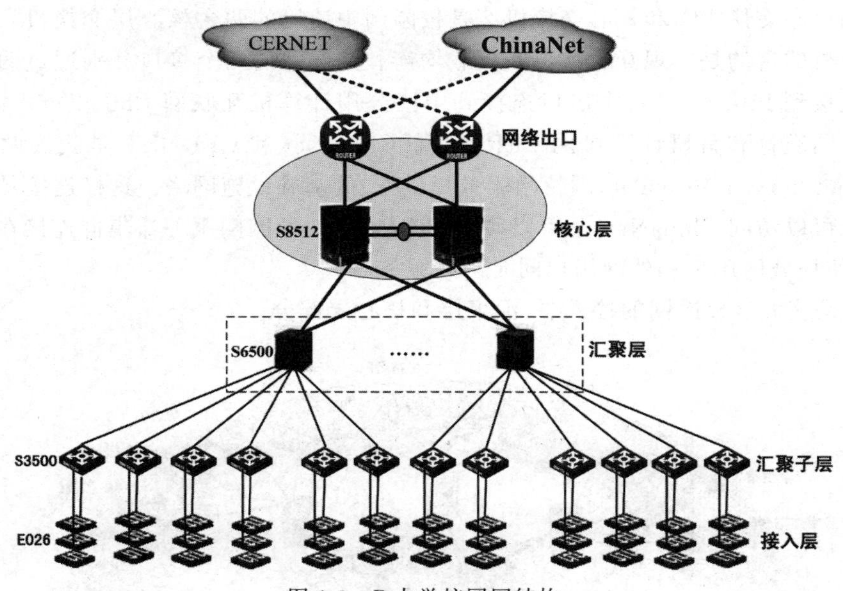

图 1-3　B 大学校园网结构

B 大学的局域网的层次架构非常明显。面向用户的接入层交换机数量众多，性能较低。汇聚层交换机分别连接了多台接入层交换机，汇聚层交换机数量比接入层少。与图 1-2 不同的是，汇聚层出现了两个子层，即进行两次汇聚。一台较高层次的汇聚层交换机连接了多台较低层次的汇聚层交换机。汇聚层交换机的性能比接入层高端，因为在 H3C（新华三）公司生产的 S 系列型号的交换机中，开头数字在“35”及以上的是三层交换机，数字越大则性能越高端。而在“35”以下的则为二层交换机。这里 E026 是二层交换机，只能用作接入层交换机。处于较低层次的汇聚子层所用的交换机型号 S3500 是三层交换机，而处于较高层次的汇聚子层则采用更高端的交换机 S6500，其数据交换和转发能力更强。核心层采用的交换机则更为高端，使用的型号为 S8512。与图 2-1 相比，这里使用了两台出口路由器负责将局域网连接到 Internet，且连接方式比较特别。一台路由器主要连接（实线连接所示）到

ChinaNet 网络，同时通过路由备份方式连接（虚线连接所示）到 CERNET 网络；而另一台路由器则主要连接到 CERNET，同时通过路由备份方式连接到 ChinaNet。每一台核心层交换机同时连接到局域网的两台出口路由器。同时连接到两个 ISP 网络的好处是，当一个网络由于故障暂时不能提供 Internet 访问服务时，可以由另一个 ISP 的网络提供网络访问服务。不过中国教育和科研计算机网只在大学园区的网络连接中多见。公司和企业的商用局域网通常并不连接到 CERNET 网络，而是连接到两个 ISP 运营商的网络接口，例如一个是中国电信提供的网络接口，另一个是中国联通提供的网络接口，两个网络同样构成互为备份。

图 1-4 是我国某市电力系统建设的园区网。

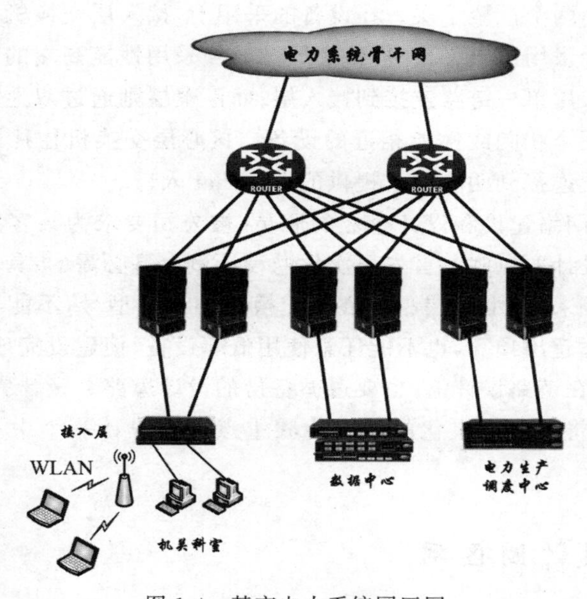

图 1-4　某市电力系统园区网

这个局域网设计图显示的功能非常强大，包含了现在流行的数据中心。局域网三个层次的设计不是很明显。核心层采用了多组交换机，一组两个核心交换机负责用户终端，另一组两个核心交换机负责数据中心，第三组的两个核心交换机负责电力生产调度。在接入层的设计中，除了 802.3 以太网外，还包括了 802.11 无线局域网，所以该网络可以提供无线局域网服务，这种设计比较有前瞻性，考虑了园区网络的未来发展需要。

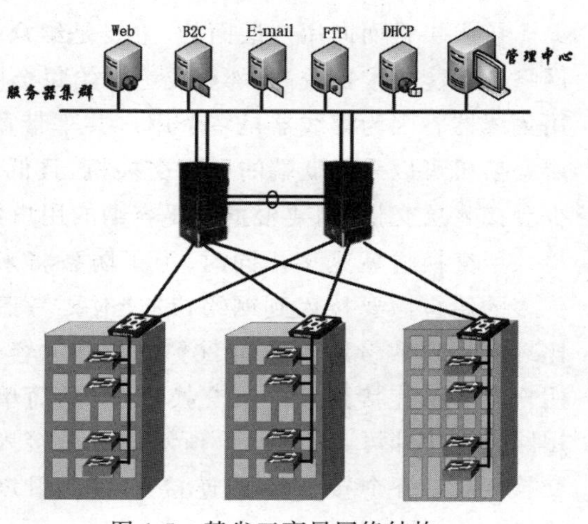

图 1-5　某省工商局网络结构

图 1-5 是我国某省工商局建设的园区网。

该局域网设计极具立体效果。放置入各个大楼的不同楼层中的接入层交换机清楚地表明是为各个楼层中的计算机用户服务的。

每个大楼还有一台交换机用两条线缆连接到上层的两个核心交换机，该交换机就是汇聚层交换机。每个大楼各有一台这样的交换机（实际中可能不止一台），用来汇聚该大楼的接入层交换机的流量。核心层交换机也采用了两个性能极高端的交换机，同样采用了冗余连接方式。局域网中的常用服务器如万维网（WWW）、电子邮件（E-mail）、域名服务器（DNS，Domain Name Server）等服务器都连接在核心层交换机中。该网络省略掉了通过连接局域网出口路由器访问 Internet 的部分。

通过上面几个典型的包括大学园区、企业和公司等设计实施的局域网，可以总结出一些共同的局域网建设和设计要素。从它们的网络结构来看，每家单位的网络结构都采用了前面所述的层次化设计方式，这些网络都有上面所说的接入层、汇聚层和核心层。在大型网络中，有可能汇聚层采用两个汇聚子层。在设备的采用上，接入层交换机采用性能低端的二层交换机，汇聚层则至少采用三层交换机，核心层则必须采用性能高端的交换机。在网络设计上，个人计算机普遍采用单一链路连接到接入层；而汇聚层则通过双上行链路冗余连接到核心层，核心层采用了两个相同或性能相近的设备。核心层交换机往往同时连接到局域网的两个出口路由器，以便连接到两个 ISP 提供的 Internet 入口。

如果我们是一家网络建设和设计企业的职员，被公司要求为某客户量身定做一个局域网，那应该注意哪些设计要点呢？首先层次化的设计概念是必需的；其次结合所设计局域网的总造价，合理选择接入层、汇聚层和核心层交换机的设备型号，不能不顾造价一味选择高性能设备，那样会远远超出预算，也不能任意使用低端设备，使建设完成的网络性能低下，用户用起来怨声载道。在链路设计上，也要遵循备份的设计思路。设计完成局域网后，其功能实现更为重要。下面将按照层次化的设计步骤重点探讨设计一个中型企业园区网的基本思路。

1.3 尝试设计园区网

1.3.1 设计园区网的接入层

接入层是面向用户层面的，主要是给众多用户提供接入到园区网的接口。如果用户对网络的性能要求比较高，那就要考虑给每个用户连接一个交换机的接口，避免在接入层中使用集线器。因为集线器是多个用户共享带宽，数据转发和交换能力比交换机低得多。接入层交换机可以采用低端的二层交换机，且低端二层交换机价格越来越便宜。至于要使用多少台接入层交换机，要根据需要容纳的用户数量来确定。接入到网络的用户越多，所需要的接入层交换机就越多。同时，为了防备将来有更多的用户需要接入到网络，设计时要考虑到比现有用户数量适当增加 20％或更多的容量。用户计算机连接到接入层交换机，就是简单地用网线连接即可。如图 1-6 所示的一台接入层交换机，其每个接口分别连接了一台用户计算机。

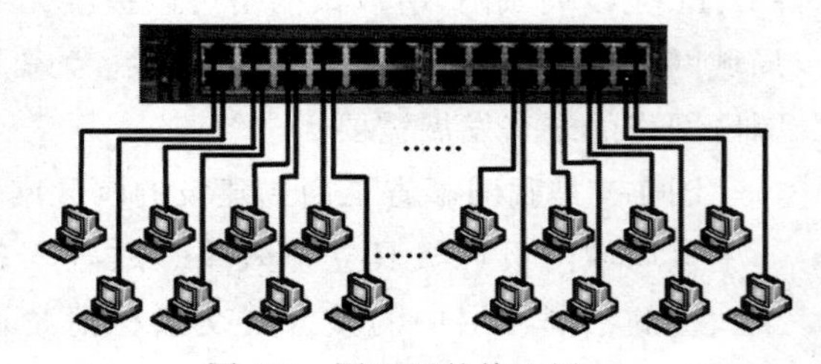

图 1-6 园区网的接入层

接入层交换机需要再连接到汇聚层交换机上。图 1-7 显示两台连接了用户计算机的接入层交换机再连接到汇聚层交换机上。而图 1-8 则显示四台连接了用户计算机的接入层交换机再连接到汇聚层交换机上。

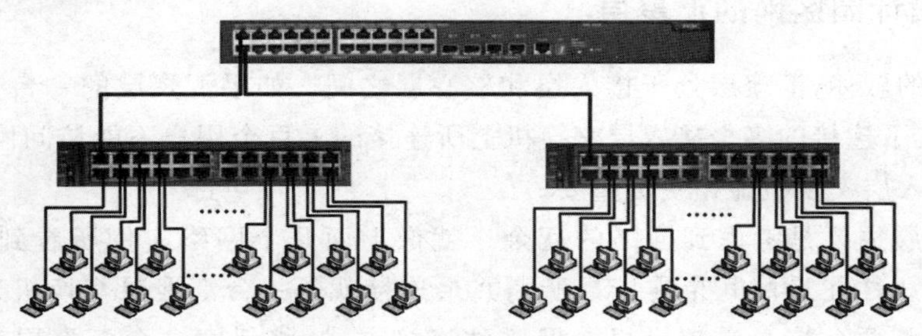

图 1-7　两台接入层交换机连接到汇聚层交换机

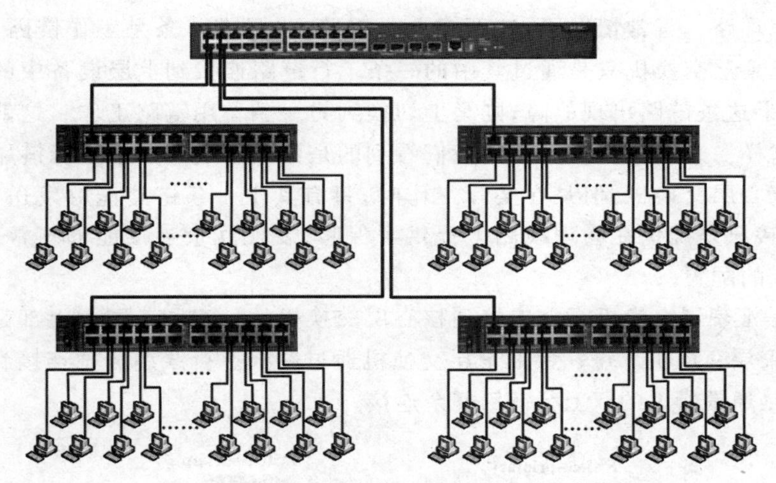

图 1-8　四台接入层交换机连接到汇聚层交换机

图 1-7 和 1-8 中用户计算机通过网络连接到接入层交换机中。这么多的计算机和数量众多的接入层交换机的接口，很容易发生混乱。在实际工程中，往往要对接口进行有规则的编号。图 1-9 显示实际的网络布线工程中对接入层交换机上众多的接口分别进行了编号，确保用户计算机连接时不发生混乱。

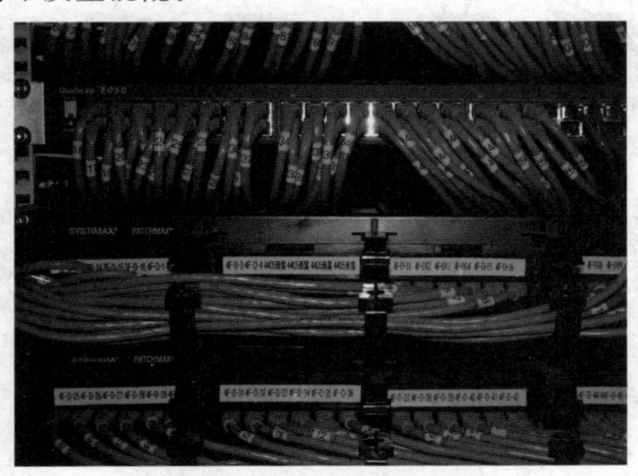

图 1-9　实际工程中的接入层交换机

接入层交换机是给用户提供连接到园区网的接口，一般不需要进行配置。这时的接入层交换机完全是一个透明网桥，只是简单地将接收到的数据进行交换转发。

1.3.2 设计园区网的汇聚层

按照前面的叙述，汇聚层处于接入层和核心层之间。如果汇聚层的一台交换机出现故障，可能导致其下连接的多个接入层交换机上所连接的上百个用户不能访问网络，所以汇聚层交换机比接入层交换机显得更为重要。

设计汇聚层主要是考虑到网络的冗余。就像上面几个网络实例所看到的那样，汇聚层交换机的连线往往采用冗余连接。所谓冗余连接就是一台汇聚层交换机通过两个上行链路同时连接到两台核心层交换机。但这种连接方式，将任意一台汇聚层交换机和两台核心层交换机构成了一个环，导致交换机环路，从而产生广播风暴。但是通过配置生成树协议可以避免环路。正常情况下，这两条上行链路中，只有一条是工作链路，另一条则是备用链路。汇聚层交换机只是通过其中的一条上行链路连接到上层设备中的某一台核心层交换机，如果这条链路出现故障，则马上切换到另一条备用链路工作。这就是汇聚层的冗余连接。这样一来，在设备连线时，我们看到的是汇聚层通过两条上行链路分别连接到了上层两台核心层交换机，但是在实际工作时，只有其中一条链路能够发送和接收数据。当然，冗余连接只是确保在物理线路上提供了保障，要使冗余连接能够正常发挥作用，还必须进行相应的配置。

图 1-10 是汇聚层交换机冗余连接到核心层交换机的示意图。图中上部是核心层交换机，下部是汇聚层交换机。每一台汇聚层交换机通过两根上行线缆分别连接到两台核心层交换机，这就是通常所说的双上行链路冗余连接。

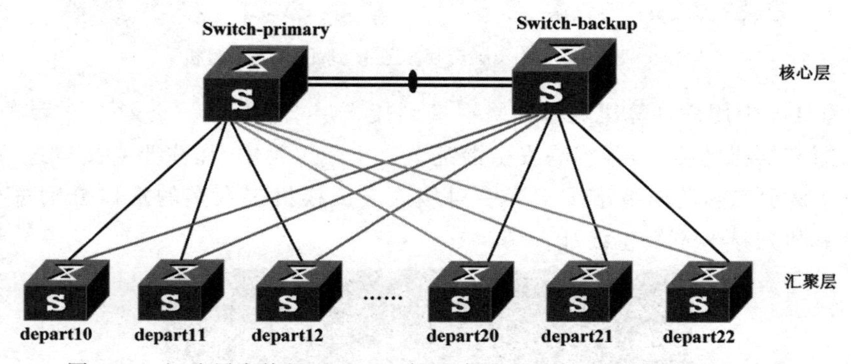

图 1-10 汇聚层交换机通过双上行链路同时连接到两个核心层交换机

冗余连接使用了两根上行线缆连接到上层交换机，但是正常情况下，总是有一根线缆处于“待命”状态，如图 1-11 的虚线所示。通过设计可以让部分汇聚层交换机通过一台核心层交换机转发流量，部分汇聚层交换机通过另一台核心层交换机转发流量。当一台核心层交换机出现故障时，其下面所连接的汇聚层交换机的流量都切换到处于正常工作状态的那一台核心层交换机上，这样两台核心层交换机可以互为备份。

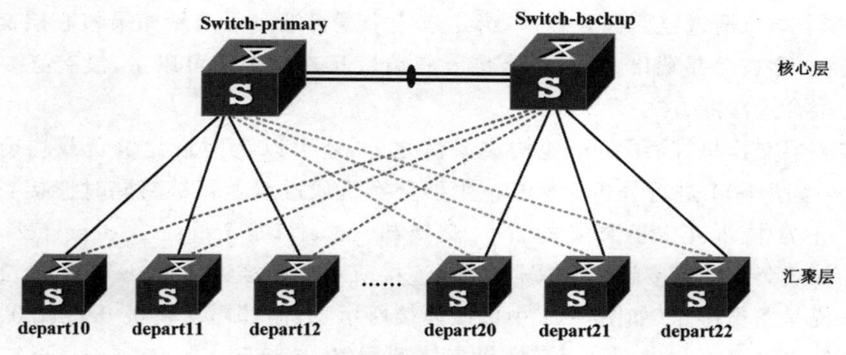

图 1-11　汇聚层的双上行链路其中一条是备份链路

汇聚层冗余连接到核心层，能够大大降低网络的故障率，确保接入层用户高效可靠地连接到网络，是园区网汇聚层最常用的连接方式。

1.3.3　设计园区网的核心层

核心层是园区网等类型局域网的心脏。当园区网有数万用户计算机访问 Internet 时，所有用户的流量都通过核心层交换机进行数据转发。同时，局域网的内部数据转发也要通过核心层交换机。因此，核心层交换机是非常关键的设备。鉴于核心层的重要性，因此核心层交换机往往选择使用性能非常高端的交换机。如果核心层交换机出现故障，那么整个局域网内的用户将无法访问 Internet。这是非常严重的事件。因此要竭力避免出现这类情况。为了降低发生整个网络出现故障的概率，鉴于核心层交换机所处的位置和重要性，在构建网络时，核心层交换机往往采用两台型号相同、性能高端的设备。采用两台核心层交换机的好处是，当一台出现故障时，可以启用另一台交换机工作，因此两台核心层交换机可以互为备份。两台核心层交换机通过线缆连接在一起，如图 1-12 所示。

图 1-12　使用两台核心层交换机可以互为备份

大多数时候我们看到两台核心层交换机通过如图 1-13 所示的方式连接，即不是像图 1-12那样的用一个端口互相连接，而是用更多个端口互相连接。这种连接方式称为“链路聚合”，通常发生在两台核心层交换机的端口速率不够高的时候。例如交换机的所有端口都只有百兆 M/ps 或千兆 M/ps，这时为了让两台核心层交换机互连链路之间获得更高的转发速

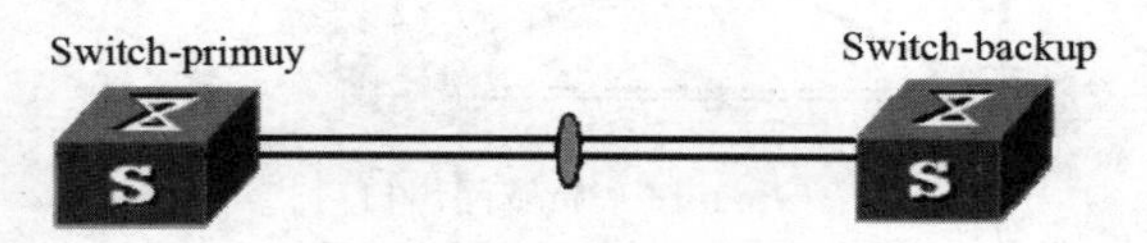

图 1-13　核心交换机通过链路聚合技术连接多个端口构成互连

率，可以将多个端口通过链路聚合技术，绑定成一个逻辑端口。当然如果核心层交换机本身是万兆交换机，存在万兆端口，那么直接将万兆端口互连起来就可以了，没有必要采用更多个端口链路聚合连接的方式。

两台核心层交换机，除了简单地构成备份之外，还可以为网络提供负载均衡和流量分担，这可以参考图1-11进行分析。所有汇聚层交换机通过双上行链路同时连接到两台核心层交换机。正常情况下，汇聚层的部门交换机depart10、depart11、depart12等只通过Switch-primary交换机连接到网络(图中实线连接所示)，连接到Switch-backup交换机的链路对它们来说是备份链路(如图1-11中虚线连接所示)。而部门交换机depart20、depart21、depart22等只通过Switch-backup交换机连接到网络，连接到Switch-primary交换机的链路对它们来说是备份链路。也就是说，通过合理的规划和网络配置，可以做到让所有网络用户中的大约一半用户通过Switch-primary交换机连接到网络，而大约另一半用户则通过Switch-backup交换机连接到网络。显而易见，尽管核心层使用了两台性能高端的交换机，但并没有只让其中一台工作，另一台用作备份。正常情况下，两台核心层交换机都在工作，避免了高端设备的浪费。这就是两台核心层交换机实现互为备份的同时，又实现了负载均衡和流量分担。

当然，核心层采用两台交换机，除了要将汇聚层交换机正确连接到核心层交换机，还要进行相应的配置，才能真正起到负载均衡、流量分担和互为备份的作用。关于汇聚层交换机和核心层交换机的配置将在第4章中讲解。

1.3.4 园区网出口

园区网出口是指设计完园区网的接入层、汇聚层、核心层之后的网络如何连接到外部Internet。局域网一般是通过路由器或者防火墙连接到外部Internet。目前我国提供Internet接入服务的ISP有中国电信公司和中国联通公司等多家通信运营商，企业的出口层可以同时连接到两个ISP网络。大学园区网通常要求连接到中国教育网，所以大学建设的局域网会连接到中国教育网和某一个ISP网络。园区网出口通常采用两台路由器，局域网的两台核心层交换机同时连接到两台出口路由器，这样做的好处是构成备份，在一个网络出口出现故障时，可以从另一个网络出口访问Internet网络，如图1-14所示。

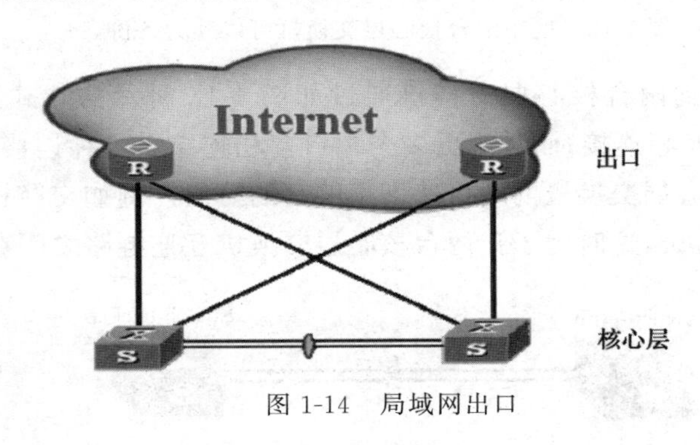

图1-14　局域网出口

1.3.5　部署园区网安全

园区网安全是建设园区网最重要的环节。个人计算机的安全防范措施通常是安装防病毒软件。而整个局域网中的用户众多,因此局域网全网的安全防范则要复杂得多,应采用各种技术措施以保障局域网所有用户的网络安全。除了要使用防病毒软件,还要使用硬件防火墙设备。硬件防火墙可以置于核心层交换机和出口路由器之间,也可以置于出口路由器连接到 Internet 的出口。

图 1-15 显示防火墙连接在局域网核心层交换机和出口路由器之间。

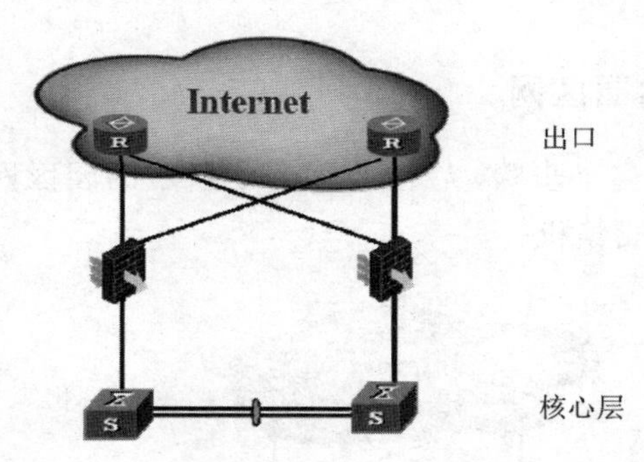

图 1-15　核心层和出口之间的防火墙

1.3.6　部署企业级应用服务器

园区网的企业级应用服务器因不同企业的需求而不同。大多数企业会向用户提供 Web 应用,因此要部署一个 WWW 服务器。除此之外,E-mail 服务、File Transfer Pratocol,文件传输协议)服务、(Dynamic Host Configuration Protocl,动态主机配置协议)服务、DNS 服务通常是可选的服务,有的企业可能提供,有的企业可能不提供。如果用户数量不多,提供这些服务可以在一台计算机上进行,也可以在多台计算机进行。

服务器应该连接到园区网的哪个位置呢?关于这个问题,可以进行简要分析。如果将服务器连接到其中的一台接入层交换机上,则该接入层交换机上的用户访问内部服务器可以得到快速的响应,但是网络中其他接入层交换机上连接的用户得到的响应速度将会慢很多。并且接入层交换机的性能较低,当局域网用户访问服务器量很大时,则性能更低。因此园区网服务器不会连接在接入层交换机上。连接到汇聚层交换机可以进行类似分析。通常的做法是将服务器连接到核心层交换机或者防火墙上。如果核心层交换机有两台,那么可以在服务器上安装双网卡,两个网卡分别连接到两台核心层交换机上,如图 1-16 所示。这种连接可以方便局域内的所有用户访问服务器,同时也方便外部 Internet 用户访问内部服务器。

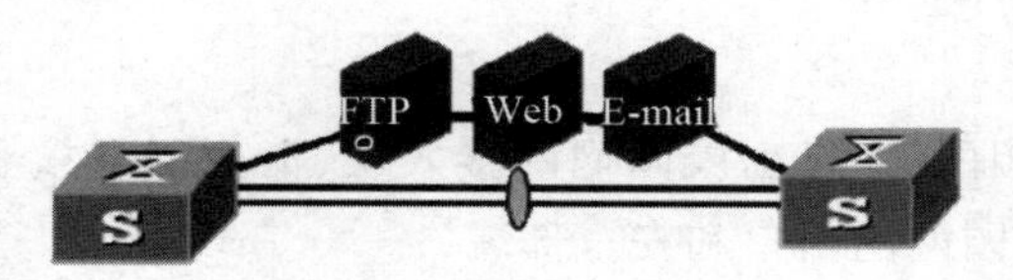

图 1-16　局域网双网卡服务器分别连接在两台核心层交换机上

如果局域网的核心层交换机和路由器之间连接了防火墙，也可以将服务器集群连接在防火墙上，方便实施这些重要服务器的安全，如图 1-17 所示。

也可以将服务器集群连接在出口路由器上，这种连接方式比较适合外部有大量用户访问局域网服务器的情况，如图 1-18 所示。

图 1-17 服务器集群连接在防火墙上

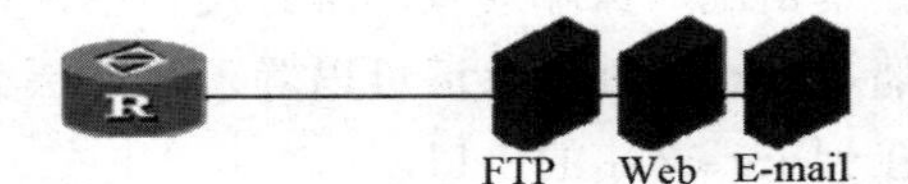

图 1-18 服务器集群连接在出口路由器上

1.3.7 设计完成后的园区网

综合以上构建园区网的多个步骤，完成如图 1-19 所示的园区网。为了看起来更清晰，图中只画出了一部分接入层交换机。

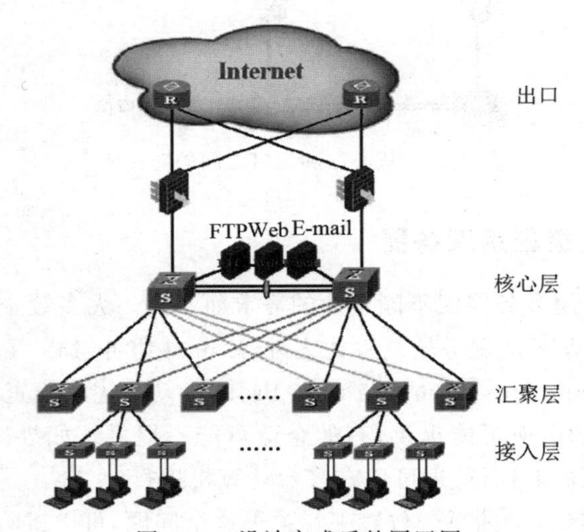

图 1-19 设计完成后的园区网

与前面提供的参考资料上的园区网络图相比，这里设计出的园区网络与前面大同小异，没有什么太大的差别。事实上，经过数十年的发展，园区网的设计基本上类似，都是按上述几个层次来设计，设计理念也基本相同。因此，园区网的设计近年来相对稳定。设计完成后的主要工作是对网络进行配置实现，也就是让网络实现互连互通，并能够访问 Internet。具体配置将在本书的后续章节中讲解。

1.4 实验与练习

调查所在大学的校园网络，指出校园网的接入层、汇聚层和核心层；说明各层次都是由哪些设备组成的；指出校园网的出口和安全部署。

第 2 章

局域网的 IP 地址规划

用户计算机通过网线连接到 Internet 上，不同的计算机之间能够互相找到对方，是因为每台计算机有一个类似于人的身份证号码的编号，这个编号不是计算机的名称，而是计算机上设置的 IP(Internet Protocol，互联网协议)地址。要确保 Internet 通信不发生混乱，还必须保证每台计算机都有一个全球唯一的 IP 地址。要保证任意一个国家中的任意一台计算机有一个全球唯一的 IP 地址，岂不是非常困难？事实上，IP 地址由一个全球性的机构负责统一管理和分配，这个机构就是 IANA(Internet Assigned Numbers Authority，因特网编号分配机构)。它负责将全球划分为几个大区，包括北美地区、欧洲地区和亚太地区。中国属于亚太区(APNIC，http：//www.apnic.net)。IANA 将 IP 地址统一分配给亚太区后，由亚太区再统一分配给中国的 IP 地址管理机构——中国互联网络信息中心(CNNIC，http：//www.cnnic.net.cn)，CNNIC 再将 IP 地址一级一级往下分配。通过这种方式，全球 IP 地址分配不会发生重复，任意一台 Internet 上的计算机都有一个唯一的 IP 地址。

IP 地址是保证连接到网络的计算机能够正常进行网络通信的重要因素，因此 IP 地址的分配显得格外重要。如果 IP 地址分配有误，将使部分网络甚至整个网络通信存在故障。本章不对 IP 地址的类型等常规知识进行讲解，重点讲述如何在实际的组建网络活动中进行 IP 地址的分配。

2.1　网络设备接口的 IP 地址设置规则

在实际组建网络中，交换机与交换机、交换机与路由器、路由器与路由器之间通过互相连接的方式组网。例如在第 1 章的图 1-1 至图 1-6 所示的网络中就可以明显看到网络设备之间的互相连接。

2.1.1　设备与设备之间互连链路的 IP 地址设置规则

图 2-1 所示是一个简单的局域网模拟组网。本地局域网的两台汇聚层交换机连接到局域网的出口路由器，而出口路由器又通过线缆连接到了外部 Internet 的路由器。

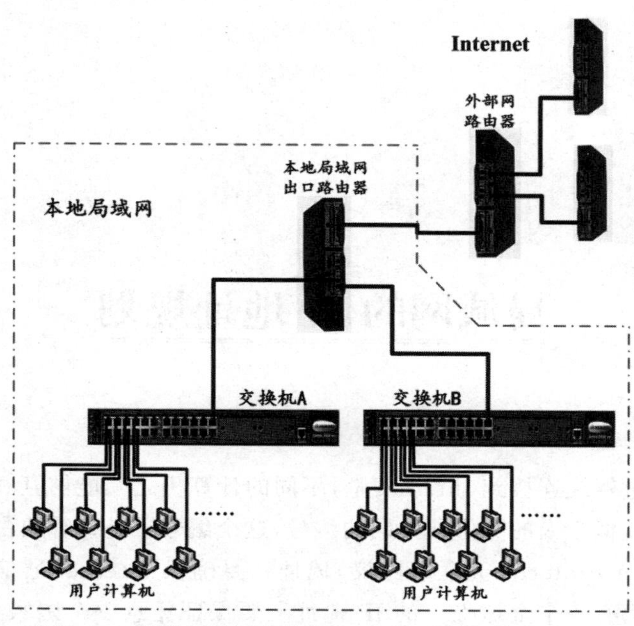

图 2-1　简单局域网与外部 Internet 连接的模拟组网

计算机向网络发送的数据信息包要通过设备的互连链路所在的接口由这台设备传送到另一台设备，因此设备之间互连链路的接口要设置 IP 地址。在实验室学习路由协议的组网练习中，常常会遇到如图 2-2 所示的网络配置练习，将两个路由器通过串行接口或其他类型的接口(如以太网接口)互相连接。此时路由器的两个互相连接的接口就属于设备与设备之间的互连链路，两个互连链路的接口需要配置 IP 地址。

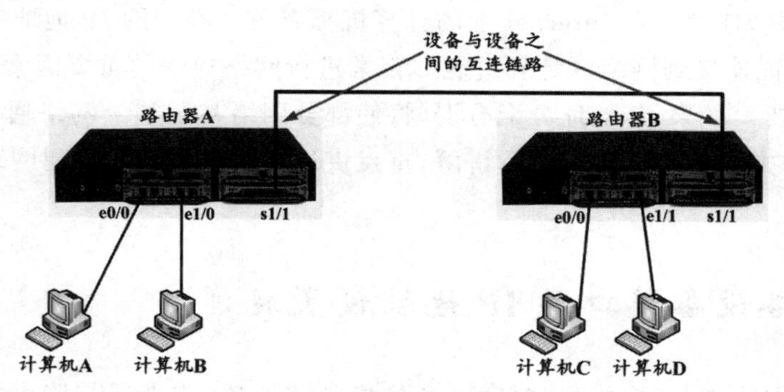

图 2-2　常见的实验室组网练习

两个设备互连时，它们的互连接口的 IP 地址有特殊要求，即这两个互连的 IP 地址要设置在同一网段，或者说要将互连链路的 IP 地址设置在相同子网内。

图 2-3 说明了两个互相连接的接口的 IP 地址配置方法。左半图 IP 地址配置正确，右半图则配置错误。

右半图两个互连接口的 IP 地址，一个设置为 61.10.4.1/24(“/24”代表该子网的子网掩码为 255.255.255.0)，一个设置为 61.10.5.1/24。由于两个接口的 IP 地址没有设置在相同网段，这种设置方法错误。在实际配置中，路由器将会出现反复翻滚的告警提示，提示设置错误。有些关闭了调试功能的路由器不会出现错误告警，如果用户没有改正错误，将直接导致后续的配置不成功。因此要注意令它们的两个互连接口的IP地址配置满足上述要求。

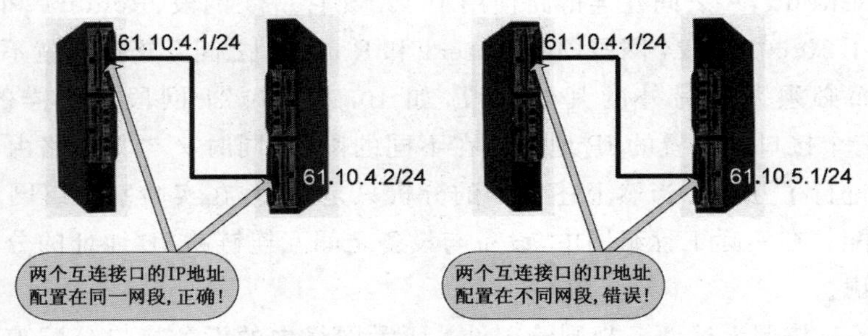

图 2-3　设备与设备之间互连接口 IP 地址设置规则

2.1.2　同一设备上的多个接口 IP 地址设置

在实际组网中，一台设备经常不止一个接口与其他设备互连。如图 2-4 所示的网络，本地局域网的出口路由器有三个接口与三个不同的设备（两台交换机和一台路由器）互连，外部网路由器也有三个接口与三个不同的设备互连（三台路由器）。此时，在设置一台路由器的各个接口的 IP 地址时，要注意其每个接口必须设置在不同的 IP 子网段，或者说某网络设备有多个接口连接到了其他设备，那么该设备的多个接口的 IP 网段须各不相同。下面以图 2-4 所示的由四台路由器连接成的网络为例进行分析讨论。

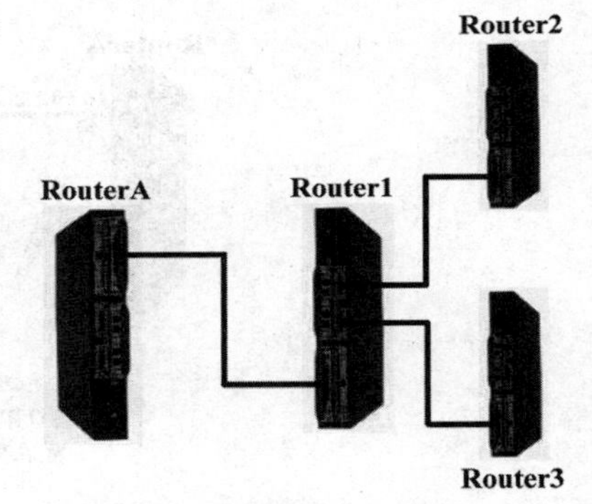

图 2-4　四台路由器连接的网络

路由器 Router1 从三台接口分别引出三条链路与另外三个路由器连接。一个接口连接到路由器 RouterA，另有两个接口连接到路由器 Router2 和 Router3。

如果 RouterA 和 Router1 之间互连链路的两个接口已经设置了同一网段的 IP 地址，分别为 10.60.1.1/24 和 10.60.1.2/24。那么另外两条链路该如何设置 IP 地址呢？此时要注意，在进行 IP 地址的分配时，要确保 Router1 上三个接口的 IP 地址分别在不同的网段。如果该路由器有某两个接口的 IP 地址在相同网段，则通常路由器会提示发生配置 IP 地址错误（例如提示“Error: The IP address you entered overlaps with another Interface”，意为“你输入的 IP 地址已经配置在另一个接口”）。为何同一个路由器上的接口，IP 地址不能分配在同一个网段上呢？这是因为路由器在转发数据包时，并不是按单一 IP 地址发送，而是按照网段来发送，如果有某两个接口的 IP 地址设置在相同网段，则路由器在转发数据包时，不知道将数据包往哪个接口发送。

回到前面的问题，Router1 和 RouterA 之间互连链路的两个接口的 IP 地址已经设置为 10.60.1.1/24 和 10.60.1.2/24，那么 Router1 和 Router2 之间互连链路的两个接口的 IP 地址就不能设置为 10.60.1.3/24 和 10.60.1.4/24，或者这个网段的其他地址，虽然这个网段的其他地址都空闲未使用。请注意，尽管 10.60.1.3/24、10.60.1.4/24 和 10.60.1.1/24、10.60.1.2/24 是一组不同的 IP 地址，但却都是在 10.60.1.0/24 这个相同网段内，因此这样设置将会使 Router1 的两个接口 IP 地址在相同的 10.60.1.0/24 网段内。正确的设置方法是使用 10.60.1.0/24 网段之外的其他未使用网段，例如使用 10.60.2.0/24 网段的任意两个地址 10.60.2.1/24 和 10.60.2.2/24 等。

Router1 和 RouterA 之间互连链路使用了 10.60.1.0/24 网段，Router1 和 Router2 之间互连链路使用了 10.60.2.0/24 网段，则 Router1 和 Router3 之间互连链路就不能再使用前述的两个网段，而必须采用另外的其他网段，如 10.60.3.0/24 网段。这样的设置就确保 Router1 上的三个接口上设置的 IP 地址均在不同的网段，同时又与其他路由器通过两两相同的网段地址进行了互连。当然上述例子的分析只是说明，在实验室的组网设置练习中要进行这样的分配。在实际工程组网中，设备与设备之间互连链路 IP 地址的分配要放在整个网络中全局考虑。

图 2-5 所示是按照上述两条规则给图 2-4 所示网络中的设备接口分配 IP 地址的规划。当然，只要满足前面所述的分配规则，也可以配置成其他网段的 IP 地址。

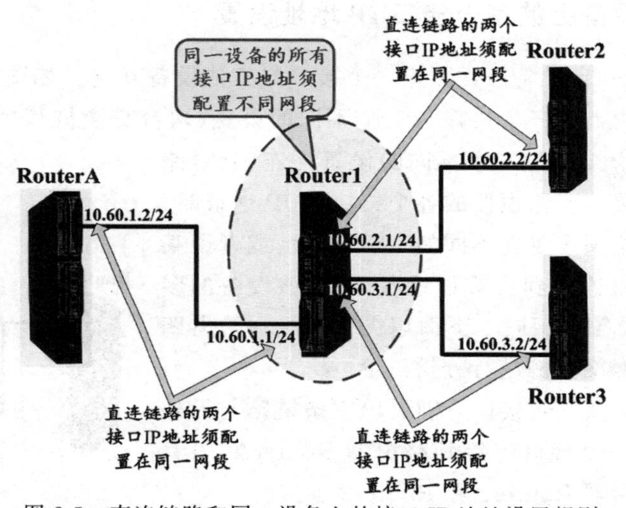

图 2-5　直连链路和同一设备上的接口 IP 地址设置规则

IP 地址规划讲解

细心的读者可能注意到前面在设置路由器之间互连链路的 IP 地址时，RouterA 和 Router1 之间互连链路使用了 10.60.1.0/24 网段，但只使用了 10.60.1.1/24 和 10.60.1.2/24 两个地址，而这个网段实际上有 254 个可用的地址(10.60.1.1/24～10.60.1.254/24)。为了避免同一个设备上的不同接口出现相同网段的 IP 地址，Router1 和 Router2 之间互连链路使用了 10.60.2.0/24 网段，但也只是使用了 10.60.2.1/24 和 10.60.2.2/24 两个地址。这意味着每一网段的 254 个可用地址中只使用了两个地址，其余 252 个 IP 地址都被浪费了。可见这种规划极不划算。为了节省 IP 地址，可以采用更多位子网掩码的网段。对于互连链路的两个接口 IP 地址规划，不使用 24 位的子网掩码(255.255.255.0)，而采用 30 位的子网掩码(255.255.255.252)。关于这个问题的进一步分析，可参见本章第 3.3.2 节的内容。

再如图 2-2 所示的网络，路由器 A 有多个接口，其中组网时使用了三个接口。两个以太网接口分别连接两台计算机，一个串行接口连接到路由器 B。那么在设置路由器 A 的三个接口时，必须将这三个接口的 IP 地址设置在不同的网段。如果将某个 IP 地址(假设为

172.16.1.1/16)设置在路由器的以太网接口 e0/0,之后又将该网段的另一个地址(设为 172.16.2.1/16)设置在另一个以太网接口 e1/0,则由于 172.16.1.1/16 和 172.16.2.1/16 属于相同的网段,路由器将会发出告警信息,这样接口 e1/0 的 IP 地址设置不成功。此时只需在接口 e1/0 上设置一个与 IP 网段 172.16.0.0/16 不同网段上的 IP 地址即可(例如设置为 172.17.0.0/16 网段上的某个地址)。

上面两种不同情况的 IP 地址设置容易混淆,可以这么记忆:不同设备互相连接的两个接口 IP 地址要设置在相同网段,同一设备的多个接口 IP 地址要设置在不同网段。

2.1.3 互连链路 IP 地址设置常见错误及解决方法

IP 地址配置错误

下面列举的是初学者在组建网络时经常遇到的几种错误及其解决方法。

(1) 用户在配置两个互连的路由器(或交换机)时,刚配置完第二个路由器接口的 IP 地址时,路由器屏幕上就出现不断翻滚的告警提示,导致用户无法输入,这是怎么回事?

两个互连的路由器,它们的互连接口的 IP 地址有特殊要求,即这两个互连接口的 IP 地址要在同一网段且子网掩码要相同。如果配置的两个 IP 地址不在同一网段,则路由器会出现不断翻滚的告警提示(可能有的路由器不出现这个错误提示)。因此要注意使它们的两个互连接口的 IP 地址配置满足上述要求。可参考图 2-3 所示的配置。

不仅是互连的两个路由器的串行接口的 IP 地址要配置在同一网段,如果路由器的以太网口和交换机互连,且交换机作为路由设备使用,则这两个互连的以太网口也要配置在同一网段。一般来说,两台不同设备的互连接口的 IP 地址都要配置在同一网段(但不是同一个 IP 地址)。

(2) 用户在给设备配置 IP 地址时,出现了"Error: The IP address you entered overlaps with another Interface"(意为"你输入的 IP 地址已经配置在另一个接口")的错误提示。但用户明明输入的是一个不同的 IP 地址,这是怎么回事呢? 如何纠正?

Internet 上的任意一台设备,包括计算机,它们都不能配置相同的 IP 地址,否则会发生冲突,这是大家都知道的事实。同样,在实验室模拟组网时,网络上所有设备的所有接口,包括计算机,这些组成了一个网络整体,它们也都不能有相同的 IP 地址。互连链路上的接口 IP 地址要求配置在同一网段,但仅仅是同一网段,IP 地址不能相同,这一点要特别注意。如果 IP 地址配置相同,则由于网络设备处于一个整体中,它们可以互相检测到,从而侦听到某个端口的 IP 地址与自己相同,发出"Error: The IP address you entered overlaps with another Interface"的告警信息。

但是在同一台路由器中(包括交换机),仅仅要求所有接口的 IP 地址不同,这还不够,还要求同一台路由器的所有接口的 IP 地址必须要配置在不同的网段。只要有两个接口的 IP 地址的网段相同,即使用户输入的 IP 地址不同,路由器也会报错,路由器会认为相同的 IP 地址已经存在,而无法将这个地址配置到接口。因为路由器是用来连接不同网段的,路由器上的所有接口的 IP 地址要配置为各不相同的网段。路由器的作用就是将这些不同网段的网络互连起来。这个规则同样也适用于三层交换机上 VLAN 虚拟接口 IP 地址的配置。当三层交换机设置了多个 VLAN 虚拟接口时,这多个 VLAN 虚拟接口的 IP 地址也要设置在不同网段。图 2-6 说明了这个配置规则。

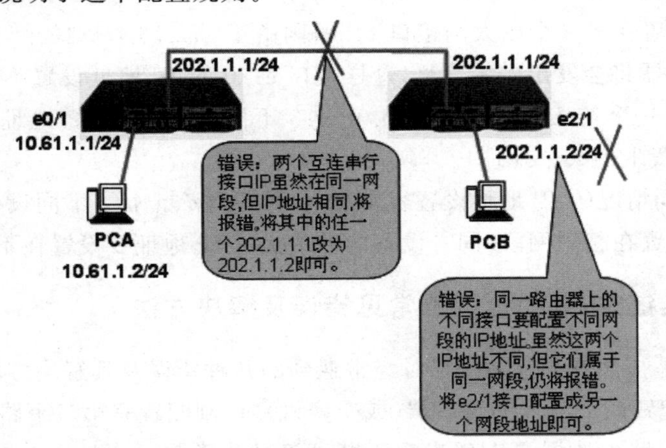

图 2-6　配置设备上接口 IP 地址时常见的两类错误

2.2　子网网关 IP 地址和子网内计算机 IP 地址设置

在局域网组网中,网络中通常有很多台计算机。根据需要,多台计算机会被分配在不同的子网中(有关子网划分的叙述见第 3.4 节)。每个子网中的多台计算机的 IP 地址具有相同的网络地址(也就是该子网的网络地址),但 IP 地址的主机位则各不相同。每个子网中所有的计算机都有一个共同的网关,子网中的所有计算机通过网关与计算机网络进行网络通信。

2.2.1　网关的概念

在给个人计算机配置 IP 地址时,经常会遇到“网关”这个术语。图 2-7 就是某大学校园网中一台个人计算机的 TCP/IP 网络属性参数配置界面,这个界面中就出现了“默认网关”概念。

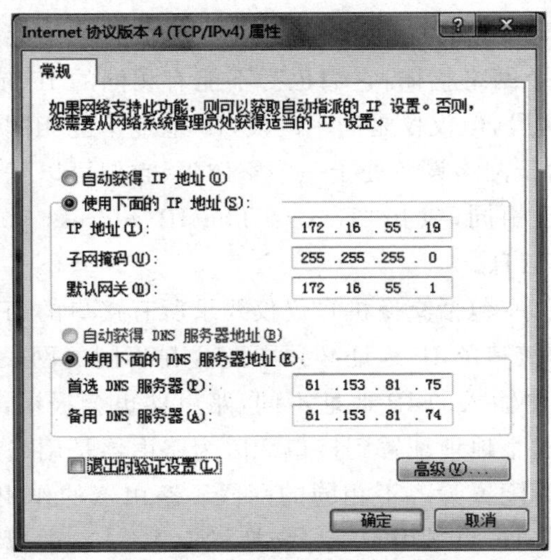

图 2-7　个人计算机的 TCP/IP 网络属性参数

局域网中的默认网关代表的是一个子网中的所有计算机与 Internet 通信的“关口”。或者说，当子网中的计算机与 Internet 通信时，子网内的计算机首先将数据发送给子网所在的网关，网关接收到后，根据数据包的目的地址进行路由转发。因此，默认网关实际上是局域网中的一台具有路由功能的网络设备或者其上的某个接口，它能将接收到的数据包根据设备中预设的转发规则进行转发。通常所看到的局域网的默认网关是一个 IP 地址，这个 IP 地址实际是一台具有路由功能的网络设备的某个接口，该接口可以是路由器的以太网接口，也可以是以太网三层交换机的三层虚拟接口。正是因为网关位于网络设备上，所以网关具有数据路由和转发能力。

2.2.2　路由器的以太网接口作为子网网关的 IP 地址设置

如图 2-8 所示的局域网，在该网络设计时，交换机仅仅作为一个转发数据的透明网桥设备。每个交换机下连接的所有计算机都规划在一个 IP 网段中，路由器的两个以太网接口分别作为两个不同子网内所有计算机的网关。

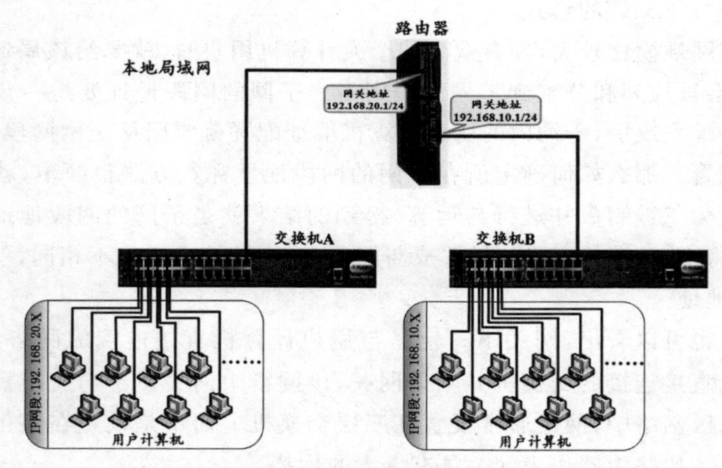

图 2-8　路由器的两个以太网接口分别作为两个不同子网的网关

子网段地址为 192.168.10.x/24 的所有计算机都位于 192.168.10.0/24 子网，该子网内所有计算机进行网络通信时的数据包转发都通过路由器中配置了 IP 地址为 192.168.10.1/24 的接口进行。192.168.10.1 这个地址或接口就是该子网的网关。此时该子网内所有计算机的 TCP/IP 网络参数设置中“默认网关”这一项就要填写为“192.168.10.1”。而该网段内所有计算机的 IP 地址可以设置为 192.168.10.2～192.168.10.254 中的任意一个。

子网段地址为 192.168.20.x/24 的所有计算机则位于 192.168.20.0/24 子网，这个子网内所有计算机的网络通信都通过路由器中配置了 IP 地址为 192.168.20.1/24 的接口进行。而 192.168.20.1 则是该子网的网关。该子网内的所有计算机的 TCP/IP 网络参数中“默认网关”这一项就要填写为“192.168.20.1”。而该网段内所有计算机的 IP 地址可以设置为 192.168.20.2～192.168.20.254 中的任意一个。

上面的讲解中将 IP 网段 192.168.10.x 的默认网关地址设置为 192.168.10.1，IP 网段 192.168.20.x 的默认网关地址设置为 192.168.20.1。将默认网关设置为“x.x.x.1”(最后一位设置为 1)的形式并不是必须这样做。实际上,根据前面的讲解,默认网关是网络设备的一个接口的 IP 地址,既然是人为设置的 IP 地址,那么只要符合设置规则的 IP 地址都可以,并不一定最后一位必须设置为 1,设置为 1～254 中的任意一个都可以。例如将 192.168.10.x/24 网段的默认网关地址设置为 192.168.10.1～192.168.10.254 中的任意一个 IP 地址。假设默认网关地址设置为 192.168.10.a(a 为 1～254 中的任意一个数字),那么在随后设置该网段内的所有计算机地址时,必须将其中的默认网关(图 2-6 中 TCP/IP 属性的第三项)地址选项设置为 192.168.10.a,而所有计算机的 IP 地址(图 2-7 中 TCP/IP 属性的第一项)则须设置为 192.168.10.1～192.168.10.(a－1)或 192.168.10.(a＋1)～192.168.10.254 中的任意一个。尽管网关地址可以任意设置,但由于网关比较特殊,如前所述,它是子网内所有计算机与 Internet 通信的“关口”,子网内所有计算机的数据转发通过网关进行,所以网关往往用较为特殊的 IP 地址来设置,通常设置为“x.x.x.1”(最后一位设置为最小值)或者“x.x.x.254”(最后一位设置为最大值)的形式,目的是让网络管理员看到这个地址时,会马上意识到这个地址不是一台普通的用户计算机的 IP 地址,而是网络上的一个特殊 IP 地址即网关。本书中都将网关设置为“x.x.x.1”的形式。

当一个局域网规模比较大,拥有众多的个人计算机用户时,就要给该局域网划分多个子网,计算机用户会被规划和分配到不同的子网中。子网的网段地址要统一规划和分配。子网的网段地址分配完成后,子网内的所有计算机地址配置就要服从子网网段地址,而不能由用户个人随意配置。那么如何确定所在子网的网段地址呢?方法很简单,就是将网关地址与子网掩码转换为二进制数并进行与运算,得到的结果就是子网的网段地址。得到子网的网段地址后,再将 IP 地址的主机位设置成与网关 IP 地址的主机位不相同,就是该子网中个人计算机的 IP 地址。

从这个例子也可以看出,网关不一定是与用户计算机直接连接的网络设备。如图 2-8 中与用户计算机直接连接的交换机并不是网关,该网络中网关位于与交换机连接的路由器上。在实际的园区网络中,网关通常设置在三层交换机上而不是设置在路由器上。因为三层交换机作为网关比路由器作为网关具有更大的优势。

2.2.3 三层交换机作为子网网关的 IP 地址设置

正如前面讨论的那样,网关是某个网络设备上的一个接口。由于该接口对应设置一个 IP 地址,所以也可以将网关对应理解为一个 IP 地址。并不是路由器上的以太网接口才能作为局域网网关。一个交换机虚拟接口的 IP 地址也可以作为局域网网关。我们经常说到的三层交换机,它可以直接作为局域网子网中一组计算机的网关,而不必将网关配置在路由器的以太网接口上。与路由器中配置网关不同的是,三层交换机作为某一组计算机的网关,对应的不是交换机的某个实实在在看得见的物理接口,而是虚拟接口。虚拟接口默认情况下并不存在,用户必须为交换机配置虚拟接口并分配 IP 地址后才可使用。例如对于图 2-8 所示的网络,假定组网使用的是三层交换机。下面将图 2-8 所示的网络进行少许改变,将交换机 A 划分了两个子网(图 2-9 将交换机 A 的所有端口划分在一个子网中),两个子网意味着需要分配两个不同的网段，此时交换机 A 连接到路由器的一个端口不能够作为两个子网的网关①，可以直接在三层交换机 A 上划分两个 VLAN，对应两个子网。为了便于对比学习，交换机 B 的所有端口仍在一个子网中，且网关仍配置在路由器上。

如果要在三层交换机上划分多个子网，每个子网相对应有一个网关，必须在三层交换机上划分 VLAN，并配置 VLAN 虚拟接口 IP 地址。将交换机的相应端口加入到配置的 VLAN 中，在设置该端口上连接的计算机的 TCP/IP 属性参数时，默认网关设置为端口所在 VLAN 的虚拟接口 IP 地址即可。其他参数设置方法与上一节讲解的相同，这里不再赘述。这样设置之后，交换机上设置的 VLAN 虚拟接口 IP 地址就对应作为相应 VLAN 下所有端口连接的计算机的网关。从这里可以看出，网关是一个纯三层概念，它对应一个 IP 地址，并不需要有一个实际的物理接口与之对应。

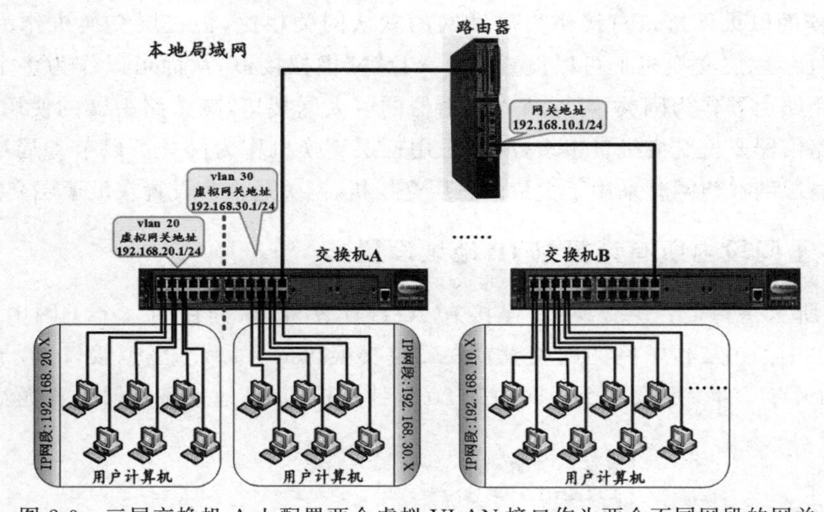

图 2-9　三层交换机 A 上配置两个虚拟 VLAN 接口作为两个不同网段的网关

下面的配置对应的是在图 2-9 所示的交换机 A 上设置三层网关的方法。

```
<Huawei>undo to m                                   /*关闭设备弹出提示*/
<Huawei>system-view                                 /*进入系统视图开始配置*/
[Huawei]sysname SwitchA                             /*将交换机命名为 SwitchA */
[SwitchA]int e0/0/1                                 /*进入 e0/0/1 端口视图*/
[SwitchA-E0/0/1]port link-type access               /*修改 e0/0/1 端口为 access 类型*/
…………                                             /*依次修改 e0/0/2～e0/0/22 端口的属性*/
[SwitchA-E0/0/22]int e0/0/23
[SwitchA-E0/0/23]port link-type access              /*修改 e0/0/23 端口为 access 类型*/
[SwitchA-E0/0/23]vlan 20                            /*在 SwitchA 上创建一个编号为 20 的 vlan*/
[SwitchA-vlan20]port e0/0/1 to e0/0/12              /*将 12 个端口一次性加入到 vlan20*/
[SwitchA-vlan20]vlan 30
[SwitchA-vlan30]port e0/0/9 to e0/0/23              /*将 11 个端口一次性加入到 vlan30*/
```

① 通过单臂路由技术可以实现路由器的一个物理接口作为多个子网的网关，参见第 9.4 节。

[SwitchA-vlan30]**int vlanif** *20*　　　　　　　　/＊在 SwitchA 上创建 vlan20 对应的三层虚拟接口＊/

[SwitchA-Vlanif20]**ip address** *192.168.20.1 24*

/＊设置 vlan20 对应的三层虚拟接口的 IP 地址，前面将 e0/0/1～e0/0/12 共 12 个端口加入到 vlan20，这 12 个端口连接的计算机的 TCP/IP 属性参数中的默认网关选项须设置成 192.168.20.1＊/

[SwitchA]**int vlanif** *30*　　　　　　　　/＊在 SwitchA 上创建 vlan30 对应的三层虚拟接口＊/

[SwitchA-Vlanif 30]**ip address** *192.168.30.1 24*

/＊设置 vlan30 对应的三层虚拟接口的 IP 地址，前面将 e0/0/13～23 共 11 个端口加入到 vlan30，这 11 个端口下连接的计算机的 TCP/IP 属性参数中的默认网关选项须设置成 192.168.30.1＊/

注意：华为设备在配置过程中经常出现提示信息，初学者如果觉得这个时不时出现的提示信息打乱个人输入的命令，可以关掉这个功能，只需要在用户视图下输入“undo terminal monitor”或简写成“undo t m”。

与路由器的以太网接口直接作为局域网的默认网关相比，将三层交换机作为默认网关有更多的好处。三层交换机上可以设置多个 VLAN 虚拟接口，从而可以作为多个子网的网关。这比使用路由器作为网关，可以节省路由器的以太网接口，减少路由器的使用数量，通常相同档次的路由器要比交换机贵很多，所以采用三层交换机作为网关可以节省局域网建网投资。目前的局域网在建网时采用了大量的三层交换机，网关通常都设置在汇聚层交换机上。

2.2.4 子网段内所有计算机 IP 地址设置

图 2-10 所示是一个三层交换机，连接有 20 台计算机，划分在同一个子网中，子网的网段地址为 172.16.1.0/24，子网的网关设置在三层交换机的 VLAN 虚拟接口上，子网的网关地址为 172.16.1.1/24。那么这个子网中的 20 台计算机的 IP 地址该如何设置呢？

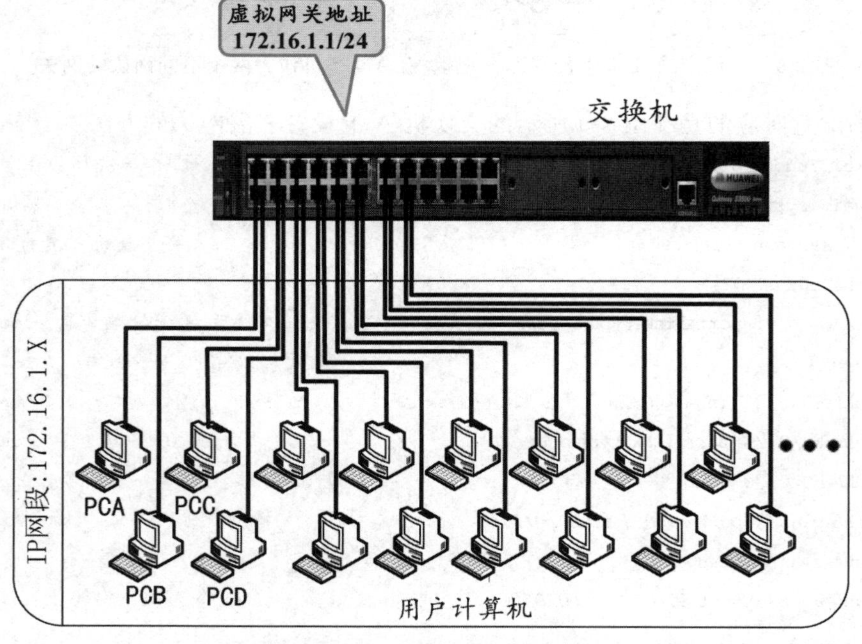

图 2-10　三层交换机作为网关的网络中计算机 IP 地址配置

在这 20 台个人计算机终端上配置 IP 地址时,要在所有计算机的“网上邻居”→“TCP/IP属性”中将默认网关都配置成 172.16.1.1,子网掩码配置成 255.255.255.0。每台计算机的 IP 地址设置则要各不相同,但都必须与网关处在同一个网段 172.16.1.0/24,因此每台计算机的 IP 地址可以在 172.16.1.2～172.16.1.254 之间任意选择一个进行设置。

下面以子网段中 PCA、PCB、PCC、PCD 这四台计算机为例,具体说明子网段中个人计算机 TCP/IP 属性参数的设置方法。图 2-11 给出了这四台计算机的 IP 地址设置结果。

图 2-11　同一网段内四台计算机 PCA、PCB、PCC、PCD 的 IP 地址设置

对比上述四台同一子网内个人计算机的 IP 地址设置方法,可以看到它们的默认网关全部设置为相同,是交换机上的那个虚拟接口 IP 地址。而第一行的 IP 地址设置则各不相同。主机位 2、3、4、5 分别取自 2～254 中的任意一个数字。以此类推,该子网段中其他个人计算机的设置方法与其类似。

2.2.5　网关和计算机的 IP 地址设置常见错误及解决方法

在组建网络或者进行网络实验时,配置网关和设置计算机 IP 地址是必不可少的步骤。配置完计算机的 IP 地址后,要确保计算机能够和它的默认网关通信。这也是调试和测试网络是否能够互相通信的第一步。如果个人计算机 ping 不通默认网关,则表示网络互通出现了问题。这个问题也是初学者在配置网络时遇到的最多的问题。首先必须解决这个问题。因为计算机和它的网关一般都是直接连接的,中间不需要经过其他的设备(有时连接不需配置的接入层交换机),如果网关都不能 ping 通,则计算机就无法连通到更远的设备,远程设备也无法和本地计算机建立通信连接。

可以在计算机的"DOS"窗口上使用 ping x.x.x.x(x.x.x.x 为默认网关的 IP 地址)命令测试个人计算机和网关是否连通。关于 ping 命令的用法和意义可在网上搜索。

出现无法 ping 通网关的原因非常多。首先要清楚这台计算机直接连接到了哪个接口，弄清楚这个接口的地址。很多初学者在实验室配置时常常是张冠李戴，也就是出现像图 2-12所示的情况。其中左半图是计划的配置和组网连线，右半图则是实际的配置，显然出现了配置交叉的情况。这种情况下，只要将连接的网线互换一下即可。

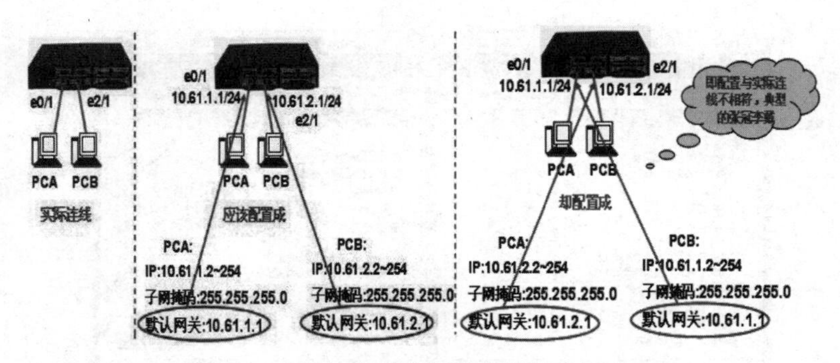

图 2-12 网关的正确配置和错误配置对比

当在三层交换机上设置多个 VLAN 虚拟接口作为不同子网计算机的默认网关时，此时更要注意计算机和交换机上的端口连接。由于多个子网的网关在同一台交换机上，只是每个 VLAN 包含的端口不同，要特别注意将计算机连接到对应的 VLAN 包含的端口，否则也会出现如图 2-12 所示的情况。

个人计算机 IP 地址设置错误

在实际组网实验时，还有些初学者在配置默认网关会产生如图 2-13 所示错误。

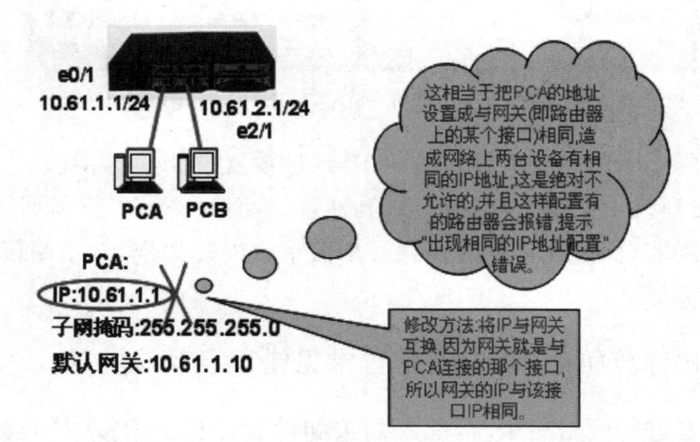

图 2-13 网关的错误配置——把主机地址配置成和网关地址相同

绝大部分初学者出现的默认网关无法 ping 通的错误都是上述错误。如果能够 ping 通默认网关，而远程设备无法 ping 通，则说明用户计算机到网关这一段网络配置没有错误，错误出现在其他网络配置上，可以将故障范围缩小，从而更准确地排除故障。

如果排除上述情况，但仍然 ping 不通网关，那么可能是下述几种原因中的一种：

(1) 主机的子网掩码设置与默认网关的子网掩码设置不一致。例如当网关的子网掩码用命令“ip address 10.60.2.1 255.255.255.0”设置为 24 位，而主机 IP 的子网掩码设置为 255.255.0.0，就会导致主机无法 ping 通自己的默认网关。解决方法是将计算机的子网掩码设置为与网关的子网掩码相同。

(2) 部分情况下是连接主机和路由器的网线有问题，这就是常说的物理层问题。因为网线有可能接口松脱，可以更换一根网线试试看。

(3) 极少数情况下，有可能用户设置的主机 IP 地址并未真正写入到计算机的网卡芯片中，例如在 TCP/IP 属性中明明设置了主机 IP 地址，但在“DOS”命令行窗口中通过“ipconfig”命令可以看到主机的 IP 地址为空，或者为一个并不是自己设置的 IP 地址值(该地址实际为生产厂家默认设置)，出现这种情况就表明设置主机的 IP 地址写入网卡芯片不成功，解决方法是用鼠标右击网卡，选择“停用”，然后启用再重新设置一次。

2.3　局域网 IP 地址规划

2.3.1　局域网内网和外网的 IP 地址规划

在构建局域网时，通常局域网内部都要使用私有 IP 地址，而且可以由管理员根据需要任意使用。如使用 A 类、B 类、C 类这三种类别的私有地址。可以在内网的分配中仅使用其中的一个类别的私有地址，也可以使用两个类别的私有地址，或三个类别的私有地址都使用。

为了弥补 IPv4 地址日益枯竭的矛盾[①]，在 A、B、C 类地址中专门划出一小块地址供全世界各地建设局域网使用，这些划出来的专门作为局域网内网使用的 IP 地址称为私有网络地址(或称为私网地址、内网地址)。局域网内部网络的所有 IP 地址都使用私网地址，而这些私网地址在访问 Internet 时会经过 NAT(Network Address Translation，网络地址转换)技术转换为公网地址再访问 Internet。所以在公网上看不到这些私有地址。A、B、C 类地址对应的私有地址如下：

A 类私网地址：10.0.0.0～10.255.255.255。

B 类私网地址：172.16.0.0～172.31.255.255。

C 类私网地址：192.168.0.0～192.168.255.255。

有了私网地址，世界上所有局域网都可以用这些私有网络地址来标识局域网络内部的主机，从而避免了 IPv4 地址用尽的情况，因为私网地址既可以由这个企业的局域网使用，又可以由那个公司的局域网使用，即私网地址可以不断地重复使用。

那么局域网建网时，到底用哪个私网网段地址来建网呢？这是没有规定的，由建网的工程师和网络管理员根据经验和个人喜好来使用。

Internet 都使用公网 IP 地址。通常公网地址由国家相关部门统一分配。因此局域网中与外部 Internet 互连的网络必须使用公网 IP 地址；并且使用的公网 IP 地址通常由电信部门分配，不能由自己随意取用。

---

① 2011 年 2 月 3 日，国际因特网编号分配机构 IANA 宣布，全球最后一批 IP 地址分配完毕，这标志着第一代互联网地址的“池子”已经全空了。全球将共同面对 IP 地址短缺的问题。

即使是局域网内网可以使用私网地址,但由于私网地址非常多,所以如何在局域网中使用私有地址也会遇到一些问题。局域网内部 IP 地址的划分,看起来简单,其实是一件非常复杂的工作。可以说网络的 IP 地址规划是构建和设计网络的一个重要步骤。规划得当,可以使工作事半功倍;而如果规划不得当,则可能使后续的工作出现重大故障,延误工程期限。因此初学者要掌握 IP 地址分配的基本方法。

局域网的 IP 地址规划尽管复杂,但是仍然有规律可循。在分配 IP 地址时,要分析哪些节点需要分配 IP 地址。大家都知道,局域网内每个用户的个人计算机需要分配 IP 地址,局域网的各种服务器需要分配 IP 地址。除此之外,因为用户数据要通过网络设备接口转发数据,所以各个设备的互连接口也要分配 IP 地址。下面就局域网中这些情况的 IP 地址分配进行说明。

2.3.2 子网规划及 IP 地址分配

尽管三个私有 IP 地址网段可以根据需要任意分配给局域网内部使用,但是这种分配并不是随意的。通常的方法是要结合局域网用户的总数量,合理划分 VLAN,结合 VLAN 划分的情况按子网网段分配给网内用户。

那么怎么规划局域网的 VLAN 呢?虽然交换机划分 VLAN 有多种方法,但是最常用的还是按照交换机的端口划分 VLAN。同一个 VLAN 一般按 50～200 个用户分配的话,可以考虑将2～4个接入层交换机划分到一个 VLAN。当然也可以一个接入层交换机就划分成一个 VLAN。一个接入层交换机划分成一个 VLAN,方便接入层交换机扩展,例如接入层交换机下面再接一个交换机,或者接入层交换机的端口下面连接集线器。

为了讨论方便,图 2-14 中将每一个接入层交换机划分为一个 VLAN。对应在汇聚层交换机上将连接到该接入层交换机的端口划分到对应 VLAN 即可。注意,这种 VLAN 划分只需要在汇聚层交换机上配置,不需要在接入层交换机上做任何 VLAN 配置,相当于接入层交换机是一个透明网桥。由于 vlan-id 在每台交换机中只具有本地意义,即这一台交换机配置的 vlan10 与另一台交换机配置的 vlan10 是不相同的。因此图 2-14 中不同的汇聚层交换机上配置的 vlan 号可以是相同的,只要在同一台交换机上不相同就可以了。尽管如此,实际中还是习惯将全网中的 vlan 号设置为不同,以便标识一个 VLAN 对应一个子网。

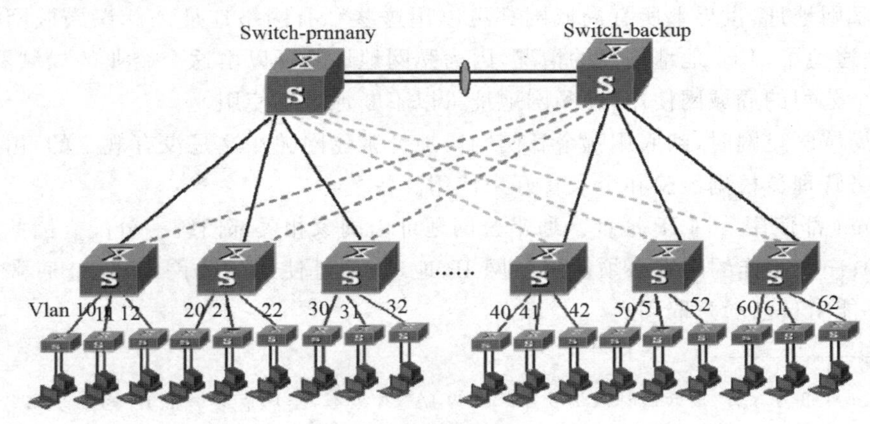

图 2-14 局域网内计算机用户的 VLAN 规划

完成了 VLAN 划分之后，就可以给 VLAN 分配子网网段地址了。注意是给 VLAN 分配子网网段地址，后面叙述中常称为 VLAN 子网。通常是一个 VLAN 分配一个子网网段。当局域网用户计算机数量比较多，使用的接入层计算机也比较多，这时可能需要在局域网中划分很多个 VLAN，可能多达 20～50 个，此时应尽量给相同汇聚层交换机下规划的 VLAN 子网分配连续的 IP 地址。因为连续划分，可以方便路由器在进行数据转发时对子网路由进行路由汇聚，减少路由表中路由条目。不连续划分时可能在使用 RIPv1 协议导致不连续子网问题(参见第 4 章第 4.2.1 节)。不过当使用 RIPv2 协议及其他路由协议时，就不存在不连续子网问题。

局域网用户 IP 划分往往是结合局域网的 VLAN 规划进行的。在进行 VLAN 划分时，往往就要考虑各个 VLAN 子网的 IP 地址及网段分配。当这个工作完成后，用户计算机接入到不同的接入层交换机所在的 VLAN 中时，计算机的 IP 地址配置必须要与所在的 VLAN 子网网段匹配。其网关 IP 就是设置在汇聚层交换机上所在 VLAN 接口的 IP 地址。

2.3.3　局域网交换机互连网段 IP 地址规划

如前所述，局域网中的组网设备是用于为用户转发数据的，确保网络的正常数据转发，网络互连设备的接口也需要设置 IP 地址。如果局域网中采用三层交换机，则三层交换机必须设置 VLAN，启用该 VLAN 的虚拟接口，再设置 IP 地址。因此如果互连网段都是三层交换机的端口，则也要考虑结合 VLAN 进行 IP 地址规划。

局域网中组网设备众多，互相连接的设备也非常多，那么哪些直接连接的互连链路需要设置 IP 地址呢？关于这个问题，要结合具体网络进行分析。为了讨论方便，下面将图 2-14 简化，只留下两台汇聚层交换机，如图 2-15 所示。当汇聚层交换机更多时，讨论方法类似。

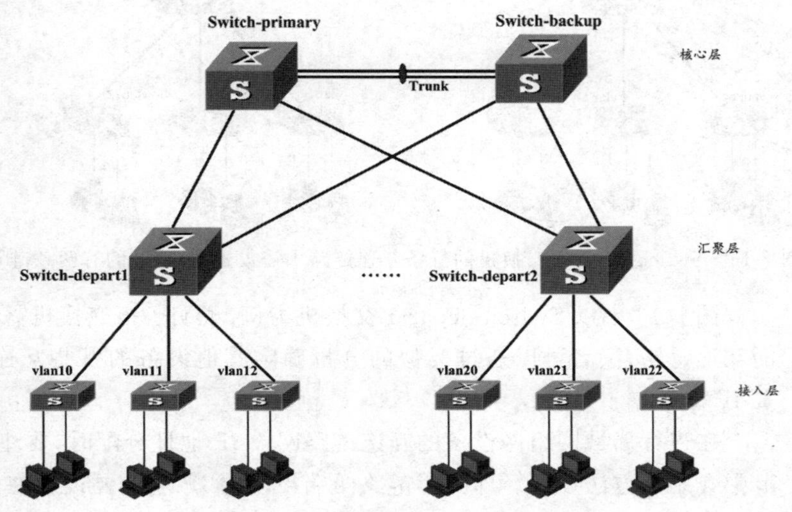

图 2-15　局域网互连链路 IP 地址设置分析

从图 2-15 中可以看出，部门交换机 Switch-depart1 有两条链路分别连接到Switch-primary 和 Switch-backup 交换机，还有三条链路分别连接到其下的三个接入层交换机。相当于 Switch-depart1 交换机共有五条链路连接到了网络中的其他设备。那么这五条链路的两端是否都要设置 IP 地址呢？

这取决于网络中各设备要实现的功能。假如网络设计者打算将局域网计算机用户 VLAN 子网的网关设置在汇聚层交换机上，那么接入层可以采用二层交换机。此时接入层交换机相当于是一个透明网桥，只对数据进行二层交换和转发，这时同一 VLAN 内的计算机用户访问 Internet 都要发送到其网关，也就是到汇聚层交换机上。此时 Switch-depart1 交换机连接到接入层交换机的三个互连链路不需要设置 IP 地址。

而汇聚层交换机作为网关，是 VLAN 内用户数据转发的出口和入口地址，汇聚层交换机需要通过三层路由功能将接入层用户访问 Internet 的数据转发到核心层交换机，或者转发到其他三层接口。因此，Switch-depart1 交换机连接到核心层交换机的两条互连链路就需要设置 IP 地址了。结合前两段内容的分析，在图 2-16 中显示 Switch-depart1 交换机与其他设备相连的五条互连链路中，有两条互连链路要设置 IP 地址，有三条互连链路（连接接入层交换机的三条链路）不需要设置 IP 地址。注意，这里连接接入层交换机的三条链路不设置 IP 地址，是指互连链路的两端不需要设置 IP 地址。但要注意 Switch-depart1 仍需要为接入层交换机上的每个 VLAN 设置网关 IP 地址。

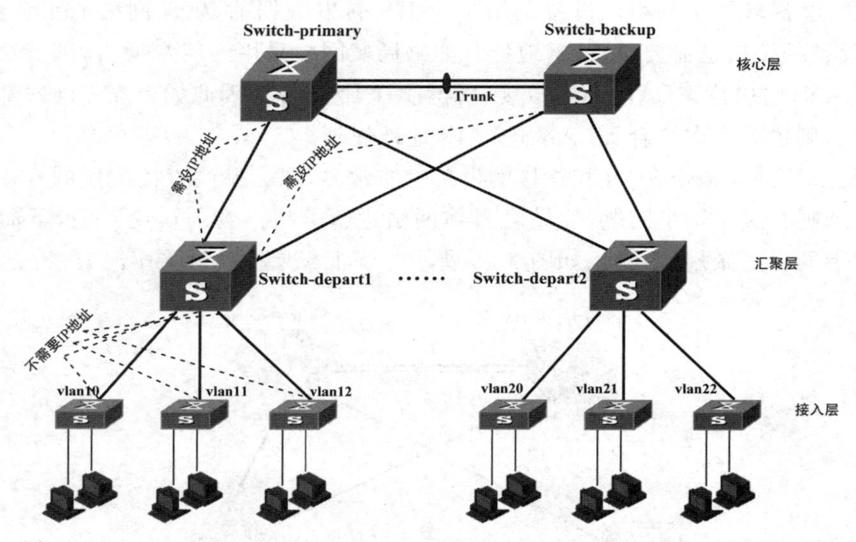

图 2-16　Switch-depart1 交换机的五条互连链路中需设置 IP 地址的有两条链路

局域网 IP 地址规划

图 2-16 中以 Switch-depart1 交换机为例，说明了该交换机需设置 IP 地址的互连链路，读者可以通过类似的分析确定其他设备的哪些互连链路需要设置 IP 地址。

在进行局域网组网设备的互连链路网段 IP 地址分配时，要注意按照第2.1节中介绍的方法设置。即互连链路两端接口的 IP 地址要设置在同一网段，同一个设备上的多个接口其 IP 地址要设置在不同网段。可参见图 2-17 的设置。

以 Switch-primary 交换机为着眼点，其有三个互连网段连接到三个不同的设备，此时该设备上的三个不同的互连网段要设置在三个不同的 IP 子网内。由于互连网段需要这样设置，当互连网段比较多时，导致需要的 IP 子网也比较多。但每个互连网段只有两个

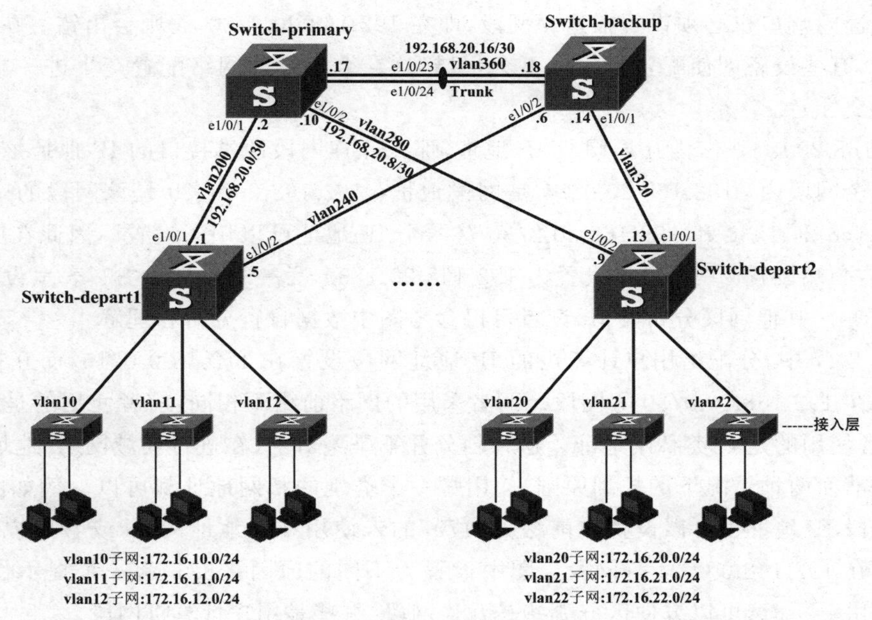

图 2-17　Switch-primary 交换机的三个互连链路的 IP 地址规划

互连接口，只需要两个 IP 地址。如果用含很多主机的 IP 子网来设置，则 IP 地址会有很大的浪费。例如使用我们最熟悉的 24 位子网掩码的 IP 地址来设置，每个子网有 254 个可用的 IP 地址，两个互连接口只用到其中的两个 IP 地址，浪费了其余的 252 个 IP 地址。这对于 IP 地址是稀缺资源的 Internet 来说，是非常不合算的。所以在设置互连网段的 IP 地址时，建议用子网掩码为 30 的 IP 子网网段来设置。因为子网掩码为 30 的 IP 子网网段有 4 个 IP 地址，去掉子网网络地址（主机位全 0）和子网广播地址（主机位全 1），则只有 2 个 IP 地址，正好可以供互连网段的两个接口使用。如设置 192.168.20.0/24 为互连网段地址，则它只能用于一个互连网段，第二个互连网段必须用其他的子网 IP 网段。但是如果设置为 192.168.20.0/30，则 192.168.20.0/24 可以继续划分成 192.168.20.0/30、192.168.20.4/30、192.168.20.8/30 等 64 个不同的网段，这样将 192.168.20.0/24 一个 IP 网段分成了 64 个更小的 IP 子网网段，即原来只能用于一个互连网段的 IP 子网网段现在可以用于 64 个互连网段。因此采用 30 位子网掩码的 IP 地址作为互连链路的 IP 地址，大大节省了 IP 地址的使用，避免了 IP 地址的极大浪费。由此看出，规划互连网段 IP 地址时，与规划用户计算机的 VLAN 子网网段有很大的不同，前者的子网掩码常设置为 30 位，而后者常设置为 24。

如图 2-17 所示，192.168.20.0/30、192.168.20.8/30、192.168.20.16/30 被分配给 Switch-primary的 3 个不同的互连网段。子网掩码是 30 位，而不是 24 位，如果是 24 位，则 192.168.20.0/24、192.168.20.8/24、192.168.20.16/24 三者实质上是在一个相同的 IP 子网网段 192.168.20.0/24，这是不允许的。事实上，在设备上这样配置时，设备会自动报错，即禁止用户这样配置。而与之互连的设备的对端互连接口，IP 地址却要设置在同一个 IP 子网内。如 Switch-depart1交换机与 Switch-primary 交换机互连，Switch-primary 交换机上已经将自己的互连端口设置在192.168.20.0/30 子网网段，则 Switch-depart1 交换机与 Switch-primary

交换机互连的端口也必须设置在这一网段,即在 192.168.20.0/30,否则会出错。在设备上进行设置时,有些设备即使配置错误也不会报错,这会令后续的网络配置产生进一步的麻烦,所以特别要注意。

192.168.20.0/30 作为互连网段 IP 地址,那么互连网段两端接口的 IP 地址该如何分配呢?在这个网段内,192.168.20.0/30 是网段地址,192.168.20.3/30 是该网段的广播地址,只有 192.168.20.1/30 和 192.168.20.2/30 这两个 IP 地址可以用于设置。因此在图 2-17 中可以看到,一端设置为“.1”表示设置为 192.168.20.1/30,另一端设置为“.2”表示设置为 192.168.20.2/30。其他网段分析类似,读者可以参考图中数据自行分析和理解。

在图 2-17 中,分配给用户计算机的 IP 地址网段设置在 172.16.0.0/16,而互连网段 IP 地址设置在 192.168.20.0/30 等网段。两者采用的网络前缀不相同,前者使用的是 B 类私网地址,后者使用的是 C 类私网地址。这种划分并不是绝对的,在进行局域网 IP 地址规划时,只要遵循前面两种情况下的规划原则,使用哪一个类别的私网地址都可以。例如图 2-17 中的互连网段 IP 地址也可以设置在前缀为“172”的未使用私网地址网段,或者用户计算机也可以设置在 192.168.0.0/24 等网段。图中设置为不同的原因主要是起一个提示作用,在后续进行路由分析时,可以方便区分哪些是互连网段,哪些是用户计算机网段。

2.4 常用配置命令

常用配置命令见表 2-1 和表 2-2。

表 2-1 交换机和路由器的常用配置命令

常用命令	视图	作用
undo terminal monitor 简输:undo t m	用户	用于关闭设备的自动诊断输出,避免当用户配置出错时跳出错误或告警提示信息。建议慎用此命令,因为告警信息能够帮助用户意识到错误从而予以修改
undo terminal debugging 简输:undo t d	用户	
system-view 简输:sys	用户	从用户视图进入系统视图,提示符由＜　＞变为[　]
quit	所有	从当前视图退回到上一级视图
?	任意	查看当前视图下可以使用的所有命令,还可以跟在某个已知关键词后使用,查看忘记的部分
language *chinese*	用户	用中文显示
sysname *name*	系统	给设备命名
reset saved-configuration	用户	擦除当前配置
reboot	用户	重启设备,此命令在执行 reset 命令之后使用,会将设备的配置擦除,恢复出厂设置
display current-configuratoin 简输:dis cur	任意	显示用户当前所进行的配置信息,此信息是随机存储器中的信息,断电后配置会丢失,此配置信息有可能并未保存到系统配置文件中

续　表

常用命令	视图	作用
display saved-configuratoin	任意	显示保存在设备 Flash 中的系统配置文件，设备下次启动后将使用此配置文件
display version 简输：dis ver	任意	显示设备的型号、硬件、操作系统软件版本等信息
save	用户	将当前的配置保存到配置文件中，会提示输入保存的文件名，如果不输入则使用默认文件名
display interface 简输：dis int	任意	显示设备上所有接口信息，既包括物理接口，又包括逻辑接口
display interface *interface-id* 简输：dis int *id*	任意	显示某个特定接口信息
undo xxx	系统等	xxx 代表用户之前所做的配置，此命令用于删除用户所做的配置
shutdown	接口	逻辑关闭某接口，关闭后即使接口物理连线仍存在，但接口处于失效状态
undo shutdown	接口	重启某接口

表 2-2　交换机的 vlan 配置命令

常用命令	视图	作用
vlan *vlan-id*	系统	创建一个 VLAN
port *interface-name&number*	VLAN 视图	将此接口加入到 VLAN 中
interface vlanif *vlan-id* 简输：int vlan *vlan-id*	系统	创建 vlan-id 对应的三层虚拟接口
ip address *x.x.x.x subnet-mask*	接口	设置 VLAN 三层虚拟接口的 IP 地址
display ip interface brief 简输：dis ip int b	系统	显示三层接口的状态

所有厂商的设备都支持快捷简便的命令输入方式。例如“system-view”命令可输入为“sys”，“display”可输入为“dis”。只要系统能够匹配，不产生歧义，就可以用简省的输入方式。用简省方式输入命令，如果发生歧义可以继续多输入一至两个字符，系统将继续匹配。像“display interface ethernet1/0/1”命令可输入“dis int e1/0/1”即可。其他以此类推。本书所出现的配置图都采用简省的输入方式。

2.5 实验与练习

1～3题工程文件下载

1. 按题图1连接计算机和路由器。将路由器作为计算机的网关。自行确定网关和计算机的IP地址,并进行配置。实现在计算机上用ping命令能够正常访问网关(即路由器)。写出配置代码和思路。

2. 按题图2连接四台计算机、交换机和路由器。交换机作为透明网桥,不做任何配置。路由器仍然作为四台计算机的网关。自行确定网关和四台计算机的IP地址,并进行配置。实现在四台计算机上分别用ping命令能够正常访问路由器。写出实现思路和配置代码。

第1题配置视频

第2题配置视频

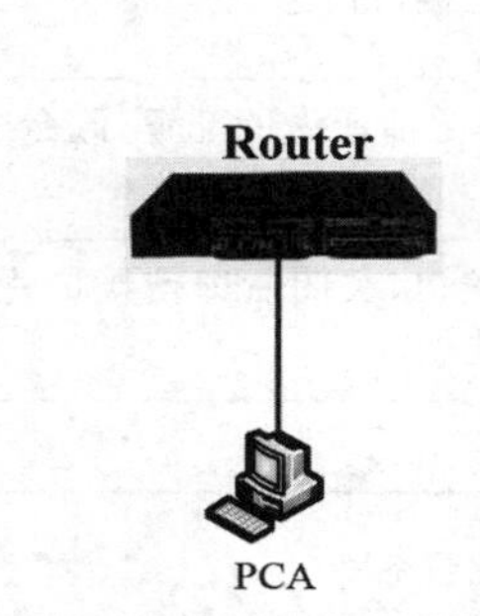

题图1 路由器作为计算机的网关

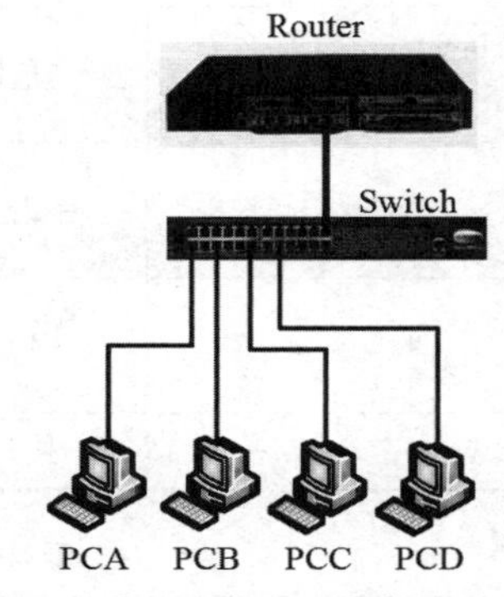

题图2 路由器作为多台计算机的网关

3. 按题图3所示将六台计算机连接到一台交换机。在这台交换机上划分三个VLAN。每个VLAN各包括两台计算机。在交换机上为每个VLAN设置一个网关,实现在任意一台计算机上能够用ping命令访问三个VLAN内所有计算机。自行确定网关和六台计算机的IP地址。写出实现思路和配置代码。

第3题配置视频

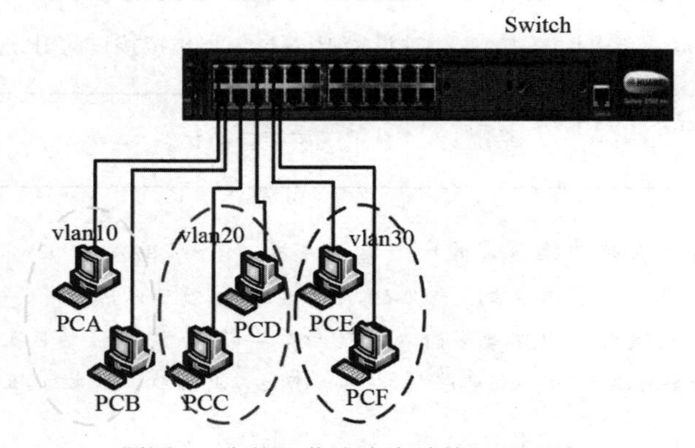

题图3 交换机作为多台计算机的网关

第 3 章

构建无环路局域网

在企业局域网中，汇聚层和核心层交换机在组网时通常采用冗余连接的方式来提高局域网的可靠性。但冗余连接会构成物理环路，当汇聚层设备越多，产生的环路也就越多。交换机环路很容易产生广播风暴，交换机产生广播风暴的现象是交换机的所有端口指示灯频繁闪烁，广播风暴占据了链路带宽，网络无法传输用户的业务数据。发生广播风暴时，用户试图通过交换机的 Console 接口去配置交换机都无法进行人机交互操作。在实际组网中虽然从物理连线上无法避免交换机的环路，但是可以通过配置相关协议实现无环路局域网，也就是网络物理连线上存在环路，但逻辑上没有环路。本章的主要任务就是构建一个无环路局域网，从逻辑上消除交换机物理连线产生的环路。

3.1　局域网产生的环路

3.1.1　局域网核心层链路聚合

如前所述，核心层往往采用两个相同型号、性能较高端的交换机组网，两者互为备份。如果采用的是高端交换机，存在万兆端口，则直接将万兆端口互连起来即可，如图 3-1 所示。基本上能够确保两个交换机之间的高速数据转发，不一定非得采用链路聚合技术将多个端口互连起来。

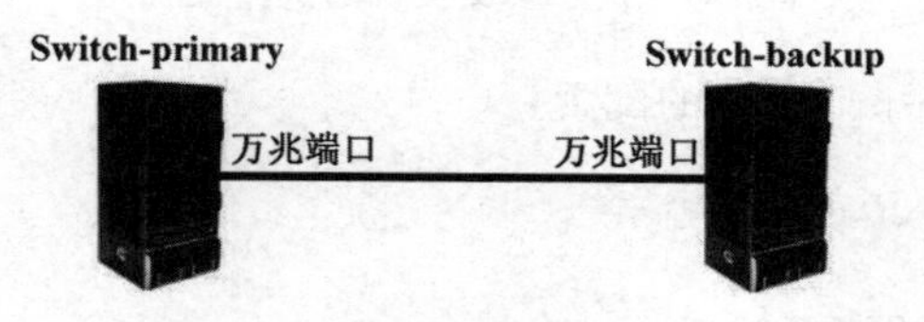

图 3-1　两个核心层交换机通过高速万兆端口互相连接

假如核心层交换机没有万兆端口，为了获得更高速的数据转发能力，可以将交换机的多个普通端口（千兆或百兆）互相连接起来，如图 3-2 所示。这称为链路聚合。链路聚合实际上是将交换机的多个端口当成一个端口来使用，该技术可以将交换机的多个端口聚合在一起形成一个汇聚组，实现出、入负荷在各成员端口中的分担。经过链路聚合的端口组合好像只是一个端口一样。

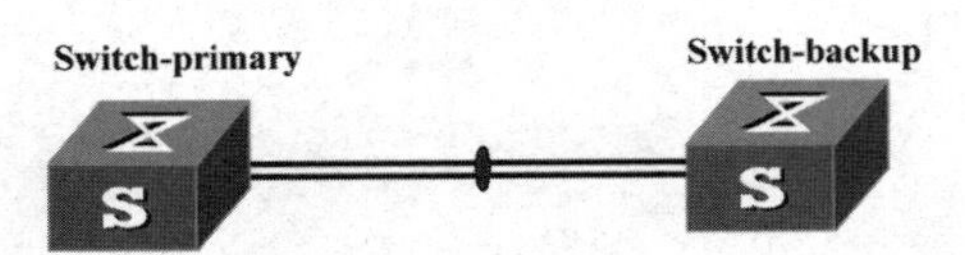

图 3-2 核心层交换机的多个百兆或千兆端口进行链路聚合

在没有使用端口聚合前，百兆以太网双绞线在两个互连的网络设备间的带宽仅为100Mbit/s。若想达到更高的数据传输速率，则需要更换传输媒介，使用千兆或万兆以太网。这样的解决方案成本昂贵，不适合中小型企业和学校应用。如果使用链路聚合技术把多个接口捆绑在一起，则可以以较低的成本满足提高接口带宽的需求。例如，把 3 个 100Mbit/s 的全双工接口捆绑一起，就可以达到 300Mbit/s 的最大带宽。

链路聚合在增加链路带宽的同时，还附带产生其他一些优点，主要有：

第一，实现负载均衡。链路聚合将多个连接的端口捆绑成为一个逻辑连接，捆绑后的带宽是每个独立端口的带宽总和。而使用链路聚合可以充分利用设备的端口处理能力与物理链路，流量在多条平行物理链路间进行负载均衡。

第二，增加链路可靠性。当链路聚合中的一个端口出现故障，流量会自动在剩下的链路间重新分配；并且这种故障切换所用的时间是毫秒级的。也就是说，一旦组成链路聚合的某一端口连接失败，网络流量将自动重定向到那些正常工作的连接上。链路聚合技术可以保证网络无间断地正常工作。

链路聚合端口要求被捆绑的物理端口具有相同的特性，如带宽、双工方式、所属 VLAN 等。

两个交换机如果只是简单地用网线将多个端口连接起来并不能起到链路聚合作用，还必须进行相应的配置。以图 3-3 所示的两个核心交换机对应的 g1/0/23 和 g1/0/24 两组端口进行链路聚合为例，下面是华为交换机的链路聚合配置。

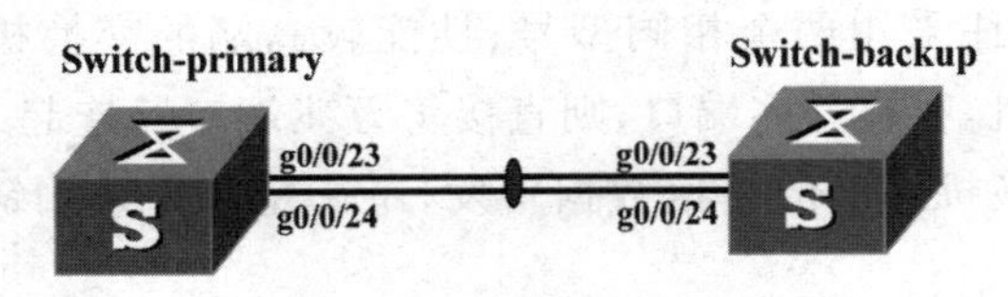

图 3-3 核心层交换机的链路聚合

主核心交换机 Switch-primary 的配置：

```
<Huawei>undo t m                                   /*关闭设备弹出的提示*/
<Huawei>system-view                                /*进入系统视图开始配置*/
[Huawei]sysname Switch-primary                     /*给设备命名*/
[Switch-primary]int eth-trunk 10                   /*创建一个链路聚合端口,编号为0～63/
[Switch-primary-Eth-Trunk10]trunkport g0/0/23
    /*向链路聚合端口添加一个物理端口,g0/0/23 端口是 GigabitEtherent0/0/23 的简写*/
[Switch-primary-Eth-Trunk10]trunkport g0/0/24      /*再添加另一个物理端口*/
[Switch-primary-Eth-Trunk10]quit                   /*退出接口视图*/
[Switch-primary]quit                               /*退出系统视图*/
```

配置完成后，可以输入命令“dis eth-trunk”查看所配置的链路聚合端口信息。值得注意的是，在另一个交换机还没有配置链路聚合的时候，所查看的链路聚合端口状态为 Up，如图 3-4 所示。

```
[Switch-primary-Eth-Trunk10]dis eth-trunk
Eth-Trunk10's state information is:
WorkingMode: NORMAL           Hash arithmetic: According to SIP-XOR-DIP
Least Active-linknumber: 1    Max Bandwidth-affected-linknumber: 8
Operate status: up            Number Of Up Port In Trunk: 2
--------------------------------------------------------------------------------
PortName                      Status      Weight
GigabitEthernet0/0/23         Up          1
GigabitEthernet0/0/24         Up          1

[Switch-primary-Eth-Trunk10]
```

图 3-4　一端交换机配置链路聚合后显示的端口信息

备份核心交换机 Switch-backup 的配置：

```
<Huawei>undo t m                                        /*关闭设备弹出的提示*/
<Huawei>system-view                                     /*进入系统视图开始配置*/
[Huawei]sysname Switch-backup                           /*给设备命名*/
[Switch-backup]int eth-trunk 10                         /*创建一个链路聚合接口,编号为 0～63*/
[Switch-backup-Eth-Trunk10]trunkport g0/0/23            /*添加一个物理接口*/
[Switch-backup-Eth-Trunk10]trunkport g0/0/24            /*再添加另一个物理接口*/
[Switch-backup-Eth-Trunk10]quit                         /*退出接口视图*/
[Switch-backup]quit                                     /*退出系统视图*/
```

上面实现聚合的端口分别是两个交换机的 g0/0/23 和 g0/0/24 端口。实际上，实现聚合的端口并不要求端口号相对应。或者说可以是这台交换机的 g0/0/1 和 g0/0/3 端口和另一台交换机的 g0/0/13 和 g0/0/14 端口实现链路聚合。

两台核心层交换机通过链路聚合配置能够显著增大通信带宽，提高核心层交换机的数据转发能力。但这样的连接很明显构成了一个环。不过链路聚合命令配置完成后，系统能够自动检测到链路聚合端口，将其在逻辑上当作一个端口处理，不会产生广播风暴。但是如果链路聚合还未进行配置，就用物理连接线把打算链路聚合的端口连接起来，此时由于链路聚合端口构成了环，就会产生广播风暴。因此在使用链路聚合技术时，应该先完成配置再连接链路聚合端口。

链路聚合技术视频

虽然链路聚合端口本身不会产生广播风暴，但是如果链路聚合端口与交换机上其他端口链路构成了环，则必须启用链路聚合端口的生成树协议功能。如图 3-5 所示的网络，汇聚层交换机与两台核心层交换机连接的链路与聚合链路构成了环路，聚合链路成为环路的一部分，此时就需要开启链路聚合端口的生成树协议功能，或者在交换机的系统视图下开启所有端口的生成树协议功能。

链路聚合配置工程文件

STP(或 stp，Spanning Tree Protocol，生成树协议)专用于消除交换机互相连接构成的环路。同一个厂商生产的交换机产品，某个型号交换机默认情况下是关闭 STP 功能的，但也有可能另一种型号的交换机产品默认情况下是开启 STP 功能的。华为 eNSP 模拟器中的两款交换机 S3700 和 S5700 默认情况下是开启 STP 功能的。如果发现某型号交换机默认情况下没有开启 STP 功能，可以输入命令“stp enable”命令开启 STP 功能。该命令可以在两种视图下操作。当在系统视图下操作时，是开启整个交换机所有端口的 STP 功能；当在某个端口视图下操作时，仅仅开启该端口的 STP 功能。当要关闭 STP 功能时，可以使用命令“stp disable”，该命令也可以在两种视图下操作。

下面的命令是在交换机的接口视图下开启某个具体端口的 STP 功能：

```
[Switch-primary]interface g0/0/1
[Switch-primary-G0/0/1]stp enable
```

开启链路聚合端口的 STP 功能：

```
[Switch-primary]interface eth-trunk 10
[Switch-primary-Eth-Trunk10]stp enable
```

如果在交换机的系统视图下，开启交换机的生成树功能，此时交换机的所有端口都会启用生成树功能，包括上面的 g0/0/1 端口和链路聚合端口 eth-trunk10。

```
[Switch-primary]stp enable
[Switch-backup]stp enable
```

实际组网中常常在系统视图下开启整个交换机所有端口的 STP 功能，然后根据实际网络组网情况判断哪些端口不会形成环路，再在接口视图下关闭相应端口的 STP 功能。因为开启了 STP 功能的端口经常向网络发送 STP 协议报文，会占用网络链路带宽。连接计算机终端的端口及连接路由器的端口不会造成环路，通常关闭交换机中此类端口的 STP 功能。

3.1.2 局域网汇聚层冗余连接产生的环路

如前所述，为了提高网络的可靠性，降低用户失去网络连接的概率，在实际组网中，往往采用网络设备冗余组网的方法，即核心层交换机采用两个交换机，一个作为主交换机，一个作为备份交换机。正常情况下，使用主交换机连接到网络，当主交换机出现故障时，自动切换到备份交换机。不过在实际组网中，为了避免交换机设备的浪费，往往采用负载分担的方式，即两个设备在正常情况下是同时使用的，一部分流量通过主交换机，一部分流量通过备份交换机。当其中一台设备出现故障时，所有汇聚层设备才会全部通过那台正常的设备连接到网络。

如图 3-5 所示，核心层采用两个交换机形成互为备份和负载分担，汇聚层交换机通过两根线缆同时连接到核心层交换机，其中一根线缆连接到了主交换机，另一根线缆连接到了备份交

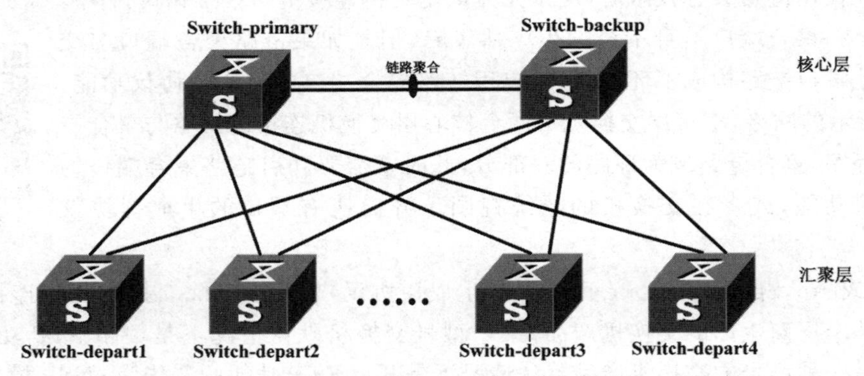

图 3-5　汇聚层交换机通过双上行链路冗余连接到核心层交换机

换机。显然采用这种连接方式，网络出现了环路。即采用冗余组网的方式提高了网络的可靠性，降低了网络出现连接中断的概率，但是却出现了环路。这是必须解决的一个问题。

如图 3-6 所示，汇聚层交换机通过双上行链路连接到核心层交换机，每一个汇聚层交换机都产生了一个环路，必须消除环路，才能避免广播风暴。同样要采用 STP 技术来消除环路。STP 在这里所起的主要作用可以概括为：

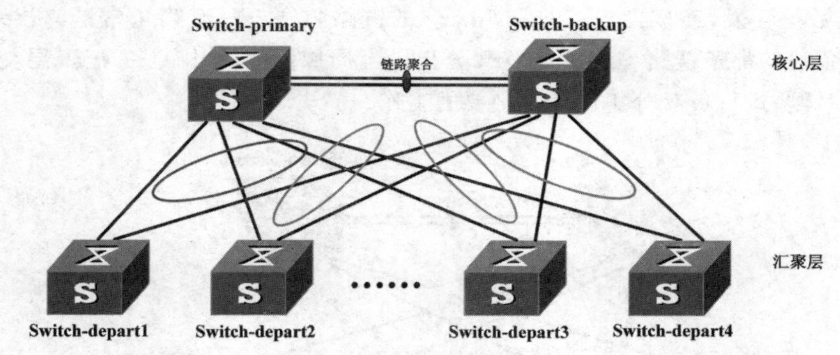

图 3-6　汇聚层交换机通过双上行链路连接到核心层交换机产生环路

1. 消除环路

STP 通过逻辑上阻断冗余链路来消除网络中可能存在的路径回环，如图 3-7 所示。

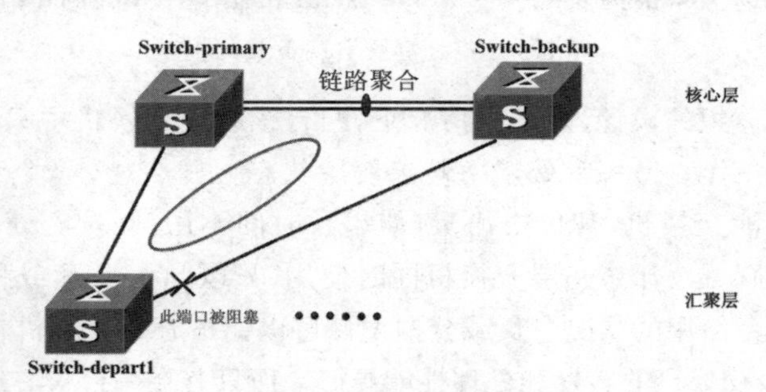

图 3-7　STP 协议实现消除环路

2. 冗余备份

STP 仅仅是在逻辑上阻断冗余链路，当主链路发生故障后，正常工作情况下那条被阻断的冗余链路将被重新激活从而保证网络畅通，并且重新激活是自动进行的，不需要管理员进行任何手工操作，如图 3-8 所示。

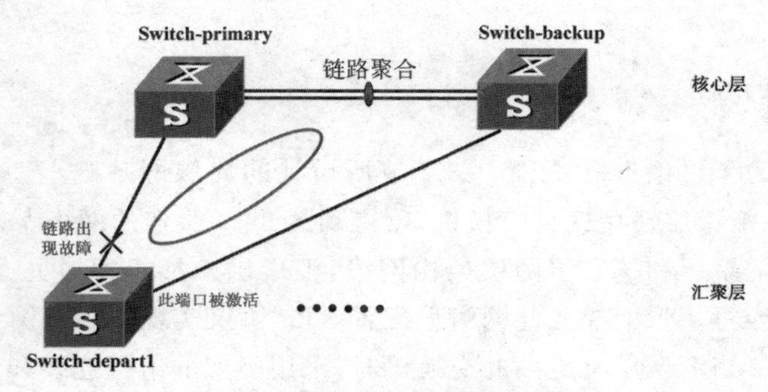

图 3-8　STP 协议实现冗余备份

3. 负载分担

STP 并不仅仅只有通过阻塞端口达到消除环路和冗余备份的功能。通过合理设计还可以实现负载分担的功能。如图 3-9 所示，正常情况下，可以让其中两台汇聚层交换机 Switch-depart1～2通过核心层交换机 Switch-primary 实现数据转发，连接到 Switch-backup 的链路阻塞；而另外两台汇聚层交换机 Switch-depart3～4 通过核心层交换机 Switch-backup 进行数据转发，连接到 Switch-primary 的链路阻塞。只有当正常链路出现故障时，才启用冗余备份的那条链路。这就是负载分担。当局域网用户比较多，汇聚层交换机相应也比较多的时候，进行负载分担设计是必要的工作。

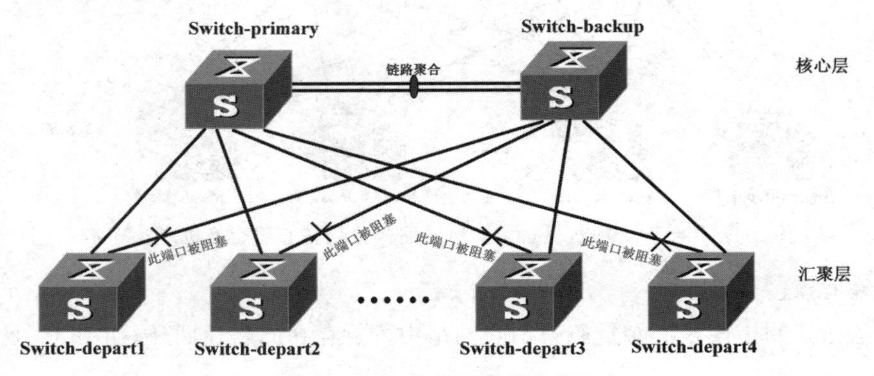

图 3-9　STP 协议实现负载分担

如果不采用负载分担的设计，则正常情况下，两台核心层交换机中只有一台在工作(有可能是满负荷或超负荷工作)，另一台处于备份未使用状态。显然这种设计很不合理，因为核心层交换机往往是高性能交换机，其价格昂贵，如果长时间不用，则投资处于浪费状态，非常可惜。而负载分担设计则可以让核心层交换机同时使用(只以 50%负荷或稍高负荷工作)，避免高性能交换机只有一台使用的状况。负载分担设计可以让核心层交换机在绝大多数时间工作在低负荷状态，从而令交换机的转发和处理性能更好。而只有在一台核心层交换机出现故障的短时间内，所有汇聚层流量才会同时流向另一台核心层交换机，此时核心层交换机才出现满负荷工作的状态，但这个时间非常短。因此负载分担设计是非常科学和合理的设计。一般情况下，要尽量采用这种设计。可以看到在第 1 章给出的多个实际网络的设计案例中，都是采用这种设计。

3.2　生成树协议配置及分析

3.2.1　确定根桥

判断根桥的方法

为了讨论方便，在第 1.3.7 节所设计的局域网基础上，只留下核心层和汇聚层，汇聚层使用四台交换机，就得到图 3-10 所示的网络。其相当于一个局域网的汇聚层和核心层两层架构网络，汇聚层交换机通过冗余方式连接到核心层交换机。下面要在此网络上配置 STP 协议实现图 3-7、图 3-8、图 3-9 所述的功能。当汇聚层有更多的交换机时，采用类似的组网连线和配置方法即可。

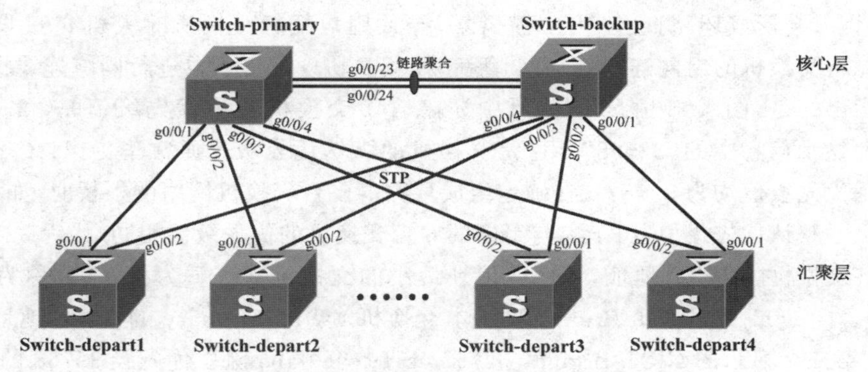

图 3-10　局域网 STP 协议配置分析

说明：eNSP 软件中 S3700 交换机有 22 个百兆以太网接口和 2 个千兆以太网接口，名称分别为 Ethernet0/0/1～22、GigabitEthernet0/0/1 和 GigabitEthernet0/0/2；S5700 交换机有 24 个千兆以太网接口，名称分别为 GigabitEthernet0/0/1～ 24。在本书的例子中，核心层使用两台 S5700，汇聚层使用四台 S3700。由于每次实验时，使用的交换机的 MAC (Medium Access Control，介质访问控制)地址是随机分配的，这会导致不同人的组网结果不同。

按图 3-10 所示的接口连线将六台交换机组网。在交换机的任意视图下输入“display stp”命令，如图 3-11 所示。第一行显示 STP 协议模式为“Mode MSTP”，再往下看端口 GigabitEthernet0/0/1 的端口协议“Port Protocol”为“Enabled”。事实上交换机的每个端口，无论是有线缆连接的端口(状态为 up)或没有线缆连接的端口(状态为 down)，其端口协议均为“Enabled”，表明 eNSP 中的交换机默认情况下开启了生成树协议功能，且采用的 STP 协议是 MSTP。不过要注意的是，采用实体交换机进行组网时，部分厂商部分型号的交换机在默认情况下是不开启 STP 协议的，这种情况下如果还没有配置生成树协议就直接连

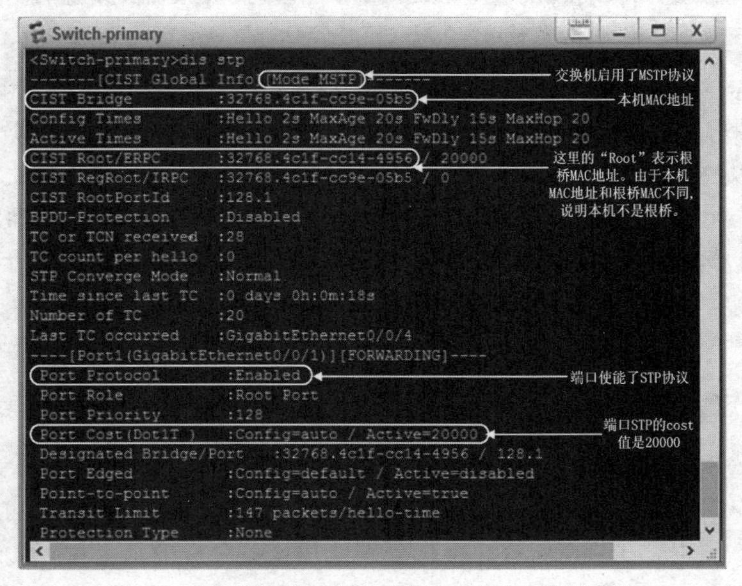

图 3-11　交换机默认情况下启用了生成树协议功能

线的话,网络就会形成环路,会产生广播风暴,导致用户配置交换机时人机交互非常缓慢。所以建议先将交换机的组网连线规划好,等完成 STP 协议配置后再进行网络连线操作。

值得指出的是,图 3-11 显示的信息中还隐含了交换机的桥优先级值是 32768(CIST Bridge 后面显示信息中的"32768"),这是交换机的默认优先级。通常华为、H3C 等交换机的默认网桥优先级值均为 32768。在确定组成环路的多台交换机网络的根桥时,如果不改变所有交换机的默认优先级值,由于参与组网的 6 台交换机的优先级值相同,均为 32768,那么需要比较各交换机的 MAC 地址。MAC 地址最小的交换机被选举为根桥(或称为根网桥、根交换机)。图 3-11 中"CIST Bridge"显示本交换机 Switch-primary 的 MAC 地址是 4c1f-cc9e-05b5(第二行显示的 CIST Bridge: 32768.4c1f-cc9e-05b5 除去优先级 32768 的部分)。

那么在这个由多台交换机组成的网络中,哪一台交换机是根交换机呢?可以通过在每台交换机中输入"dis stp",查看每台交换机的 MAC 地址。第五行中出现的"CIST Root"是指所有交换机组成的网络中根桥的 MAC 地址,将这个地址与第二行"CIST Bridge"显示的本机的 MAC 地址对比,如果两者相同,就说明当前查看的这台交换机是根桥。经过分析查找,最后确定 Switch-depart1 交换机被选举为根桥,如图 3-12 所示。

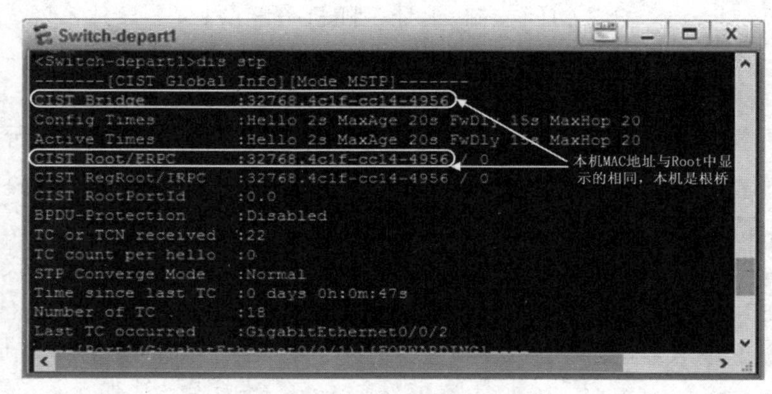

图 3-12 查找被选举为"根桥"的交换机是 Switch-depart1

图 3-12 显示 MAC 地址为 4c1f-cc14-4956 的交换机(即 Switch-depart1)被选举为根桥,这是仅仅简单开启各交换机的 STP 协议后的结果。由于没有修改六台交换机的默认优先级值 32768,所以按 STP 协议的计算方法,六台交换机中 MAC 地址最小的交换机将被选举为根桥。这里 Switch-depart1 交换机的 MAC 地址最小,它被选举为根桥,而计划为根桥的交换机 Switch-primary 交换机则未被选举为根桥。由此可见,仅仅是默认开启 STP 功能,并不能让指定的交换机成为根桥。注意,根据实际组网中所用六台交换机的 MAC 地址的不同情况,有可能结果与图 3-12 所示不同。

3.2.2 确定各交换机的端口状态

将上述六台交换机按图 3-10 所示的接口连接,在只启用 STP 协议但不进行任何 STP 配置情况下,输入命令"dis stp brief"查看各交换机的生成树协议工作状态,可以分析哪些端口处于阻塞状态。图 3-13 是在六台交换机分别使用该命令后的结果,为了方便对比分析,将六台交换机的显示结果集中在一起。

```
<Switch-primary>dis stp brief
 MSTID  Port                        Role  STP State     Protection
   0    GigabitEthernet0/0/1        ROOT  FORWARDING      NONE
   0    GigabitEthernet0/0/2        DESI  FORWARDING      NONE
   0    GigabitEthernet0/0/3        DESI  FORWARDING      NONE
   0    GigabitEthernet0/0/4        DESI  FORWARDING      NONE
   0    Eth-Trunk10                 DESI  FORWARDING      NONE
<Switch-backup>dis stp brief
 MSTID  Port                        Role  STP State     Protection
   0    GigabitEthernet0/0/1        DESI  FORWARDING      NONE
   0    GigabitEthernet0/0/2        DESI  FORWARDING      NONE
   0    GigabitEthernet0/0/3        ROOT  FORWARDING      NONE
   0    GigabitEthernet0/0/4        DESI  FORWARDING      NONE
   0    Eth-Trunk10                 ALTE  DISCARDING      NONE
<Switch-depart1>dis stp brief
 MSTID  Port                        Role  STP State     Protection
   0    GigabitEthernet0/0/1        DESI  FORWARDING      NONE
   0    GigabitEthernet0/0/2        DESI  FORWARDING      NONE
<Switch-depart2>dis stp brief
 MSTID  Port                        Role  STP State     Protection
   0    GigabitEthernet0/0/1        ROOT  FORWARDING      NONE
   0    GigabitEthernet0/0/2        ALTE  DISCARDING      NONE
<Switch-depart3>dis stp brief
 MSTID  Port                        Role  STP State     Protection
   0    GigabitEthernet0/0/1        ALTE  DISCARDING      NONE
   0    GigabitEthernet0/0/2        ROOT  FORWARDING      NONE
<Switch-depart4>dis stp brief
 MSTID  Port                        Role  STP State     Protection
   0    GigabitEthernet0/0/1        ALTE  DISCARDING      NONE
   0    GigabitEthernet0/0/2        ROOT  FORWARDING      NONE
```

图 3-13　分析交换机的阻塞端口

图 3-13 中端口角色“Role”为“ALTE”(Alternate)代表该端口为阻塞端口，该端口的状态为“DISCARDING”。图 3-14 是在分析图 3-13 显示信息的基础上直接在组网的交换机上标注被阻塞的端口，这样更形象地显示了阻塞端口。

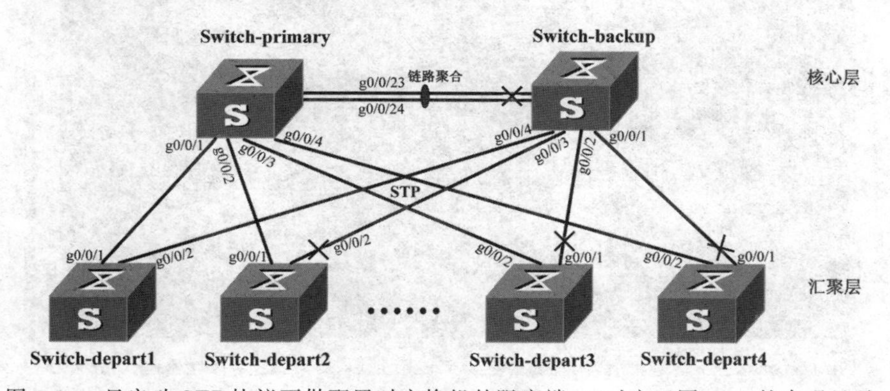

图 3-14　只启动 STP 协议不做配置时交换机的阻塞端口(对应于图 3-13 的直观显示)

从图 3-14 可以看到，本来打算作为核心层交换机的 Switch-backup 交换机，其上的链路聚合端口 Eth-Trunk10 被置为阻塞状态。并且所有汇聚层交换机都通过一个核心层交换机 Switch-primary 与外部网络通信，Switch-backup 交换机相当于空闲了，这与实际网络规划的结果完全相反(原规划要求负载均衡，两个核心层交换机各负担 50%流量)。出现这种情况的原因是，在前述的 STP 协议配置中，只是简单地启用 STP 协议，此时交换机采用默认的优先级值(均为 32768)，所以交换机要通过比较 MAC 地址来确定谁是根桥。这表明如果只是简单地启用交换机的生成树协议，将达不到预期的结果。因此要根据 STP 协议的工作原理，干预 STP 协议的选举机制。关于 STP 协议的工作原理，本书不过多分析，很多书籍和网上资料都对生成树协议作了详细的分析和讲解，本书侧重于从工程配置的角度，通过实例讲解来学习如何使用 STP 协议来建设一个无环路局域网。

3.2.3 直接指定根桥

在交换机中指定根桥的配置讲解

下面在上述配置基础上，继续完善配置。如果在组建网络时打算将性能最好的交换机作为核心交换机，而性能最好的交换机理所当然地应该成为根桥。例如这里要将 Switch-primary 作为主要的根桥，则可以直接在 Switch-primary 的系统视图上使用命令“stp root primary”，即可将其设置为根桥。同样道理，如果要将另一个核心交换机 Switch-backup 作为备用根桥，则只需要在该交换机的系统视图中使用命令“stp root secondary”进行配置实现。配置代码如下：

```
[switch-primary]stp root primary          /* 设置 Switch-primary 为主用根桥 */
[switch-backup]stp root secondary         /* 设置 Switch-backup 为备用根桥 */
```

汇聚层交换机 Switch-depart1～4 暂时不配置。

上述配置完成后，再一次在 Switch-primary 上使用命令“dis stp”查看 STP 详细信息，可以看到该交换机被直接设置为根桥(第九行 CIST Root Type：Primary root)，如图 3-15 所示(该命令显示的内容很多，这里只选取部分内容)。

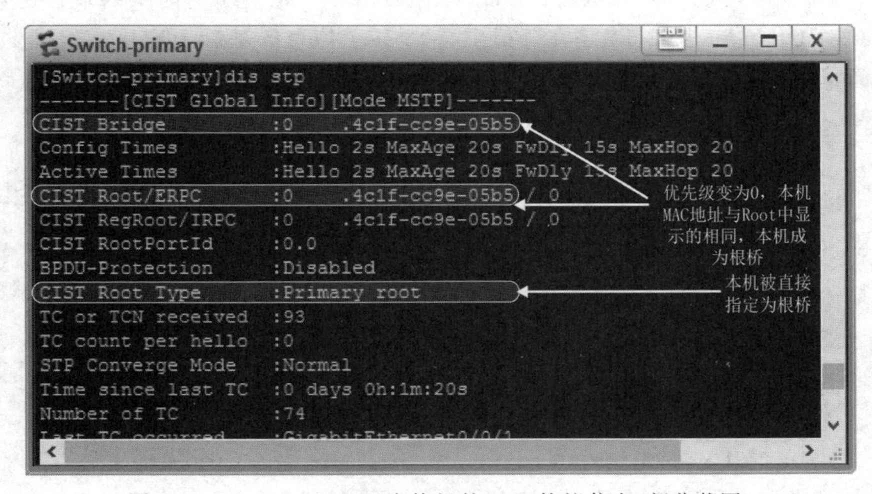

图 3-15 Switch-primary 交换机的 STP 协议信息(部分截图)

stp root primary 命令、stp root secondary 命令是怎么实现直接将交换机设置为主用根桥和备用根桥的呢？分析图 3-15 和图 3-16 所示的 Switch-primary 交换机、Switch-backup 交换机显示的 STP 协议信息，可以看到这两个命令实际上是通过直接修改交换机的桥优先级实现的。配置“stp root primary”命令后，Switch-primary 交换机的桥优先级由默认的 32768 被修改为 0(图 3-15 第二行 CIST Bridge：0.4c1f-cc9e-05b5 的 0 为桥优先级)。而配置“stp root secondary”命令后，Switch-backup 交换机的桥优先级由默认的 32768 被修改为 4096(图 3-16 第二行 CIST Bridge：4096.4c1f-cca1-2d1e 的 4096 为桥优先级)。此时优先级值最小的将被设置为根桥。

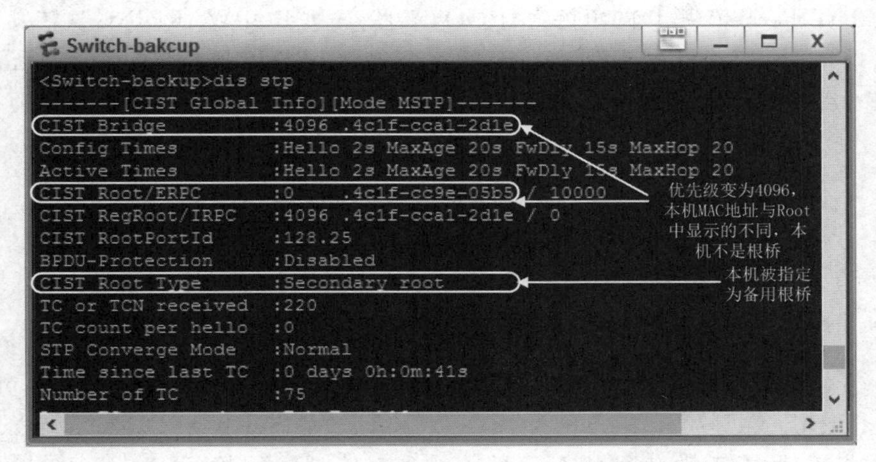

图 3-16　Switch-backup 交换机的 STP 协议信息(部分截图)

还可以在交换机的系统视图中使用“dis stp brief”查看交换机的 STP 协议的概要信息，可以通过此命令的输出显示结果分析交换机环路的各个端口状态。

3.2.4　直接指定根桥后各交换机的端口状态

如图 3-17 所示，Switch-primary 的五个端口(Port)(即 g0/0/1～g0/0/4、Eth-Trunk10)角色(Role)为“DESI”(指定端口)，STP 状态(STP State)为“FORWARDING”(转发)，表明这五个端口都是指定端口，处于转发状态。Switch-primary 交换机是主用根桥，主用根桥的所有端口都是指定端口，这正符合 STP 协议的工作原理。

```
<Switch-primary>dis stp brief
 MSTID  Port                        Role  STP State     Protection
   0    GigabitEthernet0/0/1        DESI  FORWARDING      NONE
   0    GigabitEthernet0/0/2        DESI  FORWARDING      NONE
   0    GigabitEthernet0/0/3        DESI  FORWARDING      NONE
   0    GigabitEthernet0/0/4        DESI  FORWARDING      NONE
   0    Eth-Trunk10                 DESI  FORWARDING      NONE
```

图 3-17　Switch-primary 交换机的端口都是指定端口

如图 3-18 所示，Switch-backup 交换机是备用根桥，在根桥正常工作时，备用根桥就是一个普通的网桥。图中显示 Eth-Trunk10 端口角色为“ROOT”(根端口)，表示它与根桥相连的那个链路聚合端口是根端口。其余四个端口(即 g0/0/1～g0/0/4)角色为“DESI”，表示这四个端口为指定端口。所有端口的 STP 状态为“LEARNING”学习/或“FORWARDING”(转发)，即都处于正常状态。

```
<Switch-backup>dis stp brief
 MSTID  Port                        Role  STP State     Protection
   0    GigabitEthernet0/0/1        DESI  LEARNING        NONE
   0    GigabitEthernet0/0/2        DESI  LEARNING        NONE
   0    GigabitEthernet0/0/3        DESI  LEARNING        NONE
   0    GigabitEthernet0/0/4        DESI  LEARNING        NONE
   0    Eth-Trunk10                 ROOT  FORWARDING      NONE
```

图 3-18　Switch-backup 交换机的端口工作状态

图 3-19 显示 Switch-depart1 交换机的两个端口中，连接到主用根桥 Switch-primary 的端口(GigabitEthernet0/0/1)的角色为“ROOT”，状态为“FORWARDING”(转发)，表明该端口为根端口，处于正常转发状态。而另一个连接到备用根桥 Switch-backup 的端口(GigabitEthernet0/0/2)的角色为“ALTE”，状态为“DISCARDING”(丢弃)，表明该端口为阻塞端口，处于阻塞状态。

```
<Switch-depart1>dis stp brief
 MSTID  Port                        Role  STP State     Protection
   0    GigabitEthernet0/0/1        ROOT  FORWARDING      NONE
   0    GigabitEthernet0/0/2        ALTE  DISCARDING      NONE
```

图 3-19 Switch-depart1 交换机的根端口和阻塞端口

图 3-20 显示 Switch-depart2 交换机的两个端口中，连接到主用根桥 Switch-primary 的端口(GigabitEthernet0/0/1)的角色为“ROOT”，状态为“FORWARDING”(转发)，表明该端口为根端口，处于正常转发状态。而另一个连接到备用根桥 Switch-backup 的端口(GigabitEthernet0/0/2)的角色为“ALTE”，状态为“DISCARDING”(丢弃)，表明该端口处于阻塞状态。

```
<Switch-depart2>dis stp brief
 MSTID  Port                        Role  STP State     Protection
   0    GigabitEthernet0/0/1        ROOT  FORWARDING      NONE
   0    GigabitEthernet0/0/2        ALTE  DISCARDING      NONE
<Switch-depart2>
```

图 3-20 Switch-depart2 交换机的根端口和阻塞端口

图 3-21 显示 Switch-depart3 交换机的两个端口中，连接到主用根桥 Switch-primary 的端口(GigabitEthernet0/0/1)的角色为“ALTE”，状态为“DISCARDING”(丢弃)，表明该端口为阻塞端口，处于阻塞状态。而另一个连接到备用根桥 Switch-backup 的端口(GigabitEthernet0/0/2)的角色为“ROOT”，状态为“FORWARDING”(转发)，表明该端口为根端口，处于正常转发状态。

```
<Switch-depart3>dis stp brief
 MSTID  Port                        Role  STP State     Protection
   0    GigabitEthernet0/0/1        ALTE  DISCARDING      NONE
   0    GigabitEthernet0/0/2        ROOT  FORWARDING      NONE
<Switch-depart3>
```

图 3-21 Switch-depart3 交换机的根端口和阻塞端口

图 3-22 显示 Switch-depart4 交换机的两个端口中，连接到主用根桥 Switch-primary 的端口(GigabitEthernet0/0/1)的角色为“ALTE”，处于阻塞状态。而另一个连接到备用根桥 Switch-backup的端口(GigabitEthernet0/0/2)为根端口，处于正常转发状态。

```
<Switch-depart4>dis stp brief
 MSTID  Port                        Role  STP State     Protection
   0    GigabitEthernet0/0/1        ALTE  DISCARDING      NONE
   0    GigabitEthernet0/0/2        ROOT  FORWARDING      NONE
<Switch-depart4>
```

图 3-22 Switch-depart4 交换机的根端口和阻塞端口

图 3-23 是根据上述分析后得到的交换机环网的链路阻塞显示效果。

图 3-23　直接设置主、备用根桥后的交换机环网的阻塞链路

指定根桥后
局域网状态

直接设置主、备用交换机后，交换机环网的阻塞端口有了变化，但是通过仔细分析各交换机处于阻塞状态的端口，却发现所有汇聚层交换机连接到备份核心交换机上的端口同时处于阻塞状态。也就是说，此时所有汇聚层交换机都是通过主用根桥进行数据交换，备用根桥完全处于空闲状态。这将造成一台核心交换机超负荷工作，而另一台核心交换机却不用工作，这显然造成了极大的浪费，与实际的组网要求也不相符。最好的方式是一部分接入层用户计算机通过主用核心交换机进行数据转发，一部分通过备用核心交换机进行数据转发，这样让两台交换机同时工作，起到了流量分担作用。因此可以说前面的配置仍然没有达到要求。

在实际企业局域网组网中，理想的交换机组网的环路阻塞状态是如图 3-24 所示的状态，即汇聚层交换机中一半通过主用核心交换机进行转发，另一半汇聚层交换机通过备用核心交换机进行转发。那么怎样才能达到主用核心交换机和备用核心交换机在正常情况下都参与工作，起到负载均衡和流量分担作用呢？

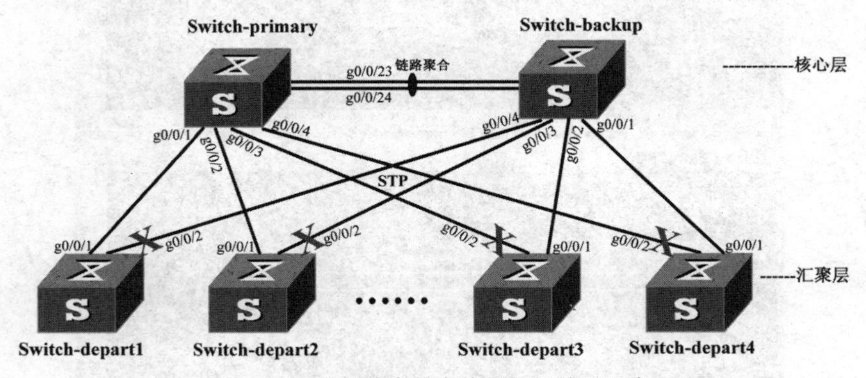

图 3-24　理想状态的交换机组网端口阻塞

3.2.5　实现交换机特定端口阻塞的方法

将图 3-24 与图 3-23 相比较，可以发现 Switch-depart3 的原阻塞端口 g0/0/1 变为正常转发状态，而 g0/0/2 变为阻塞端口。根据生成树协议的工作原理，在确定网桥的阻塞端口

时,要依次比较网桥 ID(即优先级和 MAC 地址的组合值)、根路径开销(cost)、指定桥 ID、指定端口 ID。这四个比较项的意义如表 3-1 所示。根路径开销排在指定桥 ID、指定端口 ID 的前面,是第二个比较项,所以可以考虑修改某些端口的 cost 值。以 Switch-depart3 为例,如果要让端口 g0/0/1 由阻塞状态变为正常转发状态,g0/0/2 由正常转发状态变为阻塞状态,必须修改这两个端口中任意一个端口的 cost 值。

表 3-1　STP 协议参与计算的四个参数的主要作用

参数	网桥 ID	根路径开销(cost)	桥 ID	端口 ID
作用	用于确定根桥	用于确定阻塞端口和非阻塞端口,只要前一个参数能够比较出结果,就不用再比较后面的参数。例如由“根路径开销(cost)”比较出了阻塞端口和非阻塞端口,就不用比较后面的“桥 ID”和“端口 ID”。如果比较“根路径开销(cost)”还无法确定出结果,就继续比较“桥 ID”,直至最终确定出阻塞端口		
说明	即优先级和 MAC 地址的组合值,最小者为根桥	根桥发出的消息到达非根桥的路径上所有入端口的 cost 值之和,最小者为根端口	小的为指定桥,连接指定桥的端口非阻塞端口	由端口优先级和端口索引号组成,小者优先,大者为阻塞端口

为此先在 Switch-depart3 交换机中使用命令“display stp int *interface-id*”查看该交换机的 g0/0/1 和 g0/0/2 端口的 cost 值。Switch-depart2 交换机的 g0/0/1 和 g0/0/2 端口的默认 cost 值相同,都是 20000,如图 3-25 所示。

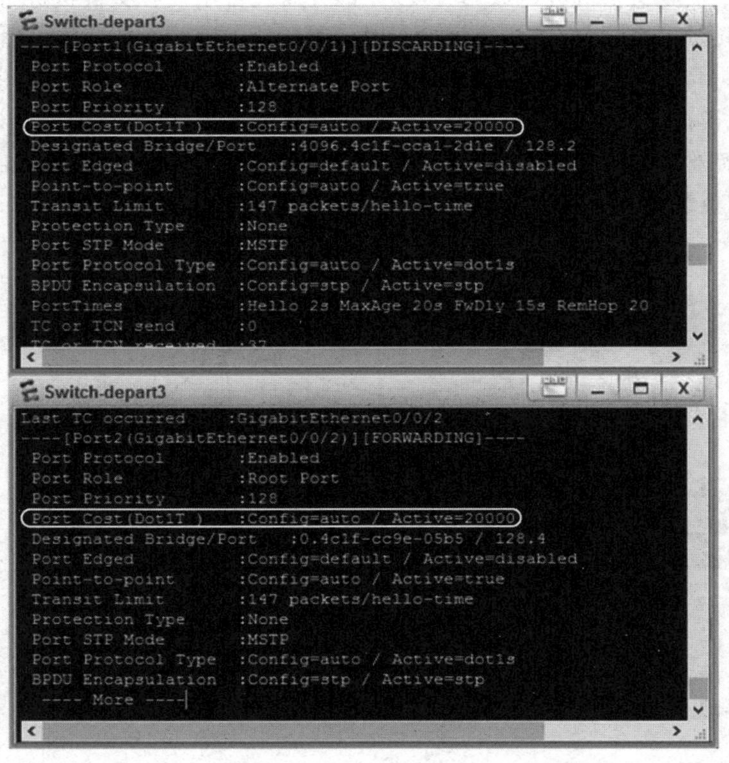

图 3-25　Switch-depart3 交换机的 g0/0/1 和 g0/0/2 端口的默认 cost 值

根桥到达 Switch-depart3 的 g0/0/1 端口经过了 Switch-backup，而 Switch-backup 有一进一出两个端口，计算根路径开销时只计算路径上所有入端口的 cost 值，所以还需要查看 Switch-backup 的端口 Eth-Trunk10 的 cost 值。这里不需要查看 Switch-backup 的端口 g0/0/2的 cost 值，因为根桥发出的消息到达 Switch-depart3 的 g0/0/1 端口时，Switch-backup 的端口 g0/0/2 是出端口而不是入端口，而链路聚合端口 Eth-Trunk10 是入端口。对于链路聚合端口，不是计算组成链路聚合的各个成员端口的 cost 值，而是整体链路聚合端口的 cost 值。图 3-26 显示 S3700 交换机默认的链路聚合端口的 cost 值是 10000。不同厂商的交换机设置的默认值一般是不同的。

```
Switch-bakcup
----[Port25(Eth-Trunk10)][FORWARDING]----
 Port Protocol          :Enabled
 Port Role              :Root Port
 Port Priority          :128
 Port Cost(Dot1T )      :Config=auto / Active=10000
 Designated Bridge/Port    :0.4c1f-cc9e-05b5 / 128.25
 Port Edged             :Config=default / Active=disabled
 Point-to-point         :Config=auto / Active=true
 Transit Limit          :147 packets/hello-time
 Protection Type        :None
 Port STP Mode          :MSTP
 Port Protocol Type     :Config=auto / Active=dot1s
 BPDU Encapsulation     :Config=stp / Active=stp
 PortTimes              :Hello 2s MaxAge 20s FwDly 15s RemHop 20
  ---- More ----
```

图 3-26 Switch-backup 交换机链路聚合端口的默认 cost 值

由图 3-25 和图 3-26 可以分析计算出 Switch-depart3 的 g0/0/1 端口被阻塞是由于该端口的根路径开销要大于另一个端口 g0/0/2 的根路径开销，如图 3-27 所示。

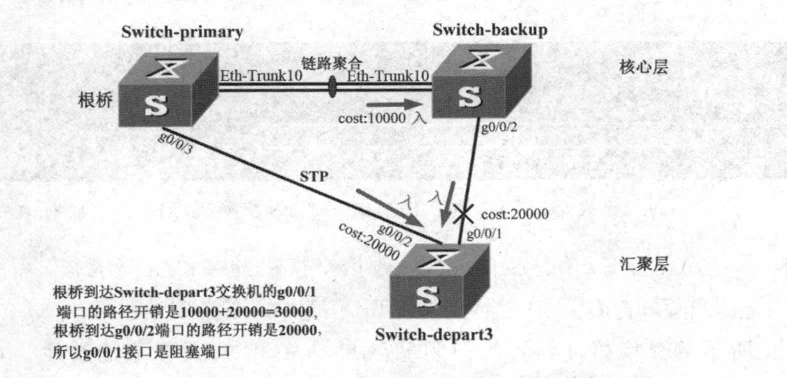

图 3-27 Switch-depart3 交换机的端口状态分析

如果要转换 Switch-depart3 的 g0/0/1 和 g0/0/2 端口的状态，可以通过改变这两个端口中任意一个端口的 cost 值来实现。无论修改哪个端口的 cost 值，只要满足根桥 Switch-primary 到 Switch-depart3 交换机的 g0/0/1 端口的根路径开销比根桥到 g0/0/2 端口的 cost 值小就可以了。下面的操作是试图修改 Switch-depart3 的 g0/0/1 端口的根路径开销 cost 值，将该值设为 1(也可以设为其他符合要求的数值)。

```
[Switch-depart3]int g0/0/1
[Switch-depart3-GigabitEthernet0/0/1]stp cost 1
```

进行修改操作后，STP 协议马上重新进行计算，交换机会弹出提示 g0/0/1 端口状态改变为“DISCARDING”，而 g0/0/2 端口状态改变为“FORWARDING”。

再次使用命令“display stp int *interface-id*”查看 Switch-depart3 交换机的 g0/0/1 端口的 cost 值，如图 3-28 所示。“Config=1”表示端口的 cost 值现在被配置为 1(Config 是配置 configration 的缩写)，“Active=1”显示当前端口实际使用的 cost 值为 1。

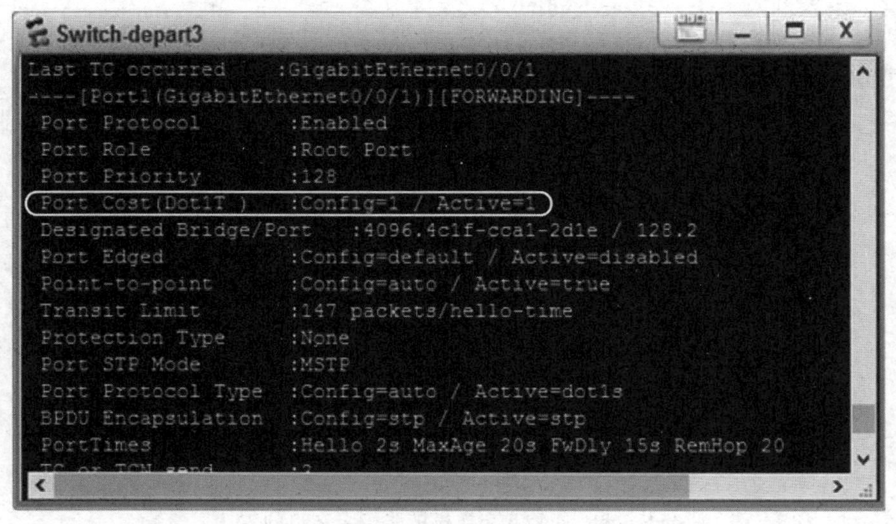

图 3-28　更改端口 cost 值后显示端口的 STP 信息

图 3-29 显示 g0/0/2 端口角色为“ALTE”，即处于阻塞状态，g0/0/1 端口则改变为“ROOT”，即为根端口。与图 3-27 对比，Switch-depart3 的阻塞端口发生了变化。

```
<Switch-depart3>dis stp brief
 MSTID  Port                        Role  STP State     Protection
   0    GigabitEthernet0/0/1        ROOT  FORWARDING      NONE
   0    GigabitEthernet0/0/2        ALTE  DISCARDING      NONE
<Switch-depart3>
```

图 3-29　更改端口 cost 值后 Switch-depart3 交换机端口 STP 状态改变

按同样的方式配置 Switch-depart4，修改该交换机的端口阻塞状态。

完成上述操作后，查看六台交换机的 STP 信息，如图 3-30 所示。

图 3-31 所示的交换机环路各端口阻塞效果是 3-30 的更形象的展示。虽然汇聚层交换机通过两条链路连接到核心交换机，但是其中只有一条链路正常使用，另外一条链路阻塞，这正是 STP 所达到的理想状态。可以说上述配置实现了既定目标。

```
<Switch-primary>dis stp brief
 MSTID  Port                        Role  STP State     Protection
   0    GigabitEthernet0/0/1        ROOT  FORWARDING      NONE
   0    GigabitEthernet0/0/2        DESI  FORWARDING      NONE
   0    GigabitEthernet0/0/3        DESI  FORWARDING      NONE
   0    GigabitEthernet0/0/4        DESI  FORWARDING      NONE
   0    Eth-Trunk10                 DESI  FORWARDING      NONE
<Switch-backup>dis stp brief
 MSTID  Port                        Role  STP State     Protection
   0    GigabitEthernet0/0/1        DESI  FORWARDING      NONE
   0    GigabitEthernet0/0/2        DESI  FORWARDING      NONE
   0    GigabitEthernet0/0/3        DESI  FORWARDING      NONE
   0    GigabitEthernet0/0/4        DESI  FORWARDING      NONE
   0    Eth-Trunk10                 ROOT  FORWARDING      NONE
<Switch-depart1>dis stp brief
 MSTID  Port                        Role  STP State     Protection
   0    GigabitEthernet0/0/1        ROOT  FORWARDING      NONE
   0    GigabitEthernet0/0/2        ALTE  DISCARDING      NONE
<Switch-depart2>dis stp brief
 MSTID  Port                        Role  STP State     Protection
   0    GigabitEthernet0/0/1        ROOT  FORWARDING      NONE
   0    GigabitEthernet0/0/2        ALTE  DISCARDING      NONE
<Switch-depart3>dis stp brief
 MSTID  Port                        Role  STP State     Protection
   0    GigabitEthernet0/0/1        ROOT  FORWARDING      NONE
   0    GigabitEthernet0/0/2        ALTE  DISCARDING      NONE
<Switch-depart4>dis stp brief
 MSTID  Port                        Role  STP State     Protection
   0    GigabitEthernet0/0/1        ROOT  FORWARDING      NONE
   0    GigabitEthernet0/0/2        ALTE  DISCARDING      NONE
```

图 3-30　设置完成后所有交换机的端口 STP 状态

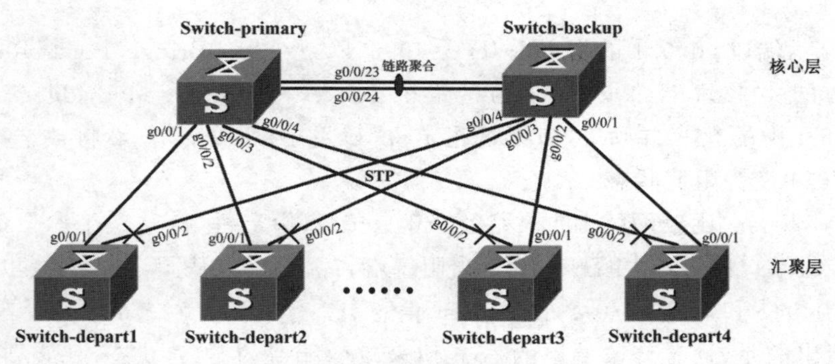

图 3-31　交换机环路阻塞效果图

讨论：如果把 Switch-depart3 交换机的 g0/0/1 接口的 cost 值修改为 10000，此时 g0/0/1 和 g0/0/2 的根路径开销 cost 值变为相同，都是 20000。那么此时将会发生什么情况呢？通过实际操作发现，端口 g0/0/1 的状态重新变回阻塞状态。

按照前面表 3-1 所显示的生成树协议的比较规则，当非根桥的两个端口的根路径开销值相同时，还要继续比较根桥到每个端口的中间路径上所经过的桥 ID，中间路径上的桥 ID 小的端口优先为根端口。对于 Switch-depart3 来说，g0/0/2 端口与根桥直接连接，而 g0/0/1 端口与根桥之间则经过了 Switch-backup，所以根桥为 g0/0/2 端口的指定桥，Switch-backup则为 g0/0/1 端口的指定桥，显然根桥的桥 ID 要小，因此 g0/0/2 为根端口，g0/0/1 又变回了阻塞状态。实际上也可以直接判定与根桥连接的端口为根端口。当然通过查看 Switch-depart3 的 STP 概要信息，比较 g0/0/1 端口和 g0/0/2 端口的指定桥 ID 也可以得到相同的结论。如图 3-32 所示，图中“Designated Bridge/Port”这一行意思就是“指定桥/端口”，指定桥 ID 实际上就是每个交换机的优先级和 MAC 地址的组合值。

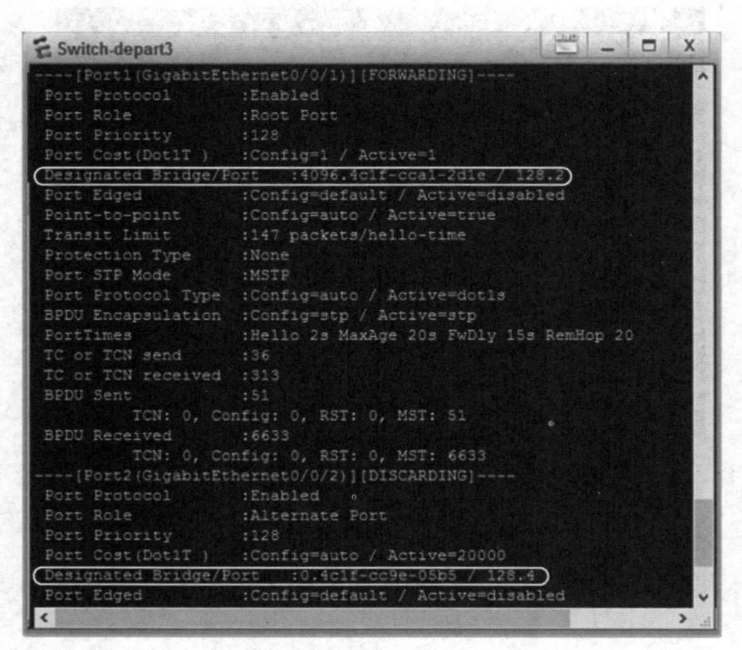

图 3-32　Switch-depart3 的 g0/0/1 端口和 g0/0/2 端口的指定桥 ID

图 3-32 显示端口 g0/0/1 的指定桥 ID 为 4096(Designated Bridge/Port：4096.4clf-cca1-2d1e/128.2 中的 4096)，端口 g0/0/2 的指定桥 ID 为 0(Designated Bridge/Port：0.4c1f-cc9e-05b5/128.4 中的 0)。端口 g0/0/2 的指定桥 ID 更小，所以 g0/0/2 将被选择为根端口，从而端口 g0/0/1 变为阻塞状态。

顺便指出，当依次比较网桥 ID、根路径开销(cost)、指定桥 ID 这三个参量都相同时，还要继续比较接收端口的 ID，才能最终确认出阻塞端口。请读者从图 3-32 中找出哪些信息显示的是端口 g0/0/1 和端口 g0/0/2 的端口 ID 信息。

特别要指出的是，通过修改端口的 cost 值来改变端口的 STP 状态，一定要注意查看厂商所设置的端口默认 cost 值，不同厂商设备的默认值一般不相同，同一厂商不同型号的产品也可能不同。在计算根路径开销值时，要从根桥出发到达目标网桥，计算到达目标网桥的路径上的每个交换机的入端口的 cost 值。

配置交换机端口 cost 值后实现局域网最佳状态

工程文件

下面的配置代码是实现理想状态的完整配置代码。

主核心交换机 Switch-primary 的配置：

```
<Huawei>system-view
[Huawei]sysname Switch-primary
[Switch-primary]stp root primary
```

备用核心交换机 Switch-backup 的配置：

```
<Huawei >system-view
[Huawei]sysname Switch-backup
[Switch-backup]stp root secondary
```

部门 3 交换机 Switch-depart3 的配置：

```
< Huawei >system-view
[Huawei]sysname Switch-depart3
[Switch-depart3]int g0/0/1
[Switch-depart3-g0/0/1]stp cost 1
```

部门 4 交换机 Switch-depart4 的配置：

```
< Huawei >system-view
[Huawei]sysname Switch-depart4
[Switch-depart4]int g0/0/1
[Switch-depart4-g0/0/1]stp cost 1
```

说明：上面没有设置交换机的 STP 协议模式，华为公司交换机默认 STP 协议模式是 MSTP，可以通过命令“stp mode *stp/rstp/mstp*”修改。这里没有修改，采用默认的 MSTP 模式，且在上面的 MSTP 模式中，没有进行多实例的配置，即只运行一个实例。

生成树协议虽然理论复杂，不好理解，但配置生成树协议时配置命令相对简单。初学者只要学会基本配置方法，就可以完成实际工程组网中的 STP 协议配置工作。

3.3　局域网互连链路的 IP 地址规划

局域网要为计算机用户提供网络服务，必须要有 IP 地址。如何规划局域网的 IP 地址？本节就来讨论这个问题。

3.3.1　局域网互连链路 VLAN 规划

要在交换机上设置 IP 地址，就需要在交换机上设置 VLAN，并设置 VLAN 的三层虚拟接口及 IP 地址。由于局域网使用的交换机非常多，互相连接的网段也会非常多，要设置的 VLAN 也会很多，因此要做好 VLAN 的规划工作。第 3.4.1 节还会叙述局域网接入层 VLAN 的规划，接入 VLAN 是根据用户数量进行规划。这里涉及的 VLAN 规划则与接入 VLAN 不同，这里规划的 VLAN 则完全是为汇聚层交换机和核心层交换机之间的网络层互通服务的。图 3-33 所示是互连链路 VLAN 的规划结果。

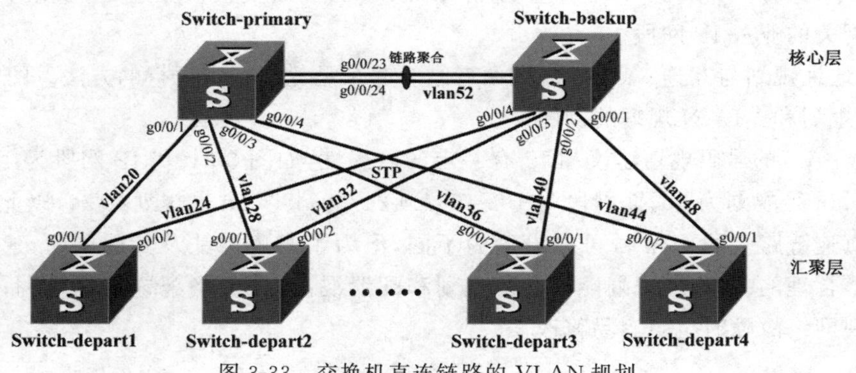

图 3-33　交换机直连链路的 VLAN 规划

3.3.2 局域网互连链路 IP 规划

由于交换机互连链路的 VLAN 规划完全是为设置交换机的互连链路的 IP 地址服务的，所以可以将互连链路 VLAN 规划和互连链路的 IP 地址规划结合起来进行。考虑到在工程实际组网中，局域网都使用私网 IP 地址，因此本书中的局域网也采用 C 类网段的私有 IP 地址。根据第 2 章中互连网段 IP 地址规划的原则，采用 30 位子网掩码，即子网掩码为 255.255.255.252。采用 30 位子网掩码的好处是，对于前三部分为 192.168.20.x 的一个 C 类 IP 网段，就可以规划出 64 个不同的子网网段用于设备与设备之间的互连链路。如果使用 24 位子网掩码，则该网段的 256 个 IP 地址，只能用于一个互连链路。以 192.168.20.0/30 网段为例，192.168.20.0 是网段地址，192.168.20.3 是广播地址，192.168.20.1 和 192.168.20.2 是两个可用的 IP 地址，分别将这两个 IP 地址分配给互连链路的两端，其他互连网段的分配规则相同。

那么像图 3-33 所示的组网图，究竟要为其中的各个交换机设置多少个 VLAN 虚拟接口及 IP 地址呢？回答这个问题要依实例分析。以图 3-33 所示的网络来说，Switch-primary 交换机有一条链路(g0/0/1 接口)连接到 Switch-depart1 交换机，第二条链路(g0/0/2 接口)连接到 Switch-depart2 交换机，第三条链路(g0/0/3 接口)连接到 Switch-depart3 交换机，第四条链路(g0/0/4 接口)连接到 Switch-depart4 交换机，另有第五条链路(Eth-Trunk10 链路聚合接口)连接到 Switch-backup 交换机。从网络互连角度讲，5 个互连链路对应需要 5 个虚拟 VLAN 接口及 5 个 IP 地址。Switch-backup 交换机的分析与 Switch-primary 交换机相同，也需要 5 个 IP 地址。

再看看 Switch-depart1 交换机，有一条链路(g0/0/1 接口)连接到 Switch-primary 交换机，第二条链路(g0/0/2 接口)连接到 Switch-backup 交换机，因此需要 2 个互连链路 IP 地址。但是这只是用于部门 1 交换机实现网络的互连所用，不包括用作接入层用户计算机的网关 IP 地址。因为 Switch-depart1 交换机是汇聚层交换机，要用作下面接入层用户计算机的网关，所以除了这两个互连链路的 IP 地址之外，还需要多少个 IP 地址作为用户子网的网关，取决于接入层用户和接入层交换机的数量。Switch-depart2 交换机的分析与 Switch-depart1交换机相同。由于本节重点实现无环路三层交换机互连，所以先不划分用作用户子网网关的业务 IP 网段。

将 IP 地址规划与互连 VLAN 规划两者结合起来是比较切实可行的方法。图 3-34 是结合 IP 地址规划和 VLAN 规划的例图。

互连 VLAN 的号码规划建议和 IP 有一定的联想性，如图 3-34 中，IP 网段为 192.168.20.20/30，将 vlan 号规划为 20，而网段为 192.168.20.24/30，将 vlan 号规划为 24，以此类推。尽管同一条直连链路上的 vlan 号可以设置为不同，但为了避免混乱及其他原因，建议尽量设置为相同。合理的 VLAN 规划能够避免规划和配置混乱，让网络配置更加顺利；在网络调试阶段出现网络故障时也更容易修改。

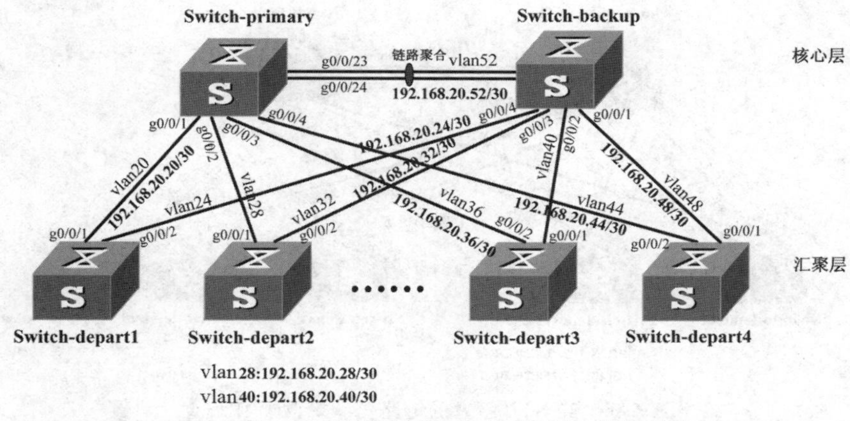

图 3-34　IP 子网地址和 VLAN 规划一起进行

3.3.3　STP 阻塞的互连链路 IP 地址设置和互通问题

在前面讨论无环路局域网时，可以看到使用生成树协议，汇聚层和核心层交换机之间的某些互连链路被生成树协议阻塞了，如图 3-35 所示。

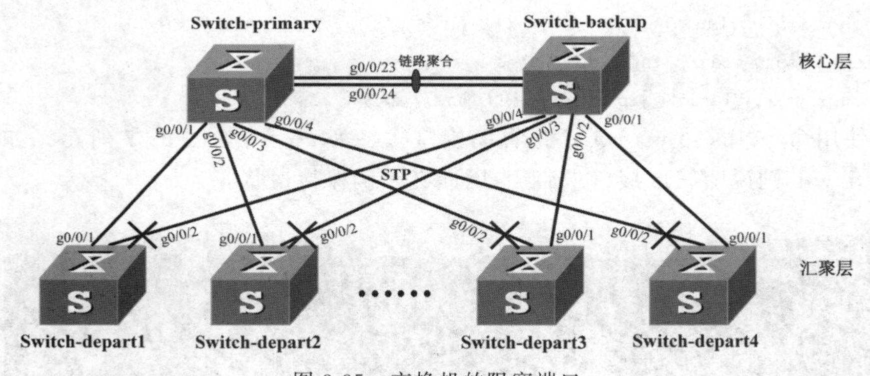

图 3-35　交换机的阻塞端口

那么还需要像图 3-35 那样在被阻塞的互连链路上设置 IP 地址吗？或者说阻塞链路不设置 IP 地址和设置 IP 地址有什么区别？

要回答这个问题，首先要理解生成树协议产生的端口阻塞和三层互通的区别。生成树协议产生的端口阻塞是在二层（数据链路层）进行的阻塞，并且这种阻塞是逻辑阻塞，并不是真的在物理链路上断开了链路，阻塞的链路在物理上仍然是连接的。而直连链路设置 IP 地址是确保三层（网络层）互通。因此前者是一个二层概念，后者是三层概念。当正常链路出现故障时，原先被阻塞的链路将被启用。在此情况下，如果原来的阻塞链路没有设置 IP 地址，则此链路在三层上是不互通的，即使这条链路被激活，由于三层的不互通，也不能转发跨网段的数据给核心层交换机。相反，如果给阻塞链路设置了 IP 地址，则 Switch-depart1 通过被激活的链路和核心层进行数据交换和转发。因此被阻塞的互连链路两端同样要设置 IP 地址。图 3-36 显示了阻塞链路上的互连 VLAN 及对应 IP 地址规划，与图 3-35 相同。

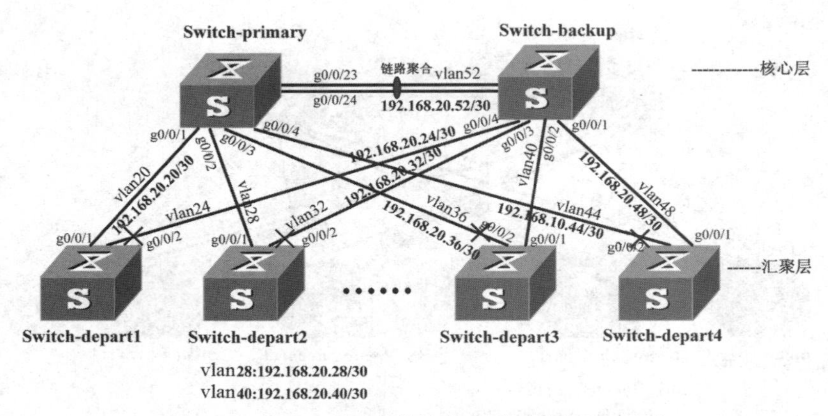

图 3-36　经 STP 阻塞的链路仍需要设置 IP 地址

那么正常情况下，被 STP 阻塞的链路，在设置了 IP 地址后，该直连链路三层是互通的吗？用户发送的数据包能通过此链路吗？关于这些问题，先请读者自行分析和理解。本章的稍后部分内容会通过实际测试来回答这些问题。

完成互连链路 VLAN 规划后，之后的工作就是根据规划来配置。下面的命令用于设置交换机的三层虚拟接口及其 IP 地址。

```
[Switch-primary]vlan 20
[Switch-primary-vlan20]int vlanif 20
[Switch-primary-Vlanif20]ip address 192.168.20.22 30
```

但在使用命令“dis ip int brief”查看该接口状态为 down，如图 3-37 所示。如果三层接口状态为 down，则说明三层接口未启用，因此必须确保接口状态为 up。

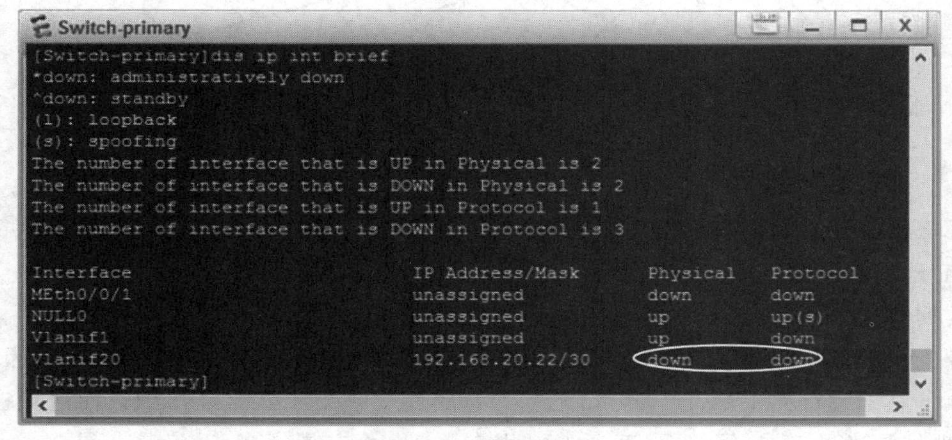

图 3-37　查看交换机的三层虚拟 vlan 接口

要使所设置的 VLAN 三层接口状态为 up，可以使用下述两种方法。

方法一：向 VLAN 内添加一个物理端口。

方法二：将该端口设置为 trunk 类型，并允许该 vlan-id 通过。

这两种方法都可以看作是确保该 VLAN 至少有一个可以承载数据转发的物理端口。

方法一可以使用如图 3-38 所示的命令实现。

```
[Switch-primary]vlan 20
[Switch-primary-vlan20]port g0/0/1
Error: Trunk or Hybrid port(s) can not be added or deleted in this manner.
```

图 3-38　向 eNSP 中 S5700 型交换机的 VLAN 添加端口报错

但在华为模拟器的交换机中向指定 VLAN 添加端口时报错，提示：trunk 或 hybird 类型的端口不能被添加或删除。这是因为华为 eNSP 模拟器中两种类型的交换机 S5700 和 S3700 属于中端交换机，在实际企业局域网组网应用中通常用作汇聚层交换机，用于交换机和交换机互连，不用来连接个人计算机。连接个人计算机的是 access 类型的端口，上述配置命令适合于 access 类型的接口。通常交换机端口的“access”“trunk”“hybrid”等类型可以通过命令转换。华为模拟器中这两款交换机在出厂设置时端口被默认设置为 hybrid 类型，不是 access 类型，trunk 和 hybrid 类型的端口不能添加进某个 VLAN。所以如果要将端口 g0/0/1 添加到 vlan20，应首先将此端口类型修改为 access 类型，然后再添加。

```
[Switch-primary]int g0/0/1
[Switch-primary-GigabitEthernet0/0/1]port link-type access
[Switch-primary-GigabitEthernet0/0/1]vlan 20
[Switch-primary-Vlan20]port g0/0/1
```

再次查看其状态变为 up，如图 3-39 所示。

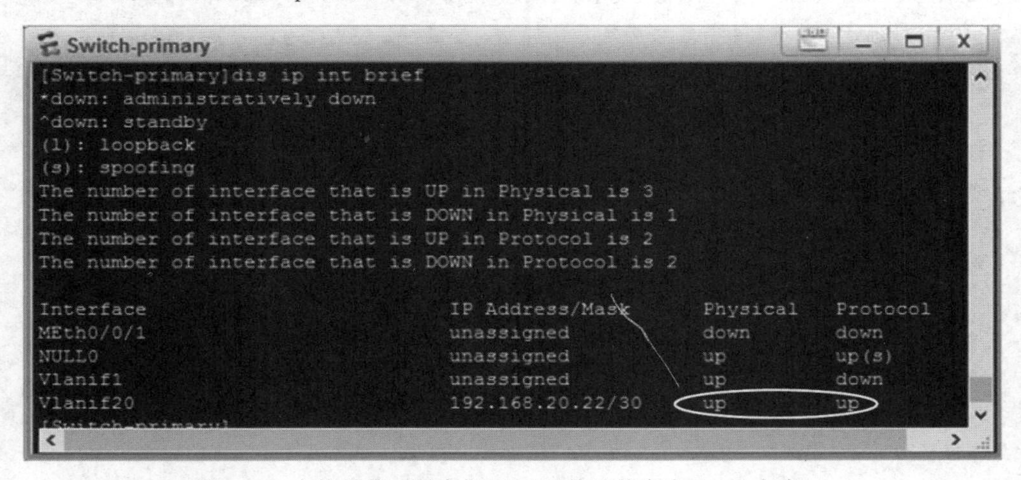

图 3-39　交换机的三层虚拟 VLAN 接口状态由 down 变为 up

考虑到这是核心层交换机和汇聚层交换机之间的连接，所以推荐使用方法二，以便在后期局域网需要扩展时不需要过多的修改（参见第 15 和第 16 章）。使用下面的配置使三层接口状态为 up。

```
[Switch-primary]int g0/0/1
[Switch-primary-G0/0/1]port link-type trunk                  /*将端口设置为 trunk 类型*/
[Switch-primary-G0/0/1]port trunk allow-pass vlan 20         /*允许通过 vlan 20*/
```

当上述设置完成后，系统马上提示 VLAN 虚拟接口状态变为 up，如图 3-40 所示。

```
[Switch-primary-GigabitEthernet0/0/1]port trunk allow-pass vlan 20
Sep 21 2017 22:20:11-08:00 Switch-primary %%01IFNET/4/IF_STATE(l)[15]:Interface
Vlanif20 has turned into UP state.
Sep 21 2017 22:20:11-08:00 Switch-primary %%01IFNET/4/LINK_STATE(l)[16]:The line
 protocol IP on the interface Vlanif20 has entered the UP state.
```

图 3-40　允许 trunk 端口通过 vlan20

下面的代码是继续完成 Switch-primary 交换机上另外多个互连 VLAN、VLAN 三层虚拟接口及其 IP 地址设置。

```
[Switch-primary]vlan 28                                  /* 创建一个 VLAN,其 ID 为 28 */
[Switch-primary-vlan28]int vlanif 28                     /* 开启 vlan28 对应的虚拟三层接口 */
[Switch-primary-Vlanif28]ip address 192.168.20.30 30     /* 设置接口的 IP 地址 */
[Switch-primary-Vlanif28]int g0/0/2                      /* 进入 g0/0/2 接口视图 */
[Switch-primary-G0/0/2]port link-type trunk              /* 设置接口为 trunk 类型 */
[Switch-primary-G0/0/2]port trunk allow-pass vlan 28
        /* 这里接口允许通过 vlan28 还有另一个作用使 vlan28 对应的三层接口变为 up 状态 */
[Switch-primary-G0/0/2]vlan 36                           /* 创建一个 VLAN,其 ID 为 36 */
[Switch-primary-vlan36]int vlanif 36                     /* 开启 vlan36 对应的三层虚拟接口 */
[Switch-primary-Vlanif36]ip address 192.168.20.38 30     /* 设置接口的 IP 地址 */
[Switch-primary-Vlanif36]int g0/0/3
[Switch-primary-GigabitEthernet0/0/3]port link-type trunk
[Switch-primary-GigabitEthernet0/0/3]port trunk allow-pass vlan 36
[Switch-primary-GigabitEthernet0/0/3]vlan 44
[Switch-primary-vlan44]int vlanif 44
[Switch-primary-Vlanif44]ip address 192.168.20.46 30
[Switch-primary-Vlanif44]int g0/0/4
[Switch-primary-GigabitEthernet0/0/4]port link-type trunk
[Switch-primary-GigabitEthernet0/0/4]port trunk allow-pass vlan 44
[Switch-primary-GigabitEthernet0/0/4]vlan 52
[Switch-primary-vlan52]int vlanif 52
[Switch-primary-Vlanif52]ip address 192.168.20.53 30
[Switch-primary-Vlanif52]int eth-trunk 10
[Switch-primary-Eth-Trunk10]port link-type trunk
[Switch-primary-Eth-Trunk10]port trunk allow-pass vlan 52
```

链路聚合端口包含了多个物理端口，不需要将其中每一个物理端口修改类型为 trunk、设置 VLAN 和 IP 地址，只需要对链路聚合端口的整体修改类型为 trunk，并允许 VLAN 通过。当 trunk 端口允许多个 vlan 通过时，只需设置其中一个 VLAN 的三层接口及 IP 地址。

设置完成后，查看交换机的三层接口状态，如图 3-41 所示。

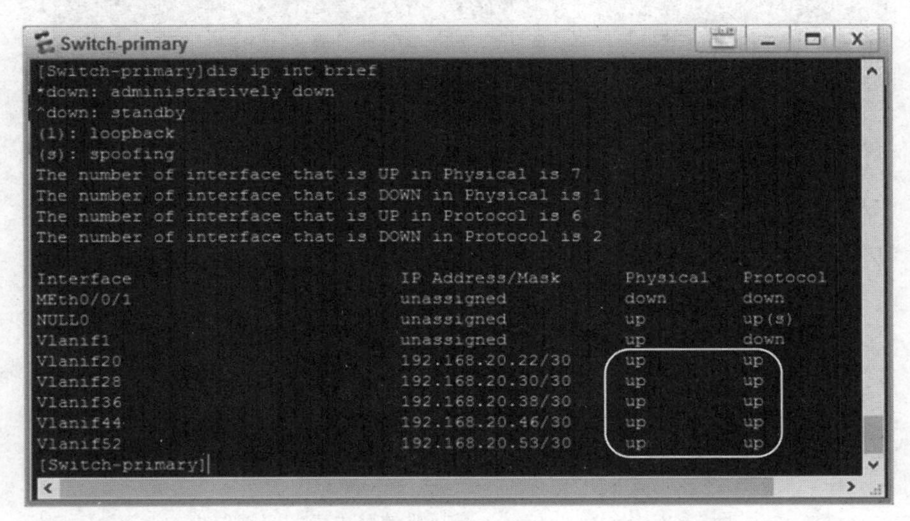

图 3-41　查看三层交换机 Switch-primary 的三层虚拟接口状态

在查看交换机上的三层接口状态时，与路由器上链路层接口状态显示有所不同。查看路由器上互连链路的两端接口状态时，如果一端接口状态为 down，另一端状态必为 down。但对于交换机来说，交换机的互连链路的两个接口状态可以说是"各自顾各自"，即一端接口状态为 down 时，直连的另一端接口状态可能为 up。这一点跟路由器上配置 PPP 协议、帧中继 FR 协议的直连链路不一样。

用同样的方法可以配置 Switch-backup 以及四台汇聚层交换机 Switch-depart1～Switch-depart4 交换机的三层互连链路配置完整代码。请扫码下载这几台交换机的三层互连链路配置代码，以及配置过程讲解视频。

交换机三层互连链路配置代码

配置过程讲解视频

路由表及阻塞链路测试视频

配置完成后，建议使用命令"dis int brief"查看各个交换机的 VLAN 三层虚拟接口状态。要确保所有 VLAN 三层接口的状态均为 up，如果发现有某些 VLAN 三层接口状态为 down，则要查找原因，纠正错误。

当在局域网组网中使用的三层交换机上设置了 IP 地址后，交换机就会产生路由表，可以使用命令"dis ip routing-table"查看交换机上的路由表，此时路由表只能看到直连路由。当然也可以在三层交换机上启用路由协议，也就是说，可以根据需要，把三层交换机当作具备路由功能的设备来使用。图 3-42 显示的是交换机还未配置路由协议时，仅有直连路由情况下的路由表。

书中无一局域网三层互连链路 IP 地址配置工程文件

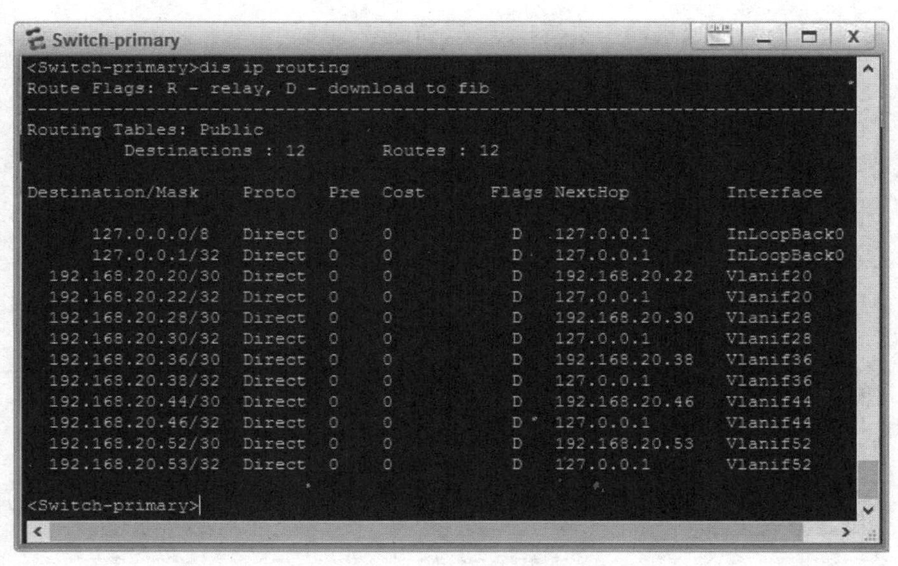

图 3-42 Switch-primary 交换机的路由表和直连路由

如何读懂路由表呢？表 3-2 是路由表各个关键字的解释。

表 3-2 路由表的简要解释(黑体字显示的是可重点关注项目)

关键字	Destionation/Mask	Proto	Pre	Cost	Flags	NextHop	Interface
含义	目的网段/掩码	协议类型	优先级	代价	路由标记	下一跳	出接口
说明	表示这个设备能够发送那些网段的数据包。只有出现在这一栏的数据包才能发送。如果没有出现，则发送不了，会丢弃数据包。当出现目的网段相同但掩码位数不同的路由时，匹配掩码最长的那一条路由(此即最长匹配原则)。 ①127.0.0.0/8 和 127.0.0.1/32 是环回接口路由，不用看。 ②主机路由：掩码位数等于 32 的路由，仅一个地址。 ③网段路由：掩码位数小于 32 的路由，是同网段内所有地址的集合。	表示此条路由是通过何种路由技术学习到的。例如 Dircet 表示是从自身接口所配置的 IP 地址学习到的；如果是 RIP 协议路由，则类型为 RIP。	由厂商定义的值。不同类型的路由优先级值不同。值越小就越优先。华为规定直连路由为 0，静态路由为 60 等。	每一种类型的路由计算 cost 值的方法各不相同。不同类型路由的 cost 值没有可比性。在同一类路由里面，值越小越优先。要注意着重与 pre 区分。	表示当前网络节点的状态。R 表示是迭代路由，D 表示该路由下发到了 FIB 表。初学者可不关注这一字段。	下一跳表示数据包将发往的下一个路由器，由其继续完成后来的转发任务。通常下一跳是对端路由器。如果是直连路由，则下一跳就是本端设备出接口的 IP 地址。	本端设备的接口名称，表示数据包从本端设备的那一个接口发送出去。

对于 Switch-primary 来说，图 3-42 所示的路由表中 192.168.20.20/30、192.168.20.28/30、192.168.20.36/30、192.168.20.44/30、192.168.20.52/30 这五个网段就是交换机自身所设置的五个直连网段。路由表中有些条目的子网掩码(Mask)是 32，例如 192.168.20.22/32，它实际上就是 Switch-primary 交换机上 vlan20 三层接口 IP 地址。路由表中所出现的像这种子网掩码为 32，本身就是自身接口 IP 地址的路由通常叫作主机路由，主机路由对应的是一个具体接口的 IP 地址而不是一个网段。192.168.20.30/32、192.168.20.38/32、192.168.20.46/32、192.168.20.53/32 分别是 Switch-primary 交换机上 vlan28、vlan36、vlan44、vlan52 三层接口 IP 地址。因此，直连路由其实就是设备自身各个接口所配置的网段。

在前面分析和设置 STP 时，知道 Switch-depart1 交换机有阻塞链路，其上的 g0/0/2 接口是逻辑阻塞的。仔细分析 Switch-depart1 交换机的路由表，将 Switch-depart1 交换机的路由表与图 3-31 显示的 STP 阻塞链路对比分析，可以看到 Switch-depart1 交换机连接到 Switch-backup 交换机的链路 192.168.20.26/30 处于阻塞状态，Switch-depart1 交换机上的 vlan24 包含的端口 g0/0/2 在逻辑上是阻塞的。但从图 3-43 显示的路由表来看，Switch-depart1交换机仍然学习到了该阻塞链路和阻塞端口的路由。例如表中阴影部分显示的直连路由正是 STP 协议阻塞的网段，阻塞端口所对应的网段 IP 地址为 192.168.20.24/30 出现在路由表中倒数第二行。

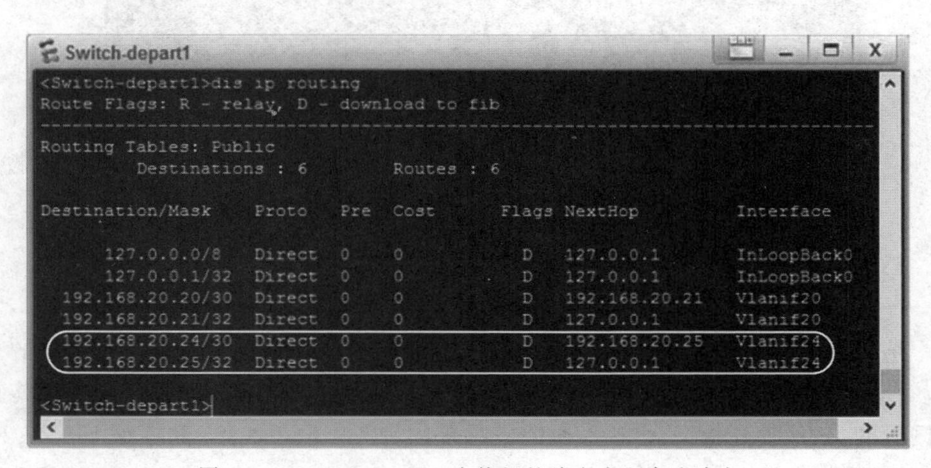

图 3-43　Switch-depart1 交换机的路由表和直连路由

实际上，如果分析 Switch-primary、Switch-backup、Switch-depart1、Switch-depart2、Switch-depart3、Switch-depart4 交换机的路由表和直连路由，也都可以发现它们的直连路由中有阻塞链路的网段路由。这说明，STP 阻塞的链路不影响直连路由学习。那么会不会影响 RIP、OSPF 等动态路由协议发现和学习路由呢？关于这个问题，请读者在后续的学习中自行分析和思考。

正如前面分析的那样，Switch-depart1 交换机上的路由表显示其学习到了本身所有的直连网段路由，包括与 Switch-backup 交换机互连的处于阻塞状态的网段 192.168.20.24/30，尽管该网段上 Switch-depart1 交换机的互连端口在逻辑上处于阻塞状态。但是如果尝试在 Switch-depart1 交换机上使用下述命令：

```
[Switch-depart1] ping 192.168.20.26
```

也就是在 Switch-depart1 交换机上 ping 互连链路上对端 IP 地址。如图 3-44 所示，结果是 ping 不通的。而 ping 没有阻塞端口的链路则可以 ping 通，例如 ping 192.168.20.22。既然它们都是直连链路，为何前者 ping 不通，而后者可以 ping 通呢？

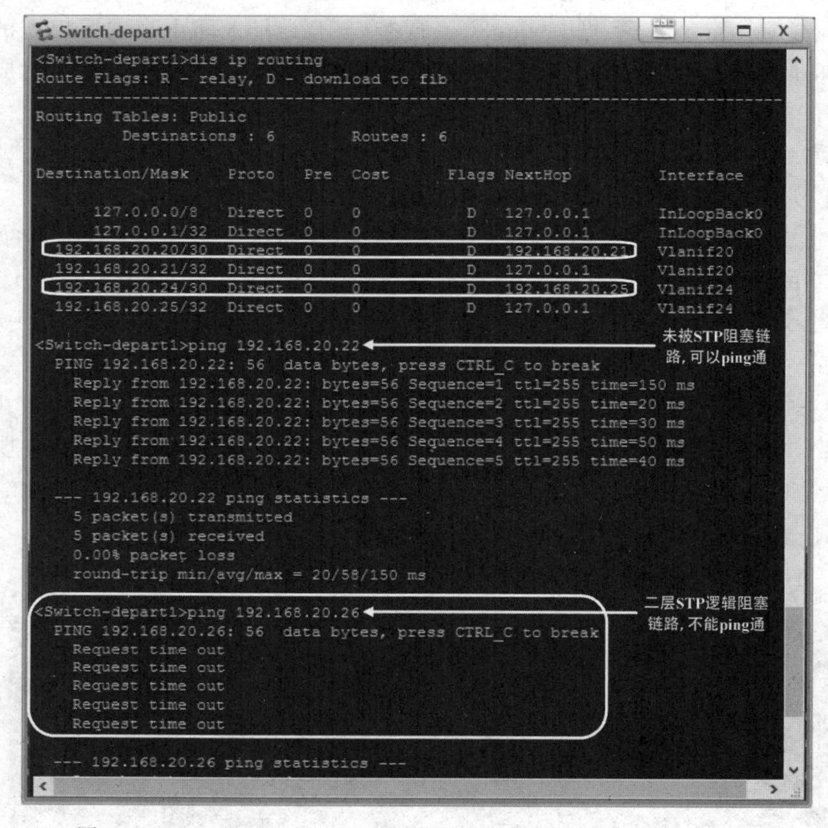

图 3-44 Switch-depart1 上 ping 阻塞状态的直连链路 IP 结果显示

这个结果并不仅仅只是在 Switch-depart1 上才有。在查看各交换机互连链路的互通状态时，有一个特别重要的结果值得注意，那就是有一个端口处于阻塞状态的链路，其上的两个直连网段的 IP 地址互相是 ping 不通的。这是因为 192.168.20.25 和 192.168.20.26 的互连网段，其二层链路层是 STP 协议的逻辑阻塞网段，由于二层处于阻塞状态，承载在二层之上的三层通信当然是 ping 不通的。这也是计算机通信协议高层通信建立在低层之上的一个例子。理解这一点可以帮助读者进一步理解计算机网络通信是一种分层次通信协议的集合体。

至此，各交换机的未被阻塞的直连网段都可以互通，实现了原定的目标。

3.4 汇聚层交换机作为网关的设置

3.4.1 局域网接入层 VLAN 规划

在上面的 VLAN 规划中，vlan20、24、28、32、36、40、44、48、52 等分别作为互连链

路 VLAN 的编号,而连接到局域网接入层交换机中的用户计算机也需要结合用户数量和所在部门规划到不同的 VLAN 中。可以把这种规划用户计算机的 VLAN 称为业务 VLAN。用于连接用户计算机的业务 VLAN 与互连链路 VLAN 的作用并不相同。业务 VLAN 的三层接口 IP 地址是作为用户计算机的网关,而互连链路 VLAN 的三层接口 IP 主要用于设备互连网段互连。图 3-45 显示了互连链路 VLAN 和业务子网 VLAN。

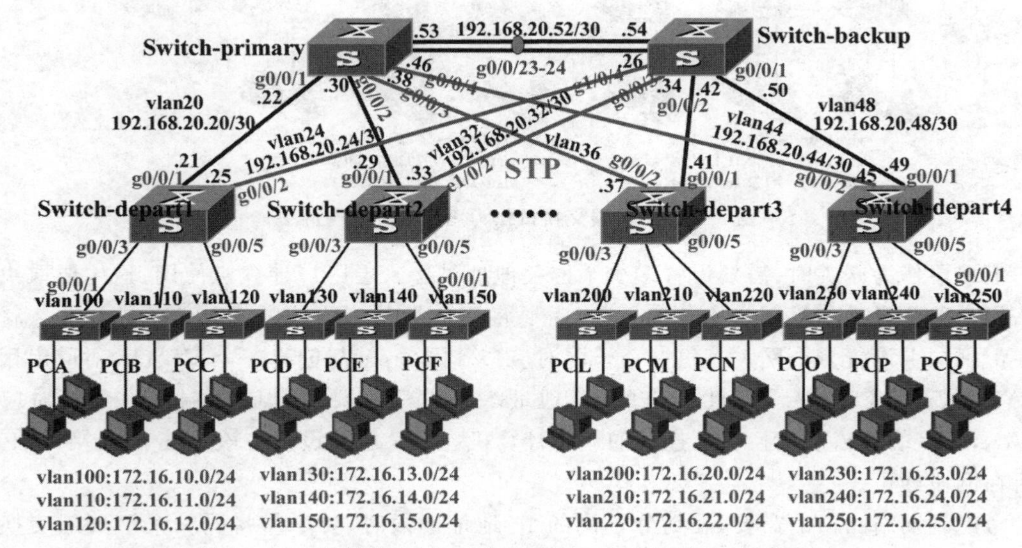

图 3-45　互连链路 VLAN、业务 VLAN 及其对应 IP 网段规划

实际组建网络中,每一个 VLAN 对应一个子网网段。需要规划多少个业务子网 VLAN,完全依赖于网络规模和网络中的用户数量。在本书给出的组网设计中,在汇聚层交换机Switch-depart1上划分 3 个业务子网 VLAN,分别连接 3 个接入层交换机。对应的业务子网 VLAN 分别为 vlan100、110、120。同样在汇聚层交换机 Switch-depart3 上划分 3 个业务子网 VLAN,分别连接 3 个接入层交换机。对应的业务子网 VLAN 分别为 vlan200、210、220。其余类推。显然这种划分是可扩展的,可以根据需要增加更多个 VLAN。

互连链路 VLAN 采用两位数值,业务子网 VLAN 采用三位数值,从数值大小上进行了区分。以便在网络故障诊断时方便区分。

在汇聚层交换机划分业务子网 VLAN 并设置对应的三层虚拟接口 IP 后,查看 Switch-depart1、Switch-depart2 等交换机的路由表,可以发现路由表中出现了业务子网 VLAN 的直连路由。其配置方法和配置代码见下节。

3.4.2　汇聚层交换机设置网关

通常在实际组网中,接入层交换机往往作为透明网桥使用,用户计算机的网关通常放在汇聚层上。当然也不排除汇聚层分为两个小层次,网关放在其中的一个汇聚子层上。本节只叙述一个汇聚层的情况。这种情况的例子可以见图 3-46。接入层作为透明网桥使用时,可以不做任何配置,仅只当扩展端口使用。

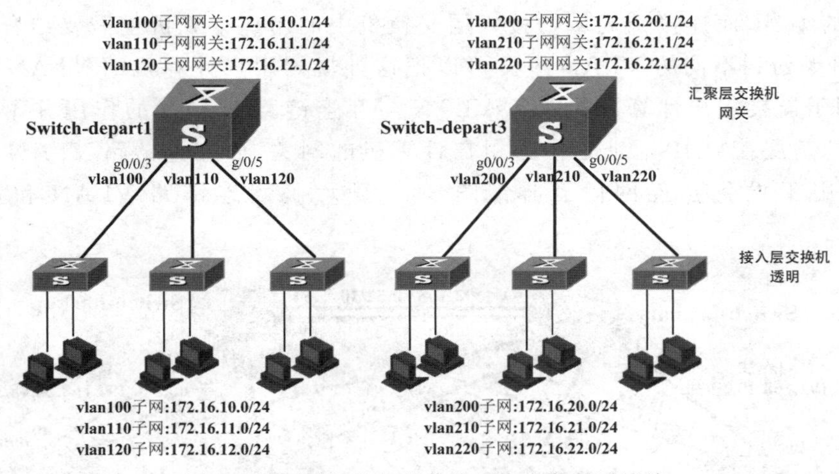

图 3-46　汇聚层交换机作为用户业务子网网关

汇聚层作为网关时,需要设置多少个网关地址供接入层用户计算机使用,这主要取决于网络用户的数量。如果用户比较多,可能需要将用户划分到不同的 VLAN 子网,那么就可以在汇聚层上设置多个网关。每一个子网对应一个网关,就需创建一个 VLAN,对应启用此 VLAN 的三层接口,并设置此接口的 IP 地址。此时只需要把对应的端口划分到对应的 VLAN,相应的接入层交换机下连接的用户计算机,其 IP 地址设置在该 vlan 三层接口 IP 地址所在网段即可。

考虑到网络路由的需要,在划分子网的 IP 地址网段时,要尽量将同一个汇聚层交换机上的多个网关地址设置为连续,这样能够显著减少交换机和路由器的路由表条目。

下面是在 Switch-depart1 交换机上配置三个 VLAN 虚拟接口 IP 作为下面接入层用户计算机的网关,配置代码如下。

```
<Switch-depart1>undo t m                                  /*关闭设备的弹出提示功能*/
<Switch-depart1>sys
[Switch-depart1]int g0/0/3                                /*此接口连接接入层交换机 S1*/
[Switch-depart1-GigabtiEthernet0/0/3]port link-type access
[Switch-depart1-GigabtiEthernet0/0/3]vlan 100
[Switch-depart1-vlan100]port g0/0/3
[Switch-depart1]int vlanif 100
[Switch-depart1-Vlanif100]ip address 172.16.10.1 24
[Switch-depart1-Vlanif100]quit
/*上面六行代码作用为创建一个 vlan100,并启用三层虚拟接口和设置对应的三层虚拟接口 IP 地址,该地址将作为端口 g0/0/3 连接的接入层交换机连接的所有用户计算机的网关,下面类似*/
[Switch-depart1]int g0/0/4                                /*此接口连接接入层交换机 S2*/
[Switch-depart1-GigabtiEthernet0/0/4]port link-type access
[Switch-depart1-GigabtiEthernet0/0/4]vlan 110
[Switch-depart1-vlan110]port g0/0/4
[Switch-depart1]int vlanif 110
[Switch-depart1-Vlanif110]ip address 172.16.11.1 24      /*用作网关*/
```

```
[Switch-depart1-Vlanif110]int g0/0/5                          /* 此接口连接接入层交换机 S3 */
[Switch-depart1-GigabtiEthernet0/0/5]port link-type access
[Switch-depart1-GigabtiEthernet0/0/5]vlan 120
[Switch-depart1-vlan120]port g0/0/5
[Switch-depart1]int vlanif 120
[Switch-depart1-Vlanif120]ip address 172.16.12.1 24                            /* 用作网关 */
[Switch-depart1-Vlanif120] quit
[Switch-depart1]
```

图 3-47 显示 Switch-depart1 交换机上设置了五个虚拟接口 IP，其中两个用于网络设备之间的互连，三个用作用户子网的网关。三个用作用户子网网关的虚拟接口状态为“down”，这是因为对应 VLAN 内还未连接用户计算机。

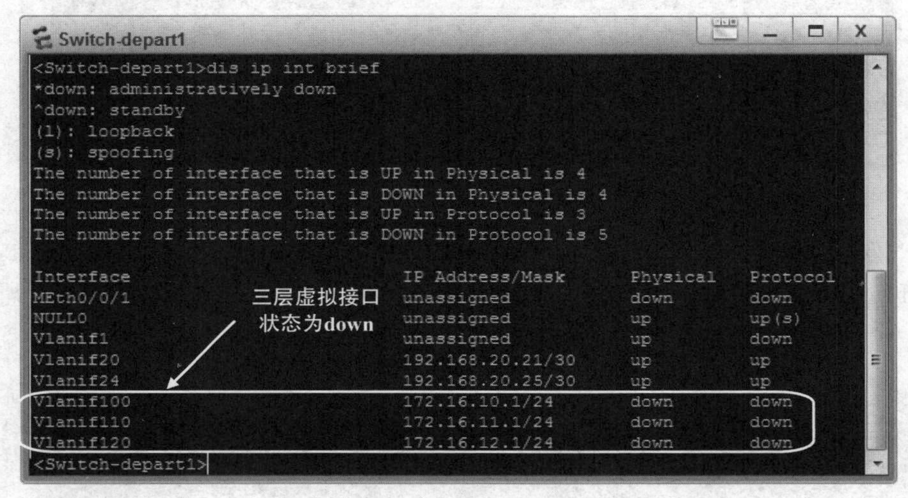

图 3-47　当端口未连接网线时状态显示为 down

实际上，每一台汇聚层交换机下可以连接更多台接入层交换机，所需要的接入层交换机数量视实际组网中局域网用户数量而定。当一台接入层交换机连接到 vlan100 的端口后，该接入层交换机不需要进行任何配置，其下连接的所有用户计算机都将属于 vlan100。分别将三台计算机终端（设为 PCA、PCB、PCC）连接到三台接入层交换机，相当于 PCA 属于 vlan100，PCB 属于 vlan110，PCC 属于 vlan120。PCA、PCB、PCC 的 IP 地址按第 2 章第 2.2.4 节介绍的方法进行设置，这里分别设置为：

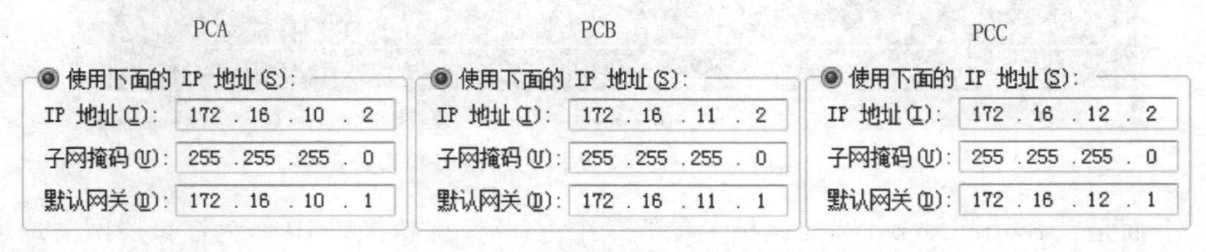

图 3-48　计算机终端的 IP 地址设置

完成计算机 IP 地址设置后，要在计算机上 ping 网关的 IP 地址，只有 ping 能够返回正常值，才能表明计算机终端到网关的这一段网络连接正常。

图 3-49 显示当计算机连接到各对应端口后，交换机的三层接口状态变为 up。

```
Switch-depart1
<Switch-depart1>dis ip int brief
*down: administratively down
^down: standby
(l): loopback
(s): spoofing
The number of interface that is UP in Physical is 7
The number of interface that is DOWN in Physical is 1
The number of interface that is UP in Protocol is 6
The number of interface that is DOWN in Protocol is 2

Interface                         IP Address/Mask      Physical    Protocol
MEth0/0/1                         unassigned           down        down
NULL0                             unassigned           up          up(s)
Vlanif1                           unassigned           up          down
Vlanif20                          192.168.20.21/30     up          up
Vlanif24                          192.168.20.25/30     up          up
Vlanif100                         172.16.10.1/24       up          up
Vlanif110                         172.16.11.1/24       up          up
Vlanif120                         172.16.12.1/24       up          up
<Switch-depart1>
```

图 3-49　当端口连接网线时状态为 up

从 PCA(IP 地址为 172.16.10.2) ping PCC(IP 地址为 172.16.12.2)可以 ping 通，因为交换机有直连路由。图 3-50 所示的是 Switch-depart1 的路由表。框中是该交换机上所配置的用户 VLAN 子网网段，其下的 192.168.20.x/30 网段则是和其他交换机的互连网段。

```
Switch-depart1
<Switch-depart1>dis ip routing-table
Route Flags: R - relay, D - download to fib
------------------------------------------------------------------------------
Routing Tables: Public
         Destinations : 12       Routes : 12

Destination/Mask    Proto   Pre  Cost      Flags NextHop         Interface

      127.0.0.0/8   Direct  0    0           D   127.0.0.1       InLoopBack0
      127.0.0.1/32  Direct  0    0           D   127.0.0.1       InLoopBack0
    172.16.10.0/24  Direct  0    0           D   172.16.10.1     Vlanif100
    172.16.10.1/32  Direct  0    0           D   127.0.0.1       Vlanif100
    172.16.11.0/24  Direct  0    0           D   172.16.11.1     Vlanif110
    172.16.11.1/32  Direct  0    0           D   127.0.0.1       Vlanif110
    172.16.12.0/24  Direct  0    0           D   172.16.12.1     Vlanif120
    172.16.12.1/32  Direct  0    0           D   127.0.0.1       Vlanif120
  192.168.20.20/30  Direct  0    0           D   192.168.20.21   Vlanif20
  192.168.20.21/32  Direct  0    0           D   127.0.0.1       Vlanif20
  192.168.20.24/30  Direct  0    0           D   192.168.20.25   Vlanif24
  192.168.20.25/32  Direct  0    0           D   127.0.0.1       Vlanif24

<Switch-depart1>
```

用户子网网段

交换机和交换机互连网段

图 3-50　Switch-depart1 交换机的路由表和直连路由

下面是在 Switch-depart2 交换机上配置三个 VLAN 虚拟接口 IP 作为汇聚层网关地址，用于作为下面接入层主机的网关，供下面的主机接入使用。

```
<Switch-depart2>undo t m                    /* 关闭设备的弹出提示功能 */
<Switch-depart2>sys
```

```
[Switch-depart2]int g0/0/3                                    /*此接口连接接入层交换机 S4*/
[Switch-depart2-GigabitEthernet0/0/3]port link-type access
[Switch-depart2-GigabitEthernet0/0/3]vlan 130
[Switch-depart2-vlan130]port g0/0/3
[Switch-depart2-vlan130]int vlanif 130
[Switch-depart2-Vlanif130]ip address 172.16.13.1 24                       /*用作网关*/
[Switch-depart2-Vlanif130]int g0/0/4                          /*此接口连接接入层交换机 S5*/
[Switch-depart3-GigabitEthernet0/0/4]port link-type access
[Switch-depart2-GigabitEthernet0/0/4]vlan 140
[Switch-depart2-vlan140]port g0/0/4
[Switch-depart2-vlan140]int vlanif 140
[Switch-depart2-Vlanif140]ip address 172.16.14.1 24                       /*用作网关*/
[Switch-depart2-Vlanif140]int g0/0/5                          /*此接口连接接入层交换机 S6*/
[Switch-depart2-GigabitEthernet0/0/5]port link-type access
[Switch-depart2-GigabitEthernet0/0/5]vlan 150
[Switch-depart2-vlan150]port g0/0/5
[Switch-depart2-vlan150]int vlanif 150
[Switch-depart2-Vlanif150]ip address 172.16.15.1 24                       /*用作网关*/
[Switch-depart2-Vlanif150]quit
[Switch-depart2]
```

下面是在 Switch-depart3 交换机上配置三个 VLAN 虚拟接口 IP 作为汇聚层网关地址，用于作为下面接入层主机的网关，供下面的主机接入使用。读者可参照前面 Switch-depart1 配置代码的注释理解下面配置代码所实现的功能。

```
<Switch-depart3>undo t m                                     /*关闭设备的弹出提示功能*/
<Switch-depart3>sys
[Switch-depart3]int g0/0/3                                    /*此接口连接接入层交换机 S7*/
[Switch-depart3-GigabitEthernet0/0/3]port link-type access
[Switch-depart3-GigabitEthernet0/0/3]vlan 200
[Switch-depart3-vlan200]port g0/0/3
[Switch-depart3-vlan200]int vlanif 200
[Switch-depart3-Vlanif200]ip address 172.16.20.1 24                       /*用作网关*/
[Switch-depart3-Vlanif200]int g0/0/4
[Switch-depart3-GigabitEthernet0/0/4]port link-type access
[Switch-depart3-GigabitEthernet0/0/4]vlan 210
[Switch-depart3-vlan210]port g0/0/4
[Switch-depart3-vlan210]int vlanif 210
[Switch-depart3-Vlanif210]ip address 172.16.21.1 24                       /*用作网关*/
[Switch-depart3-Vlanif210]int g0/0/5                          /*此接口连接接入层交换机 S8*/
[Switch-depart3-GigabitEthernet0/0/5]port link-type access
[Switch-depart3-GigabitEthernet0/0/5]vlan 220
[Switch-depart3-vlan220]port g0/0/5                           /*此接口连接接入层交换机 S9*/
```

```
[Switch-depart3-vlan220]int vlanif 220
[Switch-depart3-Vlanif220]ip address 172.16.22.1 24                /*用作网关*/
[Switch-depart3-Vlanif220]quit
[Switch-depart3]
```

完成上述配置后，将三台计算机终端（设为 PCL、PCM、PCN）分别连接到 Switch-depart3 交换机的 g0/0/3、g0/04、g0/0/5 端口所连接的接入层交换机，相当于 PCL 属于 vlan20，PCM 属于 vlan210，PCN 属于 vlan220。PCL、PCM、PCN 的 IP 地址设置方法同前，这里分别设置为：

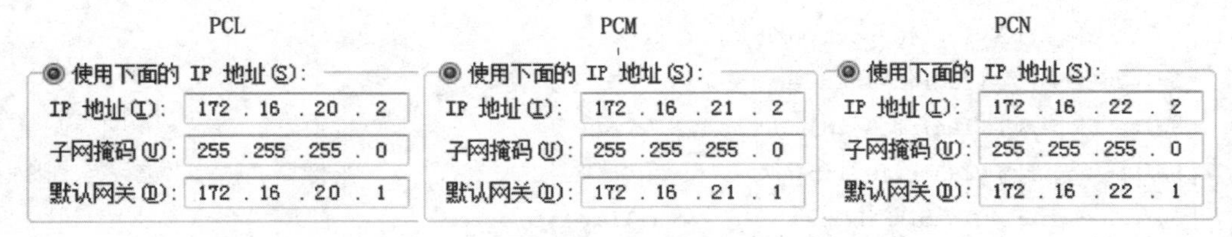

图 3-51 计算机终端的 IP 地址设置

同样在完成计算机 IP 地址设置后，要在计算机上 ping 网关的 IP 地址，只有 ping 的结果是返回正常值，才能表明计算机终端到网关的这一段网络连接正常。还可以让计算机 ping 同一个汇聚层交换机上配置的其他三层 IP 地址，结果也能够 ping 通。但无法 ping 通另一个汇聚层交换机上配置的三层 IP 地址网段。这表明交换机仅有的直连路由无法完成局域网的互连互通功能。这就需要给交换机配置路由协议，使无环路局域网实现互连互通。

图 3-52 和 3-53 显示交换机只有直连路由。特别是 Switch-primary、Switch-backup 交换机只有互连网段的直连路由，没有到达用户业务子网网段的路由。

```
Switch-primary
<Switch-primary>dis ip routing-table
Route Flags: R - relay, D - download to fib
------------------------------------------------------------------------------
Routing Tables: Public
         Destinations : 12       Routes : 12

Destination/Mask    Proto   Pre  Cost      Flags NextHop         Interface

      127.0.0.0/8   Direct  0    0           D   127.0.0.1       InLoopBack0
      127.0.0.1/32  Direct  0    0           D   127.0.0.1       InLoopBack0
  192.168.20.20/30  Direct  0    0           D   192.168.20.22   Vlanif20
  192.168.20.22/32  Direct  0    0           D   127.0.0.1       Vlanif20
  192.168.20.28/30  Direct  0    0           D   192.168.20.30   Vlanif28
  192.168.20.30/32  Direct  0    0           D   127.0.0.1       Vlanif28
  192.168.20.36/30  Direct  0    0           D   192.168.20.38   Vlanif36
  192.168.20.38/32  Direct  0    0           D   127.0.0.1       Vlanif36
  192.168.20.44/30  Direct  0    0           D   192.168.20.46   Vlanif44
  192.168.20.46/32  Direct  0    0           D   127.0.0.1       Vlanif44
  192.168.20.52/30  Direct  0    0           D   192.168.20.53   Vlanif52
  192.168.20.53/32  Direct  0    0           D   127.0.0.1       Vlanif52

<Switch-primary>
```

图 3-52 未配置路由协议时 Switch-primary 交换机的路由表中仅有直连路由，未见用户网段路由

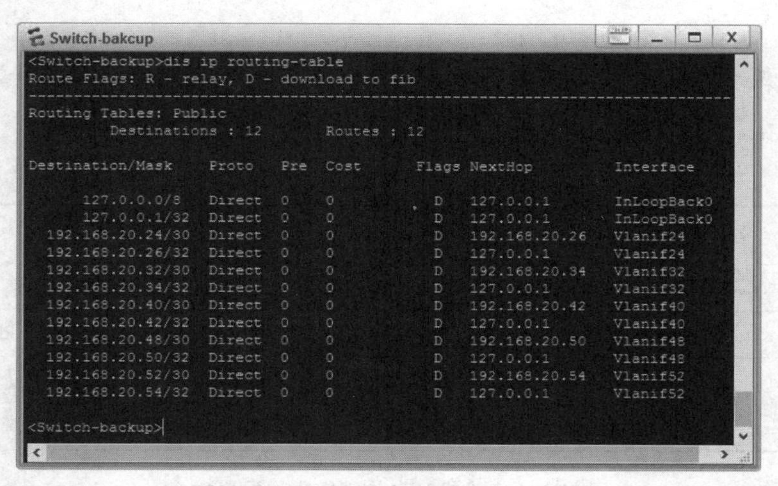

图 3-53　未配置路由协议时 Switch-backup 交换机的路由表中仅有直连路由，未见用户网段路由

下面直接给出 Switch-depart4 交换机上三个 VLAN 虚拟接口 IP 作为汇聚层网关地址配置。

```
<Switch-depart4>undo t m                                        /* 关闭设备的弹出提示功能 */
<Switch-depart4>sys                                             /* 进入系统视图，准备配置 */
[Switch-depart4]int g0/0/3                                      /* 此接口连接接入层交换机 S10 */
[Switch-depart4-GigabitEthernet0/0/3]port link-type access
[Switch-depart4-GigabitEthernet0/0/3]quit
[Switch-depart4]vlan 230
[Switch-depart4-vlan230]port g0/0/3
[Switch-depart4-vlan230]int vlanif 230
[Switch-depart4-vlanif230]ip address 172.16.23.1 24             /* 用作网关 */
[Switch-depart4-Vlanif230]int g0/0/4                            /* 此接口连接接入层交换机 S11 */
[Switch-depart4-GigabitEthernet0/0/4]port link-type access
[Switch-depart4-GigabitEthernet0/0/4]quit
[Switch-depart4]vlan 240
[Switch-depart4-vlan240]port g0/0/4
[Switch-depart4-vlan240]int vlanif 240
[Switch-depart4-Vlanif240]ip address 172.16.24.1 24             /* 用作网关 */
[Switch-depart4-Vlanif240]int g0/0/5                            /* 此接口连接接入层交换机 S12 */
[Switch-depart4-GigabitEthernet0/0/5]port link-type access
[Switch-depart4-GigabitEthernet0/0/5]quit
[Switch-depart4]vlan 250
[Switch-depart4-vlan250]port g0/0/5
[Switch-depart4-vlan250]quit
[Switch-depart4]int vlanif 250
[Switch-depart4-Vlanif250]ip address 172.16.25.1 24             /* 用作网关 */
[Switch-depart4-Vlanif250]quit
[Switch-depart4]
```

3.5 本章基本配置命令

本章基本配置命令如表 3-3 和表 3-4 所示。

表 3-3 交换机的链路聚合配置命令

常用命令	视图	作用
port link-type {*access*|*hyprid*|*trunk*}	系统	设定交换机的接口类型
port trunk allow-pass vlan {*vlan-id*|*all*}	接口	允许 trunk 端口通过某个 vlan-id 或所有 VLAN
int eth-trunk *id*	系统	创建链路聚合
trunkport *port-id*	接口	将端口加入链路聚合

表 3-4 交换机 STP 协议的常用配置命令

常用命令	视图	作用
stp {*disable*|*enable*}	系统	关闭或启用 STP 功能
display stp	任意	显示 STP 信息
display stp brief	任意	显示 STP 的简要信息,主要是端口状态
display stp interface *interface-id*	任意	显示某一个端口的 STP 信息
stp mode {*mstp*|*stp*|*rstp*}	系统	修改 STP 模式
stp root primary	系统	设置根桥
stp root secondary	系统	设置备用根桥,即根桥失效后,自动由其充当根桥角色
stp priority *priority-value*	系统	设置网桥优先级
stp pathcost-standard {*dot1d-1998*|*dot1t*|*legacy*}	系统	指定路径开销的标准
stp timer hello *hello-time*	系统	指定 Hello Time 时间
stp timer forward-delay forward-delay-time	系统	配置 Forward Delay 时间
stp timer max-age *max-age*	系统	配置 Max Age 时间
stp port priority *priority-value*	接口	设置接口优先级
stp cost *cost-value*	接口	设置接口 cost 值
stp bridge-diameter *number*	系统	设置网络直径值,默认值为 7
stp edged-prot {*enable*|*disable*}	接口	设置端口为边缘端口

本章完整配置对应的工程文件

请扫码下载本章完整配置对应的可执行工程文件压缩包,可下载到本机上运行。注意须解压缩后,在文件夹里打开,不要直接在压缩包里打开,也不要从解压缩后的文件夹里拖出 *.topo 文件到文件夹外打开。

第 4 章

局域网互通

本章将在第 3 章组建的局域网基础上，实现局域网的互联互通。局域网互通主要通过配置路由协议实现。常用的路由协议有 RIP 和 OSPF 等，为了让读者对这两种路由协议都能够有所了解，本书计划在局域网中使用 RIP 路由协议，第 6 章的广域网使用 OSPF 路由协议实现网络互通。

4.1　RIP 路由协议

RIP 是 Routing Information Protocol（路由信息协议）的简称。它是一种相对简单的动态路由协议。所谓“动态”就是能够自动发现网络中数据传输路径。动态路由协议有很多种，分类标准也有很多。可以按工作区域分为域内路由协议 IGP（Interior Gateway Protocol）和域间路由协议 EGP（Exterior Gateway Protocol）。IGP 路由协议有 RIP、OSPF（Open Shortest Path First，开放最短路径优先）等，EGP 路由协议有 BGP（Border Gateway Protocol，边界网关协议）等。也可以按路由协议发现路由的算法不同划分为距离矢量路由协议（如 RIP、BGP 等）和链路状态路由协议（如 OSPF、IS-IS 等）。除了能够自动发现路由的动态路由协议外，还有网络管理员为网络手工添加路由，以便指定数据包的发送和接收路径，这称为静态路由。静态路由能够优化网络配置，是动态路由的有效补充。

RIP 是一种根据距离矢量路由算法而开发出的路由协议，距离矢量路由（Distance Vector Routing）算法是网络上最早使用的路由算法，也称 Bellman-Ford 算法或 Ford-Fulkerson算法。Cisco 的 IGRP（Interior Gateway Routing Protocol，内部网关路由协议）和 EIGRP（Enhanced Interior Gateway Routing Protocol，增强型内部网关路由协议）也使用该路由算法。RIP 是一种典型的距离矢量路由协议。如何理解距离矢量路由协议呢？打个简单的比方，教室里有一些学生，开始大家都不熟悉，如果每个人只能与自己相邻的学生交流，那么是不是每个人只知道与自己相邻的学生信息呢？当然不是，事实上经过一段时间之后，每个人都会知道教室里所有人的相关信息。设学生 A 的左邻居是 B，右邻居是 C，前邻居是 D。A 可以将自己所知道的左邻居 B 的信息告诉给右邻居 C，这样即使 B 和 C 不相邻，但是 B 仍然可以知道 C 的信息。通过这样互相传递信息的方法，经过一段时间后，每个人就都会了解其他所有人的信息。距离矢量路由协议的工作原理与上述方法类似。显然这种方法会有不足的地方，例如教室里学生数越多，让每个学生都知道其他所有人的信息将耗时越长；有些信息某个人已经知道了，但是后来仍然会有人继续传输相同的信息；如果出现某一个信息错误，错误的信息就会传递下去；等等。这些美中不足的地方也是距离向量路由协议的缺陷。人们开发出了更多、功能也更强大的动态路由协议。所以后来计算机科学家又开发出了 SPF(Shortest Path First，最短路径优先)算法的路由协议。

RIP 协议在工作时，首先从网络中获取直连路由信息，然后每隔 30 秒向自己相邻的路由器通告所获得的路由信息。经过一段时间后，每一个路由器将获得全网的路由信息。这样任何目的网段的数据包都可以由 RIP 发送。

RIP 使用一个称为"跳数"(hop)的参数来度量到达目的网段的距离，一个路由器与它直接相连网络的跳数为 0，每经过一个路由器则跳数增加 1，依此类推。但当跳数值大于或等于 16 时，RIP 协议将认为网络不可达，将丢弃数据包。由于 RIP 最多只能经过 15 跳路由器，所以 RIP 适合于应用在企业网络等小型网络中。并且 RIP 只根据路由器的跳数来计算路径，不考虑链路的带宽(如光纤链路的带宽比铜缆大得多)、接口速率(千兆接口比百兆接口速率快 10 倍)等因素，所以 RIP 不适合于应用在中大型网络中。

RIP 技术出现得比较早，在 Internet 发展过程中，出现了一些新技术，例如子网和可变长子网掩码(VLSM，Variable Length Subnet Mask)、无类别域间路由选择(CIDR，Classless Inter-Domain Routing)技术等。这些新技术的出现使得 RIP 不能适应于网络的发展，因此后来人们对 RIP 进行了改进，使 RIP 适应这些新技术，这就是 RIP 版本 2 协议(RIPv2)，而把以前的 RIP 称为 RIP 版本 1 协议(RIPv1)。两者的主要区别是：RIPv1 支持广播，不支持组播；只支持明文认证，不支持 MD5 加密认证；只支持默认子网掩码，不支持可变长子网掩码；只支持自动路由聚合，不支持手动设置路由聚合；不支持无类别域间路由选择。而 RIPv2 则对前者不支持的都支持。这里有些专用网络术语不太好理解，感兴趣的读者可查阅相关资料。后面将会在无环路局域网配置 RIPv1 和 RIPv2 协议，体会 RIP 协议的两个版本在实际网络配置中产生的不同。

配置 RIPv1 路由协议：

```
[Router] rip                              /*默认开启的是 RIP 协议进程 1*/
[Router-rip-1] network x.x.x.x            /*通告网段*/
```

如果要删除配置的 RIP 路由协议，可以在系统视图下输入"undo rip"，本命令将把与 RIP 有关的配置都删除掉。

配置 RIPv2 路由协议：

```
[Router]rip                               /*开启的是 RIP 协议进程 1*/
[Router-rip-1]rip version 2               /*启用的是 RIPv2 协议*/
[Router-rip-1] network x.x.x.x            /*通告网段*/
```

注意：在系统视图下输入 rip，然后看到命令提示符变为[Router-rip-1]，这个"1"并不是表示 RIP 版本 1 协议。它是指系统当前使用的 RIP 路由的进程号。如果用户不指定进程号，则默认的进程号是 1。相同的 RIP 路由协议，不同的进程，代表两个不同的协议，两者发现的路由信息不能互相共享。关于这点也适用于其他的路由协议。

RIP 协议视图下"network x.x.x.x"这条命令相当于向邻居路由器通告本路由器上有哪些网段使用 RIP 协议学习路由，x.x.x.x 是网段地址而不是 IP 地址。

假设图 4-1 是网络中的一台路由器，它有多个接口与其他路由器互连。其中有两个接口与其他路由器互连采用的是 RIP 协议交换路由信息，有一个网段采用的是静态默认路由，还有两个采用的是 OSPF 协议。那么在这个路由器中，需要配置 RIP 路由协议，且在 RIP 协议中只需要通告这两个网段就可以了。至于其他的网段则需要使用指定的方法配置。

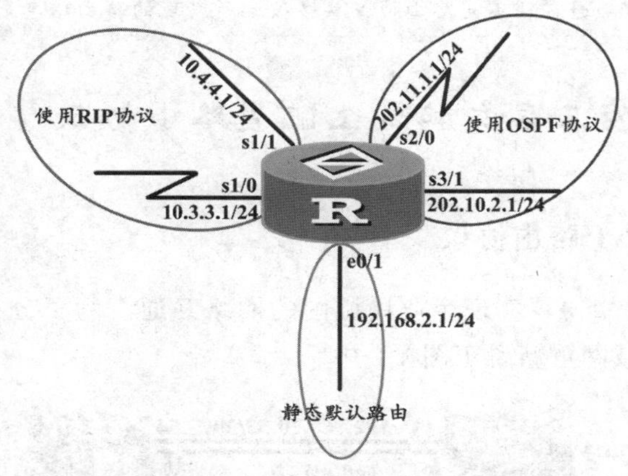

图 4-1　同一台路由器上可能配置多种路由协议

```
[Router]rip
[Router-rip-1] network 10.0.0.0                    /*不带子网掩码*/
```

图 4-1 中有两个接口使用 RIP 协议学习路由，但上面只发布了一个网段 10.0.0.0，而且与两个接口配置的 IP 地址网段 10.3.3.1/24 和 10.4.4.1/24 看起来不相符。这是因为华为数通设备中，使用 RIP 路由协议发布网段时，要求发布的是与接口 IP 地址严格匹配的主类网络地址。如果用户输入具体的 IP 地址或非主类网络地址，华为设备会报错"Error: The network address is invalid, and the specified address must be major-net address without any subnets."，这是提示用户输入的地址"错误：地址不正确，输入的地址必须是不带任何子网的主类网络"。即华为数据通信设备要求用户在 RIP 协议中通告 IP 网段时，要将 IP 地址替换为对应的主类网络地址后再发布，而不能直接发布配置在接口的 IP 地址。何谓主类网络？如果是 A 类 IP 地址，它的主类网络是 x.0.0.0，B 类 IP 地址的主类网络是 x.x.0.0，C 类 IP 地址的主类网络是 x.x.x.0。例如上面的 10.3.3.1/24 和 10.4.4.1/24 对应的网段不能发布成 10.3.3.0 或 10.4.4.0，而要发布成 10.0.0.0，因此两个网段只需要发布一个主类网络地址。

某些厂商如 H3C 公司生产的设备也支持在 RIP 协议发布网段时，直接写接口上配置的 IP 地址或非主类网络地址，例如进行如下配置也不会报错。

```
[Router]rip
[Router-rip-1] network 10.3.3.0 或 10.3.3.1
[Router-rip-1] network 10.4.4.0 或 10.4.4.1
```

但设备会自动将其转换为该 IP 对应的主类网络，使用命令"display current-configuration"查看当前配置，可以看到系统显示下面的 RIP 信息：

```
#rip
```

```
network 10.0.0.0
```

就是因为 RIPv1 协议是一种有类的路由协议，它只向外发布 A 类、B 类、C 类等主类网段信息。当用户使用的是可变长子网掩码的 IP 地址时，RIPv1 协议自动将其汇聚成对应的主类网络。

> 当同一台路由器上配置有多种路由协议时，每种路由协议发现的路由信息不能共享。可以把一种路由协议理解为一门“语言”，每种路由协议只能理解自己的“语言”，要理解其他路由协议的“语言”，只能经过“翻译”。通常让不同路由协议共享彼此所发现的路由信息是通过路由引入的方法。

4.2 在局域网三层交换机上配置路由协议

4.2.1 配置 RIPv1 路由协议

下面配置 RIPv1 路由协议实现企业局域网的网络互通。为了分析方便，这里将前面规划好 IP 互连网段的局域网重新置于图 4-2 中。

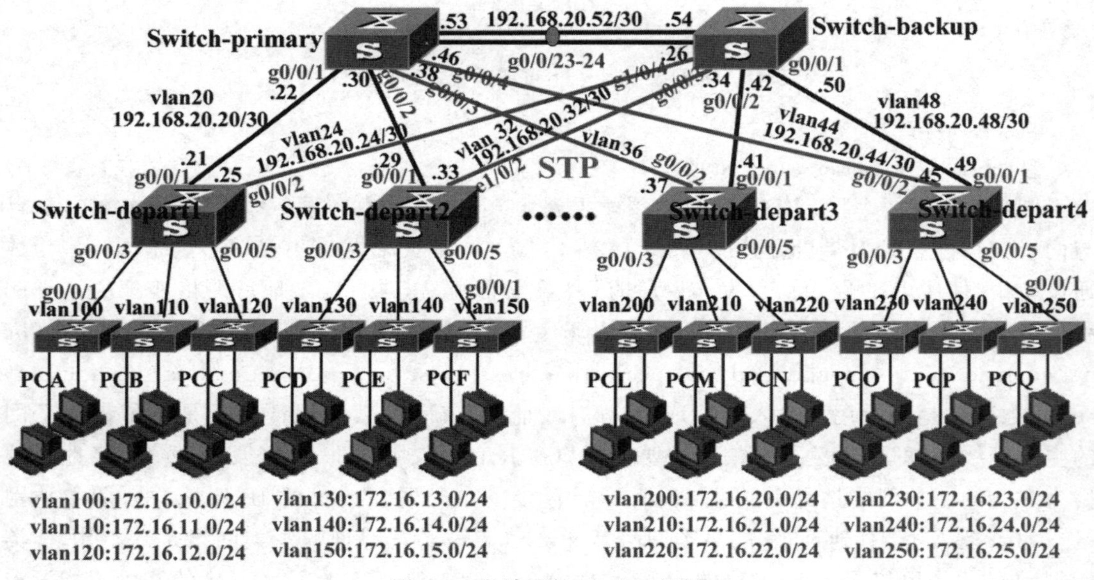

图 4-2　局域网的 IP 地址规划

Switch-primary 交换机上规划了五个互连链路的 IP 地址，分别为：192.168.20.20/30、192.168.20.28/30、192.168.20.36/30、192.168.20.44/30 和 192.168.20.52/30。这五个 IP 地址属于 C 类网段，虽然其规划的子网掩码为 255.255.255.252(即 30)，但是对 RIP 协议来说，这五个网段只需要用一个 24 位子网掩码的 C 类网段 192.168.20.0/24 来发布。所以在下面的 Switch-primary 交换机 RIP 路由协议配置代码上，只有一个通告接口网段的语句“network 192.168.20.0”。以此类推，其他交换机上的 RIP 协议配置时，发布网段的命令语句要比设备上真实配置的网段少，也是相同的道理。

1. Switch-primary 交换机

```
[Switch-primary]rip
[Switch-primary-rip-1]network 192.168.20.0                /*交换机和交换机互连网段*/
```

2. Switch-backup 交换机

```
[Switch-backup]rip
[Switch-backup-rip-1]network 192.168.20.0                 /*交换机和交换机互连网段*/
```

3. Switch-depart1 交换机

```
[Switch-depart1]rip
[Switch-depart1-rip-1]network 192.168.20.0                /*交换机和交换机互连网段*/
[Switch-depart1-rip-1]network 172.16.0.0                  /*用作用户计算机网关网段*/
```

4. Switch-depart2 交换机

```
[Switch-depart2]rip
[Switch-depart2-rip-1]network 192.168.20.0                /*交换机和交换机互连网段*/
[Switch-depart2-rip-1]network 172.16.0.0                  /*用作用户计算机网关网段*/
```

5. Switch-depart3 交换机

```
[Switch-depart3]rip
[Switch-depart3-rip-1]network 192.168.20.0                /*交换机和交换机互连网段*/
[Switch-depart3-rip-1]network 172.16.0.0                  /*用作用户计算机网关网段*/
```

6. Switch-depart4 交换机

```
[Switch-depart4]rip
[Switch-depart4-rip-1]network 192.168.20.0                /*交换机和交换机互连网段*/
[Switch-depart4-rip-1]network 172.16.0.0                  /*用作用户计算机网关网段*/
```

不同于 Switch-primary 和 Switch-backup，在 Switch-depart1 交换机的配置中，通告了两个网段“192.168.20.0”和“172.16.0.0”。“192.168.20.0”是 C 类网段，它包含 Switch-depart1中配置的互连网段“192.168.20.21/30”和“192.168.20.25/30”。“172.16.0.0”是 B 类网段，它包含 Switch-depart1 中配置的用户子网网段。Switch-depart1 设置了三个用户子网网段，分别为 172.16.10.1/24、172.16.11.1/24、172.16.12.1/24。但是在其 RIP 协议中只通告了 172.16.0.0 一个网段，尽管通告的是 172.16.0.0，但其实包括了这三个用户子网网段。关于 Switch-depart2、Switch-depart3、Switch-depart4 交换机上的配置类似。

配置完 RIPv1 协议后，用 ping 命令进行网络互通测试。从 PCA ping PCC，结果正常；但从 PCA ping PCM，发现不能返回正常值，丢包率为 100%。这说明配置的 RIPv1 协议不起作用。通过分析如图 4-3 所示 Switch-primary 的路由表，发现其上只有一条到达目的网段 172.16.0.0/16 的路由，下一跳是 Switch-depart1 交换机的 192.168.20.21 接口，没有到达 172.16.20.0/24、172.16.21.0/24 和 172.16.22.0/24 等多个网段的路由条目。路由表中目的网段为 172.16.0.0/16 的路由实际上是 172.16.20.0/24、172.16.21.0/24 和 172.16.22.0/24 等多个网段汇聚过的路由，这就是 RIPv1 协议的路由自动汇聚功能。当用户配置 A 类、B 类、C 类等网络的子网路由时，RIPv1 协议自动将子网路由汇聚成对应的主类网络路由（注意 RIPv1 协议的路由自动汇聚功能不能通过命令关闭），并且不发布子网的明细路由。由于没有子网明细路由，从 PCA ping PCM 没有路由，四个 ping 包全部丢失。Switch-backup 的路由表与 Switch-primary 类似。

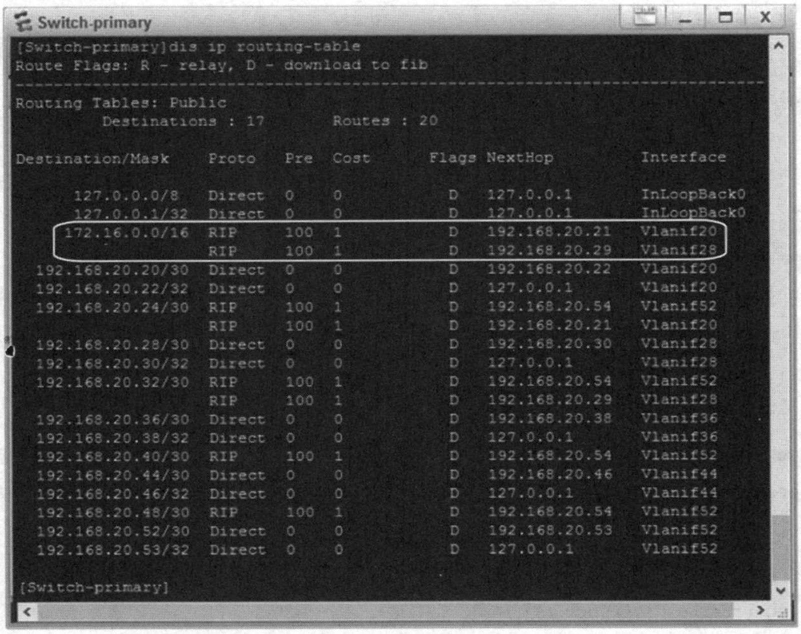

```
Switch-primary
[Switch-primary]dis ip routing-table
Route Flags: R - relay, D - download to fib
------------------------------------------------------------------------------
Routing Tables: Public
         Destinations : 17       Routes : 20

Destination/Mask    Proto   Pre  Cost      Flags NextHop         Interface

      127.0.0.0/8   Direct  0    0           D   127.0.0.1       InLoopBack0
      127.0.0.1/32  Direct  0    0           D   127.0.0.1       InLoopBack0
     172.16.0.0/16  RIP     100  1           D   192.168.20.21   Vlanif20
                    RIP     100  1           D   192.168.20.29   Vlanif28
  192.168.20.20/30  Direct  0    0           D   192.168.20.22   Vlanif20
  192.168.20.22/32  Direct  0    0           D   127.0.0.1       Vlanif20
  192.168.20.24/30  RIP     100  1           D   192.168.20.54   Vlanif52
                    RIP     100  1           D   192.168.20.21   Vlanif20
  192.168.20.28/30  Direct  0    0           D   192.168.20.30   Vlanif28
  192.168.20.30/32  Direct  0    0           D   127.0.0.1       Vlanif28
  192.168.20.32/30  RIP     100  1           D   192.168.20.54   Vlanif52
                    RIP     100  1           D   192.168.20.29   Vlanif28
  192.168.20.36/30  Direct  0    0           D   192.168.20.38   Vlanif36
  192.168.20.38/32  Direct  0    0           D   127.0.0.1       Vlanif36
  192.168.20.40/30  RIP     100  1           D   192.168.20.54   Vlanif52
  192.168.20.44/30  Direct  0    0           D   192.168.20.46   Vlanif44
  192.168.20.46/32  Direct  0    0           D   127.0.0.1       Vlanif44
  192.168.20.48/30  RIP     100  1           D   192.168.20.54   Vlanif52
  192.168.20.52/30  Direct  0    0           D   192.168.20.53   Vlanif52
  192.168.20.53/32  Direct  0    0           D   127.0.0.1       Vlanif52

[Switch-primary]
```

图 4-3　配置了 RIPv1 协议后 Switch-primary 交换机的路由表

路由表还显示到达同一个目的网段的路由出现了下一跳地址不同的并行的两条，这是 RIP 这种动态路由协议的负载均衡。其他的动态路由协议也有这种功能。

分析 Switch-depart1 交换机的路由表，发现没有到达对端目的网段 172.16.20.0/24、172.16.21.0/24 和 172.16.22.0/24 的路由条目，如图 4-4 所示。

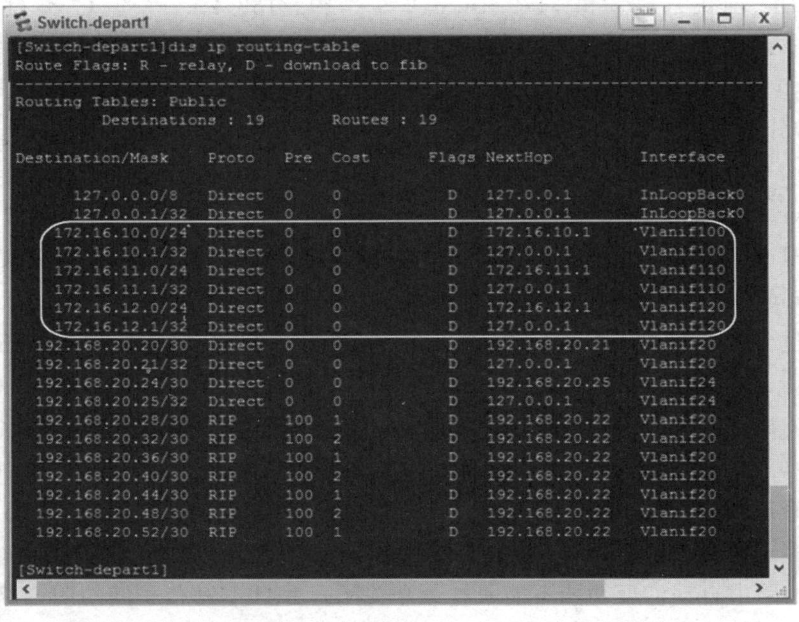

```
Switch-depart1
[Switch-depart1]dis ip routing-table
Route Flags: R - relay, D - download to fib
------------------------------------------------------------------------------
Routing Tables: Public
         Destinations : 19       Routes : 19

Destination/Mask    Proto   Pre  Cost      Flags NextHop         Interface

      127.0.0.0/8   Direct  0    0           D   127.0.0.1       InLoopBack0
      127.0.0.1/32  Direct  0    0           D   127.0.0.1       InLoopBack0
    172.16.10.0/24  Direct  0    0           D   172.16.10.1     Vlanif100
    172.16.10.1/32  Direct  0    0           D   127.0.0.1       Vlanif100
    172.16.11.0/24  Direct  0    0           D   172.16.11.1     Vlanif110
    172.16.11.1/32  Direct  0    0           D   127.0.0.1       Vlanif110
    172.16.12.0/24  Direct  0    0           D   172.16.12.1     Vlanif120
    172.16.12.1/32  Direct  0    0           D   127.0.0.1       Vlanif120
  192.168.20.20/30  Direct  0    0           D   192.168.20.21   Vlanif20
  192.168.20.21/32  Direct  0    0           D   127.0.0.1       Vlanif20
  192.168.20.24/30  Direct  0    0           D   192.168.20.25   Vlanif24
  192.168.20.25/32  Direct  0    0           D   127.0.0.1       Vlanif24
  192.168.20.28/30  RIP     100  1           D   192.168.20.22   Vlanif20
  192.168.20.32/30  RIP     100  2           D   192.168.20.22   Vlanif20
  192.168.20.36/30  RIP     100  1           D   192.168.20.22   Vlanif20
  192.168.20.40/30  RIP     100  2           D   192.168.20.22   Vlanif20
  192.168.20.44/30  RIP     100  1           D   192.168.20.22   Vlanif20
  192.168.20.48/30  RIP     100  2           D   192.168.20.22   Vlanif20
  192.168.20.52/30  RIP     100  1           D   192.168.20.22   Vlanif20

[Switch-depart1]
```

图 4-4　配置了 RIPv1 协议后 Switch-depart1 交换机的路由表

Switch-depart3 交换机的路由表中没有到达对端目的网段 172.16.10.0/24、172.16.11.0/24 和 172.16.12.0/24 的路由条目，如图 4-5 所示。

```
Switch-depart3
[Switch-depart3]dis ip routing-table
Route Flags: R - relay, D - download to fib
------------------------------------------------------------------------------
Routing Tables: Public
         Destinations : 19       Routes : 19

Destination/Mask    Proto   Pre  Cost      Flags NextHop         Interface

      127.0.0.0/8   Direct  0    0           D   127.0.0.1       InLoopBack0
      127.0.0.1/32  Direct  0    0           D   127.0.0.1       InLoopBack0
    172.16.20.0/24  Direct  0    0           D   172.16.20.1     Vlanif200
    172.16.20.1/32  Direct  0    0           D   127.0.0.1       Vlanif200
    172.16.21.0/24  Direct  0    0           D   172.16.21.1     Vlanif210
    172.16.21.1/32  Direct  0    0           D   127.0.0.1       Vlanif210
    172.16.22.0/24  Direct  0    0           D   172.16.22.1     Vlanif220
    172.16.22.1/32  Direct  0    0           D   127.0.0.1       Vlanif220
  192.168.20.20/30  RIP     100  2           D   192.168.20.42   Vlanif40
  192.168.20.24/30  RIP     100  1           D   192.168.20.42   Vlanif40
  192.168.20.28/30  RIP     100  2           D   192.168.20.42   Vlanif40
  192.168.20.32/30  RIP     100  1           D   192.168.20.42   Vlanif40
  192.168.20.36/30  Direct  0    0           D   192.168.20.37   Vlanif36
  192.168.20.37/32  Direct  0    0           D   127.0.0.1       Vlanif36
  192.168.20.40/30  Direct  0    0           D   192.168.20.41   Vlanif40
  192.168.20.41/32  Direct  0    0           D   127.0.0.1       Vlanif40
  192.168.20.44/30  RIP     100  2           D   192.168.20.42   Vlanif40
  192.168.20.48/30  RIP     100  1           D   192.168.20.42   Vlanif40
  192.168.20.52/30  RIP     100  1           D   192.168.20.42   Vlanif40

[Switch-depart3]
```

图 4-5　配置了 RIPv1 协议后 Switch-depart3 交换机的路由表

如图 4-6 所示，从 Switch-depart2 交换机 ping Switch-depart1 交换机，可以看到四个 ping 包全部丢失。与计算机上的 ping 命令不同的是，数通设备上可以用带“-a”的参数指定 ping 包的起始地址，表示从指定地址的接口发出 ping 数据包。

```
Switch-depart2
<Switch-depart2>ping -a 172.16.13.1 172.16.10.1
  PING 172.16.10.1: 56  data bytes, press CTRL_C to break
    Request time out
    Request time out
    Request time out
    Request time out
    Request time out

  --- 172.16.10.1 ping statistics ---
    5 packet(s) transmitted
    0 packet(s) received
    100.00% packet loss

<Switch-depart2>
<Switch-depart2>
```

图 4-6　配置了 RIPv1 协议后 Switch-depart2 交换机 ping Switch-depart1 交换机

如果从 PCA 分别去 pingPCB、PCC、PCD、PCE、PCL、PCM、PCP 等，则可以发现，PCA 可以 ping 通 PCB、PCC、PCD、PCE，但无法 ping 通 PCL、PCM、PCO、PCP 等。这可以从 PCA 的网关

Switch-depart1 的路由表中分析得到,因为在 Switch-depart1 的路由表中有到达 PCB、PCC 所在网段 172.16.11.0/24、172.16.12.0/24、172.16.13.0/24 的路由,但没有到达其余计算机所在网段的路由。读者可以在自己的实验网络中进行实际验证。

由于在进行 IP 地址规划时,两个分别连接到主、备用核心交换机的汇聚层交换机下分配的用户业务子网网段 IP 地址同为 B 类网段 172.16.0.0/16。当配置 RIPv1 路由协议时,Switch-depart1 和 Switch-depart2 交换机只能向外发布自动汇聚过的 B 类网段 172.16.0.0/16,因此 Switch-primary 和 Switch-backup 不能学习到可变长子网掩码的明细路由(如172.16.10.0/24、172.16.11.0/24 等网段)。

可以把左、右两边配置的属于一个相同的大类网络的子网 IP 地址 172.16.0.0/16 称为主类网络。当主类网络被中间其他的 IP 网段分隔时,如果配置 RIPv1 协议就会出现网络故障,这种现象称为不连续子网。

鉴于 RIPv1 会出现不连续子网现象,当网络中使用的路由协议是 RIPv1 协议时,不要将分处于局域网中不同汇聚层交换机下带的接入层用户 IP 地址使用同一个主类网络的子网网段,而要用不同的主类地址网段。例如 Switch-depart1 交换机下连接的用户使用 172.16.0.0/16 及其子网网段,而 Switch-depart2 交换机下连接的用户不能再使用 172.16.0.0/16 及其子网网段,而要改用其他主类网段。如果仍然使用私网地址的话,就只能使用其他的 B 类网段,或使用 A 类或 C 类网络的私有地址网段。

从这里的配置也可以进一步理解 RIPv1 路由协议是有类的路由协议,不支持可变长子网掩码,支持自动汇聚路由(不能手工关闭自动汇聚路由功能)的具体含义。

考虑到 RIPv1 路由协议的缺陷,改进版 RIP 路由协议——RIPv2 路由协议克服了以上缺陷。RIPv2 路由协议不再是一个有类的路由协议,它支持可变长子网掩码,支持自动汇聚路由,也可以手工关闭自动汇聚路由功能。

4.2.2 配置 RIPv2 路由协议

RIPv2 协议针对 RIPv1 协议的缺陷进行了一些改进,例如它支持无类别域间路由选择、支持可变长子网掩码,可以关闭路由自动汇聚等。可以在上述 RIPv1 协议配置基础上增加一行代码,就成了 RIPv2 协议。

主核心交换机 Switch-primary 上的配置:

```
[Switch-primary]rip
[Switch-primary-rip-1]version 2
```

备用核心交换机 Switch-backup 上的配置:

```
[Switch-backup]rip
[Switch-backup-rip-1]version 2
```

Switch-depart1 交换机上的配置:

```
[Switch-depart1]rip
[Switch-depart1-rip-1]version 2
```

Switch-depart2 交换机上的配置：

```
[Switch-depart2]rip
[Switch-depart2-rip-1]version 2
```

Switch-depart3 交换机上的配置：

```
[Switch-depart3]rip
[Switch-depart3-rip-1]version 2
```

Switch-depart4 交换机上的配置：

```
[Switch-depart4]rip
[Switch-depart4-rip-1]version 2
```

配置完成后，查看各设备的路由表，分析网络的互通情况。发现虽然配置了 RIPv2 路由协议，但结果与前面配置 RIPv1 路由协议的结果相同。主要原因是 RIPv2 路由协议默认是自动开启路由汇聚功能的，虽然配置了 RIPv2 路由协议，但 Switch-depart1 和 Switch-depart2向外发布的是自动汇聚过的路由。例如 Switch-depart1 向外发布的是 172.16.10.0/24、172.16.11.0/24 和 172.16.12.0/24 这三个网段汇聚后的路由 172.16.0.0/16，Switch-primary 认为 172.16.0.0/16 网段的目的地址是 Switch-depart1 交换机，因此 Switch-primary 没有到达 Switch-depart1 下面连接网段的路由信息。这就导致我们看到的效果与配置 RIPv1 路由协议一样。可以继续在上述配置基础上，通过配置命令"undo summary"手工关闭四台交换机的 RIPv2 路由协议的自动汇聚功能。下面分别在四台交换机的 RIP 视图下执行此命令。

```
[Switch-primary]rip
[Switch-primary-rip-1]undo summary
[Switch-backup]rip
[Switch-backup-rip-1]undo summary
[Switch-depart1]rip
[Switch-depart1-rip-1]undo summary
[Switch-depart2]rip
[Switch-depart2-rip-1]undo summary
[Switch-depart3]rip
[Switch-depart3-rip-1]undo summary
[Switch-depart4]rip
[Switch-depart4-rip-1]undo summary
```

配置 undo summary 之后，再次分析各设备的路由表和网络互通情况。路由表显示交换机可以学习到主类网络下分解的子网路由，用户计算机之间可以互相 ping 通。具体分析见第 4.3 节内容。

> 当在一个网络中使用 RIP 路由协议时，如果在网络中某些路由器配置 RIPv1 路由协议，在另一些路由器配置 RIPv2 路由协议，则会出现网络互通故障。这是因为 RIPv1 路由协议使用广播方式发布路由信息，广播地址为 255.255.255.255。RIPv2 路由协议使用组播方式发布路由信息，组播地址为 224.0.0.9。两个版本的 RIP 路由协议不能共享路由信息，从而导致故障发生。

4.3 局域网三层交换机的路由表分析

完成上述配置后，可以通过查看交换机的路由表，分析无环路局域网的互通情况。同时可以用网络互通测试命令 ping 和 tracert 来验证分析的结果。图 4-7 显示配置了 RIPv2 路由协议并关闭路由自动汇聚功能后，各交换机的路由表。

```
Switch-primary
<Switch-primary>dis ip routing-table
Route Flags: R - relay, D - download to fib
------------------------------------------------------------------------------
Routing Tables: Public
         Destinations : 28       Routes : 30

Destination/Mask    Proto   Pre  Cost      Flags NextHop         Interface

      127.0.0.0/8   Direct  0    0           D   127.0.0.1       InLoopBack0
      127.0.0.1/32  Direct  0    0           D   127.0.0.1       InLoopBack0
    172.16.10.0/24  RIP     100  1           D   192.168.20.21   Vlanif20
    172.16.11.0/24  RIP     100  1           D   192.168.20.21   Vlanif20
    172.16.12.0/24  RIP     100  1           D   192.168.20.21   Vlanif20
    172.16.13.0/24  RIP     100  1           D   192.168.20.29   Vlanif28
    172.16.14.0/24  RIP     100  1           D   192.168.20.29   Vlanif28
    172.16.15.0/24  RIP     100  1           D   192.168.20.29   Vlanif28
    172.16.20.0/24  RIP     100  2           D   192.168.20.54   Vlanif52
    172.16.21.0/24  RIP     100  2           D   192.168.20.54   Vlanif52
    172.16.22.0/24  RIP     100  2           D   192.168.20.54   Vlanif52
    172.16.23.0/24  RIP     100  2           D   192.168.20.54   Vlanif52
    172.16.24.0/24  RIP     100  2           D   192.168.20.54   Vlanif52
    172.16.25.0/24  RIP     100  2           D   192.168.20.54   Vlanif52
  192.168.20.20/30  Direct  0    0           D   192.168.20.22   Vlanif20
  192.168.20.22/32  Direct  0    0           D   127.0.0.1       Vlanif20
  192.168.20.24/30  RIP     100  1           D   192.168.20.54   Vlanif52
                    RIP     100  1           D   192.168.20.21   Vlanif20
  192.168.20.28/30  Direct  0    0           D   192.168.20.30   Vlanif28
  192.168.20.30/32  Direct  0    0           D   127.0.0.1       Vlanif28
  192.168.20.32/30  RIP     100  1           D   192.168.20.54   Vlanif52
                    RIP     100  1           D   192.168.20.29   Vlanif28
  192.168.20.36/30  Direct  0    0           D   192.168.20.38   Vlanif36
  192.168.20.38/32  Direct  0    0           D   127.0.0.1       Vlanif36
  192.168.20.40/30  RIP     100  1           D   192.168.20.54   Vlanif52
  192.168.20.44/30  Direct  0    0           D   192.168.20.46   Vlanif44
  192.168.20.46/32  Direct  0    0           D   127.0.0.1       Vlanif44
  192.168.20.48/30  RIP     100  1           D   192.168.20.54   Vlanif52
  192.168.20.52/30  Direct  0    0           D   192.168.20.53   Vlanif52
  192.168.20.53/32  Direct  0    0           D   127.0.0.1       Vlanif52

<Switch-primary>
```

图 4-7 Switch-primary 交换机的路由表

局域网路由互通实现视频

Switch-primary 交换机上有到达目的网段 172.16.10.0/24、172.16.11.0/24、172.16.13.0/24 的路由条目。其类型 Proto 为“RIP”，它代表是由 RIP 协议发现的路由；优先级 Pre 为 100，这是 RIP 路由协议的默认优先级；cost 值为 1，即跳数为 1，代表到达目的网段只需经过一个网络设备。下一跳为 192.168.20.21，该地址为 Switch-depart1 交换机的一个接口地址。到达目的网段 172.16.20～22.0/24 的路由条目，其 cost 值为 2，即跳数为 2，代表数据包到达目的网段需经过两个网络设备。显然这里要经过 Switch-backup 和 Switch-depart3 交换机到达这 3 个网段。

局域网路由互通实现视频工程文件

Switch-backup 交换机有相似的路由表，这里分析略。

图 4-8 是 Switch-depart1 交换机的路由表。

Switch-depart1 是汇聚层交换机，配置了三个用户子网网关，这三个网段作为直连路由出现在路由表中。如图 4-8 中 172.16.10～12.0/24 这三条路由信息所显示的那样，其路由协议类型（Proto）为 Direct（直连路由），这就是前面在未配置路由协议时，可以直接在 PCA ping 通 PCC 的原因，因为它们之间存在直连路由。而另一个汇聚层交换机 Switch-depart2 所配置的三个网段 172.16.13-15.0/24 也出现在路由表中，这三条路由信息所显示的路由协议类型为 RIP，路径的 cost 值（跳数）为 2，表示到达目的网段要经过两个网络设备，与实际分析的 Switch-depart1 要经过 Switch-primary→Switch-depart2 这两个设备才能到达目的网段 172.16.13～15.0/24 相一致。路由表还显示到达 172.16.20～25.0/24 网段的路由 cost 值为 3，实际分析 Switch-depart1 交换机要经过 Switch-primary→Switch-backup→Switch-depart2 这三个设备，才能到达目的网段 172.16.20～25.0/24 相一致。其他交换机与交换机之间的互连网段也出现在路由表中，有的是作为直连路由，有的是作为 RIP 路由出现在路由表中。

```
Switch-depart1
<Switch-depart1>dis ip routing-table
Route Flags: R - relay, D - download to fib
------------------------------------------------------------------------------
Routing Tables: Public
         Destinations : 28       Routes : 28

Destination/Mask    Proto   Pre  Cost      Flags NextHop         Interface

      127.0.0.0/8   Direct  0    0           D   127.0.0.1       InLoopBack0
      127.0.0.1/32  Direct  0    0           D   127.0.0.1       InLoopBack0
    172.16.10.0/24  Direct  0    0           D   172.16.10.1     Vlanif100
    172.16.10.1/32  Direct  0    0           D   127.0.0.1       Vlanif100
    172.16.11.0/24  Direct  0    0           D   172.16.11.1     Vlanif110
    172.16.11.1/32  Direct  0    0           D   127.0.0.1       Vlanif110
    172.16.12.0/24  Direct  0    0           D   172.16.12.1     Vlanif120
    172.16.12.1/32  Direct  0    0           D   127.0.0.1       Vlanif120
    172.16.13.0/24  RIP     100  2           D   192.168.20.22   Vlanif20
    172.16.14.0/24  RIP     100  2           D   192.168.20.22   Vlanif20
    172.16.15.0/24  RIP     100  2           D   192.168.20.22   Vlanif20
    172.16.20.0/24  RIP     100  3           D   192.168.20.22   Vlanif20
    172.16.21.0/24  RIP     100  3           D   192.168.20.22   Vlanif20
    172.16.22.0/24  RIP     100  3           D   192.168.20.22   Vlanif20
    172.16.23.0/24  RIP     100  3           D   192.168.20.22   Vlanif20
    172.16.24.0/24  RIP     100  3           D   192.168.20.22   Vlanif20
    172.16.25.0/24  RIP     100  3           D   192.168.20.22   Vlanif20
  192.168.20.20/30  Direct  0    0           D   192.168.20.21   Vlanif20
  192.168.20.21/32  Direct  0    0           D   127.0.0.1       Vlanif20
  192.168.20.24/30  Direct  0    0           D   192.168.20.25   Vlanif24
  192.168.20.25/32  Direct  0    0           D   127.0.0.1       Vlanif24
  192.168.20.28/30  RIP     100  1           D   192.168.20.22   Vlanif20
  192.168.20.32/30  RIP     100  2           D   192.168.20.22   Vlanif20
  192.168.20.36/30  RIP     100  1           D   192.168.20.22   Vlanif20
  192.168.20.40/30  RIP     100  2           D   192.168.20.22   Vlanif20
  192.168.20.44/30  RIP     100  1           D   192.168.20.22   Vlanif20
  192.168.20.48/30  RIP     100  2           D   192.168.20.22   Vlanif20
  192.168.20.52/30  RIP     100  1           D   192.168.20.22   Vlanif20

<Switch-depart1>
```

图 4-8　Switch-depart1 交换机的路由表

4.4　STP 备份链路的测试

汇聚层交换机通过双链路连接到核心层交换机，在正常情况下，其中一条链路正常工作，另一条链路端口处于阻塞状态。以 Switch-depart1 交换机为例，g0/0/1 和 g0/0/2 端口同时连接到核心层交换机，g0/0/1 端口正常，g0/0/2 端口阻塞。下面分三种情况讨论正常工作的端口出现故障时的网络互通情况。

(1) 将 Switch-depart1 交换机的 g0/0/1 端口网线拔掉。这种情况类似于实际工作中端口所插的网线出现松脱、接触不良、网线有瑕疵等。

此时 g0/0/2 端口由阻塞状态(ALTE)转换为正常状态(DESI),如图 4-9 所示。

```
Switch-depart1
<Switch-depart1>
Jun 10 2018 11:36:58-08:00 Switch-depart1 %%01PHY/1/PHY(l)[0]:    GigabitEtherne
t0/0/1: change status to down
Jun 10 2018 11:36:58-08:00 Switch-depart1 %%01IFNET/4/IF_STATE(l)[1]:Interface V
lanif20 has turned into DOWN state.
Jun 10 2018 11:36:58-08:00 Switch-depart1 %%01IFNET/4/LINK_STATE(l)[2]:The line
protocol IP on the interface Vlanif20 has entered the DOWN state.
<Switch-depart1>dis stp brief
 MSTID  Port                        Role  STP State     Protection
   0    GigabitEthernet0/0/2        ROOT  FORWARDING      NONE
   0    GigabitEthernet0/0/3        DESI  FORWARDING      NONE
   0    GigabitEthernet0/0/4        DESI  FORWARDING      NONE
   0    GigabitEthernet0/0/5        DESI  FORWARDING      NONE
<Switch-depart1>
```

图 4-9　g0/0/2 端口由阻塞状态(ALTE)转换为正常状态(DESI)

查看各交换机的路由表,发现都没有目的网段为 192.168.20.20/30 的路由条目。原因是尽管 Switch-depart1 发布了此网段的路由,但是由于三层接口 192.168.20.20/30 没有承载的物理接口,这个三层接口状态为 down,动态路由协议不会发布状态为 down 的接口的 IP 网段。所以全网都不会有这个网段的路由。但是这并不影响全网的互通,因为原来为 STP 阻塞的 g0/0/2 端口变为正常工作状态,全网仍然互通。路由表图和测试图略。

断开网线观察 STP 阻塞链路测试视频

(2) g0/0/1 端口使用命令"shutdwon",这其实是管理员通过命令将端口管理 down。

当 g0/0/1 网线仍然连接,管理员使用命令强制将此接口状态变为 down 时,这种情况其实与第 1 种情形类似。交换机 Switch-depart1 的端口状态、各交换机的路由表与前一种情况相同,网络仍然互通。路由表图和测试图略。

(3) g0/0/1 端口上承载的 IP 地址三层接口管理 down,或未配置 IP 地址,或 IP 地址配置错误。

下面将交换机 Switch-depart1 的 g0/0/1 端口上承载的 IP 地址三层接口管理 down,首先看看此种情况下 Switch-depart1 交换机的 STP 状态,如图 4-10 所示。

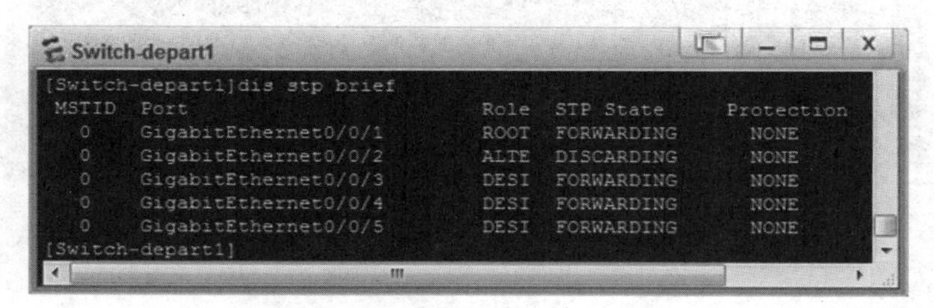

图 4-10　交换机的端口状态

三层接口故障时的测试视频

很明显,交换机的端口状态并未发生改变。如果查看各交换机的路由表,发现交换机 Switch-depart1 的路由表完全改变,只剩下直连路由,没有到其他网段的路由。而其他交换机没有到达 Switch-depart1 所配置网段的路由。相当于 Switch-depart1 交换机所连接的计算机用户与全网完全断开了。如果测试 PCA、PCB、PCC 与其他用户的互通,发现不互通,但其他汇聚层交换机上的用户互相通信正常。同样的情况也会发生在当 g0/0/1 端口上承载的三层接口未配置 IP 地址或 IP 地址配置错误时。

那么问题来了，对比前面的第 1 种和第 2 种情形，为何 STP 协议能够检测到端口网线松脱等物理故障，进而启用备份链路，而不能检测三层接口故障而仍然使用故障链路呢？这是因为 STP 协议是一个二层协议，它只能监测物理层和数据链路层发生的故障，不能监测到高层(二层以上)的网络故障。由于 STP 协议无法监测到三层接口的故障现象，所以这种情况 STP 无能为力。这也反映了在计算机网络通信协议中，各协议都工作在相应的层次，各司其职，完成相对单一的功能。

4.5　局域网网络互通测试

从 Switch-depart1 连接的一台计算机 PCA(IP：172.16.10.2)ping Switch-depart3 连接的一台计算机 PCN(IP 地址为 172.16.22.2)，测试结果如图 4-11 所示。

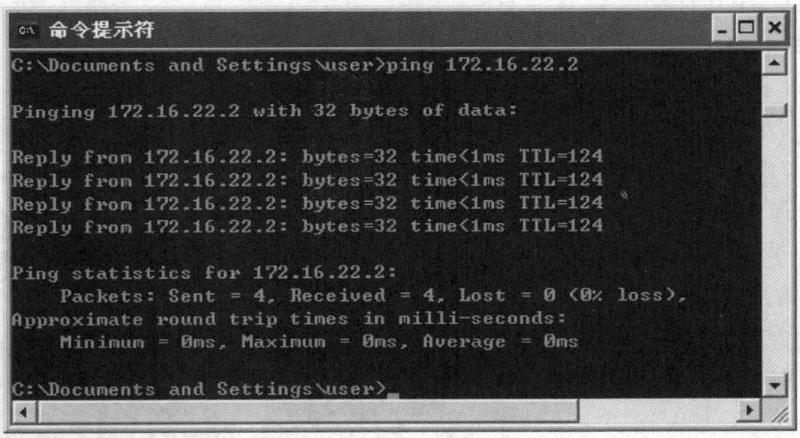

```
命令提示符
C:\Documents and Settings\user>ping 172.16.22.2

Pinging 172.16.22.2 with 32 bytes of data:

Reply from 172.16.22.2: bytes=32 time<1ms TTL=124
Reply from 172.16.22.2: bytes=32 time<1ms TTL=124
Reply from 172.16.22.2: bytes=32 time<1ms TTL=124
Reply from 172.16.22.2: bytes=32 time<1ms TTL=124

Ping statistics for 172.16.22.2:
    Packets: Sent = 4, Received = 4, Lost = 0 (0% loss),
Approximate round trip times in milli-seconds:
    Minimum = 0ms, Maximum = 0ms, Average = 0ms

C:\Documents and Settings\user>
```

图 4-11　不同汇聚层交换机下连接的用户计算机互 ping 测试结果

再在 PCA 上用 tracert 命令测试路径跟踪信息，结果如图 4-12 所示。tracert 命令返回的信息中每一个 IP 地址代表数据包所经过的路径上的一个网络设备。

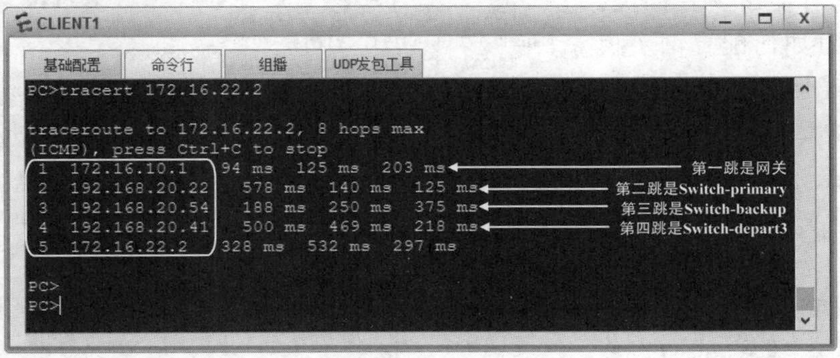

```
CLIENT1
基础配置  命令行  组播  UDP发包工具
PC>tracert 172.16.22.2

traceroute to 172.16.22.2, 8 hops max
(ICMP), press Ctrl+C to stop
 1  172.16.10.1    94 ms  125 ms  203 ms   ← 第一跳是网关
 2  192.168.20.22   578 ms  140 ms  125 ms  ← 第二跳是Switch-primary
 3  192.168.20.54   188 ms  250 ms  375 ms  ← 第三跳是Switch-backup
 4  192.168.20.41   500 ms  469 ms  218 ms  ← 第四跳是Switch-depart3
 5  172.16.22.2    328 ms  532 ms  297 ms

PC>
PC>
```

图 4-12　从计算机 PCA tracert PCN 测试结果

从任一台计算机终端上使用 ping 和 tracert 命令测试其他网段，也会得到正常的互通结果。ping 和 tracert 命令的测试结果表明，整个无环路局域网的接入用户都是互通的，无环路局域网的网络连通正常，能够实现互连互通。

这说明当网络配置 RIPv2 协议时，不存在不连续子网问题。因此在实际需要配置 RIP 协议的网络中，应该尽量使用 RIPv2 协议，避免使用 RIPv1 协议而出现的不连续子网现象。

在设置了路由协议之后，如果测试交换机中处于 STP 协议阻塞状态的端口间链路的互通，就会发现它们仍然不能 ping 通，而除此之外的其他所有接口或链路都可以 ping 通。这表明即使配置路由协议也不能改变处于 STP 协议阻塞状态链路的不能通信的状态。

4.6 简单的网络故障排除方法

当网络出现互通故障时，初学者往往一筹莫展，不知道如何定位和排除故障。编者通常遵循的方法是：先从计算机 ping 网关，确定故障是不是出在网关这一段；再看路由表，确定有没有到达目的网段的路由。

1. 在计算机上 ping 网关

在网络存在故障导致计算机 ping 不通网络时，任何时候从计算机 ping 自己的网关都不迟。因为计算机和它的网关之间没有经过任何三层设备，可以看作是只通过一根线缆连接(可能通过二层交换机即透明网桥)。所以通过 ping 网关来定位和排除网络故障最简单又最节省时间，配置网关是初学者容易出现错误的操作。可以在故障排除的一开始就从计算机 ping 网关，也可以在排除了一个网络故障后再 ping 网关。如果分析路由表正常，网络仍然不通，错误极有可能出现在网关。很多初学者对如何配置网关模糊不清。关于网关的配置方法可以参见第 2 章第 2.2 节。

如果计算机 ping 不通网关，错误毋庸置疑出现在网关上。这时可以修改计算机的 TCP/IP 属性窗口中“IP 地址”子网掩码“网关”设置，也可以修改网关所在三层设备上的配置，如图 4-13 所示。

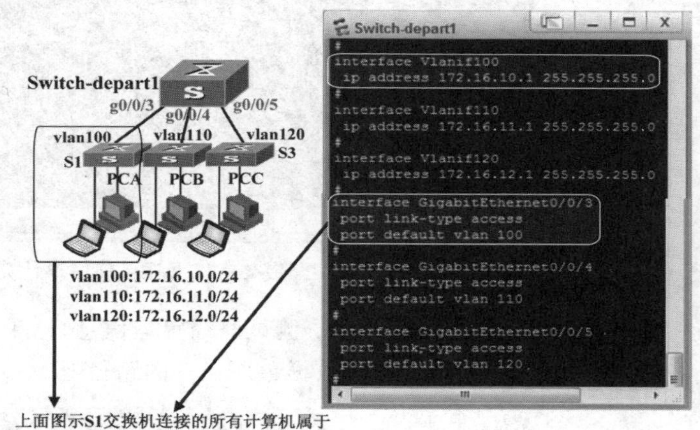

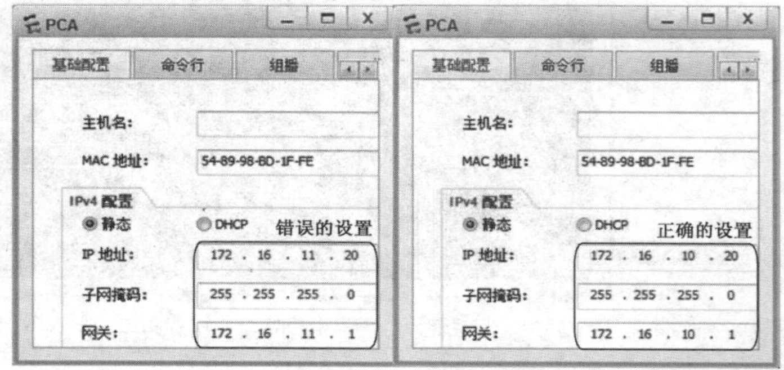

图 4-13 当计算机 ping 网关出现 ping 不通时的故障排除

有时候可以根据 ping 命令的返回信息来确定问题是出在网关上还是出在网络的中间部分。当返回信息是“Destination unreachable”时，如图 4-14 所示，通常是计算机到网关的这一段网络不通。然后按照图 4-13 介绍的方法查找出计算机网关的错误。

图 4-14　计算机 ping 不通网关且故障出在网关上时出现的提示

如图 4-15 所示，当返回信息是“Reqnest timeout!”时，说明计算机到网关这一段没问题，故障在网关之后的部分，有可能在中间网络部分或最后目的地址端。

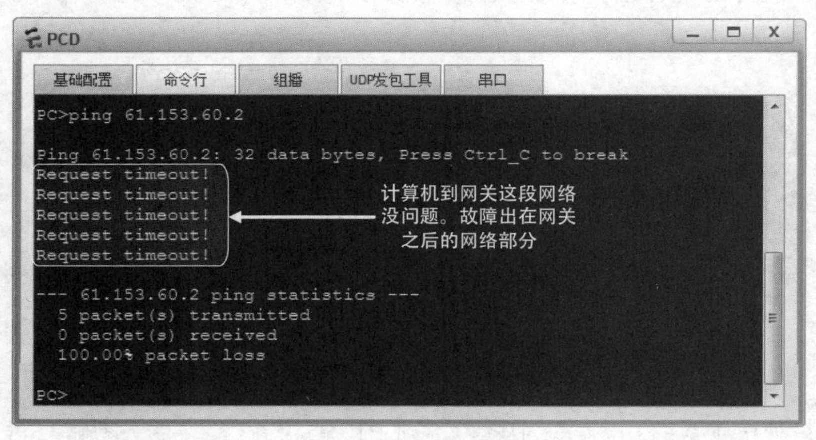

图 4-15　当计算机 ping 不通网关时出现提示“Reqnest timeout!”
表示中间网络或最后目的端出故障

2. 看路由表有没有到达目的网段的路由条目

在出现网络互通故障某个网段 ping 不通时，要经常想到去分析路由表。路由表是网络中的三层设备转发数据包的大脑。当发现网络中某个网段 ping 不通时，要分析从发送端到接收端沿途所有三层设备，而不仅只是一台三层设备的路由表。为什么要分析沿途的所有设备？因为数据包转发是一场“接力赛”，途中的每台设备都要参与发送和接收数据包。分析每台设备的路由表中是否存在这个 ping 不通的网段的路由条目，如果没有就要分析不存在的原因。

例如编者在完成本章局域网互通时，当配置完所有设备的路由协议后，测试网络的互通情况，发现 PCA、PCB、PCC 无法 ping 通其他计算机，但 PCD、PCF、PCM、PCO 等计算机可以互相 ping 通。由此编者决定分析 Switch-depart1 的路由表，发现该交换机的路由表中全部是直连路由，如图 4-16 所示。而通过使用"dis cur"命令查看当前配置，发现该交换机配置并发布了"network 192.168.20.0"和"network 172.16.0.0"，但没有学习到任何类型为"RIP"的路由条目。

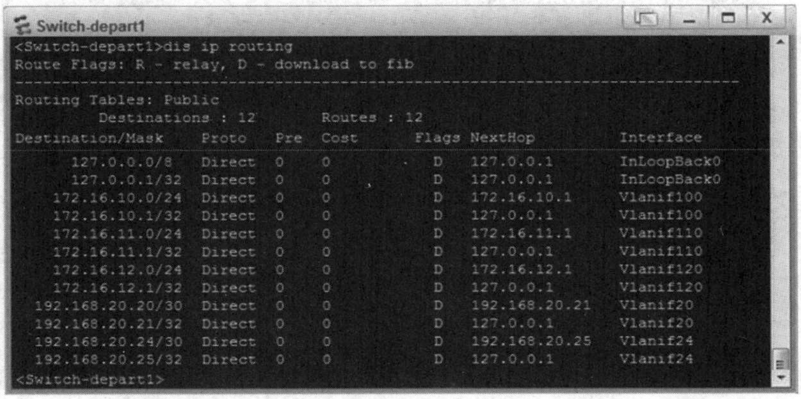

```
Switch-depart1
<Switch-depart1>dis ip routing
Route Flags: R - relay, D - download to fib
------------------------------------------------------------------------------
Routing Tables: Public
         Destinations : 12       Routes : 12
Destination/Mask    Proto   Pre  Cost      Flags NextHop         Interface
      127.0.0.0/8   Direct  0    0           D   127.0.0.1       InLoopBack0
      127.0.0.1/32  Direct  0    0           D   127.0.0.1       InLoopBack0
    172.16.10.0/24  Direct  0    0           D   172.16.10.1     Vlanif100
    172.16.10.1/32  Direct  0    0           D   127.0.0.1       Vlanif100
    172.16.11.0/24  Direct  0    0           D   172.16.11.1     Vlanif110
    172.16.11.1/32  Direct  0    0           D   127.0.0.1       Vlanif110
    172.16.12.0/24  Direct  0    0           D   172.16.12.1     Vlanif120
    172.16.12.1/32  Direct  0    0           D   127.0.0.1       Vlanif120
  192.168.20.20/30  Direct  0    0           D   192.168.20.21   Vlanif20
  192.168.20.21/32  Direct  0    0           D   127.0.0.1       Vlanif20
  192.168.20.24/30  Direct  0    0           D   192.168.20.25   Vlanif24
  192.168.20.25/32  Direct  0    0           D   127.0.0.1       Vlanif24
<Switch-depart1>
```

图 4-16　查看和分析 Switch-depart1 的路由表

再查看 Switch-depart1 的三层接口状态，发现所有接口都处于正常的"up"状态，如图 4-17 所示。

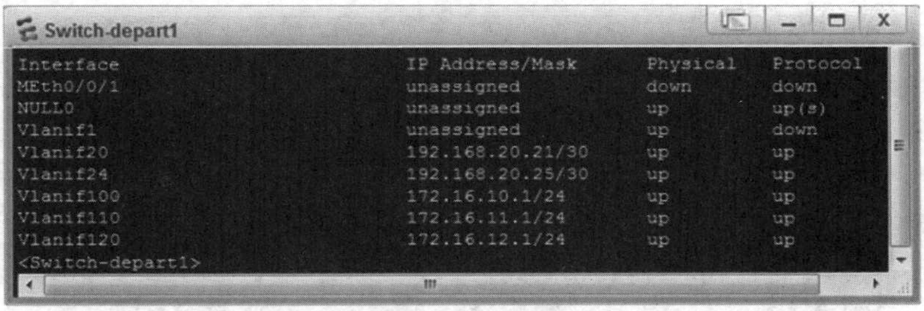

```
Switch-depart1
Interface                         IP Address/Mask      Physical   Protocol
MEth0/0/1                         unassigned           down       down
NULL0                             unassigned           up         up(s)
Vlanif1                           unassigned           up         down
Vlanif20                          192.168.20.21/30     up         up
Vlanif24                          192.168.20.25/30     up         up
Vlanif100                         172.16.10.1/24       up         up
Vlanif110                         172.16.11.1/24       up         up
Vlanif120                         172.16.12.1/24       up         up
<Switch-depart1>
```

图 4-17　查看和分析 Switch-depart1 的三层接口状态——正常

三层接口处于正常的 up 状态，但学习不到 RIP 路由，这实在令人费解！再进一步分析 Switch-primary 的路由表，如图 4-18 所示，发现它的路由表中学习不到 Switch-depart1 中配置的三个网段 172.16.11～13.0/24。由此分析故障出现在这两个交换机的互连链路上，导致 Switch-depart1 学习不到来自 Switch-primary 的 RIP 路由。

最后分析发现 Switch-depart1 的两个互连链路上的三层接口 IP 地址配置发生了交叉，如图 4-19 所示。网络原来规划 Switch-depart1 与 Switch-primary 通过 192.168.20.20/30 网段互连，Switch-depart1 上的 g0/0/1 接口配置允许 vlan20 通过，但实际配置成允许 vlan24 通过，就会导致附着在 Switch-depart1 上的物理接口 g0/0/1 上的 IP 地址是 192.168.20.25/30，网段是 192.168.20.24/30，而附着在 Switch-primary 上的物理接口 g0/0/1 上的 IP 地址是 192.168.20.21/30，网段是 192.168.20.20/30，两个互连链路上两端的 IP 网段不一样，从而导致两者的路由学习发生故障，这形同于 Switch-depart1 和 Switch-primary 上架的"一座连接的桥”断了。这也是 Switch-primary 学习不到 Switch-depart1 上发布的 172.16.11～13.0/24 等三个网段的原因，当然 Switch-depart1 上也学习不到来自于 Switch-primary 和 Switch-backup 的路由。当修改后，网络故障最终得以解决，两台交换机的路由表学习正常。

```
Switch-primary
<Switch-primary>dis ip routing
Route Flags: R - relay, D - download to fib
------------------------------------------------------------------------------
Routing Tables: Public
         Destinations : 25       Routes : 26
      127.0.0.0/8   Direct  0    0          D   127.0.0.1       InLoopBack0
      127.0.0.1/32  Direct  0    0          D   127.0.0.1       InLoopBack0
    172.16.13.0/24  RIP     100  1          D   192.168.20.29   Vlanif28
    172.16.14.0/24  RIP     100  1          D   192.168.20.29   Vlanif28
    172.16.15.0/24  RIP     100  1          D   192.168.20.29   Vlanif28
    172.16.20.0/24  RIP     100  2          D   192.168.20.54   Vlanif52
    172.16.21.0/24  RIP     100  2          D   192.168.20.54   Vlanif52
    172.16.22.0/24  RIP     100  2          D   192.168.20.54   Vlanif52
    172.16.23.0/24  RIP     100  2          D   192.168.20.54   Vlanif52
    172.16.24.0/24  RIP     100  2          D   192.168.20.54   Vlanif52
    172.16.25.0/24  RIP     100  2          D   192.168.20.54   Vlanif52
  192.168.20.20/30  Direct  0    0          D   192.168.20.22   Vlanif20
  192.168.20.22/32  Direct  0    0          D   127.0.0.1       Vlanif20
  192.168.20.24/30  RIP     100  1          D   192.168.20.54   Vlanif52
  192.168.20.28/30  Direct  0    0          D   192.168.20.30   Vlanif28
  192.168.20.30/32  Direct  0    0          D   127.0.0.1       Vlanif28
  192.168.20.32/30  RIP     100  1          D   192.168.20.54   Vlanif52
                    RIP     100  1          D   192.168.20.29   Vlanif28
  192.168.20.36/30  Direct  0    0          D   192.168.20.38   Vlanif36
  192.168.20.38/32  Direct  0    0          D   127.0.0.1       Vlanif36
  192.168.20.40/30  RIP     100  1          D   192.168.20.54   Vlanif52
  192.168.20.44/30  Direct  0    0          D   192.168.20.46   Vlanif44
  192.168.20.46/32  Direct  0    0          D   127.0.0.1       Vlanif44
  192.168.20.48/30  RIP     100  1          D   192.168.20.54   Vlanif52
  192.168.20.52/30  Direct  0    0          D   192.168.20.53   Vlanif52
  192.168.20.53/32  Direct  0    0          D   127.0.0.1       Vlanif52
<Switch-primary>
```

图 4-18　查看和分析 Switch-primary 的路由表

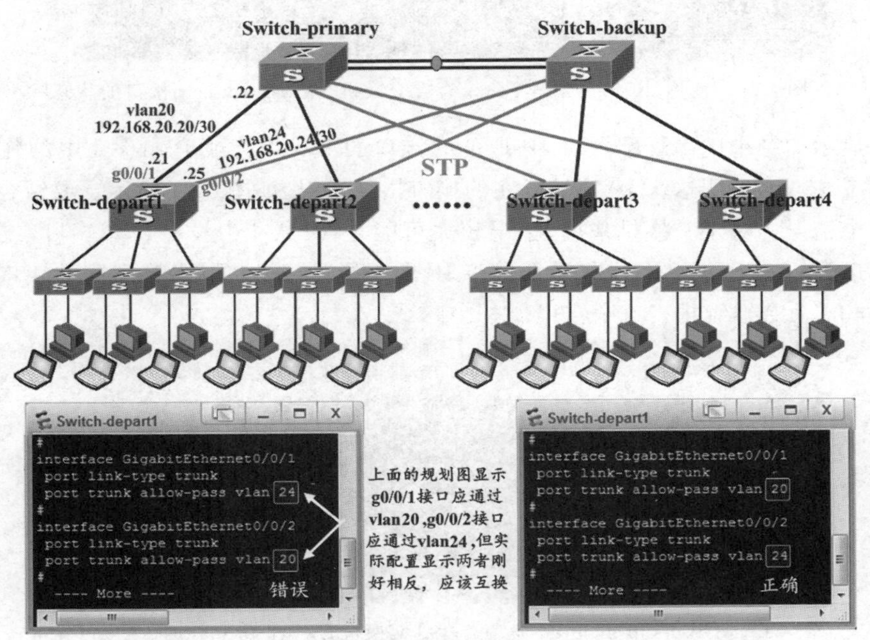

图 4-19　结合原网络规划图查看和分析 Switch-depart1 的配置

由于动态路由协议是从其他设备学习全网路由，当某个三层设备的路由表出现异常时，不一定就是该设备的配置出现问题，有可能是其他设备的配置错误导致本设备出现路由表异常。例如上面例子中图 4-18 显示 Switch-primary 的路由表不正确，但是 Switch-primary 的配置并没有错误，错误出现在 Switch-depart1 上。因此在网络路由故障分析中，要从全网角度思考问题，准确查找和定位故障。

3. 使用 dis ip int brief 命令查看三层设备所有三层接口的状态

使用 dis ip int brief 命令可以查看当前网络设备上所有配置了 IP 地址的三层接口的物理层(图 4-20 中 Physical)和数据链路层(图 4-20 中 Protocol)的状态(up 和 dwon)，从而判断问题是否出在接口上。up 表示正常，down 表示异常或未使用。Physical 代表的是这个接口有没有使用线缆连接上别的设备，Protocol 代表互连链路的两端接口通信协议有没有协商完成并作好互相通信的准备。

使用这个命令时，只需要查看配置了 IP 地址的接口，其他接口不用看。因为在实现网络互通时，肯定要配置 IP 地址，但配置了 IP 地址是不是就能通信了呢？当然不是，如果某些地方配置出错，就会导致配置了 IP 地址的接口出现异常，不能正常通信。

图 4-20 显示的是交换机 Switch-primary 接口的状态，所有接口的物理层(Physical)和数据链路层(Protocol)状态均为 up，通过与原规划图对比分析，可以判断结果符合预期。

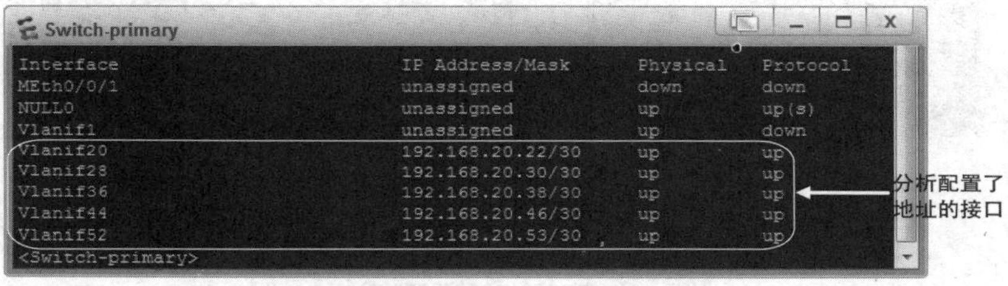

```
Switch-primary
Interface                     IP Address/Mask      Physical   Protocol
MEth0/0/1                     unassigned           down       down
NULL0                         unassigned           up         up(s)
Vlanif1                       unassigned           up         down
Vlanif20                      192.168.20.22/30     up         up
Vlanif28                      192.168.20.30/30     up         up
Vlanif36                      192.168.20.38/30     up         up
Vlanif44                      192.168.20.46/30     up         up
Vlanif52                      192.168.20.53/30     up         up
<Switch-primary>
```

分析配置了地址的接口

图 4-20 使用 dis ip int brief 命令查看交换机 Switch-primary 接口的状态

如果显示的结果中出现配置了 IP 地址的接口的 Physical 或 Protocol 中的任意一个的状态出现了 down，说明这个 IP 地址所在的接口出现错误，如图 4-21 所示。要结合原网络规划排除这个错误。对于交换机来说，错误较大可能是 VLAN 中没有包含端口，或者添加了错误的端口等。对于路由器来说，可能是将 IP 地址配置在未实际参与组网的接口上了。要结合“dis cur”命令继续排查这个错误。

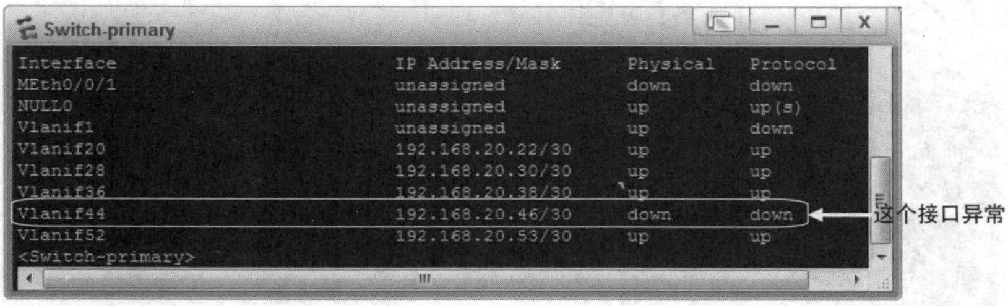

```
Switch-primary
Interface                     IP Address/Mask      Physical   Protocol
MEth0/0/1                     unassigned           down       down
NULL0                         unassigned           up         up(s)
Vlanif1                       unassigned           up         down
Vlanif20                      192.168.20.22/30     up         up
Vlanif28                      192.168.20.30/30     up         up
Vlanif36                      192.168.20.38/30     up         up
Vlanif44                      192.168.20.46/30     down       down
Vlanif52                      192.168.20.53/30     up         up
<Switch-primary>
```

这个接口异常

图 4-21 使用 dis ip int brief 命令查看到交换机 Switch-primary 某个接口异常

注意到这个接口异常后，再结合其他命令分析接口异常的原因。例如针对上面异常现象，继续分析发现设置为 trunk 类型的 g0/0/4 接口没有允许任何 VLAN 通过，而规划是允许 vlan44 通过,因此确定是问题出在这里,如图 4-22 所示。然后进入 g0/0/4 接口,允许 vlan44 通过就可以了。

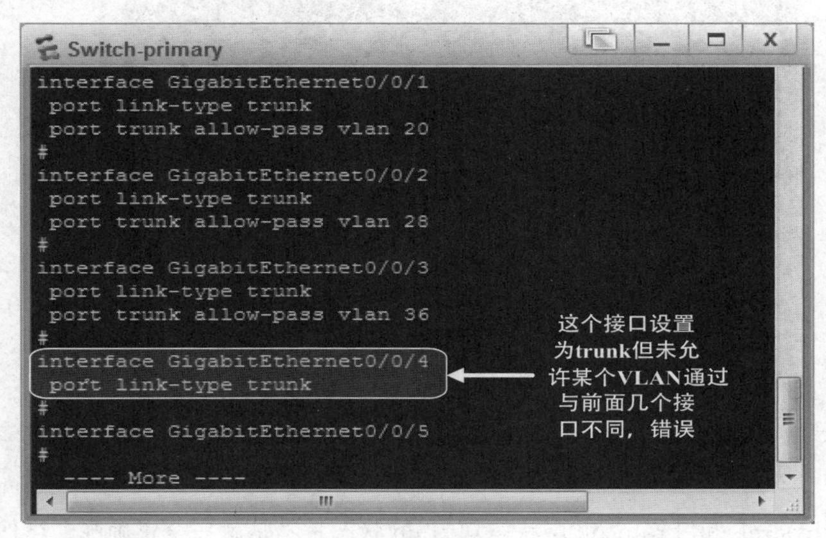

图 4-22　使用 dis cur 命令查看到交换机 Switch-primary 配置信息

在接口的“Physical”或“Protocol”层中,“Physical”层处于低层,表示的是该接口有没有连接上线缆和别的设备连接起来,“Protocol”层承载于该层之上,“Protocol”层正常(up)的前提条件是“Physical”层处于 up 状态。因此,接口的“Physical”或“Protocol”层状态只可能是表 4-1 三种情况中的一种。一种不可能出现的状态为“Physical”层状态为“down”,而“Protocol”层状态为“up”,读者可以想一想这是为什么呢?

表 4-1　配置了 IP 地址的三层接口的三种可能状态

状态编号	层次		结论	可能故障原因	备注
	Physical	Protocol			
1	down	down	异常	IP 地址所在接口没有连接线缆	用于判断配置了 IP 地址的接口,未使用的接口均为 down
2	up	down	异常	IP 地址配置在别的接口上了	
3	up	up	正常		

当“Physical”层状态为 down 时,通常是这个 IP 地址所在的三层接口没有可用的物理接口或物理接口没有连接上线缆。例如图 4-21 显示 Vlanif44 接口的“Physical”层状态为 down,基本可以判定这个接口没有可用的具体物理接口,最后实际查询到 g0/0/4 接口没有允许 Vlan44 通过。

再如编者在一次路由器组网时,通过“dis ip int brief”查看到如图 4-23 所示的结果。g0/0/0 的“Physical”层状态为 up,这个表示该接口用线缆连接了其他设备,“Protocol”层状态为 down。而 g0/0/1 的“Physical”层和“Protocol”层状态均为 down,“Physical”层状态为 down 表示这个配置了 IP 地址的接口没有用线缆连接其他设备。由此可以将错误定位在这两个接口上,至于线缆是不是接错了,应该连接在 g0/0/1 接口上,还是 IP 地址配置错了,应该配置在 g0/0/0 接口上，要结合原网络规划来进一步确定故障点。

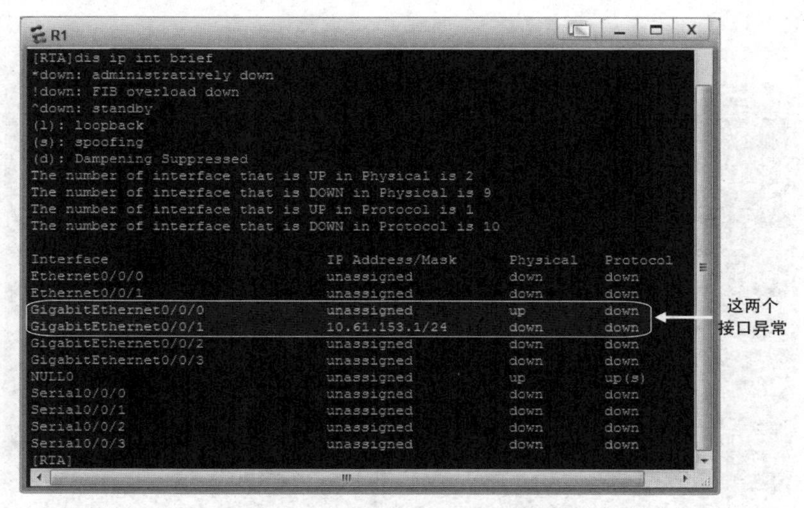

图 4-23　使用 dis ip int brief 命令查看到路由器接口异常

那么“Physical”和“Protocol”层状态均为 up 状态是不是就完全正确呢？当然也不一定，因为线缆的交叉连接‘俗称“线接反了”’都有可能导致两个层次状态均为 up，但仍然会出现网络故障。这需要进一步分析和定位。但如果出现配置了 IP 地址的三层接口状态之一为 down 的那就毫无疑问会出现网络故障。

网络故障排除是一项富有技术性的工作，当企业网络一旦建成交付使用后，网络管理员的工作就是排除网络日常使用过程中发生的故障。这需要网络管理员在日常工作中积累经验，不断提高自己的网络故障排除能力，做到当网络发生故障时能够快速定位和排除故障，使网络在短时间内能够恢复正常通信。

4.7　本章基本配置命令

本章基本配置命令如表 4-2 所示。

表 4-2　具备路由功能的三层交换机的 RIP 路由协议配置命令

常用命令	视图	作用
rip	系统	启用 RIP 路由协议，进入交换机的 RIP 协议视图。后面不带特定数字，将默认启用 RIP 协议进程 1
version 2	RIP 协议	设置 RIP 路由协议为 RIPv2 版本，默认为 RIPv1 版本
rip version 2	接口	在指定接口开启 RIPv2 协议
netwok *x.x.x.x*	RIP 协议	发布 IP 网段
undo summary	RIP 协议	关闭路由自动汇聚功能
display ip routing-table	任意	显示路由表信息
display rip 1 database	任意	显示 RIP 协议进程 1 的路由信息

4.8　实验与练习

1. 实验操作题

如题图1所示的网络，给三层交换机划分三个VLAN，并将交换机作为各VLAN子网内计算机的网关。交换机和路由器上配置RIP协议实现网络互通。使用ping命令验证PCA、PCC与PCE是否能够互相通信。用tracert命令跟踪PCA到达PC1所经过的路径。

1～3题配置工程文件下载

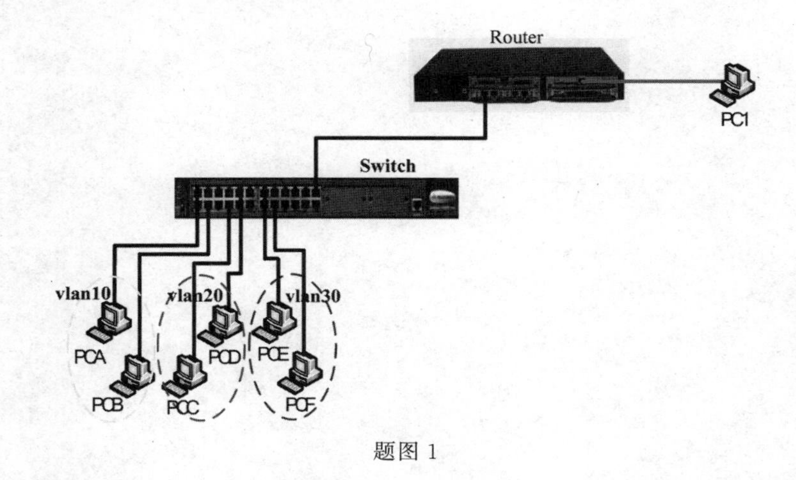

题图1

第1题配置视频

2. 实验操作题

两个三层交换机分别作为各VLAN子网内计算机的网关。交换机通过路由器互连。交换机和路由器上配置RIP协议实现网络的互通。使用ping命令验证计算机是否能够互相通信。用tracert命令跟踪PCA到达PC1所经过的路径。

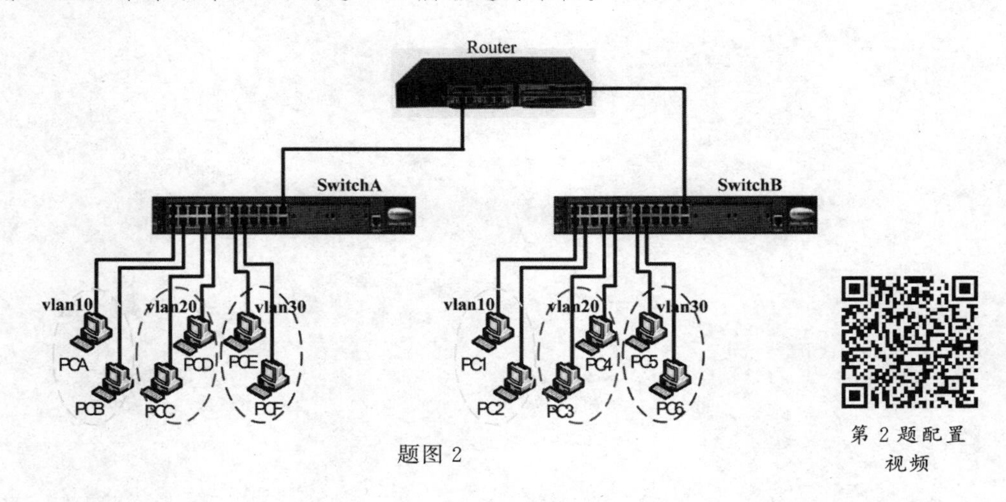

题图2

第2题配置视频

第3题配置视频

3. 实验操作题

规划设计一个可供8000个用户使用的局域网，采用三层架构，核心层交换机两台，汇聚层冗余连接，交换机均为24端口以太网交换机。在eNSP软件中配置实现时，给出完整的核心层和汇聚层交换机；接入层交换机给出象征性的10台，其余的接入层交换机用省略号代替；测试PC给出象征性的几台，其余PC用省略号代替。

第二篇　广域网组网技术及网络互通

第 5 章

广域网组网及技术

前几章主要讨论了企业局域网组网及其具体配置实现。从组网实现过程来看，企业局域网架构并不复杂，实现网络互通也并不很难。与局域网相比，广域网组网结构要复杂得多，使用的技术标准多种多样。组成广域网的设备数量庞大，并且可能由不同的公司或组织管理。在网络术语中，把由同一个公司或组织负责管理、维护及实施相同路由策略的区域网络称为自治系统（AS，Autonomous System）。由于广域网非常复杂，本章只是通过简单的介绍让初学者了解一下广域网。

5.1　广域网组网举例

广域网技术用来解决地理上相距很远的地点间的连接问题。广域网通常是由一个国家的通信运营商或 ISP 运营的。比如中国境内广域网就有中国电信宽带互联网 ChinaNet（又称中国公用计算机互联网或电信 163）、中国电信 CN2、中国联通 169 等骨干网。由于中国疆域辽阔，人口众多，城市多，因此这些骨干网都是超大型广域网。

中国电信宽带互联网 ChinaNet 由中国电信负责经营管理，是国内建设最早的覆盖全国的互联网络之一，1995 年 5 月就向社会开放使用。通常说的电信 163 骨干网（AS4134，AS 是自治系统，4134 是自治系统的编号）接入的宽带就是 ChinaNet，该网络负责了 90％的电信业务负载（一般认为 163 骨干网有电信整个海外出口的 90％带宽容量）。ChinaNet 可分为核心层、汇聚层和接入层。核心层和汇聚层覆盖全国 47 个城市、200 多个城域网。核心层有 3 个超级核心，即北京、上海和广州，普通核心有天津、西安、南京、杭州、武汉和成都。所有核心节点之间采用全互联（Full-Mesh）连接，核心层负责各省份间信息交互。京、沪、穗为国际出入节点和互联互通节点。ChinaNet 网络节点间的中继电路采用基于 SDH（Synchronous Digital Hierarchy，同步数字体系）和 DWDM（Dense Wavelength Division Multiplexing，密集波分复用）技术的光纤网络，省际总带宽超过 13970Gb/s，国际出口总带宽已超过 440Gb/s，互联互通带宽达到了 450Gb/s。其实现了宽带化、高速化，是目前国内传输带宽最宽，覆盖范围最广，网络性能最稳定，信息资源最丰富，网络功能最先进，用户数量最多的计算机互联网。ChinaNet 网络如图 5-1 所示。

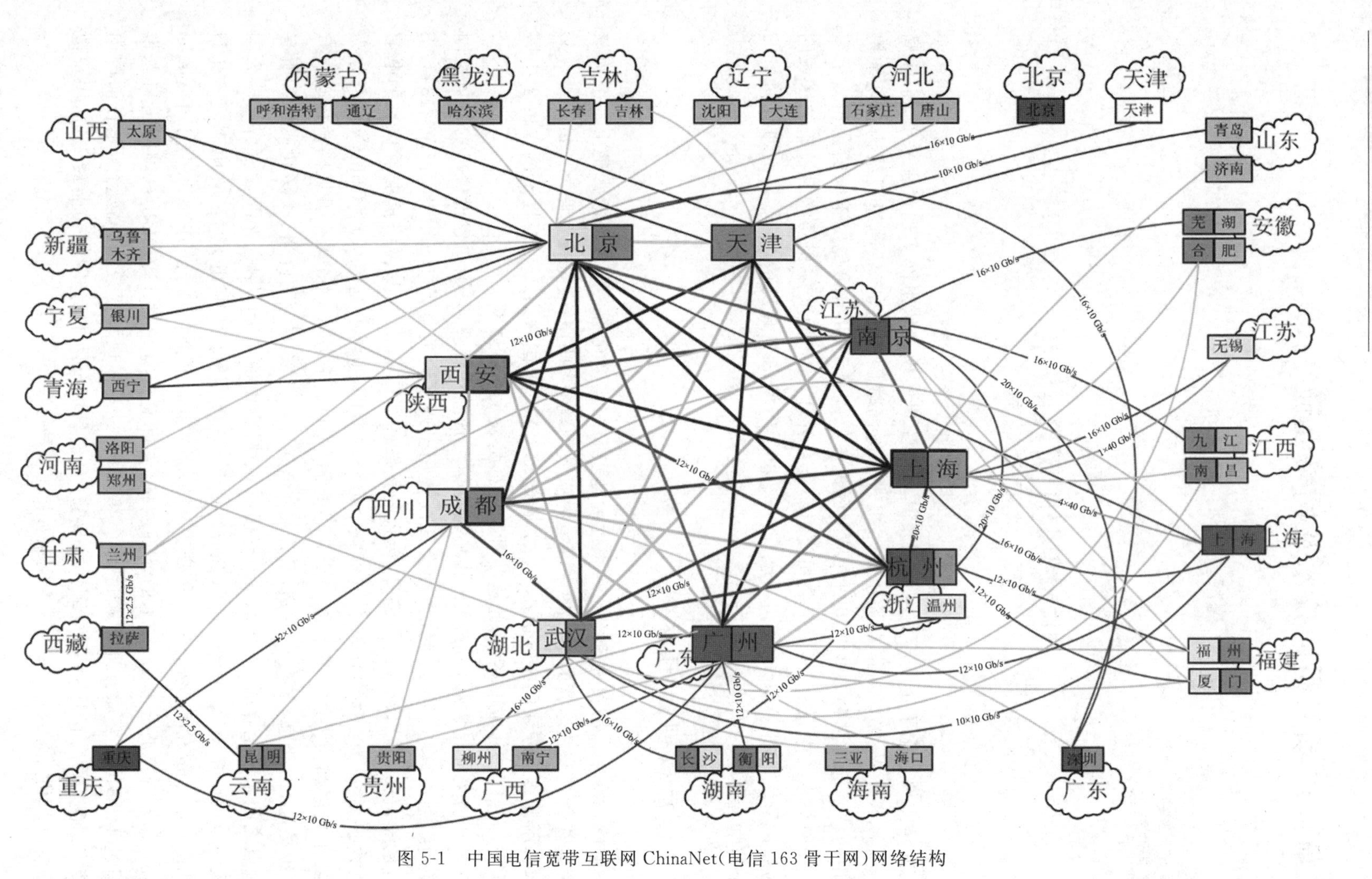

图 5-1　中国电信宽带互联网 ChinaNet(电信 163 骨干网)网络结构

中国电信 CN2 骨干网网络结构如图 5-2 所示。CN2 全名叫 Chinatelecom Next Generation Carrying Network(中国电信下一代大容量多业务融合承载网),首字母简化来看就是 CNCN,再继续简化就是 CN2。CN2(AS4809)是相对于老一代 ChinaNet 的新一代全球 IP 骨干网,所以 CN2 又有第 2 代网络的意思。ChinaNet 网络定位于公共信息交换平台,承载基本的互联网接入服务。CN2 网络定位于承载有 QoS(Quality of Service,服务质量)要求的业务和中国自身的关键业务,并适当考虑未来的网络应用。

CN2 是中国电信面向电信自身关键业务,以及大客户业务和高品质互联网业务提供的优质网络。CN2 全球 IP 骨干网具有高弹性、高冗余性和低延迟等优势,可提供高性能的网络指标,服务可用率高达 99.9%,平均单向时延、最大单向时延、单向丢包率等性能均较 ChinaNet 有很大的提高。这里提到了平均时延,意味着使用 CN2 网络比 ChinaNet 网络的平均时延要低得多。简单地说,电信 CN2 网络和 ChinaNet 网络的区别,就像高速公路和普通公路,高铁和绿皮火车的区别。CN2 提供有服务质量保证和控制的业务,以适应市场细分和个性化业务竞争的需要,支持数据、语音、视频等多种业务融合的应用,为中国电信今后开展 NGN(Next Generation Network,下一代网络)业务打下了基础,力图奠定未来 10 至 20 年里中国电信顶级运营商的地位。CN2 网络第一期工程由骨干网络和精品业务网络组成,尤其是承载网对新业务的支持能力,是中国电信骨干网络和其商业客户之间的重要纽带,将直接决定中国电信提供的质量和灵活性。

电信 CN2 专线,目前定位在大客户业务和高品质互联网业务,并且提供钻石、白金、金、银、铜五个等级,不同等级表现在网络性能指标(如带宽、丢包、时延、抖动等)有着很大差异。无论哪个级别,CN2 专线价格都非常昂贵,远超普通 ChinaNet 网络。

CN2 从北京出口到伦敦,上海出口到圣何塞、洛杉矶、法兰克福、东京、中国香港,广州出口到圣何塞、洛杉矶、新加坡、中国香港,国内具体走哪个出口到境外估计要看城域网。通过 CN2 的出口路由大多是 59.43.x.x 开头的节点,而 ChinaNet 的出口路由大多是 202.97.x.x 的节点。所以中国电信企业或个人用户可以通过查看出口的 IP 地址来判断是经由中国电信 CN2 还是 ChinaNet 网络。

比如编者从家里安装的电信宽带计算机 tracert 谷歌门户网 www.google.us,得到如图 5-3 所示的信息,出现 202.97.63.185,可以判断这是走 ChinaNet 出口。

中国电信提供的 CN2 线路有时是单向 CN2 路由,也就是说去境外的路由走 CN2 网,而回程的路由走 163 网。如何判断回程是走哪一个网络呢?最简单的办法就是从境外的节点向本地做 tracert,称为反向 tracert。如果反向 tracert 的结果也是通过 59.43.x.x 的,那就是正常的双向 CN2。如果正向 tracert 是通过 59.43.x.x,而反向 tracert 结果显示是通过 202.97.x.x节点,那就是单向的 CN2。单向 CN2 线路的性能和普通线路基本没有区别。但问题是人在境内,如何能够做反向 tracert?一个简单的方法是通过 looking glass 查看回程路由。中国电信提供了 looking glass 服务方便查看回程路由,下面这个链接就是 looking glass 服务网站:

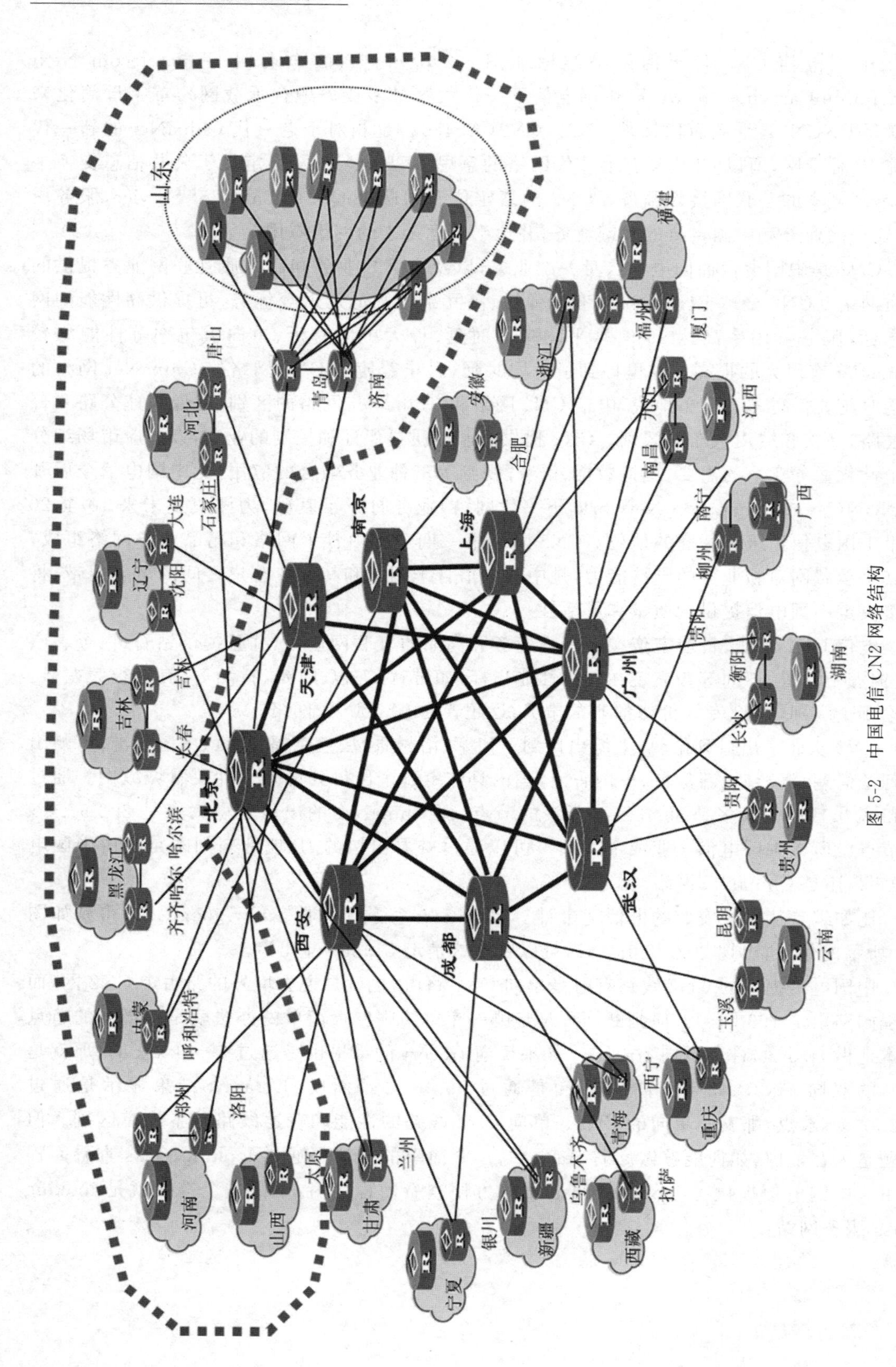

图 5-2　中国电信 CN2 网络结构

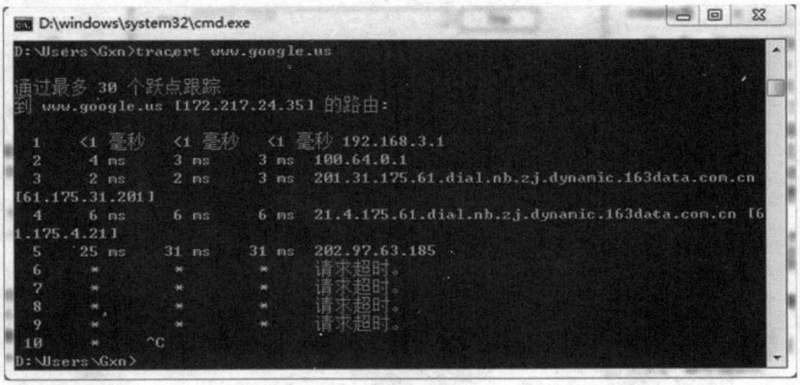

```
D:\windows\system32\cmd.exe
D:\Users\Gxn>tracert www.google.us

通过最多 30 个跃点跟踪
到 www.google.us [172.217.24.35] 的路由:

  1    <1 毫秒   <1 毫秒   <1 毫秒 192.168.3.1
  2     4 ms     3 ms     3 ms  100.64.0.1
  3     2 ms     2 ms     3 ms  201.31.175.61.dial.nb.zj.dynamic.163data.com.cn
[61.175.31.201]
  4     6 ms     6 ms     6 ms  21.4.175.61.dial.nb.zj.dynamic.163data.com.cn [6
1.175.4.21]
  5    25 ms    31 ms    31 ms  202.97.63.185
  6     *        *        *     请求超时。
  7     *        *        *     请求超时。
  8     *        *        *     请求超时。
  9     *        *        *     请求超时。
 10     *      ^C
D:\Users\Gxn>
```

图 5-3　电信网络出口

http：//ipms. chinatelecomglobal. com/public/lookglass/lookglassDisclaimer. html?lang＝zh_CN

图 5-4 是编者从家里安装的中国电信宽带计算机反向 tracert 得到的结果，显示返回路由是 202.97.x.x，由此判断从境外到境内同样是经电信 163 骨干网。

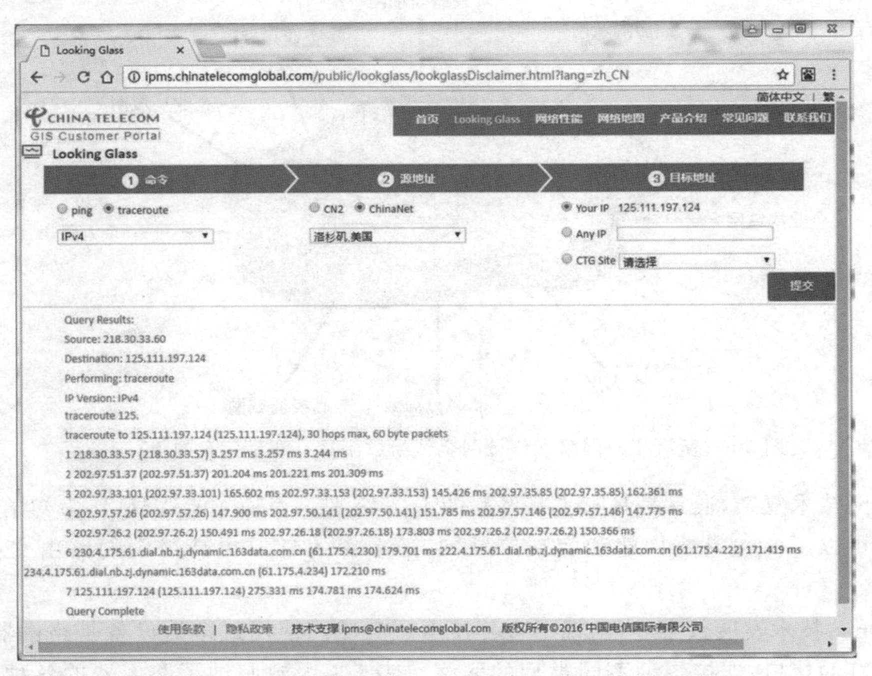

图 5-4　中国电信 looking glass 服务网站返回信息

从以上介绍的中国电信宽带互联网 ChinaNet 以及中国电信 CN2 骨干网结构，可以了解到广域网的复杂程度。图 5-5 是广东省各地城域网连接到中国宽带互联网简化网络结构。城域网也是广域网的一部分，是广域网的汇聚层。

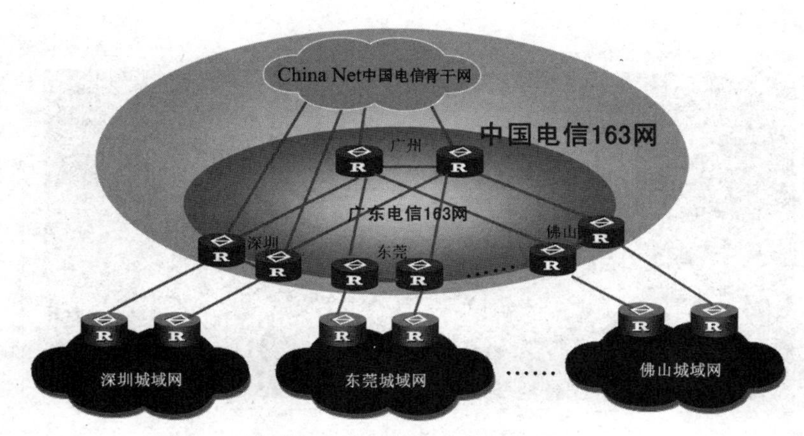

图 5-5　城域网连接到中国电信骨干网 ChinaNet

广域网是 Internet 的核心，如果把 Internet 广域网看作是一个黑匣子，那么个人家庭用户、企业、政府机关、大中学校等局域网就像细胞一样连接到广域网上，构成了 Internet 的全体，使 Internet 变成了一个海量信息源和数据交换平台，如图 5-6 所示。

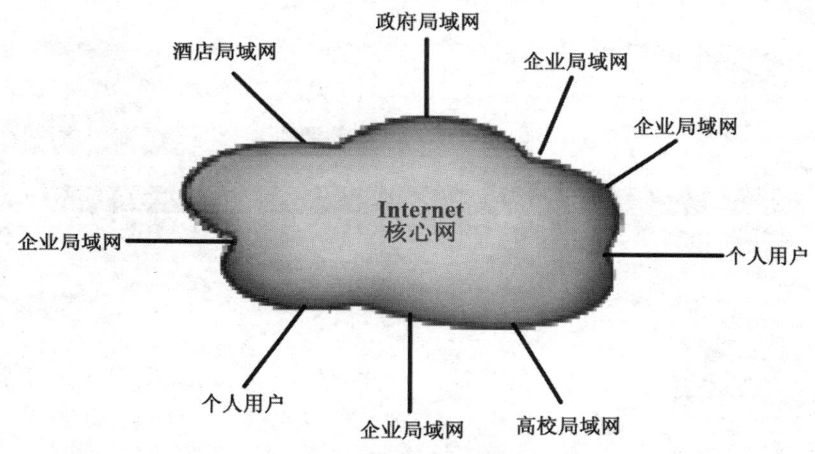

图 5-6　所有用户网络和广域网全体组成了具有海量信息的 Internet

广域网技术复杂，通常是具有丰富经验的 IE[①] 级别工程师才能驾驭，作为初学者仅仅了解一些就可以了。如果要构建和实现广域网，还要深入学习更高级别的路由交换和安全技术。

Internet 技术发展数十年，出现了多种技术。广域网使用最多的设备是路由器，路由器提供了丰富的接口，连接各种不同类型的网络。表 5-1 大致归纳了路由器的各种接口。列出这个表只是让读者了解广域网技术的多样性，完全没必要去对每一种技术都做更进一步的探究，因为有些技术已过时或者在中国不常用。

---

① 这里的 IE 工程师是指网络行业著名国际化公司提供的顶级网络工程师认证，例如思科公司的 CCIE、华为公司的 HCIE、H3C 公司的 H3CIE 认证。这些认证代表了持有者具有专家级别的技术能力。

表 5-1　广域网技术种类

<table>
<tr><th>技术类型</th><th>技术</th><th>备注</th></tr>
<tr><td>以太网</td><td>10/100Base-Tx、GE 电口、GE 光口、2FE 光口等</td><td rowspan="6">以太网是局域网技术。但是随着以太网技术的发展，城域网也在使用以太网技术组网。所以这里也把以太网技术写进来</td></tr>
<tr><td>xDSL</td><td>ADSL、G.SHDSL</td></tr>
<tr><td>ATM</td><td>ATM E3/T3、ATM 25M、IMA E1/T1</td></tr>
<tr><td>POS</td><td>POS、CPOS</td></tr>
<tr><td>语音</td><td>FXS、FXO、E&M、E1v1、T1v1</td></tr>
<tr><td>广域网接口</td><td>同异步串口、E1/CE1、T1/CT1、CE3、CT3、ISDN BRI、ISDN PRI、AM、ATM E3T3、FCM 等</td></tr>
</table>

现在的路由器都是模块化路由器，模块化路由器方便客户在采购路由器时，根据自建网络的需要选购相应功能的模块。学校实验室路由器标配的模块比较常见的有连接局域网的以太网接口和连接广域网的同异步串口。以太网接口使用双绞线，而同异步串口使用"Serial"类型的串行连接线。在路由器的显示接口命令"dis interface"中显示的是"Serial *接口序号*"。华为和 H3C 公司路由器的同异步串行接口默认使用 PPP(Point-to-point Protocol，点对点协议)，但并不意味着只能使用 PPP 协议，通常提供了多种选择，可以在具体接口下使用命令"link-protocol *name*"来选择，华为路由器提供了五种链路层协议，如图 5-7所示。

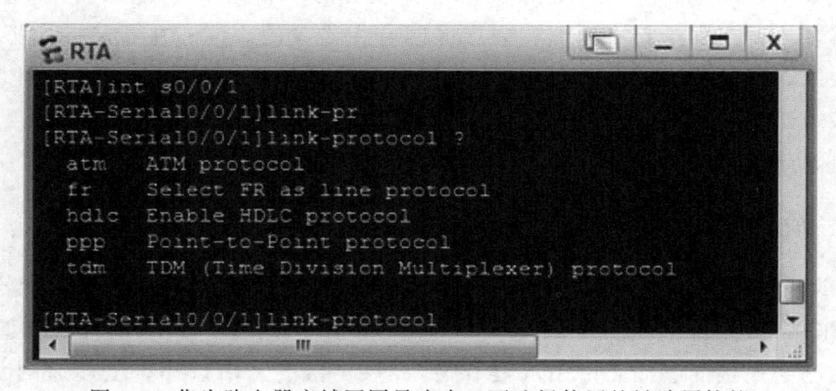

图 5-7　华为路由器广域网同异步串口可选择使用的链路层协议

事实上前几章构建的企业局域网使用的是以太网技术。以太网技术广泛应用在局域网中，占领了中国境内局域网 90%以上的市场份额。由于局域网技术统一，不同厂商面向市场推出的交换机都是使用以太网技术的接口，用户不需要也修改不了接口的链路层协议类型。但是广域网的同异步串口则不同，同一种规格的物理接口，可以承载多种不同的链路层协议。而且不同厂商生产的路由器的同异步串口使用的默认链路层协议可能还不一样，例如华为和 H3C 路由器串行接口默认使用的是 PPP 协议，思科路由器串行接口默认使用的是 HDLC(High Level Data Link Control，高级数据链路控制)协议，而且还是思科公司私有的 HDLC 协议，与国际标准的 HDLC 略有不同。

路由器通过串行接口进行组网连线时，互相连接的两个接口的链路层协议（包括配置参数）必须相同。如果两个接口使用的链路层协议不同，或者即使采用的链路层协议相同，但其两端的参数配置不一样，导致接口的通信协议协商不成功，则两个接口的链路层会处于“down”状态。市场上使用的路由器产品通常都支持多种链路层协议，但出厂时都设置有一个默认的链路层协议。由于实验室一般都采用相同厂商的路由器产品，所以使用路由器组网时通常不需要设置链路层协议。不过在实际的网络工程组网中，有可能要用到不同厂商的路由器产品。而不同厂商的产品，当它们默认使用的链路层协议不同时，就需要设置链路层协议，确保互相连接的两端接口采用相同的链路层协议。如果华为路由器和思科路由器串行接口互相连接的话，就会产生故障，因为一端接口默认是 PPP 协议，另一端接口是 HDLC 协议。这时候要修改一端路由器串行接口的链路层协议，让同一条链路两端互连接口的链路层协议相同。鉴于局域网交换机都使用以太网技术，不存在接口协议的差异，而广域网路由器同异步串口默认协议有可能不同，所以在介绍广域网技术时，不可避免地要涉及广域网链路层协议。作为对广域网的初步了解，本章第 5.3 和第 5.4 节只介绍路由器同异步串口中常用的两种链路层协议：PPP 协议和帧中继协议。图 5-7 中的其他协议省略，要想了解这些协议的基本理论，读者可以查阅相关参考书和网络资料。

5.2　广域网模拟组网

前一章介绍了广域网的网络结构，可以看到实际的广域网非常庞大，技术实现也要比局域网复杂得多。要在实验室中模拟实现广域网有相当大的难度。在实验室模拟时，由于设备数量的限制，只能用很少的网络设备进行相对简单的模拟组网。本节将利用六台路由器组网来模拟组建广域网，本书后面章节直接称此部分网络为“模拟广域网”或“广域网”。在链路层上，部分链路采用 PPP 协议，部分链路采用帧中继协议。

5.2.1　模拟广域网核心组网

模拟广域网核心组网使用四台路由器互连。广域网核心网可以采用准全连通网状连接，也可以采用全连通网状连接，如图 5-8 所示。本书采用图 5-8(b)所示的全连通网状组网。全连通网状连接能够提高网络的健壮性，提供丰富的路由选择。全连通网状连接在核心网组网中用得比较多。

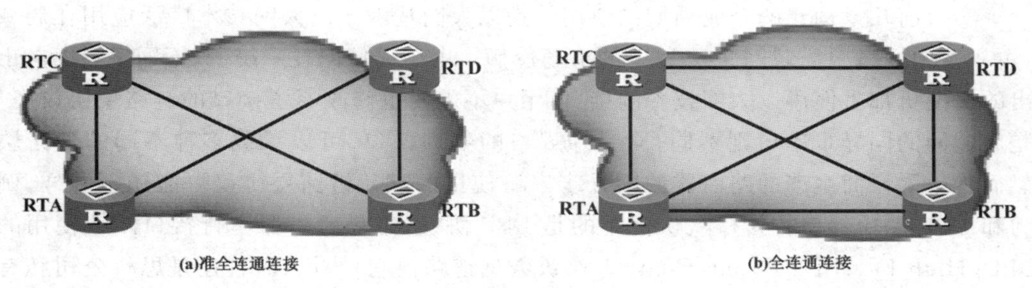

图 5-8　模拟广域网核心组网

5.2.2　模拟广域网边缘网络

在核心网上再连接两台路由器以便后续扩展连接用户终端网络，如图 5-9 所示。

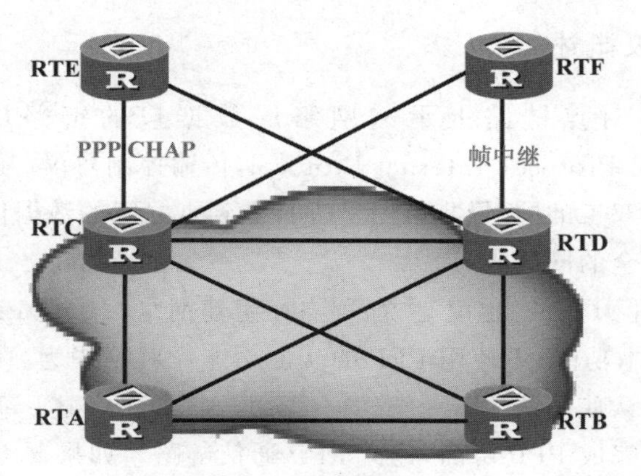

图 5-9　模拟广域网扩展连接

图 5-9 所示的模拟广域网仅使用了六台路由器，网络结构简单，这是实验室设备数量限制下没办法的选择。RTC 和 RTE 两个路由器连接的接口使用 PPP 协议，并启用(Challence Handshake Drotold，质询握手认证协议)认证，RTD 和 RTF 连接的接口使用帧中继协议。

5.2.3　模拟广域网 IP 地址规划

模拟广域网规划使用 IP 公网地址，公网地址非常多。在实际工程中，不能随便使用 IP 地址，要服从上级 IP 地址管理部门分配或全网统筹使用。中国境内的 IP 地址由中国互联网络信息中心(www.cnnic.net.cn)管理和分配，在这个网站上可以通过“WHOIS”查询到 IP 地址及域名使用信息。当然在实验室模拟组网练习中，可以使用任意公网 IP 地址。本例中打算使用 IP 网段为 61.153.50.x/30，具体是从 61.153.50.0/30～61.153.50.36/30 共十个 IP 网段。IP 地址规划如图 5-10 所示。

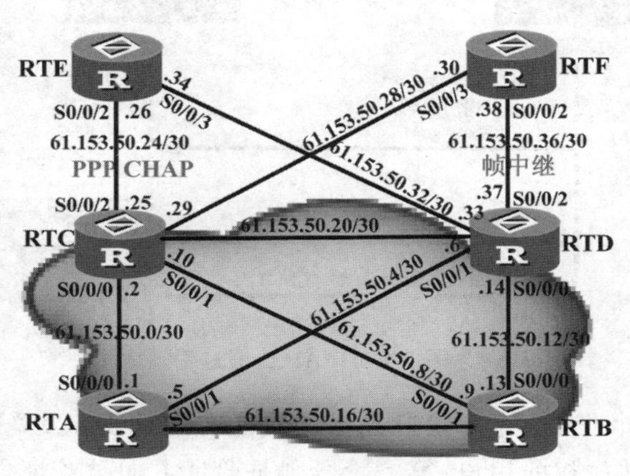

图 5-10　模拟广域网 IP 地址规划

5.3 PPP 协议

5.3.1 PPP 协议概述

PPP 是一种在点对点链路上承载网络层数据包的链路层协议，位于 TCP/IP (Transmission Control Protocol/Internet Protocol，传输控制协议/互联网协议)协议栈的链路层，主要用来支持全双工的同、异步链路上进行点到点之间的数据传输。PPP 可以提供认证，给用户提供较为安全的网络服务。

PPP 的认证功能是可选的，也就是说，用户在组建网络时选择 PPP 作为链路层协议时，可以只使用 PPP 的基本功能，不使用 PPP 的认证功能。对于华为、H3C 等厂商的路由器设备，它们的串行接口默认使用的协议是 PPP。当用户将两个上述厂商路由器的串行接口连接起来时，通常会直接完成 PPP 协商，建立 PPP 通信链路。如果要考虑 PPP 协议给网络用户提供更安全的服务，则可以选择使用 PPP 协议的 PAP 认证或 CHAP 认证功能，前者是明文认证，后者是密文认证。由于 CHAP 的优先级更高，所以首选是使用 CHAP 认证。

5.3.2 PAP 认证

PAP(Password Authentication Protocol，密码认证协议)使用的是一种比较简单的方法，为远程路由器提供验证。在 PPP 链路建立阶段，远程路由器(被验证方)将不停地在链路上反复发送用户名和密码，用户名和密码到达对端路由器(验证方)后，由对端路由器在其数据库中查找，如果有此用户名和密码信息，验证就通过，链路建立成功，没有就终止建立链路。特别要指出的是，被验证方发送的用户名和密码是以明文形式发送的，或者说信息没有经过任何加密。PAP 验证过程可参考图 5-11。

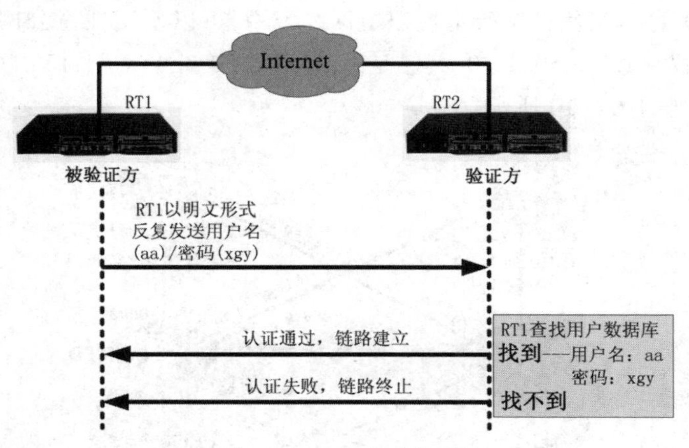

图 5-11 PAP 认证过程

PAP 认证经过两个阶段：第一阶段是由被验证方向验证方发送用户名和密码信息，供验证方识别是否是合法授权的用户；第二阶段则是验证方向被验证方发送认证通过或认证不通过的信息。为了方便理解，人们形象地把这两个阶段称为“两次握手”。PAP 的两次握手操作可简要概括为：

①被验证方把本地用户名和密码发送到验证方。

②验证方在本地用户名和密码数据库中查看是否有被验证方的用户名以及密码是否正确，并返回不同的响应（接受或拒绝）。

PAP认证在网络上以明文形式传输用户名和密码信息，黑客如果截取了这段信息，不经破解过程就可以轻松获取用户名和密码，所以这种认证方式极不安全。

下面在图5-10所示的广域网路由器RTC和RTE互连链路上使用PAP验证。

假设RTC为验证方，RTE为被验证方，则RTC的管理员要先为被验证方创建用户名和密码，并通过其他途径将创建的用户名和密码告诉给RTE的管理员，同时声明认证模式为PAP。之后RTE只需要在网络上发送这个用户名和密码即可。

1. 验证方RTC的配置

```
<Huawei>undo t m                                        /*关闭路由器不断弹出的自动提示*/
<Huawei>sys
[Huawei]sysname RTC
[RTC]aaa                                                /*进入aaa视图添加用户名和密码*/
[RTC-aaa]local-user changjiang password cipher af2g0h
        /*在本端路由器创建用户名及密码，此信息要分发给对方以配置在接口上发送验证用*/
[RTC-aaa]local-user changjiang service-type ppp         /*验证用户名适用的协议*/
[RTC-aaa]interface serial 0/0/2                         /*将在这个接口启用PAP认证*/
[RTC-Serial0/0/2]ppp authentication-mode pap            /*声明主验证方，使用PAP*/
[RTC-Serial0/0/2]ip address 61.153.50.25 255.255.255.252        /*接口IP地址*/
```

2. 被验证方RTE的配置

```
<Huawei>undo t m                                        /*关闭路由器不断弹出的自动提示*/
<Huawei>sys
[Huawei]sysname RTE
[RTE]int serial 0/0/2
[RTE-Serial0/0/2]ppp pap local-user changjiang password cipher af2g0h
/*从此接口发送用户名和密码给对方进行认证，用户名和密码必须与RTA上通过local-user命令创建的一致*/
[RTE-Serial 0/0/2]ip address 61.153.50.26 255.255.255.252       /*接口IP地址*/
```

在PAP认证的配置代码中，“local-user *user-name*”命令从字面意义上看是“本地用户”，但它的实际意义是在路由器的用户数据库中添加一个用户名，这个用户名其实是分发给对端路由器使用的。所以使用“local-user *user-name*”命令的路由器添加的名称并不是自己的名称，而是供远程对端路由器使用的名称，远程路由器将在互连接口上发送这个名称。在发送验证的路由器接口上配置的用户名要与对端路由器“local-user”命令添加的用户名相同。要注意，这里的用户名并不是设备通过“sysname”命令所起的名字。在H3C或华为路由器及交换机的FTP认证、SSH认证、telnet认证包括下面CHAP认证中使用这个命令具有类似的意义，即都是在本地路由器为对方创建一个用

PAP认证配置视频

PAP认证配置工程文件

户名，供对方接口发送这个用户名进行验证。

读者可以参照图 5-11 解释路由器 RTC 和 RTE 的 PAP 认证过程。

注意：①当原始链路为 PPP 协议且链路两端接口已成功建立 PPP 协商时，新配置的 PAP 认证不会生效，必须将配置了 PAP 认证的接口用“shutdown”命令关闭，然后再用“undo shutdown”命令开启，配置才会生效。②由于 H3C、华为路由器的串行接口默认链路层协议是 PPP，所以上述配置 PAP 认证无须配置接口类型而直接配置认证。如果接口的默认链路层协议不是 PPP 协议，则必须先在接口视图下使用命令将接口的链路层协议修改为 PPP。具体命令形式为：[接口视图] link-protocol ppp。两端接口都要修改。

5.3.3 CHAP 认证

CHAP 是一种比 PAP 安全性要高得多的认证协议，使用也较 PAP 更为广泛。在 CHAP 认证过程中，只在网络上发送用户名，不需要发送密码给对方路由器。在 PPP 链路建立开始时，验证方主动发起验证请求，向被验证方发送一些随机产生的报文，并同时附带上本端接口上创建的用户名一起(即用户名＋随机报文)发送给被验证方。被验证方收到验证方的验证请求后，根据此用户名在本端的用户数据库中查找该用户名对应的密码。如找到用户数据库中与验证方用户名相同的用户名，便利用报文 ID 和此用户名的密码以 MD5[①] 算法生成应答，随后将应答和自己的用户名(不一定与验证方发送过来的用户名相同)送回。验证方接收到此应答后，在自己的用户数据库中查找到被验证方用户名的密码，利用原始报文 ID(就是开始发出的报文 ID)、自己保存好的被验证方密码(显然要与主验证方用户名密码相同)以及随机报文(就是开始发送给对方的那个随机报文)，也用 MD5 算法得出结果，并将这个结果与被验证方发送过来的应答比较。如果两者相同，则返回 Acknowledge 消息，表示验证通过；如果两者不相同，则返回 Not Acknowledge 消息，表示验证不通过。借助图 5-12 可进一步理解 CHAP 验证过程。

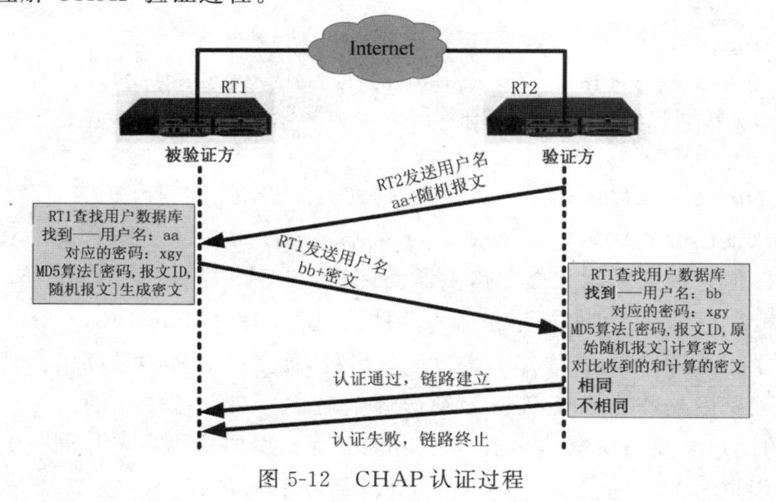

图 5-12　CHAP 认证过程

① MD5(Message-Digest Algorithm 5，消息摘要算法第 5 版)为计算机和网络安全领域广泛使用的一种散列函数，用以提供消息的完整性保护，又称为摘要算法、哈希算法。

CHAP 认证的核心是双方路由器都使用 MD5 算法，这个算法使用了三个参数：密码、随机报文 ID、随机报文。如果这三个参数中有一个不同，那么双方 MD5 算法算出的结果就不相同，从而验证方在比较时发现结果不一样，验证就不能通过。MD5 算法用到的三个参量中的“随机报文 ID”和“随机报文”是由验证方路由器发出的，在传输过程中保持不变，剩下的一个参量“密码”要确保相同的话，就必须保证双方路由器使用的是相同的密码。而用户名并不是 MD5 算法中用到的参量。所以 CHAP 认证双方各自的用户名可以不同，但是使用的密码必须是相同的。由于密码是 MD5 算法用到的一个参量，如果密码不相同，则双方用 MD5 算法计算的结果会不一样，从而 CHAP 认证无法通过。也就是这个密码是双方提前共享，双方都知道的密码。因此在 CHAP 认证协议的配置中，要注意双方使用的用户名可以不同，但密码必须相同。

从上述原理可以看出，在网络上传输的始终只是双方各自的用户名(各自发向对方)，验证方向被验证方发送随机报文，被验证方向验证方发送 MD5 加密算法计算出的密文。没有在网络上直接发送密码，密码是双方提前共享、已保存在路由器上的信息。显然即使传输过程中，用户名被黑客截获到，但由于密码不在网络上传输，获得了用户名的黑客由于没有密码也无济于事，从而大大提高了安全性。这就是 CHAP 协议比 PAP 协议安全性更好的优点，也使得 CHAP 比 PAP 协议更常用。

与 PAP 认证过程不同的是，CHAP 认证过程显然多了一步。人们形象地把这种验证方式称为“三次握手验证协议”。CHAP 认证的三次握手操作可以简要地概括为：

①验证方把自己的用户名和随机生成的报文发送到被验证方。

②被验证方发送回自己的用户名和 MD5 密文。

③验证方也用 MD5 算法计算出密文并比较。两者相同则认证通过，反之不通过。

下面在图 5-10 所示的模拟广域网路由器 RTC 和 RTE 互相连接的链路上使用 CHAP 验证，介绍 PPP CAHP 验证的配置实现方法(如果 PAP 认证还在须先删除)。

1. 验证方 RTC 的配置

```
<Huawei>undo t m                                   /*关闭路由器不断弹出的自动提示*/
<Huawei>sys
[Huawei]sysname RTC
[RTC]aaa
[RTC-aaa]local-user changjiang password cipher s6trb0
      /*在本端路由器数据库创建用户名及密码，此信息分发给对方配置在其接口上发送验证用*/
[RTC-aaa]local-user changjiang service-type ppp              /*验证用户名适用的协议*/
[RTC-aaa]int serial 0/0/2                               /*将在这个接口启用 CHAP 认证*/
[RTC-Serial0/0/2]ppp authentication-mode chap           /*声明主验证方，使用 CHAP*/
[RTC-Serial0/0/2]ppp chap user dolphin
/*在该接口上发送对端路由器通过 local-user.创建的用户名，发送给对端进行认证*/
[RTC-Serial 0/0/2]ip address 61.153.50.25 30
```

2. 被验证方 RTE 的配置

```
<Huawei>undo t m                                   /*关闭路由器不断弹出的自动提示*/
<Huawei>sys
```

```
[Huawei]sysname RTE
[RTE]aaa
[RTE-aaa]local-user dolphin password cipher s6trb0
                        /*为对端路由器接口创建的用户名对应的密码,密码要相同*/
[RTE-aaa]local-user dolphin service-type ppp
[RTE-aaa]int serial 0/0/2                       /*将在这个接口启用 CHAP 认证*/
[RTE-Serial0/0/2]ppp chap user changjiang
/*在该接口上添加对端路由器通过 local-user 命令创建的用户名,将发送给对端进行认证*/
                                      [RTE-Serial0/0/2]ip address 61.153.50.26 30
```

RTE 的配置与 RTC 的配置相比,少了在互连接口上声明"ppp authentication-mode chap",表明 RTC 只是被验证方。

从上述的配置中可以看到,RTC 和 RTE 都在数据库中为对方创建了用户名和密码,同时 RTC 的一个接口上配置了发送对方数据库中所创建的用户名,RTE 也在互连接口上向对方发送用户名,但都没有发送密码。

将 CHAP 认证与 PAP 认证对比,可以发现 CHAP 和 PAP 的最大区别在于 CHAP 只发送用户名不发送密码(加密),PAP 既发送用户名又发送密码(明文)。这在作为被验证方的路由器 RTE 的接口上配置的下列命令就可以看出来,路由器 RTE 在此接口上发送用户名或密码信息到对端路由器 RTC 进行验证。

PAP 认证(发送了用户名 changjiang 和密码 af2g0h):

```
[RTE-Serial0/0/2]ppp pap local-user changjiang password cipher af2g0h
```

CHAP 认证(只发送用户名 changjiang):

```
[RTE-Serial0/0/2]ppp chap user changjiang
```

这是因为两者的认证算法和认证原理都不相同。鉴于 PAP 发送密码且使用不加密的明文发送,CHAP 不发送密码,所以后者的安全性更高。

在路由器上完成 CHAP 认证配置后,配置不会立即生效,为了验证 PPP CHAP 认证是否配置成功,需要关闭 RTC 或 RTE 的 S0/0/2 接口,再开启该接口。如果 CHAP 认证配置不成功,路由器会提示相应接口状态变化为 DOWN。如果要检查 CHAP 协议是否配置成功,可以使用"display int s0/0/2"命令查看接口的物理层和链路层状态。"Serial0/0/2 current state: UP"表示的是接口的物理层状态,"Line protocol current state: UP"表示的是接口的链路层状态。接口的物理层状态描述的是接口是否上电,而链路层状态描述的是接口链路层协议是否正确工作。接口的物理层和链路层状态可能为"UP"或"DOWN"。"UP"表示工作状态正常;"DOWN"则表示接口存在故障,需要解决该故障。链路层状态为"UP"必须是在物理层状态为"UP"的基础上。也就是说,当物理层状态为"Down"时,链路层状态一定为"DOWN"。接口的"Link layer protocol is PPP",表示链路层协议是 PPP 协议。

配置的用户名不正确、密码不一致等多种原因,都可能导致 PPP 协议协商失败。图 5-13 是 PPP 协议协商失败的一个例子。

```
RTE
<RTE>dis int s0/0/2
Serial0/0/2 current state : UP                    ← 接口的物理层状态为UP
Line protocol current state : DOWN                ← 接口的链路层状态为DOWN
Description:
Route Port,The Maximum Transmit Unit is 1500, Hold timer is 10(sec)
Internet Address is 61.153.50.26/30
Link layer protocol is PPP
LCP stopped                                       ← LCP停止
Last physical up time   : 2018-07-24 19:56:38 UTC-08:00
Last physical down time : 2018-07-24 19:56:13 UTC-08:00
Current system time: 2018-07-24 19:56:57-08:00Interface is V35
    Last 300 seconds input rate 9 bytes/sec, 0 packets/sec
    Last 300 seconds output rate 8 bytes/sec, 0 packets/sec
    Input: 14124 bytes, 388 Packets
    Ouput: 14625 bytes, 385 Packets
    Input bandwidth utilization  : 0.11%
    Output bandwidth utilization : 0.10%

<RTE>
```

图 5-13　PPP 协议协商失败示例

LCP(Link Control Protocol,链接控制协议)和 IPCP(IP Control Protocol,IP 控制协议)是 PPP 协议协商的两个步骤,先协商 LCP,成功后再协商 IPCP。当 PPP 协议协商成功时,可以看到"LCP opened,IPCP opened",如图 5-14 所示。某些情况下,可能存在"LCP opened,IPCP closed",此时表示 PPP 协商不成功。

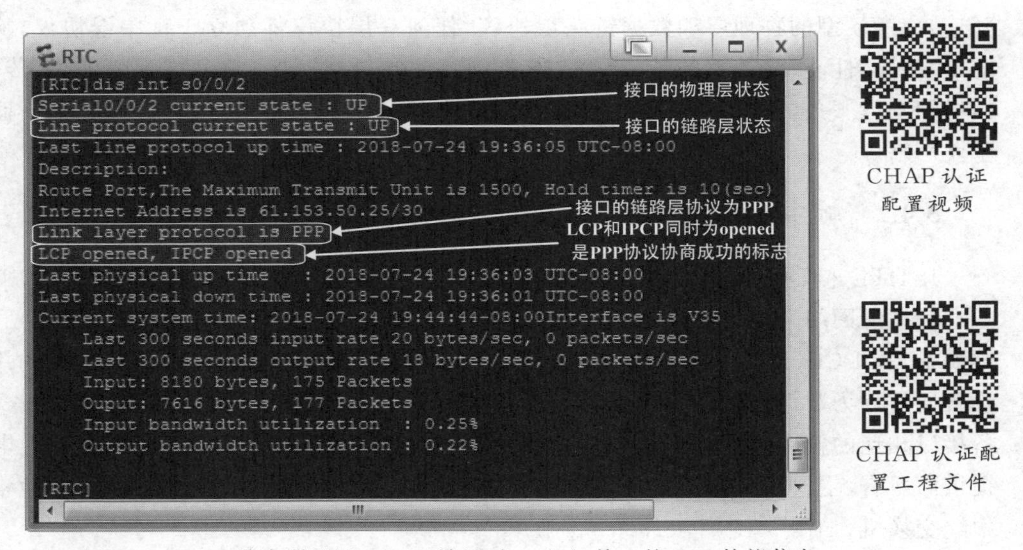

CHAP 认证配置视频

CHAP 认证配置工程文件

图 5-14　RTE 路由器配置 CHAP 认证后 S0/0/2 接口的 PPP 协议信息

完成 CHAP 认证配置后,可以从路由器 RTE ping 路由器 RTC 的对端链路地址,返回正常值说明 CHAP 认证配置成功。

5.4　帧中继协议

5.4.1　帧中继概述

20 世纪 70 年代 Internet 还未像现在这样普及,而电话网络要庞大得多。人们发明了在电话网上传输数据的 ISDN(Integrated Service Digital Network,综合业务数字网)技术,X.25是第一个使用电话或者 ISDN 设备作为网络硬件设备来架构广域网的分组交换技术,它也是第一个面向连接的广域网技术。在 X.25 网络中,在一个分组的传输路径上的每个节点都必须完整地接收一个分组,并且在发送之前还必须完成错误检查,这也导致 X.25 网络存在较大的传输延迟。X.25 网络在差错控制上花费大量开销符合当时的网络基础设施状况,因为那时的电话网普遍使用的是同轴电缆。而同轴电缆传输数据的差错率是比较高的,达到 10^{-5}～10^{-7}。随着技术的不断发展,光纤普遍应用在通信骨干网中,光纤的差错率比同轴电缆低得多。同时,通信发送和接收设备的差错处理能力更强,差错发生率更低。这些都使得 X.25 网络的复杂差错控制显得多余。在 X.25 网络运行差不多 10 年后,20 世纪 80 年代帧中继(Frame Relay)技术替代了 X.25 技术。

帧中继技术是由国际电话电报咨询委员会(CCITT)和美国国家标准研究所(ANSI)共同推出的一种协议规范。帧中继是在 X.25 网络基础上的改进型技术。它吸收了分组交换技术标准 X.25 中许多优秀的地方,将 X.25 技术中一些烦琐的操作优化或抛弃,大大地简化了帧中继的实现。与 X.25 一样,帧中继也是一种面向连接的分组交换技术。它去掉了 X.25 的差错控制,减少了进行差错校验的开销。帧中继也去掉了网络自身的流控制,提高了网络的吞吐量,减少了网络延迟。帧中继只定义了 OSI(Open System Intercomection,开放系统互连)参考模型的物理层和数据链路层协议,任何高层协议都独立于帧中继协议,从而帧中继是一种高性能、高效率的数据链路技术,它通过将数据划分成组,在广域网上传输信息。提供帧中继服务的网络通常是电信运营商提供的公用通信网络,或者是服务于企业的专有企业网络。

5.4.2 帧中继技术术语

1. DTE 和 DCE

帧中继网络环境下的设备可以分为两大类,即 DTE(Data Terminal Equipment,数据终端设备)和 DCE(Data Circuit-terminating Equipment,数据电路端接设备)。面向用户侧的设备通常称为数据终端设备,例如连接用户网络的出口路由器、网桥或计算机;而与 DTE 设备接口相连的帧中继网络侧设备通常称为数据电路端接设备。DCE 一般由基础电信服务提供商所有,主要用来提供网络的时钟和交换服务。帧中继网络中的 DCE 设备通常是指帧中继交换机,如图 5-15 所示。

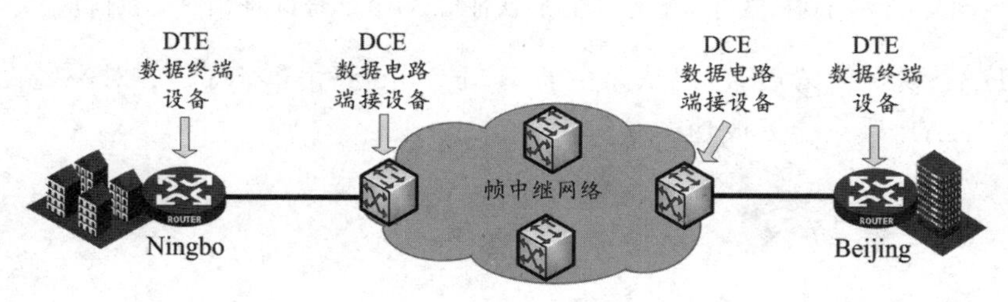

图 5-15 帧中继网络

H3C、华为、Cisco 路由器默认情况下都是 DTE 设备。在 H3C、华为路由器上可以通过“display interface *interface-id*”命令查看接口的类型。如果要在实验室模拟组建帧中继网络，必须有 DCE 设备，需要在路由器的串行接口视图下将默认的帧中继接口类型修改为 DCE。

在 H3C 和华为路由器中，修改帧中继协议接口的 DTE 或 DCE 类型命令如下：

```
[Ningbo-S6/0]link-protocol fr                /*将串行接口的链路层协议修改为帧中继*/
[Ningbo-S6/0]fr interface-type dce           /*将串行接口的帧中继接口类型修改为 DCE*/
```

2. 虚电路 VC

帧中继通过向网络发送信令消息动态地为两台 DTE 设备之间建立帧中继连接，这种连接是一种逻辑连接。所谓逻辑连接即是指建立通信连接的双方并不是像公用电话网中的通话双方那样在互相通信时建立了一条通信电路，通常把这种有别于实际的通信电路的逻辑连接称为虚电路(VC，Virtual Circuit)。由于帧中继技术使用了虚电路为通信双方建立连接，所以帧中继技术是一种面向连接的技术。帧中继网络中的虚电路如图 5-16 所示。

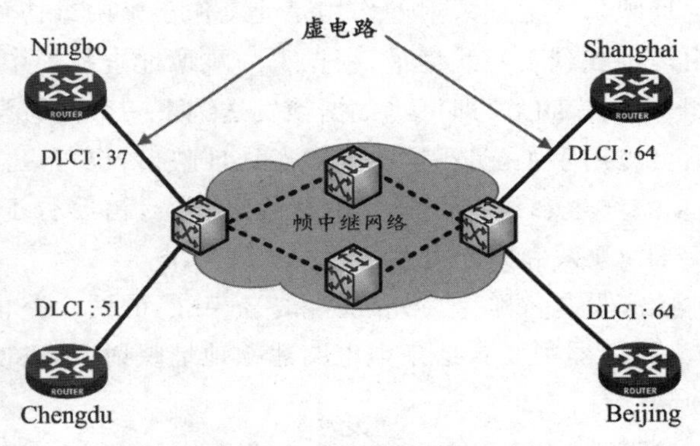

图 5-16　帧中继网络的虚电路

根据建立方式，帧中继的虚电路可以分为两种类型：

(1) 交换虚电路(SVC，Switched Virtual Circuit)：通过帧中继协议协商自动创建和删除的虚电路。

(2) 永久虚电路(PVC，Permanent Virtual Circuit)：由帧中继网络的运营商预先手工设置产生的虚电路。

交换虚电路在实际使用中用得非常少，常用的是永久虚电路。

3. 数据链路连接标识符 DLCI

如图 5-16 所示，帧中继协议使用数据链路连接标识符(DLCI，Data Link Connection Identifier)来标识永久虚电路。一条单一的物理传输线路上可以建立多条虚电路，帧中继协议使用 DLCI 来区分虚电路。帧中继协议实际上提供了一种多路复用的方法，利用共享物理信道来建立多个逻辑数据会话过程。

帧中继的多路复用技术为经营帧中继网络的电信服务提供商提供了更多的灵活性，例如高效率地利用带宽和以富有竞争力的价格吸引用户。用户可以花较多的钱为公司租一条专用的通道，通常称为专线，也可以花较少的钱和他人共享一条通道。

帧中继的 DLCI 只在本地接口和与之直接相连的对端接口有效，不具有全局有效性。也就是说，DLCI 的值在整个帧中继广域网上并不是唯一的。在帧中继网络中，不同的物理接口可以使用相同的DLCI，且相同的DLCI并不表示同一条虚连接；一条虚电路连接的两台DTE设备可能使用不同的DLCI值来指定该条虚电路。

帧中继网络用户接口上最多支持512条虚电路。其中用户可以使用的DLCI值范围是16～1007。

在H3C和华为路由器中，在帧中继接口创建DLCI的命令如下：

```
[Ningbo-Serial6/0]fr dlci 36
```

4. 帧中继地址映射

帧中继是一种数据链路层协议，建立完帧中继协议连接后，它还需要为网络层提供通信服务，以便在帧中继连接上发送网络层数据包。帧中继的上层承载协议主要是IP协议，而IP报文的转发需要知道数据包的下一跳IP地址。而帧中继是利用DLCI标识逻辑链接的，因此需要为帧中继的DLCI和对端DTE设备的IP协议地址建立捆绑关系。可以把建立这种关系称为帧中继的地址映射。地址映射的作用是让工作于帧中继协议的路由器根据数据包的目的地址在其路由表中找到下一跳地址，根据下一跳地址查找帧中继地址映射表，确定下一跳的DLCI，帧中继利用此DLCI即可将数据帧发送到下一个网络设备。

帧中继的地址映射可以用手工配置，这称为静态地址映射；也可以由帧中继的逆地址映射(Inverse ARP)协议动态产生和维护。当帧中继网络复杂，需要分配的DLCI很多时，使用逆地址映射可以避免DLCI人为分配混乱的情况。

如图5-17所示的网络，假设名称为“Ningbo”和“Beijing”的两个路由器之间建立了一条虚电路。在H3C或华为路由器中要为这条虚电路建立地址映射，可以使用下面的命令：

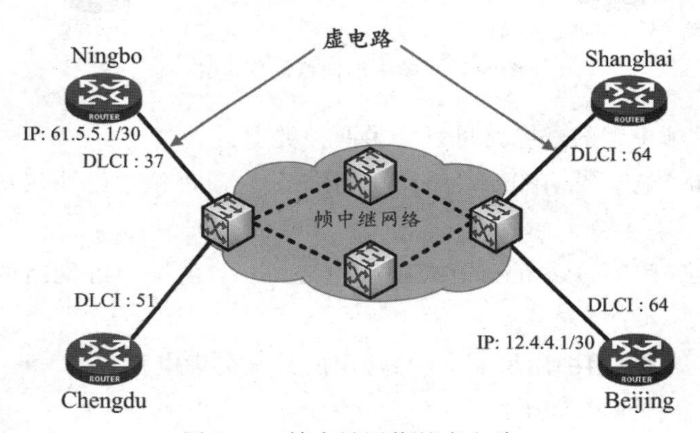

图5-17 帧中继网络的虚电路

```
[Ningbo]fr map ip 12.4.4.1 dlci 37          /* 本地DLCI与对端IP地址建立映射 */
[Beijing]fr map ip 61.5.5.1 dlci 64
```

从上面配置可以看出，帧中继的地址映射是把本端的DLCI和对端的网络层协议IP地址建立联系。类似于IP地址的称呼，有时把DLCI称为帧中继地址。同一条虚电路，Ningbo路由器用37来标识，Beijing路由器用64来标识，因此DLCI只具有本地意义。

5.4.3 帧中继协议配置

下面在本书所要实现的广域网组网图中，RTD和RTF路由器之间的互连链路上配置帧中继协议。

1. 配置路由器 RTD

```
<Huawei>sys
[Huawei]sysname RTD
[RTD]int serial 0/0/2
[RTD-Serial0/0/2]link-protocol fr                    /*配置接口协议为帧中继协议*/
```

此处出现提示信息“Warning: The encapsulation protocol of the link will be changed. Continue? [Y/N]:”,此为询问是否要修改接口的封装协议,需输入 y。

```
[RTD-Serial0/0/2] fr interface-type dce                 /*配置接口为DCE类型*/
[RTD-Serial0/0/2] fr dlci 50                            /*配置接口的本地DLCI值为50*/
[RTD-fr-dlci-Serial0/0/0-50] quit
[RTD-Serial0/0/2] ip address 61.153.50.37 30
[RTD-Serial0/0/2] fr map ip 61.153.50.38 50             /*配置本地DLCI与对端IP地址映射*/
```

由于 H3C、华为路由器的串行接口默认协议是 PPP,当互相连接的链路其中一个接口的协议改为帧中继时,路由器检测到链路两端接口使用的协议类型不一致,可以立即观测到接口的状态马上改变为“down”,如图 5-18 所示。

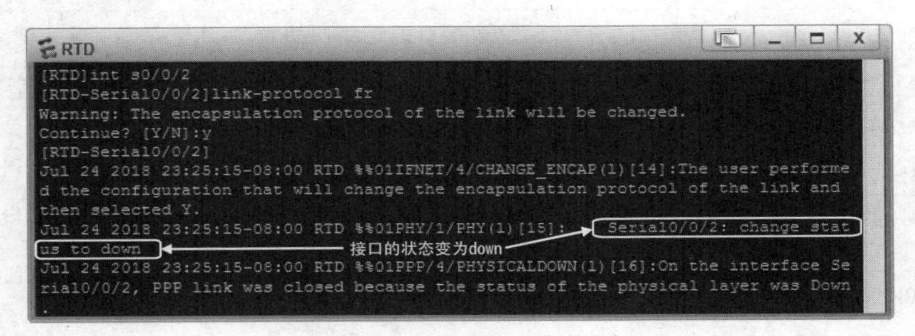

图 5-18　仅一端接口配置为帧中继协议时的接口状态变化

2. 配置路由器 RTF

```
<Huawei>sys
[Huawei]sysname RTF
[RTF]int serial 0/0/2
[RTF-Serial0/0/2]link-protocol fr                    /*配置接口协议为帧中继协议*/
[RTF-Serial0/0/2]fr dlci 60                          /*配置接口的本地DLCI值为60*/
[RTF-fr-dlci-Serial0/0/2-60] quit
[RTF-Serial0/0/2]ip address 61.153.50.38 30
[RTF-Serial0/0/2]fr map ip 61.153.50.37 60           /*配置本地DLCI与对端IP地址映射*/
```

注意: 实际实验中发现,当两端接口配置了“[RTD-Serial0/0/2] fr map ip 61.153.50.38 50”等静态地址映射语句时,两端接口不能 ping 通。需要将两端接口配置的 fr map 语句去掉,仅仅一端去掉还不行。dlci 语句去不去掉不影响。但是如果两个路由器中配置的 DLCI 值相同,在静态映射语句中 DLCI 值相同,则两个接口又可以 ping 通。在真实的华为路由器中不会这样,这可能是

frame-relay
配置视频

eNSP 软件的一个 BUG。

帧中继协议配置工程文件

与 RTD 路由器的配置相比，RTF 路由器少了配置接口的 DTE 或 DCE 类型，这是因为帧中继链路的两端连接的接口，一侧须为 DTE 类型，另一侧须为 DCE 类型。这里 RTD 的接口配置为 DCE 类型，RTF 必须为 DTE 类型。而路由器默认为 DTE 类型，所以 RTF 不必配置接口的类型。当两个接口的链路层协议同为帧中继协议时，接口的状态变为“up”。

完成帧中继协议配置后，可以从路由器 RTF ping 路由器 RTD 的对端链路 IP 地址，返回正常值说明帧中继协议配置成功。

5.5 本章基本配置命令

本章基本配置命令如表 5-2 和表 5-3 所示。

表 5-2 路由器的 PPP 协议配置命令

常用命令	视图	作用
interface *interface-id*	系统	进入路由器的某个接口
link-type *ppp*	接口	修改接口的链路层协议为 PPP 协议，当关键字“*ppp*”为其他协议时，将对应修改为其他类型的链路层协议
display interface	系统	显示路由器的所有接口信息
display interface *interface-id*	系统	显示路由器的某个特定接口信息
local-user *username*	系统	在用户列表中添加一个本地用户
password simple *password-text*	本地用户	设置本地用户对应的密码，密码类型为 simple 类型，也可设为其他类型
service-type *ppp*	本地用户	设置本地用户使用的认证协议类型为 PPP，也可为其他协议类型
ppp authentication-mode *pap*	接口	PPP 协议接口的认证模式为 PAP
ppp pap local-user *username* password simple *password-text*	接口	接口创建 PAP 认证的用户名和密码
ppp authentication-mode *chap*	接口	PPP 协议接口的认证模式为 CHAP
ppp chap user *username*	接口	为接口创建 CHAP 认证的用户名

表 5-3 路由器的帧中继协议配置命令

常用命令	视图	作用
link-type *fr*	接口	修改接口的链路层协议为帧中继协议
fr interface-type *dce*	接口	修改接口的帧中继类型为 DCE
fr dlci *dlci-number*	接口	给接口分配 DLCI 值
fr map ip *x.x.x.x dlci-number*	接口	为对端协议地址和本端 DLCI 值建立静态地址映射

5.6　实验与练习

1～2 工程文件下载

1. 如题图 1 所示的网络图，在设备上进行配置，实现四台计算机和 RouterB 互通。两个路由器间互连链路的链路层配置 PPP 的 CHAP 认证协议。实现网络互通配置 RIPv2 路由协议。需要配置 IP 地址的设备和计算机请自行分配 IP 地址。

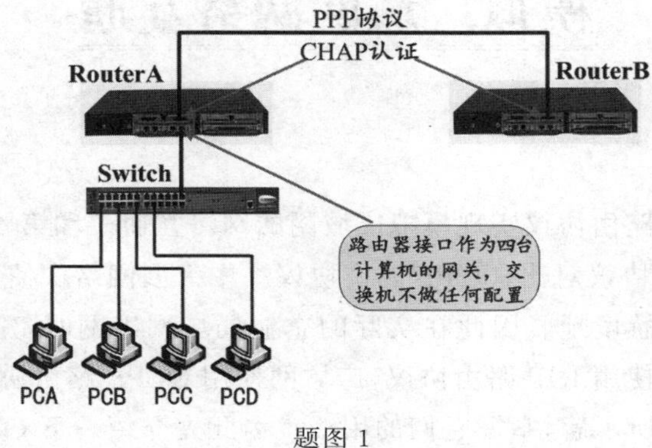

题图 1

题 1 配置视频

2. 如题图 2 所示的网络图，在设备上进行配置，实现四台计算机和 RouterB 互通。

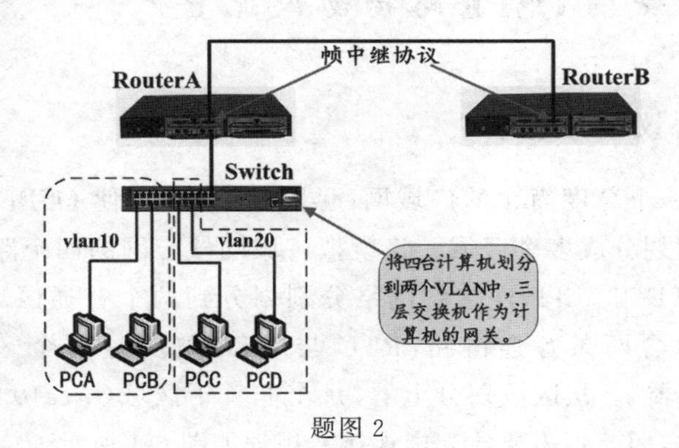

题图 2

题 2 配置视频

第 6 章

模拟广域网网络互通

本章将使用 OSPF 路由协议实现模拟广域网的网络互通。和第 4 章实现企业局域网的网络互通时使用的 RIP 协议对比，OSPF 路由协议在中大型网络中使用更为广泛，而 RIP 协议处于即将被淘汰的尴尬境地。因此在实际的企业局域网组网时，建议也使用 OSPF 路由协议。本书企业局域网使用 RIP 路由协议，广域网使用 OSPF 路由协议，目的只是让初学者对这两个路由协议都有所了解，掌握它们的用法。为此先介绍一下 OSPF 路由协议。

6.1 模拟广域网 OSPF 路由协议配置

6.1.1 OSPF 协议区域划分

在第 5 章模拟了一个高度简化的广域网（见图 5-9），为了使 OSPF 区域划分更具代表性，这里将模拟广域网划分成多个区域。将模拟广域网核心网的四个路由器组网全部规划为骨干区域 area0，RTE 和 RTF 连接的网络分别划分到两个普通区域 area10 和 area20，area10 和 area20 各包含两条互连链路，RTC 与 RTD 均为这两个区域的（Area Boltler Router，区域边界路由器）。从区域划分上看，每个非骨干区域（area10 和 area20）都直接连接到了骨干区域 area0，因此不需要建立虚连接。规划如图 6-1 所示。

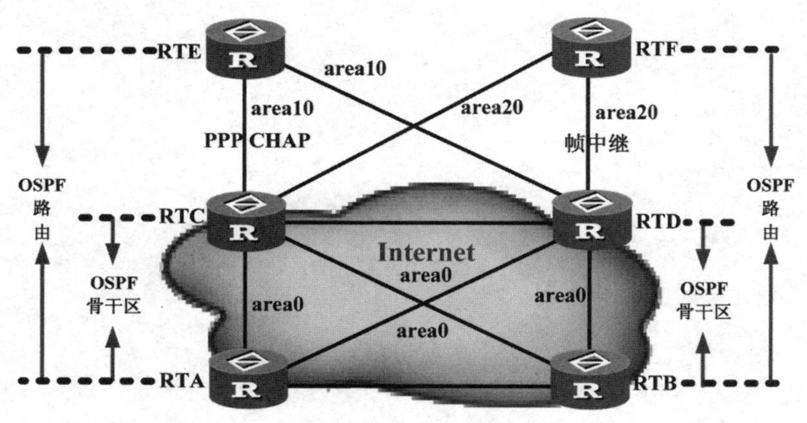

图 6-1　模拟广域网 OSPF 协议区域划分

注意：①这里 OSPF 划分的每个区域只包含 2～4 个路由器，这仅仅是实验室练习的需要。实际网络中 OSPF 协议的区域中包含的路由器可能多达几十个。②区域划分也可以采用其他形式，这里只是其中的一种。

在第 5 章对模拟广域网进行了 IP 地址规划（见图 5-10），结合 IP 地址规划、路由器接口连接以及 OSPF 协议区域规划的模拟广域网如图 6-2 所示。

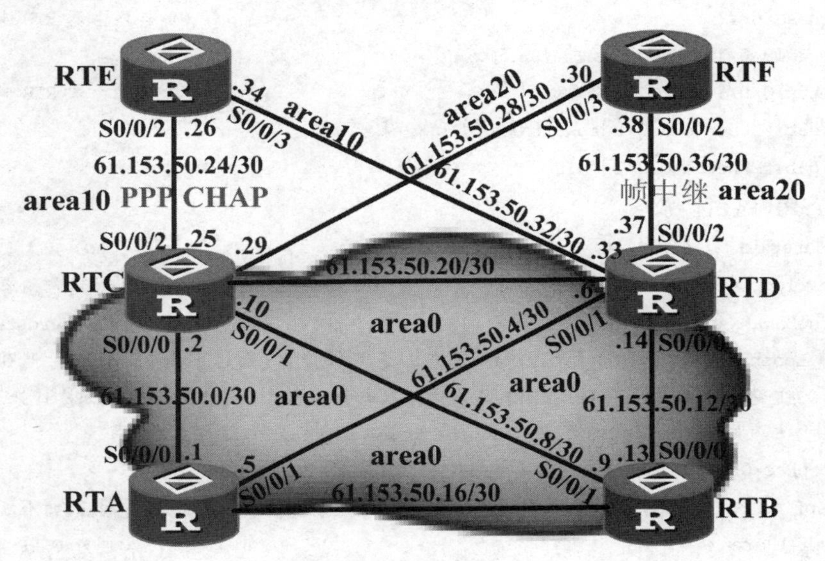

图 6-2　模拟广域网接口连接、IP 地址、OSPF 区域规划总图

将区域划分信息列写在表 6-1 中。

表 6-1　OSPF 协议区域划分信息

区域编号	区域类型	区域包含链路	区域 ABR
area0	骨干区域	包含 RTA、RTB、RTC 和 RTD 等四个路由器之间全网状连接的六条互连链路	—
area10	普通区域	(1) RTE 与 RTC 间互连链路 61.153.50.24/30 (2) RTE 与 RTD 间互连链路 61.153.50.32/30	RTC RTD
area20	普通区域	(1) RTF 与 RTC 间互连链路 61.153.50.28/30 (2) RTF 与 RTD 间互连链路 61.153.50.36/30	RTC RTD

6.1.2　广域网 OSPF 协议配置

配置 OSPF 协议相对简单，包括创建路由器 ID（也可通过创建 Loopback 接口地址实现）、创建区域 ID、在 OSPF 区域中发布接口网段等。

1. RTA 路由器的配置

RTA 路由器共有三个接口分别与路由器 RTA、RTC 和 RTD 相连接，这三个接口全部规划在骨干区域 area0 中。RTA 配置如下：

配置各接口 IP 地址：

```
<Huawei>undo t m                                   /*关闭路由器不断弹出的自动提示*/
<Huawei>sys                                        /*进入系统视图*/
[Huawei]sysname RTA                                /*给设备命名,以便区分设备*/
[RTA]int s0/0/0                                    /*与路由器 RTC 连接的接口*/
[RTA-Serial0/0/0]ip address 61.153.50.1 30         /*路由器接口可直接配置 IP 地址*/
[RTA]int s0/0/1                                    /*与路由器 RTD 连接的接口*/
[RTA-Serial0/0/1]ip address 61.153.50.5 30
[RTA-Serial0/0/1]int g0/0/2                        /*与路由器 RTB 连接的接口*/
[RTA-GigabitEthernet0/0/2]ip address 61.153.50.17 30
[RTA-GigabitEthernet0/0/2]quit
```

配置 OSPF 路由协议：

```
[RTA]router id 1.1.1.1                             /*配置路由器 ID*/
[RTA]int loopback 0                                /*创建路由器环回接口*/
[RTA-LoopBack0]ip add 1.1.1.1 32                   /*环回接口 IP 地址可以与 router-id 不同*/
```

/*创建 Loopback 接口的好处是：Loopback 接口是逻辑接口，永远不会 down，有利于 OSPF 的稳定运行；便于控制 OSPF 路由器的 ID。Loopback 接口地址可以与路由器 ID 不同。Loopback 接口地址可以发布在 OSPF 域中，也可以不发布。本书采用不发布 Loopback 接口 IP 地址*/

```
[RTA-LoopBack0]quit
[RTA]ospf                  /*如后未接具体数字,将默认为 OSPF 进程 1,如下所示 ospf-1*/
[RTA-ospf-1]area 0                                          /*创建 OSPF 骨干区域 0*/
[RTA-ospf-1-area 0.0.0.0]network 61.153.50.0 0.0.0.3        /*在 area0 中发布互连网段*/
[RTA-ospf-1-area 0.0.0.0]network 61.153.50.4 0.0.0.3        /*在 area0 中发布互连网段*/
[RTA-ospf-1-area 0.0.0.0]network 61.153.50.16 0.0.0.3       /*在 area0 中发布互连网段*/
```

现在许多厂商生产的路由器也支持在 OSPF 路由协议发布网段时，不是发布 IP 网段而是发布“接口 IP 地址＋全 0 反掩码”的形式，无论接口 IP 地址的子网掩码是多少位。这为初学者带来了方便，即在配置 OSPF 路由协议时，可以不用去计算反掩码。例如上面 RTA 路由器在区域 0 中发布三个接口的 IP 网段可以按如下方式配置。

```
[RTA-ospf-1-area 0.0.0.0]network 61.153.50.1 0.0.0.0       /*在 area0 中发布 IP 地址*/
[RTA-ospf-1-area 0.0.0.0]network 61.153.50.5 0.0.0.0
[RTA-ospf-1-area 0.0.0.0]network 61.153.50.17 0.0.0.0
```

显然这种配置方式简单方便，接口是什么地址，就配置成什么，不需要进行额外的计算。不过本书采用“接口 IP 网段＋反掩码”的形式配置。

请扫码观看 RTA 配置操作视频，并下载 RTB～RTF 路由器的配置文本进行相应操作。

RTA 配置
操作视频

RTA 配置可
执行工程文件

RTB～RTF 路由器
的 OSPF 配置代码

6.2　OSPF 协议的运行调试

6.2.1　OSPF 的邻接关系调试分析

在一个路由器数量较多、划分的区域也较多的网络中，不能奢望一配置完 OSPF 路由协议，网络就能够互通，错误通常在所难免。初次完成 OSPF 协议的配置后，如果通过 ping 命令发现网络不能互通，就需要使用相应的命令进行 OSPF 协议的调试，以便查找故障并排除故障，使配置的 OSPF 协议能够达到预期的运行效果。

OSPF 域中的路由器能够相互交换信息的前提是路由器之间要建立邻接关系。如果路由器的 OSPF 邻接关系不正确，则会直接导致 OSPF 路由学习不正确，从而导致部分网段会出现网络互通故障。因此，排除 OSPF 协议出现的故障，分析和排查路由器 OSPF 协议的邻接关系是重要步骤。因此在实际排除 OSPF 网络故障时，可以首先使用“dis ospf peer”命令查看 OSPF 路由器有没有正确建立邻接关系。

图 6-3 显示 RTA 路由器只建立了两个邻接关系。但根据图 6-1 所示的实际组网分析，RTA 路由器应该有三个邻接关系。这表明前面 OSPF 的配置中出现了错误。因此要查找故障，使其所有邻接关系能够出现。

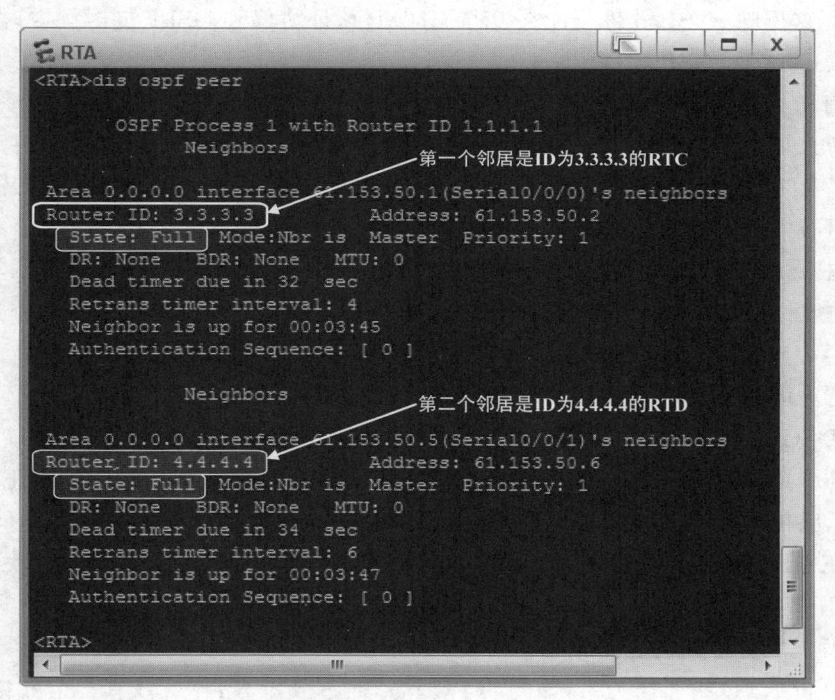

图 6-3　RTA 路由器的邻接关系建立不完整：少一个邻接关系

通过分析，RTA 应该与 RTB、RTC 和 RTD 等建立邻接关系，但图中显示成功建立邻接关系的只有 RTC 和 RTD，未出现 RTB。通过分析发现 RTA 上与 RTB 连接的接口 IP 地址配置有误，修改后 RTA 邻接关系建立正常。

路由器出现 OSPF 邻接关系建立不正确的原因很多。如果 OSPF 协议的邻接关系建立不正确，可以从以下几个方面(但不限于这些方面)入手逐步分析。

(1) 与 IP 地址有关的错误。着重查看互连链路的两个接口的 IP 地址有没有配置错误(IP 地址配置相同或者不在同一个网段)；子网掩码或反掩码是不是一致；帧中继网络中 peer 语句中的对端 IP 地址有没有错误；规划的 IP 地址有没有配置在其他接口上。这些都是与 IP 地址有关的错误。实际实验发现，这一类错误是初学者配置 OSPF 时出现得最多的错误。

(2) 互连链路的两个接口的 IP 地址有没有发布在同一个 OSPF 区域中。如果两个互连接口的 IP 地址不是发布在同一个区域中，邻接关系就会建立不成功。

(3) 发布的区域类型是不是相同，如同为普通区域、stub 区域或 nssa 区域等。常见的是一端路由器声明了 stub 或 nssa 区域，另一端路由器没有。也就是说，两个互连接口的 IP 地址不是发布在同一种类型的区域中，邻接关系也会建立不成功。

(4) 配置了帧中继协议的链路，需要在 OSPF 协议中配置 peer x.x.x.x(互连链路对端 IP 地址)语句。没有配置则无法建立邻接关系(RIP 协议也要求配置此语句)。

(5) 实际实验发现，计算机或路由器 ping 的目的地址如果经过配置了 PPP CHAP 认证协议的链路，则 ping 结果不正常。但是查看路由器，发现路由器可以查看到正确的邻接关系，路由器学习到的路由表也正确，但涉及此链路的就是 ping 不通。不过极少数情况下，又没有问题。这反映 eNSP 软件可能在 PPP CHAP 认证协议和 OSPF 同时配置时存在 BUG，当然这只是存在于 eNSP 软件中。

如果有防火墙参与组网，防火墙还要另外考虑下面几种情况。

(6) 防火墙的物理接口没有添加到防火墙的区域中，当防火墙的接口游离在区域之外时，防火墙的 OSPF 路由学习会不正常，防火墙的邻接关系也不正常，有的邻接关系缺少或状态不为"Full"而是"ExStart"。有的初学者遇到这种情况会感到奇怪，不知道错在哪里。这主要因为防火墙不同于路由器，防火墙要求使用的接口一定要在区域中。如果防火墙的物理接口是二层交换模式的接口，此时不仅要添加物理接口，还要添加对应的三层接口。

(7) 防火墙的相关区域要和 local 区域建立数据访问安全策略。例如 eNSP 软件中的两款防火墙 USG5500 和 USG6000V 在组网时，如果使用 OSPF 路由协议，当接口添加进区域后，USG5500 邻接关系和路由学习都正常，但 USG6000V 的邻接关系不正常，状态为"ExStart"，路由学习当然也不正确。原因就是 USG5500 默认存在四条数据访问安全策略，其中包括三条 local 区域可以访问其他三个区域的安全策略。而 USG6000V 默认是所有区域之间都不能互相访问。因此 USG6000V 还要配置 local 区域访问某个区域的安全策略，实际测试发现配置单向的安全策略即可。

继续分析 RTD 的邻居关系，如图 6-4 所示。通过分析 RTD 应该有五个邻接关系，但只出现四个。分析发现 RTD 与 RTF 应该建立邻接关系但没有建立，且两者之者互连链路使用的是帧中继协议。

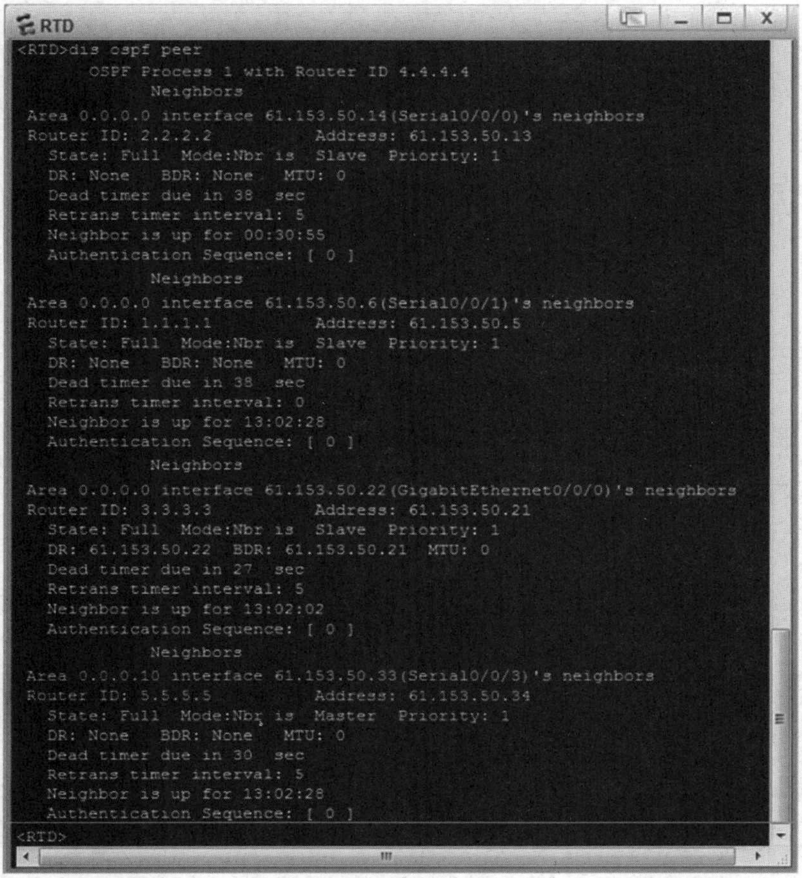

```
RTD
<RTD>dis ospf peer
       OSPF Process 1 with Router ID 4.4.4.4
             Neighbors
 Area 0.0.0.0 interface 61.153.50.14(Serial0/0/0)'s neighbors
 Router ID: 2.2.2.2          Address: 61.153.50.13
   State: Full  Mode:Nbr is  Slave  Priority: 1
   DR: None   BDR: None   MTU: 0
   Dead timer due in 38  sec
   Retrans timer interval: 5
   Neighbor is up for 00:30:55
   Authentication Sequence: [ 0 ]
             Neighbors
 Area 0.0.0.0 interface 61.153.50.6(Serial0/0/1)'s neighbors
 Router ID: 1.1.1.1          Address: 61.153.50.5
   State: Full  Mode:Nbr is  Slave  Priority: 1
   DR: None   BDR: None   MTU: 0
   Dead timer due in 38  sec
   Retrans timer interval: 0
   Neighbor is up for 13:02:28
   Authentication Sequence: [ 0 ]
             Neighbors
 Area 0.0.0.0 interface 61.153.50.22(GigabitEthernet0/0/0)'s neighbors
 Router ID: 3.3.3.3          Address: 61.153.50.21
   State: Full  Mode:Nbr is  Slave  Priority: 1
   DR: 61.153.50.22  BDR: 61.153.50.21  MTU: 0
   Dead timer due in 27  sec
   Retrans timer interval: 5
   Neighbor is up for 13:02:02
   Authentication Sequence: [ 0 ]
             Neighbors
 Area 0.0.0.10 interface 61.153.50.33(Serial0/0/3)'s neighbors
 Router ID: 5.5.5.5          Address: 61.153.50.34
   State: Full  Mode:Nbr is  Master  Priority: 1
   DR: None   BDR: None   MTU: 0
   Dead timer due in 30  sec
   Retrans timer interval: 5
   Neighbor is up for 13:02:28
   Authentication Sequence: [ 0 ]
<RTD>
```

图 6-4　RTD 的邻接关系建立不完整：少一个邻接关系

当链路层协议是帧中继时，由于帧中继协议属于 NBMA（Non-Broadcast Multi-Access，非广播多址接入）网络类型，须按照 NBMA 的网络类型处理帧中继与 OSPF 的关系，否则会发生网络故障。通过查找资料发现在配置了帧中继协议的链路中，如果用 RIP 或 OSPF 等动态路由协议，需要在 RIP 或 OSPF 协议视图下使用“peer x.x.x.x（对端接口的 IP 地址）”来指定“对等体”。为此在 RTD 和 RTF 增加配置上述命令：

[RTD]**ospf**

[RTD-ospf-1]**peer** *61.153.50.38*

[RTF]**ospf**

[RTF-ospf-1]**peer** *61.153.50.37*

注意：在路由器中修改了 OSPF 协议配置后，为了让配置快速生效，可以在路由器的用户视图下输入“reset ospf process”，使 OSPF 协议重新计算路由。

通过在路由器 RTD 和 RTF 中增加上述配置，再次查看 RTD 的邻接关系，发现 RTD 建立的邻接关系中了出现了 RTF，但却处于“Down”状态。同样 RTF 的邻接关系中也出现了 RTD，但状态也处于“Down”，如图 6-5 所示。

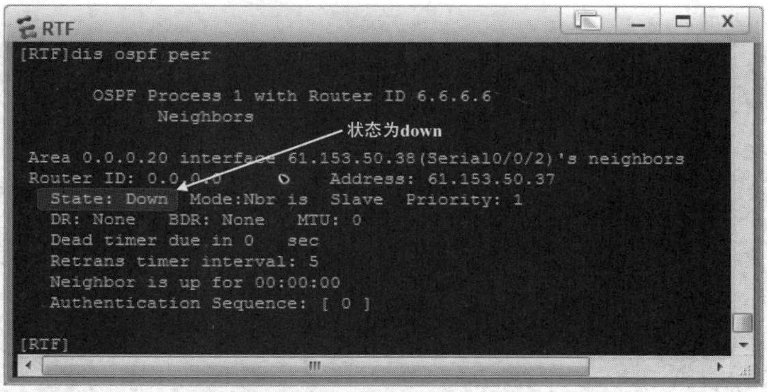

```
[RTF]dis ospf peer

     OSPF Process 1 with Router ID 6.6.6.6
           Neighbors

 Area 0.0.0.20 interface 61.153.50.38(Serial0/0/2)'s neighbors
 Router ID: 0.0.0.0          Address: 61.153.50.37
   State: Down  Mode:Nbr is  Slave  Priority: 1
   DR: None   BDR: None   MTU: 0
   Dead timer due in 0   sec
   Retrans timer interval: 5
   Neighbor is up for 00:00:00
   Authentication Sequence: [ 0 ]

[RTF]
```

状态为down

图 6-5 RTF 建立的邻接关系处于 Down 状态且少一个邻接关系

继续查看 RTD 和 RTF 的配置，最后发现 RTD 和 RTF 上所配置的 area20，一个声明为 nssa，一个没有声明为 nssa，即区域类型不一致，如图 6-6 所示。

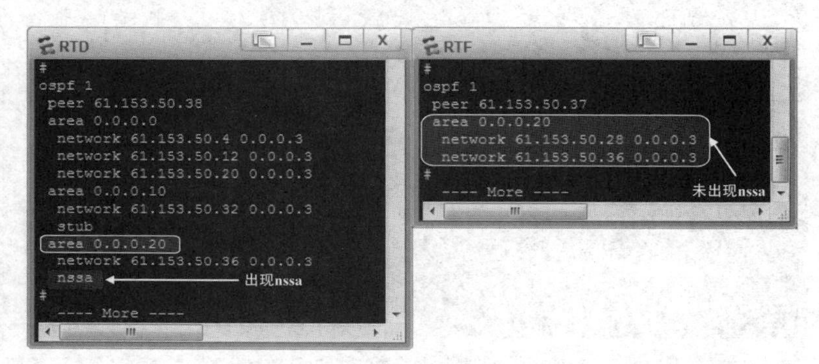

图 6-6 OSPF 路由协议同一个区域配置的类型不一致

将上述错误改正后，再次查看 RTD 或 RTF 的 OSPF 邻接关系，发现它们的邻接关系正常。图 6-7 所示是 RTF 路由器建立的邻接关系。

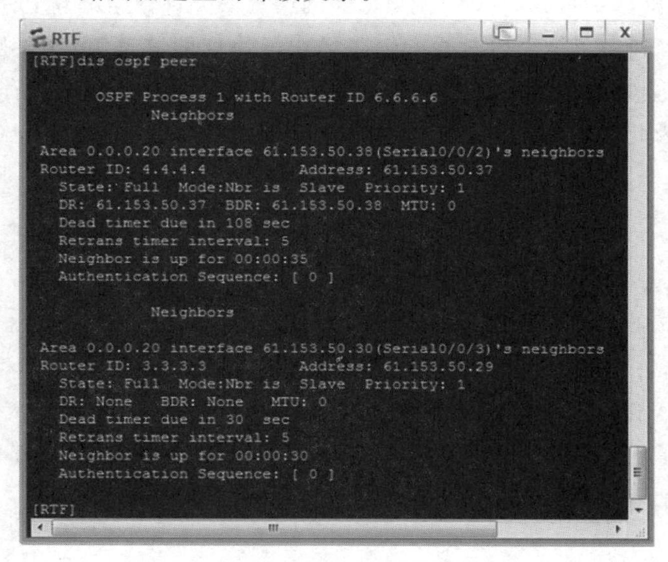

图 6-7 RTF 建立符合预期的邻接关系

华为模拟器中路由器配置帧中继协议时，配置了静态地址映射命令导致 OSPF 邻接关系不能建立，这可能是模拟器中路由器的一个 BUG。编者曾经配置过华为实体路由器，配置这条命令对 OSPF 路由没有影响。而且实际还发现，当帧中继协议配置了静态地址映射命令时，一条链路的两端竟然互相不能 ping 通，去掉这条语句就可以 ping 通，这显然是 BUG。编者也在 H3C 路由器配置过，此条命令也没有影响。

从上面 OSPF 协议故障排查过程可以看到，指望配置完 OSPF 协议就能够正常运行是不现实的，经常要进行故障排除工作。并且可以看到，导致 OSPF 协议出现故障的并不是 OSPF 协议本身的配置出现错误，有可能是其他底层链路层协议出现错误导致 OSPF 协议出错。因此在排除 OSPF 协议的故障时，有时需要跳出 OSPF 协议的范围去看其他协议对 OSPF 协议有没有影响。

路由器出现 OSPF 邻接关系建立不正确的原因是多方面的，有可能是本身路由器配置出现错误，也有可能对端路由器配置出现错误。因为 OSPF 协议只有在正常建立了邻接状态之后，才能进行路由报文交换 LSA 工作。因此，用“dis ospf peer”命令显示路由器的邻接关系建立情况是排除 OSPF 故障的关键步骤。最好是在每个路由器上都查看其邻接关系建立情况。在每一台配置了 OSPF 路由协议的设备上查看 OSPF 邻接关系，分析显示结果与预期相符时，可以查看各设备的路由表，分析路由表有没有出现所配置网段的路由。

值得说明的是，图 6-7 显示的邻接关系中，状态“State”一栏均为“Full”。当状态栏显示为“Full”时，才表明 OSPF 建立的邻接关系正常。在实际组网配置时，有可能会遇到“State”一栏不为“Full”，而是为“Init”“Waiting”“Down”或别的值，此时表明邻接关系建立不正常，或者说路由器仅建立了邻居关系，还未建立邻接关系。需要在配置中继续排除故障，确保状态“State”一栏均为“Full”。

6.2.2　OSPF 协议的路由分析和测试

在完成了 OSPF 邻接关系建立情况分析，确保所有路由器的邻接关系建立正确后，则可以进一步分析路由器的 OSPF 协议的工作情况。最常见的分析工作是查看路由器的 OSPF 协议路由表。很多初学者喜欢在完成 OSPF 协议配置后，马上进行网络互通测试工作，用 ping 命令测试各终端的互通情况。如果某些网段不能互通，也需要分析路由表，根据路由表分析和判断哪些网段的路由不可达，从而排除 OSPF 协议的故障。图 6-8 显示了路由器 RTC 的路由表。

如果对比一下表 6-1，就会发现路由器 RTC 的路由表中出现了所有路由器互连网段(共 10 个互连网段)的路由。通过分析模拟广域网结构，可以发现 RTC 一共只有 5 个直连网段，5 个非直连网段，5 个非直连网段都通过 OSPF 学习到了。

同时路由表中还显示 OSPF 协议路由的 Cost 值分别为两种值，即为 1563、3124 等。OSPF 协议路由的 Cost 值与几个参数有关，例如与接口的类型、接口的带宽大小、区域外或区域内、自治系统外或自治系统内等。OSPF 协议有一套算法来计算路径的 Cost 值，链路的 Cost 值与带宽成反比。本书中所有显示的 OSPF 协议的 Cost 值都是在默认情况下由 OSPF 协议自动计算出来的。

```
RTC
<RTC>dis ip routing-table
Route Flags: R - relay, D - download to fib
------------------------------------------------------------------------------
Routing Tables: Public
         Destinations : 22       Routes : 23

Destination/Mask    Proto   Pre  Cost      Flags NextHop         Interface

        3.3.3.3/32  Direct  0    0           D   127.0.0.1       LoopBack0
    61.153.50.0/30  Direct  0    0           D   61.153.50.2     Serial0/0/0
    61.153.50.1/32  Direct  0    0           D   61.153.50.1     Serial0/0/0
    61.153.50.2/32  Direct  0    0           D   127.0.0.1       Serial0/0/0
    61.153.50.4/30  OSPF    10   1563        D   61.153.50.22    GigabitEthernet0/0/0
    61.153.50.8/30  Direct  0    0           D   61.153.50.10    Serial0/0/1
    61.153.50.9/32  Direct  0    0           D   61.153.50.9     Serial0/0/1
   61.153.50.10/32  Direct  0    0           D   127.0.0.1       Serial0/0/1
   61.153.50.12/30  OSPF    10   1563        D   61.153.50.22    GigabitEthernet0/0/0
   61.153.50.16/30  OSPF    10   1563        D   61.153.50.1     Serial0/0/0
                    OSPF    10   1563        D   61.153.50.9     Serial0/0/1
   61.153.50.20/30  Direct  0    0           D   61.153.50.21    GigabitEthernet0/0/0
   61.153.50.21/32  Direct  0    0           D   127.0.0.1       GigabitEthernet0/0/0
   61.153.50.24/30  Direct  0    0           D   61.153.50.25    Serial0/0/2
   61.153.50.25/32  Direct  0    0           D   127.0.0.1       Serial0/0/2
   61.153.50.26/32  Direct  0    0           D   61.153.50.26    Serial0/0/2
   61.153.50.28/30  Direct  0    0           D   61.153.50.29    Serial0/0/3
   61.153.50.29/32  Direct  0    0           D   127.0.0.1       Serial0/0/3
   61.153.50.30/32  Direct  0    0           D   61.153.50.30    Serial0/0/3
   61.153.50.32/30  OSPF    10   3124        D   61.153.50.26    Serial0/0/2
   61.153.50.36/30  OSPF    10   3124        D   61.153.50.30    Serial0/0/3
      127.0.0.0/8   Direct  0    0           D   127.0.0.1       InLoopBack0
      127.0.0.1/32  Direct  0    0           D   127.0.0.1       InLoopBack0
<RTC>
```

图 6-8　路由器 RTC 的路由表

图 6-9 显示了路由器 RTE 的路由表。可以使用上述类似的分析方法分析路由表中的各个目的网段，广域网 10 个互连网段全部出现在路由表中。

```
RTE
<RTE>dis ip routing-table
Route Flags: R - relay, D - download to fib
------------------------------------------------------------------------------
Routing Tables: Public
         Destinations : 17       Routes : 19

Destination/Mask    Proto   Pre  Cost      Flags NextHop         Interface

        5.5.5.5/32  Direct  0    0           D   127.0.0.1       LoopBack0
    61.153.50.0/30  OSPF    10   3124        D   61.153.50.25    Serial0/0/2
    61.153.50.4/30  OSPF    10   3124        D   61.153.50.33    Serial0/0/3
    61.153.50.8/30  OSPF    10   3124        D   61.153.50.25    Serial0/0/2
   61.153.50.12/30  OSPF    10   3124        D   61.153.50.33    Serial0/0/3
   61.153.50.16/30  OSPF    10   3125        D   61.153.50.25    Serial0/0/2
                    OSPF    10   3125        D   61.153.50.33    Serial0/0/3
   61.153.50.20/30  OSPF    10   1563        D   61.153.50.25    Serial0/0/2
                    OSPF    10   1563        D   61.153.50.33    Serial0/0/3
   61.153.50.24/30  Direct  0    0           D   61.153.50.26    Serial0/0/2
   61.153.50.25/32  Direct  0    0           D   61.153.50.25    Serial0/0/2
   61.153.50.26/32  Direct  0    0           D   127.0.0.1       Serial0/0/2
   61.153.50.28/30  OSPF    10   3124        D   61.153.50.25    Serial0/0/2
   61.153.50.32/30  Direct  0    0           D   61.153.50.34    Serial0/0/3
   61.153.50.33/32  Direct  0    0           D   61.153.50.33    Serial0/0/3
   61.153.50.34/32  Direct  0    0           D   127.0.0.1       Serial0/0/3
   61.153.50.36/30  OSPF    10   3124        D   61.153.50.33    Serial0/0/3
      127.0.0.0/8   Direct  0    0           D   127.0.0.1       InLoopBack0
      127.0.0.1/32  Direct  0    0           D   127.0.0.1       InLoopBack0
<RTE>
```

图 6-9　路由器 RTE 的路由表

继续分析其他路由器 RTA、RTB、RTD、RTE 和 RTF 的路由表，基本可以确定 OSPF 协议配置正确。它们路由表的分析方法与 RTC 相似，这里分析从略。

分析完路由器的路由表后，可以进行各路由器的互通测试工作。例如图 6-10 是从 RTA 上 ping 路由器 RTE 的结果，显示互通。其他路由器的互通测试略。

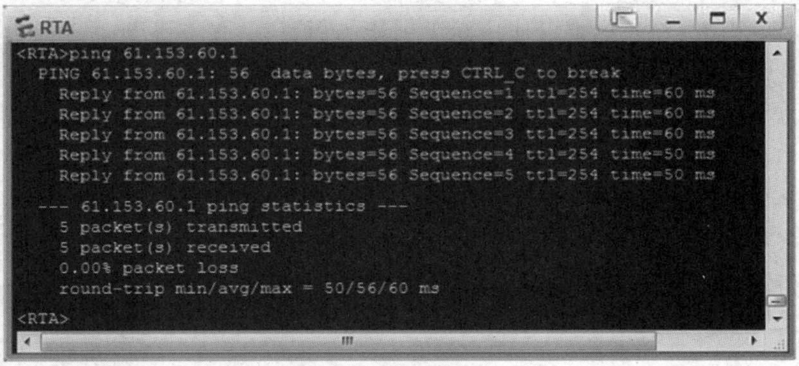

RTA
<RTA>ping 61.153.60.1
PING 61.153.60.1: 56 data bytes, press CTRL_C to break
Reply from 61.153.60.1: bytes=56 Sequence=1 ttl=254 time=60 ms
Reply from 61.153.60.1: bytes=56 Sequence=2 ttl=254 time=60 ms
Reply from 61.153.60.1: bytes=56 Sequence=3 ttl=254 time=60 ms
Reply from 61.153.60.1: bytes=56 Sequence=4 ttl=254 time=50 ms
Reply from 61.153.60.1: bytes=56 Sequence=5 ttl=254 time=50 ms
--- 61.153.60.1 ping statistics ---
5 packet(s) transmitted
5 packet(s) received
0.00% packet loss
round-trip min/avg/max = 50/56/60 ms
<RTA>

图 6-10　路由器 RTA ping 路由器 RTE

6.3　STUB 和 NSSA 区域路由讨论

6.3.1　STUB 区域和 NSSA 区域规划

本节在第 6.2.1 节的区域规划基础上，进一步将原来的普通区域 area10 设置为 STUB 区域，将 area20 设置为 NSSA 区域。这样设置的目的是探讨 OSPF 协议的 STUB 和 NSSA 区域有什么特点。两种区域规划如图 6-11 所示。

RTE
RTF
area10
stub
stub
area10
PPP
CHAP
area20
nssa
area20
nssa
帧中继
RTC
RTD
Internet
area0
area0
area0
area0
RTA
RTB

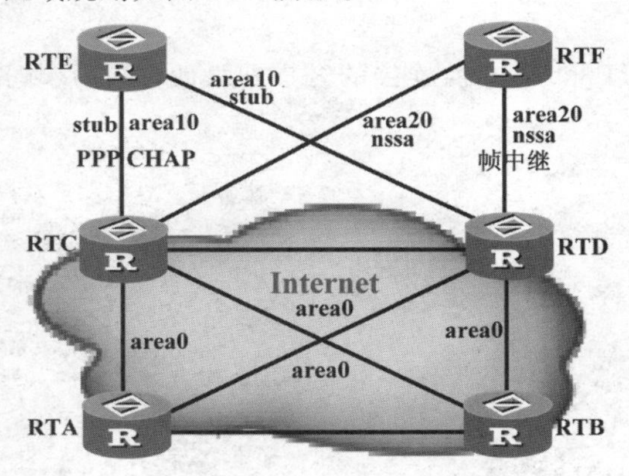

图 6-11　STUB 和 NSSA 区域规划

正如第 5.2.2 节所述，广域网作为 Internet 的核心，其他客户网络都连接在广域网上。下面将考虑有一些个人或家庭用户以及小型局域网，要连接到广域网以获取 Intenret 的海量信息。RTE 规划到 STUB 区域，在路由器 RTE 连接两台计算机，就像现实网络中的家庭或个人用户一样。RTF 规划到 NSSA 区域，在 RTF 上连接一个小型局域网。可以把 RTF 上连接的小型局域网看作是第 4 章构建的企业局域网的“分公司局域网”。形成“一个总部——一个分公司”通过 Internet 互联起来的网络。

在路由器 RTE 上连接的两台计算机使用公网 IP 地址，这里分配 61.153.60.0/24 和 61.153.70.0/24网段，如图 6-12 所示。

在路由器 RTF 上连接的分公司局域网如图 6-13 所示。分公司局域网使用一台路由器 RTG 作为出口路由器(当然也可以使用防火墙作为出口)。在分公司局域网内部使用一台二层交换机作为扩展端口的设备使用,使用这样一个小型局域网可以连接 23 个或更多的用户(更多用户就再增加交换机或集线器)。值得说明的是,eNSP 软件中并没有提供二层交换机,可以把现有的 S3700 或 S5700 交换机当作二层交换机来使用。二层交换机可以划分多个 VLAN,但只能设置一个 IP 地址(常作为管理 IP 地址)。分公司出口路由器 RTG 连接到广域网的网段使用公网 IP 地址,延续模拟广域网的 IP 地址分配,取 61.153.40/30 网段。分公司局域网内部使用私网 IP 地址,这里使用了 172.16.1.0/24、172.16.2.0/24、172.16.3.0/24 网段。

图 6-12　路由器 RTE 连接的两台计算机可看作家庭或个人用户

图 6-13　路由器 RTF 连接的分公司局域网

综合上面路由器 RTE 和 RTF 所连接的客户网络后,模拟广域网的网络结构如图 6-14 所示。

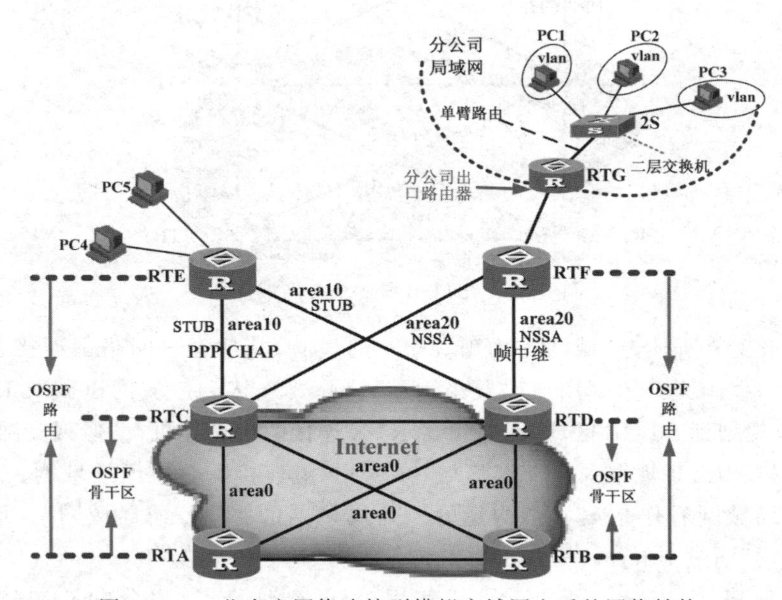

图 6-14　一些客户网络连接到模拟广域网之后的网络结构

6.3.2 STUB 区域路由讨论

STUB 区域是一种特殊的 OSPF 区域。“stub”这个单词在英语中的含义是“残根、残株、残端、残余部分”，因而顾名思义，STUB 区域通常用在 OSPF 域的末端或末梢部分；或者说，在 OSPF 区域规划时，往往把 OSPF 域中处于边缘不再连接其他网络的部分规划成 STUB 区域。它只能携带区域内路由或 OSPF 区域间的路由，不允许 OSPF 域的外部 LSA 进入其内部通告。STUB 区域的路由器不能够通过路由引入的方式引入 OSPF 协议域之外的外部路由。如果一个路由器的所有接口都属于 STUB 区域，就称该路由器为 STUB 区域的内部路由器。该路由器不会含有不属于 OSPF 协议域的路由信息，此时路由器的 OSPF 数据库和路由表规模以及路由信息数量较一般路由器大大减少。由于 STUB 区域不能够引入非 OSPF 域的外部路由信息，所以 STUB 区域没有 ASBR(Autononous System Boundary Router，自治系统边界路由器)。有鉴于此，STUB 区域往往是用在 OSPF 协议域的末梢，或者说 OSPF 协议域的边缘部分。

为将原来的普通区域 10 规划为 STUB 区域，需要在 area10 的相关路由器上增加如下的配置：

```
[RTE-ospf-1-area 0.0.0.10]stub
[RTC-ospf-1-area 0.0.0.10]stub
[RTD-ospf-1-area 0.0.0.10]stub
```

配置完成后，查看 RTE 的路由表，如图 6-15 所示。

```
<RTE>dis ip routing-table
Route Flags: R - relay, D - download to fib
------------------------------------------------------------------------------
Routing Tables: Public
         Destinations : 18       Routes : 21
Destination/Mask    Proto   Pre  Cost      Flags NextHop         Interface
        0.0.0.0/0   OSPF    10   1563        D   61.153.50.25    Serial0/0/2
                    OSPF    10   1563        D   61.153.50.33    Serial0/0/3
        5.5.5.5/32  Direct  0    0           D   127.0.0.1       LoopBack0
   61.153.50.0/30   OSPF    10   3124        D   61.153.50.25    Serial0/0/2
   61.153.50.4/30   OSPF    10   3124        D   61.153.50.33    Serial0/0/3
   61.153.50.8/30   OSPF    10   3124        D   61.153.50.25    Serial0/0/2
  61.153.50.12/30   OSPF    10   3124        D   61.153.50.33    Serial0/0/3
  61.153.50.16/30   OSPF    10   3125        D   61.153.50.25    Serial0/0/2
                    OSPF    10   3125        D   61.153.50.33    Serial0/0/3
  61.153.50.20/30   OSPF    10   1563        D   61.153.50.25    Serial0/0/2
                    OSPF    10   1563        D   61.153.50.33    Serial0/0/3
  61.153.50.24/30   Direct  0    0           D   61.153.50.26    Serial0/0/2
  61.153.50.25/32   Direct  0    0           D   61.153.50.25    Serial0/0/2
  61.153.50.26/32   Direct  0    0           D   127.0.0.1       Serial0/0/2
  61.153.50.28/30   OSPF    10   3124        D   61.153.50.25    Serial0/0/2
  61.153.50.32/30   Direct  0    0           D   61.153.50.34    Serial0/0/3
  61.153.50.33/32   Direct  0    0           D   61.153.50.33    Serial0/0/3
  61.153.50.34/32   Direct  0    0           D   127.0.0.1       Serial0/0/3
  61.153.50.36/30   OSPF    10   3124        D   61.153.50.33    Serial0/0/3
      127.0.0.0/8   Direct  0    0           D   127.0.0.1       InLoopBack0
      127.0.0.1/32  Direct  0    0           D   127.0.0.1       InLoopBack0
<RTE>
```

图 6-15　SUTB 区域路由器 RTE 的路由表——自动产生默认路由

对比 area10 未配置 STUB 类型之前的 RTE 的路由表(见图 6-9)，配置 STUB 之后 RTE 的路由表显然多了一条默认路由。默认路由的下一跳是 STUB 区域的 ABR 路由器 RTC 和 RTD，这条默认路由是 STUB 区域自动产生的。产生这条默认路由的作用是，STUB 区域不接收来自非 OSPF 域的外部路由，如果有发往外部网络的数据包，就匹配这条默认路由。从而减少 STUB 区域内部路由器的路由条目，又解决了和外部网络的通信问题。

从 PC4 和 PC5 ping 路由器 RTA、RTB、RTC、RTD 或 RTF，发现不能 ping 通。这些路由器

也不能 ping 通 PC4 和 PC5。查看 RTA、RTB、RTC、RTD 或 RTF 的路由表，都没有到达 RTE 新增连接的两个网段的路由信息。要解决 PC4、PC5 和广域网的互通问题，可以用下面两种方法之一：①在 OSPF 协议域中发布这两个网段；②在 RTE 路由器中引入直连路由。

下面先用第②种方法：在 RTE 路由器中引入直连路由。

```
[RTE]int g0/0/0
[RTE-G0/0/0]]ip add 61.153.60.1 24
[RTE-G0/0/0]int g0/0/1
[RTE-G0/0/1]ip add 61.153.70.2
[RTE]ospf
[RTE-ospf-1]import direct
```

进行路由引入操作后，查看 RTE 的路由表，没有变化。但其他路由器如 RTA、RTB、RTC 等也没有变化，路由表中没有出现 RTE 所引入的直连网段的路由，RTC 的路由表仍如图 6-16 所示，没有任何变化。显然在 STUB 域中，试图在路由器上进行路由引入操作，将外部路由引入 OSPF 协议域中，是无效的。这是因为 STUB 区域在 OSPF 协议中是被定义为 OSPF 域的末梢，或者说“到边界底部了”，它不能再扩展外接非 OSPF 域的外部网段，也不能通过引入直连路由的方式引入外部路由。因此在 RTE 上进行引入直连路由操作，对于 STUB 区域来说也是无效的。所以这里在 STUB 区域中路由器连接的两个计算机网段必须通过 OSPF 协议发布。也就是上面说的第①种方法。

下面在 RTE 的 OSPF 协议中发布这两个网段：

```
[RTE]ospf
[RTE-ospf-1]area 10
[RTE-ospf-1-area 0.0.0.10]network 61.153.60.0 0.0.0.255
[RTE-ospf-1-area 0.0.0.10]network 61.153.70.0 0.0.0.255
```

配置完成后，RTE 的路由表与前面路由引入相比并没有变化，如图 6-16 所示。

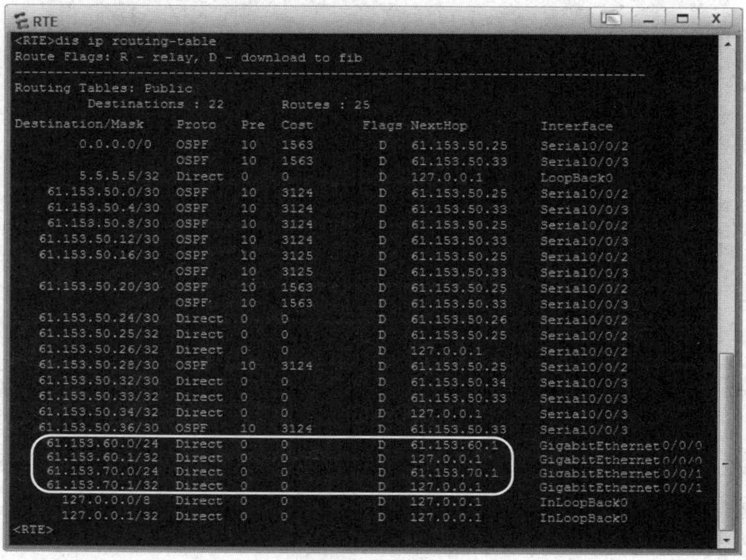

```
RTE
<RTE>dis ip routing-table
Route Flags: R - relay, D - download to fib
------------------------------------------------------------------------------
Routing Tables: Public
         Destinations : 22       Routes : 25

Destination/Mask    Proto   Pre  Cost      Flags NextHop         Interface

        0.0.0.0/0   OSPF    10   1563        D   61.153.50.25    Serial0/0/2
                    OSPF    10   1563        D   61.153.50.33    Serial0/0/3
      5.5.5.5/32    Direct  0    0           D   127.0.0.1       LoopBack0
   61.153.50.0/30   OSPF    10   3124        D   61.153.50.25    Serial0/0/2
   61.153.50.4/30   OSPF    10   3124        D   61.153.50.33    Serial0/0/3
   61.158.50.8/30   OSPF    10   3124        D   61.153.50.25    Serial0/0/2
  61.153.50.12/30   OSPF    10   3124        D   61.153.50.33    Serial0/0/3
  61.153.50.16/30   OSPF    10   3125        D   61.153.50.25    Serial0/0/2
                    OSPF    10   3125        D   61.153.50.33    Serial0/0/3
  61.153.50.20/30   OSPF    10   1563        D   61.153.50.25    Serial0/0/2
                    OSPF    10   1563        D   61.153.50.33    Serial0/0/3
  61.153.50.24/30   Direct  0    0           D   61.153.50.26    Serial0/0/2
  61.153.50.25/32   Direct  0    0           D   61.153.50.25    Serial0/0/2
  61.153.50.26/32   Direct  0    0           D   127.0.0.1       Serial0/0/2
  61.153.50.28/30   OSPF    10   3124        D   61.153.50.25    Serial0/0/2
  61.153.50.32/30   Direct  0    0           D   61.153.50.34    Serial0/0/3
  61.153.50.33/32   Direct  0    0           D   61.153.50.33    Serial0/0/3
  61.153.50.34/32   Direct  0    0           D   127.0.0.1       Serial0/0/3
  61.153.50.36/30   OSPF    10   3124        D   61.153.50.33    Serial0/0/3
   61.153.60.0/24   Direct  0    0           D   61.153.60.1     GigabitEthernet0/0/0
   61.153.60.1/32   Direct  0    0           D   127.0.0.1       GigabitEthernet0/0/0
   61.153.70.0/24   Direct  0    0           D   61.153.70.1     GigabitEthernet0/0/1
   61.153.70.1/32   Direct  0    0           D   127.0.0.1       GigabitEthernet0/0/1
      127.0.0.0/8   Direct  0    0           D   127.0.0.1       InLoopBack0
     127.0.0.1/32   Direct  0    0           D   127.0.0.1       InLoopBack0
<RTE>
```

图 6-16　SUTB 区域路由器 RTE 的路由表

再次测试 PC4、PC5 和广域网的互通情况，发现可以互通。查看 RTA、RTB、RTC、RTD 等路由器，发现它们的路由表中出现了到达这两个目的网段的路由(路由表略)。

STUB 区域配置视频

由此可见，在 STUB 区域的路由器中进行路由引入是无效的，必须将 STUB 区域路由器上新增加连接的网络重新发布在 OSPF 区域中。如果先期的网络规划把 OSPF 域的某个位置规划成了 STUB 区域，然后后期又因网络扩展要在 STUB 区域上增加连接一些外部网段，此时这些扩展网段需要发布在 STUB 域，否则这些网段就会被隔离。但是一旦发布又会对整个 OSPF 域路由产生影响。这就是 STUB 区域位于网络末节的含义，一个 OSPF 区域规划为 STUB 区域之后，它不能再连接新的网络了，所以 STUB 区域的扩展性不好。因而出现了针对 STUB 区域扩展性不好的改进型区域——NSSA 区域。

Nssa 配置工程文件下载

综上所述，可以总结 STUB 区域的特性。STUB 区域可以学习 OSPF 协议区域之间的路由，但不学习非 OSPF 域的外部路由。STUB 区域中的 ABR 自动发布一条默认路由供区域内部路由器学习，STUB 区域的内部路由器会自动产生默认路由，下一跳指向 ABR。STUB 区域的内部路由器由于将所有到达外部网络的路由统统用一条静态默认路由替代，所以 STUB 区域内部路由器的路由表条目要比普通路由器少。

6.3.3　NSSA 区域路由讨论

NSSA 区域也是一种特殊的 OSPF 区域。NSSA 是“Not So Stubby Area”的缩写，意为它不是像 STUB 区域那样完全处于网络末端的区域。由这个名称就可以想到 NSSA 区域与 STUB 区域有联系，它其实是 STUB 区域的改进型。如第 6、3、2 节所述，由于 STUB 区域不学习 OSPF 域的外部路由，也不能通过路由引入的方式引入其他类型的路由，使得人们在实际连网中使用 OSPF 协议的 STUB 区域时觉得不方便，因为处于网络末端的区域随着网络扩展有可能要增加连接外部网络，而 STUB 区域限制了这种操作。

为了方便讨论 NSSA 区域的路由，通过 RTF 连接了一个分公司局域网，见图 6-14。RTG 作为分公司局域网的出口路由器，在分公司局域网内部，RTG 连接一个二层交换机，二层交换机无法配置超过两个以上的 VLAN 三层虚拟接口，但为了实现分公司局域网内部多用户的隔离，划分多个 VLAN，多个 VLAN 和外部网络的通信此时可以通过在 RTG 上配置单臂路由[①]解决。

其中路由器 RTF 与 RTG 连接的接口 g0/0/0 的 IP 地址网段未发布在 OSPF 协议域中，这个网段作为 OSPF 的外部域，属于非 OSPF 路由。后面将通过路由引入的方式将此网段引入 OSPF 域中，因此 RTF 成为 NSSA 区域的 ASBR 路由器。RTF 通过 g0/0/0 接口与路由器 RTG 相连接，RTG 作为分公司局域网的出口路由器。

以下实现分公司局域网的通信。

首先配置单臂路由。RTG 作为提供单臂路由的路由器，2S 作为提供多个 VLAN 的交换机。RTG 作为多个 VLAN 子网的网关。

---

① 随着三层交换机的广泛普及应用，单臂路由技术在现在组网中应用很少。

1. RTG 路由器的配置

RTG 连接一个二层交换机，使用单臂路由技术，实现有三个私网网段的外部网络。实现单臂路由的配置如下：

```
<Huawei>undo t m                                      /*关闭路由器不断弹出的自动提示*/
<Huawei>sys                                           /*进入系统视图*/
[Huawei]sysname RTG                                   /*给设备命名，以便区分设备*/
[RTG]int g0/0/0
[RTG-GigabitEthernet0/0/0]ip address 61.153.50.41 30  /*与路由器 RTF 互连*/
[RTG-GigabitEthernet0/0/0]int g0/0/1
[RTG-GigabitEthernet0/0/1]ip address 172.16.1.1 24
[RTG-GigabitEthernet0/0/1]int g0/0/1.1                /*为 g0/0/1 创建一个子接口*/
[RTG-GigabitEthernet 0/0/1.1]dot1q termination vid 20
/*vid 20 意为 vlan20，这条命令可理解为有两个意思：①这个子接口属于 vlan20，②vlan20 内的计算机终端把这个子接口作为网关*/
[RTG-GigabitEthernet 0/0/1.1]ip address 172.16.2.1 24 /*为子接口设置 IP 地址*/
[RTG-GigabitEthernet 0/0/1.1]int g0/0/1.2             /*为 g0/0/1 创建第二个子接口*/
[RTG-GigabitEthernet 0/0/1.2]dot1q termination vid 30 /*这个子接口属于 vlan30*/
[RTG-GigabitEthernet 0/0/1.2]ip address 172.16.3.1 24
[RTG-GigabitEthernet 0/0/1.2]quit
```

子接口是一种逻辑接口，而实际的物理接口称为主接口。理论上 RTG 的 G0/0/1 接口可以划分 4096 个子接口，当然实际组网中肯定用不了这么多子接口。

上面定义的 172.16.1.0/24、172.16.2.0/24 和 172.16.3.0/24 等网段打算作为分公司局域网三个 VLAN 子网网段，分配给用户计算机使用。在第 3.2 节中曾经将公司总部局域网用户地址规划为 172.16.11～13.0/24 等网段。由于私网地址在不同的局域网中不经申报就可以使用，所以分公司局域网用户也可以使用与公司总部局域网相同的 IP 网段。对网络互通没有影响。

相应地在二层交换机上划分两个 VLAN，分别为 vlan20、vlan30，实际上连同交换机默认出厂设置的 vlan1，交换机共有三个 VLAN。主接口配置的子网 172.16.1.0/24 属于二层交换机默认的 vlan1。将二层交换机的相应端口加进对应 VLAN。连接到 vlan20 的计算机隶属于子网 172.16.2.0/24，连接到 vlan30 的计算机隶属于子网 172.16.3.0/24。

2. 二层交换机的配置

eNSP 软件本身没有二层交换机，这里使用 S3700 型号的交换机模拟二层交换机。二层交换机可以划分多个 VLAN，但只能配置一个三层接口及 IP 地址，其他功能也比较少。交换机的接口默认情况下都属于 vlan1，这里要三个 VLAN，所以另外再创建两个 VLAN。注意到这个交换机上没有设置任何 IP 地址。

```
<Huawei>undo t m                            /*关闭路由器不断弹出的自动提示*/
<Huawei>sys                                 /*进入系统视图*/
[Huawei]sysname 2S                          /*给设备命名，以便区分设备*/
[2S]int e0/0/1                              /*此接口连接计算机，不配置属于某个 VLAN，默认属于 vlan1*/
[2S-E0/0/1]port link-type access            /*连接计算机的接口类型须为 access*/
```

```
[2S-E0/0/1]int e0/0/2
[2S-E0/0/2]port link-type access
[2S-E0/0/2]vlan 20                /* 这个接口设置在 vlan20 中，与单臂路由器中的设置对应 */
[2S-Vlan20]port e0/0/2                                     /* 将接口添加到 vlan20 */
[2S-Vlan20]int e0/0/3
[2S-E0/0/3]port link-type access               /* 连接计算机的接口类型须为 access */
[2S-E0/0/3]vlan 30                /* 这个接口设置在 vlan30 中，与单臂路由器中的设置对应 */
[2S-Vlan30]port e0/0/3                                     /* 将接口添加到 vlan30 */
[2S-Vlan30]int g0/0/1                                     /* 连接路由器 RTG 的接口 */
[2S-G0/0/1]port link-type trunk
[2S-G0/0/1]port trunk allow-pass vlan 20 30                /* 默认还允许通过 vlan1 */
[2S-G0/0/1]quit
```

将二层交换机与路由器 RTG 连接的接口类型设置为 trunk，并允许 vlan1、vlan20、vlan30 通过，则 e0/0/1、e0/0/2、e0/0/3 连接的计算机发送的数据将通过这一条 trunk 链路发送到路由器 RTG，RTG 实际上也是这三个网段的网关。

配置完后测试分公司网络内部互通。计算机 PC1、PC2、PC3 的 IP 地址分别按表 6-2 设置，设置完成后各计算机 ping 自己的网关，测试单臂路由的互通情况。

表 6-2　设置计算机的 IP 地址

计算机名称	IP 地址	子网掩码	网关
PC1	172.16.1.2～254	255.255.255.0	172.16.1.1
PC2	172.16.2.2～254	255.255.255.0	172.16.2.1
PC3	172.16.3.2～254	255.255.255.0	172.16.3.1

实际测试发现，只有属于 vlan1 的 e0/0/1 接口连接的计算机 PC1 可以 ping 网关，属于 vlan20 的 e0/0/2 接口连接的计算机 PC2、属于 vlan30 的 e0/0/3 接口连接的计算机 PC3 不能 ping 网关，三台计算机也不能互相 ping 通。

要解决上述故障，需要在配置了子接口的路由器 RTG 中的各个子接口下增加命令“arp broadcast enable”，这个命令的作用是使能子接口的 ARP(Address Resolution Protocol，地址解析协议)广播功能。

```
[RTG]int g0/0/1.1
[RTG-G0/0/1.1]arp broadcast enable
[RTG-G0/0/1.1] int g0/0/1.2
[RTG-G0/0/1.2] arp broadcast enable
```

完成上述配置后，公司分部局域网内各计算机可以互相 ping 通。

继续测试计算机 PC1、PC2、PC3 和 Internet 网的互通情况，发现它们都不能访问广域网。这主要是公司分部内部网络没有到达外网的路由，但是由于这是一个公司分部的私有网络，私有网络不能直接配置到达外网的路由。此时可以通过在出口路由器上配置 NAT 实现公司内部网络和广域网的通信。以下是在路由器 RTG 上配置 NAT。

```
[RTG]acl number 2000
```

```
[RTG-acl-basic-2000]rule 5 permit source 172.16.0.0 0.0.255.255
[RTG-acl-basic-2000]int g0/0/0
[RTG-GigabitEthernet0/0/0]nat outbound 2000
```

配置完成后测试 PC3 与 PC2 的互通、测试 PC3 与外网路由器 RTF 的接口 61.153.50.42 互通情况，结果如图 6-17 所示。

图 6-17　PC1 和内网计算机及外网路由器互通

但是如果从 PC3(或 PC2、PC1)去 ping 路由器 RTF 另一个接口的地址 61.153.50.38，发现结果 ping 不通，如图 6-18 所示。PC3 ping 同一个路由器 RTF 出现两种不同的结果。

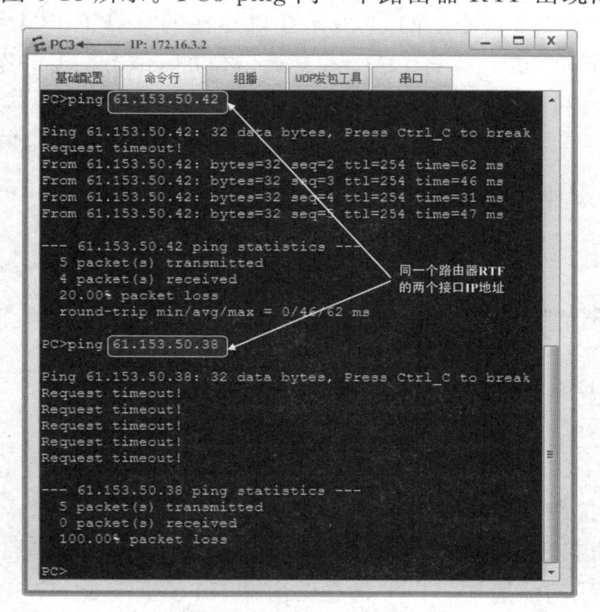

图 6-18　PC3 ping RTF 出现两种不同的结果

PC3 去 ping 计算机 PC4 的地址 61.153.60.2 或路由器 RTA 的接口地址，也会发现无法 ping 通。怎么解决这个问题呢？可以从“去”和“回”两个方向来思考这个问题。

首先从“去”的方向思考。PC3 ping 广域网的数据包到达其网关也就是 RTG 路由器后，RTG 路由器上有没有到达外部网段的路由呢？图 6-19 是 RTG 的路由表，它除了直连路由外，没有到达任何其他网段的路由。因此当有 PC3 ping 外部网络的数据包时到达 RTG 时，它不知道如何发送，它的做法是丢弃。

```
RTG
[RTG]dis ip routing-table
Route Flags: R - relay, D - download to fib
------------------------------------------------------------------------------
Routing Tables: Public
         Destinations : 16       Routes : 16
Destination/Mask    Proto   Pre  Cost      Flags NextHop         Interface
    61.153.50.40/30  Direct  0    0           D   61.153.50.41    GigabitEthernet0/0/0
    61.153.50.41/32  Direct  0    0           D   127.0.0.1       GigabitEthernet0/0/0
    61.153.50.43/32  Direct  0    0           D   127.0.0.1       GigabitEthernet0/0/0
      127.0.0.0/8   Direct  0    0           D   127.0.0.1       InLoopBack0
      127.0.0.1/32  Direct  0    0           D   127.0.0.1       InLoopBack0
127.255.255.255/32  Direct  0    0           D   127.0.0.1       InLoopBack0
     172.16.1.0/24  Direct  0    0           D   172.16.1.1      GigabitEthernet0/0/1
     172.16.1.1/32  Direct  0    0           D   127.0.0.1       GigabitEthernet0/0/1
   172.16.1.255/32  Direct  0    0           D   127.0.0.1       GigabitEthernet0/0/1
     172.16.2.0/24  Direct  0    0           D   172.16.2.1      GigabitEthernet0/0/1.1
     172.16.2.1/32  Direct  0    0           D   127.0.0.1       GigabitEthernet0/0/1.1
   172.16.2.255/32  Direct  0    0           D   127.0.0.1       GigabitEthernet0/0/1.1
     172.16.3.0/24  Direct  0    0           D   172.16.3.1      GigabitEthernet0/0/1.2
     172.16.3.1/32  Direct  0    0           D   127.0.0.1       GigabitEthernet0/0/1.2
   172.16.3.255/32  Direct  0    0           D   127.0.0.1       GigabitEthernet0/0/1.2
255.255.255.255/32  Direct  0    0           D   127.0.0.1       InLoopBack0
[RTG]
```

图 6-19　RTG 的路由表

注：除了连接 RTF 的互连网段 61.153.50.40/30 没有访问广域网的路由，这解释了图 6-18 所示为何 PC3 能够 ping 通 RTG 的 61.153.50.42，但不能 ping 通 61.153.50.38。

因此要让 PC3 能够 ping 通外部网络，需要让 RTG 能够知道如何传送这些数据包。一种简单的方法是在 RTG 中配置一条默认路由，下一跳指向 RTF。

[RTG]**ip route-static** *0.0.0.0 0.0.0.0 61.153.50.42*

但即使配置了这条路由，RTG 的路由表中出现了默认路由，实际 ping 发现，PC3 仍然无法 ping 通外部网络。实际上配置了上述默认路由只是解决了 PC3 ping 外部网络的数据包“去”的问题，没有解决数据包“回”的问题。

再从“回”的方向思考。假如 PC3 ping RTA，当 ping 的数据包到达 RTA 后，RTA 有没有能力返回这些数据包呢？这就要看 RTA 的路由表中有没有到达 RTG 的路由。回到图 6-16查看 RTA 的路由表，可以发现 RTA 上并没有到达 RTG 的路由，这说明 ping 数据包是“有去无回”的。那么怎么让 RTA 上产生到达 RTG 的路由呢？由于 RTA 上配置了 OSPF 路由协议，而 RTG 没有配置 OSFP 路由协议，RTG 属于非 OSPF 域的外部路由器。

下面分析 RTF 的路由表。RTF 的路由表如图 6-20 所示。RTF 的路由表中第一行出现一条默认路由。这是 NSSA 区域的 ASBR 路由器自动产生的，下一跳指向 NSSA 域的 ABR 路由器 RTC 和 RTD。

RTF 上显示了与 RTG 直连的网段 61.153.50.40/30 的路由，这个网段本身是直连网段，因此作为直连路由(direct)出现在 RTF 的路由表中。

```
RTF
[RTF]dis ip routing-table
Route Flags: R - relay, D - download to fib
------------------------------------------------------------------------------
Routing Tables: Public
         Destinations : 22        Routes : 27

Destination/Mask    Proto   Pre  Cost      Flags NextHop         Interface

        0.0.0.0/0   O_NSSA  150  1           D   61.153.50.29    Serial0/0/3
                    O_NSSA  150  1           D   61.153.50.37    Serial0/0/2
       6.6.6.6/32   Direct  0    0           D   127.0.0.1       LoopBack0
    61.153.50.0/30  OSPF    10   3124        D   61.153.50.29    Serial0/0/3
    61.153.50.4/30  OSPF    10   3124        D   61.153.50.37    Serial0/0/2
    61.153.50.8/30  OSPF    10   3124        D   61.153.50.29    Serial0/0/3
   61.153.50.12/30  OSPF    10   3124        D   61.153.50.37    Serial0/0/2
   61.153.50.16/30  OSPF    10   3125        D   61.153.50.29    Serial0/0/3
                    OSPF    10   3125        D   61.153.50.37    Serial0/0/2
   61.153.50.20/30  OSPF    10   1563        D   61.153.50.29    Serial0/0/3
                    OSPF    10   1563        D   61.153.50.37    Serial0/0/2
   61.153.50.24/30  OSPF    10   3124        D   61.153.50.29    Serial0/0/3
   61.153.50.28/30  Direct  0    0           D   61.153.50.30    Serial0/0/3
   61.153.50.29/32  Direct  0    0           D   61.153.50.29    Serial0/0/3
   61.153.50.30/32  Direct  0    0           D   127.0.0.1       Serial0/0/3
   61.153.50.32/30  OSPF    10   3124        D   61.153.50.37    Serial0/0/2
   61.153.50.36/30  Direct  0    0           D   61.153.50.38    Serial0/0/2
   61.153.50.37/32  Direct  0    0           D   61.153.50.37    Serial0/0/2
   61.153.50.38/32  Direct  0    0           D   127.0.0.1       Serial0/0/2
   61.153.50.40/30  Direct  0    0           D   61.153.50.42    GigabitEthernet0/0/0
   61.153.50.42/32  Direct  0    0           D   127.0.0.1       GigabitEthernet0/0/0
    61.153.60.0/24  OSPF    10   3125        D   61.153.50.29    Serial0/0/3
                    OSPF    10   3125        D   61.153.50.37    Serial0/0/2
    61.153.70.0/24  OSPF    10   3125        D   61.153.50.37    Serial0/0/2
                    OSPF    10   3125        D   61.153.50.29    Serial0/0/3
      127.0.0.0/8   Direct  0    0           D   127.0.0.1       InLoopBack0
      127.0.0.1/32  Direct  0    0           D   127.0.0.1       InLoopBack0
[RTF]
```

图 6-20　RTF 的路由表

但是在广域网的其他路由器如 RTA、RTB、RTC 等却查找不到这个网段的路由，即没有到达 RTG 的路由。如图 6-21 所示，RTA 的路由表上没有 61.153.50.40/30 网段。这意味着什么呢？这将导致分公司局域网与广域网是不互通的。

```
RTA
<RTA>dis ip routing-table
Route Flags: R - relay, D - download to fib
------------------------------------------------------------------------------
Routing Tables: Public
         Destinations : 20        Routes : 23

Destination/Mask    Proto   Pre  Cost      Flags NextHop         Interface

      1.1.1.1/32    Direct  0    0           D   127.0.0.1       LoopBack0
    61.153.50.0/30  Direct  0    0           D   61.153.50.1     Serial0/0/0
    61.153.50.1/32  Direct  0    0           D   127.0.0.1       Serial0/0/0
    61.153.50.2/32  Direct  0    0           D   61.153.50.2     Serial0/0/0
    61.153.50.4/30  Direct  0    0           D   61.153.50.5     Serial0/0/1
    61.153.50.5/32  Direct  0    0           D   127.0.0.1       Serial0/0/1
    61.153.50.6/32  Direct  0    0           D   61.153.50.6     Serial0/0/1
    61.153.50.8/30  OSPF    10   1563        D   61.153.50.18    GigabitEthernet0/0/2
   61.153.50.12/30  OSPF    10   1563        D   61.153.50.18    GigabitEthernet0/0/2
   61.153.50.16/30  Direct  0    0           D   61.153.50.17    GigabitEthernet0/0/2
   61.153.50.17/32  Direct  0    0           D   127.0.0.1       GigabitEthernet0/0/2
   61.153.50.20/30  OSPF    10   1563        D   61.153.50.2     Serial0/0/0
                    OSPF    10   1563        D   61.153.50.6     Serial0/0/1
   61.153.50.24/30  OSPF    10   3124        D   61.153.50.2     Serial0/0/0
   61.153.50.28/30  OSPF    10   3124        D   61.153.50.2     Serial0/0/0
   61.153.50.32/30  OSPF    10   3124        D   61.153.50.6     Serial0/0/1
   61.153.50.36/30  OSPF    10   3124        D   61.153.50.6     Serial0/0/1
    61.153.60.0/24  OSPF    10   3125        D   61.153.50.2     Serial0/0/0
                    OSPF    10   3125        D   61.153.50.6     Serial0/0/1
    61.153.70.0/24  OSPF    10   3125        D   61.153.50.2     Serial0/0/0
                    OSPF    10   3125        D   61.153.50.6     Serial0/0/1
      127.0.0.0/8   Direct  0    0           D   127.0.0.1       InLoopBack0
      127.0.0.1/32  Direct  0    0           D   127.0.0.1       InLoopBack0
<RTA>
```

图 6-21　RTA 的路由表没有到达 RTG 的网段 60.153.50.40/30 的路由

这是什么原因呢？这是因为在做网络规划时，把 RTG 连接的分公司局域网作为非 OSPF 域，而 RTF 规划为 OSPF 域的 ASBR 路由器，计划通过 ASBR 路由器把非 OSPF 域的外部路由引入到 OSPF 域中。因此在 RTF 的 OSPF 中,并没有把接口 g0/0/0 的 IP 地址通告在 OSPF 的 area20 中,而是通过在 RTF 中进行路由引入的方式引入外部路由。

RTF 和 RTG 的直连网段,没有在 RTF 的 area20 中发布,只需使用路由引入技术引入直连路由即可。在 OSPF 协议中引入外部路由可以使用下面的命令:

[RTF]**ospf**

[RTF-ospf-1]**import** *direct*　　　　/*在 OSPF 路由中引入直连路由*/

与前面 RTF 的路由表相比,配置上述命令后 RTF 的路由表没有变化,但是其他路由器的路由表出现了变化。这是因为 RTF 引入了未在 OSPF 协议中发布的直连网段后,RTF 将把这条路由通过 OSPF 协议向 OSPF 域的其他路由器扩散,从而使 OSPF 域中的其他路由器也可以学到这个外部路由。这个引入过来的外部路由会被特殊标记路由模式(Proto)为O_NSSA,表明这是由 NSSA 区域的 ASBR 引入的外部路由。如图 6-22 所示 RTA 的路由表中,增加了到达 RTG 路由器的 61.153.50.40/30 网段的路由信息,优先级(Pre)值为 150,要比 OSPF 区域内部路由的优先级 10 大。OSPF 会优先选择(更信任)OSPF 域内部路由,再选择非 OSPF 域的外部路由。

实际上,在 RTF 引入外部直连路由后,这个未在 RTF 的 OSPF 协议中发布的直连网段 61.153.50.16/30 将会作为 O_NSSA 类型的路由经由 RTF 这个 ASBR 路由器发布到 OSPF 域中,供域中的其他路由器学习到这条路由,这样 RTA、RTC、RTD 等路由器的路由表中都将出现这条路由。

但是如果分析 RTE 的路由表,可以发现 RTE 的路由表没有发生变化。路由表中没有指向到达 RTG 的路由信息。这是因为 RTE 是 STUB 区域的内部路由器,STUB 区域中的路由器 RTE 将不会学习到非 OSPF 域的外部路由,RTE 到达外部的所有网段路由都被包括在 STUB 区域中自动产生的默认路由中。

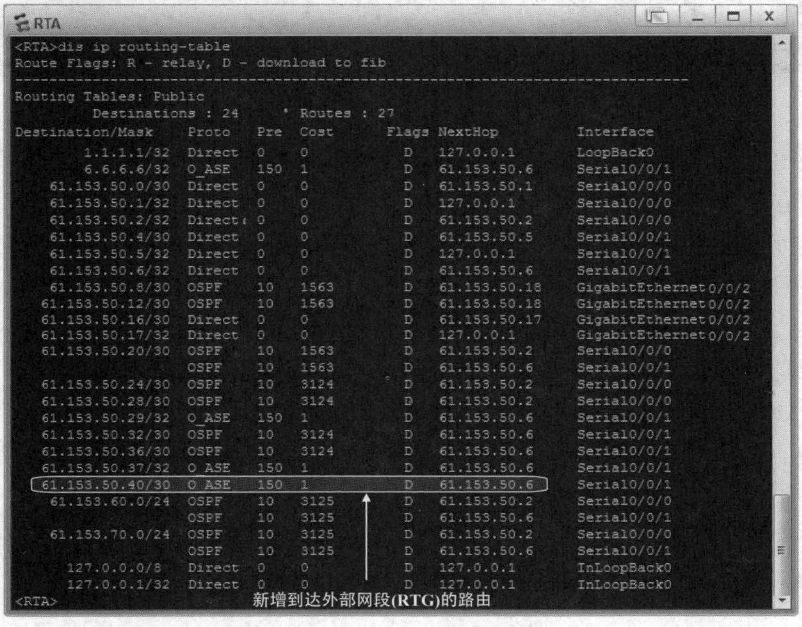

```
RTA
<RTA>dis ip routing-table
Route Flags: R - relay, D - download to fib
------------------------------------------------------------------------------
Routing Tables: Public
         Destinations : 24       Routes : 27
Destination/Mask    Proto   Pre  Cost      Flags NextHop         Interface
        1.1.1.1/32  Direct  0    0           D   127.0.0.1       LoopBack0
        6.6.6.6/32  O_ASE   150  1           D   61.153.50.6     Serial0/0/1
    61.153.50.0/30  Direct  0    0           D   61.153.50.1     Serial0/0/0
    61.153.50.1/32  Direct  0    0           D   127.0.0.1       Serial0/0/0
    61.153.50.2/32  Direct  0    0           D   61.153.50.2     Serial0/0/0
    61.153.50.4/30  Direct  0    0           D   61.153.50.5     Serial0/0/1
    61.153.50.5/32  Direct  0    0           D   127.0.0.1       Serial0/0/1
    61.153.50.6/32  Direct  0    0           D   61.153.50.6     Serial0/0/1
    61.153.50.8/30  OSPF    10   1563        D   61.153.50.18    GigabitEthernet0/0/2
   61.153.50.12/30  OSPF    10   1563        D   61.153.50.18    GigabitEthernet0/0/2
   61.153.50.16/30  Direct  0    0           D   61.153.50.17    GigabitEthernet0/0/2
   61.153.50.17/32  Direct  0    0           D   127.0.0.1       GigabitEthernet0/0/2
   61.153.50.20/30  OSPF    10   1563        D   61.153.50.2     Serial0/0/0
                    OSPF    10   1563        D   61.153.50.6     Serial0/0/1
   61.153.50.24/30  OSPF    10   3124        D   61.153.50.2     Serial0/0/0
   61.153.50.28/30  OSPF    10   3124        D   61.153.50.2     Serial0/0/0
   61.153.50.29/32  O_ASE   150  1           D   61.153.50.6     Serial0/0/1
   61.153.50.32/30  OSPF    10   3124        D   61.153.50.6     Serial0/0/1
   61.153.50.36/30  OSPF    10   3124        D   61.153.50.6     Serial0/0/1
   61.153.50.37/32  O_ASE   150  1           D   61.153.50.6     Serial0/0/1
   61.153.50.40/30  O_ASE   150  1           D   61.153.50.6     Serial0/0/1
    61.153.60.0/24  OSPF    10   3125        D   61.153.50.2     Serial0/0/0
                    OSPF    10   3125        D   61.153.50.6     Serial0/0/1
    61.153.70.0/24  OSPF    10   3125        D   61.153.50.2     Serial0/0/0
                    OSPF    10   3125        D   61.153.50.6     Serial0/0/1
      127.0.0.0/8   Direct  0    0           D   127.0.0.1       InLoopBack0
      127.0.0.1/32  Direct  0    0           D   127.0.0.1       InLoopBack0
<RTA>
```

新增到达外部网段(RTG)的路由

图 6-22　NSSA 区域的 ASBR 路由器 RTD 路由引入后 RTA 的路由表中出现到达 RTG 的路由

以上是使用NSSA区域中的ASBR路由器引入直连路由的方法实现非OSPF域的外部路由与广域网的互相通信。那么如果不使用路由引入，而是在路由器RTF的OSPF协议中发布这个互连网段，会发生什么情况呢？我们可以讨论一下。

[RTF]**ospf**

[RTF-ospf-1]**undo import direct** /*先删除前面配置的路由引入*/

[RTF-ospf-1]**area** *20*

[RTF-ospf-1-area 0.0.0.20]**network** *61.153.50.40 0.0.0.3*

完成上述配置后，查看RTA、RTB、RTC等路由器的路由表，可以看到存在到达RTG网段的路由。图6-23显示的是路由器RTA的路由表。

```
RTA
<RTA>dis ip routing-table
Route Flags: R - relay, D - download to fib
------------------------------------------------------------------------------
Routing Tables: Public
         Destinations : 21       Routes : 25

Destination/Mask    Proto  Pre  Cost      Flags NextHop         Interface
        1.1.1.1/32  Direct 0    0           D   127.0.0.1       LoopBack0
    61.153.50.0/30  Direct 0    0           D   61.153.50.1     Serial0/0/0
    61.153.50.1/32  Direct 0    0           D   127.0.0.1       Serial0/0/0
    61.153.50.2/32  Direct 0    0           D   61.153.50.2     Serial0/0/0
    61.153.50.4/30  Direct 0    0           D   61.153.50.5     Serial0/0/1
    61.153.50.5/32  Direct 0    0           D   127.0.0.1       Serial0/0/1
    61.153.50.6/32  Direct 0    0           D   61.153.50.6     Serial0/0/1
    61.153.50.8/30  OSPF   10   1563        D   61.153.50.18    GigabitEthernet0/0/2
   61.153.50.12/30  OSPF   10   1563        D   61.153.50.18    GigabitEthernet0/0/2
   61.153.50.16/30  Direct 0    0           D   61.153.50.17    GigabitEthernet0/0/2
   61.153.50.17/32  Direct 0    0           D   127.0.0.1       GigabitEthernet0/0/2
   61.153.50.20/30  OSPF   10   1563        D   61.153.50.2     Serial0/0/0
                    OSPF   10   1563        D   61.153.50.6     Serial0/0/1
   61.153.50.24/30  OSPF   10   3124        D   61.153.50.2     Serial0/0/0
   61.153.50.28/30  OSPF   10   3124        D   61.153.50.2     Serial0/0/0
   61.153.50.32/30  OSPF   10   3124        D   61.153.50.6     Serial0/0/1
   61.153.50.36/30  OSPF   10   3124        D   61.153.50.6     Serial0/0/1
   61.153.50.40/30  OSPF   10   3125        D   61.153.50.2     Serial0/0/0
                    OSPF   10   3125        D   61.153.50.6     Serial0/0/1
    61.153.60.0/24  OSPF   10   3125        D   61.153.50.2     Serial0/0/0
                    OSPF   10   3125        D   61.153.50.6     Serial0/0/1
    61.153.70.0/24  OSPF   10   3125        D   61.153.50.2     Serial0/0/0
                    OSPF   10   3125        D   61.153.50.6     Serial0/0/1
      127.0.0.0/8   Direct 0    0           D   127.0.0.1       InLoopBack0
      127.0.0.1/32  Direct 0    0           D   127.0.0.1       InLoopBack0
<RTA>
```

增加到达RTG的路由

图6-23 RTA的路由表

如果与图6-22所示的RTA的路由表对比，可以发现两种不同的实现方法得到的两个路由表略有不同，路由表中61.153.50.40/30网段路由的“Proto”（协议类型）不同。当在RTF中使用路由引入时，协议类型为“O_ASE”（见图6-22）；当在OSPF协议中直接发布网段时，协议类型为“OSPF”（见图6-23）。同时通过路由引入技术实现时，路由表的路表条目要多，出现了6.6.6.6/32、61.153.50.29/32、61.153.50.37/32等三个网段的路由条目，且它们的协议类型为O_ASE。仔细分析这三个网段，发现这三个网段正是RTF上配置的接口IP地址，因为配置路由引入时是引入直连路由，所以路由器所有接口上配置的IP网段作为直连路由被引入到了OSPF协议域中，并在整个OSPF协议域的路由器中传播。

再对比两种实现方法下，对STUB区域中路由器RTE的影响。图6-24所示是NSSA区域的ASBR路由器RTF配置路由引入时RTE的路由表。

RTE

ASBR路由器RTF配置引入直连路由
引入规划为外部网络的互连网段

```
<RTE>dis ip routing-table
Route Flags: R - relay, D - download to fib
------------------------------------------------------------------------------
Routing Tables: Public
         Destinations : 22       Routes : 25

Destination/Mask    Proto   Pre  Cost      Flags NextHop         Interface

        0.0.0.0/0   OSPF    10   1563        D   61.153.50.25    Serial0/0/2
                    OSPF    10   1563        D   61.153.50.33    Serial0/0/3
      5.5.5.5/32    Direct  0    0           D   127.0.0.1       LoopBack0
   61.153.50.0/30   OSPF    10   3124        D   61.153.50.25    Serial0/0/2
   61.153.50.4/30   OSPF    10   3124        D   61.153.50.33    Serial0/0/3
   61.153.50.8/30   OSPF    10   3124        D   61.153.50.25    Serial0/0/2
  61.153.50.12/30   OSPF    10   3124        D   61.153.50.33    Serial0/0/3
  61.153.50.16/30   OSPF    10   3125        D   61.153.50.25    Serial0/0/2
                    OSPF    10   3125        D   61.153.50.33    Serial0/0/3
  61.153.50.20/30   OSPF    10   1563        D   61.153.50.25    Serial0/0/2
                    OSPF    10   1563        D   61.153.50.33    Serial0/0/3
  61.153.50.24/30   Direct  0    0           D   61.153.50.26    Serial0/0/2
  61.153.50.25/32   Direct  0    0           D   61.153.50.25    Serial0/0/2
  61.153.50.26/32   Direct  0    0           D   127.0.0.1       Serial0/0/2
  61.153.50.28/30   OSPF    10   3124        D   61.153.50.25    Serial0/0/2
  61.153.50.32/30   Direct  0    0           D   61.153.50.34    Serial0/0/3
  61.153.50.33/32   Direct  0    0           D   61.153.50.33    Serial0/0/3
  61.153.50.34/32   Direct  0    0           D   127.0.0.1       Serial0/0/3
  61.153.50.36/30   OSPF    10   3124        D   61.153.50.33    Serial0/0/3
   61.153.60.0/24   Direct  0    0           D   61.153.60.1     GigabitEthernet0/0/0
   61.153.60.1/32   Direct  0    0           D   127.0.0.1       GigabitEthernet0/0/0
   61.153.70.0/24   Direct  0    0           D   61.153.70.1     GigabitEthernet0/0/1
   61.153.70.1/32   Direct  0    0           D   127.0.0.1       GigabitEthernet0/0/1
     127.0.0.0/8    Direct  0    0           D   127.0.0.1       InLoopBack0
     127.0.0.1/32   Direct  0    0           D   127.0.0.1       InLoopBack0
<RTE>
```

图 6-24　RTF 路由器配置路由引入时 RTE 的路由表

图 6-25 所示是 NSSA 区域的 ASBR 路由器 RTF 在 OSPF 协议中发布互连的外部网段时 RTE 的路由表。

RTE

ASBR路由器RTF直接发布本
来规划为外部网络的互连网段

```
<RTE>dis ip routing-table
Route Flags: R - relay, D - download to fib
------------------------------------------------------------------------------
Routing Tables: Public
         Destinations : 23       Routes : 27

Destination/Mask    Proto   Pre  Cost      Flags NextHop         Interface

        0.0.0.0/0   OSPF    10   1563        D   61.153.50.25    Serial0/0/2
                    OSPF    10   1563        D   61.153.50.33    Serial0/0/3
      5.5.5.5/32    Direct  0    0           D   127.0.0.1       LoopBack0
   61.153.50.0/30   OSPF    10   3124        D   61.153.50.25    Serial0/0/2
   61.153.50.4/30   OSPF    10   3124        D   61.153.50.33    Serial0/0/3
   61.153.50.8/30   OSPF    10   3124        D   61.153.50.25    Serial0/0/2
  61.153.50.12/30   OSPF    10   3124        D   61.153.50.33    Serial0/0/3
  61.153.50.16/30   OSPF    10   3125        D   61.153.50.25    Serial0/0/2
                    OSPF    10   3125        D   61.153.50.33    Serial0/0/3
  61.153.50.20/30   OSPF    10   1563        D   61.153.50.25    Serial0/0/2
                    OSPF    10   1563        D   61.153.50.33    Serial0/0/3
  61.153.50.24/30   Direct  0    0           D   61.153.50.26    Serial0/0/2
  61.153.50.25/32   Direct  0    0           D   61.153.50.25    Serial0/0/2
  61.153.50.26/32   Direct  0    0           D   127.0.0.1       Serial0/0/2
  61.153.50.28/30   OSPF    10   3124        D   61.153.50.25    Serial0/0/2
  61.153.50.32/30   Direct  0    0           D   61.153.50.34    Serial0/0/3
  61.153.50.33/32   Direct  0    0           D   61.153.50.33    Serial0/0/3
  61.153.50.34/32   Direct  0    0           D   127.0.0.1       Serial0/0/3
  61.153.50.36/30   OSPF    10   3124        D   61.153.50.33    Serial0/0/3
  61.153.50.40/30   OSPF    10   3125        D   61.153.50.33    Serial0/0/3
                    OSPF    10   3125        D   61.153.50.25    Serial0/0/2
   61.153.60.0/24   Direct  0    0           D   61.153.60.1     GigabitEthernet0/0/0
   61.153.60.1/32   Direct  0    0           D   127.0.0.1       GigabitEthernet0/0/0
   61.153.70.0/24   Direct  0    0           D   61.153.70.1     GigabitEthernet0/0/1
   61.153.70.1/32   Direct  0    0           D   127.0.0.1       GigabitEthernet0/0/1
     127.0.0.0/8    Direct  0    0           D   127.0.0.1       InLoopBack0
     127.0.0.1/32   Direct  0    0           D   127.0.0.1       InLoopBack0
<RTE>
```

增加到达RTG的路由

图 6-25　RTF 路由器发布互连的外部网段时 RTE 的路由表

对比两种情形下 RTE 的路由表可以发现，在 ASBF 路由器 RTF 中使用路由引入技术，引入非 OSPF 协议域的外部网络时，这些外部路由被标记为“O_ASE”类型，会进入 OSPF

协议普通类型域的路由器，但不会进入 STUB 域的路由器 RTE。如果 ASBR 路由器 RTF 使用直接在 OSPF 协议域中发布非 OSPF 域的外部网段，则该网段作为 OSPF 协议类型的路由会进入到 STUB 域的路由器 RTE。这是 STUB 域的特性决定的，非 OSPF 域的外部路由不能传播到 STUB 域，STUB 域路由器通过默认路由与非 OSPF 域的外部路由互通。从 PC3 上 ping PC4 能够 ping 通就说明了 STUB 域路由器默认路由作起的作用。

华为 eNSP 软件中的路由器当配置为 NSSA 区域后，即使在 NSSA 区域的 ABR 中不配置“default-route advertisement”命令，NSSA 区域中的路由器也可以产生默认路由。如图 10-27 所示的 RTD 路由器就是在未配置过上述命令的情形下自动产生了默认路由。在华为 eNSP 软件模拟器中，NSSA 区域的 ABR 路由器（这里为 RTC 和 RTD）没有配置发布缺省路由命令“default-route advertisement”时，NSSA 区域的 ASBR 路由器（这里为 RTF）也会产生默认路由。但在 H3C 路由器中，NSSA 区域的 ASBR 路由器不会自动产生默认路由，只有在 ABR 路由器上配置了这条命令，ASBR 路由器才会产生默认路由。这可能是不同厂商产品在 OSPF 路由协议具体实现上的不同。按照 OSPF 协议原理，STUB 区域的 ABR 路由器不管有没有使用发布缺省路由命令，都会强制区域内路由器产生一条缺省路由。而 NSSA 区域的缺省路由则不会强制产生，是否产生默认路由是由用户选择决定的，只有 NSSA 区域的 ABR 路由器配置了发布缺省路由命令，区域中的 ASBR 路由器才会产生缺省路由。强制产生缺省路由命令是“default-route advertisement”，它的作用是告诉 NSSA 区域的路由器，到达 OSPF 协议域以外的路由都通过本区域的 ABR 进行，下一跳指向区域的 ABR。

在 NSSA 区域的 ABR 路由器 Router 上配置发布缺省路由的命令是：

```
[Router]ospf
[Router-ospf-1] area area-id
[Router-ospf-1-area 0.0.0.id]nssa default-route-advertise
```

NSSA 区域配置视频

NSSA 区域配置工程文件

至此可以总结 NSSA 区域的特性。NSSA 区域可以学习 OSPF 区域间的路由。NSSA 区域的 ABR 不会自动发布默认路由，必须在 ABR 上配置“default-route advertisement”命令，NSSA 区域的 ASBR 才会产生默认路由，下一跳指向 ABR，这一点与 STUB 区域不同。STUB 区域不能引入外部路由，而 NSSA 区域可以有 ASBR 路由器并引入外部路由。实际上 NSSA 区域是 STUB 区域的改进型。由于有默认路由代替所有到达外部路由，所以 NSSA 区域内部路由器的路由表条目也比较少。NSSA 区域如果连接了非 OSPF 协议路由，必须通过路由引入的方式在 OSPF 协议中引入 ASBR 连接的外部路由。

6.4 广域网的互通测试

完成了 OSPF 协议配置及路由分析后，可以使用 ping 命令和 tracert 命令进行网络互通测试。端到端测试可以通过 RTE 和分公司局域网中的计算机终端进行，也可以在 OSPF 域中的不同路由器上进行互通测试。

图 6-26 是分公司局域网中的计算机 PC1 ping 和 tracert PC4 的结果。

PC1 IP: 172.16.1.1
基础配置
命令行
组播
UDP发包工具
串口
PC>ping 61.153.60.2
Ping 61.153.60.2: 32 data bytes, Press Ctrl_C to break
From 61.153.60.2: bytes=32 seq=1 ttl=124 time=124 ms
From 61.153.60.2: bytes=32 seq=2 ttl=124 time=109 ms
From 61.153.60.2: bytes=32 seq=3 ttl=124 time=110 ms
From 61.153.60.2: bytes=32 seq=4 ttl=124 time=141 ms
From 61.153.60.2: bytes=32 seq=5 ttl=124 time=109 ms
--- 61.153.60.2 ping statistics ---
5 packet(s) transmitted
5 packet(s) received
0.00% packet loss
round-trip min/avg/max = 109/118/141 ms
PC>tracert 61.153.60.2
traceroute to 61.153.60.2, 8 hops max
(ICMP), press Ctrl+C to stop
1 * * *
2 61.153.50.42 62 ms 62 ms 63 ms
RTF
3 61.153.50.37 62 ms 63 ms 62 ms
RTD
4 61.153.50.34 109 ms 94 ms 109 ms
RTE
5 61.153.60.2 78 ms 140 ms 110 ms
PC>

图 6-26　分公司局域网用户计算机 PC1 ping 和 tracert PC4

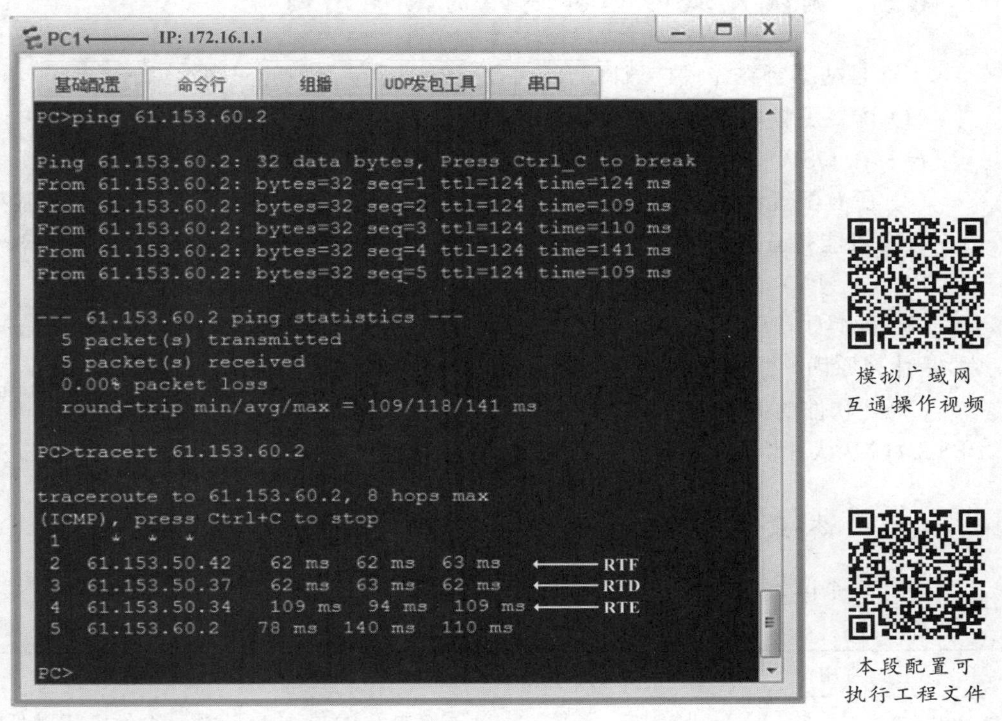

模拟广域网互通操作视频

本段配置可执行工程文件

分公司局域网中的计算机 PC1 可以 ping 通 PC4，但反过来 PC4 ping 不通 PC1，不过这是符合实际的。这是什么原因呢？请读者自己思考。

图 6-27 显示的是从 RTA ping 和 tracert 路由器 RTE 连接的计算机终端 PC5(IP 地址为61.153.70.2/24)，显示结果可以 ping 通。

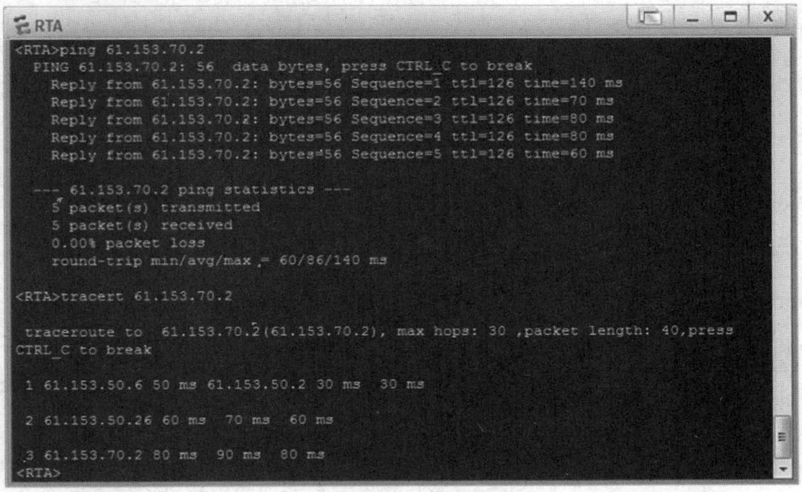

RTA
<RTA>ping 61.153.70.2
PING 61.153.70.2: 56 data bytes, press CTRL_C to break
Reply from 61.153.70.2: bytes=56 Sequence=1 ttl=126 time=140 ms
Reply from 61.153.70.2: bytes=56 Sequence=2 ttl=126 time=70 ms
Reply from 61.153.70.2: bytes=56 Sequence=3 ttl=126 time=80 ms
Reply from 61.153.70.2: bytes=56 Sequence=4 ttl=126 time=80 ms
Reply from 61.153.70.2: bytes=56 Sequence=5 ttl=126 time=60 ms
--- 61.153.70.2 ping statistics ---
5 packet(s) transmitted
5 packet(s) received
0.00% packet loss
round-trip min/avg/max = 60/86/140 ms
<RTA>tracert 61.153.70.2
traceroute to 61.153.70.2(61.153.70.2), max hops: 30 ,packet length: 40,press CTRL_C to break
1 61.153.50.6 50 ms 61.153.50.2 30 ms 30 ms
2 61.153.50.26 60 ms 70 ms 60 ms
3 61.153.70.2 80 ms 90 ms 80 ms
<RTA>

图 6-27　网络互通测试

上述 ping 命令的返回结果表明，OSPF 协议域的路由互通正常，符合预期。

6.5 调试广域网路由遇到的典型问题

下面是初学者在完成广域网的路由互通时最容易出现的问题汇编。

(1) 配置了帧中继协议的两个路由器的邻接关系没有建立起来是什么原因?

没有在 OSPF 协议使用 peer 命令。

(2) 所有配置都做了,但分公司局域网计算机还是 ping 不通公网是什么原因?

极有可能是分公司局域网的出口路由器使用的是名称为“Router”的路由器,这款路由器可以配置 NAT 命令,但无法实现 NAT 功能。要使用 AR 型路由器。

(3) 配置了 PPP CHAP 认证协议的网络部分出现互通故障,网络的其他部分互通正常,是什么原因?

eNSP 软件的 PPP CHAP 协议和 OSPF 协议同时配置时可能出现冲突,可以删除掉 PPP CHAP 认证协议,也就是两端接口不配置 PPP CHAP 协议。

6.6 本章基本配置命令

本章基本配置命令如表 6-3 所示。

表 6-3 路由器或交换机的 OSPF 协议配置命令

常用命令	视图	作用
router id *x.x.x.x*	系统	配置路由器 ID 值,路由 ID 是一个形如 IP 地址的数值
ospf	系统	启用 OSPF 路由协议,该命令后未接具体数字,则启用的是 OSPF 协议默认进程 1
area *area-id*	OSPF 协议	创建区域,区域 ID 为一个形如 IP 地址的数值
network *x.x.x.x 反掩码*	OSPF 区域	在 OSPF 区域中发布网段
ospf network-type [*broadcast* | *nbma* | *p2mp* | *p2p*]	接口	修改接口的 OSPF 协议类型
peer *ip-address*	接口	对于接口类型为 NBMA 的网络,需用此命令手工指定相邻路由器接口的 IP 地址,用于发现邻居
stub	OSPF 区域	声明某 OSPF 区域为 STUB 区域
nssa	OSPF 区域	声明某 OSPF 区域为 NSSA 区域
default-route advertisment	OSPF 区域	通告静态路由
display ospf peer	任意	显示 OSPF 协议建立的邻接关系
display ospf lsdb	任意	显示 OSPF 的链路状态数据库
display ospf lsdb ase	任意	仅显示 OSPF 的链路状态数据库中的外部 LSA 信息
display ospf lsdb ase *网段地址*	任意	仅显示 OSPF 的链路状态数据库中的某个外部具体网段的 LSA 信息
display ospf int all	任意	显示与 OSPF 协议有关的所有信息,如 DR/BDR 信息,邻居和邻接关系,接口的 OSPF 类型等
reset ospf *进程号* process	用户	重启指定的 OSPF 进程,如未指定具体进程,则重启的默认 OSPF 进程 1

6.7 实验与练习

1. 如题图1所示网络，RouterA和RouterB的串行接口的链路层使用帧中继协议；全网使用OSPF路由协议，只包含一个OSPF区域。要求：①帧中继网络采用默认的NBMA类型；②修改帧中继接口的OSPF网络类型为P2MP类型；③修改帧中继接口的OSPF网络类型为P2P类型。分别针对这三种情况完成配置实现网络互通。

1～4题配置工程文件下载

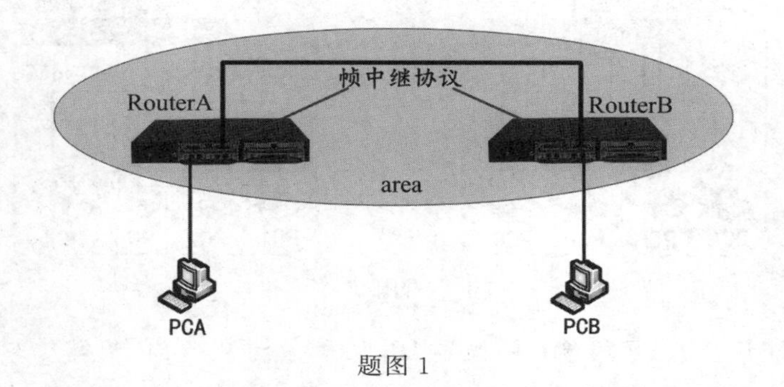

题图1

题1配置视频

2. 如题图2所示网络，路由器RouterA和RouterB的串行接口的链路层协议使用帧中继协议。全网使用OSPF路由协议，分为三个OSPF区域(即图中标记有“area”的区域为一个单独的OSPF区域)。请配置实现网络互通。

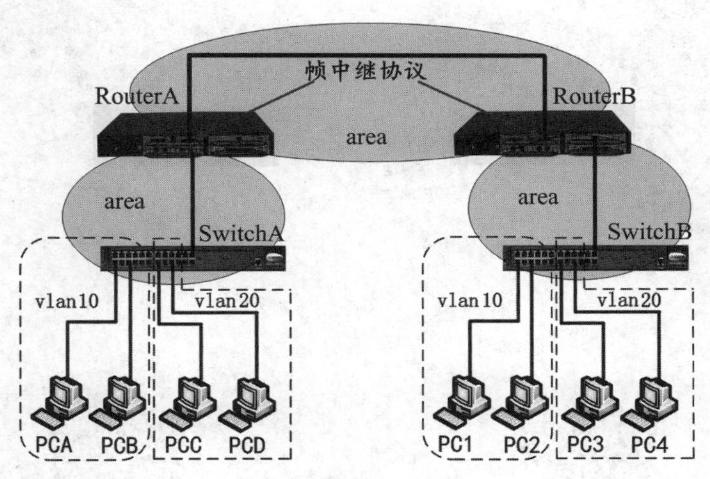

题图2

题2配置视频

3. 如题图3所示网络，路由器RouterA和RouterB的串行接口的链路层协议使用帧中继协议。全网使用OSPF路由协议，三个OSPF区域中包含两个特殊的区域（即一个为STUB区域，一个为NSSA区域）。请配置实现网络互通。

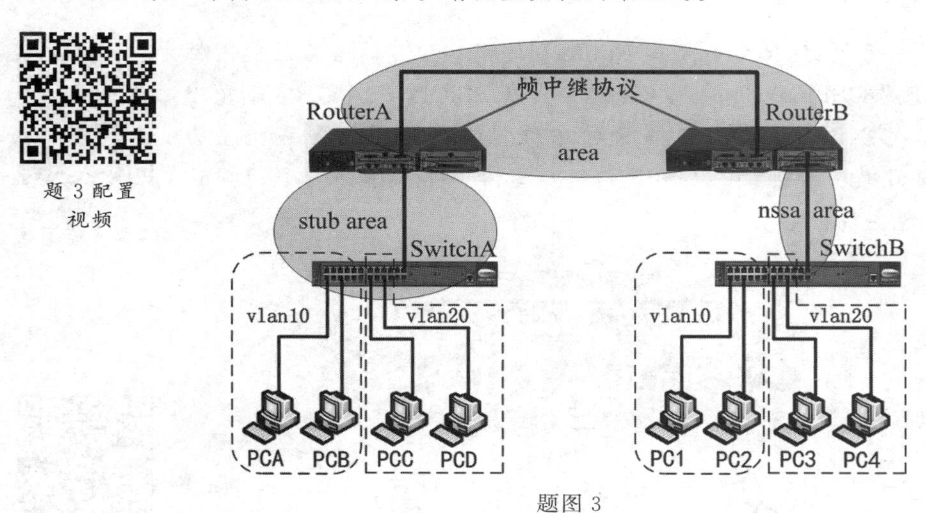

题3配置视频

题图3

4. 如果RTG连接RTF的接口不配置IP地址，改为从RTF获得动态分配的IP地址，如题图4所示。如何实现RTG连接的分公司局域网访问广域网？

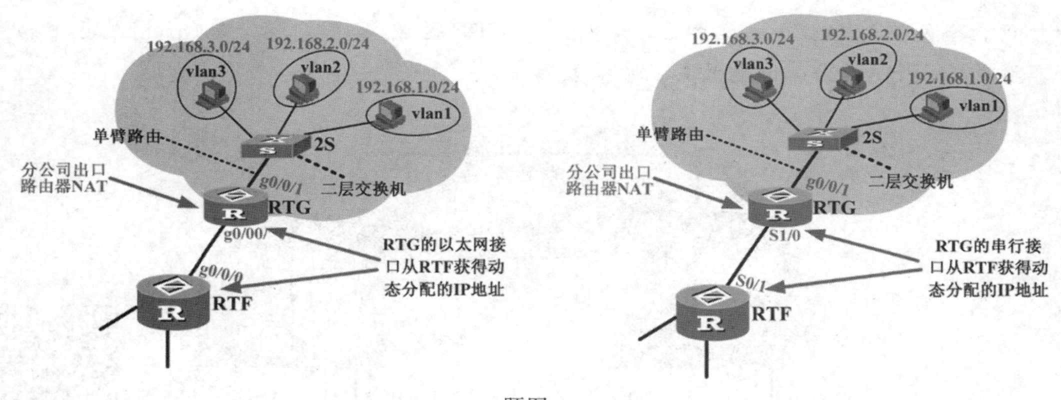

题图4

题4以太网接口动态获得IP地址

题4串行接口动态获得IP地址

第三篇　网络安全

第 7 章

防火墙基础

网络安全是企业用户在建设企业网络时都要考虑的问题，而防火墙是大多数企业用户通常选择的网络安全防范设备。本章主要介绍一些防火墙的基础知识。

7.1　企业防火墙产品

网络安全是 Internet 最为活跃的研究领域。华为、Cisco、H3C 等世界知名的网络硬件生产商都有大量安全系列的产品可供企业用户在建设企业网络时选择。

H3C 公司的网络安全产品分几个系列，包括防火墙 &VPN（Virtual Private Network，虚拟专用网）、统一威胁管理'UTM'Unified Threat Managemnet、入侵防御系统'IPS'Intrusion Prevention System、应用控制网关'ACG'Application Control Gateway、安全管理中心(SecCenter)等。

华为通信技术有限公司和美国赛门铁克合资公司华赛公司开发了 USG 系列的统一安全网关产品和 Eudemon 系列的防火墙产品。USG 系列产品是华赛公司为解决中小企业网络安全问题而自主研发的统一安全网关，包括 USG9120、USG9110、USG6000V、USG5500、USG5320、USG5100、USG3030、USG2220、USG2160、USG2130 等高、中、低端系列产品，主要面向企业级用户。Eudemon 系列产品包括 Eudemon1000、Eudemon500、Eudemon300 等，主要面向电信级用户。

企业用户在建设网络时，可以根据网络规模的大小和安全要求选择合适的防火墙产品。本书将介绍华为三款防火墙产品，分别是 USG2160、USG5500 和 USG6000V，分别代表了华为低端、中端和下一代防火墙产品。第 7 章初步学习防火墙时以 USG2160 和 USG5500 为例对比讲解；第 8～11 章介绍在企业局域网中使用 USG5500 防火墙组网；第 12 章学习使用 Web 浏览器配置防火墙，在企业局域网中使用 USG6000V 组网（因为 eNSP 模拟器软件中 USG5500 不能使用 Web 浏览器登录）。

7.2 简单操作防火墙

防火墙提供两种人机交互的方式。最简单、最流行的操作方式是通过 Web 浏览器的图形化操作,这种操作方式简单易学,深受大多数用户喜欢。另一种操作方式是命令行操作方式,要求用户熟悉防火墙的配置命令,要求用户具有一定的专业技能。

7.2.1 命令行操作方式

学习过路由和交换技术的读者对命令行操作方式并不陌生。命令行操作是网络管理员管理和配置交换机、路由器最常用的人机交互方式。网络管理员在设备中输入一条条机器可以识别的命令并由机器执行。

与交换机、路由器一样,防火墙的前面板上有一个标注为"Console"或"Con"的接口,称为控制台接口。个人计算机使用厂商附送的专用线缆连接到"Console"口来配置和管理防火墙。登录 Console 口后,在出现的命令行窗口中输入命令即可。

每次通过 Console 口登录到华为防火墙,都需要输入用户名和密码,初始用户名为 admin,密码为 Admin@123,用户名和密码区分大小写,如图 7-1 所示。登录后用户可以修改密码。

```
Username:
Username:admin
Password:*********
NOTICE:This is a private communication system.
       Unauthorized access or use may lead to prosecution.
Warning: Using default authentication method and password on console.
<USG2100>
```

图 7-1　登录防火墙需要输入用户名和密码

表 7-1 列出了一些常用的防火墙操作命令,更多的操作命令见本书各章节末尾。相同厂商的防火墙产品与交换机、路由器上的部分基础性操作命令相同。读者很容易把操作交换机和路由器的经验移植到防火墙的操作中来。

表 7-1　防火墙常用配置命令举例

配置命令	简便输入	含义
display current-configuration	dis cur	显示系统的当前配置
system-view	sys	进入系统视图,提示符由＜　＞变为[　]
language chinese		将提示语言变换为中文
sysname name	sysn name	给设备命名
display version	dis ve	显示防火墙的软件版本
display interface	disinterf	显示防火墙上的所有接口信息

例如在防火墙中输入"dis version"命令,可以显示防火墙的硬件或软件版本信息。如图 7-2所示,显示当前使用的 USG2160 防火墙的内存 SDRAM 为 521MB,FLASH 闪存有

32MB，软件版本是300R001C00SPC700。

命令行操作不是常见的图形化操作形式，需要输入一行行命令，人机交互烦琐，不易于初学者快速入门。命令行操作最麻烦的是操作命令多，即使是富有经验的网络管理员也不容易记住这么多操作命令。有鉴于此，为了便于网络管理员操控防火墙，防火墙生产厂商专门为防火墙开发了人机交互的图形化操作——Web操作方式。现在市场上已有一些厂商的路由器和交换机产品也支持Web图形化操作。

```
<USG2100>dis version
09:18:42  2014/01/29
Huawei Versatile Security Platform Software
Software Version : USG2100 V300R001C00SPC700 (VRP (R) Software, Version 5.30)
Copyright (C) 2008-2012 Huawei Technologies Co., Ltd.
Secoway USG2160 uptime is 0 week, 0 day, 0 hour, 17 minutes
RPU's Version Information:
512M           bytes SDRAM
32M            bytes FLASH
Pcb            Version : VER.B
CPLD Logic     Version : 005
FPGA Logic     Version : 009
Small BootROM  Version : 136
Big BootROM    Version : 169
<USG2100>
```

图7-2　显示USG2160防火墙的版本信息

7.2.2　Web浏览器操作方式

顾名思义，Web操作方式就是用户使用Web浏览器登录到防火墙，用户所有的操作都是在Web浏览器的图形化界面中完成的。这种操控方式完全采用传统的Windows窗口操作方式。Web操作方式不仅方便使用，而且快速易学。

防火墙的命令行操作方式是通过将个人计算机连接到Console口登录到防火墙，而Web操作方式是将个人计算机连接到防火墙的某个以太网接口(通常是管理口)，并将个人计算机的IP地址进行适当的设置才能操控防火墙。表7-2列出了两种操作方式的主要区别。

表7-2　防火墙的命令行和Web两种操作方式的区别

操作方式	连接到防火墙的接口	个人计算机IP地址设置情况	登录软件
命令行操作方式	专用连接线，一端连接到计算机COM口，一端连接到防火墙的Console口	与个人计算机的IP地址无关，即个人计算机有没有配置IP地址都无关紧要	Windows自带超级终端或其他超级终端软件如SecureCRT
Web操作方式	普通网线，一端连接到计算机网卡，另一端连接到防火墙的以太网接口	如防火墙支持动态地址分配就不需要设置，如不支持则需手工设置	Web浏览器

使用Web方式操作防火墙时，如果防火墙不支持动态分配地址就需要为连接到防火墙的计算机手工设置IP地址。那么该如何为计算机设置IP地址呢？通常可以在防火墙的产品手册中找到防火墙的管理IP地址信息，或者可以通过前面介绍的命令行操作方式，在防火墙中输入命令“dis cur”，可以看到防火墙的默认配置信息。使用此命令后防火墙所显示的信息非常多，其中可以看到的显示有如图7-3所示的信息。

```
#
interface Vlanif1
 ip address 192.168.0.1 255.255.255.0
 dhcp select interface
 dhcp server gateway-list 192.168.0.1
#
```

图 7-3　防火墙的管理 IP

它表示防火墙的管理 vlan1 的三层接口 IP 地址是 192.168.0.1/24，这个 IP 地址就是俗称的防火墙的管理 IP 地址。当前查看的该型号的防火墙支持动态地址分配功能（dhcp），dhcp 服务器的地址也是 192.168.0.1/24。

如果防火墙的命令“dis cur”中没有显示如图 7-3 所示的管理 IP 地址信息，则表明防火墙出厂时没有默认配置的 IP 地址，此时防火墙一般不支持动态 IP 地址分配功能（这在早几年生产的防火墙产品比较常见）。用户需要先为防火墙配置一个 IP 地址，再为计算机配置一个与防火墙相同网段的 IP 地址。有关这方面操作方法与交换机的端口作为计算机的网关地址设置方法相同。

完成上述操作后，在连接到防火墙的计算机的 DOS 窗口上输入命令“ipconfig”，可以查看到计算机动态获得的 IP 地址，如图 7-4 所示。

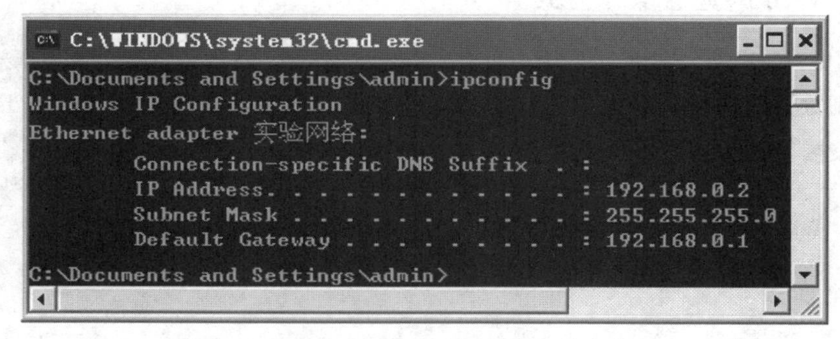

图 7-4　通过 ipconfig 命令可以查看到计算机动态获得的 IP 地址

从计算机 ping 防火墙的管理 IP 地址 192.168.0.1，可以 ping 通，如图 7-5 所示。只有在能 ping 通防火墙的情况下，才可以通过 Web 方式登录到防火墙。

```
C:\WINDOWS\system32\cmd.exe
C:\Documents and Settings\admin>ping 192.168.0.1
Pinging 192.168.0.1 with 32 bytes of data:
Reply from 192.168.0.1: bytes=32 time=2ms TTL=255
Reply from 192.168.0.1: bytes=32 time=1ms TTL=255
Reply from 192.168.0.1: bytes=32 time=1ms TTL=255
Reply from 192.168.0.1: bytes=32 time=1ms TTL=255
Ping statistics for 192.168.0.1:
    Packets: Sent = 4, Received = 4, Lost = 0 (0% loss),
Approximate round trip times in milli-seconds:
    Minimum = 1ms, Maximum = 2ms, Average = 1ms
C:\Documents and Settings\admin>
```

图 7-5　计算机 ping 防火墙的管理 IP 地址

在浏览器的地址栏中输入 http://192.168.0.1/,即可出现登录窗口,要求输入用户名和密码。通过 Web 登录的用户名和密码与通过 Console 口登录的用户名和密码相同。华为防火墙初始用户名为 admin,密码为 Admin@123,密码区分大小写。登录窗口如图 7-6 所示。

图 7-6 在 Web 方式登录到防火墙界面中输入用户名和密码

登录到防火墙后,就可以进行配置。相关配置方法将在本书的第 12 章中进行介绍。

Web 登录后的图形化操作方式简单方便,符合初学者的认知规律,初学者非常喜欢 Web 操作方式,绝大多数操作都可以通过 Web 操作方式完成。

7.3 防火墙的接口

7.3.1 华为 USG2160 防火墙的接口

USG2160 防火墙的前面板有一些接口,接口下面的小字标明了接口的类型,有 LAN 口、WAN 口、Console 等接口。图 7-7 是华为 USG2160 防火墙前面板。

图 7-7 华为 USG2160 防火墙前面板

在防火墙的命令行界面中输入命令"dis int"或"dis cur"可以显示防火墙的接口信息,也可以通过防火墙的 Web 操作方式显示防火墙的接口信息。

1. USG2160 防火墙的 LAN 接口

LAN(Local Area Network)意为局域网。防火墙的 LAN 接口就是用于连接企业局域网内部网络(通常是交换机)的接口。USG2160 防火墙有 8 个 LAN 接口,名称分别为 Ethernet1/0/0～Ethernet1/0/7。表 7-3 列出了 USG2160 防火墙的接口。

表 7-3　华为 USG2160 防火墙的接口

防火墙产品	LAN 口数量/个	LAN 口名称	WAN 口数量/个	WAN 口名称	备注
华为 USG2160	8	Ethernet1/0/0 Ethernet1/0/1 Ethernet1/0/2 Ethernet1/0/3 Ethernet1/0/4 Ethernet1/0/5 Ethernet1/0/6 Ethernet1/0/7	1	Ethernet0/0/0	(1) Ethernet1/0/0 是管理口 (2) 8 个交换模式接口,1 个路由模式接口

注意到表 7-3 中还列出了一个 WAN(Wide Area Network,广域网)接口,而且 LAN 接口远远多于 WAN 接口,这是由这款防火墙的用途决定的,它主要用于中小型企业网络的组网。企业级防火墙主要为企业局域网实现网络防护,企业局域网一般是由局域网交换机和服务器组成的,多个 LAN 接口可以用于连接企业局域网两至多台核心层交换机以及多台企业网络服务器。

2. USG2160 防火墙的 WAN 接口

防火墙的 WAN 接口是用于企业局域网连接外部 Internet 网络的接口。USG2160 防火墙只有 1 个 WAN 接口,名称为 Ethernet0/0/0。通常企业防火墙的 WAN 口的数量要少于 LAN 口。因为 LAN 口是用于连接企业局域网交换机的,局域网交换机可能有多台交换机和多个网段,而外部 Internet 网络服务则往往由一个国家持有牌照的互联网服务提供商 ISP 提供。在中国持有牌照的 ISP 主要有中国电信、中国联通、中国移动等通信公司。大多数企业接入到 ISP 网络时往往选择一家 ISP,所以防火墙的一个 WAN 口基本能够满足大多数企业的建网需求。某些对网络连通性要求非常高的企业,担心网络发生故障影响企业网络通信,可能会选择同时接入到两家 ISP 网络,两个 ISP 互为备份。当一个 ISP 发生故障时,另一个 ISP 仍然可以提供网络连接服务。选择两家 ISP 服务需要两个 WAN 接口。当只有一个 WAN 口不够用时,可以用多余的 LAN 口来替代。也就是说,防火墙面板上所标注的 LAN 口和 WAN 口仅只是组网连接的参考,并不是一定只能把 LAN 接口连接到局域网或 WAN 接口连接广域网。

防火墙的 LAN 接口和 WAN 接口还有一个重要的区别,如果用 Web 操作方式查看 USG2160 防火墙的接口信息,可以发现 8 个 LAN 接口后面都标注“Switch”,而 WAN 接口后面则显示“Route”,如图 7-8 所示。

图 7-8　Web 浏览器显示华为 USG2160 防火墙的接口

"Switch"表明 USG2160 防火墙中 LAN 接口是交换模式的接口，这类接口类似于交换机中的接口。从网络层次上讲，属于二层接口，二层接口不能直接设置 IP 地址，需要将接口划分到 VLAN 中，为对应 VLAN 设置三层虚拟接口和 IP 地址。"Route"表明 WAN 接口中属于三层路由模式的接口，而路由模式接口可以直接设置 IP 地址。

7.3.2　华为 USG5500 防火墙的接口

上面以 USG2160 为例介绍了防火墙的 LAN 接口和 WAN 接口。但不是所有防火墙产品的接口都会有这么严格的区分。以 eNSP 软件中的一款防火墙 USG5500 为例，它的接口都是路由模式的接口，都可以直接设置 IP 地址。这样看来似乎 USG5500 防火墙的接口都是 WAN 接口，其实不然，在实际组网中可以根据需要将部分接口连接广域网路由器，部分接口连接局域网交换机。可见同一厂商生产的不同型号的防火墙，其接口类型是有区别的，这与厂商生产各系列产品的市场定位有关。在实际使用时，要仔细查看产品说明书或者直接登录到防火墙查看设备的初始配置。

图 7-9 显示的是华为 USG5500 防火墙的前面板。表 7-4 显示的是该款防火墙的接口名称和类型。

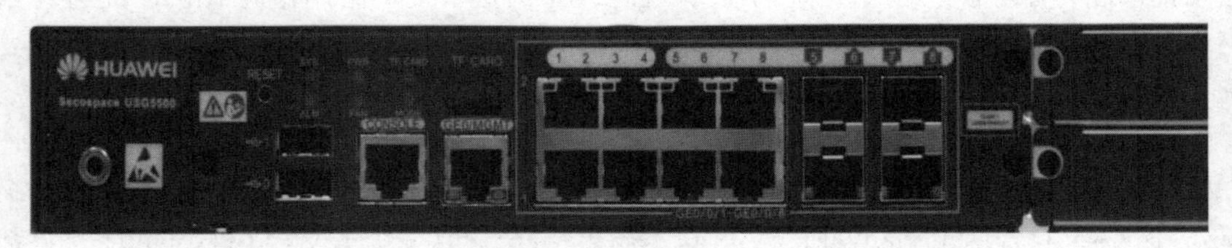

图 7-9　华为 USG5500 防火墙前面板

表 7-4 华为 USG5500 防火墙的接口

防火墙产品	接口数量/个	接口名称	接口类型	备注
华为 USG5500	9	GigabitEthernet0/0/0	全部是路由模式(Route)	(1) GigabitEthernet0/0/0 是管理口 (2) 无交换(Switch)模式接口
		GigabitEthernet0/0/1		
		GigabitEthernet0/0/2		
		GigabitEthernet0/0/3		
		GigabitEthernet0/0/4		
		GigabitEthernet0/0/5		
		GigabitEthernet0/0/6		
		GigabitEthernet0/0/7		
		GigabitEthernet0/0/8		

7.3.3 防火墙的配置口和管理口

防火墙的 LAN 口和 WAN 口是用作组网用途的接口,除此之外,防火墙还有其他类型的接口。面板上有一个标注为“Console”的接口,它与交换机和路由器上的“Console”接口用途相同,主要用于在现场配置防火墙,习惯称为配置口。

经常还说到防火墙的管理口,有的防火墙接口面板上某个接口会标注“MGMT”(Management,意为管理),表示这是一个管理口。防火墙的管理口其实也是一个普通的、可用于组网的以太网接口,只不过在出厂时该接口被默认赋予了一些特殊功能,如该接口有 IP 地址,该接口可以为连接到该接口的计算机动态分配 IP 地址等。管理口也可以用来组网,但是当防火墙的接口在组网中够用时,不建议使用管理口,而是把管理口空置下来,以便日后方便使用管理口配置和管理防火墙。

使用命令“dis cur”查看 USG5500 的初始配置,如图 7-10 所示,很明显有一个接口比较特殊,它下面标注了 IP 地址,而其他接口没有 IP 地址。这个接口就是对应于防火墙面板上标注有“MGMT”的管理口。由图 7-10 可知 g0/0/0 是管理口,其 IP 地址是 192.168.0.1/24,这个接口还具备动态分配 IP 地址的能力,能为连接到这个接口的计算机分配 IP 地址。当网络管理员要配置和管理这台防火墙时,可将计算机连接到防火墙的管理口,计算机不需要配置 IP 地址就可以登录到防火墙,非常方便。

回看前面图 7-3,默认情况下 USG2160 型防火墙的 Vlanif1 接口设置有 IP 地址 192.168.0.1/24,且此接口具备动态分配 IP 地址的能力。再结合图 7-11(a)可知默认情况下,8 个 LAN 口都属于 vlan1,而 WAN 口不属于 vlan1。且 8 个 LAN 口和 Vlanif1 接口都属于 trust 区域,所以此款防火墙的这 8 个 LAN 口都可以作为管理口。通过 Web 方式操作防火墙时,将个人计算机连接到任意一个 LAN 口都可以。

防火墙的“Console”口要使用购买防火墙时厂商附赠的专用连接线,而管理口使用的是普通的双绞线。要使用 Web 方式配置和管理防火墙,只能连接到管理口。

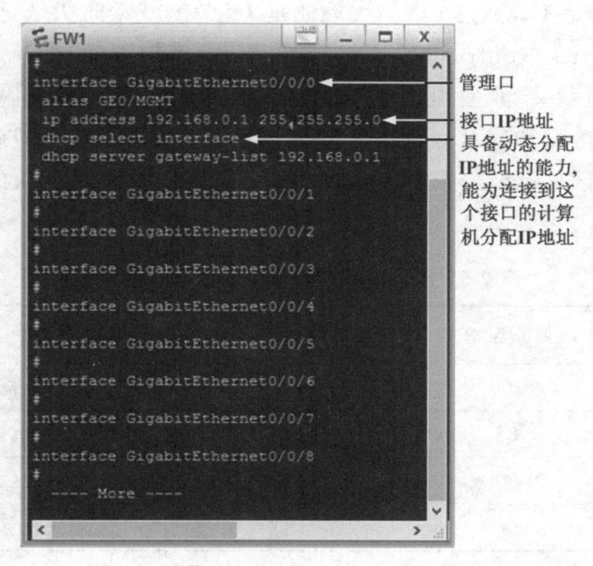

图 7-10　华为 USG5500 防火墙的管理口

7.4　防火墙的区域

一般来说，具备交换和路由技术的初学者，会自然而然地将操作交换机或路由器的经验带到操作防火墙中来。但这种迁移性学习有时会给学习防火墙的初学者带来一定的困扰。防火墙与交换机、路由器的最大不同是防火墙划分了区域，而交换机和路由器是不划分区域的。防火墙划分区域，是防火墙与交换机、路由器的最重要区别，也是初次接触防火墙的读者最难理解的地方。因此初学者要着重理解防火墙的区域。编者认为，理解了防火墙的区域，那么对防火墙的理解就完成了一大半。

7.4.1　区域安全级别

一个未做任何配置的防火墙，查看它的出厂设置，会发现有如图 7-11 所示的系统默认配置。由此可以查看到防火墙的各个区域的名称及其对应的安全级别。

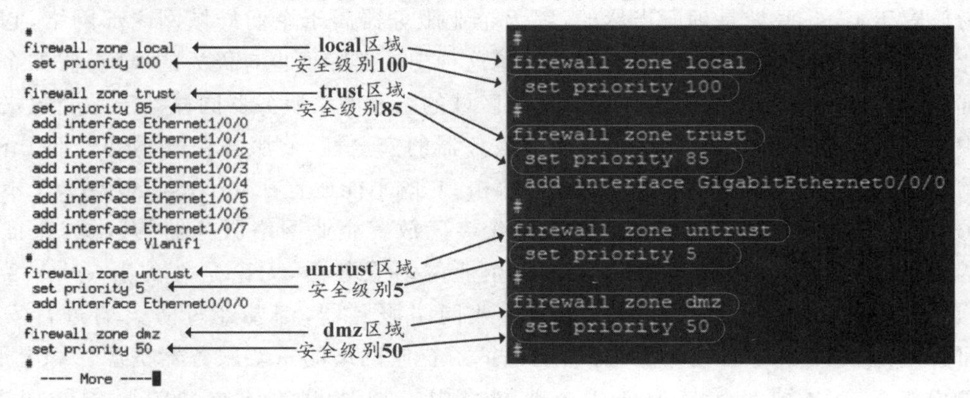

图 7-11　华为 USG2160 和 USG5500 防火墙的区域和安全级别

图 7-11 显示无论是 USG2160 型防火墙还是 USG5500 型防火墙，默认情况下都包含四个区域，分别是 local、trust、untrust 和 dmz 区域。每个区域下面有一个“priority”数值，它的含义是“优先级”，引申意义为“安全级别”。数值越大，则代表该区域内的网络越可信，安全级别就高。防火墙的区域和安全级别是一对紧密联系的概念，有区域就必有安全级别。如果用户要新设置一个区域，就必须设置相应的安全级别。防火墙默认的四个区域及其安全级别如表 7-5 所示。

表 7-5　防火墙默认的四个区域及安全级别

区域名称	区域安全级别	信任程度	含义
local	100	最高	防火墙本身
trust	85	高	安全区域(信任区域)
dmz	50	中	隔离区(非军事化区域)
untrust	5	低	不安全区域(不信任区域)

从防火墙的区域名称含义可以大致了解这些区域的用途。防火墙通常用于连接企业局域网内部网络和外部 Internet 网络。trust 区域是信任区域，一般将企业局域网的内部网络规划连接到防火墙的信任区域，也就是连接到 trust 区域。untrust 是不信任区域，人们通常潜在地认为网络威胁往往来自外部 Internet 网络，所以在进行网络规划时，通常把外部网络规划连接到 untrust 区域。正是 trust 和 untrust 区域的这种含义，所以在图 7-11 中可以看到，默认情况下 USG2160 防火墙的 LAN 口都被规划到 trust 信任区域，而 WAN 口被规划到 untrust 非信任区域。

DMZ 这个名称来源于军事领域的“demilitarized zone”，含义为非军事化区，也可理解为隔离区。dmz 区域的默认优先级值为 50，介于 trust 区域的优先级值“85”和 untrust 区域的优先级值“5”之间。那么防火墙为什么要设置这个区域呢？下面来分析这个问题。

企业网络中通常有 Web、E-mail、OA(Office Automation，办公自动化)等企业服务器。当企业网络中有服务器时，企业服务器放置于哪一个区域呢？是前面所述的 trust 区域，还是 untrust 区域？放置于 untrust 区域，则服务器和所有外部 Internet 网络中的计算机同处于一个区域，显然服务器易受外部网络黑客的攻击，这明显不是一个好主意。这样一来，有人认为放置于 trust 区域是理所当然的，因为企业服务器属于企业局域网内部网络，它理应和企业用户计算机一样置于 trust 区域。但是这种想法实际上也有极大的风险，假如企业网络内部用户也有网络攻击行为，则处于 trust 区域的企业网络服务器同样处于易受攻击的风险之中。根据以上分析，为了提高企业网络服务器的安全性，使服务器既不受外部 Internet 用户的攻击，又不受企业局域网内部用户的攻击，它既不能放置在 untrust 区域中，又不能放置在 trust 区域之中。因此防火墙增加了一个专门放置企业网络服务器的区域，象征性地命名为“dmz 隔离区”。放置于 dmz 区域的企业网络服务器，无论是外部 Internet 区域的用户，还是企业局域网内部网络用户访问企业网络服务器，都要经过防火墙进行安全检查。可见通过设置 dmz 区域，更加有效地保护了企业网络的重要服务器资源。综上所述，防火墙设置这个区域实际是为现代企业网络中需要架设各种类型的服务器如 Web、

E-mail和文件服务器而量身定做的，充分体现了网络设备生产商尽力生产出符合企业需要的产品。

最后再来看看 local 区域。local 是“本地、自身”的意思，所以这个名称意味着 local 区域是指防火墙本身。我们可以把包含防火墙的物理接口以及配置在物理接口上的 IP 地址称为 local 区域。local 区域不能用于连接任何内部网络、外部网络、服务器等，它仅仅是指防火墙本身。在做防火墙的网络规划时，只有 trust、untrust、dmz 这三个区域真正用来连接内部网络、外部网络、服务器等，而 local 区域并不用来连接网络。从图 7-11 可以看到 local 区域没有包含任何接口。有时在说到防火墙的区域时，喜欢把 local 区域排除在外，只说防火墙包括三个区域。因此说防火墙包括三个区域或者说它包含四个区域都没有错。仅仅根据本段内容对 local 区域的讲解，可能读者对 local 区域的理解仍然模糊不清。这主要是因为防火墙的 local 区域概念本身非常不好理解，不过本书的后续章节将进一步讲解防火墙的 local 区域，读者可以在后续的内容学习中加深理解防火墙的 local 区域。

7.4.2 防火墙的区域和接口的关系

防火墙既有接口，又有区域。防火墙的外观能够看见的是接口，区域并不可见。区域实际上是防火墙通过软件设置的一个逻辑上的概念。那么，这两者有什么关系呢？

继续使用命令“dis cur”查看防火墙的出厂默认设置，了解防火墙的区域和接口的关系。

如图 7-12 所示，USG2160 型防火墙默认情况下，防火墙的 Ethernet1/0/0～ Ethernet1/0/7 等 8 个 LAN 接口和 1 个 VLAN 虚拟接口 Vlanif1 都属于高度信任的 trust 区域，而 untrust 区域下面列出了 Ethernet0/0/0 一个物理接口，dmz 区域则没有任何接口。USG5500 型防火墙默认情况下，防火墙的 GigabitEthernet0/0/0 接口（管理口）属于高度信任的 trust 区域，而 untrust 区域和 dmz 区域则没有任何接口。表明其他接口游离在区域之外。两种防火墙的系统默认配置都显示 local 区域中没有任何接口。对比可知，默认情况下不同型号防火墙的区域所包含的接口是不一样的，用户在使用时应该加以注意。两种防火墙的接口和区域关系如表 7-6 和表 7-7 所示。

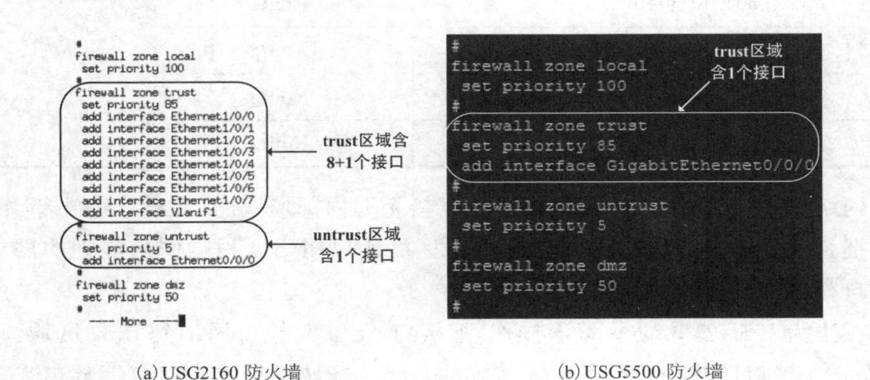

(a) USG2160 防火墙　　　(b) USG5500 防火墙

图 7-12　防火墙的区域和接口

表 7-6 华为 USG2160 防火墙默认情况下接口所属的区域

接口类型	接口名称	接口属性	所属区域
LAN 口	Ethernet1/0/0	Switch	trust
	Ethernet1/0/1	Switch	
	Ethernet1/0/2	Switch	
	Ethernet1/0/3	Switch	
	Ethernet1/0/4	Switch	
	Ethernet1/0/5	Switch	
	Ethernet1/0/6	Switch	
	Ethernet1/0/7	Switch	
WAN 口	Ethernet0/0/0	Route	untrust
			dmz

表 7-7 华为 USG5500 防火墙默认情况下接口所属的区域

接口名称	接口属性	所属区域
GigabitEthernet0/0/0	Route	trust
无		untrust
无		dmz
GigabitEthernet0/0/1	Route	无
GigabitEthernet0/0/2	Route	
GigabitEthernet0/0/3	Route	
GigabitEthernet0/0/4	Route	
GigabitEthernet0/0/5	Route	
GigabitEthernet0/0/6	Route	
GigabitEthernet0/0/7	Route	
GigabitEthernet0/0/8	Route	

真实网络环境中，防火墙肯定既要用于连接企业内部局域网，又要连接外部 Internet，还有可能要把企业服务器放置在防火墙的 dmz 区。所以用户要根据网络规划的需要，将防火墙的接口自行添加到指定的区域中。

例如在华为 USG2100 防火墙上操作，把接口 e1/0/5 接口添加到 dmz 区域。由于默认情况下 e1/0/5 接口属于 trust 区域，必须先从 trust 区域中把这个接口释放出来，之后才能将这个接口添加到 dmz 区域。

```
[USG]firewall zone trust                              /* 进入防火墙默认的 trust 区域 */
[USG-zone-trust]undo add interface e1/0/5             /* 从 trust 区域中释放 e1/0/5 接口 */
[USG-zone-trust]firewall zone dmz                     /* 进入防火墙默认的 dmz 区域 */
```

```
[USG-zone-dmz] add interface e1/0/5                    /＊将 e1/0/5 接口添加到 dmz 区域＊/
```

如果在华为 USG5500 防火墙上操作，把 g0/0/5 接口添加到 dmz 区域。由于默认情况下 g0/0/5 接口不属于任何区域，所以可以直接将接口添加到某个区域，不需要先做释放操作。类似的操作步骤读者可以自行尝试，这里省略。

如上所述，防火墙默认情况下有 local、trust、unusrt、dmz 等四个区域。在实际网络规划中，如果发现默认的区域不够用，可以自定义新的区域。在自定义新的区域时，应同步设置新定义区域的优先级值。下面的命令用于创建一个新的类似于 trust 的区域。

```
[USG]firewall zone name Building4                /＊设置一个新区域，名称为 Building4＊/
[USG-zone-Buillding4]set priority 90                /＊设置新区域的优先级值为 90＊/
```

下面的命令是在 USG2160 防火墙上新增加一个不信任区域，区域名称为 untrust1，区域安全级别为 4，并将接口 e1/0/7 添加到该区域。

```
[USG]firewall zone name untrust1                  /＊设置一个新区域，名称为 untrust1＊/
[USG-zone-untrust1]set priority 4                     /＊设置新区域优先级值为 4＊/
[USG-zone-untrust1]add interface e 1/0/7            /＊将接口 e1/0/7 添加进该区域＊/
```

但这一步操作时，系统将提示出现下述错误，显示添加失败：

“Info: The interface has been added to trust security zone.”

它的含义是这个接口已经被添加到 trust 安全区了。原来是 USG2160 防火墙默认情况下 e1/0/7 接口属于 trust 区域，需要首先将这个接口从 trust 区域中释放出来，然后才能将接口加入到新创建的 untrust1 区域。下面是完整操作。

```
[USG] firewall zone trust
[USG-zone-trust]undo add interface e1/0/7           /＊将接口 e1/0/7 从 trust 区释放出来＊/
[USG-zone-trust] firewall zone name untrust1          /＊创建一个名为 untrust1 的区域＊/
[USG-zone-untrust1] set priority 4                      /＊设置新区域优先级值为 4＊/
[USG-zone-untrust1] add interface e1/0/7        /＊将接口 e1/0/7 添加进 untrust1 区域＊/
```

USG2160 防火墙也具有二、三层交换机的性能。当防火墙不设置 IP 地址，仅连接到网络中，此时防火墙像二层交换机一样，这种用法称为防火墙的透明模式(要进一步理解防火墙的透明模式可以参考本书第 8.2.1 节)。防火墙也可以像三层交换机那样设置 IP 址，此时需要划分 VLAN，并将接口添加进 VLAN，再启用对应的 VLAN 三层接口，设置它的 IP 地址，此时防火墙用作路由模式。

下面的命令是在 USG2160 防火墙上创建一个 vlan100，并将接口 e1/0/1 添加进 vlan100，并为其对应设置 VLAN 三层接口 IP 地址。

```
[USG]vlan 100
[USG-vlan-100]port e1/0/1
[USG-vlan-100]int vlanif 100
[USG-int-Vlanif100] ip add 192.168.10.1 24
```

对于 USG2160 防火墙来说，这些操作与交换机上的操作是类似的，几乎没有区别，所以这是防火墙的操作与交换机相似的一面。上述设置完成后，可以通过命令“dis ip int brief”查看接口的状态，发现接口处于 down 状态，如图 7-13 所示。这是因为接口 1/0/1 没有连接任何设备。

```
[USG2100]dis ip int brief
10:44:40  2014/01/29
*down: administratively down
(s): spoofing
Interface                   IP Address      Physical Protocol Description
Cellular5/0/0               unassigned      down     up(s)    Huawei, USG2100
Ethernet0/0/0               unassigned      up       down     Huawei, USG2100
Vlanif1                     192.168.0.1     down     down     Huawei, USG2100
Vlanif100                   192.168.10.1    down     down     Huawei, USG2100
[USG2100]
```

图 7-13　显示防火墙的接口状态

如果将一台计算机连接上 e1/0/1 接口，再次查看，可以看到接口处于 up 状态，如图 7-14所示。

```
[USG2100]
2014-01-29 10:46:07 USG2100 %%01PHY/4/STATUSUP(l): Ethernet1/0/1 changed status
to up.
2014-01-29 10:46:07 USG2100 %%01IFNET/4/IF_STATE(l): Interface Vlanif100 has tur
ned into UP state.
2014-01-29 10:46:08 USG2100 %%01IFNET/4/LINK_STATE(l): Line protocol on interfac
e Vlanif100 has turned into UP state.
[USG2100]dis ip int brief
10:46:15  2014/01/29
*down: administratively down
(s): spoofing
Interface                   IP Address      Physical Protocol Description
Cellular5/0/0               unassigned      down     up(s)    Huawei, USG2100
Ethernet0/0/0               unassigned      up       down     Huawei, USG2100
Vlanif1                     192.168.0.1     down     down     Huawei, USG2100
Vlanif100                   192.168.10.1    up       up       Huawei, USG2100
[USG2100]
```

图 7-14　防火墙的接口状态

如果将防火墙的 vlan100 对应的三层虚拟接口 IP 地址 192.168.10.1/24 作为所连接的计算机的网关，则计算机的 IP 地址设置如图 7-15 所示。

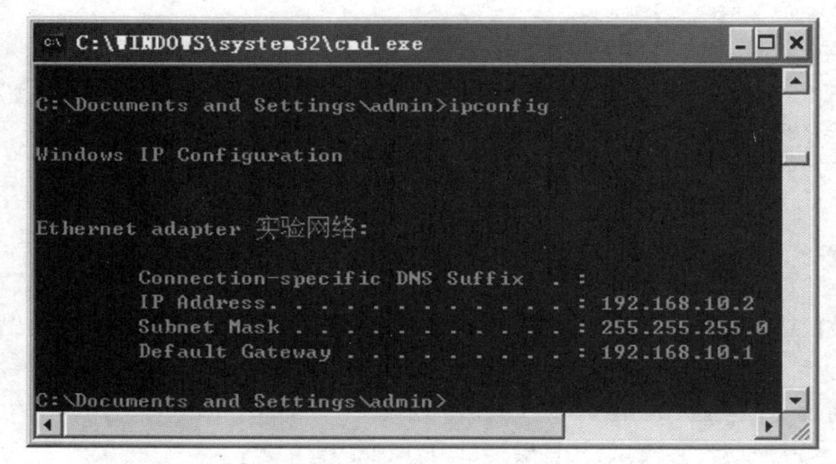

图 7-15　防火墙作为计算机的网关时计算机的 IP 地址设置

从计算机(IP 地址为 192.168.10.2)去 ping 其网关(IP 地址为 192.168.10.1)，ping 的结果如图 7-16 所示，显示计算机 ping 不通防火墙。

这个结果应该是颠覆了我们的想法，因为这台计算机是直接连接到防火墙的接口的，它们之间没有任何阻隔。操作过交换机和路由器的人应该都知道，这样的操作在路由器上是能够 ping 通的，而且这种操作在交换机和路由器中我们肯定练习过很多次。但是在防火墙上这么简单的直接连接竟然 ping 不通，是很难解释的，这不仅难了倒初学者，也难倒了一些学习过交换和路由技术的人员。那么问题出在哪里呢？是防火墙本身的特性让计算机无法

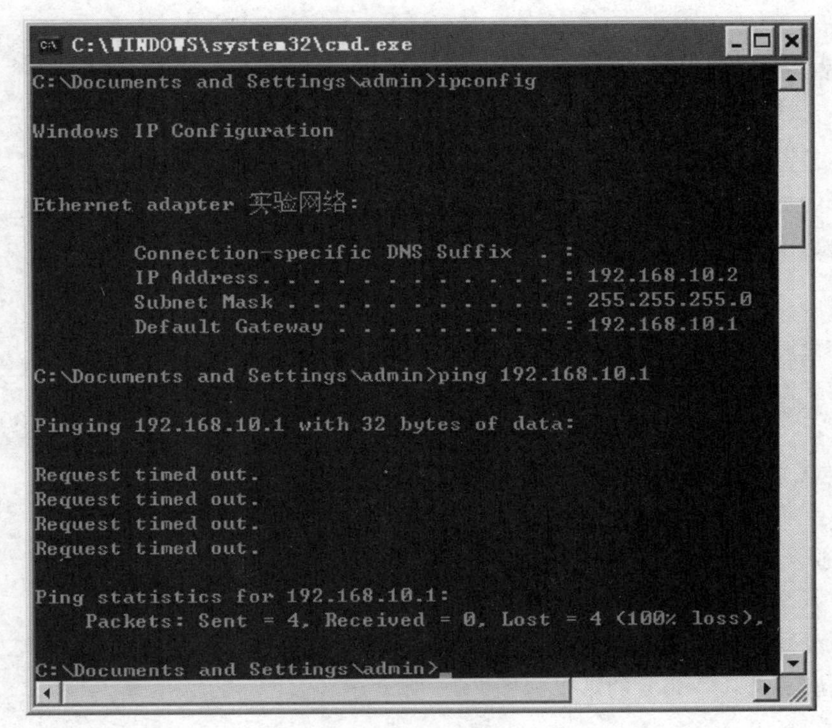

图 7-16 计算机 ping 不通网关(防火墙)

ping 通吗？为了研究这个问题，先通过“dis cur”命令来查看一下当前配置，可以看到如图7-17所示的信息。

```
#
firewall zone local
 set priority 100
#
firewall zone trust
 set priority 85
 add interface Ethernet1/0/0
 add interface Ethernet1/0/1
 add interface Ethernet1/0/2
 add interface Ethernet1/0/3
 add interface Ethernet1/0/4
 add interface Ethernet1/0/5
 add interface Ethernet1/0/6
 add interface Ethernet1/0/7
 add interface Vlanif1
#
firewall zone untrust
 set priority 5
 add interface Ethernet0/0/0
#
firewall zone dmz
 set priority 50
#
  ---- More ----
```

图 7-17 USG2160 防火墙的区域及安全级别

可以看到，在防火墙的 trust 区域中，它默认包含了 e1/0/1 接口，但是包含此物理接口的 Vlan100 对应的三层接口 Vlanif100 却不在这个区域中，到目前为止，可以看到 Vlanif100 接口游离在 trust 区域之外，不包含在任何区域中，问题就是出在这里。对于防火墙来说，当把某个物理接口划分到某个 VLAN 中时，如果启用该 VLAN 的三层接口，则对应的三层 VLAN 接口也必须用手工添加的方式将接口添加到与物理接口相同的区域中，否则会发生通信故障。这一点又是防火墙与交换机不同的地方。在交换机中，通常不需要去管这种事情，因为交换机没有区域概念，而防火墙有区域之分。所以我们前面说，要着重理解防火墙的区域，理解了防火墙的区域就理解了防火墙的一半。

下面的操作是将包含物理接口 e1/0/1 的 VLAN 对应的三层接口 Vlanif100 添加进与 e1/0/1 接口相同的区域，操作完成后，可以再次查看当前配置，发现两者同在 trust 区域中。

```
[USG]firewall zone trust                              /* 进入防火墙默认存在的 trust 区域 */
[USG-zone-trust] add interface vlanif 100             /* 添加 VLAN 三层接口到 trust 区域 */
[USG-zone-trust]quit
```

之后可以使用命令“dis cur”查看到物理接口 e1/0/1 和对应的 VLAN 三层接口 Vlanif100 同属于 trust 区域，如图 7-18 所示。

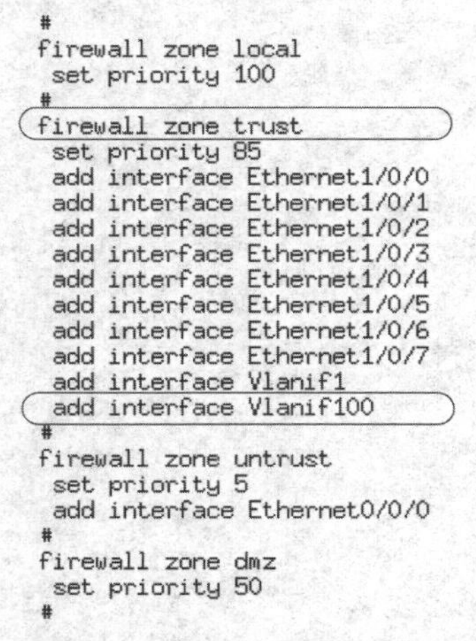

图 7-18 防火墙的 vlanif100 接口添加到了 trust 区域中

之后再次从计算机(IP 地址为 192.168.10.2)去 ping 其网关(IP 地址为 192.168.10.1)，可以发现能够 ping 通，ping 的结果如图 7-19 所示。

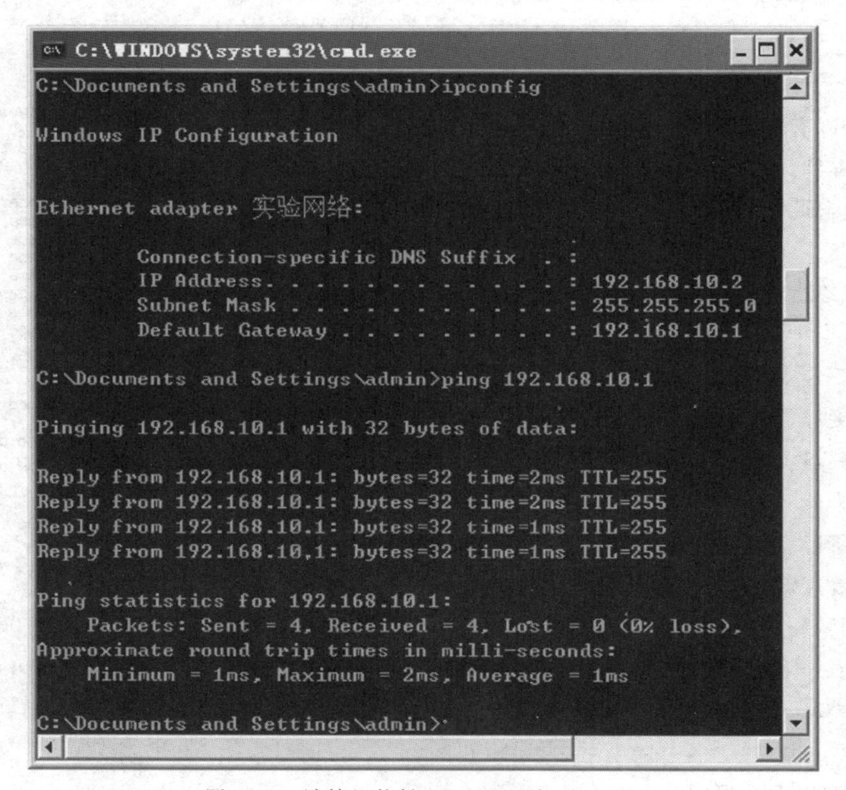

图 7-19 计算机能够 ping 通网关(防火墙)

由此可见，要确保防火墙的物理接口和包含此物理接口的 VLAN 对应的三层虚拟接口同时属于相同的区域。

下面的操作是在 USG2160 型防火墙创建一个 Vlan200，将接口 e1/0/6 添加进 Vlan200，并设置对应 VLAN 三层接口 IP 地址。最后将 e1/0/6 和 Vlanif200 接口都添加进 untrust 区域。

```
[USG]vlan 200                                        /* 在防火墙中创建一个 VLAN，编号为 200 */
[USG-vlan-200]port e1/0/6                            /* 将物理接口 e1/0/6 添加到 vlan200 */
[USG-vlan-200]int vlanif 200                         /* 启用 Vlan200 对应的三层接口 */
[USG-int-Vlanif200]ip add 172.32.10.1 24             /* 设置三层接口的 IP 地址 */
[USG-int-Vlanif200] firewall zone trust              /* 进入防火墙默认存在的 trust 区域 */
[USG-zone-trust]undo add interface e1/0/6            /* 将接口 e1/0/6 从 trust 区释放出来 */
[USG-zone-trust] firewall zone untrust               /* 进入防火墙默认存在的 untrust 区域 */
[USG-zone-untrust] add interface e1/0/6              /* 添加物理接口到 untrust 区域 */
[USG-zone-untrust] add interface vlanif 200          /* 添加 VLAN 三层接口到 untrust 区域 */
[USG-zone-untrust]quit
```

之后可以使用命令“dis cur”查看到物理接口 e1/0/6 和对应的 vlan200 三层接口 Vlanif200同属于 untrust 区域，如图 7-20 所示。

```
#
firewall zone local
 set priority 100
#
firewall zone trust
 set priority 85
 add interface Ethernet1/0/0
 add interface Ethernet1/0/1
 add interface Ethernet1/0/2
 add interface Ethernet1/0/3
 add interface Ethernet1/0/4
 add interface Ethernet1/0/5
 add interface Ethernet1/0/7
 add interface Vlanif1
 add interface Vlanif100
#
firewall zone untrust
 set priority 5
 add interface Ethernet0/0/0
 add interface Ethernet1/0/6
 add interface Vlanif200
#
firewall zone dmz
 set priority 50
#
  ---- More ----
```

图 7-20 e1/0/6 和对应的 vlan200 三层接口 Vlanif200 同属于 untrust 区域

将一台计算机连接到 e1/0/6 接口，Vlanif200 的 IP 地址作为该计算机的网关。计算机的 IP 地址设置为 172.32.10.2/24。从计算机(IP 地址为 172.32.10.2)去 ping 其网关(IP 地址为 172.32.10.1)，可以发现又不能 ping 通，ping 的结果如图 7-21 所示。

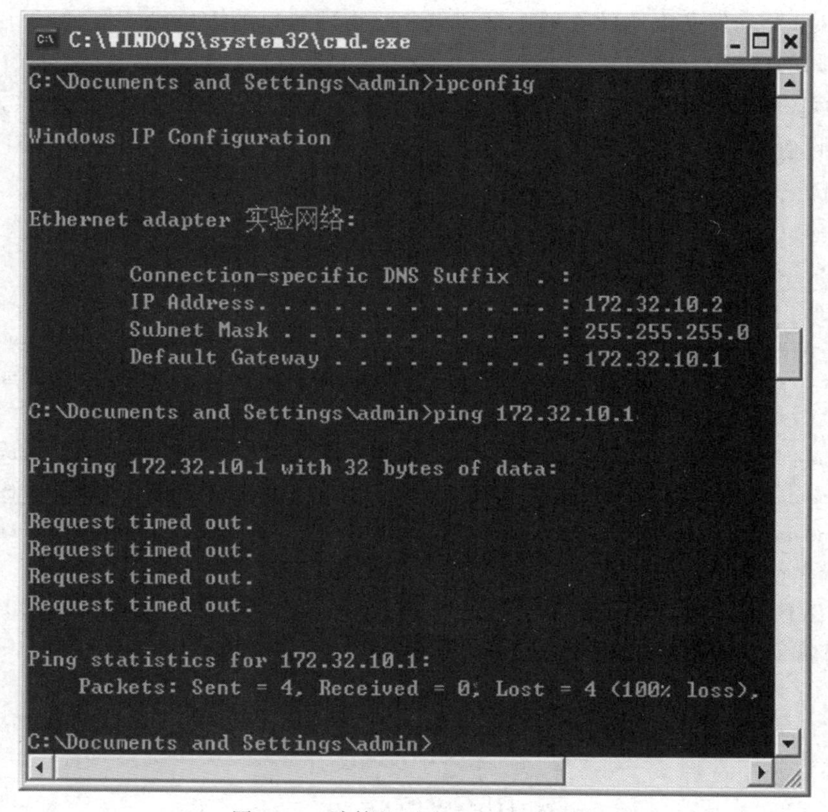

图 7-21　计算机无法 ping 通防火墙

这一次的操作结果应该说再次打击了我们。因为这次是按上次的经验，将物理接口和 VLAN 三层接口都添加进了相同区域，从图 7-20 就可以看出。但事实证明，前面的经验在这里却起不了作用。

使用命令“dis ip int brief”查看三层接口的状态，Vlanif200 也是处于 up 状态，如图 7-22 所示。

```
[USG2100]display ip interface brief
11:06:53  2014/01/29
*down: administratively down
(s): spoofing
Interface                    IP Address       Physical Protocol Description
Cellular5/0/0                unassigned       down     up(s)    Huawei, USG2100
Ethernet0/0/0                unassigned       up       down     Huawei, USG2100
Vlanif1                      192.168.0.1      up       up       Huawei, USG2100
Vlanif100                    192.168.10.1     up       up       Huawei, USG2100
Vlanif200                    172.32.10.1      up       up       Huawei, USG2100
[USG2100]
```

图 7-22　Vlanif200 接口处于 up 状态

那么这里出现 ping 不通的原因在哪里呢？如果特别去比较两次 ping 操作的区别，可以看到这两次操作最主要的区别是：前一个 ping 的例子中接口属于 trust 区域；后一个 ping 的例子中，接口属于 untrust 区域。分属于不同的区域出现不同的结果，这是它们的唯一区别。下面将探究出现这种结果的原因。

7.4.3 防火墙的默认区域间数据访问安全策略

如前所述,防火墙与交换机、路由器的最大区别是防火墙引入了区域。那么防火墙区域有什么功能呢?下面通过一些小实验来逐步理解防火墙的区域。

小实验 1:在 eNSP 软件中按图 7-23 组网并配置。配置完成后,PC1、PC2 和 PC3 三台计算机互相 ping,看看会得到什么结果?

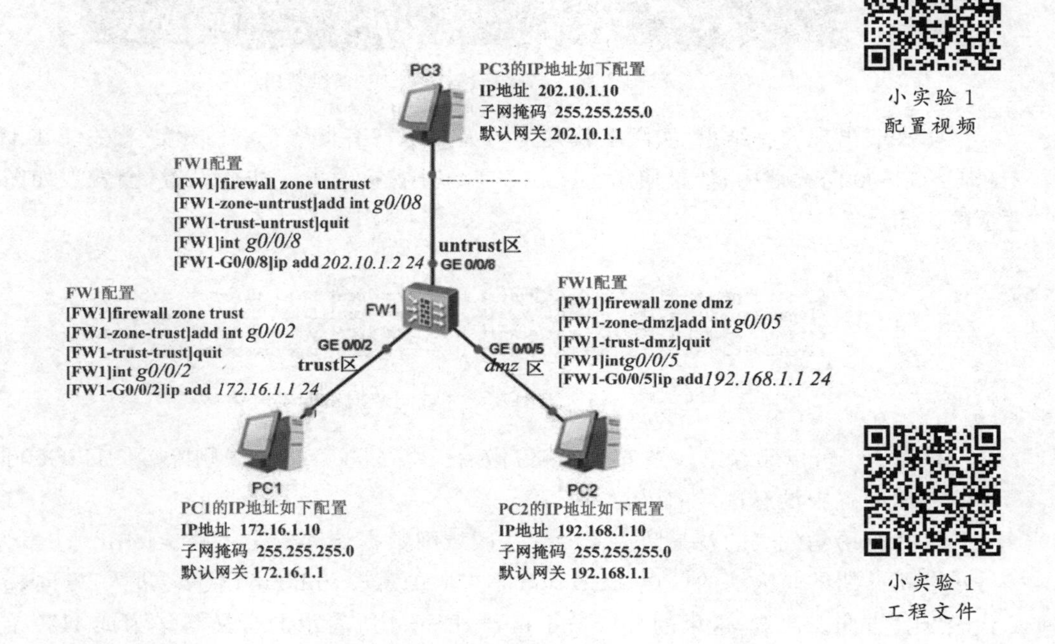

图 7-23 小实验 1 组网配置

将测试的结果填写在表 7-8 中。

表 7-8 操作测试

名称	操作	名称	结果	名称	操作	名称	结果
PC1	ping	PC3		PC3	ping	PC1	
PC1	ping	PC2		PC2	ping	PC1	
PC2	ping	PC3		PC3	ping	PC2	

如果查看防火墙的路由表,发现防火墙存在到达这三个网段的直连路由,如图 7-24 所示。有直连路由,但接口所连接的计算机却互相 ping 不通,这很难解释。如果与路由器和三层交换机相比,防火墙的这一点与这两者也截然不同。在路由器和三层交换机的接口直接连接的组网中,计算机是可以 ping 通的。

```
FW1
[SRG]display ip routing-table
14:56:39  2018/06/17
Route Flags: R - relay, D - download to fib
------------------------------------------------------------------------------
Routing Tables: Public
      Destinations : 8  Routes : 8
Destination/Mask    Proto  Pre  Cost      Flags NextHop         Interface
      127.0.0.0/8   Direct 0    0           D   127.0.0.1       InLoopBack0
      127.0.0.1/32  Direct 0    0           D   127.0.0.1       InLoopBack0
     172.16.1.0/24  Direct 0    0           D   172.16.1.1      GigabitEthernet0/0/2
     172.16.1.1/32  Direct 0    0           D   127.0.0.1       InLoopBack0
    192.168.1.0/24  Direct 0    0           D   192.168.1.1     GigabitEthernet0/0/5
    192.168.1.1/32  Direct 0    0           D   127.0.0.1       InLoopBack0
     202.10.1.0/24  Direct 0    0           D   202.10.1.1      GigabitEthernet0/0/8
     202.10.1.1/32  Direct 0    0           D   127.0.0.1       InLoopBack0
[SRG]
```

图 7-24　防火墙路由表中的直连路由

防火墙出现这种结果，实际上就是与防火墙中特有概念——“区域”有关。在 USG2160 和 USG5500 防火墙中，如果使用“dis cur”命令查看它的出厂初始设置，会发现如图 7-25 所示的语句。

```
#
 firewall packet-filter default permit interzone local trust direction inbound
 firewall packet-filter default permit interzone local trust direction outbound
 firewall packet-filter default permit interzone local untrust direction outbound
 firewall packet-filter default permit interzone local dmz direction outbound
#
```

图 7-25　防火墙的默认区域间数据访问安全策略

注意：①可以删除第一条安全策略，但后三条安全策略无法删除。②USG6000V 防火墙的初始配置中没有这样的语句。

这几行语句代表的就是防火墙的默认区域间数据访问安全策略。local、trust 等就是上一小节所介绍的防火墙的区域，direction 是方向的意思，inbound 代表“进入”方向，outbound 代表“出”方向。注意，这里的 inbound 和 outbound 所表示的含义与华为或 H3C 的交换和路由技术中这两个词所代表的含义有显著的区别。

这里先回顾一下华为或 H3C 交换和路由技术中这两个词所代表的含义。在路由器的接口上使用 ACL 或 NAT 时，要求指定方向，也就是用上关键字 inbound 或 outbound。以接口为参照物，inbound 是指进入接口的方向，而 outbound 则是指流出接口的方向，如图 7-26所示。假设定义了一个 ACL，并将 ACL 作用于路由器 RTA 的 S6/0 接口的 inbound 方向，也就是入方向。那么只有流入到 S6/0 接口的数据流会被 ACL 语句检查，而从 S6/0 接口流出的数据流则不受 ACL 影响。

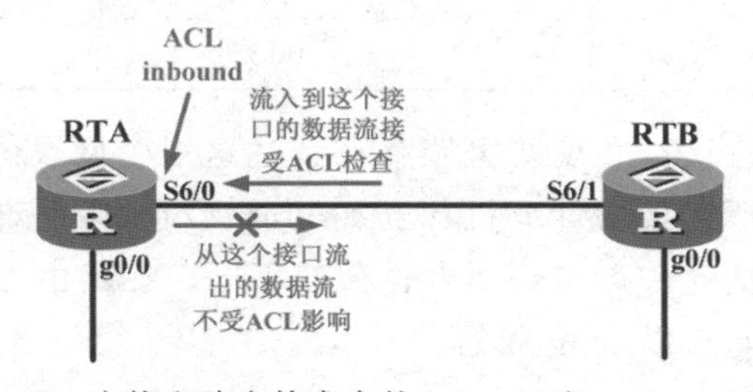

图 7-26　交换和路由技术中的 inbound 和 outbound 释义

但对于防火墙的区域间数据访问来说，inbound 和 outbound 所表示的含义有些不同。防火墙将数据从安全级别低的区域向安全级别高的区域转发称为 inbound 方向，反之将数据从安全级别高的区域向安全级别低的区域转发称为 outbound 方向。而防火墙的四个默认区域中，local 区域的安全级别最高，那么当数据从 local 区域向其他三个安全级别比它低的区域转发时，都称为 outbound 方向。当数据从三个区域向 local 区域转发时，则称为 inbound 方向。再如 trust 区域的安全级别比 local 区域的安全级别低，但是比 dmz、untrunst 区域的安全级别高，数据从 trust 区域向 dmz、untrunst 区域转发时，称为 outbound，而向 local 区域转发时，称为 inbound 方向。图 7-27 说明了防火墙中 inbound 和 outbound 所代表的意义。

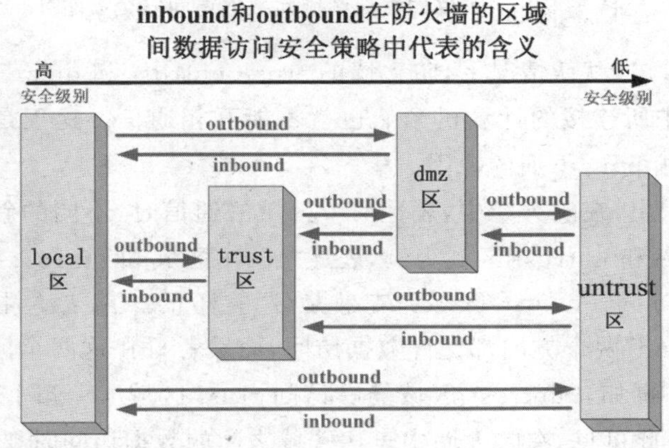

图 7-27 防火墙的区域间数据访问安全策略方向 inbound 和 outbound 所表示的含义

从图 7-27 可以看出，当数据从所有安全级别高的区域向安全级别低的区域转发时，都称为 outbound 方向，当数据从所有安全级别低的区域向安全级别高的区域转发时，都称为 inbound 方向。显然不能将 outbound 简单地理解为出防火墙，也不能将 inbound 简单地理解为进入防火墙。两者和人们口头上表述的“数据进和出防火墙”意义明显不同，也和图 7-26所示的路由器中 inbound 和 outbound 表示的实际意义不同。

特别要提醒的是，当叙述两个区域的 inbound 或 outbound 方向时，跟所说的两个区域的先后没有关系。例如即使是说 untrust 和 local 区域的 outbound 方向的数据流，仍然是指从安全级别高的 local 区域转发到安全级别低的 untrust 区域。

继续看图 7-25，可以看到防火墙默认的区域间数据访问安全策略。防火墙的 local 和 trust 这两个区域的数据访问是自由不受限制的，也就是说 local 区域是充分信任 trust 区域的，这也是把 trust 区域称为“高度信任区域”的原因。local 和 untrust 、dmz 这两个区域数据只能是半个方向，也就是安全级别高的 local 区域往安全级别低的 untrust 和 dmz 区域的出方向转发。而 untrust、trust、dmz 这三个区域之间数据访问则是两个方向都互相不允许。如果暂时不考虑 local 区域，甚至可以说防火墙的三个区域之间数据访问是互相禁止的。图 7-28 是图 7-25 的形象展示，显示了防火墙的默认区域间数据访问安全策略。

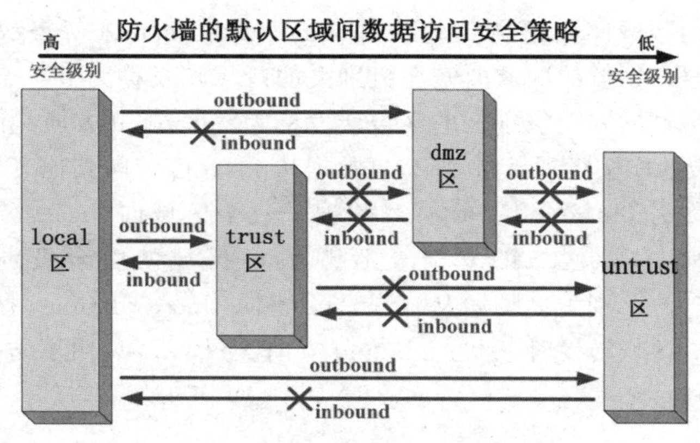

图 7-28　防火墙的默认区域间数据访问安全策略

从图 7-28 可以看出，默认情况下，防火墙的 trust、untrust 和 dmz 三个区域是互相禁止访问的，这三个区域中所连接的计算机当然也就不能互相通信。这正是小实验 1 中计算机 PC1、PC2 和 PC3 互相 ping 不通的原因。

从图 7-28 可以看出，在防火墙中，表达两个区域的通信时，不同的叙述方式可能意义会不一样。以 trust 区域和 untrust 区域为例，表述“trust 区域和 untrust 区域能够互相访问”和“trust 区域能够访问 untrust 区域”结果是不一样的。前者包括这两个区域间的“inbound”和“outbound”两个方向都允许数据访问，而后者只在这两个区域间的“outbound”方向允许数据访问。再如，“untrust 区域能够访问 trust 区域”不等同于“trust 区域能够访问 untrust 区域”。由此可见，在防火墙中表达区域之间的数据访问时要注意表述的准确性。同样在理解区域之间的访问时，也要搞清楚是“inbound”方向还是“outbound”方向。

讲到这里可能有些读者会不理解，因为通信是“双方你来我往”的事情，通常是既有发去的信息又有返回的信息。例如最简单的 ping 操作，也是有去有回的。再如网络用户访问门户网站，用户在浏览器地址栏中输入网址，将向网络发出信息，门户网站返回内容到浏览器界面，也是信息的往返过程。而防火墙中“trust 区域能够访问 untrust 区域”不等同于“untrust 区域能够访问 trust 区域”，“trust 区域能够访问 untrust 区域”只是这两个区域的“outbound”方向是数据访问允许，如果从 untrust 区域返回到 trust 区域的信息是禁止的话，那么这种半程通信能够顺利进行吗？关于这个问题，将在第 7.5 节再继续讨论。

可以把 local、trust、dmz 和 untrust 这四个区域分成两组，一组是 local，另一组是 trust、dmz、untrust。前一组的区域可以单向访问后一组的任一个区域，但后一组只有 trust 可以访问前一个区域。后一组的三个区域互相不能访问，它其实是表示默认情况下防火墙的 trust、dmz、untrust 是互相隔断和封闭的。

那么如何理解防火墙在默认情况下，trust、dmz、untrust 这三个区域互相隔断不能通信呢？

实际上，这正是防火墙划分区域的主要目的。尽管数据是在防火墙的物理接口转发的，但是防火墙接口发送和接收的数据需要经过区域之间的数据访问安全策略检查，只有符合安全策略的才能通过，反之则不允许通过。防火墙的区域相当于为数据转发添加了一道过滤屏障，这是防火墙与交换机和路由器的主要不同。当然防火墙只会在不同区域之间转发数据时会根据安全策略检查过滤，如果是同一个区域内部的接口之间的数据转发，则不会过滤检查。

默认情况下，trust、dmz、untrust 这三个区域之间数据访问是互不允许的。但是现实中，无论是内网还是外网，用户之间的通信都是畅通无阻的，这是因为根据需要，修改了防火墙的默认区域间数据访问安全策略，根据网络的具体需要控制区域间数据访问。这是通过后期配置防火墙实现的，而这部分内容将会随后慢慢讲解。

7.4.4 修改防火墙的区域间数据访问安全策略

在上面的小实验 1 中，由于防火墙默认的数据访问安全策略禁止 trust、untrust 和 dmz 三个区域双向互相访问，导致分别位于这三个区域的计算机 PC1、PC2 和 PC3 不能互相访问。但可以修改防火墙的区域间数据访问安全策略，实现 trust 区域(PC1)访问 untrust 区域(PC3)。可以在防火墙中增加下列语句：

```
[USG]firewall packet-filter default permit interzone trust untrust direction outbound
```

增加上述语句后，从 PC1 上 ping PC3 可以 ping 通，但反过来，PC3 却 ping 不通 PC1。这是因为上述语句只允许了安全级别高的区域 trust 可以访问安全级别低的区域 untrust。从安全级别高的区域访问安全级别低的区域方向是 outbound。

要允许 untrust 区域(PC3)访问 trust 区域(PC1)，可以在防火墙中增加下列语句：

```
[USG]firewall packet-filter default permit interzone trust untrust direction inbound
```

安全级别低的区域 untrust 可以访问安全级别高的区域 trust，方向是 inbound。

如果要打算让 untrust 区域能够访问 dmz 区域，可以在防火墙中增加下列命令：

```
[USG]firewall packet-filter default permit interzone dmz untrust direction inbound
```

这只是开放了 untrust 区域和 dmz 区域间 inbound 方向的数据访问安全策略，也就是 untrust 区域可以访问 dmz 区域，outbound 方向仍然是禁止的(即 dmz 区域不能访问 untrust 区域)。

> 注意：配置数据访问安全策略代码时，既可以把安全级别高的区域写在前面，也可以把安全级别低的区域写在前面。inbound 或 outbound 的含义与两者的书写顺序没有关系。即使是把安全级别低的区域写在安全级别高的区域前面，系统显示时仍然是把安全级别高的区域显示在前，安全级别低的区域显示在后，而且 inbound 方向仍然是从安全级别低的区域到安全级别高的区域。

如果要删除所添加的区域间数据访问安全策略，可以使用下面的配置命令：

```
[USG]undo firewall packet-filter default interzone dmz untrust direction inbound
                    /* 删除上述命令要去掉 default 后的关键词 permit，否则报错 */
```

但不能删除防火墙默认的 4 条区域间数据访问安全策略，即使用户执行了删除默认安全策略的语句，仍然可以在配置中看到默认安全策略存在。

也可以用一个语句同时开启两个区域之间 inbound 和 outbound 两个方向的数据转发安全策略，命令示例如下所示：

```
[USG]firewall packet-filter default permit interzone dmz untrust
```

也就是在语句中不带“direction”关键字，它表示同时开放 inbound 和 outbound 两个方向的数据访问安全策略。

使用上述语句后，可以看到系统当前配置中，由默认的 4 条安全策略变为 6 条安全策略，也即增加了 dmz 和 untrust 区域两个方向的数据访问安全策略，如图 7-29 所示。

```
[FW2]firewall packet-filter default permit interzone dmz untrust
[FW2]dis cur
#
 firewall packet-filter default permit interzone local trust direction inbound
 firewall packet-filter default permit interzone local trust direction outbound
 firewall packet-filter default permit interzone local untrust direction outbound
 firewall packet-filter default permit interzone local dmz direction outbound
 firewall packet-filter default permit interzone dmz untrust direction inbound
 firewall packet-filter default permit interzone dmz untrust direction outbound
#
```

图 7-29　防火墙区域之间的数据访问安全策略

如果要删除上面添加的安全策略，可以使用下面的配置命令：

[USG]**undo firewall packet-filter default interzone** *dmz untrust*

执行删除时，上述增加的两条区域间数据访问安全策略也被将自动删除。

一种超级简单的方式是只用一条配置命令开启防火墙所有区域间的数据访问安全策略，命令如下：

[USG]**firewall packet-filter default permit all**

配置了这一语句后，查看系统的当前配置中可以看到如图 7-30 所示的信息。

```
[USG2100]firewall packet-filter default permit all
[USG2100]dis cur
#
 firewall packet-filter default permit interzone local trust direction inbound
 firewall packet-filter default permit interzone local trust direction outbound
 firewall packet-filter default permit interzone local untrust direction inbound
 firewall packet-filter default permit interzone local untrust direction outbound
 firewall packet-filter default permit interzone local dmz direction inbound
 firewall packet-filter default permit interzone local dmz direction outbound
 firewall packet-filter default permit interzone trust untrust direction inbound
 firewall packet-filter default permit interzone trust untrust direction outbound
 firewall packet-filter default permit interzone trust dmz direction inbound
 firewall packet-filter default permit interzone trust dmz direction outbound
 firewall packet-filter default permit interzone dmz untrust direction inbound
 firewall packet-filter default permit interzone dmz untrust direction outbound
#
```

图 7-30　防火墙所有区域之间的数据访问安全策略

可以看到由原来只有默认的 4 条安全策略一下子变为 12 条安全策略。按照排列组合计算，4 个区域中每 2 个区域会产生 2 个方向的数据访问安全策略，所以一共有 12 条安全策略。也就是说配置了上述这么一条语句，它将允许防火墙的所有区域之间能够两两互相访问。

如果要删除上面添加的安全策略，可以使用下面的配置命令：

[USG]**undo firewall packet-filter default all**

执行删除时，上述增加的 8 条安全策略将被自动删除，同时还将 local 和 trust 区域的 inbound 方向的数据访问安全策略也删除掉了。最后只剩 3 条安全策略，如图 7-31 所示。

```
[FW2]undo firewall packet-filter default all
[FW2]dis cur
#
 firewall packet-filter default permit interzone local trust direction outbound
 firewall packet-filter default permit interzone local untrust direction outbound
 firewall packet-filter default permit interzone local dmz direction outbound
#
```

图 7-31　防火墙所有区域之间的数据访问安全策略的删除操作

因此要注意在防火墙中进行添加和删除操作区域间数据转发安全策略时发生的变化。

开启防火墙所有区域间的数据访问安全策略的语句虽然超级简单，但却并不推荐使用，因为允许防火墙的所有区域间用户都可以自由互相通信，降低了防火墙的安全性，没有发挥防火墙的安全防护性能。例如 dmz 区域的服务器暴露给全部 Internet 网络用户，潜在的安全风险大大增加。因此在实际的防火墙应用中，建议不要使用这一语句。

在防火墙的具体应用中，更为常见的是使用精确的数据访问安全策略，或者是针对具体的网段开启数据访问安全策略，称为更细粒度的数据访问控制安全策略。本书将在第 9 章第 9.5 节中结合具体例子说明防火墙中精确的数据访问安全策略的使用方法。

小实验 2：在 eNSP 软件中按图 7-32 组网并配置。配置完成后，PC1、PC2 和 PC3 三台计算机互相 ping，看看会得到什么结果？

小实验 2
配置视频

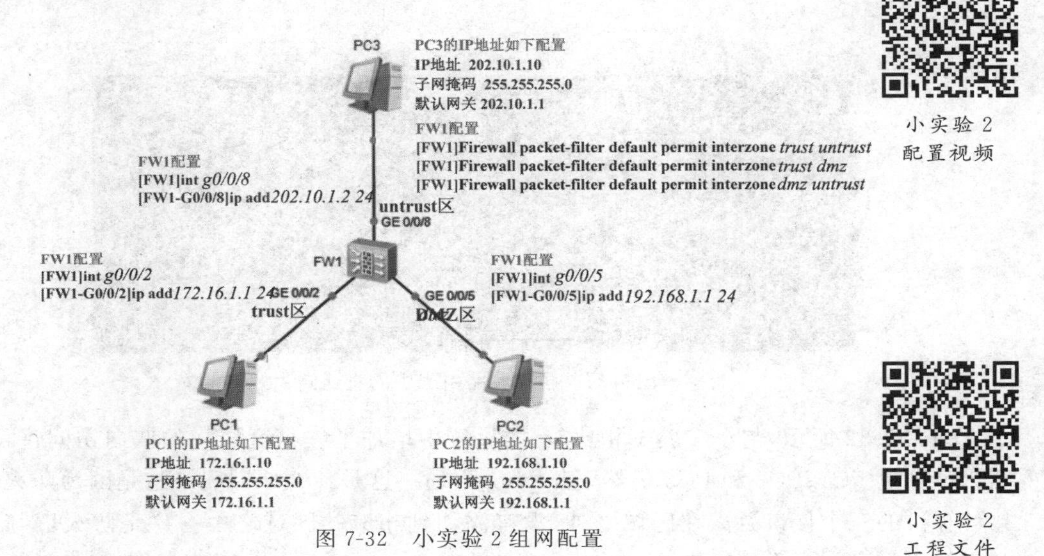

图 7-32　小实验 2 组网配置

小实验 2
工程文件

将测试的结果填写在表 7-9 中。

表 7-9　操作测试

名称	操作	名称	结果	名称	操作	名称	结果
PC1	ping	PC3		PC3	ping	PC1	
PC1	ping	PC2		PC2	ping	PC1	
PC2	ping	PC3		PC3	ping	PC2	

上述配置完成后，发现防火墙存在允许 trust、untrust 和 dmz 三个区域双向互相访问的数据访问安全策略，如果查看防火墙的路由表，发现防火墙存在到达这三个网段的直连路由。

```
FW1
 l2tp domain suffix-separator @
#
 firewall packet-filter default permit interzone local trust direction inbound
 firewall packet-filter default permit interzone local trust direction outbound
 firewall packet-filter default permit interzone local untrust direction outboun
d
 firewall packet-filter default permit interzone local dmz direction outbound
 firewall packet-filter default permit interzone trust untrust direction inbound
 firewall packet-filter default permit interzone trust untrust direction outboun
d
 firewall packet-filter default permit interzone trust dmz direction inbound
 firewall packet-filter default permit interzone trust dmz direction outbound
 firewall packet-filter default permit interzone dmz untrust direction inbound
 firewall packet-filter default permit interzone dmz untrust direction outbound
#
 ip df-unreachables enable
  ---- More ----
```


图 7-33　小实验 2 组网防火墙中的新增的区域间数据访问安全策略

```
FW1
[SRG]display ip routing-table
14:56:39  2018/06/17
Route Flags: R - relay, D - download to fib
------------------------------------------------------------------------------
Routing Tables: Public
      Destinations : 8  Routes : 8
Destination/Mask    Proto  Pre  Cost      Flags NextHop         Interface
      127.0.0.0/8   Direct 0    0           D   127.0.0.1       InLoopBack0
      127.0.0.1/32  Direct 0    0           D   127.0.0.1       InLoopBack0
     172.16.1.0/24  Direct 0    0           D   172.16.1.1      GigabitEthernet0/0/2
     172.16.1.1/32  Direct 0    0           D   127.0.0.1       InLoopBack0
    192.168.1.0/24  Direct 0    0           D   192.168.1.1     GigabitEthernet0/0/5
    192.168.1.1/32  Direct 0    0           D   127.0.0.1       InLoopBack0
     202.10.1.0/24  Direct 0    0           D   202.10.1.1      GigabitEthernet0/0/8
     202.10.1.1/32  Direct 0    0           D   127.0.0.1       InLoopBack0
[SRG]
```

图 7-34　防火墙路由表中的直连路由

如图 7-32 所示，与小实验 1 相比较，防火墙中增加了三个区域间的双向访问许可，但是三台计算机 PC1、PC2 和 PC3 仍然互相 ping 不通。这是什么原因呢？这是因为防火墙上连接计算机的三个接口游离在区域之外，没有添加到相应的区域之中。这是防火墙与路由器和交换机的又一个重要区别。

在路由器和交换机中，数据包在接口之间的转发是没有限制直接转发的。但是对防火墙来说，防火墙中能够看见的是与路由器和交换机相类似的物理接口，区域是防火墙逻辑上的概念，但是防火墙的数据转发规则却是在区域间进行的。如果防火墙的接口没有添加在相应的区域里面，接口游离在区域之外，则接口无法转发数据。默认情况下，数据包在不同的区域之间流动时，才会触发安全检查，在同一个区域中流动时，不会触发安全检查。同时，华为的防火墙也支持对同一个安全区域内经过防火墙的流量进行安全检查。因此防火墙的接口一定要添加到区域中，这一点与交换机和路由器截然不同。

如果防火墙是二层接口，还需要把划分 VLAN 后对应设置的三层 VLAN 接口也添加到相应的区域中，如果只是添加了物理接口而没有添加三层接口，则也会产生互通故障。

7.4.5　添加防火墙新区域后的默认区域间数据访问安全策略

默认情况下，防火墙有四个区域。有时候在做网络规划时，所给的默认区域显得不够用，此时就需要自行给防火墙添加新的区域。在添加新区域时，要根据区域的用途，合理地设置安全级别。

假设一个企业局域网通过防火墙连接到 Internet,公司对网络连接要求较高,要求时时在线,所以打算同时选择电信和联通两家 ISP 提供服务。此时电信和联通作为外部 Internet 网络,需要连接到两个 untrust 区域。而默认情况下防火墙只有一个 untrust 区,所以需要再添加一个 untrust 区域,新添加的区域不能与已有的区域同名,可以命名为 untrust1(当然也可以为其他名称)。既然是 untrust 类型的区域,那么其安全级别必须设置为小于 dmz 区域的安全级别。如果安全级别设置为大于 dmz 区域的安全级别,则这个区域属性就变得不伦不类了。

下面的命令是添加一个 untrust 类型的新区域 untrust1,其安全级别设置为与 untrust 的安全级别相当。可以使用下面的配置命令实现:

```
[USG]firewall zone name untrust1                 /* untrust1 是所设置新区域的名称 */
[USG-zone-untrust1]set priority 10               /* 设置新区域之后应立即设置其安全级别 */
```

当添加一个新区域后,防火墙将自动添加一条 local 区域和新添加的区域间 outbound 方向的数据访问安全策略,如图 7-35 所示。local 区域和新添加的区域间数据访问安全策略仍只是半方向,即 outbound 方向,而 inbound 方向则为不允许。

```
#
firewall packet-filter default permit interzone local trust direction inbound
firewall packet-filter default permit interzone local trust direction outbound
firewall packet-filter default permit interzone local untrust direction outbound
firewall packet-filter default permit interzone local dmz direction outbound
firewall packet-filter default permit interzone local untrust1 direction outbound
#
```

图 7-35 向防火墙添加一个新区域后增加一条默认区域间数据访问安全策略

如果是添加一个 trust 类型的新区域 trust1,其安全级别设置为 90,这个值甚至比 trust 的默认安全级别 85 还要大,似乎这个 trust1 区域理应更获得信任。但防火墙仍然只产生 local 和 trust1 区域的 outbound 方向的数据访问安全策略,如图 7-36 所示。

```
[USG]firewall zone name trust1                   /* trust1 是所设置新区域的名称 */
[USG-zone-trust1]set priority 90                 /* 设置新区域 trust1 的安全级别为 90 */
```

```
#
firewall packet-filter default permit interzone local trust direction inbound
firewall packet-filter default permit interzone local trust direction outbound
firewall packet-filter default permit interzone local untrust direction outbound
firewall packet-filter default permit interzone local dmz direction outbound
firewall packet-filter default permit interzone local untrust1 direction outbound
firewall packet-filter default permit interzone local trust1 direction outbound
#
```

图 7-36 向防火墙添加一个 trust 类型的新区域后对应增加的默认区域间数据访问安全策略

在实体防火墙中添加新区域也可以通过 Web 方式进行,这里省略。

如果添加一个 dmz 类型的新区域 dmz1,其安全级别设置为 51,这个值差不多与系统默认的 dmz 区域的安全级别相当。但防火墙仍然只产生 local 和 dmz1 区域的 outbound 方向数据访问安全策略,如图 7-37 所示。

```
#
firewall packet-filter default permit interzone local trust direction inbound
firewall packet-filter default permit interzone local trust direction outbound
firewall packet-filter default permit interzone local untrust direction outbound
firewall packet-filter default permit interzone local dmz direction outbound
firewall packet-filter default permit interzone local untrust1 direction outbound
firewall packet-filter default permit interzone local trust1 direction outbound
firewall packet-filter default permit interzone local dmz1 direction outbound
#
```

图 7-37 向防火墙添加一个 dmz 类型的新区域后对应产生的默认数据访问安全策略

```
[USG]firewall zone name dmz1                    /* dmz1 是所设置新区域的名称 */
[USG-zone-dmz1]set priority 51                  /* 设置新区域 dmz1 的安全级别为 51 */
```

由此可见，当我们在防火墙中添加一个新区域时，不管设置这个新区域的安全级别为多少，系统都将只对应增加一条数据访问安全策略，这条安全策略正是对应“从 local 区域向新添加区域的 outbound 方向的数据访问安全策略”。这表明新添加区域和防火墙现有的 trust、untrust、dmz 等区域都是隔断的。

有时候，要将新添加的区域删除，可以使用 undo 命令，例如将上面新增加的区域 dmz1 删除，可以按照下面命令操作：

```
[USG]undo firewall zone name dmz1               /* 删除 dmz1 区域 */
```

删除新添加的区域后，前面添加新区域时防火墙自动产生的一条数据访问安全策略也会自动消失。防火墙默认的四个区域不能被删除，例如下面的操作试图删除 trust 区域，系统出现错误提示“Error：The security zone defined by system，can't delete.”，意为“这个安全区域由系统定义，不能删除”，如图 7-38 所示。

```
[USG2100]undo firewall zone name trust
11:23:55  2014/01/29
 Error: The security zone defined by system, can't delete.
[USG2100]
```

图 7-38　防火墙默认的四个区域不能删除

7.4.6　按需控制防火墙的区域间数据访问安全策略

在第 7.4.4 节中，我们讨论了防火墙的区域间数据访问安全策略的配置方法。不过在那里实现的是防火墙的一个完整区域对另一个完整区域的访问。实际上，也可以根据需要对具体的网段实施更精确的区域间数据访问安全策略。

以图 7-39 为例，图中 trust 区域用户 IP 网段为 172.16.0.0/16，dmz 区服务器网段为 172.31.1.0/24，untrust 区域用户 IP 网段为 202.10.1.0/24。要求实现 trust 区域指定 IP 网段和 untrust 区域指定 IP 网段的互相（双向）访问，以及 trust 区域和 untrust 区域指定 IP 网段对 dmz 区服务器的单向访问。

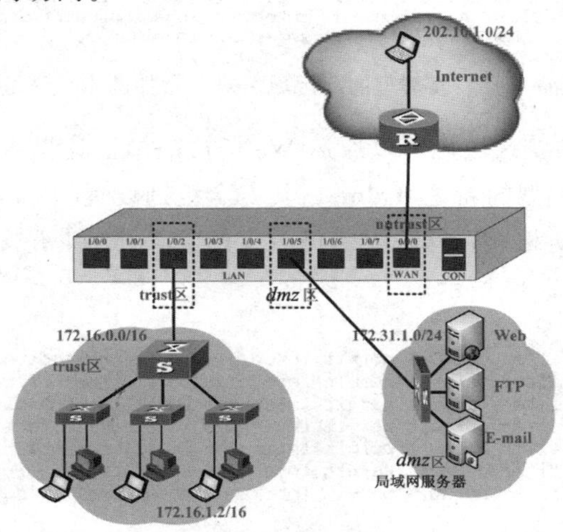

图 7-39　实现区域间特定 IP 网段的访问

下面以表 7-10 表示区域间访问需求、区域、用户网段以及 inbound、outbound 方向之间的关系。

表 7-10 区域间访问需求、区域、用户网段与数据访问方向之间的关系

区域间访问需求	区域	用户网段	区域	用户网段	方向
trust 区访问 dmz 区	trust	172.16.0.0/16（源地址）	dmz	172.31.1.0/24（目的地址）	outbound
untrust 区访问 dmz 区	untrust	202.10.1.0/24	dmz	172.31.1.0/24	inbound
trust 区和 untrust 区互相访问	trust	172.16.0.0/16（源地址）	untrust	202.10.1.0/24（目的地址）	outbound
		172.16.0.0/16（目的地址）		202.10.1.0/24（源地址）	inbound

```
/* 以下定义 untrust 区域用户 IP 网段 202.10.1.0/24 可以访问 trust 区域用户 172.16.0.0/16 */
[FW]policy interzone trust untrust inbound                    /* 方向是从 untrust 进入 trust */
[FW-policy-interzone-trust-untrust-inbound]policy 10              /* 序号可以为 0 或其他整数 */
[FW-policy-interzone-trust-untrust-inbuond-10]policy source 202.10.1.0 0.0.0.255
                                                              /* 源地址是 untrust 区域的网段 */
[FW-policy-interzone-trust-untrust-inbuond-10]policy destination 172.16.0.0 0.0.255.255
                                                              /* 目的地址是 trust 区域的网段 */
[FW-policy-interzone-trust-dmz-outbuond-10]action permit                  /* 定义允许策略 */
[FW-policy-interzone-trust-dmz-outbuond-10]quit
```

上面一组语句含义是允许 untrust 区域的 202.10.1.0/24 网段访问 trust 区域的 172.16.0.0/16网段，untrust 区域的其他网段则无法访问。

以上安全策略定义还可以进行下述变化：

(1) 源地址或目的地址可以只是单一的 IP 地址，例如“192.168.1.2 0”就表示仅这一个 IP 地址，而不是 IP 网段。

(2) 可以无源地址，则是指所有地址，即 untrust 区域的所有 IP 地址。事实上，untrust 区域一般是指外部 Internet 网络，该区域中的 IP 地址网段当然不止一个，所以不定义 untrust 的源地址更符合实际情况。例如下面不定义 untrust 区域的源地址。

```
[FW]policy interzone trust untrust inbound                    /* 方向是从 untrust 进入 trust */
[FW-policy-interzone-trust-untrust-inbound]policy 10
[FW-policy-interzone-trust-untrust-inbuond-10]policy destination 172.16.0.0 0.0.255.255
                                                              /* 目的地址是 trust 区域的网段 */
[FW2-policy-interzone-trust-dmz-outbuond-10]action permit                 /* 定义允许操作 */
[FW2-policy-interzone-trust-dmz-outbuond-10]quit
[FW2-policy-interzone-trust-dmz-outbuond]quit
```

(3) 可以无目的地址，则是指所有目的地址，即 trust 区域的所有 IP 地址。

(4) 可以既无源地址，又无目的地址，则是指所有源地址和所有目的地址。例如：

```
[FW]policy interzone trust untrust inbound
```

```
[FW-policy-interzone-trust-untrust-inbound]policy 10
[FW-policy-interzone-trust-dmz-outbuond-10]action permit
[FW-policy-interzone-trust-dmz-outbuond-10]quit
[FW-policy-interzone-trust-dmz-outbuond]quit
```

此时上面的定义实际上相当于下述语句：

```
[FW2]firewall packet-filter default permit interzone trust untrust inbound
```

即 untrust 区域的任意网段都可以访问 trust 区域任意网段。

(5) 当两个区域的同一个方向需要定义多于一个策略时，需要给 policy 定义不同的序号。系统按顺序匹配操作，当匹配了其中的一个策略时，将终止匹配其后的所有策略。因此在定义了多个策略时，要注意这多个策略的先后顺序，如果定义的顺序不恰当，则有可能会影响区域间数据访问。下面定义的是 trust 和 untrust 两个区域间相同的 inbound 方向的两个策略，分别为 policy 10 和 policy 20。

```
[FW2]policy interzone trust untrust inbound          /* 方向为 untrust 区域访问 trust 区域 */
[FW2-policy-interzone-trust-untrust-inbound]policy 10          /* 定义序号为 10 的策略 */
[FW2-policy-interzone-trust-untrust-inbuond-10]policy source 202.10.1.0 0.0.255.255
                                                    /* 源地址网段为 202.10.1.0/24 */
[FW-policy-interzone-trust-untrust-inbuond-10]policy destination 172.16.0.0 0.0.255.255
                                                    /* 目的地址网段为 172.16.0.0/16 */
[FW-policy-interzone-trust-dmz-outbuond-10]action permit          /* 策略为允许访问 */
[FW-policy-interzone-trust-dmz-outbuond-10]quit
[FW-policy-interzone-trust-untrust-inbound]policy 20          /* 定义序号为 20 的策略 */
[FW-policy-interzone-trust-untrust-inbound-20]policy destination 172.16.10.2 0
            /* 没有定义源网段则指所有，而目的网段为单一 IP 地址 172.16.10.2/32 */
[FW-policy-interzone-trust-dmz-outbound-20]action permit          /* 策略为允许访问 */
[FW-policy-interzone-trust-dmz-outbound-20]quit
```

上述定义中，policy 10 定义了 untrust 区域的 202.10.1.0/24 网段可以访问 trust 区域的 172.16.0.0/16 网段；而 policy 20 则定义了 untrust 区域的所有网段可以访问 trust 区域的唯一主机地址 172.16.10.2/32。当两个区域的同一个方向定义了两条以上的访问规则时，将按照顺序匹配规则从序号小的到序号大的进行匹配，一旦匹配成功，则后面的规则就不再起作用了。

以上配置实现的是 untrust 区域用户 IP 网段可以访问 trust 区域用户 IP 网段 172.16.0.0/16，其他配置省略。

如果发现所配置的数据访问策略不合适，需要取消，可以采用下面的操作。

```
[FW1]policy interzone trust untrust inbound          /* 进入区域互操作视图 */
[FW1-policy-interzone-trust-untrust-inbound]undo policy 10          /* 取消策略序号 */
```

在实际组网应用中，针对具体网段进行区域间访问控制可能只在特定的场合要用到。比如限定某个 IP 网段的用户对服务器的访问，或者在防火墙日志中查到某个 IP 地址攻击服务器，可以禁止此 IP 地址对服务器的访问等。

7.4.7　防火墙的 local 区域

在第 7.4.2 节讨论防火墙的区域时，曾经叙述过防火墙有四个区域，除 trust、untrust 和 dmz 区域外，还有一个 local 区域。local 区域是防火墙的一个很特别的区域。为了更好地理解 local 区域，先来做做下面的小实验 3。

小实验 3： 在 eNSP 软件中按图 7-40 组网并配置。配置完成后，按表 7-11 要求测试，看看会得到什么结果？

小实验 3
配置视频

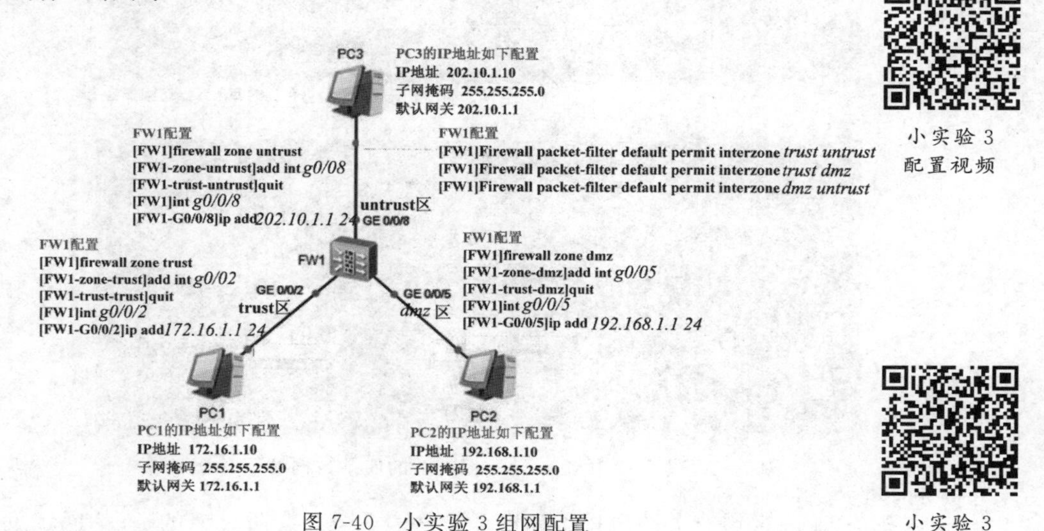

图 7-40　小实验 3 组网配置

小实验 3
工程文件

将测试结果填写在表 7-11 中。

表 7-11　测试操作

名称	操作	名称	结果	名称	操作	名称	结果
PC1	ping	PC3		PC3	ping	PC1	
PC1	ping	PC2		PC2	ping	PC1	
PC2	ping	PC3		PC3	ping	PC2	
PC1	ping	网关		网关	ping	PC1	
PC2	ping	网关		网关	ping	PC2	
PC3	ping	网关		网关	ping	PC3	

以上测试结果显示：PC1、PC2 和 PC3 可以互相 ping 通，但只有 PC1 能够 ping 通自己的网关，PC2 和 PC3 却 ping 不通各自的网关。这种结果在路由器和三层交换机的类似组网中是不可能出现的。这又是一个显示防火墙与交换机和路由器不相同的地方。在交换机和路由器的组网中，要使两台计算机互相通信，计算机能够 ping 通其网关是前提条件。在排除交换机和路由器组网的通信故障时，一般总是首先测试主机是否能够 ping 通网关，如果发现 ping 不通网关，则首先要解决这个故障。但小实验 3 中的例子显示，计算机 ping 不通网关，但却不影响两台计算机的正常互相通信。这又是为什么呢？

要回答这个问题,需要从防火墙默认区域间数据访问安全策略来分析。对比一下防火墙默认数据访问安全策略和小实验 3 中添加一些规则后的数据访问安全策略,如图 7-41 所示。

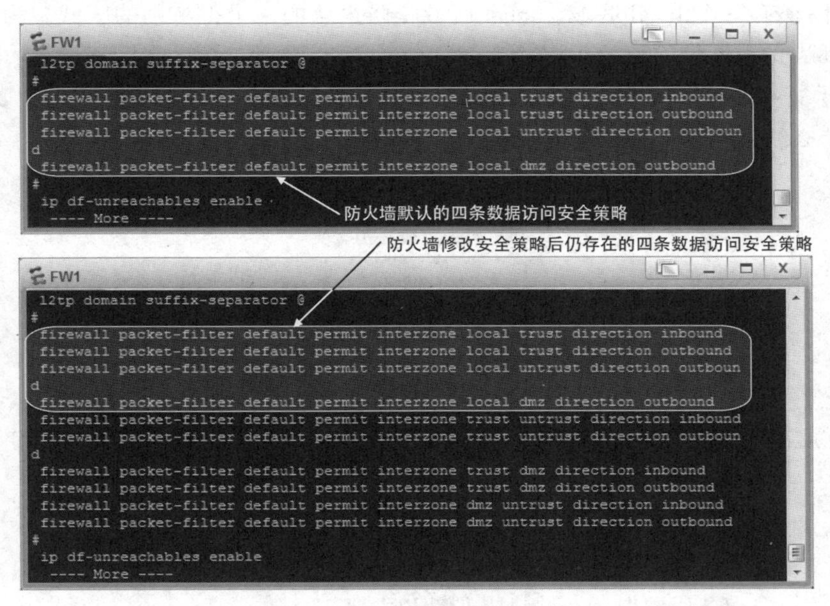

图 7-41　防火墙中与 local 区域有关的四条数据访问安全策略

这四条与 local 区域有关的数据访问安全策略表明:只有防火墙的 local 区域可以访问其他三个区域,而其他三个区域中只有 trust 区域可以访问 local 区域,其他两个区域不能访问 local 区域。可以把防火墙的所有物理接口和附着在物理接口上的三层 IP 地址看作属于防火墙的 local 区域,而接口所连接的计算机属于相应的 trust、untrust 和 dmz 区域。从防火墙自身去 ping 防火墙接口所连接的计算机,由于数据访问安全策略是允许的,所以可以 ping 通;反之,则只有 trust 区域允许访问 local 区域。

防火墙的 local 区域不太好理解。的确,当添加物理接口到防火墙的 trust、untrust 区域时,物理接口确实添加进了某个区域。在查看当前配置时也显示接口分属于不同的防火墙区域,但它所代表的真实意义其实是接口所连接的网络连接(或规划)到了 trust 或 untrust 区,而接口本身仍然属于防火墙的 local 区域。为了帮助读者进一步理解,可以用图 7-42 来说明这个问题。

从图 7-42 可以看到,防火墙的 g0/0/1 接口规划到 trust 区域,实际上是指该接口连接的网络属于 trust 区域,该接口本身(及附属的 IP 地址)仍属于 local 区域,而防火墙的 g0/0/8 接口划分到 untrust 区域,实际上是指该接口连接的网络属于 untrust 区域,该接口本身(及附属的 IP 地址)仍属于 local 区域。这也符合防火墙的任意接口划分到任意区域,以及连接到任意网络的情况。因此可以总结出:将防火墙的接口添加到某个区域,只是指该接口所连接的网络属于该区域,而接口本身(包括 IP 地址)仍然属于 local 区域,防火墙的 local 区域代表防火墙本身。

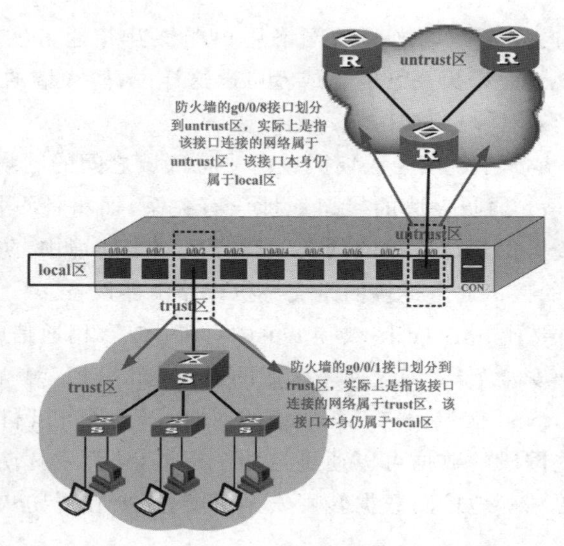

图 7-42　防火墙的 local 区域的准确含义

正是由于防火墙的所有接口本身属于 local 区域，所以当外部网络要 ping 防火墙的接口 IP 地址，或者防火墙 ping 外部网络时，必须有相应的数据访问安全策略，否则无法 ping 通。而防火墙默认情况下 local 和 dmz、untrust 区域之间的数据访问安全策略只是单向允许（安全级别高到安全级别低的 outbound 方向），所以从 untrust、dmz 区域中的接口连接的计算机去 ping 防火墙的接口 IP 地址不能够 ping 通。

分析到这里，有的读者可能迫切想要实现 untrust 区域的计算机 PC3 能够 ping 通它的网关，也就是防火墙。要实现这个，其实非常简单，可以参照前面的介绍，修改防火墙的默认区域间数据访问安全策略。既然是防火墙限制了 untrust 区域不能进入 local 区域，那么可以手工修改安全策略，只需要添加允许 untrust 区域访问 local 区域的数据访问安全策略，就可以让连接在 untrust 区域的计算机能够访问防火墙，从而实现 ping 通。操作命令如下所示：

```
[USG]firewall packet-filter default permit interzone local untrust direction inbound
```

配置完上述数据访问安全策略语句后，再次从计算机 PC3（IP 地址为 202.10.1.10）去 ping 防火墙的接口 g0/0/8（IP 地址为 202.10.1.1），发现可以 ping 通。同理，也可以实现 dmz 区域的计算机 ping 通自己的网关。

实际上，大多数情况下去 ping 防火墙的接口 IP 地址是没有什么意义的，甚至是没有必要的。上面实现的 untrust 区域计算机 ping 防火墙的例子只是为了让读者更好地理解防火墙的区域。

上面的小实验表明了防火墙各个区域能够互相通信，并不要求防火墙各区域中的计算机 ping 通网关。这对于防火墙来说其实是有非常重要的意义的。因为如果防火墙的区域用户能够访问防火墙的接口（或者说 local 区）是防火墙的不同区域用户之间互相通信的前提条件的话，那么防火墙的接口就将开放给用户访问，包括 untrust 区域的用户访问防火墙的接口，那样将把防火墙置于高风险之中。因为用户可以通过 Web 浏览器登录防火墙进行操作，而位于 unstrust 区域的 Internet 上的黑客如果探测到了防火墙的地址，极有可能通过 Web 登录防火墙进行修改，那样整个企业网络就崩溃了。

因此,防火墙区域内或者区域之间的网络用户能够互相通信实际上与区域用户能否ping通防火墙的接口地址是毫无关系的。或者可以这样说,防火墙的区域用户即使ping不通防火墙的接口,也不影响区域内或区域间用户通信。

注意:上述组网只是为了说明防火墙区域内或者区域之间的网络用户能够互相通信实际上与区域用户能否ping通防火墙的接口地址没有关系,而将计算机直接连接到防火墙,防火墙的接口或三层接口作为计算机的网关。在真实网络环境中,防火墙的接口并不作为计算机的网关,防火墙的接口通常连接的是交换机或路由器设备。

如图7-38所示,当要让untrust区域和trust区域用户互相通信时,只需要确保这两个区域之间存在数据访问安全策略,而这两个区域的通信与local区域无关。如果能够更精确地规划untrust区域和trust区域用户互相通信的网段,那么还可以利用policy策略,在防火墙上更精确地控制哪些网段的数据可以通过这两个区域,从而发挥防火墙在网络安全方面的优越性。当然实施更精确地控制数据转发安全策略,需要在对防火墙的操作非常熟悉的情况下才能进行。

与路由器和交换机的最大不同是,防火墙中划分了区域。路由器和交换机的数据转发是基于接口的,而防火墙的数据转发是基于区域的。防火墙的数据安全防护是在区域之间进行的。正确理解防火墙的区域非常重要,它涉及后续章节中利用防火墙实现对数据的精确控制。如果防火墙的数据访问安全策略设置不正确,有可能导致通信故障。

7.5 防火墙的状态检测特性

小实验4:按图7-43所示进行组网配置,trust区域的计算机PC1连接到防火墙的g0/0/1接口,untrust区域的计算机PCA连接到防火墙的g0/0/8接口。配置完毕后测试PC1和PCA的互通情况。

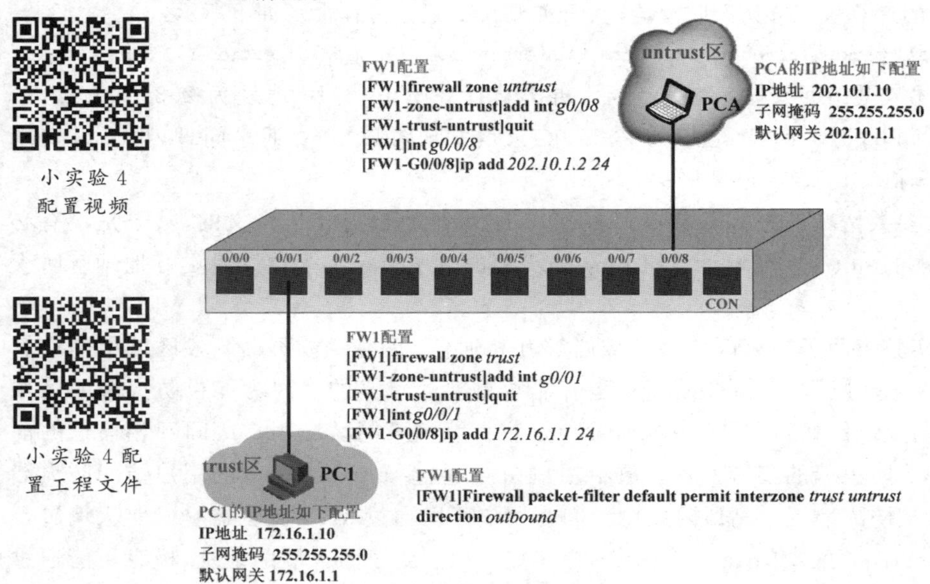

图7-43 trust区域的用户和untrust区域的用户互相通信

先测试 PC1 ping PCA，然后再测试 PCA ping PC1，将测试结果填写在表 7-12 中。

表 7-12 操作测试

名称	操作	名称	结果	名称	操作	名称	结果
PC1	ping	PCA		PCA	ping	PC1	

在路由器和交换机组建的网络中，两台计算机如果满足一方 ping 通另一方，则反方向也能够 ping 通。但在防火墙组建的网络中，有可能只是单向 ping 通。如小实验 4 中就是 PC1 能够 ping 通 PCA，但 PCA 不能 ping 通 PC1。由于小实验 4 只添加一条数据允许 trust 区域访问 untrust 区域的数据访问安全策略，所以 PCA 不能 ping 通 PC1 符合预期。

如果查看防火墙的数据访问安全策略，可以发现 trust 和 untrust 区域之间只对应一个刚刚配置的 outbound 方向的数据访问安全策略，如图 7-44 所示。

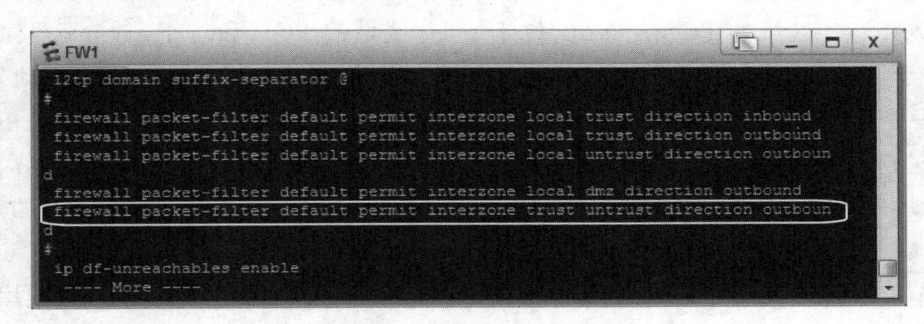

图 7-44 防火墙的数据访问安全策略

图 7-45 是图 7-44 显示的 trust 和 untrust 区域的数据访问安全策略的图形化展示。表明 trust 区域可以访问 untrust 区域，但 untrust 区域不能访问 trust 区域。

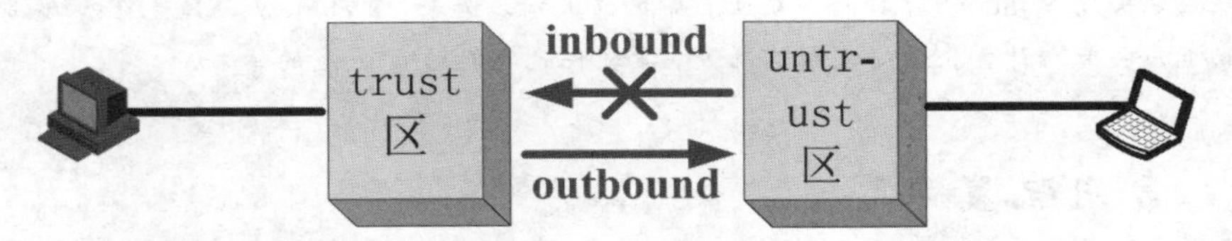

图 7-45 修改安全策略使 trust 区域可以访问 untrust 区域

从上面的 ping 操作中可以看到，位于 trust 区域的计算机 PC1 可以 ping 通位于 untrust 区域的计算机 PCA。按照我们对 ping 命令的理解，ping 包括数据的去程和回程两个方向，按道理说，trust 和 untrust 区域的 outbound 方向的数据访问安全策略只是保证了 PC1 发出的 ping 包能够去往 PCA，而从 PCA 返回 PC1 的 ping 包应该是无法返回的。也就是说 ping 包是有去无回的，但是事实却证明 ping 是成功的。那么这该怎么解释呢？

这实际上是防火墙中的包过滤所起的作用。防火墙的包过滤会监控每一个通信连接的状态，每一个连接状态信息都将被防火墙维护并用于动态地决定数据包是否被允许通过防火墙或丢弃，阻止不符合安全策略的数据包穿过防火墙。以便于实施内部网络的安全策略。在内网访问外网的同时，防火墙会检测到数据流匹配 ACL 创建一条会话信息，同时创建一个临时 ACL，其安全策略与数据流匹配的 ACL 正好相反（也即是匹配返回的数据流）。当外网的数据返回时，正好匹配上这个临时 ACL，让原本无法返回的信息能够返回，从而形成一个稳定的会话。

以这里的小实验 4 为例，防火墙检测到位于 trust 区域的计算机 PC1 发出 ping 位于 untrust 区域的计算机 PCA 的数据包，所配置的 outbound 方向的数据访问安全策略匹配去往 PCA 的 ping 数据包。接着防火墙将为此 ping 的数据流建立一个临时的反方向数据访问安全策略，而且临时建立的安全策略精确匹配原始 ping 操作的源地址和目的地址。由于防火墙为去方向的 ping 数据包临时建立了一个返回方向的允许操作，所以即使不配置 untrust 和 trust 区域的 inbound 方向的数据访问安全策略，ping 操作也是成功的。

在上述例子中，位于 trust 区域的计算机 PC1 可以 ping 通位于 untrust 区域的计算机 PCA。那么反过来，位于 untrust 区域的计算机 PCA 去 ping 位于 trust 区域的计算机 PC1，能不能 ping 通呢？事实证明，仅配置上述 trust 和 untrust 区域的 outbound 方向的数据访问安全策略的话是 ping 不通的。这又该如何解释呢？

位于 untrust 区域的 PCA 去 ping 位于 trust 区域的 PC1，和位于 trust 区域的 PC1 去 ping 通位于 untrust 区域的 PCA，两者的区别是：前者是 trust 区域的 PC1 主动发出 ping 操作，后者是 untrust 区域的 PCA 主动发出 ping 操作。而所配置的 trust 和 untrust 区域的 outbound 方向的数据访问安全策略，只允许 trust 区域的计算机可以访问 untrust 区域的计算机。因此主动发起 ping 操作的只能是 trust 区域的计算机。而 untrust 区域的计算机主动发起 ping 操作则不能 ping 通。所以位于 trust 区域的 PC1 可以 ping 通位于 untrust 区域的 PCA 是因为有数据访问安全策略相匹配再加上防火墙的包过滤功能起作用，而位于 untrust 区域的 PCA 不能 ping 通位于 trust 区域的 PC1，则是因为没有相匹配的区域间数据访问安全策略（此时还谈不上防火墙状态检测是否起作用）。

注意：在使用硬件设备组网时，如果计算机安装的是 Windows 7 操作系统，在计算机上进行 ping 操作时，应该关闭 Windows 7 操作系统上自带的防火墙。如果是 Windows XP 操作系统，防火墙没有关闭，也应关闭。计算机上安装的其他防病毒软件也可能影响 ping 的结果。

7.6 常用配置命令

常用配置命令如表 7-13、表 7-14 和表 7-15 所示。

表 7-13 防火墙与区域有关的配置命令

常用命令	视图	作用
firewall zone name *zone-name*	系统	创建一个新区域
set priority *priority-number*	区域视图	设置区域的安全级别
add int *interface-name&id*	区域视图	向区域中添加接口
undo add int *interface-name&id*	区域视图	删除区域中已存在的某个接口
undo firewall zonename *zone-name*	系统	删除创建的区域（注意无法删除默认的 4 个区域）

表 7-14　防火墙区域间数据访问安全策略相关的配置命令

常用命令	视图	作用
firewall packet-filter default permit all	系统	开启防火墙所有区域间的数据访问安全策略(任意两个区域的入和出方向)
undo firewall packet-filter default all	系统	关闭所有区域间的数据访问安全策略
firewall packet-filter default permit interzone *zone*1 *zone*2	系统	开启 zone1 和 zone2 区域间入和出方向的互相通信安全策略
undo firewall packet-filter default interzone *zone*1 *zone*2	系统	关闭 zone1 和 zone2 区域间入和出方向的互相通信安全策略
firewall packet-filter default interzone *zone*1 *zone*2 direction *inbound*	系统	开启 zone1 和 zone2 区域间入方向的单向访问安全策略(入方向是指安全级别低的区域到安全级别高的区域)
undo firewall packet-filter default interzone *zone*1 *zone*2 direction *inbound*	系统	关闭 zone1 和 zone2 区域间入方向的单向访问安全策略(入方向是指安全级别低的区域到安全级别高的区域)

表 7-15　防火墙区域间数据访问安全策略的相关配置命令(精确网段)

常用命令	视图	作用
policy interzone *zone*1 *zone*2 *inbound*	系统	进入设置 zone1 和 zone2 区域间入方向的包过滤安全策略的策略视图
policy *policy-number*		设置区域间的包过滤策略序号(整数值)
undo policy *policy-number*		取消设置的区域间包过滤策略
policy source *ip x.x.x.x ip-subnet-mask*		指定包过滤的源地址(源地址可以为 any,可不指定源地址亦为 any)
policy destination *ip x.x.x.x subnet-mask*		指定包过滤的目的地址(目的地址可以为 any,可不指定目的地址亦为 any)
undo policy *source*(*or destination*)		取消所指定包过滤的源或目的地址
action *permit*		设置区域间的包过滤策略为允许通过

7.7 实验与练习

练习题
工程文件

练习题视频

按题图组网，按题表1和2设置的参数进行配置(如果是使用eNSP软件中的防火墙则不用划分VLAN，直接为接口设置IP地址)。仅实现从计算机PCA(IP：192.168.1.2)上ping PC1(IP：172.31.1.2)能够ping通，但PC1不能ping通PCA。

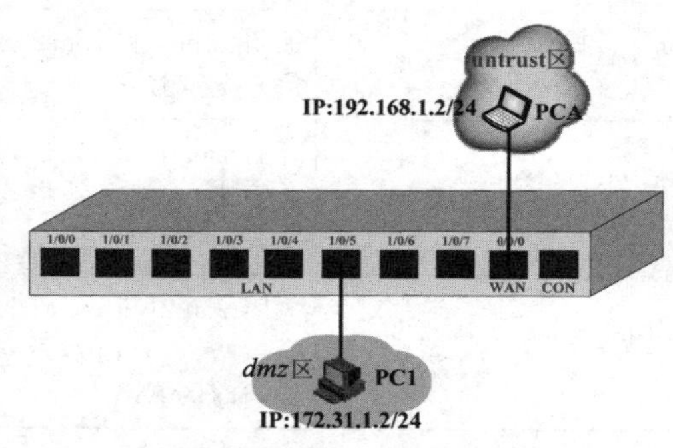

题图1　防火墙和计算机的简单组网

题表1　防火墙设置

	接口	VLAN	IP地址	区域
防火墙	eth1/0/5	31	—	DMZ
	vlanif 31	—	172.31.1.1/24	DMZ
	eth0/0/0	—	192.168.1.1	Untrust

题表2　计算机设置

	IP地址	子网掩码	网关	
计算机	PC1	172.31.1.2	255.255.255.0	172.31.1.1
	PCA	192.168.1.2	255.255.255.0	192.168.1.1

第 8 章

部署企业网防火墙

企业建设局域网的目的是充分利用 Internet 中的海量信息，但 Internet 中时时充斥着安全威胁。企业网络中使用防火墙能够将来自 Internet 的入侵威胁阻挡在企业网络之外，防火墙像一条大坝或者像一堵围墙保护着内部网络。防火墙的一侧连接着内部网络——企业局域网，另一侧连接着外部网络——Internet。企业局域网进入和流出 Internet 的数据都经过防火墙的过滤检查。在初步认识防火墙，能够简单操作防火墙之后，本章将尝试在企业网络规划设计中使用防火墙来保障企业网络安全。

8.1　局域网通过防火墙连接到广域网

在使用防火墙保障企业网络安全时，可以将防火墙架设在局域网和 Internet 之间，以便在外网数据流进入企业局域网之前，进行安全检查。如果使用一台防火墙，只有一个网络出口连接到一个 ISP 网络，可以采用如图 8-1(a)所示的组网形式。

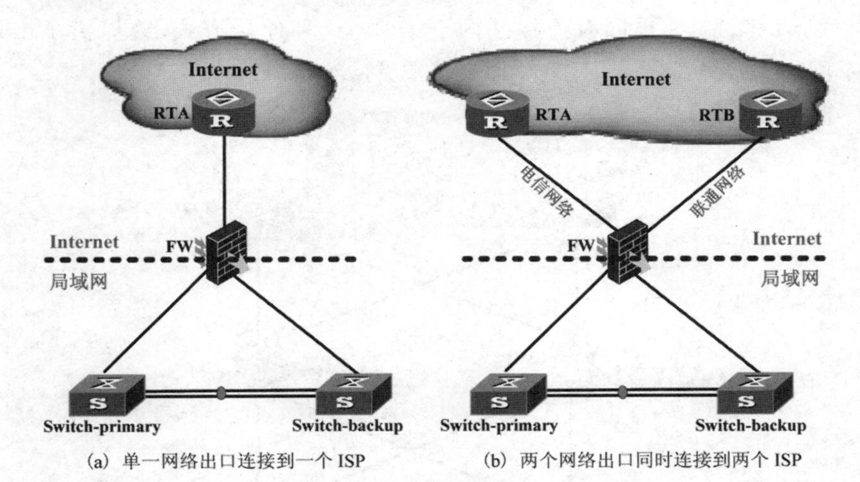

(a) 单一网络出口连接到一个 ISP　　(b) 两个网络出口同时连接到两个 ISP

图 8-1　出口使用一台防火墙的组网连接

单一网络出口在小微型企业组网中用得比较多。但单一网络出口有一个缺点是当网络出口故障时，局域网内所有用户不能上网。为了避免发生这种情况，可以采用两个网络出口。两个网络出口分别连接到两个 ISP,可以起到连接备份的作用。当一个网络出口连接出现故障时,另一个网络出口就自动启用备份连接,保证企业网络时时在线。这种情况下的网络连接如图 8-1(b)所示。图中电信网络和联通网络分别代表我国两家典型的 ISP。

图 8-1 组网使用一台防火墙,当局域网用户较多时,局域网只通过一台防火墙连接到 Internet 可能会形成网络瓶颈效应,使得网络处理速度变慢。如果企业局域网规模较大,用户数量较多,可以使用两台防火墙。使用两台防火墙可以起到负载分担的作用,如图 8-2 所示的两种组网设计。其中防火墙 FW1 连接到路由器 RTA,防火墙 FW2 连接到另一台路由器 RTB。通过合理的配置,可以确保在正常情况下,局域网用户访问外部网络的一半流量通过一台防火墙传输,另一半流量通过另一台防火墙传输。当一台防火墙发生故障时,全网所有流量都从正常使用的防火墙转发。

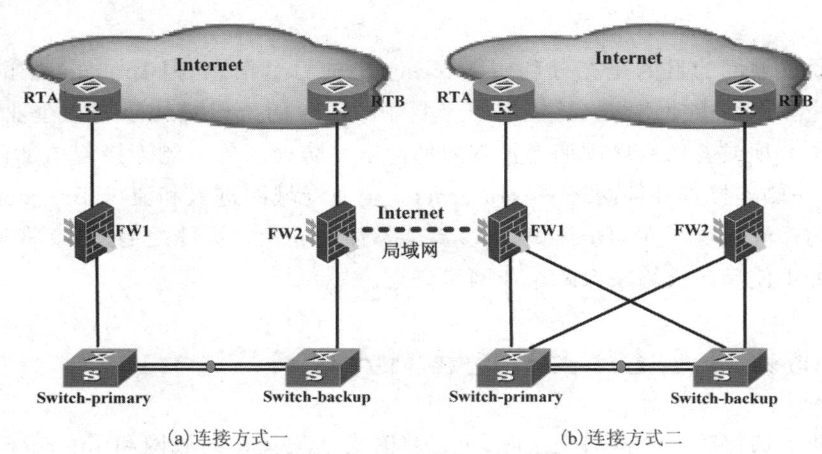

图 8-2 出口使用两台防火墙的组网连接

连接到两个 ISP,还可以使用图 8-3 所示的连接方式。与图 8-2 所示的连接相比,FW1 同时连接到两个 ISP,FW2 也同时连接到两个 ISP。这种连接方式,既提供了出口流量分担,也提供了网络连接备份的作用,是一种比较常见的连接方式。

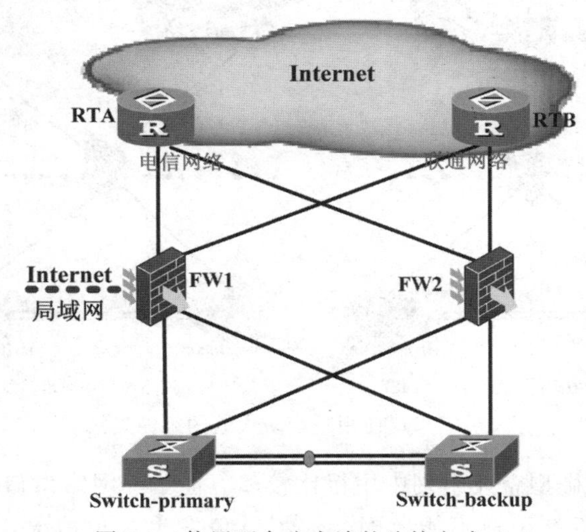

图 8-3 使用两台防火墙的连接方式三

从上面分析的连接方式可以看出，防火墙的连接方式相对来说比较灵活，并不是固定不变的。防火墙在真实网络环境中的连接形式可能更多，但防火墙所起的作用无非就是保护企业内部网络不受外部 Internet 的干扰和入侵。因此只要是防火墙起到这个作用，使用何种连接形式都是可以的。

在本书后续章节的讲解中，由于篇幅有限，本书将重点讨论使用两台防火墙进行组网连接的情形。当只使用一台防火墙时，连接形式比两台防火墙简单，读者完全可以根据本书的讲解，实现用一台防火墙组网连接的情形。

8.2　防火墙的工作模式

8.2.1　防火墙的透明模式

在理解防火墙的透明模式之前，得先了解什么是透明模式。为了理解透明模式，先在 eNSP 软件中做一个小实验。

小实验 1：在 eNSP 软件中按图 8-4 所示组网并配置。配置完成后，测试路由器 RTA 和 RTB 互 ping，看看会得到什么结果？

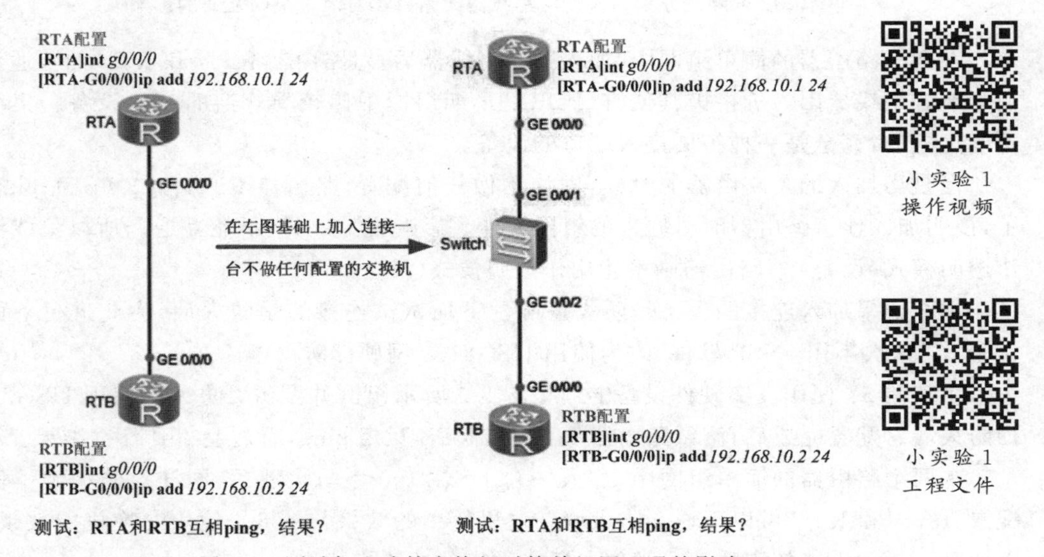

图 8-4　测试加入连接交换机对简单组网互通的影响

在两个路由器的简单组网中，加入连接一台不做任何配置的交换机后，对路由器 RTA 和 RTB 互通没有任何影响。注意，这里的交换机未做任何配置，相当于加入的交换机对路由器来说是一个完全透明的设备，好像这台交换机不存在一样。可以进一步想象，如果路由器 RTA 和 RTB 分别连接了其他的复杂网络，这里加入的交换机，对两者连接的更复杂网络互通也不会有任何影响。尽管交换机还有其他很多功能，比如三层接口、三层路由，等等，但这里都没有使用它的这些功能，只是把它当作一个透传设备，这就是交换机的透明模式，所以有时候也把交换机称为透明网桥。

如果加入连接的设备不是交换机，而是集线器或路由器，结果又是怎样呢？下面继续做一做小实验 2。

小实验 2：在小实验 1 基础上，如图 8-5 所示组网，将原加入的交换机分别换成集线器或路由器。分别测试路由器 RTA 和 RTB 互 ping，结果会是怎样的呢？

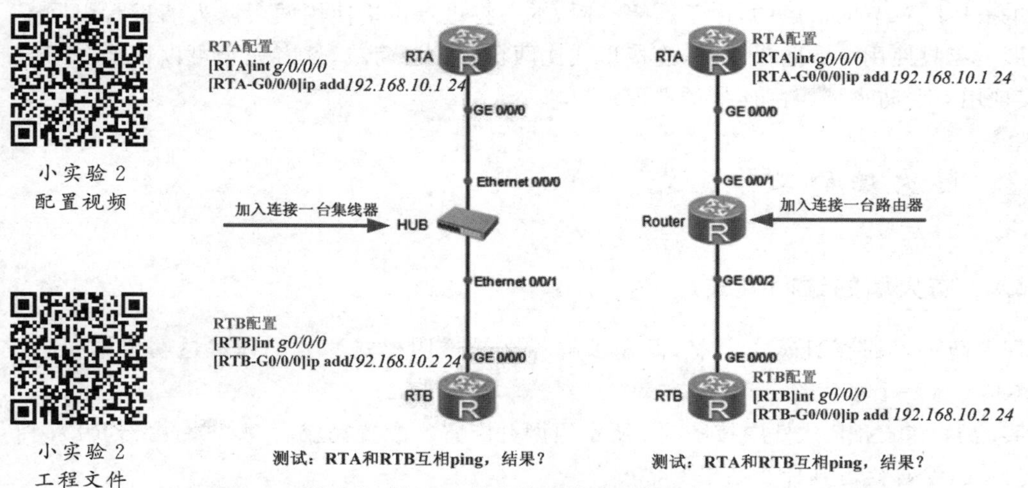

图 8-5　测试分别加入连接集线器或路由器对简单组网互通的影响

在两个路由器的简单组网中，加入一台集线器后，对路由器 RTA 和 RTB 的互通没有任何影响。集线器因为价格极其便宜，所以是早期组网中比较受欢迎的一款设备。集线器是不能配置的，完全是一种扩展接入端口的设备。

但是当加入的是路由器的时候，即使不做任何配置，路由器 RTA 和 RTB 互 ping 失败了，说明加入连接路由器时对原来的组网产生了影响，使原网络不能互通。所以集线器可用作透明模式(设备)①，路由器则不能用作透明模式(设备)。

那么如果加入连接的设备是防火墙呢？下面试试连接的是防火墙，为此进行下面的小实验 3。这次不用 eNSP 软件，改为使用 USG2100 型硬件防火墙。

小实验 3：使用真实硬件设备继续按图 8-6 所示组网并配置，防火墙使用 USG2100 系列防火墙。配置完成后，测试路由器 RTA 和 RTB 互相 ping，看看会得到什么结果？

在两个路由器的简单组网中，加入一台 USG2100 型防火墙后，同样对防火墙不做任何配置，RTA 和 RTB 可以互通。防火墙在这里使用的效果与图 8-4 使用交换机的效果相似，因此可以说防火墙使用的就是类似二层交换机的透明模式。

以上是通过简单的两个路由器组网互通来理解交换机和防火墙的透明模式。在讨论防火墙的透明模式时，如果把防火墙当作二层交换机来使用，不配置 IP 地址，端口仅对接收的数据进行透明转发(当然也会对数据进行安全检查)，那么就称防火墙工作在透明模式。可以借助图 8-7 和图 8-8 来进一步理解防火墙的透明模式。

① 集线器是物理层设备，交换机是数据链路层设备。两者的工作层次不一样。集线器不能称为透明网桥，这里根据小实验 2 中使用集线器和使用交换机呈现一样的效果，称其可用作透明模式。

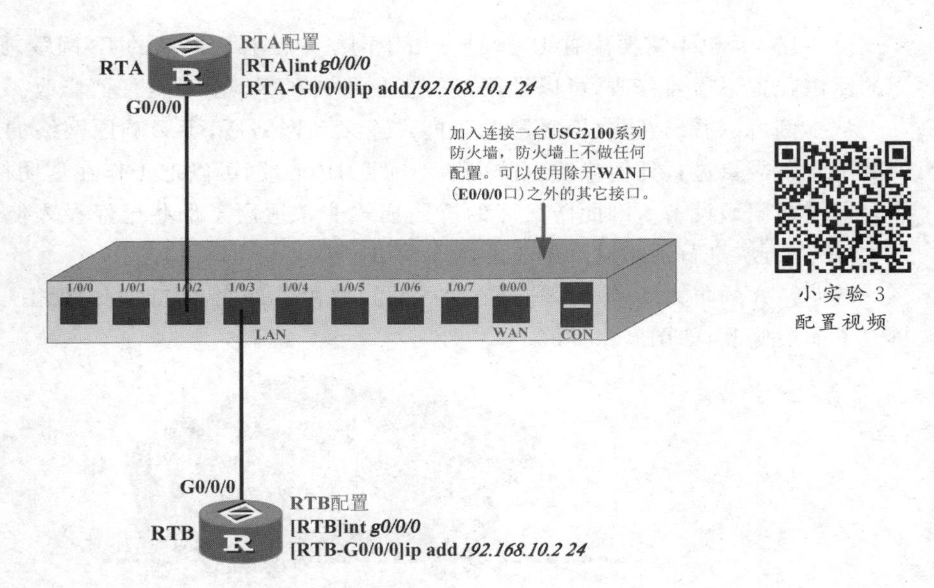

小实验 3
配置视频

图 8-6 测试加入连接 USG2100 型防火墙对简单组网互通的影响

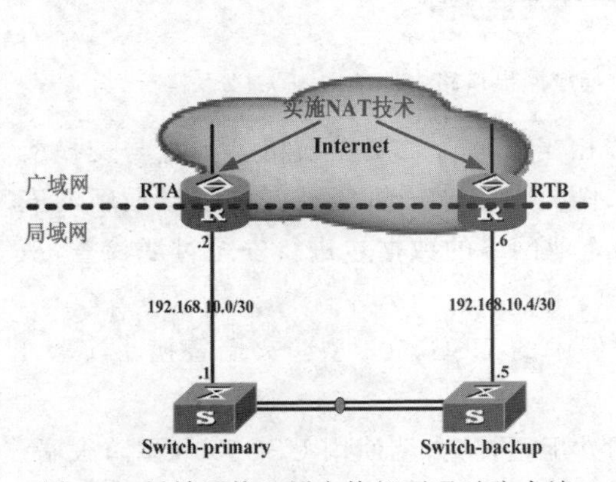

图 8-7 局域网核心层交换机不通过防火墙连接到广域网路由器

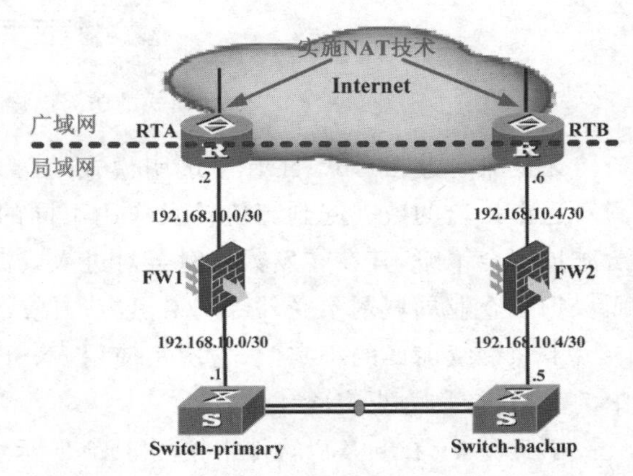

图 8-8 透明模式的防火墙不改变原网络规划

假设一家公司的网络在原设计时没有使用防火墙，网络通过出口路由器连接到 Interent，如图 8-7 所示。

但是公司发现不使用防火墙，公司的内部网络重要文件服务器和数据库经常遭受来自 Interent 的网络攻击和入侵。该公司现在打算加入两台防火墙，同时要避免网络的重新规划设计和施工，因为这会导致公司网络暂停使用以及额外花费。因此公司负责人希望对原网络的改动越少越好，购买的防火墙越早投入使用越好，最好能够像优盘那样即插即用。

这种情况下，防火墙的透明模式就派上用场了。只需要简单地将两台防火墙分别连接到交换机和路由器的中间，就满足了要求。连接方式如图 8-8 所示。

从图 8-8 中可以看到，加入防火墙后，原来核心层交换机和路由器的互连链路两端接口的 IP 地址都没有改变，交换机和路由器的原始配置也不需要改变。新增加的防火墙既不需要划分 VLAN,也不需要配置 IP 地址。由于网络中没有增加新的 IP 网段,原来的企业局域网的路由配置不需要修改,可以说原来的企业局域网不需要进行任何修改。

从本例可以看出,防火墙采用透明模式连接到网络后,不影响原网络的配置,原网络的初始配置不需要进行任何修改。防火墙不配置 IP 地址,可以把工作在透明模式的防火墙看作是即插即用型设备。因此防火墙的透明模式非常适用于那些已经投入使用,为避免浪费人力、物力再次进行网络设计施工的企业网络。

透明模式的防火墙也可以连接在公司出口路由器外面,所起的作用相同,网络的原始配置也不需要修改,如图 8-9 所示。

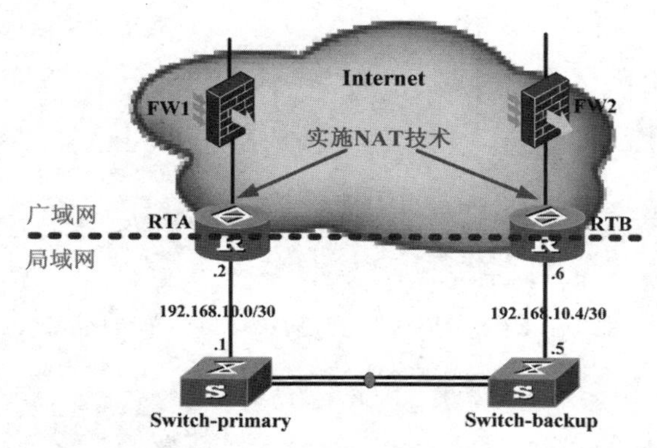

图 8-9　透明模式的防火墙连接在局域网出口路由器外面

无论哪种连接形式,工作于透明模式的防火墙相当于一台二层交换机。不过与交换机只对进出接口的数据起到高速转发作用不同的是,防火墙由于内置当前安全领域最新的安全防护安全策略,其在转发数据时会对进入或流出企业网络的数据包进行安全过滤检查,从而保护了企业局域网不受外部网络黑客入侵或攻击。

下面继续前面的小实验,这次是使用 eNSP 软件中的 USG5500 型防火墙替换小实验 1 中的交换机,称为小实验 4。

小实验 4:在 eNSP 软件中按图 8-10 所示组网并配置,防火墙使用 USG5500 型防火墙。测试路由器 RTA 和 RTB 互 ping,看看会得到什么结果?

小实验 4
配置视频

小实验 4
工程文件

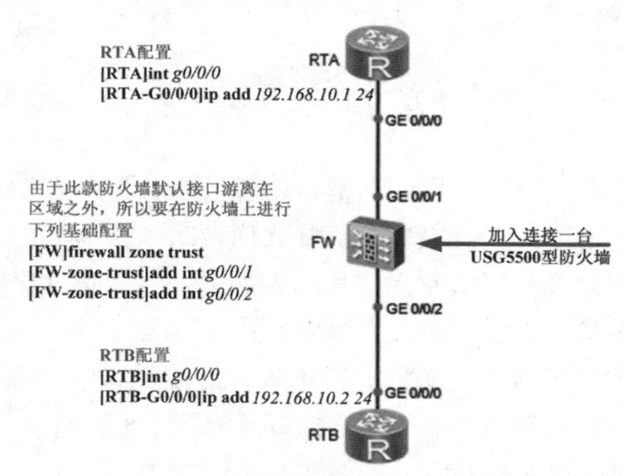

图 8-10　测试加入连接 USG5500 型防火墙对简单组网互通的影响

与图 8-6 所示的小实验 3 对比，显然可以发现，同样简单的两个路由器互连组网，加入不做配置的 USG2100 型防火墙可以互通，而加入不做配置（配置接口区域除外）的 USG5500 型防火墙则不能够互通。这是为什么呢？这主要是跟防火墙中接口的类型有关。回到第 7.3.1 节看看图 7-8 和第 7.3.2 节的表 7-4，这两个图表清楚显示 USG2100 的 8 个 LAN 接口是二层交换“Switch”模式，而 USG5500 的 8 个接口是三层路由“Route”模式。在用作透明模式时，要求接口必须是二层交换模式的接口，不能是三层路由模式的接口。这也解释了图 8-5 所示的小实验 2 中的路由器为什么不能用作透明模式，因为路由器的接口是三层路由模式的接口。由小实验 3 和小实验 4 可知，不是所有型号的防火墙都能用于透明模式。若防火墙的所有接口中没有二层交换“Switch”模式的接口，只有三层路由“Route”模式的接口，这类防火墙就无法使用透明模式。eNSP 软件中的两款防火墙都不能用于透明模式。因为这两款防火墙的所有接口都是三层路由模式的接口，三层路由模式的接口必须通过 IP 地址建立连接，如果不为接口配置 IP 地址，则即使将防火墙连接到网络中，防火墙接口的物理层状态为 up，但协议层状态为 down，接口无法工作。而一旦为防火墙的接口配置 IP 地址，则防火墙就不再工作在透明模式，所以接口都是三层路由模式的防火墙无法工作于透明模式，工作于透明模式的防火墙必须要有二层交换“Switch”模式的接口。

由于防火墙有区域之分，区域之间还有数据访问安全规则，所以防火墙在用作透明模式时，与交换机还略有差异。交换机用作透明模式时可以不做任何配置，而防火墙用作透明模式时，有可能需要做一些基础配置，如把端口添加到区域，设置区域间数据访问规则等，但用作透明模式的防火墙一定不会设置 IP 地址。或者说得更形象一点：防火墙的透明模式就是相当于把防火墙当作二层交换机来使用。

8.2.2　防火墙的路由模式

透明模式的防火墙适用于网络已经在运行而不想再进行重新规划设计的网络，使用起来简单方便，这是透明模式的最大优点。但是工作于透明模式的防火墙没有发挥防火墙的最大优势。如前所述，防火墙除了有交换功能以外，还有强大的路由功能，它能够实施静态路由、RIP 路由、OSPF 等动态路由协议，能够实施 NAT、VPN 等技术。如果只使用透明模式，显然防火墙的这些功能都被忽略了。正常情况下，在建网初期就应该考虑使用防火墙的路由模式，发挥它强大的路由及其他能力。下面我们就来谈谈防火墙的路由模式。

如图 8-11 所示，工作于路由模式的防火墙，防火墙与企业内部网络的交换机或外部网络的路由器连接的端口都要设置 IP 地址。防火墙与内部网络的交换机互连需要配置路由，防火墙与外部网络的路由器互连也需要配置路由，可以使用静态路由，也可以使用动态路由。工作于路由模式的防火墙可以配置 NAT 技术，作为企业局域网连接到 Internet 的出口；还可以应用 VPN 技术，为公司总部网络和其分公司网络建立 VPN。请注意，与图 8-6 不同的是，防火墙的接口配置了 IP 地址，防火墙与企业内部网络的互连使用私网 IP 地址，而与外部网络互连使用公网 IP 地址。

如果将图 8-11 与图 8-10 相比较，就会发现图 8-11 连接的防火墙工作于路由模式后，原网络的交换机和路由器的互连网段 IP 地址需要进行改动，并且由于防火墙上配置了 IP 网段，为了实现交换机、路由器和防火墙上所配置网段的互相通信，防火墙需要配置和企业局域网交换机、外部 Internet 路由器的路由。显而易见，如果是在已经运行的网络上新添加防火墙，并且新增的防火墙工作于路由模式，那么原网络的规划就需要修改。

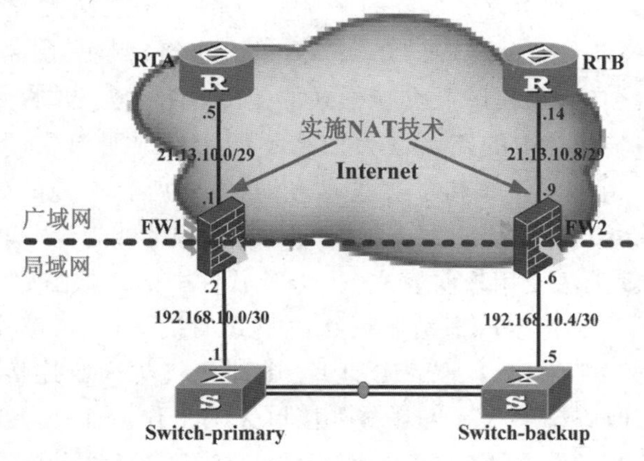

图 8-11　防火墙的路由模式

注意，图 8-11 中防火墙连接 Internet 路由器的接口所设置的 IP 地址的子网掩码设置为 29，比正常的设备链路互连网段的掩码位少 1 位，是考虑到如果要在防火墙上配置 NAT 技术，那么每网段多出 4 个地址可以用作 NAT 转换的地址池。

当然要完全理解防火墙的路由模式还需要在实际学习和工作中加以体会。本书的后续章节主要是使用防火墙的路由模式来实现网络规划和设计，其配置也是基于路由模式。随着后续的深入学习，大家对防火墙的路由模式会有更深入的了解和体会。

8.2.3　防火墙的混合模式

严格来说，混合模式并不是一种新的工作模式。防火墙的混合模式实际上是透明模式和路由模式两种工作模式的结合。在混合模式下，防火墙的部分接口工作于透明模式，部分接口工作于路由模式。工作于透明模式的接口不配置 IP 地址，而工作于路由模式的接口需要配置 IP 地址，当然也需要配置路由。根据网络连接形式的不同以及具体组网的功能需求，工作于混合模式的防火墙配置复杂程度各不相同。

以图 8-12 所示的组网为例，防火墙采用 USG2100 系列。防火墙的 e1/0/1 和 e1/0/2 接口规划到 trust 区，e1/0/5 接口规划到 dmz 区，e1/0/7 和 e0/0/0 接口规划到 untrust 区。e1/0/7 和 e0/0/0 接口分别连接外网路由器，必须为每个接口配置 IP 地址。此时 e1/0/7 和 e0/0/0 接口就工作于路由模式。而 trust 区的 e1/0/1、e1/0/2 接口可以只规划到一个 vlan10 中，这两个接口共用一个 IP 地址。当局域网计算机用户在局域网内通信时，这两个接口就工作于透明模式。当 trust 区域用户和 untrust 区域用户通信时，就要用到三层接口 IP 地址和路由信息了，此时就是路由模式。综合起来，就认为这个防火墙此时工作于混合模式。

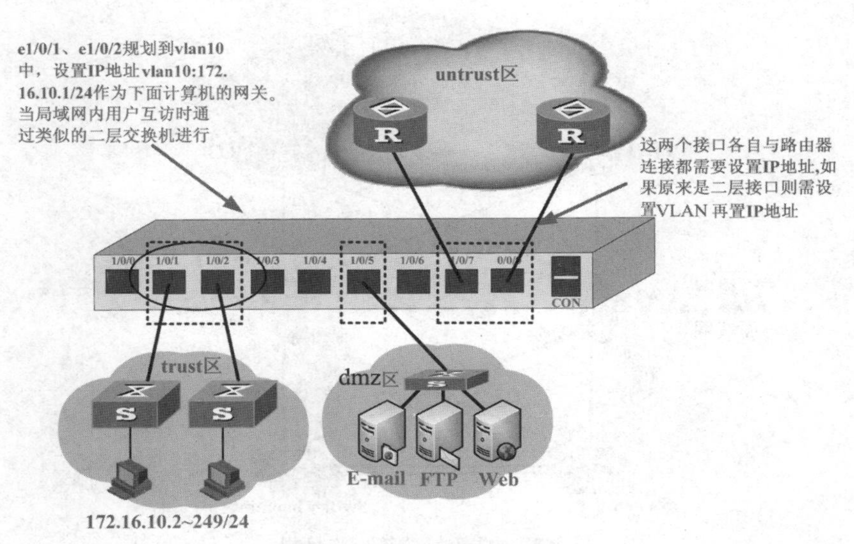

图 8-12 防火墙的混合模式

透明模式和混合模式需要防火墙具有二层交换模式的接口，这类防火墙在小型企业组建局域网中用得比较多。一部分接口连接局域网交换机，工作于透明模式；1～2 个接口连接外网路由器，工作于路由模式。

在设计实现了一些防火墙工作于路由模式的企业网络后，可能更容易理解防火墙的混合模式。由于透明模式的防火墙功能相当于二层交换机，理解起来相对简单，而混合模式仅是透明模式和路由模式的混合，所以防火墙的路由模式是学习的重点。本书的后续章节中主要以讲解和学习利用防火墙的路由模式组建网络为主。

8.3 企业局域网连接防火墙的网络规划(路由模式)

前面已经对企业局域网和广域网进行了规划及配置实现。在使用防火墙连接两部分网络后，有必要结合防火墙进行合理规划。这里的网络规划包括防火墙的接口连接规划，IP 地址规划，NAT 地址池规划，区域规划(包含 dmz 服务器区域规划)。

8.3.1 防火墙的接口连接规划

在本书讨论的企业网络规划中，考虑把防火墙作为局域网访问广域网的出口设备，一侧连接局域网核心层交换机，一侧连接广域网路由器。局域网访问广域网时通过防火墙上配置的 NAT(Network Address Translation，网络地址转换)技术。

按上述规划思路，把防火墙 FW1 的 g0/0/1 接口连接到局域网核心层交换机 Switch-primary，g0/0/2 接口连接到核心层交换机 Switch-backup，g0/0/3 接口连接到广域网路由器 RTA，g0/0/4 接口连接到广域网路由器 RTB。防火墙 FW2 的 g0/0/1 接口连接到核心层交换机 Switch-backup；g0/0/2 接口连接到核心层交换机 Switch-primary；g0/0/3 接口连接到广域网路由器 RTB；g0/0/4 接口连接到广域网路由器 RTA；g0/0/8 接口连接到局域网服务器。连接方式如图 8-13 所示。

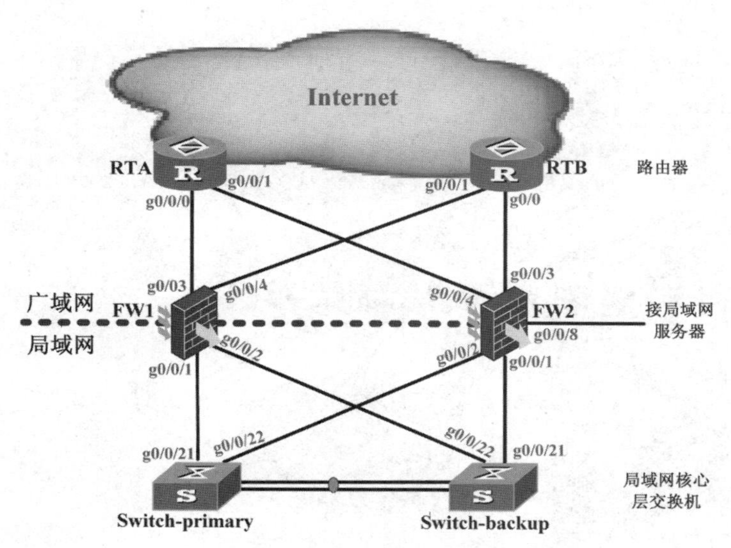

图 8-13　防火墙的接口连接规划

当局域网服务器比较多时，可以在 FW2 的 g0/0/8 接口上再连接一台交换机，交换机可以连接多台不同类型的服务器，如图 8-14 所示。

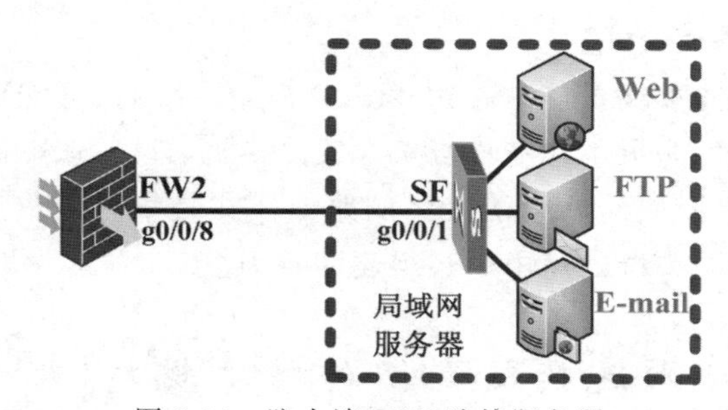

图 8-14　防火墙 FW2 连接服务器

在上述防火墙的组网连接中，将两台防火墙的 g0/0/0 接口均予以保留，既没有连接到企业局域网的交换机，也没有连接到广域网的路由器。这主要是因为 g0/0/0 是防火墙的管理口，考虑到后续要管理防火墙时，不改变 g0/0/0 接口的默认配置，以方便个人计算机登录到防火墙进行管理和配置。

8.3.2　防火墙的 IP 地址和 NAT 地址池规划

如前所述，防火墙作为局域网访问广域网的出口设备，部分接口连接广域网，部分接口连接局域网。在连接防火墙后的网络的 IP 地址规划中，仍然要遵循企业局域网使用私网地址，和外部广域网连接要使用公网地址。

1. 防火墙和局域网连接的 IP 地址规划

在第 3.3 节中将局域网 IP 地址规划使用了两个私网网段，交换机互连链路使用的是一个 C 类私网 IP 地址网段 192.168.20.x/30 网段，局域网用户计算机使用的是一个 B 类私网 IP 地址网段 172.16.x.x/24 网段。考虑到防火墙和核心层交换机的连接仍属于设备之间的互连链路，所以这里仍延续使用 192.168.20.x/30 网段。

FW2 的 g0/0/8 接口连接服务器区的交换机，交换机作为服务器的网关。服务器使用与局域网用户计算机相同大类网段的 IP 地址 172.16.x.x/24 网段，这里使用 172.16.255.0/24。

防火墙和局域网核心层交换机的 IP 网段规划如图 8-15 所示。

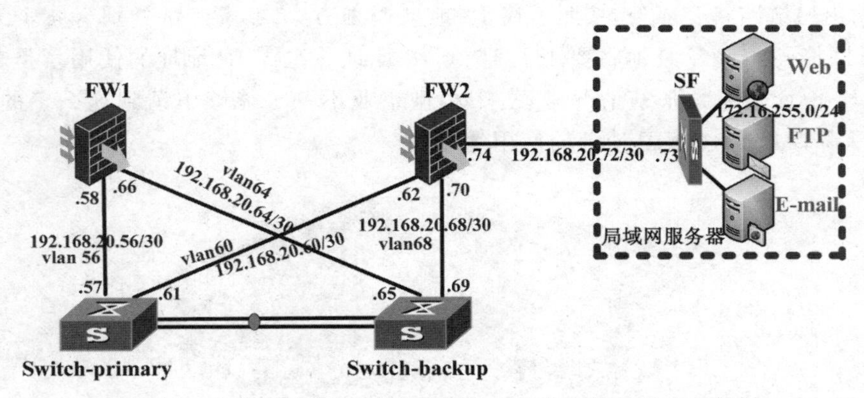

图 8-15　防火墙 FW2 连接局域网核心层交换机的 IP 地址规划

2. 防火墙和广域网连接的 IP 地址规划

防火墙连接广域网路由器的接口使用公网地址，在第 5.2.3 节中将广域网 IP 地址规划为 61.153.50.x/30 网段，这里打算随机使用另一个公网 IP 地址网段 21.13.10.x/29。为什么将子网掩码设置成 29 位而不是像前面那样的 30 位呢？这是因为企业局域网网络规划中将防火墙作为局域网访问广域网的出口设备，局域网访问广域网的出口设备需要实施 NAT。实施 NAT 要用到地址池，需要额外的 IP 地址。

如果这里的互连链路使用子网掩码位数为 30 位的 IP 网段，只有 2 个可用的 IP 地址（另 2 个分别为不能用的子网网段地址和子网广播地址），这 2 个可用的 IP 地址使用在互连链路接口的两端，NAT 地址池就没有可用的 IP 地址了，所以不能使用 30 位子网掩码。而 29 位子网掩码的 IP 网段可以提供 6 个可用的 IP 地址（另 2 个分别为不能用的子网网段地址和子网广播地址），这 6 个可用的 IP 地址除了 2 个作为两端接口的 IP 地址外，还空余 4 个 IP 地址可以用作 NAT 地址池，因此使用 29 位子网掩码是比较合理的选择。

如图 8-16 所示，FW1 与 RTA 互连的网段使用的是 21.13.10.0/29 网段，该子网网段地址一共有 21.13.10.0/29～21.13.10.7/29 共 8 个 IP 地址，其中 21.13.10.0/29 是子网网段地址，21.13.10.7/29 是子网网段的广播地址，这 2 个 IP 地址不能设置在接口上（设置时会报错）。该网段 6 个可用的 IP 地址分别是 21.13.10.1/29～21.13.10.6/29。互连链路两端的接口要用到 2 个 IP 地址，可以使用这 6 个可用 IP 地址中的任意 2 个，本书选择使用 21.13.10.1/29 和 21.13.10.6/29，即该网段的首尾两个可用 IP 地址，余下的 21.13.10.2/29～21.13.10.5/29 这 4 个 IP 地址将作为 NAT 地址池中的地址。当然也可以选择 21.13.10.1/29 和 21.13.10.2/29 即该网段起始连续的 2 个地址作为两端接口的地址。这里只分析一个互连网段的 IP 地址，防火墙和路由器的其他互连网段 IP 地址分配方法类似，分析省略。有关 NAT 配置参见第 10 章。

为什么要在 FW1 和 FW2 上同时设置 NAT 地址池呢？这是因为内部网络并不是只通过一台防火墙访问外部网络。FW1 和 FW2 需要同时负责将内网用户访问外部网络的私网地址转换成公网地址。同样的道理，每一台防火墙的 2 个连接 Internet 的出接口都要设置地址池，因为局域网数据包都有可能从这 2 个出接口访问 Internet。如图 8-16 所示，所规划的 IP 地址和 NAT 地址池直接标注于图上。

如图 8-16 所示，2 台防火墙分别有 2 个出口连接到 2 台路由器时，局域网连接到 Internet 的出口链路将有 4 条，按照上述 IP 地址规划方案，4 条链路分别有 4 个地址池，使用 29 位子网掩码，4 个地址池将要用上 16 个 IP 地址。这样 IP 地址的使用量是非常大的。对于目前 IP 地址超级紧张的情况来说，中小型企业不一定能够申请到这么多的 IP 地址。有没有办法降低地址池中 IP 地址的使用量呢？

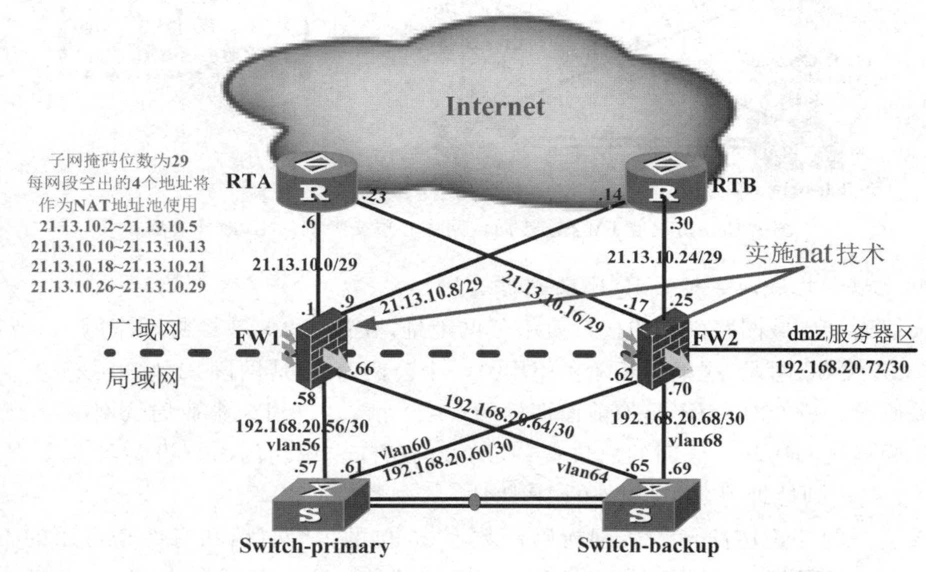

图 8-16　企业防火墙 VLAN 和 IP 地址规划

其实也可以使用 30 位子网掩码，例如图 8-16 中互连链路采用 21.13.10.x/30 网段。每网段只有 4 个地址，4 个地址中只有 2 个可用 IP 地址。这 2 个可用 IP 地址刚好用于互连链路的两端接口。这样一来，似乎没有剩余的 IP 地址可用于 NAT 地址池。其实不然，也可以将防火墙出接口的 IP 地址作为 NAT 转换的地址池。以 21.13.10.0/30 网段为例，该网段有 21.13.10.1/30 和 21.13.10.2/30 这 2 个可用 IP 地址，前者用于设置防火墙的出接口，后者用于设置路由器的接口，那么 21.13.10.1/30 这个地址既可以用作防火墙的出接口的 IP 地址，又可以用作内网访问外网的 NAT 转换地址。这种情况下，NAT 地址池的地址就写成出接口的 IP 地址。不过这种情况下只有一个 IP 地址可以用于 NAT 转换。目前华为和 H3C 已经有 Easy IP 技术实现把接口 IP 作为 NAT 转换 IP 的技术，Cisco 也有相应的技术实现。

8.3.3　防火墙的区域规划

按照前面第 7.4 节所讲解的防火墙的区域含义，企业局域网一般规划到 trust 区域，外部网络规划到 untrust 区域，企业网服务器规划到 dmz 区域。所以根据图 8-16 所做的防火墙接口连接规划方案，连接局域网的接口 g0/0/1 和 g0/0/2 规划到 trust 区，连接外部网络的接口 g0/0/3 和 g0/0/4 规划到 untrust 区，另外再把 FW2 的 g0/0/8 规划到 dmz 区。注意，防火墙虽然默认情况下存在 dmz 区，但是 dmz 区并没有任何接口。当按图 8-17 这样规划连接，接口 g0/0/8 并不是自然而然地落在了 dmz 区。要确保服务器在防火墙的 dmz 区，必须将 g0/0/8 添加到 dmz 区。

综上所述，图 8-16 所示的网络中防火墙 FW2 所划分的区域如图 8-17 所示。

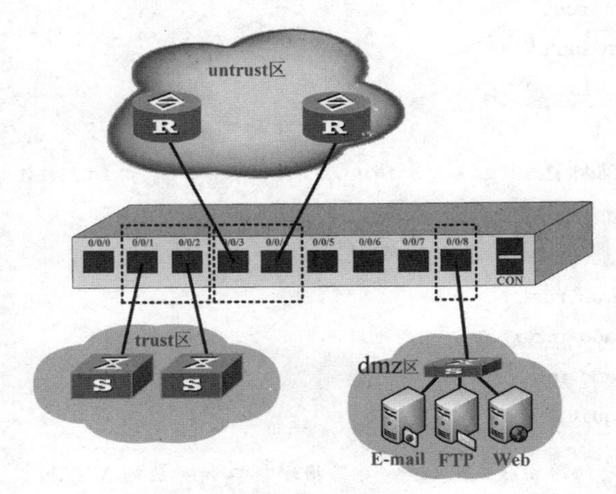

图 8-17　防火墙 FW2 的区域规划

在图 8-17 的区域规划中，将防火墙的 g0/0/3 和 g0/0/4 接口所连接的外网都规划到一个 untrust 区域，实际上也可以规划到两个不同的 untrust 区域。如果打算规划到两个 untrust 区域，则需要重新定义和命名一个 untrust 区域，新命名的 untrust 区域名称应与系统中已有的 untrust 名称不同，如图 8-18 所示。

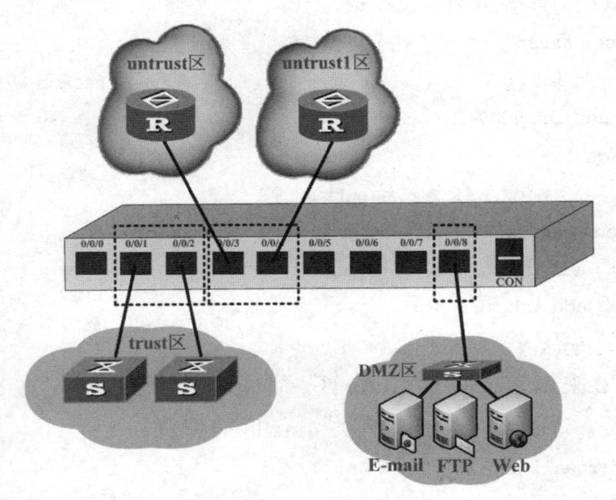

图 8-18　将防火墙 FW 规划两个不同的 untrust 区域

下面将图 8-17 所示组网结构的配置实现列出来。在配置实现时，需要特别注意的是如果物理接口不能直接配置 IP 地址，则需要把物理接口所对应的 VLAN 三层接口同时添加到相同的区域。eNSP 中的 USG5500 区型防火墙的接口是路由模式的接口，不需要划分 VLAN，可以直接配置 IP 地址，只需要添加物理接口到区域。

1. 在防火墙 FW1 上配置

由于默认情况下物理接口 g0/0/1 和 g0/0/2 本身不属于 trust 区,所以需要手工将这两个接口添加到 trust 区域。

```
/* 将物理接口 g0/0/1 和 g0/0/2 加入到 trust 区 */
[FW1]firewall zone trust                               /* 进入 trust 区域视图 */
[FW1-zone-trust]add int g0/0/1
[FW1-zone-trust]add int g0/0/2                  /* 和 backup 交换机相连的物理接口 */
[FW1-zone-trust]quit                  /* 将物理接口 g0/0/3 和 g0/0/4 加入到 untrust 区 */
```

由于默认情况下物理接口 g0/0/3 和 g0/0/4 本身不属于 untrust 区,所以需要手工将这两个接口添加到 untrust 区域。

```
/* 和 primary 交换机相连的物理接口 */
[FW1]firewall zone untrust                             /* 进入 untrust 区域视图 */
[FW1-zone-untrust]add int g0/0/3                           /* 和 RTA 相连的接口 */
[FW1-zone-untrust]add int g0/0/4                           /* 和 RTB 相连的接口 */
[FW1-zone-untrust]quit
```

注意:在使用防火墙的路由模式时,通常要将物理接口和对应的 VLAN 三层接口同时添加到相同的区域,这是初学者最容易疏忽的情况。大多数情况下,我们总是记得将物理接口添加到防火墙的某个区域,但却忘记了也要把对应包含此物理接口的 VLAN 三层接口添加到相同的区域。如果发生这种情况,会产生通信故障,导致后续的网络连通性测试时出现问题,而这种问题往往最不容易排查出来,最容易被忽略。

2. 在防火墙 FW2 上配置

```
/* 将物理接口 g0/0/1 和 g0/0/2 加入到 trust 区 */
[FW2] firewall zone trust                              /* 进入 trust 区域视图 */
[FW2-zone-trust] add int g0/0/1              /* 和 backup 交换机相连的三层接口 */
[FW2-zone-trust] add int g0/0/2             /* 和 primary 交换机相连的三层接口 */
[FW2-zone-trust] quit
/* 将物理接口 g0/0/3 和 g0/0/4 加入到 untrust 区 */
[FW2] firewall zone untrust                            /* 进入 untrust 区域视图 */
[FW2-zone-untrust] add int g0/0/3                          /* 和 RTB 相连的接口 */
[FW2-zone-untrust] add int g0/0/4                          /* 和 RTA 相连的接口 */
[FW2-zone-untrust] quit
```

对于防火墙 FW2 来说,还有一个 dmz 区。将 g0/0/8 接口规划在 dmz 区,因此 g0/0/8 接口要添加到 dmz 区。下面是 FW2 上有关 dmz 区的配置。

```
[FW2-zone-trust] firewall zone dmz                       /* 进入 dmz 区域视图 */
[FW2-zone-dmz] add interface g0/0/8             /* 在 dmz 区中添加 g0/0/8 接口 */
[FW2-zone-trust] quit
```

8.4 规划设计完成后的综合网络

综合上面分析,得到下面的企业网络使用防火墙后组网连接图,如图 8-19 所示。

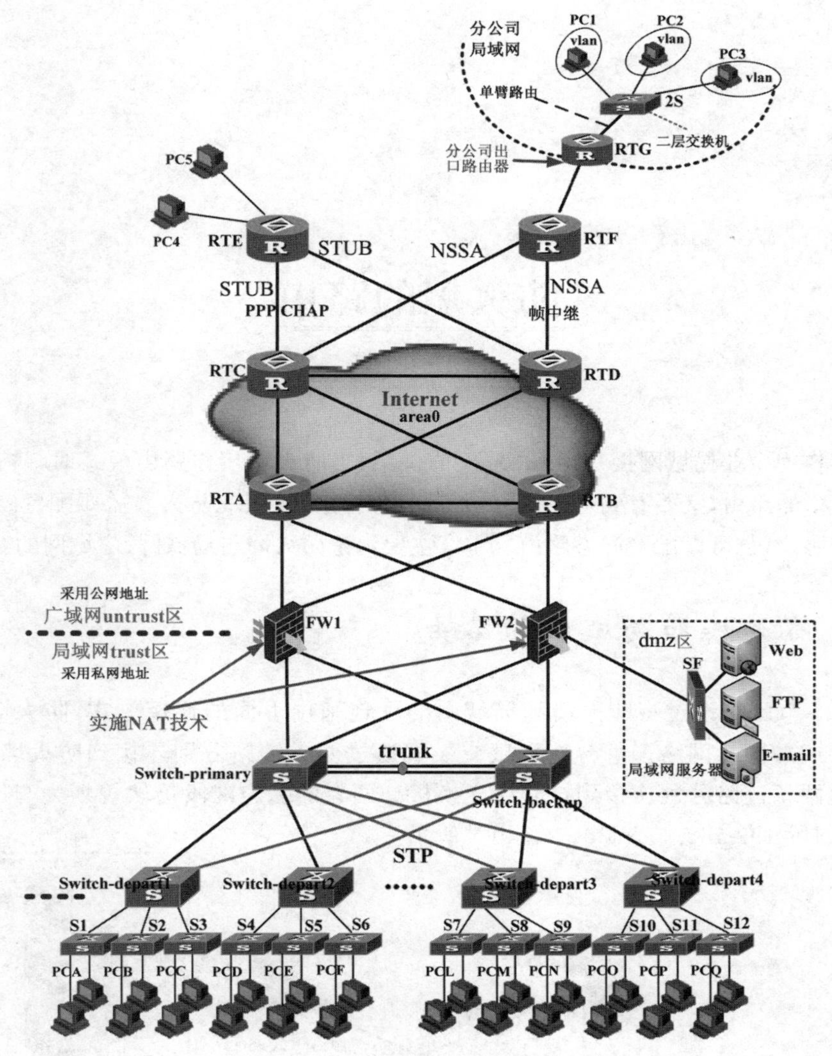

图 8-19　规划设计完成后的综合网络

在本书的后续章节中将继续以图 8-19 所示的综合网络为例,完成全网的互通配置和调试工作。其中第 9 章主要完成防火墙和局域网和外部网络的路由配置,第 10 章完成内网访问外网的 NAT 配置。

第 9 章

防火墙的路由

防火墙作为企业局域网接入到 Internet 的桥梁，当防火墙用作路由模式时，防火墙既要有到达外部网络的路由，又要有到达局域网内部网络的路由。因此防火墙需要配置路由，可以配置动态路由协议，也可以配置静态路由。本章主要讨论防火墙与局域网、广域网的互通。

9.1 防火墙和局域网的路由

在第 8.3 节已讨论过将防火墙和局域网的互连采用下面的连接方式，防火墙和核心层交换机连接成准网状网络。每台核心层交换机通过两条链路分别连接到防火墙，而每台防火墙也通过两条链路分别连接到核心层交换机。两者的互连网段仍然规划为与原局域网相一致的 IP 网段 192.168.20.x/30，如图 9-1 所示。

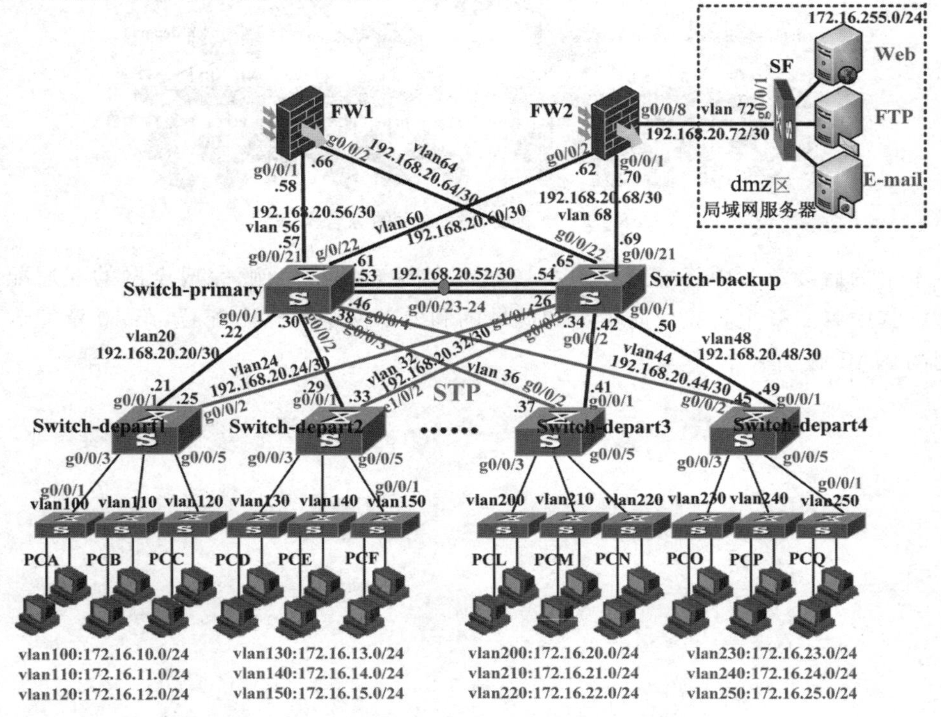

图 9-1 防火墙和企业局域网核心层交换机的互连

在第4章已使用RIP路由协议对局域网实现了网络互通。那么新增加连接防火墙后，采用什么技术实现防火墙和局域网的路由互通呢？一般不外乎表9-1所示的技术实现方案。

表9-1 防火墙和局域网实现网络互通的技术方案对比分析

序号	技术方案	说明
方案一	动态路由	使用OSPF或RIP等动态路由协议实现。由于局域网已使用RIP路由协议，而防火墙和局域网核心交换机相连接的网段实际上是局域网的一部分，所以从简便的角度看，最好使用相同的路由协议实现。原局域网已使用RIP路由协议实现，新增防火墙也宜使用RIP协议和局域网互通。新增的部分可不可以使用OSPF协议实现呢？当然可以，但不是最佳选择
方案二	静态路由	可以实现。但考虑到防火墙和局域网核心交换机相连接的网段实际上是局域网的一部分，由局域网管理员管理，采用与原局域网统一的技术方案实现比较好。因此这里使用静态路由实现并非最佳选择

根据表9-1的分析可见，即使原局域网已使用RIP路由协议实现网络互通，新增防火墙后，也可以使用其他的技术方案实现防火墙和原局域网网络互通，但最佳方案是采用统一的技术方案。因此本节重点阐述使用RIP协议防火墙和原局域网路由互通。读者也可以尝试用其他方案实现，并对比不同技术方案实现的复杂程度。

9.1.1 用RIP路由协议实现

在防火墙配置RIP路由的方法与在交换机或路由器上的配置方法相同。以图9-1为例，采用RIPv2协议实现和局域网路由互通，配置如下。

1. 防火墙FW1的RIPv2路由协议配置

```
/* 以下为配置FW1与局域网互连的两个接口IP地址 */
<FW1>undo t m                                              /* 关闭设备的自动提示 */
<FW1>sys
[FW1]int g0/0/1                                  /* 此接口连接Switch-primary交换机 */
[FW1-GigabitEtherent0/0/1]ip add 192.168.20.58 30          /* 和局域网互连用私网地址 */
[FW1-GigabitEtherent0/0/1]int g0/0/2              /* 此接口连接Switch-backup交换机 */
[FW1-GigabitEtherent0/0/2]ip add 192.168.20.66 30          /* 和局域网互连用私网地址 */
[FW1-GigabitEtherent0/0/2]quit
/* 以下为配置FW1的RIPv2路由协议 */
[FW1]rip                                                  /* 开始配置RIPv2路由协议 */
[FW1-rip-1]version 2                                /* 采用的是版本2的RIP路由协议 */
[FW1-rip-1]network 192.168.20.0                 /* 发布FW1与两台交换机互连的网段 */
[FW1-rip-1]undo summary                   /* 关闭RIPv2协议默认的路由自动汇聚功能 */
```

虽然防火墙和核心层交换机有两条互连链路，有两个不同的子网网段，但上述发布的network 192.168.20.0包含了这两个网段，所以只用一条语句发布就可以了。

2. 防火墙 FW2 的 RIPv2 路由协议配置

```
/*以下为配置 FW2 与局域网互连的两个接口 IP 地址*/
<FW2>undo t m                                   /*关闭设备的自动提示*/
<FW2>sys
[FW2]int g0/0/1                                 /*此接口连接 Switch-backup 交换机*/
[FW2-G0/0/1]ip add 192.168.20.70 30             /*和局域网互连用私网地址*/
[FW2-G0/0/1]int g0/0/2                          /*此接口连接 Switch-primary 交换机*/
[FW2-G0/0/2]ip add 192.168.20.62 30             /*和局域网互连用私网地址*/
[FW2-G0/0/2]int g0/0/8                          /*此接口连接局域网 dmz 区交换机*/
[FW2-G0/0/8]ip add 192.168.20.74 30             /*局域网用私网地址*/
[FW2-G0/0/8]quit
/*以下为配置 FW2 的 RIP 路由协议*/
[FW2]rip                                        /*开始配置 RIPv2 路由协议*/
[FW2-rip-1]version 2                            /*使用的是版本 2 的 RIP 路由协议*/
[FW2-rip-1]network 192.168.20.0                 /*发布 FW2 与两台交换机互连的网段*/
[FW2-rip-1]undo summary                         /*关闭 RIPv2 协议默认的路由自动汇聚功能*/
```

3. dmz 区交换机 SF 的 RIPv2 路由协议配置

```
/*以下为配置交换机 SF 的接口 IP 地址*/
<Huawei>undo t m                                /*关闭设备自动弹出的告警提示*/
<Huawei>sys                                     /*进入系统视图,将要开始配置工作*/
[Huawei]sysname SF                              /*给这台交换机命名*/
[SF]int g0/0/1          /*此为与 FW2 互连接口,交换机接口无法直接设置 IP 地址,需设 VLAN*/
[SF-G0/0/1]port link-type access
/*与此接口互连的防火墙 FW2 的接口是三层路由"Route"模式的接口,因此此接口不能设置为 trunk 类型,只能设置为 access 类型*/
[SF]vlan 72
[SF-Vlan72]port g0/0/1                          /*向 vlan72 中添加已修改为 access 类型的接口*/
[SF-Vlan72]int vlan 72                          /*设置 vlan72 对应的三层接口*/
[SF-Vlanif72]ip add 192.168.20.73 30            /*设置 vlan72 对应的三层接口的 IP 地址*/
[SF-Vlanif72]int e 0/0/1                        /*此接口连接局域网第 1 个服务器*/
[SF-E0/0/1]port link-type access                /*此接口连接服务器,只能设置为 access 类型*/
[SF-E0/0/1]vlan 1000
[SF-Vlan100]port e0/0/1                         /*向 vlan1000 中添加已修改为 access 类型的端口*/
[SF-Vlan100]int e0/0/2                          /*此接口连接局域网第 2 个服务器*/
[SF-E0/0/2]port link-type access                /*此接口连接服务器只能设置为 access 类型*/
[SF-E0/0/2]vlan 1000
[SF-Vlan100]port e0/0/2                         /*向 vlan1000 中添加已修改为 access 类型的端口*/
[SF-Vlan100]int e0/0/3                          /*此接口连接局域网第 3 个服务器*/
[SF-E0/0/3]port link-type access                /*此接口连接服务器,只能设置为 access 类型*/
[SF-E0/0/3]vlan 1000
[SF-Vlan100]port e0/0/3                         /*向 vlan1000 中添加已修改为 access 类型的端口*/
```

```
[SF-Vlan100] int vlan 1000                          /* 设置 vlan1000 对应的三层接口 */
[SF-Vlanif1000]ip add 172.16.255.1 24               /* 设置 vlan1000 对应的三层接口的 IP 地址 */
[SF-Vlanif1000]quit
/* 以上将 3 个服务器设置在同一个 vlan1000 内,共用一个 IP 网段,共用一个网关 */
/* 以下为配置交换机 SF 的 RIP 路由协议 */
[SF]rip                                             /* 开始配置 SF 交换机的 RIPv2 路由协议 */
[SF-rip-1]version 2                                 /* 使用的是版本 2 的 RIP 路由协议 */
[SF-rip-1]network 192.168.20.0                      /* 发布与 FW2 互连的网段 */
[SF-rip-1]network 172.16.0.0                        /* 发布服务器 IP 地址网段 */
[SF-rip-1]undo summary                              /* 关闭路由自动汇聚功能 */
```

4. 核心层交换机 Switch-primary 配置新增加的和防火墙互连的接口 IP 地址

```
<Switch-primary>undo t m
<Switch-primary>sys
[Switch-primary]int g0/0/21                         /* 此接口连接防火墙 FW1 */
[Switch-primary-G0/0/21]port link-type access
/* 与此接口互连的防火墙 FW1 的接口是三层路由"Route"模式的接口,因此此接口不能设置为 trunk 类型,只能设置为 access 类型 */
[Switch-primary-G0/0/21]vlan 56
[Switch-primary-vlan56]int vlan 56
[Switch-primary-Vlanif56]ip add 192.168.20.57 30
[Switch-primary-Vlanif56]int g0/0/22                /* 此接口连接防火墙 FW2 */
[Switch-primary-G0/0/22]port link-type access
[Switch-primary-G0/0/22]vlan 60
[Switch-primary-vlan60]int vlan 60
[Switch-primary-Vlanif60]ip add 192.168.20.61 30
[Switch-primary-Vlanif60]quit
```

注意:(1) 在前面配置核心层交换机和汇聚层交换机互连时,将它们之间互连的接口设置为 trunk 类型,并允许对应 VLAN 通过。但是这里的核心层交换机与防火墙的互连接口不能这样设置,因为 trunk 链路要求链路两端的两个接口都要设置为 trunk 类型,并允许通过相同的 VLAN。而华为 USG5500 型防火墙的以太网物理接口是路由模式的三层接口,不是二层接口,不能设置为 trunk 类型,不能将这类接口添加进 VLAN,也不能允许 VLAN 通过。因此只有将交换机与防火墙的接口设置为 access 类型。

(2) 这里没有为核心层交换机配置 RIPv2 路由协议,因为交换机上与防火墙新增的互连网段 192.168.20.0,在第 5 章局域网互通实现时已经在 RIPv2 路由协议中发布过了,所以这里不用再发布。关于这一点也适用于下面 Switch-backup 交换机的配置。

注意:如果防火墙的接口没有添加到相应的区域,则防火墙上只能看到直连路由,没有其他网段的路由。但交换机仍然能够学习到所有路由。

5. 核心层交换机 Switch-backup 配置新增加的和防火墙互连的接口 IP 地址

```
<Switch-backup>sys
[Switch-backup]int g0/0/21                          /* 此接口连接防火墙 FW2 */
```

[Switch-backup-G0/0/21]**port link-type** *access*

[Switch-G0/0/21]**vlan** *68*

[Switch-backup-Vlan68]**int vlan** *68*

[Switch-backup-Vlanif68]**ip add** *192.168.20.69 30*

[Switch-backup-Vlanif68] **int** *g0/0/22*　　　　　　　　　　　/ * 此接口连接防火墙 FW1 * /

[Switch-backup-G0/0/22]**port link-type** *access*

[Switch-backup-G0/0/22]**vlan** *64*

[Switch-backup-Vlan64]**port** *g0/0/22*

[Switch-backup-Vlan64]**int vlan** *64*

[Switch-backup-Vlanif64]**ip add** *192.168.20.65 30*

[Switch-backup-Vlanif64]**quit**

9.1.2　防火墙和局域网互通的路由表分析

防火墙和局域网的互通配置完成后，查看和分析各个设备的路由表，确保各个网段出现在路由表中。当网络互通测试某些网段不能互通时，也需要分析路由表。

图 9-2 所示是 Switch-primary 的路由表。可以看到，路由表中存在到达 Switch-depart 1～Switch-depart4 这四个汇聚层交换机下面所带用户网段的路由，也存在到达 dmz 区服务器网段的路由，也有到达防火墙互连网段的路由。

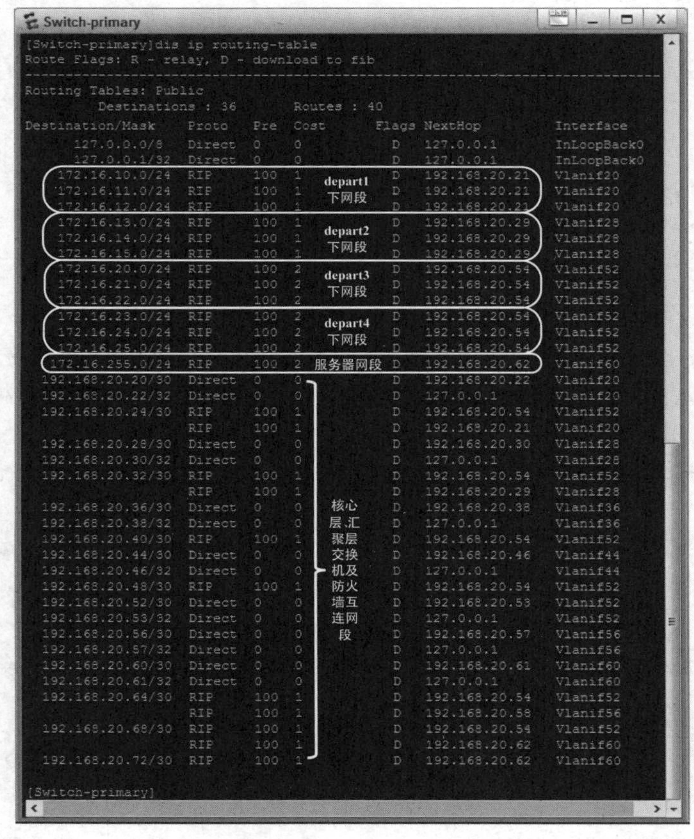

```
[Switch-primary]dis ip routing-table
Route Flags: R - relay, D - download to fib
------------------------------------------------------------------------------
Routing Tables: Public
         Destinations : 36       Routes : 40
Destination/Mask    Proto   Pre  Cost      Flags NextHop         Interface
      127.0.0.0/8   Direct  0    0           D   127.0.0.1       InLoopBack0
      127.0.0.1/32  Direct  0    0           D   127.0.0.1       InLoopBack0
    172.16.10.0/24  RIP     100  1           D   192.168.20.21   Vlanif20
    172.16.11.0/24  RIP     100  1           D   192.168.20.21   Vlanif20
    172.16.12.0/24  RIP     100  1           D   192.168.20.21   Vlanif20
    172.16.13.0/24  RIP     100  1           D   192.168.20.29   Vlanif28
    172.16.14.0/24  RIP     100  1           D   192.168.20.29   Vlanif28
    172.16.15.0/24  RIP     100  1           D   192.168.20.29   Vlanif28
    172.16.20.0/24  RIP     100  2           D   192.168.20.54   Vlanif52
    172.16.21.0/24  RIP     100  2           D   192.168.20.54   Vlanif52
    172.16.22.0/24  RIP     100  2           D   192.168.20.54   Vlanif52
    172.16.23.0/24  RIP     100  2           D   192.168.20.54   Vlanif52
    172.16.24.0/24  RIP     100  2           D   192.168.20.54   Vlanif52
    172.16.25.0/24  RIP     100  2           D   192.168.20.54   Vlanif52
   172.16.255.0/24  RIP     100  2           D   192.168.20.62   Vlanif60
  192.168.20.20/30  Direct  0    0           D   192.168.20.22   Vlanif20
  192.168.20.22/32  Direct  0    0           D   127.0.0.1       Vlanif20
  192.168.20.24/30  RIP     100  1           D   192.168.20.54   Vlanif52
                    RIP     100  1           D   192.168.20.21   Vlanif20
  192.168.20.28/30  Direct  0    0           D   192.168.20.30   Vlanif28
  192.168.20.30/32  Direct  0    0           D   127.0.0.1       Vlanif28
  192.168.20.32/30  RIP     100  1           D   192.168.20.54   Vlanif52
                    RIP     100  1           D   192.168.20.29   Vlanif28
  192.168.20.36/30  Direct  0    0           D   192.168.20.38   Vlanif36
  192.168.20.38/32  Direct  0    0           D   127.0.0.1       Vlanif36
  192.168.20.40/30  RIP     100  1           D   192.168.20.54   Vlanif52
  192.168.20.44/30  Direct  0    0           D   192.168.20.46   Vlanif44
  192.168.20.46/32  Direct  0    0           D   127.0.0.1       Vlanif44
  192.168.20.48/30  RIP     100  1           D   192.168.20.54   Vlanif52
  192.168.20.52/30  Direct  0    0           D   192.168.20.53   Vlanif52
  192.168.20.53/32  Direct  0    0           D   127.0.0.1       Vlanif52
  192.168.20.56/30  Direct  0    0           D   192.168.20.57   Vlanif56
  192.168.20.57/32  Direct  0    0           D   127.0.0.1       Vlanif56
  192.168.20.60/30  Direct  0    0           D   192.168.20.61   Vlanif60
  192.168.20.61/32  Direct  0    0           D   127.0.0.1       Vlanif60
  192.168.20.64/30  RIP     100  1           D   192.168.20.54   Vlanif52
                    RIP     100  1           D   192.168.20.58   Vlanif56
  192.168.20.68/30  RIP     100  1           D   192.168.20.54   Vlanif52
                    RIP     100  1           D   192.168.20.62   Vlanif60
  192.168.20.72/30  RIP     100  1           D   192.168.20.62   Vlanif60

[Switch-primary]
```


图 9-2　Switch-primary 的路由表

当防火墙没有把接口添加到相应的区域,其他所有配置都有的话,防火墙学习不到其他网段的路由,只有直连路由。当把接口添加到相应区域后,防火墙才会学习到正确的路由,即使未设置区域间数据访问安全策略,防火墙仍会学习到跨网段路由。其他网络设备上的路由表也可以进行类似分析,不再赘述。

9.1.3 防火墙和局域网互通网络测试

在防火墙和内部网络配置了路由之后,可以从局域网用户计算机进行 ping 操作测试和防火墙的互通。图 9-3 显示的是从局域网用户计算机 PCA(IP 地址为 172.16.10.2)ping 防火墙 FW1 上的接口地址 192.168.20.58,结果显示能够 ping 通。

PCA ◄—— 局域网用户计算机(IP地址为172.16.10.2)

基础配置 命令行 组播 UDP发包工具

```
PC>ping 192.168.20.58   ◄—— 防火墙FW1的接口地址

Ping 192.168.20.58: 32 data bytes, Press Ctrl_C to break
From 192.168.20.58: bytes=32 seq=1 ttl=253 time=515 ms
From 192.168.20.58: bytes=32 seq=2 ttl=253 time=407 ms
From 192.168.20.58: bytes=32 seq=3 ttl=253 time=547 ms
From 192.168.20.58: bytes=32 seq=4 ttl=253 time=375 ms
From 192.168.20.58: bytes=32 seq=5 ttl=253 time=140 ms

--- 192.168.20.58 ping statistics ---
  5 packet(s) transmitted
  5 packet(s) received
  0.00% packet loss
  round-trip min/avg/max = 140/396/547 ms

PC>tracert 192.168.20.58   ◄—— 防火墙FW1的接口地址

traceroute to 192.168.20.58, 8 hops max
(ICMP), press Ctrl+C to stop
 1  172.16.10.1    110 ms  47 ms  312 ms
 2  192.168.20.22   406 ms  94 ms  110 ms
 3  192.168.20.58   281 ms  594 ms  218 ms

PC>
```

图 9-3 局域网用户计算机 PCA 能够 ping 通防火墙 FW1 的接口地址

图 9-4 显示的是从局域网用户计算机 PCA(IP 地址为 172.16.10.2)ping 防火墙 FW2 的 dmz 区连接的服务器地址 172.16.255.2,结果显示能够 ping 通。

图 9-4 局域网用户计算机 PCA 能够 ping 通防火墙 FW2 的 dmz 区域中的服务器地址

建议从局域网的多个位置进行互通测试，确保网络完全互通，以免有些位置不互通影响后续的组网操作。

9.1.4 局域网用户和服务器互通易出现的故障现象及原因

在实际组网操作中经常发现，在防火墙和局域网正确配置了路由之后，局域网用户计算机无法 ping 通服务器，而分析所有交换机和防火墙的路由表，又存在两者互通的路由。如图 9-5 所示，从计算机 PCA 能够 ping 通防火墙 FW2 上的接口 192.168.20.74，但无法 ping 通 SF 上的接口 192.168.20.73，也 ping 不通服务器 172.16.255.2。

很多初学者对出现这种故障现象一筹莫展，不知道如何解决。因为按照常规建议，解决网络互通故障的方法首选是分析路由表。但是这个例子中所分析的各个交换机和防火墙的路由表完全正确。因此从路由角度看，不是配置路由出现的问题。

出现这个故障现象的主要原因是默认情况下，局域网用户所在的 trust 区和服务器所在的 dmz 区是双向不互通的。要让 trust 区计算机用户访问 dmz 区服务器，必须配置允许 trust 区访问 dmz 区的数据访问规则。命令如下：

防火墙和局域网互通配置实现视频

防火墙和局域网互通工程文件

PCA ←——局域网用户计算机(IP:地址为172.16.10.2)

基础配置 | 命令行 | 组播 | UDP发包工具 | 串口

```
PC>ping 192.168.20.74 ←—— 防火墙FW2的地址
Ping 192.168.20.74: 32 data bytes, Press Ctrl_C to break
From 192.168.20.74: bytes=32 seq=1 ttl=253 time=78 ms
From 192.168.20.74: bytes=32 seq=2 ttl=253 time=125 ms
From 192.168.20.74: bytes=32 seq=3 ttl=253 time=437 ms
From 192.168.20.74: bytes=32 seq=4 ttl=253 time=94 ms
From 192.168.20.74: bytes=32 seq=5 ttl=253 time=188 ms
--- 192.168.20.74 ping statistics ---
  5 packet(s) transmitted
  5 packet(s) received
  0.00% packet loss
  round-trip min/avg/max = 78/184/437 ms
PC>ping 192.168.20.73 ←—— 与防火墙连接的dmz区交换机地址
Ping 192.168.20.73: 32 data bytes, Press Ctrl_C to break
Request timeout!
Request timeout!
Request timeout!
Request timeout!
Request timeout!
--- 192.168.20.73 ping statistics ---
  5 packet(s) transmitted
  0 packet(s) received
  100.00% packet loss
PC>ping 172.16.255.2 ←—— dmz区服务器
Ping 172.16.255.2: 32 data bytes, Press Ctrl_C to break
Request timeout!
Request timeout!
Request timeout!
Request timeout!
Request timeout!
--- 172.16.255.2 ping statistics ---
  5 packet(s) transmitted
  0 packet(s) received
  100.00% packet loss
PC>
```

图 9-5 局域网用户计算机和服务器互通易出现的故障现象

```
[FW2] firewall packet-filter default permit interzone trust dmz direction outbound
```

在 FW2 上配置上述命令后，从局域网用户计算机都可以 ping 通服务器，但从服务器无法 ping 通局域网计算机。这是因为上述语句是单向允许 trust 区访问 dmz 区的数据访问（反向无法访问）。当防火墙的接口没有添加到相应的区域时，也会导致局域网用户计算机 ping 不通服务器。如果 dmz 区还设置有管理人员办公用的计算机，则需要设置 dmz 区能够访问局域网用户和外网。但由于服务器区域并不用作个人办公用计算机，所以不建议设置 dmz 区访问其他区域的数据访问安全策略。

9.1.5　讨论：两个防火墙同时连接服务器的组网

如图 9-6 所示，如果在实际规划时使用两个防火墙同时连接服务器的设计。这种双线连接能够提高服务器的可靠性，当一条连接断开时，还可以通过另一条连接访问服务器。不过在实际组网中发现，局域网用户计算机能够 ping 通到服务器的网关 172.16.255.1，但不能 ping 通服务器，从广域网计算机 ping 服务器也有相似的结论。但去掉双线中的任意一根线就可以 ping 通服务器。

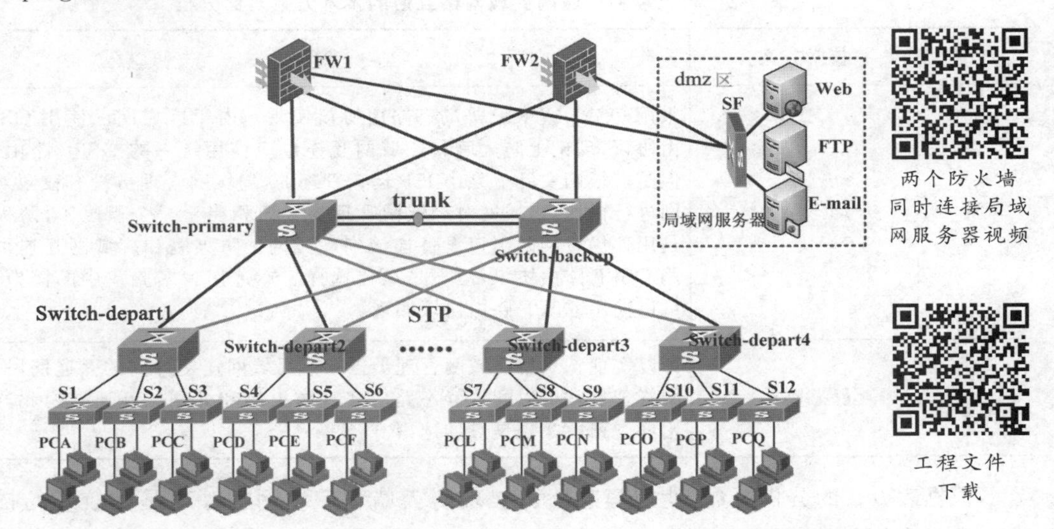

图 9-6　两个防火墙同时连接服务器会导致无法访问服务器但可以访问到服务器的网关

但同样的网络结构，如果将两个防火墙换成是两个路由器同时连接到服务器，则局域网和广域网计算机都可以正常访问服务器。有关这种现象，需要在实体防火墙的组网中进行测试，看看实体防火墙组网和模拟设备是否会出现相同的结果。

9.2　防火墙和广域网的路由

9.2.1　防火墙和外部网络互通的实现方法讨论

在第 6 章已使用 OSPF 路由协议实现了模拟广域网的互通。本节将实现企业防火墙和外部网络的互通。防火墙和外部网络路由器的组网连接如图 9-7 所示。

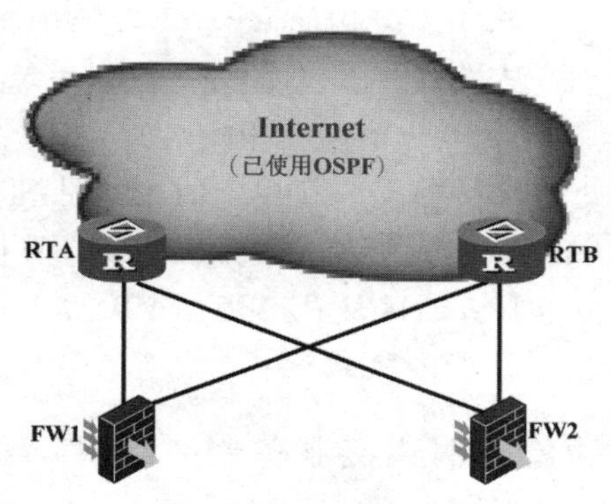

图 9-7 防火墙和广域网互连

按照第 9.1 节的思路，防火墙和广域网的网络互通一般不外乎表 9-2 所示的技术实现方案。但如果仔细分析，就会发现防火墙和局域网的网络互通与防火墙和广域网的网络互通还是有很大的区别。

表 9-2 防火墙和广域网实现网络互通的技术方案对比分析

序号	技术方案	说明
方案一	动态路由	采用 OSPF 或 RIP 等动态路由协议实现。由于广域网已使用 OSPF 路由协议，理论上防火墙和广域网互连也应使用统一的 OSPF 路由协议。但是广域网实际上是由 ISP 运营管理的，局域网管理员没有权限对广域网进行操作，广域网对局域网管理员来说相当于一个黑匣子，防火墙只是用作局域网的出口设备连接到广域网。防火墙和广域网互连可以使用 OSPF 路由协议，但不是最佳选择。不过作为实验室中的模拟网络，可以使用 OSPF 路由协议实现
方案二	静态路由	可以实现。只要广域网管理员告知了局域网连接外网的互连网段，局域网管理员就可以配置静态路由实现防火墙和外网的互通。因此这里使用静态路由实现是最佳选择

根据表 9-2 的分析可见，使用静态路由实现防火墙和广域网的互通是比较好的技术方案。为了方便叙述，本节只讨论静态路由实现防火墙和广域网互通。而在第 12 章使用方案一的动态路由协议实现防火墙和广域网互通。

9.2.2 静态路由实现

本节使用静态路由实现防火墙和外部网络的路由互通。两者的互连网段 IP 地址分配如图 9-8 所示。注意在第 8.3.2 节中已将防火墙和广域网的互连 IP 地址分配在 21.13.10.x/29 网段，这里直接按照第 8.3.2 节规划的 IP 网段配置。

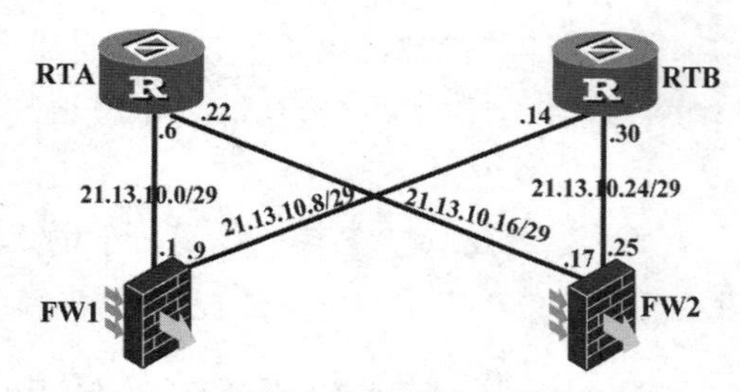

图 9-8 防火墙和广域网路由器的物理连接和互连 IP 网段分配

1. 防火墙 FW1 的静态路由配置

```
/*以下为配置 FW1 与广域网路由器互连的两个接口 IP 地址*/
<FW1>undo t m                                    /*关闭设备的自动提示*/
<FW1>sys
[FW1]int g0/0/3                                  /*此接口和 RTA 路由器互连*/
[FW1-G0/0/3]ip add 21.13.10.1 29                 /*和外部网络路由器互连使用公网地址*/
[FW1-G0/0/3]int g0/0/4                           /*此接口和 RTB 路由器互连*/
[FW1-G0/0/4]ip add 21.13.10.9 29                 /*和外部网络路由器互连使用公网地址*/
/*以下为配置 FW1 的静态路由*/
[FW1]ip route-static 0.0.0.0 0.0.0.0 21.13.10.6     /*下一跳为 RTA 路由器*/
[FW1]ip route-static 0.0.0.0 0.0.0.0 21.13.10.14    /*下一跳为 RTB 路由器*/
```

在防火墙上配置和广域网互通的静态路由时，在本书的实验网络中，能够看到的只有 61.153.50.0/24、61.153.60.0/24、61.153.70.0/24 等几个有限的 IP 地址网段。但实际的广域网 IP 地址网段肯定是任意 IP 网段。因此在防火墙上配置和广域网互通的静态路由时，配置类似于"ip route-static 61.153.60.0 24 21.13.10.6"的静态路由没有什么意义，需配置目的网段为任意 IP 地址的默认路由，也就是上面静态路由的目的网段中所配置的"0.0.0.0"。

2. 防火墙 FW2 的静态路由配置

```
/*以下为配置 FW2 与广域网路由器互连的两个接口 IP 地址*/
<FW2>undo t m                                    /*关闭设备的自动提示*/
<FW2>sys
[FW2]int g0/0/3                                  /*此接口和 RTB 路由器互连*/
[FW2-G0/0/3]ip add 21.13.10.25 29                /*和外部网络路由器互连使用公网地址*/
[FW2-G0/0/3]int g0/0/4                           /*此接口和 RTA 路由器互连*/
[FW2-G0/0/4]ip add 21.13.10.17 29                /*和外部网络路由器互连使用公网地址*/
/*以下为配置 FW2 的静态路由*/
[FW2] ip route-static 0.0.0.0 0.0.0.0 21.13.10.29    /*下一跳为 RTB 路由器*/
[FW2] ip route-static 0.0.0.0 0.0.0.0 21.13.10.22    /*下一跳为 RTA 路由器*/
```

3. 路由器 RTA 的静态路由配置

```
/*以下为配置 RTA 与防火墙互连的两个接口 IP 地址*/
<RTA>undo t m                                    /*关闭设备的自动提示*/
<RTA>sys
[RTA]int g0/0/0                                  /*此接口和防火墙 FW1 互连*/
[RTA-G0/0/0]ip add 21.13.10.6 29
[RTA-G0/0/0]int g0/0/1                           /*此接口和防火墙 FW2 互连*/
[RTA-G0/0/1]ip add 21.13.10.22 29
/*以下为配置静态路由*/
[RTA] ip route-static 21.13.10.0 29 21.13.10.1      /*下一跳为 FW1 防火墙*/
[RTA] ip route-static 21.13.10.16 29 21.13.10.17    /*下一跳为 FW2 防火墙*/
```

在路由器上配置和防火墙互通的静态路由时，由于防火墙和外网路由器连接的接口IP地址是确定的几个网段。即使是局域网用户计算机访问外网的数据包也会被作为NAT设备的防火墙转换为防火墙的出接口的地址(详见第10章)。所以不像前面，这里的静态路由的目的网段是相对固定的网段，这个固定的网段就是防火墙和路由器的互连IP网段。

4. 路由器RTB的静态路由配置

```
/* 以下为配置 RTB 与防火墙互连的两个接口 IP 地址 */
[RTB]int g0/0/0                                    /* 此接口和防火墙 FW2 互连 */
[RTB-G0/0/0]ip add 21.13.10.30 29
[RTB-G0/0/0]int g0/0/1                             /* 此接口和防火墙 FW1 互连 */
[RTB-Gigabit0/0/1]ip add 21.13.10.14 29
/* 以下为配置静态路由 */
[RTB] ip route-static 21.13.10.24 29 21.13.10.25   /* 下一跳为 FW2 防火墙 */
[RTB] ip route-static 21.13.10.8 29 21.13.10.9     /* 下一跳为 FW1 防火墙 */
```

9.2.3 防火墙和广域网互通的路由调试

在完成防火墙和广域网的静态路由配置之后，可以测试防火墙和外网的互通情况。实际测试发现，两个防火墙都无法ping通广域网中的地址，广域网计算机也无法ping通防火墙(设置防火墙untrust区域访问local区域的数据访问安全策略)。为何防火墙和路由器都配置了静态路由却仍然ping不通呢？由于防火墙或路由器转发数据的依据是路由表，所以应该从路由的角度来分析网络不互通的原因。

图9-9是默认路由配置完成后FW1的路由表。为了分析简便起见，将防火墙和局域网互连的连线线缆断开了，所以FW1的路由表中没有到达局域网所有网段的路由条目，只有连接广域网的直连路由和新配置的访问广域网的默认路由。FW1访问广域网时将匹配这两条默认路由。

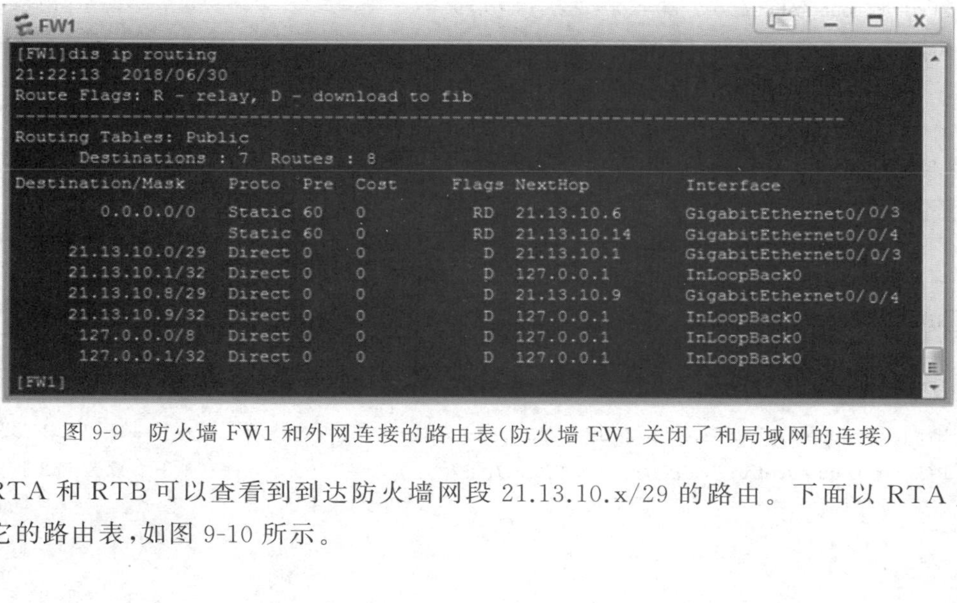

```
FW1
[FW1]dis ip routing
21:22:13  2018/06/30
Route Flags: R - relay, D - download to fib
------------------------------------------------------------------------------
Routing Tables: Public
      Destinations : 7     Routes : 8
Destination/Mask    Proto   Pre  Cost      Flags NextHop         Interface
        0.0.0.0/0   Static  60   0           RD  21.13.10.6      GigabitEthernet0/0/3
                    Static  60   0           RD  21.13.10.14     GigabitEthernet0/0/4
     21.13.10.0/29  Direct  0    0            D  21.13.10.1      GigabitEthernet0/0/3
     21.13.10.1/32  Direct  0    0            D  127.0.0.1       InLoopBack0
     21.13.10.8/29  Direct  0    0            D  21.13.10.9      GigabitEthernet0/0/4
     21.13.10.9/32  Direct  0    0            D  127.0.0.1       InLoopBack0
      127.0.0.0/8   Direct  0    0            D  127.0.0.1       InLoopBack0
      127.0.0.1/32  Direct  0    0            D  127.0.0.1       InLoopBack0
[FW1]
```

图9-9 防火墙FW1和外网连接的路由表(防火墙FW1关闭了和局域网的连接)

RTA和RTB可以查看到到达防火墙网段21.13.10.x/29的路由。下面以RTA为例，给出它的路由表，如图9-10所示。

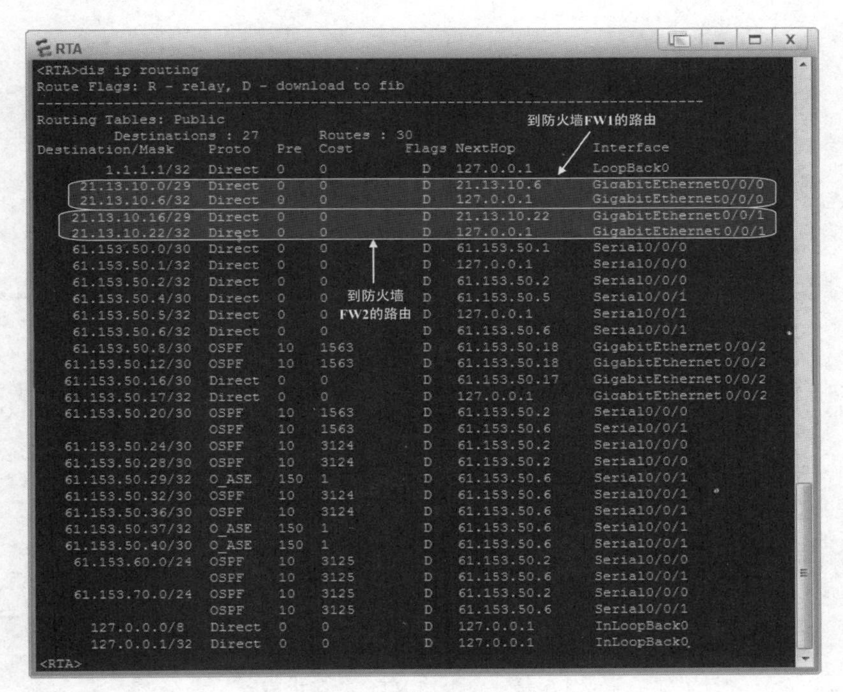

图 9-10　路由器 RTA 的路由表

特别注意观察 RTA 的路由表，在上一节中 RTA 上配置下述的静态路由：

[RTA] **ip route-static** *21.13.10.0 29 21.13.10.1*　　　　/ * 下一跳为 FW1 防火墙 * /

[RTA] **ip route-static** *21.13.10.16 29 21.13.10.17*　　　　/ * 下一跳为 FW2 防火墙 * /

但是这两条在 RTA 配置过的静态路由并没有出现在 RTA 的路由表中。这就奇怪了，为何配置了静态路由但路由表中看不到？这有两种可能性，一种是配置的静态路由错误（有些情形下错误也有可能出现），另一种正是这里出现的情形。这两条静态路由目的网段为 21.13.10.0/29 和 21.13.10.16/29，它们正好就是 RTA 的直连网段，这两个直连网段作为直连路由出现在路由表中，静态路由的默认优先级是 60，直连路由的默认优先级是 0，优先级值小的优先级高，所以路由表中出现的是直连路由，而配置的静态路由将进入路由器的备份路由库而不是路由表中。这就是路由表中看不到静态路由的原因。

如果在 RTA 中配置下述静态默认路由：

[RTA] **ip route-static** *0.0.0.0 0 21.13.10.1*　　　　/ * 下一跳为 FW1 防火墙 * /

[RTA] **ip route-static** *0.0.0.0 0 21.13.10.17*　　　　/ * 下一跳为 FW2 防火墙 * /

则由于这里的目的网段与直连网段不同，可以在路由表中看到所配置的默认路由条目。不过在上节中已经分析过，目的网段配置为全 0 没有必要。这里进一步的分析从略，感兴趣的读者可以尝试配置默认路由再进行后续分析。

尽管 RTA 和 RTB 可以查看到到达防火墙网段 21.13.10.x/29 的路由，但是 RTC 和 RTD 路由器上并不存在到达防火墙网段 21.13.10.x/29 的路由。下面以 RTC 为例，给出它的路由表，如图 9-11 所示。

```
RTC
<RTC>dis ip routing
Route Flags: R - relay, D - download to fib
------------------------------------------------------------------------------
Routing Tables: Public
         Destinations : 26       Routes : 27
Destination/Mask    Proto   Pre  Cost      Flags NextHop         Interface
      2.2.2.2/32    Direct  0    0           D   127.0.0.1       LoopBack0
   61.153.50.0/30   Direct  0    0           D   61.153.50.2     Serial0/0/0
   61.153.50.1/32   Direct  0    0           D   61.153.50.1     Serial0/0/0
   61.153.50.2/32   Direct  0    0           D   127.0.0.1       Serial0/0/0
   61.153.50.4/30   OSPF    10   1563        D   61.153.50.22    GigabitEthernet0/0/0
   61.153.50.8/30   Direct  0    0           D   61.153.50.10    Serial0/0/1
   61.153.50.9/32   Direct  0    0           D   61.153.50.9     Serial0/0/1
  61.153.50.10/32   Direct  0    0           D   127.0.0.1       Serial0/0/1
  61.153.50.12/30   OSPF    10   1563        D   61.153.50.22    GigabitEthernet0/0/0
  61.153.50.16/30   OSPF    10   1563        D   61.153.50.1     Serial0/0/0
                    OSPF    10   1563        D   61.153.50.9     Serial0/0/1
  61.153.50.20/30   Direct  0    0           D   61.153.50.21    GigabitEthernet0/0/0
  61.153.50.21/32   Direct  0    0           D   127.0.0.1       GigabitEthernet0/0/0
  61.153.50.24/30   Direct  0    0           D   61.153.50.25    Serial0/0/2
  61.153.50.25/32   Direct  0    0           D   127.0.0.1       Serial0/0/2
  61.153.50.26/32   Direct  0    0           D   61.153.50.26    Serial0/0/2
  61.153.50.28/30   Direct  0    0           D   61.153.50.29    Serial0/0/3
  61.153.50.29/32   Direct  0    0           D   127.0.0.1       Serial0/0/3
  61.153.50.30/32   Direct  0    0           D   61.153.50.30    Serial0/0/3
  61.153.50.32/30   OSPF    10   3124        D   61.153.50.26    Serial0/0/2
  61.153.50.36/30   OSPF    10   3124        D   61.153.50.30    Serial0/0/3
  61.153.50.37/32   O_NSSA  150  1           D   61.153.50.30    Serial0/0/3
  61.153.50.40/30   O_NSSA  150  1           D   61.153.50.30    Serial0/0/3
   61.153.60.0/24   OSPF    10   1563        D   61.153.50.26    Serial0/0/2
   61.153.70.0/24   OSPF    10   1563        D   61.153.50.26    Serial0/0/2
    127.0.0.0/8     Direct  0    0           D   127.0.0.1       InLoopBack0
    127.0.0.1/32    Direct  0    0           D   127.0.0.1       InLoopBack0
<RTC>
```

图 9-11　路由器 RTC 的路由表

使用静态路由实现防火墙和广域网的互通视频

假如从防火墙发起访问计算机 PC4(IP 地址为 61.153.60.2/24),防火墙将匹配自己路由表中的默认路由(默认路由中的全 0 匹配所有 IP 网段),数据包被发送到 RTA 或 RTB。由于 RTA 和 RTB 已有广域网的全部路由,则访问 PC4 的目的数据包最终将到达 PC4。但是 PC4 响应返回的数据包能不能返回到防火墙呢?答案是不能,因为返回的路径中路由器 RTC 和 RTD 中没有到达 21.13.10.x/29 的路由条目,结果 RTC 或 RTD 将响应的数据包丢弃了。这说明响应的数据包还没有到达 RTA 或 RTB,自然而然就到达不了 FW1。这就表明 FW1 发起访问 PC4 的数据包可以到达 PC4,但返回的数据包将丢失,可以称为“有去无回”。这说明仅仅依靠上节中防火墙和路由器配置静态路由是无法实现防火墙和广域网的互通的。

工程文件下载

那么可不可以在广域网路由器中添加到达防火墙连接广域网网段的路由,以实现广域网和防火墙的互通呢?如果单从本书的实验网络来看,似乎是可以的,因为只有 RTC、RTD、RTE、RTF 等四个路由器没有到达防火墙网段的路由,只需要在这四个路由器中添加到达防火墙的目的网段就可以了。但是如果详细分析,就会发现这种方法是不可行的。因为在实际的广域网中,路由器由某个 ISP 负责管理和运营,不可能开放给局域网网络管理员使用。其次,不同于模拟广域网中只有六个路由器,Internet 中的路由器实际上非常多,不可能在每一个路由器上去配置。综上所述,上一节所使用的防火墙和路由器配置静态路由有严重缺陷,无法实现防火墙和广域网的互通,需要进一步对互连方案进行分析和修改。

实际上,可以把防火墙和广域网路由器的路由分为两部分来分析:①防火墙去往广域网的路由;②广域网路由器返回局域网防火墙的路由。上面已经为①配置了静态路由。而

②所配置的静态路由无法实现这部分网络互通，可以针对②进行讨论分析。表 9-3 中针对②讨论分析了三种实现方法。

表 9-3　防火墙和广域网互通的静态路由技术方案分析

防火墙和广域网的路由	实现方法分析	已或未分析
①防火墙去往广域网的路由（在防火墙上配置）	默认路由（目的网段为 0.0.0.0，下一跳为路由器的接口）	见上节
②广域网返回局域网防火墙的路由（只在连接防火墙的路由器上配置）	(1) 静态路由	见上节已分析不可行
	(2) 可在路由器中使用 OSPF 发布互连网段	待分析
	(3) 可在路由器中引入和防火墙互连的直连路由	待分析

前面已分析过在路由器上配置静态路由不可行。下面在路由器中使用 OSPF 发布互连网段。下一节再讨论使用路由引入技术。

首先去掉上一节路由器 RTA 和 RTB 上配置的静态路由，然后再在 OSPF 协议中发布 RTA 或 RTB 与防火墙的互连网段。

```
<RTA>undo t m
<RTA>sys
[RTA]undo ip route-static 21.13.10.0 29 21.13.10.1          /*先删除不起作用的静态路由*/
[RTA]undo ip route-static 21.13.10.16 29 21.13.10.17        /*先删除静态路由*/
[RTA]ospf
[RTA-ospf-1]area 0
[RTA-ospf-1-area 0.0.0.0]network 21.13.10.0 0.0.0.7         /*发布与防火墙互连网段*/
[RTA-ospf-1-area 0.0.0.0]network 21.13.10.16 0.0.0.7        /*发布与防火墙互连网段*/
<RTB>undo t m
<RTB>sys
[RTB]undo ip route-static 21.13.10.24 29 21.13.10.25        /*删除不起作用的静态路由*/
[RTB]undo ip route-static 21.13.10.8 29 21.13.10.9          /*先删除静态路由*/
[RTB]ospf
[RTB-ospf-1]area 0
[RTB-ospf-1-area 0.0.0.0]network 21.13.10.8 0.0.0.7         /*发布与防火墙互连网段*/
[RTB-ospf-1-area 0.0.0.0]network 21.13.10.24 0.0.0.7        /*发布与防火墙互连网段*/
```

注意，这种方式与表 9-2 中讨论的防火墙和外网路由器完全使用 OSPF 路由协议互连有些区别。尽管这里路由器使用 OSPF 发布了直连网段，但防火墙没有使用 OSPF 协议发布互连网段，防火墙仍然使用静态路由。由于路由器的这两个接口不需要和防火墙交换 OSPF 路由信息，所以可以为这两个接口配置 OSPF 协议静默接口，这样配置以后，这些接口不发送 OSPF 路由协议信息，但可以接收 OSPF 路由信息，能够减少路由器消耗。配置如下：

```
[RTA-ospf-1]silent-interface g0/0/0
[RTA-ospf-1]silent-interface g0/0/1
```

[RTB-ospf-1]**silent-interface** *g0/0/0*

[RTB-ospf-1]**silent-interface** *g0/0/1*

配置完成以后，可以查看 RTA 和 RTB 的路由表，两者的路由表有些变化，RTC 和 RTD 的路由表也发生了变化，新增了到达路由器和防火墙互连网段的路由。而 RTE 和 RTF 因为各自本身都有一条默认路由，所以这两个路由器的路由表没有变化。

如图 9-12 所示是 RTA 的路由表，与图 9-10 所示的 RTA 路由表相比，增加了两条到防火墙非直连网段的路由。

```
RTA
<RTA>dis ip routing-table
Route Flags: R - relay, D - download to fib
------------------------------------------------------------------------------
Routing Tables: Public
         Destinations : 29       Routes : 32

Destination/Mask    Proto   Pre  Cost      Flags NextHop         Interface

        1.1.1.1/32  Direct  0    0           D   127.0.0.1       LoopBack0
     21.13.10.0/29  Direct  0    0           D   21.13.10.6      GigabitEthernet0/0/0
     21.13.10.6/32  Direct  0    0           D   127.0.0.1       GigabitEthernet0/0/0
     21.13.10.8/29  OSPF    10   2           D   61.153.50.18    GigabitEthernet0/0/2
    21.13.10.16/29  Direct  0    0           D   21.13.10.22     GigabitEthernet0/0/1
    21.13.10.22/32  Direct  0    0           D   127.0.0.1       GigabitEthernet0/0/1
    21.13.10.24/29  OSPF    10   2           D   61.153.50.18    GigabitEthernet0/0/2
    61.153.50.0/30  Direct  0    0           D   61.153.50.1     Serial0/0/0
    61.153.50.1/32  Direct  0    0           D   127.0.0.1       Serial0/0/0
    61.153.50.2/32  Direct  0    0           D   61.153.50.2     Serial0/0/0
    61.153.50.4/30  Direct  0    0           D   61.153.50.5     Serial0/0/1
    61.153.50.5/32  Direct  0    0           D   127.0.0.1       Serial0/0/1
    61.153.50.6/32  Direct  0    0           D   61.153.50.6     Serial0/0/1
    61.153.50.8/30  OSPF    10   1563        D   61.153.50.18    GigabitEthernet0/0/2
   61.153.50.12/30  OSPF    10   1563        D   61.153.50.18    GigabitEthernet0/0/2
   61.153.50.16/30  Direct  0    0           D   61.153.50.17    GigabitEthernet0/0/2
   61.153.50.17/32  Direct  0    0           D   127.0.0.1       GigabitEthernet0/0/2
   61.153.50.20/30  OSPF    10   1563        D   61.153.50.2     Serial0/0/0
                    OSPF    10   1563        D   61.153.50.6     Serial0/0/1
   61.153.50.24/30  OSPF    10   3124        D   61.153.50.2     Serial0/0/0
   61.153.50.28/30  OSPF    10   3124        D   61.153.50.2     Serial0/0/0
   61.153.50.29/32  O_ASE   150  1           D   61.153.50.6     Serial0/0/1
   61.153.50.32/30  OSPF    10   3124        D   61.153.50.6     Serial0/0/1
   61.153.50.36/30  OSPF    10   3124        D   61.153.50.6     Serial0/0/1
   61.153.50.37/32  O_ASE   150  1           D   61.153.50.6     Serial0/0/1
   61.153.50.40/30  O_ASE   150  1           D   61.153.50.6     Serial0/0/1
    61.153.60.0/24  OSPF    10   3125        D   61.153.50.6     Serial0/0/1
                    OSPF    10   3125        D   61.153.50.2     Serial0/0/0
    61.153.70.0/24  OSPF    10   3125        D   61.153.50.6     Serial0/0/1
                    OSPF    10   3125        D   61.153.50.2     Serial0/0/0
      127.0.0.0/8   Direct  0    0           D   127.0.0.1       InLoopBack0
      127.0.0.1/32  Direct  0    0           D   127.0.0.1       InLoopBack0
<RTA>
```

新增到防火墙FW1的路由

新增到防火墙FW2的路由

图 9-12　路由器 RTA 的路由表

如图 9-13 所示是 RTC 的路由表，与图 9-11 所示的 RTC 路由表相比，出现了到两个防火墙的路由。

```
RTC
[RTC]dis ip routing-table
Route Flags: R - relay, D - download to fib
------------------------------------------------------------------------------
Routing Tables: Public
         Destinations : 30       Routes : 31

Destination/Mask    Proto   Pre  Cost      Flags NextHop         Interface

        2.2.2.2/32  Direct  0    0           D   127.0.0.1       LoopBack0
     21.13.10.0/29  OSPF    10   1563        D   61.153.50.1     Serial0/0/0
     21.13.10.8/29  OSPF    10   1563        D   61.153.50.9     Serial0/0/1
    21.13.10.16/29  OSPF    10   1563        D   61.153.50.1     Serial0/0/0
    21.13.10.24/29  OSPF    10   1563        D   61.153.50.9     Serial0/0/1
    61.153.50.0/30  Direct  0    0           D   61.153.50.2     Serial0/0/0
    61.153.50.1/32  Direct  0    0           D   61.153.50.1     Serial0/0/0
    61.153.50.2/32  Direct  0    0           D   127.0.0.1       Serial0/0/0
    61.153.50.4/30  OSPF    10   1563        D   61.153.50.22    GigabitEthernet0/0/0
    61.153.50.8/30  Direct  0    0           D   61.153.50.10    Serial0/0/1
    61.153.50.9/32  Direct  0    0           D   61.153.50.9     Serial0/0/1
   61.153.50.10/32  Direct  0    0           D   127.0.0.1       Serial0/0/1
   61.153.50.12/30  OSPF    10   1563        D   61.153.50.22    GigabitEthernet0/0/0
   61.153.50.16/30  OSPF    10   1563        D   61.153.50.1     Serial0/0/0
                    OSPF    10   1563        D   61.153.50.9     Serial0/0/1
   61.153.50.20/30  Direct  0    0           D   61.153.50.21    GigabitEthernet0/0/0
   61.153.50.21/32  Direct  0    0           D   127.0.0.1       GigabitEthernet0/0/0
   61.153.50.24/30  Direct  0    0           D   61.153.50.25    Serial0/0/2
   61.153.50.25/32  Direct  0    0           D   127.0.0.1       Serial0/0/2
   61.153.50.26/32  Direct  0    0           D   61.153.50.26    Serial0/0/2
   61.153.50.28/30  Direct  0    0           D   61.153.50.29    Serial0/0/3
   61.153.50.29/32  Direct  0    0           D   127.0.0.1       Serial0/0/3
   61.153.50.30/32  Direct  0    0           D   61.153.50.30    Serial0/0/3
   61.153.50.32/30  OSPF    10   3124        D   61.153.50.26    Serial0/0/2
   61.153.50.36/30  OSPF    10   3124        D   61.153.50.30    Serial0/0/3
   61.153.50.37/32  O_NSSA  150  1           D   61.153.50.30    Serial0/0/3
   61.153.50.40/30  O_NSSA  150  1           D   61.153.50.30    Serial0/0/3
    61.153.60.0/24  OSPF    10   1563        D   61.153.50.26    Serial0/0/2
    61.153.70.0/24  OSPF    10   1563        D   61.153.50.26    Serial0/0/2
      127.0.0.0/8   Direct  0    0           D   127.0.0.1       InLoopBack0
      127.0.0.1/32  Direct  0    0           D   127.0.0.1       InLoopBack0
[RTC]
```

新增到防火墙FW1的路由

新增到防火墙FW2的路由

图 9-13　路由器 RTC 的路由表

再次测试防火墙 FW1 访问 PC4 的结果，发现可以 ping 通(测试过程略)。下面给出测试 PC4 ping 防火墙 FW1(需设置 untrust 区域访问 local 区域的数据访问安全策略)的结果，可以 ping 通，如图 9-14 所示。结果表明这种技术方案是可行的。

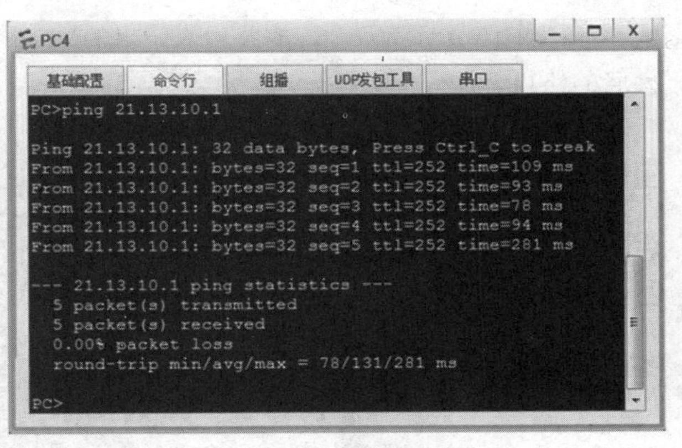

图 9-14　PC4 能够 ping 通防火墙 FW1

9.2.4　路由引入技术

在广域网与防火墙直接连接的路由器 RTA 和 RTB 中使用路由引入技术，将直连网段引入到路由器的 OSPF 协议域中，引入的直连网段将会发布到 OSPF 域的内部和其他路由器中，从而使这四个路由器出现到达防火墙网段的路由。也就是在 RTA 和 RTB 中进行下述配置(配置前先删除上节中在 OSPF 协议中发布的和防火墙互连的网段)：

```
[RTA]OSPF
[RTA-OSPF-1]import-route direct          /* 在 RTA 的 OSPF 协议中引入直连网段 */
[RTB]OSPF
[RTB-OSPF-1]import-route direct          /* 在 RTB 的 OSPF 协议中引入直连网段 */
```

配置完成后，可以查看到防火墙 FW1 和 FW2 的路由表没有变化，但路由器 RTA、RTB 会增加一些原来没有的防火墙网段的路由，RTC、RTD 将新增到达防火墙四个互连网段的路由，RTE 和 RTF 由于分别为 STUB 路由器和 NSSA 域的 ASBR 路由器，这两个路由器的路由表不会变化。图 9-15 所示是 RTA 的路由表。

Destination/Mask	Proto	Pre	Cost	Flags	NextHop	Interface
1.1.1.1/32	Direct	0	0	D	127.0.0.1	LoopBack0
3.3.3.3/32	O_ASE	150	1	D	61.153.50.18	GigabitEthernet0/0/2
21.13.10.0/29	Direct	0	0	D	21.13.10.6	GigabitEthernet0/0/0
21.13.10.6/32	Direct	0	0	D	127.0.0.1	GigabitEthernet0/0/0
21.13.10.8/29	O_ASE	150	1	D	61.153.50.18	GigabitEthernet0/0/2
21.13.10.16/29	Direct	0	0	D	21.13.10.22	GigabitEthernet0/0/1
21.13.10.22/32	Direct	0	0	D	127.0.0.1	GigabitEthernet0/0/1
21.13.10.24/29	O_ASE	150	1	D	61.153.50.18	GigabitEthernet0/0/2
61.153.50.0/30	Direct	0	0	D	61.153.50.1	Serial0/0/0
61.153.50.1/32	Direct	0	0	D	127.0.0.1	Serial0/0/0
61.153.50.2/32	Direct	0	0	D	61.153.50.2	Serial0/0/0
61.153.50.4/30	Direct	0	0	D	61.153.50.5	Serial0/0/1
61.153.50.5/32	Direct	0	0	D	127.0.0.1	Serial0/0/1
61.153.50.6/32	Direct	0	0	D	61.153.50.6	Serial0/0/1
61.153.50.8/30	OSPF	10	1563	D	61.153.50.18	GigabitEthernet0/0/2
61.153.50.10/32	O_ASE	150	1	D	61.153.50.18	GigabitEthernet0/0/2
61.153.50.12/30	OSPF	10	1563	D	61.153.50.18	GigabitEthernet0/0/2
61.153.50.14/32	O_ASE	150	1	D	61.153.50.18	GigabitEthernet0/0/2
61.153.50.16/30	Direct	0	0	D	61.153.50.17	GigabitEthernet0/0/2
61.153.50.17/32	Direct	0	0	D	127.0.0.1	GigabitEthernet0/0/2
61.153.50.20/30	OSPF	10	1563	D	61.153.50.2	Serial0/0/0
	OSPF	10	1563	D	61.153.50.6	Serial0/0/1
61.153.50.24/30	OSPF	10	3124	D	61.153.50.2	Serial0/0/0
61.153.50.28/30	OSPF	10	3124	D	61.153.50.2	Serial0/0/0
61.153.50.29/32	O_ASE	150	1	D	61.153.50.6	Serial0/0/1
61.153.50.32/30	OSPF	10	3124	D	61.153.50.6	Serial0/0/1
61.153.50.36/30	OSPF	10	3124	D	61.153.50.6	Serial0/0/1
61.153.50.37/32	O_ASE	150	1	D	61.153.50.6	Serial0/0/1
61.153.50.40/30	O_ASE	150	1	D	61.153.50.6	Serial0/0/1
61.153.60.0/24	OSPF	10	3125	D	61.153.50.6	Serial0/0/1
	OSPF	10	3125	D	61.153.50.2	Serial0/0/0
61.153.70.0/24	OSPF	10	3125	D	61.153.50.2	Serial0/0/0
	OSPF	10	3125	D	61.153.50.6	Serial0/0/1
127.0.0.0/8	Direct	0	0	D	127.0.0.1	InLoopBack0
127.0.0.1/32	Direct	0	0	D	127.0.0.1	InLoopBack0

图 9-15　路由引入后路由器 RTA 新增到防火墙 FW1 和 FW2 非直连网段的路由

如图 9-16 所示是 RTC 的路由表，与图 9-11 所示 RTC 路由表相比，也出现了到两个防火墙的路由。

使用路由引入技术实现防火墙和广域网的互通视频

工程文件下载

```
RTC
<RTC>dis ip routing
Route Flags: R - relay, D - download to fib
------------------------------------------------------------------------------
Routing Tables: Public
         Destinations : 34       Routes : 35
Destination/Mask    Proto   Pre  Cost      Flags NextHop         Interface
        1.1.1.1/32  O_ASE   150  1           D   61.153.50.1     Serial0/0/0
        2.2.2.2/32  Direct  0    0           D   127.0.0.1       LoopBack0
        3.3.3.3/32  O_ASE   150  1           D   61.153.50.9     Serial0/0/1
     21.13.10.0/29  O_ASE   150  1           D   61.153.50.1     Serial0/0/0
     21.13.10.8/29  O_ASE   150  1           D   61.153.50.9     Serial0/0/1
    21.13.10.16/29  O_ASE   150  1           D   61.153.50.1     Serial0/0/0
    21.13.10.24/29  O_ASE   150  1           D   61.153.50.9     Serial0/0/1
    61.153.50.0/30  Direct  0    0           D   61.153.50.2     Serial0/0/0
    61.153.50.1/32  Direct  0    0           D   61.153.50.1     Serial0/0/0
    61.153.50.2/32  Direct  0    0           D   127.0.0.1       Serial0/0/0
    61.153.50.4/30  OSPF    10   1563        D   61.153.50.22    GigabitEthernet0/0/0
    61.153.50.6/32  O_ASE   150  1           D   61.153.50.1     Serial0/0/0
    61.153.50.8/30  Direct  0    0           D   61.153.50.10    Serial0/0/1
    61.153.50.9/32  Direct  0    0           D   61.153.50.9     Serial0/0/1
   61.153.50.10/32  Direct  0    0           D   127.0.0.1       Serial0/0/1
   61.153.50.12/30  OSPF    10   1563        D   61.153.50.22    GigabitEthernet0/0/0
   61.153.50.14/32  O_ASE   150  1           D   61.153.50.9     Serial0/0/1
   61.153.50.16/30  OSPF    10   1563        D   61.153.50.1     Serial0/0/0
                    OSPF    10   1563        D   61.153.50.9     Serial0/0/1
   61.153.50.20/30  Direct  0    0           D   61.153.50.21    GigabitEthernet0/0/0
   61.153.50.21/32  Direct  0    0           D   127.0.0.1       GigabitEthernet0/0/0
   61.153.50.24/30  Direct  0    0           D   61.153.50.25    Serial0/0/2
   61.153.50.25/32  Direct  0    0           D   127.0.0.1       Serial0/0/2
   61.153.50.26/32  Direct  0    0           D   61.153.50.26    Serial0/0/2
   61.153.50.28/30  Direct  0    0           D   61.153.50.29    Serial0/0/3
   61.153.50.29/32  Direct  0    0           D   127.0.0.1       Serial0/0/3
   61.153.50.30/32  Direct  0    0           D   61.153.50.30    Serial0/0/3
   61.153.50.32/30  OSPF    10   3124        D   61.153.50.26    Serial0/0/2
   61.153.50.36/30  OSPF    10   3124        D   61.153.50.30    Serial0/0/3
   61.153.50.37/32  O_NSSA  150  1           D   61.153.50.30    Serial0/0/3
   61.153.50.40/30  O_NSSA  150  1           D   61.153.50.30    Serial0/0/3
    61.153.60.0/24  OSPF    10   1563        D   61.153.50.26    Serial0/0/2
    61.153.70.0/24  OSPF    10   1563        D   61.153.50.26    Serial0/0/2
      127.0.0.0/8   Direct  0    0           D   127.0.0.1       InLoopBack0
      127.0.0.1/32  Direct  0    0           D   127.0.0.1       InLoopBack0
<RTC>
```

路由引入后新增加到防火墙FW1的路由

到防火墙FW2的路由

图 9-16　路由引入后路由器 RTC 新增到防火墙 FW1 和 FW2 非直连网段的路由

路由引入配置完成后，测试防火墙和公网的互通情况，发现可以互通。这说明路由引入技术这种方案是可行的。

> 注意：通过命令"display ip routing-table"查看的路由表是当前可用的 IP 数据转发表。路由器除了这个路由表外，还有一些由未进入当前路由表的备选路由组成的数据转发表。

对比路由器配置 OSPF 路由协议和使用路由引入技术这两种方式，路由器 RTA、RTB、RTC、RTD 的路由表发生的变化，这两种方式产生的路由表是有些区别的。当路由器配置 OSPF 路由协议发布互连网段时，新增的路由模式为 OSPF，优先级值为 10；而使用路由引入技术，新增的路由模式为 O_ASE，优先级值为 150。这个 O_ASE 代表的就是 OSPF 协议引入的外部路由(即不属于 OSPF 域)，属于 OSPF 协议的第一部外部路由，其在 OSPF 路由域中的可信任程度要低于直接使用 OSPF 协议发布的路由。有关 OSPF 协议的外部路由，请参阅资料查看更多信息。

9.2.5　静态(默认)路由讨论

在前面 FW1 和 FW2 的静态路由配置中，都配置了两条优先级相同的静态路由。如果查看两者的路由表，会发现路由表中存在两条并行的静态路由。同时存在两条静态路由的含义为局域网访问外网的数据包经过防火墙时，将采用负载均衡的方式从两条链路发送。如果要指定一条链路为主链路，另外一条链路为备用链路，可以采用修改静态路由的优先级的方式。修改后，路由表中将只存在一条静态路由，另外一条静态路由将作为备份路由不出现在路由表中，但会进入备份路由库。

1. 防火墙 FW1 的静态路由配置

[FW1]ip route-static *0.0.0.0 0.0.0.0 21.13.10.6* /＊下一跳为 RTA 路由器，主路由＊/

[FW1]ip route-static *0.0.0.0 0.0.0.0 21.13.10.14* pre *70* /＊下一跳为 RTB 路由器，备路由＊/

2. 防火墙 FW2 的静态路由配置

[FW2] ip route-static *0.0.0.0 0.0.0.0 21.13.10.29* /＊下一跳为 RTB 路由器，主路由＊/

[FW2] ip route-static *0.0.0.0 0.0.0.0 21.13.10.22* pre *70* /＊下一跳为 RTB 路由器，备路由＊/

9.2.6 防火墙和广域网的互通测试

分析完路由器的路由表后，可以测试防火墙和广域网的互通。例如图 9-17 是从 FW1 上 ping 路由器 RTD 的结果，显示互通。

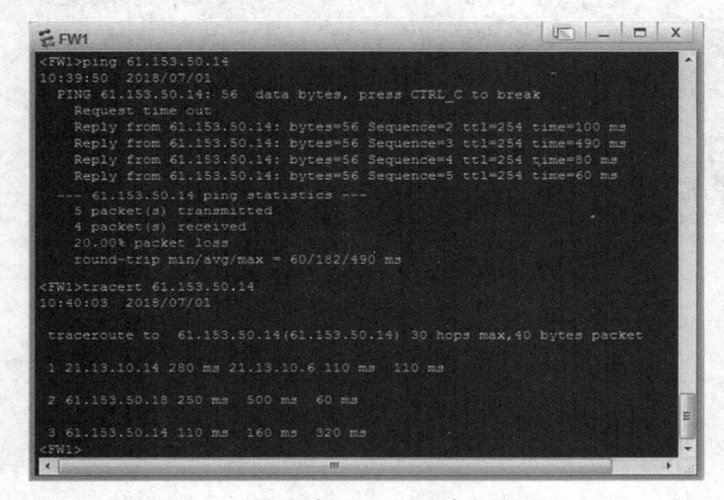

图 9-17 防火墙 FW1 ping 路由器 RTD

防火墙和广域网的互通操作视频

工程文件下载

不过从 RTD ping 防火墙 FW2 时，开始 ping 不通，添加 untrust 区访问 local 区的安全策略之后可以 ping 通，如图 9-18 所示。

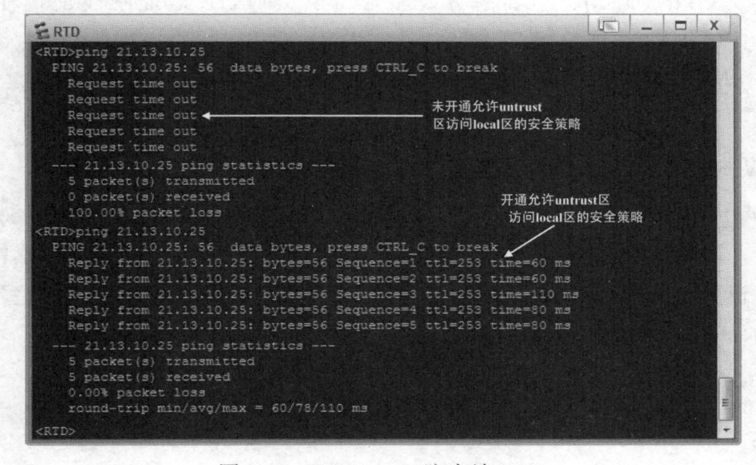

图 9-18 RTD ping 防火墙 FW1

计算机 PC4 也可以 ping 通防火墙，如图 9-19 所示。

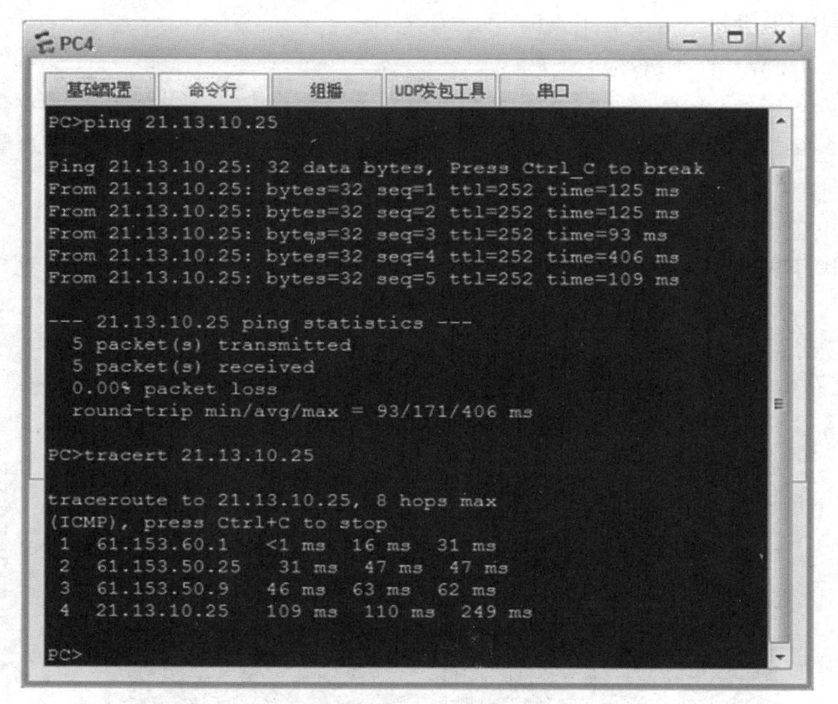

图 9-19　计算机 PC4 ping 防火墙 FW2

9.3　调试防火墙和广域网路由互通遇到的典型问题

下面是初学者在完成防火墙和广域网的路由互通时最容易出现的问题汇编。

(1) 防火墙显示的邻接关系和路由表都正常，但是从防火墙 ping 所连接的两个路由器的接口，一个可以 ping 通，一个不能 ping 通，是什么原因？

检查防火墙上那个不能 ping 通的接口是不是没有添加到区域。

在一些低端型号的防火墙中，如果防火墙是二层接口，IP 地址网段配置在 VLAN 的三层虚拟接口上，还需要将物理接口和 VLAN 三层虚拟接口都添加到区域。最容易出现初学者把物理接口添加到区域而没有把 VLAN 三层虚拟接口也添加到区域，导致网络互通故障。

(2) 防火墙能够 ping 通广域网，但广域网 ping 不通防火墙是什么原因？

检查防火墙有没有设置 untrust 区域访问 local 区域的数据访问安全策略。如果没有，则外网不能 ping 通防火墙。一般情况下，外网 ping 不通防火墙不影响局域网和外网的互通，可以不需要设置 untrust 区域访问 local 区域的数据访问安全策略。只是测试防火墙和外网能否互通时，可以设置。如果设置了，外网仍然 ping 不通防火墙，则再检查接口有没有添加到对应的区域。

9.4 实验与练习

1. 本章第9.2节使用静态路由实现防火墙和广域网的互通。请使用OSPF路由协议实现防火墙和广域网的互通。

1～2题工程文件下载

2. 按题图1所示使用USG5500防火墙组建中小企业网络，使用命令行方式操作USG5500防火墙，合理规划防火墙的区域。在三层交换机、路由器和防火墙上配置路由，配置区域间数据访问安全策略，实现题图1中的按箭头所示方向的区域间通信。

题1配置操作视频

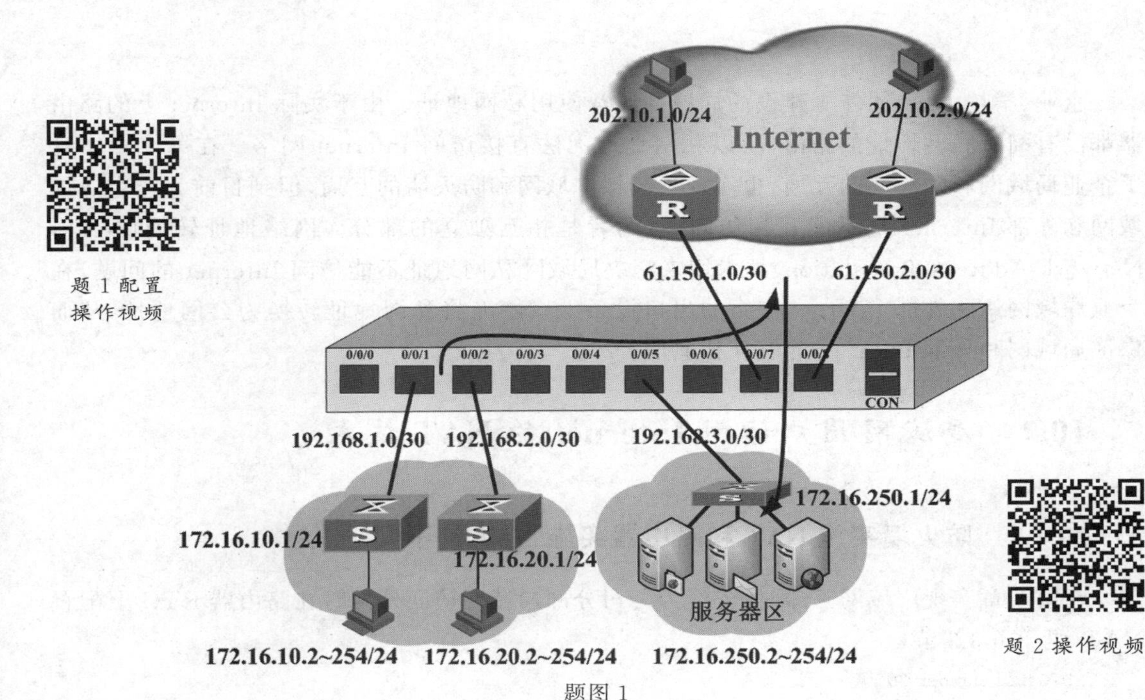

题图1

题2操作视频

第 10 章

防火墙实施网络地址转换

企业、学校、机关团体等建设的局域网通常使用私网地址。由于实际 Internet 上的路由器都没有配置私网地址的路由，所以私网地址无法直接访问 Internet 网络。在第 9 章实现了企业局域网和防火墙的互通，也实现了模拟广域网和防火墙的互通，但到目前为止企业局域网和外部 Internet 是不能互相访问的，两者是相互独立的部分。网络地址转换(NAT, Network Address Translation)技术用来解决局域网私网地址不能访问 Internet 的问题，在企业局域网访问外部 Internet 网络的出口设备上，NAT 将私网地址转换为公网地址，从而保证局域网和外部 Internet 能够互相通信。

10.1 局域网用户访问 Internet 的 NAT 技术

10.1.1 防火墙实施 NAT 和路由器实施 NAT 的不同

在第 6 章实现广域网互通时，曾经为公司分部局域网访问外网时在路由器 RTG 上配置 NAT(见第 6.3.3 节)。

```
[RTG]acl number 2000
[RTG-acl-basic-2000]rule 5 permit source 172.16.0.0 0.0.255.255
[RTG-acl-basic-2000]int g0/0/0
[RTG-GigabitEthernet0/0/0]nat outbound 2000
```

这是使用 easy-ip 方式配置 NAT，特点是无须定义地址池，直接使用出接口的 IP 地址作为 NAT 地址池。也可以使用常规方式配置 NAT，先定义地址池。

```
[RTG]address-group 1 61.153.50.43 61.153.50.46
[RTG]acl number 2000
[RTG-acl-basic-2000]rule 5 permit source 172.16.0.0 0.0.255.255
[RTG-acl-basic-2000]int g0/0/0
[RTG-GigabitEthernet0/0/0]nat outbound 2000 address-group 1
```

在路由器上实施 NAT 大致可以分为三个步骤：①定义地址池；②定义 acl；③在路由器出接口上实施 NAT，引用前面定义的 acl 和地址池。如果路由器有两个接口连接到 Internet，则必须在路由器的两个接口上都配置 NAT，如图 10-1 所示。

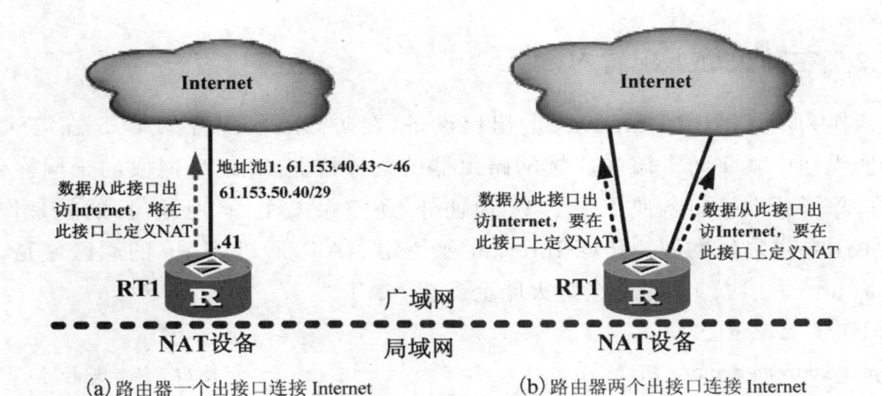

(a)路由器一个出接口连接 Internet　　(b)路由器两个出接口连接 Internet

图 10-1　路由器在出接口实施 NAT

但是在防火墙上实施 NAT 有显著的不同。这主要是因为第 8 章中所强调过的，防火墙划分了区域的原因。由于防火墙的数据转发实质上是在区域之间进行的，所以在防火墙上实施 NAT 也是在区域之间进行的，要明确指出防火墙中从哪个区域的数据包访问另一个区域的数据包要进行 NAT 转换，数据包来源的区域称为 NAT 的源区域，去向的区域称为 NAT 的目的区域。图 10-2 显示计划当局域网访问 Interent 时要应用 NAT，所以源区域是 trust 区，目的区域是 untrust 区。当然根据网络规划需要也可以实施在其他的两个区域之间。

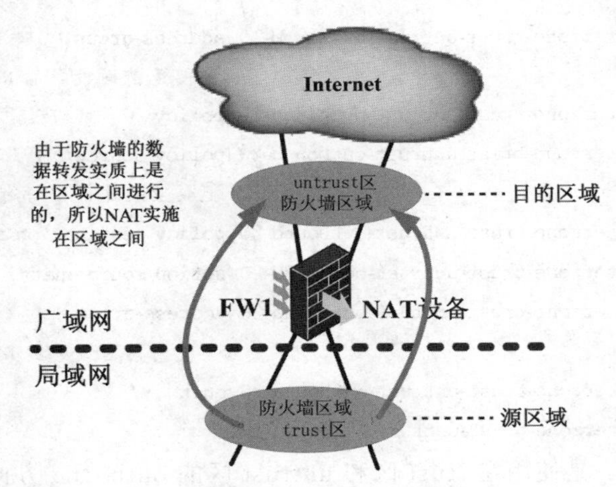

图 10-2　防火墙在区域之间实施 NAT

以图 10-2 为例，防火墙上实施 NAT 的第一个语句如下：

```
[FW1]nat-policy interzone trust untrust outbound
```

该语句就指明了 NAT 应用在防火墙的 trust 区域访问 untrust 区域的 outbound 方向，正好对应于局域网内部网络访问 Internet，trust 是源区域，untrust 是目的区域。

如果将图 10-2 防火墙实施 NAT 和图 10-1 路由器实施 NAT 二者进行对比，就可以发现路由器实施 NAT 更直观，更易于理解，因为路由器是直接在接口上实施 NAT，只需要找到路由器连接 Internet 的接口就可以了。尽管看起来数据包是在防火墙的接口上转发出去的，但防火墙并不是在接口上实施 NAT，而是在区域之间实施 NAT。有关这个差异将会在第 11.5 节继续探讨。而下一节主要介绍如何在防火墙上配置 NAT。

10.1.2 在防火墙上配置 NAT

防火墙作为局域网访问 Internet 的出口设备，在防火墙上配置 NAT。在第 8.3.2 节防火墙的地址规划中就将防火墙和广域网路由器的互连链路 IP 地址网段的子网掩码位数设置为 29 位，除了两端接口各使用一个 IP 地址外，还空余 6 个 IP 地址，目的就是作为 NAT 地址池。由于要求局域网用户访问 Internet 要使用 NAT，所以 NAT 的源区域是 trust 区，目的区域是 untrust 区。下面是在防火墙上配置 NAT。

1. 在 FW1 上配置 NAT

```
[FW1]nat address-group 1 21.13.10.2 21.13.10.5          /*设置NAT转换地址池,序号为1*/
[FW1]nat address-group 2 21.13.10.10 21.13.10.13        /*设置NAT转换地址池,序号为2*/
[FW1]nat-policy interzone trust untrust outbound                    /*设置区域间NAT*/
[FW1-nat-policy-interzone-trust-untrust-outbound]policy 10                /*策略序号*/
[FW1-nat-policy-interzone-trust-untrust-outbound-10]policy source 172.16.0.0 0.0.255.255
                /*指定局域网用户计算机172.16.0.0/16网段访问外网时要进行地址转换*/
[FW1-nat-policy-interzone-trust-untrust-outbound-10]policy destination any
      /*指定可访问的外网地址,这里any意为可访问任意地址,此句可省略,省略等同于any*/
[FW1-nat-policy-interzone-trust-untrust-outbound-10]action source-nat
                                                /*设置对源地址进行网络地址转换*/
[FW1-nat-policy-interzone-trust-untrust-outbound-10]address-group 1
                                           /*使用前面设置的NAT转换地址池序号1*/
[FW1-nat-policy-interzone-trust-untrust-outbound-10]policy 20             /*策略序号*/
[FW1-nat-policy-interzone-trust-untrust-outbound-20]policy source 172.16.0.0 0.0.255.255
                                         /*把企业局域网中所有用户网段都使用NAT*/
[FW1-nat-policy-interzone-trust-untrust-outbound-20]policy destination any
[FW1-nat-policy-interzone-trust-untrust-outbound-20]action source-nat
[FW1-nat-policy-interzone-trust-untrust-outbound-20]address-group 2
                                           /*使用前面设置的NAT转换地址池序号2*/
[FW1-nat-policy-interzone-trust-untrust-outbound-20]quit
[FW1-nat-policy-interzone-trust-untrust-outbound]quit
```

FW1 上配置 NAT 是使用在 trust 区和 untrust 区的 outbound 方向，因此只有 trust 区访问 untrust 区时才会匹配 NAT，反方向的数据流则不会。NAT 共使用了两条策略，两条 policy 编号分别为 10 和 20，源地址均为局域网用户网段 172.16.0.0/16，目的地址均为 any，两条策略转换使用的地址池分别是 address-group1 和 address-group2。目的地址不写具体的 IP 网段(如 61.153.60.0/24)，而是配置为 any，是因为 61.153.60.0/24 仅仅是模拟广域网中使用的一台用户计算机，而实际的 Internet 上的用户不计其数且 IP 地址不可预测，所以目的地址为 any 符合真实网络。

NAT 策略中将源地址配置为"172.16.0.0 0.0.255.255"，它实际上包含了这个网段从 172.16.0.1/16 开始直到 172.16.255.254/16 的多达 65534 个 IP 地址的用户计算机。它假定公司总部局域网计算机用户都使用 172.16.0.0/16 网段的 B 类私有地址网段。使用局域网用户计算机实际使用的地址比较直观，容易理解。但这种用法只有符合源地址段中的局域网地址才能够匹配 NAT 访问 Internet，局域网中的其他地址无法访问 Internet。例如从局域网中的汇聚层、核心层交换机、防火墙无法 ping 通 Internet，因为交换机等设备互连网段虽然属于源区域 trust 区，但是 IP 地址不在定义的 source 源地址网段中。在实验中，有些初学者没有弄懂 source 源地址中定义的网段地址的含义，将 source 源地址的网段地址写为汇聚层、核心层交换机、防火墙的互连网段，则汇聚层、核心层交换机、防火墙可以 ping 通外网，局域网中的用户计算机却访问不了。所以要正确理解 source 源地址的真正含义。

source 源地址使用实际局域网用户计算机 IP 地址网段并不是最佳选择，因为它只转换 172.16.0.0/16，不转换其他网段。如果企业局域网过几年后要扩建，新增用户计算机使用了除 172.16.0.0/16 以外新的网段或者用户计算机 IP 地址重新规划，则新增用户不能访问 Internet。这表明这种源地址精确匹配局域网用户 IP 网段的配置，可扩展性不好，不能适应未来局域网的发展变化。一种适应未来网络变化的方法是将源地址设置为“any”，意为对源区域的所有源地址都转换。这样即使地址发生了改变，也不用去改变 NAT 的源地址配置，非常方便。由此可见源地址使用“any”更为科学，网络扩展性更好。更有甚者，定义源地址和目的地址的语句还可以省略，当省略不配置时等同于“any”。

2. 在 FW2 上配置 NAT

```
[FW2]nat address-group 1 21.13.10.18 21.13.10.21
[FW2]nat address-group 2 21.13.10.26 21.13.10.29
[FW2]nat-policy interzone trust untrust outbound
[FW2-nat-policy-interzone-trust-untrust-outbound]policy 10
[FW2-nat-policy-interzone-trust-untrust-outbound-10]policy source any
[FW2-nat-policy-interzone-trust-untrust-outbound-10]action source-nat
[FW2-nat-policy-interzone-trust-untrust-outbound-10]address-group 1
[FW2-nat-policy-interzone-trust-untrust-outbound-10]policy 20
[FW2-nat-policy-interzone-trust-untrust-outbound-20]action source-nat
[FW2-nat-policy-interzone-trust-untrust-outbound-20]address-group 2
[FW2-nat-policy-interzone-trust-untrust-outbound-20]quit
```

FW2 上所配置的 NAT 与 FW1 上配置的 NAT 相比，第一条策略 policy10 源地址写为 any，目的地址省略未写；第二条策略 policy20 源地址和目的地址均省略。

在上节特别说明了防火墙是在区域之间实施 NAT，以上在 FW1、FW2 上配置 NAT 是使用在 trust 区域访问外部 untrust 区域。在区域规划时，FW1 只规划使用了两个区域，FW2 规划使用了三个区域。FW2 上配置 NAT 的源地址为“any”实际上也包括了 dmz 区的 IP 网段“172.16.255.0/24”，那么从 dmz 区的一台计算机访问 Internet，会不会匹配 NAT 呢？略经分析就会发现不可以，因为定义的 NAT 是 trust 区域访问 untrust 区域，不是在 dmz 区域访问 untrust 区域。所以防火墙 NAT 既要匹配 IP 网段，又要匹配区域，而且是先匹配区域再匹配 IP 网段。在真实网络环境中，服务器一般是被动接受外部连接，而不会主动发起连接，所以不需要为防火墙配置 dmz 区域访问 untrust 区域的 NAT 。但是假设 dmz 区除了服务器外，还有网络管理员等人员使用的用户计算机，那么也有可能需要让 dmz 区域用户访问外部网络。此时仅仅是上述配置的 NAT，则 dmz 区域的地址是无法访问 Internet 的。要让 dmz 区域的地址能够访问 Internet，还需要为 dmz 区域访问 untrust 区域配置 NAT 转换，添加下面的配置。

在防火墙上配置NAT技术的视频讲解

工程文件下载

在 FW2 上为 dmz 区域用户访问外网配置 NAT：

```
[FW2] nat-policy interzone dmz untrust outbound
[FW2-nat-policy-interzone-dmz-untrust-outbound]policy 10
[FW2-nat-policy-interzone-dmz-untrust-outbound-10]action source-nat
[FW2-nat-policy-interzone-dmz-untrust-outbound-10]address-group 2
[FW2-nat-policy-interzone-dmz-untrust-outbound-10]quit
```

小实验 1：使用本节介绍的 NAT 配置，在 eNSP 软件中按图 10-3 组网。在防火墙上配置 NAT，使 trust 区域用户能够访问 Internet。配置完成后，从 PCA ping PC1。在能够 ping 通后，在防火墙上使用 dis firewall session table 查看 NAT 转换信息。结合转换信息指出私网地址转换成了哪一个公网地址。

小实验 1
工程文件

小实验 1
视频

路由器配置：

```
[Huawei]int g0/0/0
[Huawei-G0/0/0]ip add 200.10.1.1 24
[Huawei-G0/0/0]int g0/0/1
[Huawei-G0/0/1]ip add 100.10.1.2 29
[Huawei-G0/0/1]rip
[Huawei-rip-1]network 100.0.0.0
[Huawei-rip-1]network 200.10.1.0
```

PC1:200.10.1.2/24
untrust区
200.10.1.1/24
g0/0/0
R
.2 g0/0/1
NAT地址池
100.10.1.3～100.10.1.5
100.10.1.0/29
.1
untrust区
0/0/0 0/0/1 0/0/2 0/0/3 0/0/4 0/0/5 0/0/6 0/0/7 0/0/8
CON
trust区
trust区
PCA:172.16.10.2/24

防火墙NAT配置：

```
[USG]nat-policy interzone trust untrust outbound
[USG-nat-policy-interzone-dmz -untrust-outbound]policy 10
[USG-nat-policy-interzone-dmz -untrust-outbound-10]policy source
                                                172.16.10.0 0.0.0.255
[USG-nat-policy-interzone-dmz -untrust-outbound-10]policy destination any
[USG-nat-policy-interzone-dmz -untrust-outbound-10]action source-nat
[USG-nat-policy-interzone-dmz -untrust-outbound-10]address-group 10
[USG-nat-policy-interzone-dmz -untrust-outbound-10]quit
[USG-nat-policy-interzone-dmz -untrust-outbound]quit
[USG]firewall packet-filter default permit interzone trust untrust direction outbound
```

防火墙基础配置：

```
[USG]int g0/0/1
[USG-G0/0/1]ip add 172.16.10.1 24
[USG-G0/0/1]int g0/0/8
[USG-G0/0/8]ip add 100.10.1.1 29
[USG-G0/0/8]firewall zone trust
[USG-zone-trust]add int g0/0/1
[USG-zone-trust]firewall zone untrust
[USG-zone-untrust]add int g0/0/8
[USG-zone-untrust]rip
[USG-rip-1]network 100.0.0.0
```

图 10-3　服务器私网地址和公网地址绑定信息

10.2　Internet 用户访问局域网服务器的 NAT Server 技术

由于企业局域网内部服务器配置的是私网地址 172.16.255.0/24 网段，Internet 上的路由器都没有到达任何私网网段的路由，此时就存在 Internet 网络上的用户（除了服务器本身所在的局域网用户)无法访问局域网内部服务器的问题。要解决这个问题,可以使用 NAT Server 技术,将 NAT 地址池中的公网地址与局域网服务器的私网地址关联起来,当外部网络访问这个公网地址时,实际就是访问局域网服务器。

在关联公网地址时,要注意三个要点:①关联的公网地址不能在网络的其他位置也在使用;②关联的公网地址必须是路由可达的;③确保它们在网络中存在关联关系,即由公网地址可以到达私网地址。

在本书所讲解的网络中,打算在 dmz 区中设置两台服务器:一个用作局域网 Web 服务器,IP 地址为 172.16.255.2;一个用作局域网 FTP(File Transfer Protocol,文件传输协议)服务器,IP 地址为 172.16.255.3。在实际网络组建中,为了节省费用,更常见的是多种服务同时安装在一台服务器上。

使用 NAT Server 技术发布服务器的命令形式如下:

```
[FW2] nat server zone untrust global 21.13.10.28 inside 172.16.255.2
[FW2] nat server zone untrust global 21.13.10.29 inside 172.16.255.3
```

第一行代码意义为私网地址 172.16.255.2 与公网地址 21.13.10.28 关联,或者理解为局域网地址 172.16.255.2 发布到 untrust 区公网上实际上使用的地址是 21.13.10.28。同理可理解第二行代码。这种关联并不是改变了局域网服务器的 IP 地址,实际上服务器真正的 IP 地址仍然是前面所设置的地址 172.16.255.2 和 172.16.255.3。

注意到局域网服务器关联的公网地址是 21.13.10.28 和 21.13.10.29,这两个地址正是防火墙 FW2 出接口链路上配置的 NAT 地址池中的地址。由于这两个地址与防火墙 FW2 的 g0/0/3 接口处于相同网段 21.13.10.24/29。在第 9.2.4 节中在 FW2 通过路由引入技术,将这个直连网段引入到了 OSPF 协议域,因此公网上所有路由器都有到达这个网段的路由。当公网上用户计算机要访问 21.13.10.28 和 21.13.10.29,就会被路由到 FW2,因此这两个地址是路由可达的。所谓路由可达就是外网访问这个地址时,网络中的所有设备能够根据其路由表找到目的地址 21.13.10.28 和 21.13.10.29 的位置,从而数据包能够到达这个目的地址,也就是 FW2。由于服务器网段 172.16.255.0/24 是 FW2 上 dmz 区域中的网段,FW2 的路由表中有到达这个网段的路由项,所以当外网访问服务器数据到达 FW2 后,就可以由 FW2 模拟其路由表将数据发送给服务器。因此这两个地址既是路由可达的,又与服务器网段存在真实的关联关系。

假设在 NAT Server 中关联地址配置为 21.13.10.33 和 21.13.10.34,虽然这两个地址的网络前缀是 21.13.10.x,但在本例的网络中实际上没有这两个地址,这两个地址是路由不可达的。所以即使 NAT Server 中发布,但仍然无法访问局域网服务器。

再假设在 NAT Server 中关联地址配置为 61.153.50.13 和 61.153.50.14,则这两个地址是路由可达的,但这两个地址在网络的其他位置使用,访问服务器的数据包将发往 RTC 和 RTD 路由器。RTC 和 RTD 收到这样的数据包后,由于 RTC 和 RTD 将不知道往哪里送,当然也就无法访问服务器。

配置完毕后,可以用命令“display firewall server-map”查看防火墙 FW2 上所配置的服务器信息,如图 10-3 所示。注意,能查看到这个信息,只是代表 NAT Server 配置过了,并不代表 NAT Server 的配置起作用。

在实际应用中,还可以采用下面的两种命令形式向外部网络发布局域网服务器的公网地址。这两种形式的最大特点是,指定向外部网络发布服务器的服务类型,即是WWW、FTP、E-mail、DNS等服务。其中的WWW、FTP等服务也可以对应的端口号代替。如下面的WWW用80代替,ftp用21代替。

```
[FW2]nat server protocol tcp global 21.13.10.28 www inside 172.16.255.2 www
[FW2]nat server protocol tcp global 21.13.10.29 ftp inside 172.16.255.3 ftp
```

配置成这两种形式与前面不指定服务类型有什么区别呢?如果不指定服务类型,那就同时在服务器上提供多种类型的服务。如果指定服务类型,则只提供指定类型的服务。由此可知,指定服务类型时,TCP、WWW、FTP对访问端口进行了限定,其他端口的协议无法与其通信。只能使用所定义的相应服务,例如用浏览器访问网站,或者登录到FTP服务器等。

例如,当不指定服务类型时,在外部网络的任意一台计算机上能够ping通21.13.10.28和21.13.10.29。如果指定服务类型WWW或FTP,则在外部网络的任一台计算机上不能ping通21.13.10.28或21.13.10.29。这是因为ping不属于WWW或FTP服务。这种情况下不能ping通,并不代表NAT Server配置不成功。如果在172.16.255.2上设置一个Web网站,在172.16.255.3上设置和安装FTP服务器,并正确设置域名DNS服务,则从外部网络的任一台计算机上可以通过在浏览器中输入域名的方式访问位于172.31.1.2上的Web网站;也可以通过域名的方式访问位于172.16.255.3上的FTP文件服务器。关于这一点,我们将在第13章进行测试说明。因此,当将NAT Server设置成特定服务的形式时,只能应用设备的服务。而使用ping命令测试ping不通,并不代表NAT Server设置失败。

NAT Server设置成特定服务器的形式时,也可以将多种服务发布在一个地址上。也就是一台计算机作为多种服务的服务器,这在实际网络中也是比较常见的。

```
[FW2]nat server protocol tcp global 21.13.10.28 www inside 172.16.255.2 www
[FW2] nat server protocol tcp global 21.13.10.28 ftp inside 172.16.255.2 ftp
```

在防火墙上配置NAT Server的视频讲解

上面的两行代码表示在一台局域网服务器172.16.255.2上应用了两种服务,外部Internet网络可以通过公网地址21.13.10.28访问这两种服务。

也可以一个公网地址关联到两个私网地址,但服务类型不一样。这样可以节省公网地址。

```
[FW2] nat server protocol tcp global 21.13.10.28 www inside 172.16.255.2 www
[FW2] nat server protocol tcp global 21.13.10.28 ftp inside 172.16.255.3 ftp
```

当外网用户访问WWW服务时,通过关联的公网地址访问内网服务器172.16.255.2,当访问FTP服务时,通过相同的公网地址但访问的是的内网服务器172.16.255.3。

工程文件下载

可见,NAT Server技术配置相当灵活。

要删除由NAT Server配置的应用服务器,可以使用下面的命令删除。

```
[FW2]undo nat server id                    /* ID可由dis cur查看到 */
```

小实验2:使用本节介绍的NAT Server配置,在eNSP软件中按图10-5组网。在防火墙上配置NAT Server,使untrust区域用户能够访问局域网内部服务器。配置完成后,从

PC1 ping PCB(绑定的公网地址)。在能够 ping 通后,在防火墙上使用 dis firewall session table 查看并解释显示的信息。

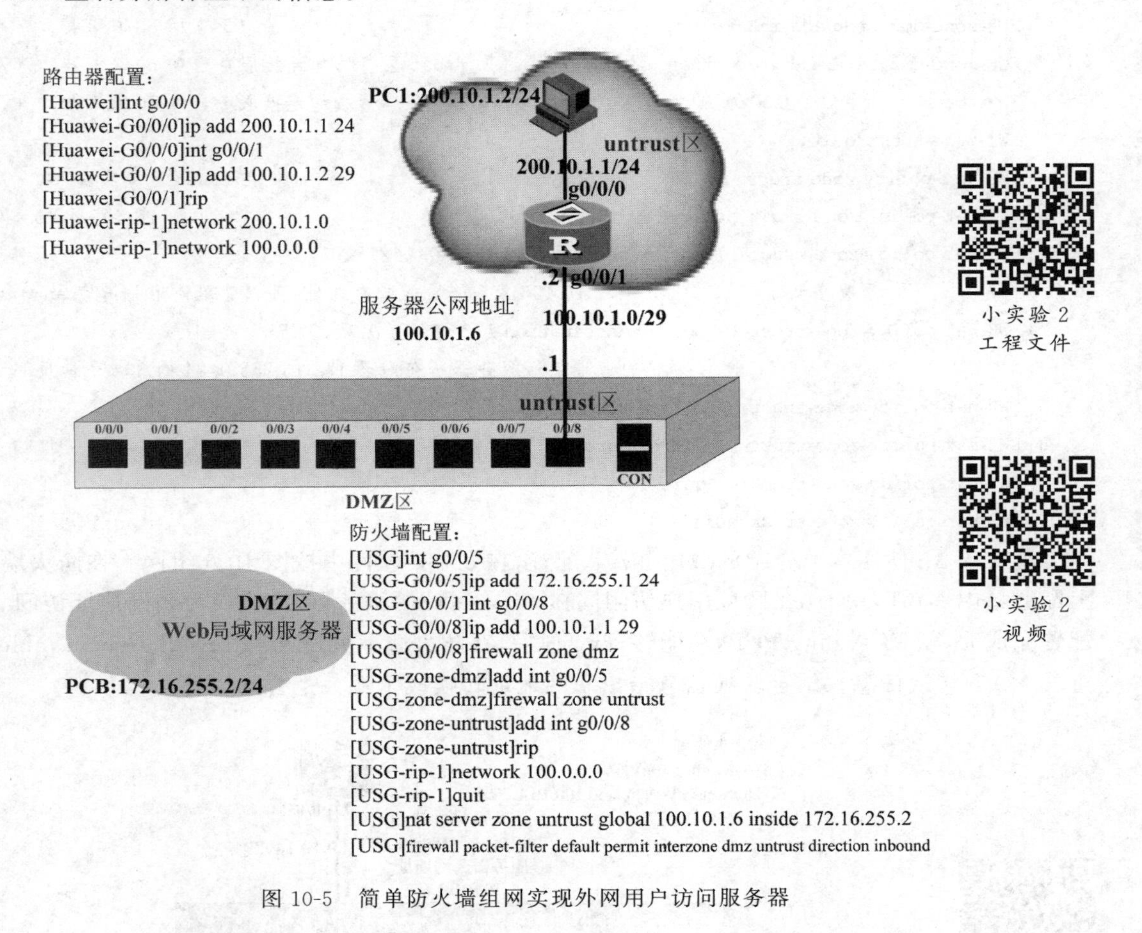

图 10-5　简单防火墙组网实现外网用户访问服务器

10.3　域内 NAT 技术

将企业网络服务器放置在 dmz 区,无论是外网还是内网用户访问 dmz 区的服务器,都要经过防火墙进行区域间安全策略检查过滤,这种规划提供了极好的安全性。但在某些特殊组网情况下,服务器没有放置在 dmz 区,而是直接放置在 trust 区。此时外网访问局域网服务器的数据包会通过防火墙进行安全策略检查,但同为 trust 区的局域网内部用户访问服务器将不会通过防火墙进行安全检查,而是直接按照常规的路由交换方式进行路由数据转发。这会让服务器增加被内部网络侵入或攻击的风险,因为局域网内部网络也有可能存在黑客和攻击者。为了让局域网用户访问服务器也经过防火墙安全检查,可以在防火墙使用域内 NAT 技术。配置了域内 NAT 后,trust 区域用户访问同为 trust 区域内的服务器也像不同区域之间的访问一样会对数据包进行过滤检查。

局域网内计算机用户和局域网服务器都在局域网中,局域网计算机用户通过局域网内的路由就可以直接访问服务器。实施域内 NAT,可以实现局域网内用户通过公网地址访问局域网服务器。下面假设局域网服务器放置在 FW2 的 trust 区域中,则在 FW2 中配置域内 NAT 如下。

```
[FW2]firewall zone dmz                          进入 dmz 区将删除原来添加到此区域的 g0/0/8 接口 * /
[FW2-zone-dmz]undo add int g0/0/8                                        删除 dmz 区的 g0/0/8 接口 * /
[FW2-zone-dmz]firewall zone trust                 进入 trust 区将添加连接服务器的 g0/0/8 接口 * /
[FW2-zone-trust]add int g0/0/8/ *                            添加连接服务器的 g0/0/8 接口 * /
[FW2-zone-trust]quit
[FW2]nat-policy zone trust                                                  在 trust 区域实施 NAT * /
[FW2-nat-policy-zone-trust]policy 10                                                  策略序号 10 * /
[FW2-nat-policy-zone-trust-10]policy source 172.16.0.0 0.0.127.255
            源地址包含 172.16.1.0～172.16.126.255 网段的所有地址,可以简单使用关键字 any * /
[FW2-nat-policy-zone-trust-10]policy destination 172.16.255.0 0.0.0.255
                              目的地址包括服务器所在网段 172.16.255.0/24 的 254 个地址 * /
[FW2-nat-policy-zone-trust-10]action source-nat
[FW2-nat-policy-zone-trust-10]address-group 1
[FW2-nat-policy-zone-trust-10]quit
[FW2-nat-policy-zone-trust]quit
```

小实验 3:使用本节介绍的域内 NAT 配置,在 eNSP 软件中按图 10-6 组网。在防火墙上配置域内 NAT,使 trust 区域用户访问同在 trust 区域的服务器时,转换为公网地址访问。配置完成后,从 PCA ping PCB,在能够 ping 通后,在防火墙上使用 dis firewall session table 查看 NAT 转换信息。结合转换信息指出私网地址转换成了哪一个公网地址。

小实验 3
工程文件

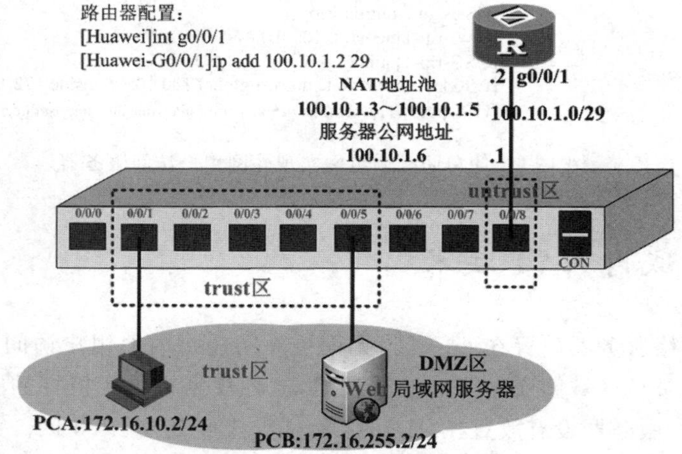

小实验 3
视频

图 10-6　简单防火墙组网实现域内 NAT

注意域内 NAT 只解决局域网计算机用户使用更安全的方式访问位于同一个防火墙区域中的局域网服务器，在仅仅只配置了上述域内 NAT 的情况下，它解决不了局域网用户访问 Internet，也解决不了 Internet 用户访问局域网服务器。如果要让 Internet 上的用户访问局域网服务器，需要在 untrust 区发布服务器公网地址，同时需配置 untrust 区域能够访问 trust 区域的安全策略。

```
[FW2]nat server zone untrust global 21.13.10.28 inside 172.16.255.2
[FW2]nat server zone untrust global 21.13.10.29 inside 172.16.255.3
[FW2]firewall packet－filter default permit interzone trust untrust direction inbound
```

如果要让 trust 区域的用户能够直接通过服务器的公网地址访问服务器，需要在 trust 区发布服务器公网地址。

```
[FW2]nat server zone trust global 21.13.10.28 inside 172.16.255.2
[FW2]nat server zone trust global 21.13.10.29 inside 172.16.255.3
```

10.4　NAT 测试

从企业局域网内的一台计算机 PCA(IP 地址为 172.16.10.2)去 ping 广域网上的一台计算机 PC4(IP 地址为 61.153.60.2)，期待的结果是 ping 通的，但事实是无法 ping 通，如图 10-7 所示。当然，查看 FW1 的 NAT 转换信息也查不到任何信息。

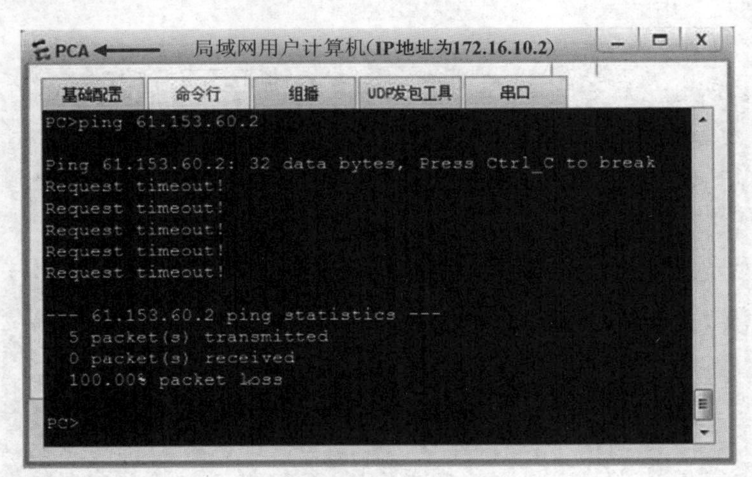

图 10-7　局域网计算机 PCA 无法 ping 通计算机 PC4

是不是没有设置 trust 区域访问 untrust 区域的权限呢？增加下述命令允许 trust 区域访问 untrust 区域：

```
[FW1]firewall packet-filter default permit interzone trust untrust direction outbound
[FW2]firewall packet-filter default permit interzone trust untrust direction inbound
```

但即使增加了上述语句，实际测试发现，计算机 PCA 仍然无法 ping 通外网计算机 PC4 及其他外网路由器。

计算机 PCA 也正常可以访问防火墙 FW2 的 dmz 区域的服务器，如图 10-8 所示。但这个结果在第 9.1 节就实现了，与本章配置的 NAT 和 NAT Server 无关。

图 10-8　局域网计算机 PCA(IP 地址为 172.16.10.2)能够 ping 通 dmz 区服务器(IP 地址为 172.16.255.2)

下面测试 Internet 公网上的计算机 PC4 访问局域网服务器。为此需要在 FW2 增加 untrust 区域访问 dmz 区域的许可。

```
[FW2]firewall packet-filter defalut permit interzone dmz untrust direction inbound
```

实际测试发现,PC4 并不能 ping 通服务器,如图 10-9 所示。

图 10-9　公网计算机 PC4 无法访问 Web 服务器

注：关联 IP 地址为 21.13.10.28,真实 IP 地址为 172.16.255.2。

由图 10-8 和图 10-9 可见，配置了 NAT 和 NAT Server 后，局域网用户不能 ping 通外网，外网用户也不能 ping 通服务器。这是不是意味着本章配置的 NAT 和 NAT Server 有错误呢？有关这个问题，将在第 11 章进行详细分析。

注意：当 dmz 区域中的服务器不经过一个三层交换机连接到防火墙，而是直接连接到防火墙 FW2 时，外网用户可以通过公网地址成功访问 dmz 区中的局域网服务器。如果采用这种组网，则可以说明上述 NAT Server 配置是正确的。

10.5　路由引入技术讨论

既然配置了 NAT 协议也无法实现局域网顺利访问广域网，能不能在防火墙配置“路由引入”技术解决局域网不能访问 Internet 的问题呢？下面就这个问题展开讨论。

假设防火墙和广域网的连接采用 OSPF 协议实现互通，相当于外网使用 OSPF 路由协议，局域网使用 RIP 路由协议。那么是否可以使用路由引入技术来解决局域网和广域网的互通故障呢？在综合网络中使用路由引入可以分下面三种情形来分析。

(1) 如果仅仅只是在防火墙的 RIP 路由中引入 OSPF 路由，OSPF 路由不引入 RIP，这称为单向路由引入。综合网络中有两个出口防火墙 FW1 和 FW2，单向路由引入后，则局域网交换机中将会出现目的地址为广域网网段的路由，广域网路由器中的路由表不会发生变化，没有到达局域网各网段的路由，这可以通过查看它们的路由表予以证实，这里省略。实际测试发现，局域网用户计算机可以 ping 通公网。

为何广域网路由器的路由表没有到达局域网各网段的路由信息，但局域网用户仍然可以访问公网呢？这实际上是由于局域网用户访问公网地址时，经过了出口设备——防火墙的网络地址转换，将局域网的私网地址转换为防火墙连接公网路由器的 NAT 地址池中的地址，而 NAT 地址池中的地址网段在公网路由器的路由表中是有对应路由信息的，所以局域网用户可以访问公网。此时也可以在防火墙上查看到 NAT 地址转换信息。

既然只要在防火墙的 RIP 路由中引入 OSPF 路由就可以达到局域网访问公网的目的，是不是表明使用这种路由引入就达到目的了呢？虽然经实际网络测试表明达到了目的，但不符合现实组网。这里给定的网络仅是一个网络练习的案例。

(2) 如果仅仅只是在防火墙的 OSPF 协议中引入 RIP 协议，这也是单向路由引入。此时广域网路由器会出现目的网段为局域网的路由，但局域网交换机中没有到达广域网网段的路由，局域网用户仍然 ping 不通广域网。这种情况相当于有回程路由，但没有去往路由。并且这种引入会产生公网路由器中出现私网路由的严重后果，这在实际中是禁止出现的。因为在实际组网中，私网地址是可以由社会上的不同企业、机关团体、学校等单位任意使用的，即私网地址是重复使用的，如果公网中引入私网路由，将会导致路由混乱，因此严格禁止公网路由器出现私网网段路由。

使用路由引入技术解决局域网和广域网互通故障讨论视频

(3) 如果既在 RIP 协议中引入 OSPF 协议，又在 OSPF 协议中引入 RIP 协议，这属于双向路由引入。将使局域网交换机中出现公网网段路由，广域网路由器中出现私网网段路由。但由于有 FW1 和 FW2 两个出口设备，这种配置会出现路由环路，局域网用户计算机仍然不能 ping 通公网计算机。如果只在一个防火墙配置双向路由引入，则可以 ping 通。但这不符合实际中的组网需求，也会导致公网路由器出现私网路由，仍然是严格禁止的操作。

故障讨论

不能使用“路由引入”的方法。防火墙上配置了 RIP 和 OSPF 两种路由协议，这两种路由协议所发现的路由信息不互相共享，各司其职。RIP 协议负责与局域网的互通，OSPF 协议负责广域网的互通。

事实上，如果防火墙与广域网的互连采用第 9.2.2 节介绍的静态路由，即使在防火墙上使用路由引入，也无法实现局域网访问广域网。有关这部分操作，读者可以自行操作并测试。

10.6 本章基本配置命令

本章基本配置命令如表 10-1 和表 10-2 所示。

表 10-1 防火墙配置 NAT 命令参考

常用命令	视图	作用
nat address-group *id x.x.x.x x.x.x.x*	系统	配置 NAT 地址池
nat-policy interzone*zone*1 *zone*2 [*inbound outbound*]	系统	在防火墙的两个区域间的指定方向配置 NAT
policy *policy-id*	NAT 策略	定义一个 NAT 策略
policy source *x.x.x.x* 反掩码	NAT 策略 id	限定源区域 IP 地址网段，地址参数可以是 any，指代所有地址，此句可以不配置，也指代源区域的所有地址
policydesstionation *x.x.x.x* 反掩码	NAT 策略 id	限定目的区域 IP 地址网段，地址参数可以是 any，指代所有地址，此句可以不配置，指代目的区域的所有地址

表 10-2 防火墙配置 nat server 命令参考

常用命令	视图	作用
nat server zone *zone-name* global *x.x.x.x* inside *x.x.x.x*	接口	将某一区域中的(公网)地址与另外一个区域的(私网)地址关联起来
nat server protocol tcp global *x.x.x.x* www inside *x.x.x.x* WWW	OSPF 区域	将(公网)地址与另外一个区域的(私网)地址关联起来，且指定只向外提供 WWW 服务，如果是其他服务就替换 WWW
nat server zone *zone-name* protocol tcp global *x. x. x. x* www inside *x. x. x. x* WWW	OSPF 区域	将某一区域中的(公网)地址与另外一个区域的(私网)地址关联起来，且指定只向外提供 WWW 服务，如果是其他服务就替换 WWW

10.7　实验与练习

1. 实验操作题。如题图1，在防火墙上配置NAT和NAT Server，实现下列要求：①使trust区域用户访问Internet（即untrust区域）时由私网地址转换为公网地址；②使untrust区域用户能通过Web服务器发布的公网地址访问到Web服务器。配置完成后，从PCA ping PC1，在能够ping通后，在防火墙上使用“dis firewall session table”查看NAT转换信息。从PC1访问dmz区域服务器PCB，即ping 71.6.11.2，确保能够ping通。提示：要完成此任务，先要为防火墙和路由器之间配置路由，并为trust区域访问untrust区域，untrust区域访问dmz区域设置数据访问安全策略。

1～2题
工程文件

题1配置
视频

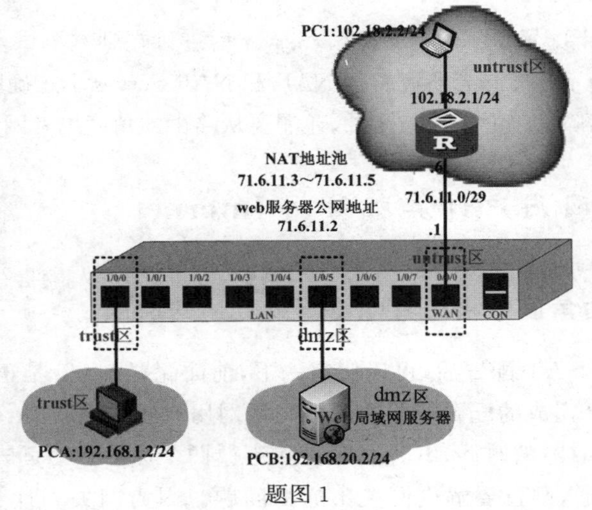

题图1

2. 实验操作题。如题图2，在防火墙上实现下列要求：①使trust区域用户访问Internet（即untrust区）时由私网地址转换为公网地址；②使untrust区域用户能够ping通Web服务器；③使trust区域用户访问Web服务器也通过公网地址71.6.11.2访问。

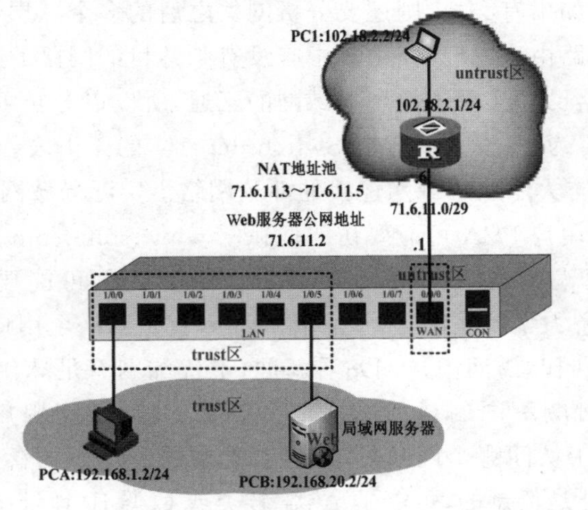

题2配置
视频

题图2

第 11 章

局域网通过防火墙连接广域网组网联合调试

上一章在防火墙上配置了 NAT 和 NAT Server 后进行端到端测试，发现局域网用户仍然无法访问广域网，这是不是意味着所配置的 NAT 和 NAT Server 不正确呢？实际上，全网联合调试要考虑很多因素，除了已介绍的技术外，还需要从路由的角度思考网络互通问题。

11.1 局域网用户计算机访问 Internet

11.1.1 从路由角度分析思考网络不能互通的原因

在防火墙上完成 NAT 配置后，可以假定一下，前面配置 NAT 是正确的。在 NAT 配置正确的情况下，分析已完成的配置能不能确保局域网用户成功访问 Internet。

在出现网络互通故障的时候，编者一般喜欢遵循两个原则：①首先用计算机 ping 自己的网关，如果 ping 不通，则首要解决网关不通的问题。因为网关和计算机可以看作是一根线直接连接的(即使中间连接有接入层交换机可以把交换机看作透明的)，计算机到网关的这段网络最简单，故障也最容易排除。②如果网关不通，则要从路由角度分析网络故障了。由于网关是网络中与用户计算机直接连接的第一个具备路由功能的网络设备，所以可以从网关开始分析路由表，如果有必要，则还要分析网关之后的多个三层设备(包括三层交换机、路由器和防火墙等)的路由表，查找路由表中有没有到达目的网段的路由。

由于这个综合网络已经实现了整个局域网的互通，所以以分析 PCA 的网关——汇聚层交换机 Switch-depart1 为例，查看和分析 Switch-depart1 的路由表。

图 11-1 仅列出了防火墙和局域网连接的部分网络。实际局域网用户访问 Internet 中的哪个网站是不确定的，用户 PCA 可能要访问搜狐网 www.sohu.com、网易网 www.163.com，用户 PCB 可能要访问淘宝网 www.taobao.com，用户 PCC 可能要访问哈佛大学校园网 www.harvard.edu、剑桥大学校园网 www.cam.ac.uk，就是同一个用户，也有可能在某个时间访问不同的网站，例如同时访问门户网站看新闻，上优酷网看足球比赛，登录 QQ 和好朋友聊天等，这些网站都对应不同的目的网地址。事实上，局域网用户每天不定时都在访问 Internet 上的网站，至于访问哪个网站是不确定的，取决于用户的喜好。而这些 Internet 上的网站，它们的 IP 地址是任意的，可能是 A 类、B 类或 C 类 IP 地址中的任意一个。

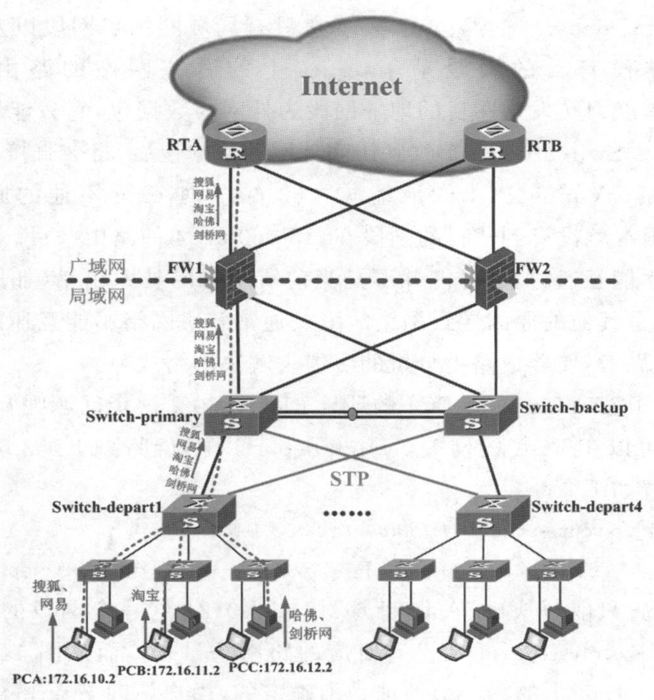

图 11-1　企业局域网用户计算机访问外网网址不确定

那么问题来了，当 PCA、PCB、PCC 等局域网用户计算机访问 Internet 上网站的数据包到达其网关也就是 Switch-depart1 后，这个网关有没有能力把这些数据包送出去呢？要分析这个，就需要看 Switch-depart1 的路由表，下面查看 Switch-depart1 的路由表，如图 11-2 所示。

Switch-depart1

```
<Switch-depart1>dis ip routing-table
Route Flags: R - relay, D - download to fib
------------------------------------------------------------------------------
Routing Tables: Public
         Destinations : 34       Routes : 34
Destination/Mask    Proto   Pre  Cost       Flags NextHop         Interface
      127.0.0.0/8   Direct  0    0            D   127.0.0.1       InLoopBack0
      127.0.0.1/32  Direct  0    0            D   127.0.0.1       InLoopBack0
   172.16.10.0/24   Direct  0    0            D   172.16.10.1     Vlanif100
   172.16.10.1/32   Direct  0    0            D   127.0.0.1       Vlanif100
   172.16.11.0/24   Direct  0    0            D   172.16.11.1     Vlanif110
   172.16.11.1/32   Direct  0    0            D   127.0.0.1       Vlanif110
   172.16.12.0/24   Direct  0    0            D   172.16.12.1     Vlanif120
   172.16.12.1/32   Direct  0    0            D   127.0.0.1       Vlanif120
   172.16.13.0/24   RIP     100  2            D   192.168.20.22   Vlanif20
   172.16.14.0/24   RIP     100  2            D   192.168.20.22   Vlanif20
   172.16.15.0/24   RIP     100  2            D   192.168.20.22   Vlanif20
   172.16.20.0/24   RIP     100  3            D   192.168.20.22   Vlanif20
   172.16.21.0/24   RIP     100  3            D   192.168.20.22   Vlanif20
   172.16.22.0/24   RIP     100  3            D   192.168.20.22   Vlanif20
   172.16.23.0/24   RIP     100  3            D   192.168.20.22   Vlanif20
   172.16.24.0/24   RIP     100  3            D   192.168.20.22   Vlanif20
   172.16.25.0/24   RIP     100  3            D   192.168.20.22   Vlanif20
  172.16.255.0/24   RIP     100  3            D   192.168.20.22   Vlanif20
  192.168.20.20/30  Direct  0    0            D   192.168.20.21   Vlanif20
  192.168.20.21/32  Direct  0    0            D   127.0.0.1       Vlanif20
  192.168.20.24/30  Direct  0    0            D   192.168.20.25   Vlanif24
  192.168.20.25/32  Direct  0    0            D   127.0.0.1       Vlanif24
  192.168.20.28/30  RIP     100  1            D   192.168.20.22   Vlanif20
  192.168.20.32/30  RIP     100  2            D   192.168.20.22   Vlanif20
  192.168.20.36/30  RIP     100  1            D   192.168.20.22   Vlanif20
  192.168.20.40/30  RIP     100  2            D   192.168.20.22   Vlanif20
  192.168.20.44/30  RIP     100  1            D   192.168.20.22   Vlanif20
  192.168.20.48/30  RIP     100  2            D   192.168.20.22   Vlanif20
  192.168.20.52/30  RIP     100  1            D   192.168.20.22   Vlanif20
  192.168.20.56/30  RIP     100  1            D   192.168.20.22   Vlanif20
  192.168.20.60/30  RIP     100  1            D   192.168.20.22   Vlanif20
  192.168.20.64/30  RIP     100  2            D   192.168.20.22   Vlanif20
  192.168.20.68/30  RIP     100  2            D   192.168.20.22   Vlanif20
  192.168.20.72/30  RIP     100  2            D   192.168.20.22   Vlanif20
<Switch-depart1>
```

depart1 下网段

depart2 下网段

depart3 下网段

depart4 下网段

服务器网段

核心层、汇聚层交换机及防火墙互连网段

图 11-2　Switch-depart1 的路由表

通过查看 Switch-depart1 的路由表,发现它只有局域网用户网段以及交换机互连网段的路由条目,根本没有目的网段是 Internet 上的哪些网站的路由条目,这就表明 Switch-depart1没有能力转发这些目的地址网段为外网的数据包,它只能转发目的地址网段为局域网的数据包。Switch-depart1 收到访问外网的数据包后,将会直接丢弃。这就是在第 10.4 节测试时,当 PCA ping PC4 的地址 61.153.60.2 时 ping 不通的原因,因为 Switch-depart1 的路由表根本就没有到达目的网段 61.153.60.0/24 的路由条目。

因此,当网络不能互通时,有可能并不是当前所配置的技术出错(如第 11 章配置 NAT 后网络仍不通),而是其他的原因导致网络故障。通常解决网络不能互通的最常见的思路就是从路由的观点去思考,要养成路由分析的习惯去解决网络故障。

那么怎么解决 PCA ping 不通 PC4 的地址 61.153.60.2 这个问题呢?看到这里,可能有的读者马上想到,可以在 PCA 的网关 Switch-depart1 配置到达 61.153.60.2 这个网段的静态路由,也就是配置如下命令:

```
[Switch-depart1]ip route-static 61.153.60.0 24 192.168.20.22
                    /*注意,192.168.20.22 是下一跳,它是核心层交换机 Switch-primary 的接口地址*/
```

但是这样的配置只能解决 PCA 访问 61.153.60.0/24 这一个网段的通信问题,如果要 ping 其他网段,则 Switch-depart1 又没有对应的路由条目了。而从图 11-1 可以看出,局域网所有用户访问 Internet 上的哪一个地址是不确定的,用户访问 Internet 有一个特点,就是外部网络地址包罗万象,可能目的地址是本省市的网站,有可能是中国其他省市的网站,有可能是国外网站,也就是说局域网用户访问的外部网络地址是无法准确预知的,这时候为了包罗所有用户要访问的外部网络,最简单的方式是用 0.0.0.0 0.0.0.0 作为目的网段,也就是使用默认路由。因此正确的做法是配置一条默认路由,目的网段为 0.0.0.0 就包含了 Internet 上的任意网段。这样一来,从实际网络角度来说应该将上述 Switch-depart1 交换机静态路由配置命令修改为如下的默认路由:

```
[Switch-depart1]ip route-static 0.0.0.0 0 192.168.20.22
```

完成上述配置后,Switch-depart1 交换机上将产生一条默认路由。尽管产生了一条这样的默认路由,但是 PCA 仍然 ping 不通 PC4,这是什么原因呢?此时问题出在核心层交换机上,因为当 Switch-depart1 配置默认路由后,收到 ping 数据包后将其发往下一跳 Switch-primary交换机,但 Switch-primary 的路由表中也没有目的网段为 61.153.60.2 的路由条目,它也没有能力继续转发 ping 数据包,它只能丢弃 PCA 访问外网的数据包。因此,按照相同的道理,也需要在 Switch-primary 配置如下的默认路由,下一跳是防火墙 FW1(上与 Switch-primary 相连接的接口 IP 地址)。

```
[Switch-primary]ip route-static 0.0.0.0 0 192.168.20.58
                    /*注意,192.168.20.58 是下一跳,它是防火墙 FW1 与交换机互连的接口地址*/
```

局域网用户计算机访问外网的数据包到达防火墙后,防火墙作为局域网的出口,连接局域网和广域网,防火墙已经和广域网实现了互通,其路由表中已经存在发往 Internet 的路由项。防火墙在收到局域网用户发送往 Internet 的数据包后,将启动 NAT 转换工作,NAT 不改变 ping 包的目的地址,但会将源地址由原来的 PCA 私网地址改为防火墙所设置的 NAT 地址池中的公网地址,之后按公网中的路由信息转发到目的端。

基于同样的道理，需要在所有汇聚层交换机 Switch-depart2、Switch-depart3、Switch-depart4 和核心层交换机 Switch-backup 配置类似的默认路由。

```
[Switch-depart2]ip route-static 0.0.0.0 0 192.168.20.30
    /* 注意，192.168.20.30 是下一跳，它是 Switch-primary 与 Switch-depart1 互连的接口地址 */
[Switch-depart3]ip route-static 0.0.0.0 0 192.168.20.42
    /* 注意，192.168.20.42 是下一跳，它是 Switch-backup 与 Switch-depart3 互连的接口地址 */
[Switch-depart4]ip route-static 0.0.0.0 0 192.168.20.50
    /* 注意，192.168.20.50 是下一跳，它是 Switch-backup 与 Switch-depart4 互连的接口地址 */
[Switch-backup]ip route-static 0.0.0.0 0 192.168.20.70
    /* 注意，192.168.20.58 是下一跳，它是 FW2 与 Switch-backup 互连的接口地址 */
```

完成相关设备上的默认路由配置以后，从局域网中用户计算机去 ping 公网中 IP 地址，如果还不能 ping 通，原因跟防火墙有关。回顾第 7 章，防火墙默认情况下 trust、untrust、dmz 三个区域是不能互相访问的。局域网用户计算机规划到了 trust 区域，公网中计算机规划到了 untrust 区域，这两个区域默认情况下是不能互相访问的。所以要测试局域网用户计算机访问 Internet 公网，还须在防火墙上开启 trust 区域对 untrust 区域的访问许可，也就是要配置下列语句：

```
[FW1]firewall packet-filter default permit interzone trust untrust direction outbound
 /* 注意，trust 区域安全级别比 untrust 高，让 trust 区域能访问 untrust 区域，方向为 outbound */
[FW2]firewall packet-filter default permit interzone trust untrust direction outbound
```

当然，如果企业局域网出口设备不是防火墙而是路由器，则不需要上述配置即可正常访问。

11.1.2 局域网用户计算机主动发起访问外网的测试

完成上一节所述默认路由配置后，可以测试 PCA、PCD、PCM、PCL 主动访问 Internet 的情况。实测表明，现在局域网所有用户计算机都能够访问外网中的地址。

图 11-3 是局域网用户计算机 PCA(IP 地址为 172.16.10.2)访问 Internet 中计算机 PC4(IP 地址为 61.153.60.2)的结果，显示可以 ping 通。

局域网访问广域网联合调试视频

图 11-3 局域网计算机 PCA 访问 Internet 中计算机 PC4 的结果

工程文件下载

在 PCA ping 通 PC4 后，立即在防火墙 FW1 上输入命令“display firewall session table”，查看 NAT 转换信息，可以看到内网地址 172.16.10.2 转换成了防火墙上配置在 NAT 地址池中的地址 20.13.10.2，并携带了对应的端口信息，如图 11-4 所示。这说明防火墙上配置的 NAT 技术是成功的。同时 NAT 转换信息只能在 FW1 上可以查看到，FW2 查看不到，因为 PCA ping PC4 是通过防火墙 FW1 和外部网络通信的。PCA 的私网地址 172.16.10.2 转换为公网中的地址21.13.10.2，这个地址正是在 FW1 中定义的 NAT 地址池中的地址。

图 11-4 局域网计算机 PCA ping 公网中计算机 PC4 后防火墙上 FW1 显示的 NAT 转换信息

> 注意：ping 完后应立即(1 分钟内)在防火墙查看 NAT 转换信息，因为 NAT 转换信息在防火墙中存留时间较短。

同样的道理，如果是 PCL 上 ping PC4，由于 PCL 通过 FW2 访问公网，所以只能在 FW2 可以查看到 NAT 转换信息，FW1 上查看不到。PCL 的私网地址 172.16.20.2 转换为公网中的地址 21.13.10.20，这个地址正是在 FW2 中定义的 NAT 地址池中的地址，如图 11-5 所示。

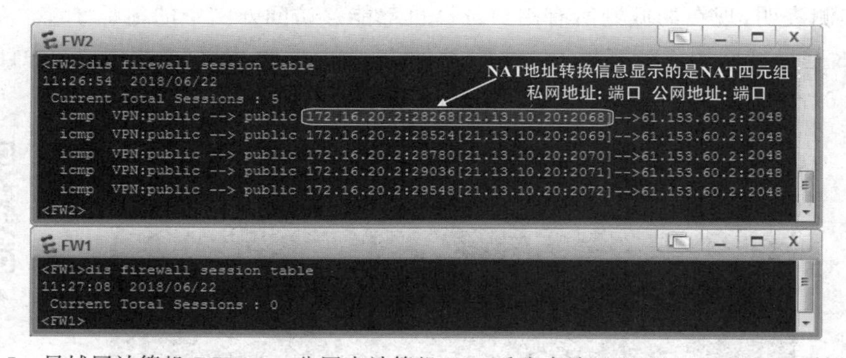

图 11-5 局域网计算机 PCL ping 公网中计算机 PC4 后防火墙上 FW2 显示的 NAT 转换信息

至此，在上一章 NAT 配置的基础上，在相关设备上增加默认路由的配置，就实现了局域网用户顺利访问 Internet。

> 注意：在实现局域网用户计算机通过 NAT 访问外网时，只在防火墙上增加配置了 trust 区域能够访问 untrust 区域，并没有配置 untrunst 区域能够访问 trust 区域，也没有配置 untrunst 区域能够访问 local 区域。

11.1.3　局域网用户计算机访问外网的路由优化

汇聚层交换机和核心层交换机配置默认路由解决了局域网不能访问 Internet 的网络故障。但是现有的配置是不是达到了网络的最优状态呢？要回答这个问题，可以先看一看企业局域网网络结构，如图 11-6 所示。应该说，这个图我们已经非常熟悉了。要特别指出的是，在初始构建网络时，每一台汇聚层交换机都有两台链路分别连接到两个核心层交换机，在第 3 章通过配置 STP 协议实现了一条链路正常使用，另一条链路作为备份。但在上一节中只是在主用链路上配置了一条默认路由，没有在备用链路上配置默认路由，这会导致什么情况呢？

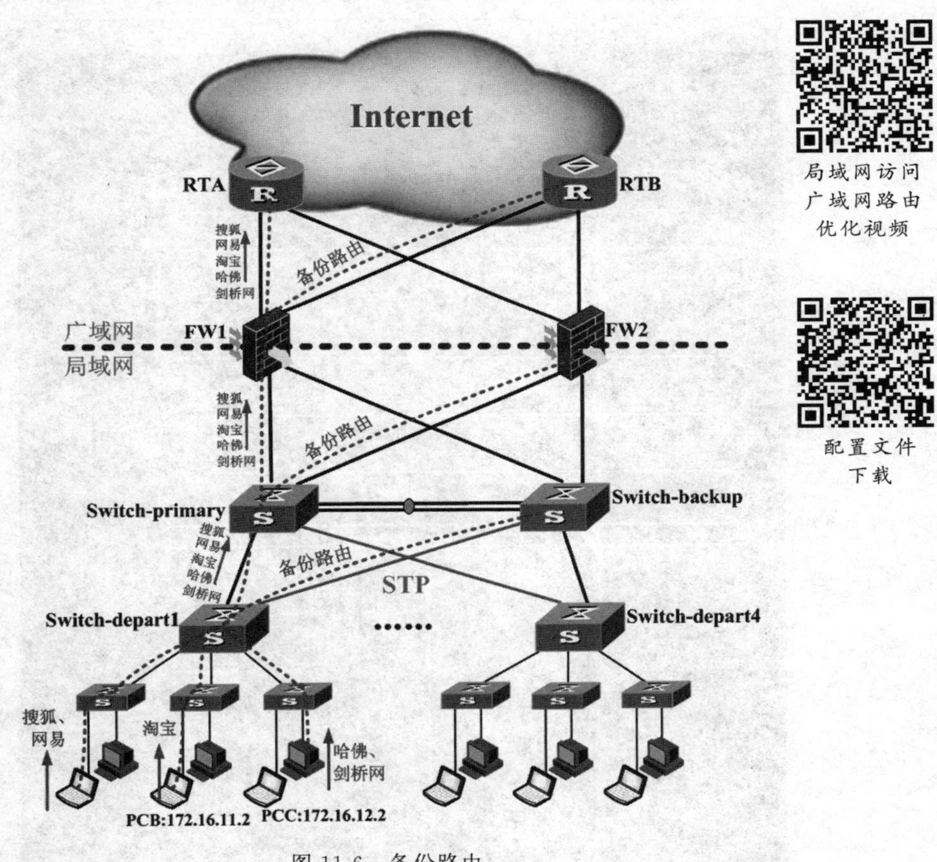

图 11-6　备份路由

假设由于某种原因（物理接口松动等），汇聚层交换机 Switch-depart1 正常连接到核心层交换机的链路（是主用链路）down 掉了。此时按照原始组网结构，STP 协议将启动备用链路工作，即 Switch-depart1 连接到 Switch-backup 的那条链路将开始工作了。但是如果此时用 PCA 去 ping 外网，发现又 ping 不通了。这说明仅仅像前一节那样在主用链路上配置一条默认路由，当主用链路失效时，备用链路根据 STP 协议启用了，但却无法服务于网络，这从路由表可以分析出来。当 Switch-depart1 连接到核心层交换机的链路物理接口失效时，会导致 Switch-depart1 路由表中所配置的默认路由消失。此时 Switch-depart1 接收到局域网用户计算机访问公网的数据包时，即使备用链路启用，但由于 Switch-depart1 中此时不存在到达备份核心交换机的路由，所以 Switch-depart1 并不知道往哪里发送，从而丢弃数据包。

要使备用链路真正起作用，还需要在备用链路上也设置一条默认路由，该条默认路由的下一跳是 Switch-backup 交换机。配置如下：

```
[Switch-depart1] ip route-static 0.0.0.0 0 192.168.20.26
                    /* 注意，192.168.20.26 是下一跳，它是与 Switch-backup 互连的接口 */
```

此时查看 Switch-deaprt1 的路由表，可以看到路由表中出现了两条并行的默认路由（但下一跳地址不同），表明这两条默认路由是同时生效的，如图 11-7 所示。

```
Switch-depart1
<Switch-depart1>dis ip routing-table
Route Flags: R - relay, D - download to fib
------------------------------------------------------------------------------
Routing Tables: Public
         Destinations : 35        Routes : 35
Destination/Mask    Proto   Pre  Cost      Flags NextHop         Interface

        0.0.0.0/0   Static  60   0           RD   192.168.20.22   Vlanif20
                    Static  60   0           RD   192.168.20.26   Vlanif24
      127.0.0.0/8   Direct  0    0           D    127.0.0.1       InLoopBack0
     127.0.0.1/32   Direct  0    0           D    127.0.0.1       InLoopBack0
   172.16.10.0/24   Direct  0    0           D    172.16.10.1     Vlanif100
   172.16.10.1/32   Direct  0    0           D    127.0.0.1       Vlanif100
   172.16.11.0/24   Direct  0    0           D    172.16.11.1     Vlanif110
   172.16.11.1/32   Direct  0    0           D    127.0.0.1       Vlanif110
   172.16.12.0/24   Direct  0    0           D    172.16.12.1     Vlanif120
   172.16.12.1/32   Direct  0    0           D    127.0.0.1       Vlanif120
   172.16.13.0/24   RIP     100  2           D    192.168.20.22   Vlanif20
   172.16.14.0/24   RIP     100  2           D    192.168.20.22   Vlanif20
   172.16.15.0/24   RIP     100  2           D    192.168.20.22   Vlanif20
   172.16.20.0/24   RIP     100  3           D    192.168.20.22   Vlanif20
   172.16.21.0/24   RIP     100  3           D    192.168.20.22   Vlanif20
   172.16.22.0/24   RIP     100  3           D    192.168.20.22   Vlanif20
   172.16.23.0/24   RIP     100  3           D    192.168.20.22   Vlanif20
   172.16.24.0/24   RIP     100  3           D    192.168.20.22   Vlanif20
   172.16.25.0/24   RIP     100  3           D    192.168.20.22   Vlanif20
  172.16.255.0/24   RIP     100  3           D    192.168.20.22   Vlanif20
 192.168.20.20/30   Direct  0    0           D    192.168.20.21   Vlanif20
 192.168.20.21/32   Direct  0    0           D    127.0.0.1       Vlanif20
 192.168.20.24/30   Direct  0    0           D    192.168.20.25   Vlanif24
 192.168.20.25/32   Direct  0    0           D    127.0.0.1       Vlanif24
 192.168.20.28/30   RIP     100  1           D    192.168.20.22   Vlanif20
 192.168.20.32/30   RIP     100  2           D    192.168.20.22   Vlanif20
 192.168.20.36/30   RIP     100  1           D    192.168.20.22   Vlanif20
 192.168.20.40/30   RIP     100  2           D    192.168.20.22   Vlanif20
 192.168.20.44/30   RIP     100  1           D    192.168.20.22   Vlanif20
 192.168.20.48/30   RIP     100  2           D    192.168.20.22   Vlanif20
 192.168.20.52/30   RIP     100  1           D    192.168.20.22   Vlanif20
 192.168.20.56/30   RIP     100  1           D    192.168.20.22   Vlanif20
 192.168.20.60/30   RIP     100  1           D    192.168.20.22   Vlanif20
 192.168.20.64/30   RIP     100  2           D    192.168.20.22   Vlanif20
 192.168.20.68/30   RIP     100  2           D    192.168.20.22   Vlanif20
 192.168.20.72/30   RIP     100  2           D    192.168.20.22   Vlanif20
<Switch-depart1>
```


图 11-7　Switch-deaprt1 交换机的路由表中存在两条不同的默认路由

尽管路由表中存在两条并行的默认路由，但实际上只有一条是生效的。由于正常情况下备份链路是 STP 阻塞的，所以 Switch-depart1 接收到其下面所连接交换机转发来的访问 Internet 数据包，将只会把数据包发送到 Switch-primary，不会发送到 Switch-backup。这可以通过 PCA tracert 外网计算机 PC4 分析得到。

下面将 Switch-depart1 连接到核心层交换机 Switch-primary 的链路的两端互连接口中的某一个接口 shutdown 掉（或者直接删除掉这条链路的连接线）。命令如下：

[Switch-depart1-Gigabit0/0/1]shutdown　　　　　　　　　　/＊将接口 g0/0/1 管理 down＊/

或

[Switch-primary-Gigabit0/0/1]shutdown　　　　　　　　　　/＊将接口 g0/0/1 管理 down＊/

此时可以观察到 Switch-depart1 的路由表中只存在一条默认路由，即主用链路上那条默认路由消失，只存在备用链路上的默认路由，如图 11-8 所示。

```
Switch-depart1
<Switch-depart1>dis ip routing-table
Route Flags: R - relay, D - download to fib
------------------------------------------------------------------------------
Routing Tables: Public
         Destinations : 35       Routes : 35
Destination/Mask    Proto   Pre  Cost      Flags NextHop         Interface

        0.0.0.0/0   Static  60   0           RD  192.168.20.26   Vlanif24
      127.0.0.0/8   Direct  0    0           D   127.0.0.1       InLoopBack0
     127.0.0.1/32   Direct  0    0           D   127.0.0.1       InLoopBack0
   172.16.10.0/24   Direct  0    0           D   172.16.10.1     Vlanif100
   172.16.10.1/32   Direct  0    0           D   127.0.0.1       Vlanif100
   172.16.11.0/24   Direct  0    0           D   172.16.11.1     Vlanif110
   172.16.11.1/32   Direct  0    0           D   127.0.0.1       Vlanif110
   172.16.12.0/24   Direct  0    0           D   172.16.12.1     Vlanif120
   172.16.12.1/32   Direct  0    0           D   127.0.0.1       Vlanif120
   172.16.13.0/24   RIP     100  2           D   192.168.20.22   Vlanif20
   172.16.14.0/24   RIP     100  2           D   192.168.20.22   Vlanif20
   172.16.15.0/24   RIP     100  2           D   192.168.20.22   Vlanif20
   172.16.20.0/24   RIP     100  3           D   192.168.20.22   Vlanif20
   172.16.21.0/24   RIP     100  3           D   192.168.20.22   Vlanif20
   172.16.22.0/24   RIP     100  3           D   192.168.20.22   Vlanif20
   172.16.23.0/24   RIP     100  3           D   192.168.20.22   Vlanif20
   172.16.24.0/24   RIP     100  3           D   192.168.20.22   Vlanif20
   172.16.25.0/24   RIP     100  3           D   192.168.20.22   Vlanif20
  172.16.255.0/24   RIP     100  3           D   192.168.20.22   Vlanif20
 192.168.20.20/30   Direct  0    0           D   192.168.20.21   Vlanif20
 192.168.20.21/32   Direct  0    0           D   127.0.0.1       Vlanif20
 192.168.20.24/30   Direct  0    0           D   192.168.20.25   Vlanif24
 192.168.20.25/32   Direct  0    0           D   127.0.0.1       Vlanif24
 192.168.20.28/30   RIP     100  1           D   192.168.20.22   Vlanif20
 192.168.20.32/30   RIP     100  2           D   192.168.20.22   Vlanif20
 192.168.20.36/30   RIP     100  1           D   192.168.20.22   Vlanif20
 192.168.20.40/30   RIP     100  2           D   192.168.20.22   Vlanif20
 192.168.20.44/30   RIP     100  1           D   192.168.20.22   Vlanif20
 192.168.20.48/30   RIP     100  2           D   192.168.20.22   Vlanif20
 192.168.20.52/30   RIP     100  1           D   192.168.20.22   Vlanif20
 192.168.20.56/30   RIP     100  1           D   192.168.20.22   Vlanif20
 192.168.20.60/30   RIP     100  1           D   192.168.20.22   Vlanif20
 192.168.20.64/30   RIP     100  2           D   192.168.20.22   Vlanif20
 192.168.20.68/30   RIP     100  2           D   192.168.20.22   Vlanif20
 192.168.20.72/30   RIP     100  2           D   192.168.20.22   Vlanif20
<Switch-depart1>
```

一条下一跳是备份核心交换机的默认路由

depart1 下网段

depart2 下网段

depart3 下网段

depart4 下网段

服务器网段

核心层汇聚层交换机及防火墙互连网段

图 11-8　Switch-deaprt1 交换机的路由表只存在一条指向备份核心交换机的默认路由

此时从 PCA 上 tracert PC4，可以看到从备用核心交换机转发，如图 11-9 所示。

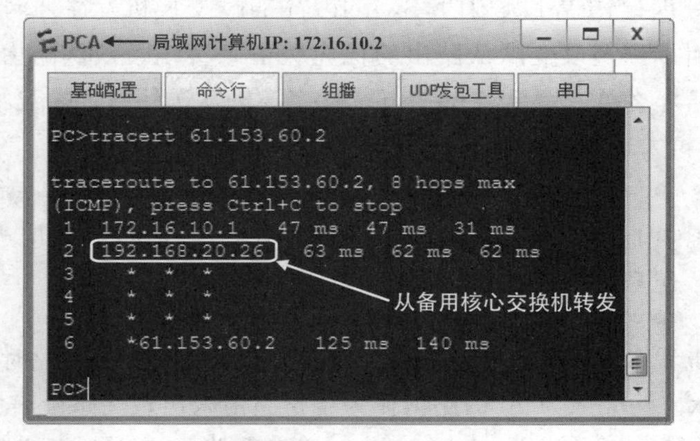

图 11-9　主用链路物理接口 down 掉后备份路由起作用

进一步可以查到 PCA ping 外网数据包从 FW2 转发，因为从 FW2 查看到 NAT 转换信息中显示 PCA 访问外网时获得的公网地址是定义在 FW2 上的地址池，而 FW1 则查看不到转换信息，如图 11-10 所示。

```
FW2
<FW2>display firewall session table
23:02:07  2018/06/21
 Current Total Sessions : 5
  icmp  VPN:public --> public 172.16.10.2:59837[21.13.10.18:2054]-->61.153.60.2:2048
  icmp  VPN:public --> public 172.16.10.2:60349[21.13.10.18:2055]-->61.153.60.2:2048
  icmp  VPN:public --> public 172.16.10.2:60605[21.13.10.18:2056]-->61.153.60.2:2048
  icmp  VPN:public --> public 172.16.10.2:60861[21.13.10.18:2057]-->61.153.60.2:2048
  icmp  VPN:public --> public 172.16.10.2:61117[21.13.10.18:2058]-->61.153.60.2:2048
<FW2>
```

NAT地址转换信息显示的是NAT四元组：
私网地址：端口 公网地址：端口

```
FW1
<FW1>display firewall session table
23:02:11  2018/06/21
 Current Total Sessions : 0
<FW1>
```

图 11-10　从 FW2 上可以查看到 PCA ping PC4 的 NAT 转换信息而 FW1 查看不到

Switch-depart1 中为了与 STP 协议的主用和备用链路协调，配置了两条下一跳不同的默认路由，起到了路由互为备份的作用。当两条默认路由的优先级采用默认值时，两条默认路由会同时出现在路由表中，但只有一条起作用。实用中可以配置不同的优先级来标识它们，这样做的好处是，路由表中可以隐藏掉一条默认路由，留下一条当前可用的默认路由。命令如下所示：

[Switch-depart1] **ip route-static** *0.0.0.0 0 192.168.20.22*

/ * 下一跳是核心层交换机 Switch-parimy 的优先级采用默认值是 60 * /

[Switch-depart1] **ip route-static** *0.0.0.0 0 192.168.20.26* **pre** *70*

/ * 下一跳是核心层交换机 Switch-backup 的优先级设置为 70 * /

配置完成后，再查看 Switch-depart1 的路由表，可以发现路由表中此时只出现一条默认路由，如图 11-11 所示。这是因为优先级为 70 的路由作为备份路由存储在备份路由库中，只有当前使用的默认路由失效时，备份路由才能进入路由表作为活动路由使用。

不同于汇聚层交换机连接到核心层交换机的两条链路，正常情况下有一条被 STP 协议阻塞。核心层交换机连接到两台防火墙的两条链路都是正常可用的链路，实际规划中，可以令这两条链路互为备份链路。当 FW1 正常时，经 Switch-primary 交换机发往外网的数据包转而发送给 FW1 处理；当 FW1 失效时，Switch-primary 交换机发往外网的数据包转而发送给 FW2 处理。这可以通过改变默认路由的优先级值来实现。默认路由的优先级是 60，优先级值越小越优先，那么可以将 Switch-primary 交换机发送外网数据包给 FW2 处理的默认路由优先级设置得稍大一些，例如 70，也就是如下设置：

[Switch-primary]**ip route-static** *0.0.0.0 0.0.0.0 192.168.20.62* **pre** *70*

综上所述，Switch-primary 交换机上配置了两条静态默认路由，如下所示：

[Switch-primary]**ip route-static** *0.0.0.0 0.0.0.0 192.168.20.58*　　/ * 发往 FW1，优先 * /

[Switch-primary]**ip route-static** *0.0.0.0 0.0.0.0 192.168.20.62* **pre** *70*　　/ * 发往 FW2，备用 * /

配置完成后，查看 Switch-primary 的路由表，可以发现路由表中此时只出现一条默认路由，如图 11-11 所示。优先级为 70 的路由作为备份路由未出现在路由表中。

但是可以通过命令"dis ip routing statistics"查看路由表中的活动路由和备份路由数

```
Switch-primary
<Switch-primary>dis ip routing-table
Route Flags: R - relay, D - download to fib
------------------------------------------------------------------------------
Routing Tables: Public
         Destinations : 37       Routes : 41
Destination/Mask    Proto   Pre  Cost      Flags NextHop         Interface
        0.0.0.0/0   Static  60   0           RD  192.168.20.58   Vlanif56
      127.0.0.0/8   Direct  0    0           D   127.0.0.1       InLoopBack0
      127.0.0.1/32  Direct  0    0           D   127.0.0.1       InLoopBack0
    172.16.10.0/24  RIP     100  1           D   192.168.20.21   Vlanif20
    172.16.11.0/24  RIP     100  1           D   192.168.20.21   Vlanif20
    172.16.12.0/24  RIP     100  1           D   192.168.20.21   Vlanif20
    172.16.13.0/24  RIP     100  1           D   192.168.20.29   Vlanif28
    172.16.14.0/24  RIP     100  1           D   192.168.20.29   Vlanif28
    172.16.15.0/24  RIP     100  1           D   192.168.20.29   Vlanif28
    172.16.20.0/24  RIP     100  2           D   192.168.20.54   Vlanif52
    172.16.21.0/24  RIP     100  2           D   192.168.20.54   Vlanif52
    172.16.22.0/24  RIP     100  2           D   192.168.20.54   Vlanif52
    172.16.23.0/24  RIP     100  2           D   192.168.20.54   Vlanif52
    172.16.24.0/24  RIP     100  2           D   192.168.20.54   Vlanif52
    172.16.25.0/24  RIP     100  2           D   192.168.20.54   Vlanif52
   172.16.255.0/24  RIP     100  2           D   192.168.20.62   Vlanif60
  192.168.20.20/30  Direct  0    0           D   192.168.20.22   Vlanif20
  192.168.20.22/32  Direct  0    0           D   127.0.0.1       Vlanif20
  192.168.20.24/30  RIP     100  1           D   192.168.20.21   Vlanif20
                    RIP     100  1           D   192.168.20.54   Vlanif52
  192.168.20.28/30  Direct  0    0           D   192.168.20.30   Vlanif28
  192.168.20.30/32  Direct  0    0           D   127.0.0.1       Vlanif28
  192.168.20.32/30  RIP     100  1           D   192.168.20.54   Vlanif52
                    RIP     100  1           D   192.168.20.29   Vlanif28
  192.168.20.36/30  Direct  0    0           D   192.168.20.38   Vlanif36
  192.168.20.38/32  Direct  0    0           D   127.0.0.1       Vlanif36
  192.168.20.40/30  RIP     100  1           D   192.168.20.54   Vlanif52
  192.168.20.44/30  Direct  0    0           D   192.168.20.46   Vlanif44
  192.168.20.46/32  Direct  0    0           D   127.0.0.1       Vlanif44
  192.168.20.48/30  RIP     100  1           D   192.168.20.54   Vlanif52
  192.168.20.52/30  Direct  0    0           D   192.168.20.53   Vlanif52
  192.168.20.53/32  Direct  0    0           D   127.0.0.1       Vlanif52
  192.168.20.56/30  Direct  0    0           D   192.168.20.57   Vlanif56
  192.168.20.57/32  Direct  0    0           D   127.0.0.1       Vlanif56
  192.168.20.60/30  Direct  0    0           D   192.168.20.61   Vlanif60
  192.168.20.61/32  Direct  0    0           D   127.0.0.1       Vlanif60
  192.168.20.64/30  RIP     100  1           D   192.168.20.54   Vlanif52
                    RIP     100  1           D   192.168.20.58   Vlanif56
  192.168.20.68/30  RIP     100  1           D   192.168.20.54   Vlanif52
                    RIP     100  1           D   192.168.20.62   Vlanif60
  192.168.20.72/30  RIP     100  1           D   192.168.20.62   Vlanif60
<Switch-primary>
```


图 11-11　Switch-primary 的路由表中只存在优先级值小的默认路由

量。图 11-12 显示交换机 Switch-primary 的静态路由总共有两条，处于活动的静态路由为一条。这表明还有一条静态路由处于备份状态。经常使用的查看路由表命令“dis ip routing-table”查看到的都是当前活动路由。

```
Switch-primary
[Switch-primary]dis ip routing statistics
Summary Prefixes : 37
Proto      total      active     added      deleted    freed
           routes     routes     routes     routes     routes
DIRECT     16         16         76         60         60
STATIC     2          1          2          0          0
RIP        26         24         84         58         58
OSPF       0          0          0          0          0
IS-IS      0          0          0          0          0
BGP        0          0          0          0          0
Total      44         41         162        118        118
[Switch-primary]
```

路由器有两条默认路由，但处于活动状态的静态路由只有一条

图 11-12　Switch-primary 的静态路由实际有两条，但其中只有一条为活动状态

同理,Switch-backup 交换机上也可以配置如下两条静态默认路由。

```
[Switch-backup]ip route-static 0.0.0.0 0.0.0.0 192.168.10.14              /* 发往 FW2,优先 */
[Switch-backup]ip route-static 0.0.0.0 0.0.0.0 192.168.10.10 pre 70       /* 发往 FW1,备用 */
```

下面将本节中实现局域网用户计算机访问 Internet 所增加的默认路由配置总结如表 11-1 所示。

表 11-1 各交换机需增加的默认路由

设备	配置默认路由	备注
Switch-depart1	ip route-static0.0.0.0 0.0.0.0 192.168.20.22	连接到 primary
	ip route-static0.0.0.0 0.0.0.0 192.168.20.26 pre 70	连接到 backup
Switch-depart2	ip route-static0.0.0.0 0.0.0.0 192.168.20.30	连接到 primary
	ip route-static0.0.0.0 0.0.0.0 192.168.20.34 pre 70	连接到 backup
Switch-depart3	ip route-static0.0.0.0 0.0.0.0 192.168.20.42 pre 70	连接到 primary,备份
	ip route-static0.0.0.0 0.0.0.0 192.168.20.26	连接到 backup,优先
Switch-depart4	ip route-static0.0.0.0 0.0.0.0 192.168.20.46 pre 70	连接到 primary,备份
	ip route-static0.0.0.0 0.0.0.0 192.168.20.50	连接到 backup,优先
Switch-primary	ip route-static0.0.0.0 0.0.0.0 192.168.20.58	连接到 FW1,优先
	ip route-static0.0.0.0 0.0.0.0 192.168.20.62 pre 70	连接到 FW2,备份
Switch-backup	ip route-static0.0.0.0 0.0.0.0 192.168.20.66 pre 70	连接到 FW1,备份
	ip route-static0.0.0.0 0.0.0.0 192.168.20.70	连接到 FW2,优先

11.1.4 汇聚层交换机上主、备路由和二层 STP 主备链路协调分析

如果仔细分析,会发现正常情况下,汇聚层交换机的主、备份路由和二层 STP 主、备份链路刚好是一一对应的,即主路由在 STP 的正常转发链路上,备份路由在 STP 的阻塞链路上。那么在非正常情况下,两者的变化是不是同步的呢? 例如,当由于某种原因,交换机的 STP 正常转发链路失效,原来的阻塞链路将变为正常转发链路。此时也希望主路由失效,启用备份路由。如果路由没有同步切换,则会发生网络互通故障。下面分两种情况进行实际测试,看看网络的具体运行情况是怎样的。

情况 1 二层 STP 正常转发链路失效,原来的阻塞链路将变为正常转发链路。查看交换机的路由表有没有启用备份路由。

制造一个让 Switch-depart1 交换机的二层 STP 正常转发链路失效的事件,例如可以让交换机的物理端口处于 down 状态,输入下面的命令:

```
[Switch-depart1-g0/0/1]shutdown                 /* 交换机端口 down */
```

或

```
[Switch-primary-g0/0/1]shutdown                 /* 交换机端口 down */
```

或者直接去掉正常转发链路的连接线缆。

接着查看 Switch-depart1 的阻塞端口,原阻塞端口 g0/0/2 有没有变为正常转发链路。

[Switch-depart1]**dis stp brief**

最后查看 Switch-depart1 的路由表，看路由表中启用的是哪一条默认路由。

[Switch-depart1]**dis ip routing-table**

如图 11-13 所示，在二层 STP 链路状态改变时，正常转发链路端口物理层 down 掉，原阻塞链路启用，此时原正常转发路径上的主路由随之失效，三层上的备用路由也跟随着同步联动。这种联动确保了链路的二层故障不会导致网络通信中断，网络通信仍然保持畅通，很好地实现了 STP 协议和主、备路由作用。

> 注意：down 掉物理接口时，需要过一分钟的时间再查看路由表，因为路由更新需要一点时间，如果立即查看，可能是不正确的路由表。

图 11-13 主链路物理层故障导致三层路由联动发生变化

情况 2 交换机的物理层正常，但三层路由中的主路由失效，原来的备份路由将进入路由表。查看交换机的二层 STP 阻塞链路有没有变为正常转发链路。

制造一个让 Switch-depart1 交换机中的主路由失效的事件，例如可以把 Switch-depart1 连接到核心层交换机 Switch-primary 的两端互连端口中的某一个三层接口 shutdown 掉(即 VLAN 三层虚拟接口)，使用下面的命令：

[Switch-depart1]**int vlanif** *20*

[Switch-depart1-Vlanif20]**shutdown**

或者

```
[Switch-primary]int vlanif 20
[Switch-primary-Vlanif20]shutdown                    /*交换机三层接口 down*/
```

接着查看 Switch-depart1 的路由表,看路由表中启用的是哪条默认路由。

```
[Switch-depart1]dis ip routing-table
```

最后查看 Switch-depart1 的阻塞端口,看原阻塞端口 g0/0/2 有没有变化。

```
[Switch-depart1]dis stp brief
```

此时查看 Switch-depart1 的路由表,虽然查看到如图 11-14 所示的一条连接到备用核心交换机的默认路由,但路由表中只有直连路由,其他 RIP 路由都不存在了。这是什么原因呢?从主用链路看,其二层正常,但三层接口为 down;从备用链路看,其三层接口正常,但二层链路处于 STP 阻塞状态。这从图 11-14 就可以看出来。

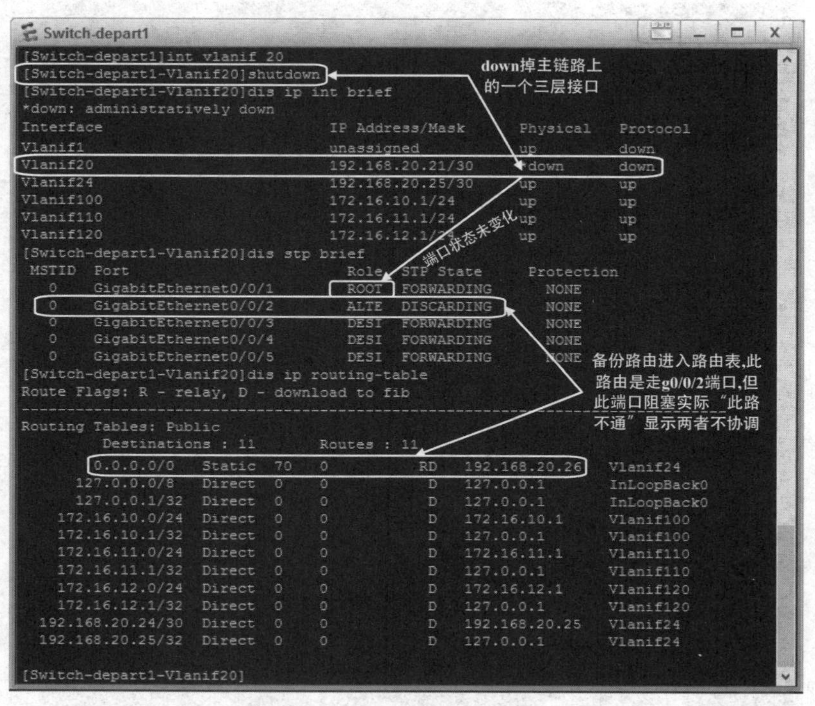

图 11-14 主链路三层路由失效但却没有引起二层 STP 状态联动发生变化

将 Switch-depart1 和 Switch-primary 互连的一个三层接口 shutdown 掉,但此时交换机组网中 STP 协议是一个二层协议,STP 协议无法检测到三层接口的 up 或 down 状态。如果查看 Switch-depart1 的 STP 信息,发现原来阻塞的接口 g0/0/2 现在仍然处于阻塞状态。这就导致虽然 Switch-depart1 的路由表中存在指向下一跳是备用核心交换机Switch-backup 的路由,但由于该链路实际上是二层阻塞的,所以数据包无法从这条链路上转发。从而使得这种情况下网络的部分链路处于不能互通状态。因为 Switch-depart1 的主链路二层正常,但附着在主链路上的主路由是失效的,不在路由表中。而附着在备份链路上的备份路由进入了路由表,但备份链路却是二层 STP 阻塞的。可见当链路中接口的三层故障导致主路由失效时,备份路由会进入路由表,但此时链路的二层 STP 状态并没有跟随同步变化,而是保持不变。这说明互连链路的三层接口状态变化并没有让二层发生联动，此时尽管路由表中存在默认路由，但却是阻塞链路上的默认路由，导致 PCA ping 不通外网。可见主路由失效（属于三层网络层）不会导致 STP 状态（属于二层数据链路层）变化，原来阻塞的端口仍然处于阻塞状态。

对比上面两种情况可以发现，二层接口状态变化可以引起三层路由跟着变化，但三层路由变化不会引起二层状态变化。这是因为计算机网络通信中高层通信是建立低层之上的。同时，二层和三层协议是各司其职的，STP 协议是一个二层协议，它无法感知到三层的 IP 接口状态，而三层的路由协议也无法感知到 STP 协议的端口阻塞状态，两个层次是相对独立的。这是计算机网络通信是一种层次化通信，低层状态变化会影响高层，但高层变化影响不了低层的例子。

主备路由和二层 STP 主备链路协调分析

如果由于某种原因导致主路由失效，此时网络可能会发生故障，这似乎是无法避免的现象。不过与物理层接口失效比起来，三层 VLAN 接口变为 down 的概率要低得多，实际中几乎不会发生，所以基本上可以不用考虑会发生这种情况。

11.2　外网用户主动发起访问局域网计算机的测试

前面第 11.1 节重点讨论了局域网用户主动发起访问 Internet。读者可能注意到，到目前为止，还没有测试过 Internet 中的计算机主动发起访问局域网计算机。如果从 PC4 ping PCA 或任意局域网内其他计算机，会发现 ping 不通。这是什么原因呢？这是因为 Internet 公网中的路由器没有任何到达局域网私网网段的路由，当然私网中的路由器也没有到达公网网段的路由（默认路由除外）。那么这与实际情况似乎有些不同，例如实际网络中两所都建设了局域网的大学校园网里的学生，他们双方中的任何一方都可以主动发起通信。实际网络中可以这样做，主要是通过第三方应用软件辅助完成的。例如一所大学的学生甲通过 QQ 软件和另一所大学里的同学乙通信，无论是甲或乙主动发起，都是首先和 QQ 应用服务器连接，再由 QQ 应用服务器辅助两人完成连接。

对于局域网中设置的服务器，通常与普通用户计算机不同，通常全社会有需要的用户（无论是局域网用户还是公网用户）都能够主动发起对局域网中的服务器的访问。如果给局域网服务器规划了公网地址，当然服务器可供全球任意 IP 地址主动发起访问。如果局域网服务器只有私网地址，则需要使用上一章介绍的 NAT Server 技术，给私网地址绑定一下公网地址，才能够让 Internet 公网用户主动发起访问。但在上一章给服务器的私网地址绑定了公网地址后，公网计算机仍然不能 ping 通局域网服务器。下一节将讨论和解决这个问题。

11.3　局域网或 Internet 用户主动发起 ping 局域网服务器

前面已经在 FW2 上配置了 NAT Server 技术，以方便 Internet 用户访问局域网服务器。要测试 Internet 用户 PC4 主动发起访问局域网服务器，并不是从 PC4 ping 局域网服务器 IP 地址 172.16.255.2 或 172.16.255.3，这些是私网地址。由于 Internet 中路由器没有到达任何私网网段的路由，肯定不会 ping 通。Internet 用户 PC4 主动发起对局域网服务器的访问测试方法是，ping 服务器发布到公网地址 21.13.10.28 或 21.13.10.29。

首先分析 PC4 主动发起访问 Web 服务器，Web 服务器的局域网地址是 172.16.255.2，在防火墙 FW2 上使用 NAT Server 技术为该服务器绑定了一个公网地址 21.13.10.28。PC4 ping 21.13.10.28 时，数据包将被路由到防火墙 FW2，FW2 通过 NAT Server 绑定的地址发现数据包是发送到 172.16.255.2，数据包被进一步送达目的地址 172.16.255.2。之后服务器返回信息给 PC4，返回包的目的地址为 PC4 的 IP 地址 61.153.60.2，但是返回包到达交换机 SF 后，这台交换机并没有到达这个网段的路由信息，或者说交换机没有到达公网网段的路由。因此返回包被丢弃，无法到达目的地。由此分析可知，PC4 主动发起对 Web 服务器的访问的数据包能够到达服务器，但是到达后却不能返回信息给 PC4。

实际上，尽管 PC4 主动发起访问 Web 服务器(当然是通过服务器关联的公网地址)，返回的是 ping 不通的信息，但是在防火墙 FW2 上可以查看到相应的信息，表明访问数据包到达了 FW2 并处理，如图 11-15 所示。这也间接说明访问服务器的数据是“有来无回”。

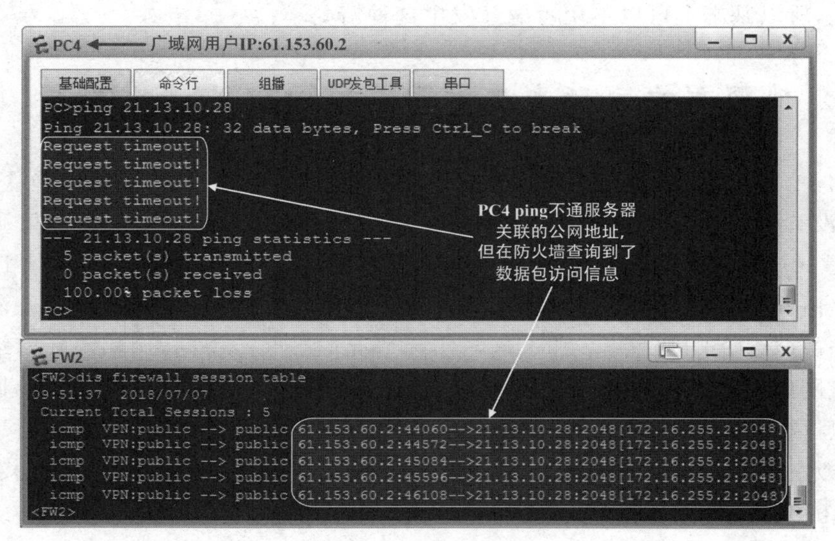

图 11-15　PC4 ping 不通服务器关联的公网地址，但在防火墙查询到了数据包访问信息

由此需要分析访问数据包不能返回的原因。实际上，这个问题与局域网用户计算机不能访问公网的原因类似。因为服务器的网关只有到达局域网的路由，没有到达公网的路由，所以返回的数据包到达服务器的网关也就是 SF 交换机后，SF 的路由表中因为没有到达公网的路由，从而将回访数据包丢弃。要让交换机 SF 存在到达所有公网网段的路由，最简单的方法只需要在连接局域网服务器的交换机 SF 上配置默认路由，原理与上节所叙述的 Switch-depart1 需要配置默认路由相同。配置如下：

```
[SF]ip route-static 0.0.0.0 0 192.168.20.74
```

如果在第 9 章没有在防火墙 FW2 上添加允许 untrust 区能够访问 dmz 区的数据访问策略，则还需要配置防火墙 FW2 的 untrust 区能够访问 dmz 区。由于 untrust 区的安全级别为 5，小于 dmz 区的安全级别 50，所以方向为 inbound，outbound 方向则不需要配置。配置如下(如果上一章已经配置则这里不需要配置)：

[FW2]**firewall packet-filter default permit interzone** *unturst dmz* **direction** *inbound*

完成上述两项配置后，从 PC4(IP 地址为 61.153.60.2) ping 21.13.10.28(实际上也就是 ping 局域网服务器 172.16.255.2)，可以 ping 通，如图 11-16 所示。

```
PC4
基础配置  命令行  组播  UDP发包工具  串口

PC>ipconfig

Link local IPv6 address...........: fe80::5689:98ff:fe32:1063
IPv6 address......................: :: / 128
IPv6 gateway......................: ::
IPv4 address......................: 61.153.60.2
Subnet mask.......................: 255.255.255.0
Gateway...........................: 61.153.60.1
Physical address..................: 54-89-98-32-10-63
DNS server........................:

PC>ping 21.13.10.28

Ping 21.13.10.28: 32 data bytes, Press Ctrl_C to break
From 21.13.10.28: bytes=32 seq=1 ttl=251 time=109 ms
From 21.13.10.28: bytes=32 seq=2 ttl=251 time=78 ms
From 21.13.10.28: bytes=32 seq=3 ttl=251 time=93 ms
From 21.13.10.28: bytes=32 seq=4 ttl=251 time=78 ms
From 21.13.10.28: bytes=32 seq=5 ttl=251 time=94 ms

--- 21.13.10.28 ping statistics ---
  5 packet(s) transmitted
  5 packet(s) received
  0.00% packet loss
  round-trip min/avg/max = 78/90/109 ms

PC>
```

图 11-16　61.153.60.2 ping 21.13.10.28(实际上是局域网服务器 172.16.255.2)

此时在防火墙 FW2 输入命令“dis firewall session table”可以查看到相关信息，如图 11-17所示。但这个信息不是 NAT 地址转换信息，可以理解为尽管 PC4 ping 的是公网地址 21.13.10.28，但实际访问的是私网地址 172.16.255.2。

图 11-17　61.153.60.2 ping 21.13.10.28(实际上是局域网服务器 172.16.255.2)防火墙显示的转换信息

从分公司局域网计算机 172.16.1.2 也可以 ping 通公司总部局域网服务器，但 ping 时不能 ping 私网地址 172.16.255.2，因为这个私网地址在公网不可见，可以 ping 这个服务器发布到公网的地址 21.13.10.28，同时查看分公司出口路由器 RTE 的 NAT 转换信息，如图 11-18 和图 11-19 所示。

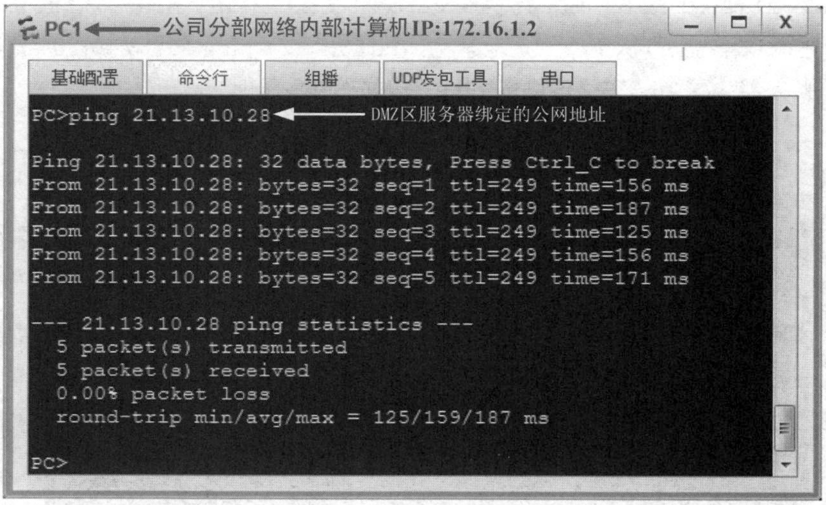

PC1
公司分部网络内部计算机IP:172.16.1.2
基础配置
命令行
组播
UDP发包工具
串口
PC>ping 21.13.10.28
DMZ区服务器绑定的公网地址
Ping 21.13.10.28: 32 data bytes, Press Ctrl_C to break
From 21.13.10.28: bytes=32 seq=1 ttl=249 time=156 ms
From 21.13.10.28: bytes=32 seq=2 ttl=249 time=187 ms
From 21.13.10.28: bytes=32 seq=3 ttl=249 time=125 ms
From 21.13.10.28: bytes=32 seq=4 ttl=249 time=156 ms
From 21.13.10.28: bytes=32 seq=5 ttl=249 time=171 ms
--- 21.13.10.28 ping statistics ---
5 packet(s) transmitted
5 packet(s) received
0.00% packet loss
round-trip min/avg/max = 125/159/187 ms
PC>

图 11-18　分公司计算机 172.16.1.2 ping 21.13.10.28(实际上是局域网服务器 172.16.255.2)

RTG
RTG
[RTG]dis nat session all
NAT Session Table Information:
Protocol : ICMP(1)
SrcAddr Vpn : 172.16.1.2
DestAddr Vpn : 21.13.10.28
Type Code IcmpId : 0 8 61126
NAT-Info
New SrcAddr : 61.153.50.41
New DestAddr : ----
New IcmpId : 10272
Protocol : ICMP(1)
SrcAddr Vpn : 172.16.1.2
DestAddr Vpn : 21.13.10.28
Type Code IcmpId : 0 8 61127
NAT-Info
New SrcAddr : 61.153.50.41
New DestAddr : ----
New IcmpId : 10273

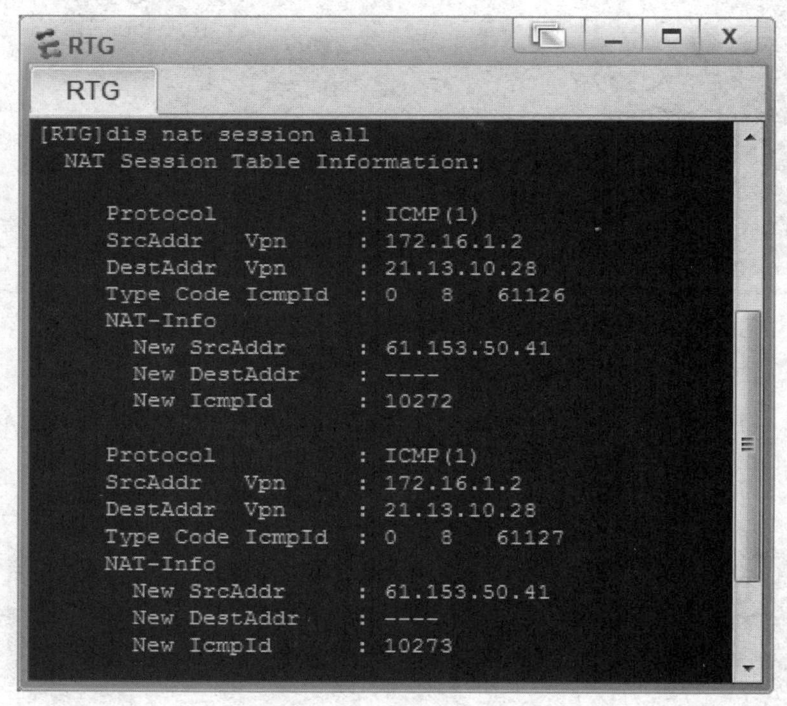

图 11-19　分公司局域网出口路由器 RTE 显示的 NAT 转换信息

从公司总部局域网计算机 172.16.10.2 也可以 ping 通局域网服务器，由于两者都位于局域网内部，局域网内部网络设备(主要是各级交换机)存在私网路由，所以可以用服务器的私网地址 ping。由于两者分属于防火墙 FW2 不同的区域，因此要从 PCA ping 通服务器的内部私网地址，首先要设置防火墙 trust 区访问 dmz 区的数据访问安全策略。防火墙 trust 区安全级别为 85，dmz 区安全级别为 50，所以 trust 区访问 dmz 区的方向为 outbound，与上面 untrust 区访问 dmz 区的方向为 inbound 不同。也就是需配置如下命令：

[FW2]**firewall packet-filter default permit interzone** *trust dmz* **direction** *outbound*

如图 11-20 所示是 PCA ping 服务器 172.16.255.2 的结果。

图 11-20　公司总部局域网用户计算机 ping 局域网服务器地址

局域网内部用户也可以通过 ping 服务器绑定的公网地址来访问，由于访问的是公网地址，此时 ping 数据包需要转发到 FW1，再由 FW1 转发到公网中路由，如图 11-21 所示。

图 11-21　局域网用户计算机 ping 局域网服务器绑定的公网地址

可以在 FW1 和 FW2 查到 NAT 转换信息，但两者显示的转换信息略有不同，如图 11-22所示。

```
FW1
<FW1>display firewall session table
21:26:14  2018/06/21
 Current Total Sessions : 5
  icmp  VPN:public --> public 172.16.10.2:28583[21.13.10.2:2077]-->21.13.10.28:2048
  icmp  VPN:public --> public 172.16.10.2:28839[21.13.10.2:2078]-->21.13.10.28:2048
  icmp  VPN:public --> public 172.16.10.2:29351[21.13.10.2:2079]-->21.13.10.28:2048
  icmp  VPN:public --> public 172.16.10.2:29607[21.13.10.2:2080]-->21.13.10.28:2048
  icmp  VPN:public --> public 172.16.10.2:29863[21.13.10.2:2081]-->21.13.10.28:2048
<FW1>
```

NAT地址转换信息显示的是NAT四元组

```
FW2
<FW2>dis firewall session table
21:26:27  2018/06/21
 Current Total Sessions : 5
  icmp  VPN:public --> public 21.13.10.2:2077-->21.13.10.28:2048[172.16.255.2:2048]
  icmp  VPN:public --> public 21.13.10.2:2078-->21.13.10.28:2048[172.16.255.2:2048]
  icmp  VPN:public --> public 21.13.10.2:2079-->21.13.10.28:2048[172.16.255.2:2048]
  icmp  VPN:public --> public 21.13.10.2:2080-->21.13.10.28:2048[172.16.255.2:2048]
  icmp  VPN:public --> public 21.13.10.2:2081-->21.13.10.28:2048[172.16.255.2:2048]
<FW2>
```

转换为公网地址后再访问服务器公网地址

图 11-22　局域网用户计算机 ping 服务器关联的公网地址时 FW1 查询到的 NAT 转换信息

FW1 的 NAT 信息显示局域网 IP 地址 172.16.10.2 经 NAT 地址转换后，转换为公网 IP 地址 21.13.10.2，这个地址正是 FW1 上所配置的 NAT 地址池中的地址。之后再以这个转换后的地址访问 dmz 区的服务器，从服务器的私网地址返回信息。

如果在 PCA 上分别 tracert 服务器的私网地址和公网地址，会发现两者所走的路径不同，如图 11-23 所示。

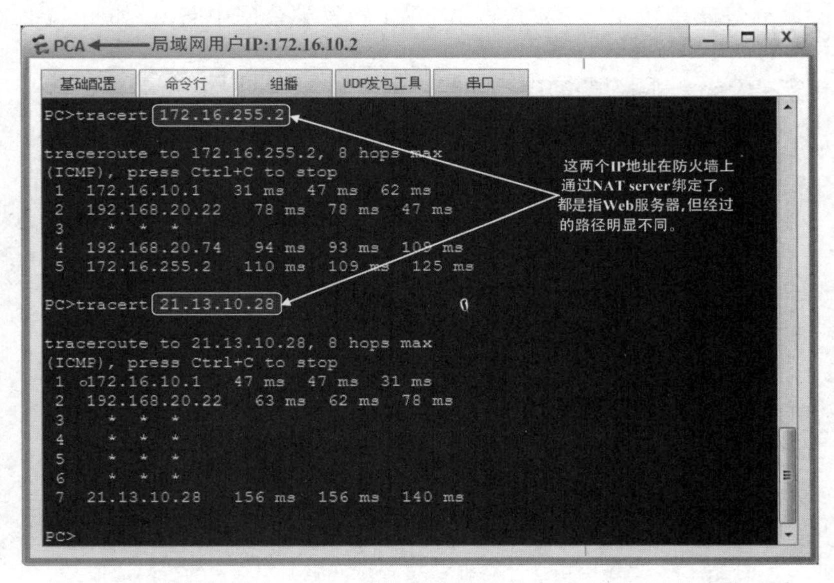


```
PC>tracert 172.16.255.2

traceroute to 172.16.255.2, 8 hops max
(ICMP), press Ctrl+C to stop
 1  172.16.10.1    31 ms  47 ms  62 ms
 2  192.168.20.22    78 ms  78 ms  47 ms
 3    *  *  *
 4  192.168.20.74    94 ms  93 ms  109 ms
 5  172.16.255.2    110 ms  109 ms  125 ms

PC>tracert 21.13.10.28

traceroute to 21.13.10.28, 8 hops max
(ICMP), press Ctrl+C to stop
 1  172.16.10.1    47 ms  47 ms  31 ms
 2  192.168.20.22    63 ms  62 ms  78 ms
 3    *  *  *
 4    *  *  *
 5    *  *  *
 6    *  *  *
 7  21.13.10.28    156 ms  156 ms  140 ms

PC>
```

图 11-23　局域网用户 tracert 服务器的私网和公网地址经过的路径不同

不过实际测试发现，位于 Switch-primary 交换机一侧下面的局域网计算机用户可以通过公网地址访问局域网服务器，但 Switch-backup 交换机一侧下面的局域网计算机用户则不能通过公网地址访问局域网服务器。这是因为无论路由器还是防火墙，自身都无法 ping 通本身所配置的 NAT 地址池中的地址，所以 FW2 无法 ping 通服务器绑定的公网地址，但除 FW2 外的设备则可以 ping 通。同样 FW1 也 ping 不通定义在 FW1 上的 NAT 地址池中的地址。图 11-24 显示 FW2 不能 ping 通 21.13.10.28，但 FW1 可以 ping 通。Switch-backup

交换机一侧下面的局域网计算机用户访问服务器的公网地址时，数据包会通过局域网路由发送到 FW2，经 NAT 转换后获得一个定义在 FW2 地址池中的公网地址，再去访问服务器时，相当于从 FW2 上 ping 地址池中的地址，就出现图 11-24 所示 ping 不通的结果。

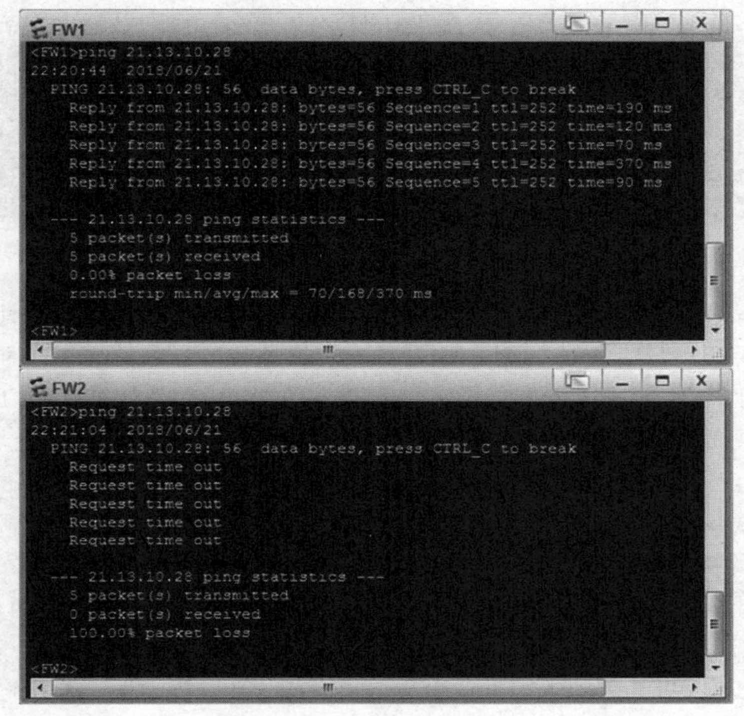

图 11-24　FW1 和 FW2 ping 服务器公网地址的不同结果

要使 Switch-backup 交换机一侧下面的局域网计算机用户能够访问服务器的公网地址，可以在 trust 区域发布服务器的公网地址，即增加配置下面的 NAT Server 命令。

```
[FW2]nat server zone trust global 21.13.10.28 inside 172.16.255.2
[FW2]nat server zone trust global 21.13.10.29 inside 172.16.255.3
```

实际测试发现，当仅在 trust 区域发布服务器的公网地址时，外部网络用户不能访问服务器。外部网络用户访问服务器通过在 untrust 区域发布服务器公网地址实现。

当 Switch-backup 交换机一侧下面的局域网计算机用户 PCM(IP:172.16.21.2) 访问服务器的公网地地址时，在防火墙 FW2 上使用“dis firewall session table”查看防火墙的转换信息如下：

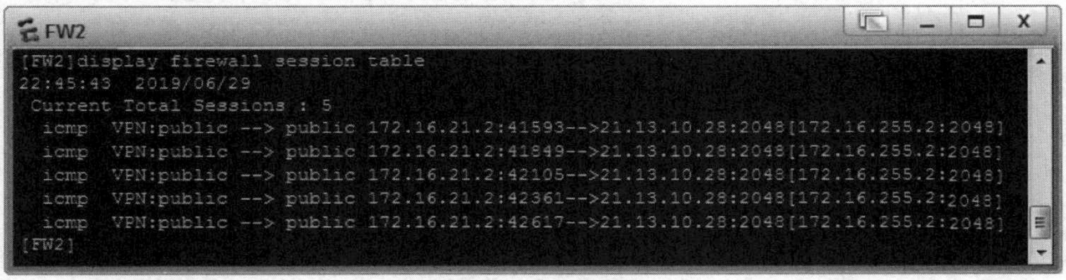

```
FW2
[FW2]display firewall session table
22:45:43  2019/06/29
 Current Total Sessions : 5
  icmp  VPN:public --> public 172.16.21.2:41593-->21.13.10.28:2048[172.16.255.2:2048]
  icmp  VPN:public --> public 172.16.21.2:41849-->21.13.10.28:2048[172.16.255.2:2048]
  icmp  VPN:public --> public 172.16.21.2:42105-->21.13.10.28:2048[172.16.255.2:2048]
  icmp  VPN:public --> public 172.16.21.2:42361-->21.13.10.28:2048[172.16.255.2:2048]
  icmp  VPN:public --> public 172.16.21.2:42617-->21.13.10.28:2048[172.16.255.2:2048]
[FW2]
```

图 11-25　FW2 的转换信息

对比没有配置 trust 区域发布服务器公网地址，PCM 不能 ping 通服务器公网地址时，FW2 的转换信息如下。

```
FW2
[FW2]dis firewall session table
23:01:55  2019/06/29
 Current Total Sessions : 5
  icmp  VPN:public --> public 172.16.21.2:27005[21.13.10.29:2058]-->21.13.10.28:2048
  icmp  VPN:public --> public 172.16.21.2:27517[21.13.10.29:2059]-->21.13.10.28:2048
  icmp  VPN:public --> public 172.16.21.2:28029[21.13.10.29:2060]-->21.13.10.28:2048
  icmp  VPN:public --> public 172.16.21.2:28541[21.13.10.29:2061]-->21.13.10.28:2048
  icmp  VPN:public --> public 172.16.21.2:29053[21.13.10.29:2062]-->21.13.10.28:2048
[FW2]
```

图 11-26　FW2 的转换信息

对比图 11-25 和图 11-26，可以发现，当在 trust 区域发布服务器的公网地址时，trust 区域的局域网计算机用户从 trust 区域的服务器配置信息直接获取了服务器的私网信息。而没有在 trust 发布、只在 untrust 或 untrust1 区域发布时，局域网计算机用户先将服务器公网地址当作外网 IP 地址路由到防火墙 FW2 经过网络地址转换为 NAT 地址池中的 IP 地址 21.13.10.29，再由此地址访问相同接口的地址池中的服务器公网地址，所以 ping 不通。

这里还需要说明的是，在测试网络的互通时，防火墙不同区域的用户计算机不一定能够 ping 通防火墙的接口，但并不妨碍全网的互通。这跟第 8 章所设置的数据访问安全策略有关。到目前为止，防火墙上只有默认的 trust 区和 local 区可以互访，其他两个区域和 local 区不能互访。所以 untrust 区和 dmz 区的计算机无法 ping 通防火墙的接口。

从 172.16.10.2 去 ping 21.13.10.1 和 21.13.10.25，可以 ping 通。这两个地址是防火墙的接口地址，属于防火墙的 local 区域。而 172.16.10.2 属于防火墙的 trust 区域，防火墙的 local 区域默认情况下是允许 trust 区域访问的。

总之，防火墙的 lcoal 区默认情况下只开放给 trust 区用户访问，没有开放给 dmz 和 untrust 区域用户访问，所以在实际测试时，有些区域用户无法 ping 通防火墙接口的 IP 地址，但是并不妨碍全网的互相通信。而且建议如无特别需要，不要轻易将防火墙的 lcoal 区域开放给 dmz 和 untrust 区域访问。

至此，完成了本书所介绍的基础网络的全网互通配置实现。

11.4　使用 NAT Server 关联服务器私网地址和公网地址的讨论

在第 10.2 节中介绍了两种服务器私网地址关联公网地址的方法，这两种方法有什么区别呢？本节通过测试来进行简单的讨论分析。

使用 NAT Server 技术关联服务器私网地址和公网地址的两种方法如下。

方法一：

[FW2] **nat server zone untrust global** *21.13.10.28* **inside** *172.16.255.2*

[FW2] **nat server zone untrust global** *21.13.10.29* **inside** *172.16.255.3*

方法二：

[FW2]**nat server protocol tcp global** *21.13.10.28 www* **inside** 172.16.255.2 *www*

[FW2]**nat server protocol tcp global** *21.13.10.29 ftp* **inside** 172.16.255.3 *ftp*

上一节测试的是方法一的设置，这里不再测试方法一，直接测试方法二。为此进入 FW2，删除掉原来的 NAT Server 配置，重新按方法二配置，配置完后测试 PC4 ping 服务器关联的公网地址，如图 11-27 所示。

图 11-27　讨论 FW2 发布服务器私网地址关联公网地址的不同方法

当按第二种方法配置 NAT Server 后，发现 Internet 中的计算机 ping 不通服务器，但显示访问数据包到达了防火墙 FW2。这样一来，是不是说明方法二的配置是错误的呢？其实不然，有关这个问题，将在第 13.4 节中再次讨论。

11.5　防火墙 NAT 地址池设置讨论

如第 8.3.2 节所述，将 NAT 地址池设置为防火墙出接口同网段的 IP 地址。那么可不可以将 NAT 地址池设置为与防火墙的接口 IP 地址不在同一个网段呢？例如防火墙连接 Internet 的出接口使用 21.13.10.0/29 网段的地址，NAT 地址池使用其他地址，假设 NAT 地址池属于下述两种情况之一：①使用与模拟广域网毫不相关的 IP 地址，例如 14.10.12.16 和 14.10.12.17 这两个 IP 地址；②使用模拟广域网中一个其他网段的地址如 61.153.50.0/30 等。这样设置地址池会出现什么情况呢？可以用实验测试一下。

①使用与模拟广域网毫不相关的 IP 地址 14.10.12.16 和 14.10.12.17 作为地址池。此时

局域网中的用户无法 ping 通 Internet，但在防火墙可以查到 NAT 转换信息，如图 11-28 所示。

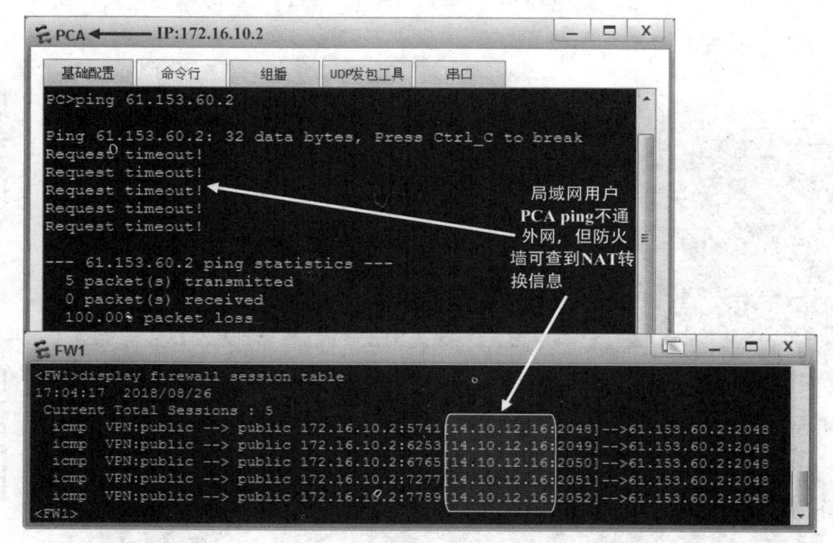

图 11-28　局域网中的用户 PCA ping 不通 Internet，但在防火墙可以查到 NAT 转换信息

在防火墙 FW1 的出接口 g0/0/3 抓包分析，发现只有去往目的地址的 request 包，没有响应包送回到防火墙的 g0/0/3 接口，如图 11-29 所示。这说明这样配置地址池时，数据包能够到达目的端，但没有返回包。理论上，因为携带私网地址的数据包经 NAT 转换后，源地址变为了地址池中的地址 14.10.12.16，返回的数据包将被转发到这个 IP 地址的网络节点。但纵观模拟广域网，这个网络节点又在哪里呢？所以实际上返回包变成了无主数据包被丢弃了。有些初学者可能会想，在真实 Internet 中，返回的数据包将被转发到 14.10.12.16，但即使转发到了这个地址，也到达不了 FW1，从而无法返回到 PCA。

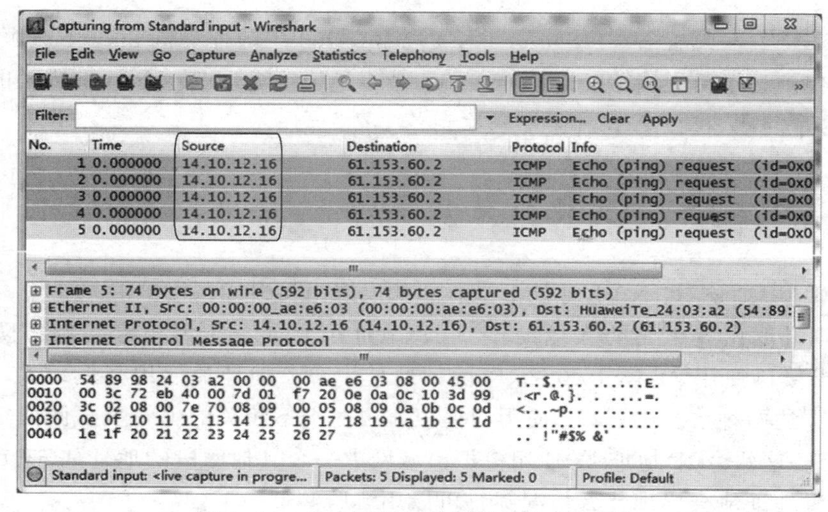

图 11-29　防火墙抓包分析显示没有返回包

②使用模拟广域网中一个其他网段的地址如 61.153.50.0/30 等。这个地址是 RTA 路由器上的一个接口的 IP 网段。此时局域网中的用户无法 ping 通 Internet，但在防火墙可以查到 NAT 转换信息，如图 11-30 所示。

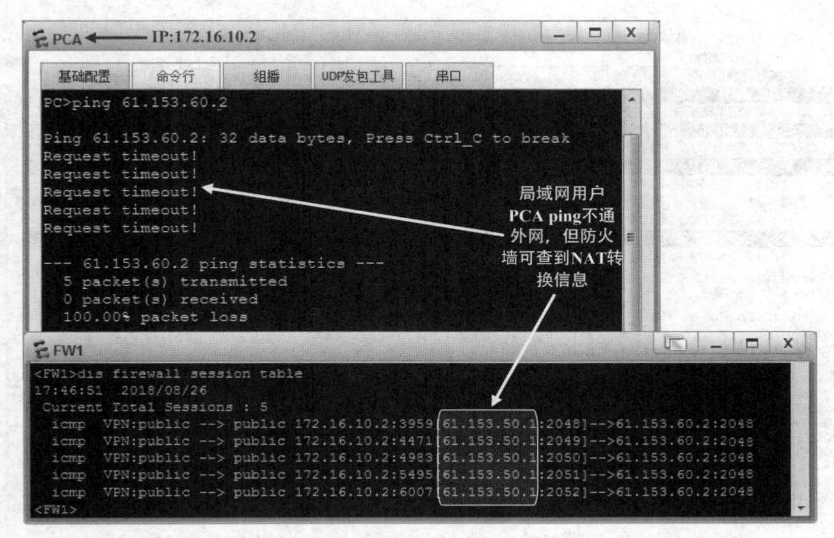

图 11-30　局域网中的用户 PCA ping 不通 Internet，但在防火墙可以查到 NAT 转换信息

在防火墙 FW1 的出接口 g0/0/3 抓包分析，发现只有去往目的地址的 request 包，没有响应包送回到防火墙的 g0/0/3 接口，如图 11-31 所示。

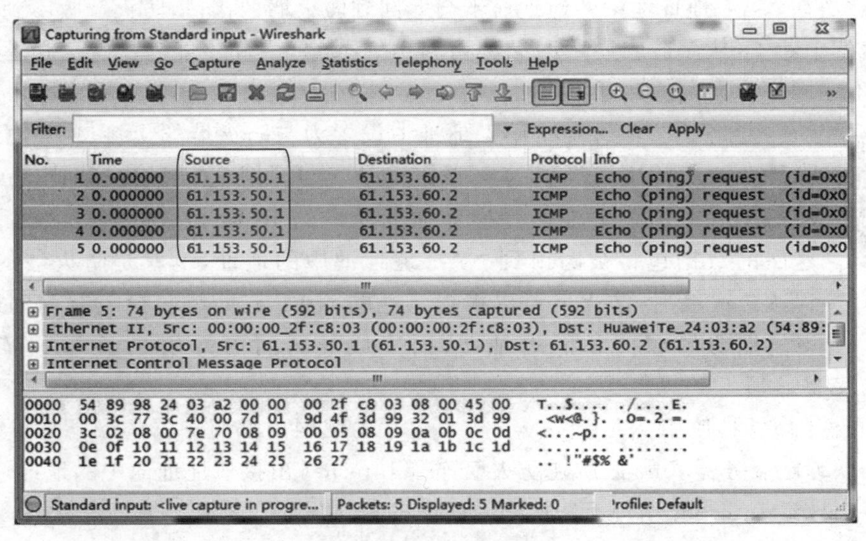

图 11-31　防火墙抓包分析显示没有返回包

但是在路由器 RTA 的抓包分析显示，ping 的应答返回包 reply 到达了 RTA，如图 11-32中第 7、9、11、14 条记录显示目的地址为 61.153.50.1，这个地址既是 NAT 地址池的地址，也是 RTA 的一个物理接口的 IP 地址。但这仅是显示 ping 返回包到达了 RTA，它到达不了 FW1，更到达不了 PCA。

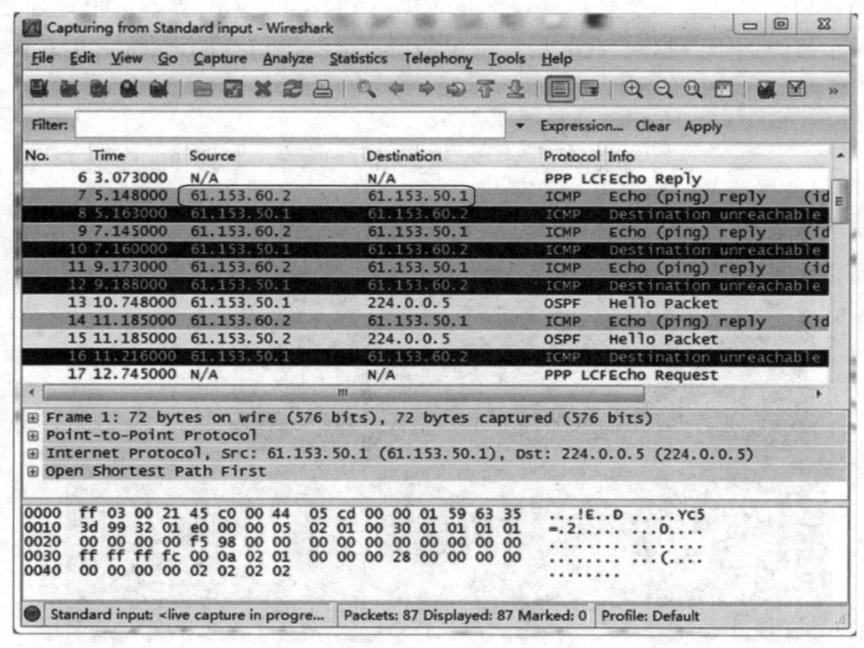

图 11-32　路由器 RTA 抓包分析显示 ping 返回包到达了 RTA

从上面的实验可以看出，将 NAT 地址池设置为非出接口 IP 地址网段将使局域网内网用户访问 Internet 的数据包，能够被防火墙转换成 NAT 地址池中的地址转发出去，但响应数据包将被送往 NAT 地址池中的地址而不会返回到防火墙的接口，防火墙收不到返回的数据包，通信就中断了，从而造成局域网无法访问 Internet。因此不能将 NAT 地址池设置为与出接口不在同一个网段的地址。

NAT 地址池设置讨论视频

由此可以看到，将 NAT 地址池设置为与防火墙的出接口 IP 地址相同网段是必须的。这样设置的主要作用是，当局域网内部用户访问 Internet 时，经 NAT 转换后，源地址置换为地址池中的 IP 地址，到达目的端后再响应，返回的数据包将被路由到 NAT 地址池中的地址，也就是防火墙的出接口，到达防火墙后，防火墙可以根据建立的 NAT 五元组转换表查询到返回包应该发送的局域网私网地址，从而完成局域网内部用户经 NAT 转换访问 Internet 的完整通信。

基于同样的原因，使用 NAT Server 技术关联局域网内部服务器的私网地址和公网地址时，也必须绑定服务器 dmz 区所在防火墙连接 Internet 出接口地址池中的地址，如果是其他地址，将会导致 Internet 用户无法访问内网服务器。

以上以防火墙为例说明 NAT 地址池的设置要求，如果是路由器作为局域网的出口设备，NAT 地址池的设置要求也是一样的。有些初学者在实验练习时，常常将 NAT 地址池规划为与出口设备的出接口 IP 地址不在同一个网段的情况。最后调试网络，发现 ping 不通，结果不知道故障原因，问题就在于此。

11.6 防火墙实施 NAT 和路由器实施 NAT 的再讨论

经过前面章节的工作,局域网和广域网、服务器等完全实现了互相访问,网络互通功能已经实现。不过,如果从足够多的局域网计算机终端进行足够多次数的访问外网,在防火墙上使用命令"dis firewall session table"去查看内网地址转换为公网的地址情况,就会发现每一个防火墙始终只有那个序号较小的 NAT 地址池中的地址被用作转换后的地址。这意味着另一个地址池始终未被使用。这与原本的网络设计规划不相符。在原设计中,希望从防火墙的 g0/0/3 接口访问外网时使用序号为 1 的 NAT 地址池,从 g0/0/4 接口访问外网时使用序号为 2 的地址池。但实际中只有序号较小的那个 NAT 地址池被使用,另一个地址池中的地址被浪费了。这是什么原因呢?这主要是因为防火墙和路由器在实施 NAT 时有一些不同,最主要的区别是路由器的 NAT 使用在接口上,而防火墙的 NAT 使用在两个区域之间。

防火墙定义的 NAT 策略语句"nat-policy interzone trust untrust outbound"限定了 NAT 应用于 trust 区域用户访问 untrust 区域,反方向访问不会匹配 NAT,untrust 和 dmz 区域、trust 和 dmz 区域之间的访问也不会匹配 NAT。如果 trust 区域包含了多个接口,则属于这个区域的所有接口发送的数据包都会匹配 NAT。因此从防火墙 FW1 的 trust 区域的 g0/0/3 或 g0/0/4 接口访问 Internet 的数据包都会优先匹配 policy 10,使用的地址池都是 address-group 1,而 policy 20 的 NAT 策略根本未被使用,这就导致 NAT 地址池 address-group 2永远不会被使用。那么这会产生什么结果呢?

图 11-33 显示了防火墙实施 NAT 和路由器实施 NAT 的不同。

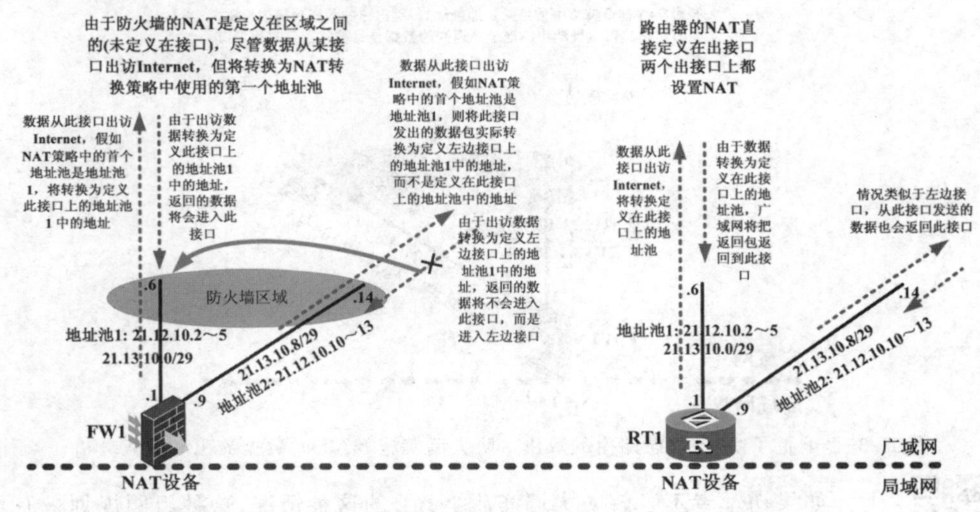

图 11-33 防火墙实施 NAT 和路由器实施 NAT 的不同

路由器上实施 NAT 时,局域网访问 Internet 的数据包,流出和返回的接口是同一个接口。而防火墙上实施 NAT 时,局域网访问 Internet 的数据包,有可能从这个接口发出,但是从另一个接口返回。主要原因就是路由器 NAT 直接实施在接口上,而防火墙则因为划分区域,NAT 实施在不同区域之间。那么如果在防火墙的实际组网中,防火墙的两个出接口规划到同一个区域的组网连接方式会出现什么情况呢？如图 11-34 所示。

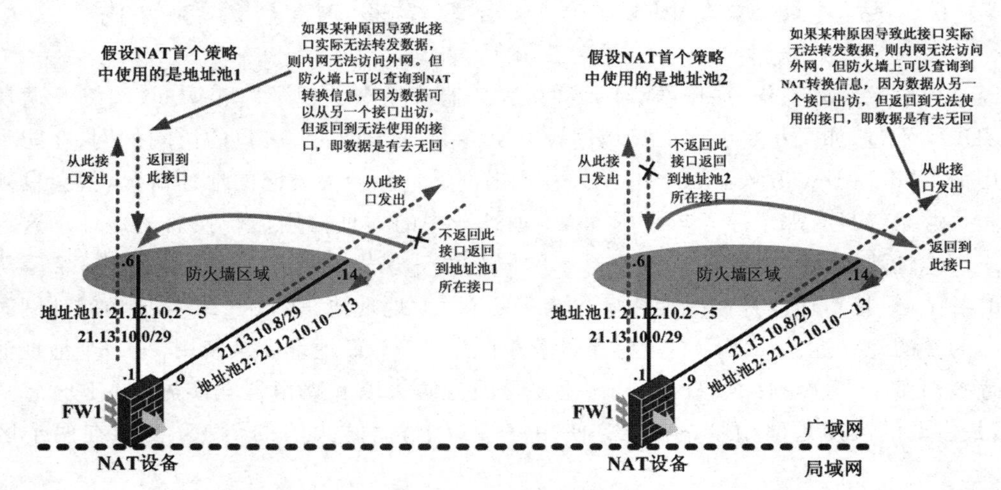

图 11-34　双出口防火墙实施 NAT 时外访数据使用两个出接口流出但返回实际只使用一个接口

如图 11-35 所示，当防火墙有两个出接口连接 Internet，如果配置了主、备份静态路由，左接口为主路由，但 NAT 的首个策略中使用的地址池是右接口上定义的地址，则访问 Internet 的数据包，发出和返回的接口会不一致。当然如果 NAT 的首个策略中使用的地址池是左接口上定义的地址，则数据发出和返回的接口一致。

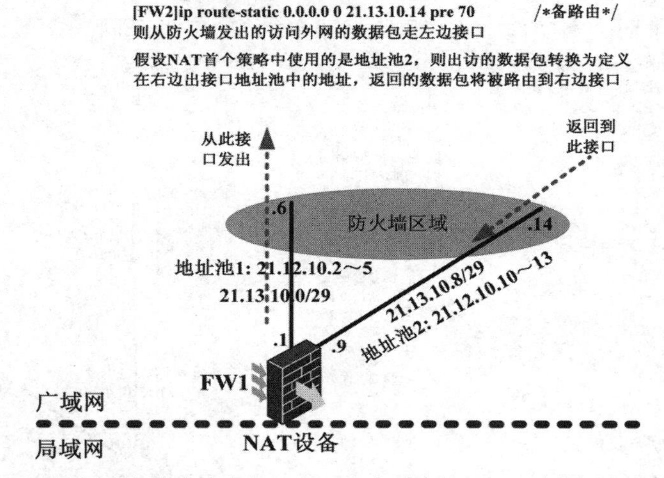

图 11-35　配置了主、备静态路由的双出口防火墙实施 NAT 时数据流出和流入分析

防火墙实施 NAT 再讨论视频

如果初学者不了解防火墙实施 NAT 的这种情况，这种组网规划极有可能发生网络故障。以图 11-35 为例，假设由于某种原因防火墙右边出接口状态变为“down”，则局域网用户无法访问 Internet 的计算机，但可以在防火墙上查询到 NAT 转换信息。这表明局域网访问 Internet 的数据包通过了防火墙，但没有返回的数据包，如图 11-36 所示。

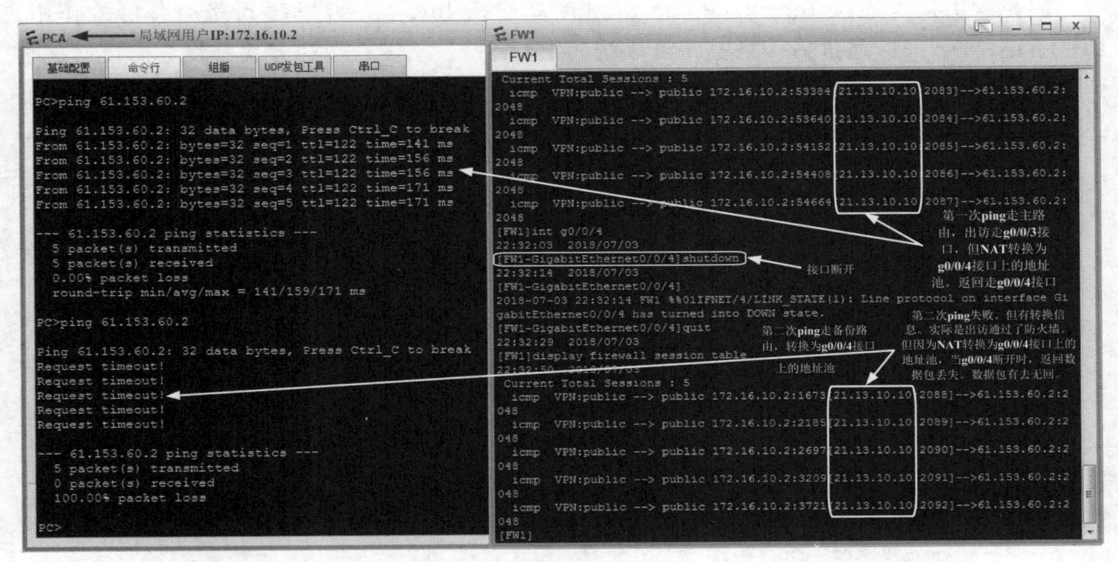

图 11-36 配置了主备静态路由的双出口防火墙实施 NAT 时数据流出和流入测试

在实验中，一些初学者发现局域网无法访问 Internet，但在防火墙上又可以查询到 NAT 转换信息，就是这个原因。也有极个别初学者在局域网 ping 外网时，遇到第一个包可以访问，但之后 ping 不通的奇怪现象。出现这种现象可以通过上面解释。

在路由器上配置 NAT 时，可以不定义地址池，使用 essy-ip 技术使用出接口的 IP 地址作为 NAT 转换后的地址。与此类似，当防火墙没有多余的公网地址可供使用时，也可以使用防火墙的出接口的 IP 地址作为 NAT 转换的地址池，方法是定义防火墙的 NAT 地址池时，直接使用接口的 IP 地址作为地址池中的地址。

11.7 双出接口防火墙的合理规划

一个防火墙通过双出接口连接到 Internet 路由器，如果将两个出接口都规划到一个区域，则不管怎样设置，只会匹配一个接口上的地址池，这种规划会造成出访外网的数据包和从外网返回的数据包所走的路径不同，造成潜在的故障。因此，当一个防火墙有两个接口连接到 Internet 时应进行合理规划。

可以采用防火墙单一接口连接 Internet 路由器的连接方案。同时删除未真正使用的地址池。要删除掉第 10.1.2 节多余配置未使用的 NAT 策略 policy 20 和地址池 address-group 2，可以使用下面的命令。

```
[FW1]nat-policy interzone trust untrust outbound
[FW1-nat-policy-interzone-trust-untrust-outbound]undo policy 20          /* 删除策略 20 */
[FW1-nat-policy-interzone-trust-untrust-outbound]quit
[FW1]undo address-group 2                                               /* 删除地址池 2 */
```

但与单出接口连接 Internet 相比，双出接口连接 Internet 可以起到路由备份的作用。当一条链路断开时，通过另一条链路可以访问 Internet。比较合理的方式是将双出接口规划到两个不同的 untrust 区域中。由于每个出接口规划为一个区域，即使 NAT 实施在区域间，也保证区域转换的地址池与接口一致，如图 11-37 所示。

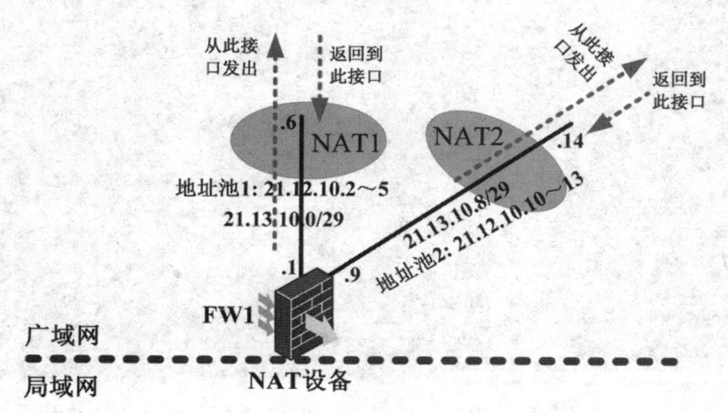

图 11-37　双出接口防火墙每个出接口配置成一个区域

由于防火墙默认已有一个 untrust 区域，可以将其中一个出接口规划到 untrust 区域，新增一个 untrust 类型区域，名称为 untrust1，将另一个出接口规划到 untrust1。

```
[FW1]firewall zone name untrust1                 /*设置一个新区域，名称为 untrust1*/
[FW1-zone-untrust1]set priority 10               /*设置新区域安全级别*/
[FW1-zone-untrust1]add int g0/0/4                /*向新区域中添加接口*/
[FW1]firewall packet-filter default permit interzone trust untrust1 direction outbound
[FW1]nat address-group 2 21.13.10.10 21.13.10.13 /*设置 NAT 转换地址池，序号为 2*/
[FW1]nat-policy interzone trust untrust1 outbound
[FW1-nat-policy-interzone-trust-untrust1-outbound]policy 10   /*策略序号*/
[FW1-nat-policy-interzone-trust-untrust-outbound-10]action source-nat
[FW1-nat-policy-interzone-trust-untrust-outbound-10]address-group 2
```

双出口防火墙的合现规划操作视频

如果防火墙配置的两条静态路由优先级不同，一条为主路由，一条为备份路由，防火墙的双出接口才会真正起到互为备份作用，一条链路失效时，另一条链路生效。

要测试双出接口的主、备份配置是否起作用，可以任意断开一条链路，测试局域网用户计算机是否能够访问外网，同时在防火墙上使用命令“dis firewall session table”查询防火墙在转换时是否有转换信息。图 11-38 就是这样的测试，结果显示两次 ping 测试分别使用了不同地址池中的地址。第一次 ping 匹配主路由，地址池是 address-group 1，第二次 ping 匹配备份路由，地址池是 address-group 2。

工程文件下载

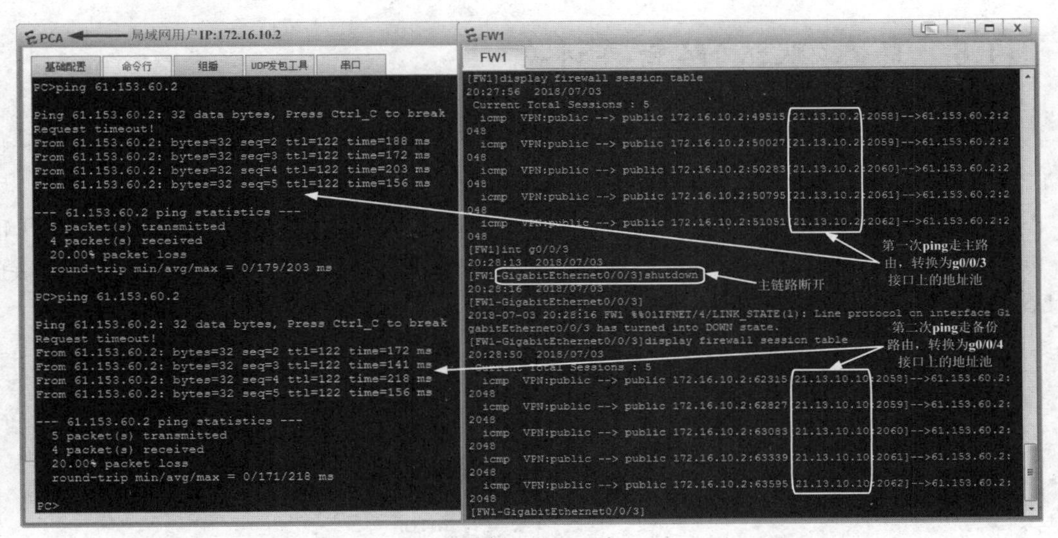

图 11-38　双出接口防火墙出接口主、备份功能测试

双出口防火墙的服务器应考虑关联两个公网地址。在前面为局域网服务器关联公网地址时，使用的是一个主路由所在物理链路网段的地址，当主路由失效时，这个地址将变为不可达，这会使得外网不能访问局域网服务器。此时可以为局域网服务器关联一个备份路由所在物理链路网段的地址。以局域网 Web 服务器为例，原来只关联如下的一个公网地址：

[FW2] **nat server zone untrust global** *21.13.10.28* **inside** *172.16.255.2*

在双出口情形下，可以关联如下两个公网地址，一个对应主路由所在链路，一个对应备份路由所在链路，两个公网地址互为备份。

[FW2] **nat server zone** *untrust* **global** *21.13.10.28* **inside** *172.16.255.2*　/ * 对应主路由所在链路 * /

[FW2] **nat server zone** *untrust1* **global** *21.13.10.20* **inside** *172.16.255.2*

/ * 对应备份路由所在链路 * /

同样，可以为 FTP 服务器关联如下的两个公网地址：

[FW2] **nat server zone** *untrust* **global** *21.13.10.29* **inside** *172.16.255.3*

[FW2] **nat server zone** *untrust1* **global** *21.13.10.21* **inside** *172.16.255.3*

同时需要开启 untrust1 能够访问 dmz 区域的数据访问安全策略。

[FW2] **firewall packet-filter default permit interzone** *dmz untrust1* **direction** *inbound*

当以其它命令形式发布局域网服务器的公网地址时，也可以使用上述介绍的方法，关联两个公网地址。

如果要在 eNSP 软件中测试服务器关联的双地址是否成功，可以在主路由工作时，从外网计算机 PC4 ping 21.13.10.28 或 21.13.10.29，当主路由失效备份路由工作时，从外网计算机 PC4 ping 21.13.10.20 或 21.13.10.21。如果都能够返回正常值，说明服务器公网双地址关联成功。

11.8 静态(默认)路由再讨论

在本书前面的章节中,至少有三处用到了静态路由,且只能用静态路由,不能使用其他替代性的路由技术。下面将前面配置的静态路由重新列写在下面。

(1) 在第 6.4.3 节中,如图 11-39 所示的分公司局域网无法访问 Internet。要让 PC1 能够 ping 通外部网络,需要让 RTF 能够知道如何发送这些数据包。一种简单的方法是在 RTG 中配置一条默认路由,下一跳指向 RTF。

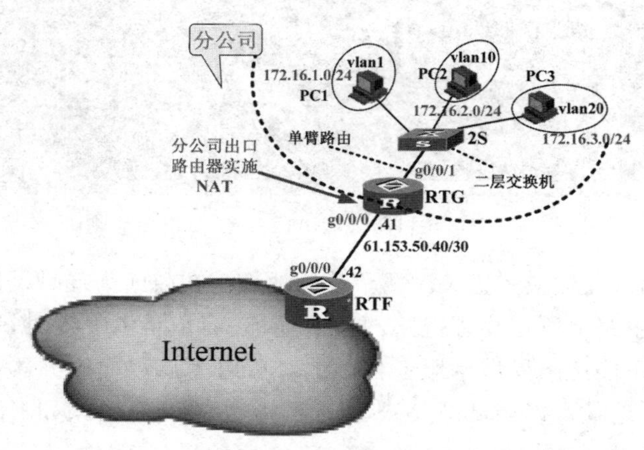

图 11-39 分公司局域网连接广域网

```
[RTG]ip route-static 0.0.0.0 0.0.0.0 61.153.50.42
```

(2) 第 11.3 节广域网用户无法访问局域网服务器,这部分网络如图 11-40 所示。

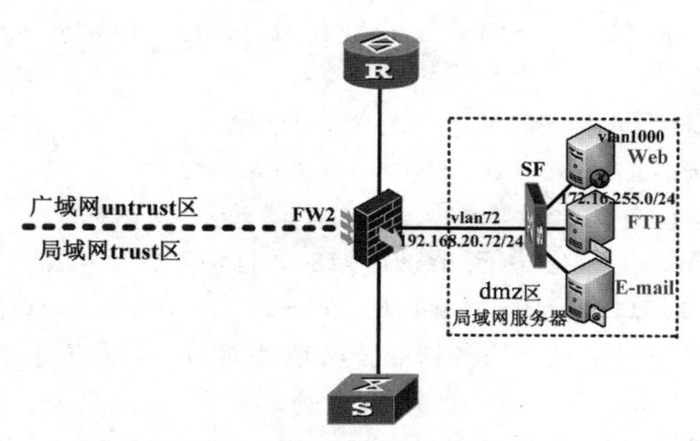

图 11-40 防火墙 FW2 连接的 dmz 区

dmz 区的服务器不需要访问 Innternet。防火墙 FW2 上配置了 NAT Server,广域网用户通过公网地址仍然不能访问服务器,但是如果在 FW2 上使用“dis firewall session table”查看信息,可以发现访问服务器的数据包实际上到达了防火墙 FW2,因为 SF 的路由表中因为没有到达公网的路由,数据包无法返回。要让交换机 SF 存在到达所有公网网段的路由,最简单的方法是在 SF 中配置一条默认路由,下一跳指向防火墙 FW2。

```
[SF]ip route-static 0.0.0.0 0 192.168.20.74
```

(3) 第 11.1 节局域网用户无法访问 Internet。这部分网络是本章讨论的重点，通过第 11.1 节了解到，局域网用户无法访问 Internet 不是 NAT 的原因，而是局域网汇聚层和核心层交换机的路由表中没有访问公网的路由信息。因此增加了表 11-1 所示的默认路由。

这三处配置的默认路由可以归纳为都是解决局域网访问 Intenrnet 的问题。

默认路由作用非常大，据说 Intenret 上 90%的路由器都配置有默认路由。有些是管理员手工配置的，有些则是由路由器的动态路由协议自动产生的。例如第 6.4.2 节中的 STUB 路由器 RTE 自动产生了默认路由。RTE 中没有手工配置默认路由，但在其路由表中可以查询到一条默认路由，由于 STUB 区域中的路由器路由表简化，没有到达非 OSPF 域的路由信息，自动产生的这条默认路由就解决了 STUB 区域和非 OSPF 域的互通问题。第 6.4.3 节中的 NSSA 路由器 RTF 也自动产生了默认路由。

11.9　实验与练习

局域网核心层交换机和汇聚层交换机配置默认路由后，局域网用户计算机就可以访问公网了。此时查看广域网路由器的路由表，发现并没有到达局域网内部网段的路由信息。这相当于局域网用户计算机 ping 公网没有回程路由。为何广域网路由器没有回程路由，仍然可以 ping 通？

本题答案

第 12 章

使用 Web 浏览器配置防火墙

Web 浏览器登录和配置防火墙提供了一种图形化操作，方便初学者学习和操作防火墙。eNSP 软件提供的两款防火墙中只有 USG6000V 防火墙可以使用 Web 浏览器登录。本章在综合网络中将 USG5500 型防火墙替换为 USG6000V 型防火墙，使用 Web 浏览器配置 USG6000V。注意，这两款防火墙的命令行操作有些不同，一些在 USG5500 中的操作命令在 USG6000V 中会报错。当使用 Web 方式操作时，只要熟悉防火墙的基本原理，即使之前从没有使用 Web 方式操作过防火墙，也很容易掌握 Web 操作方法，由此体会使用 Web 方式配置防火墙的方便和快捷。

12.1 使用 Web 浏览器登录 USG6000V 防火墙

按照附录 3.4 介绍的方法，设置网云，将个人计算机的网卡绑定到网云，然后打开 Web 浏览器输入 192.168.0.1:8443 登录到防火墙。

注意：(1)如果登录失败，首先打开个人计算机的 cmd 窗口 ping 一下防火墙的管理口地址 192.168.0.1(不需要修改个人计算机的物理网卡 IP 地址)，确保能够 ping 通，然后再用 Web 浏览器登录。如果不能 ping 通，可以重新设置网云。如果将保存过的工程文件拷贝到另一台计算机上操作，也要重新设置网云。(2)USG6000V 防火墙首次登录后就需要重新设置密码，如果操作后电脑关机了再打开防火墙就会提示需更换密码。密码至少为 8 位，且至少必须包含“大写字母”、“小写字母”、“数字”、“特殊字符”这四种类型字符中的三种。(3)尽管使用 Web 浏览器登录防火墙时修改了登录密码，但是使用命令登录防火墙时却没有修改，还是用初始密码 Admin@123。(4)当网络工程中包含的设备过多时，有可能计算机系统资源不足的原因导致 Web 浏览器不能登录到防火墙。此时可以将暂时不用的设备尽可能关闭。

每次登录时会出现如图 12-1 所示的欢迎界面，这是个向导页面，引导初学者如何简单操作防火墙。点击取消，进入防火墙的面板页面。

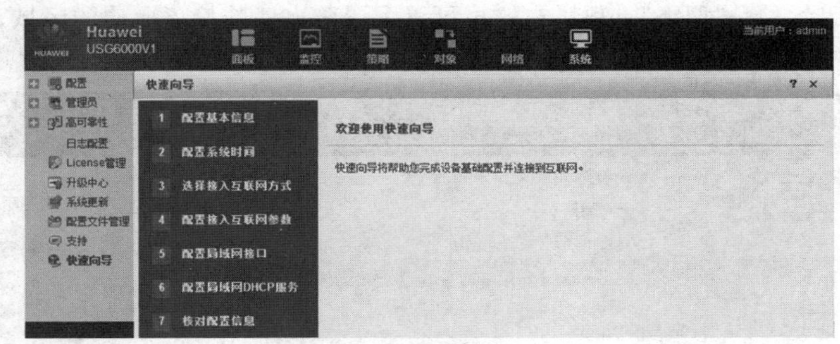

图 12-1　防火墙的向导页面

图 12-2 是 USG6000V 防火墙的面板页面。上面一行显示有“面板”“监控”“策略”“对象”“网络”“系统”等六个选项,其中“面板”高亮显示,表明当前显示的面板页面。根据需要点击任何一个选项就会展开该项的内容。首次显示的就是“面板”选项。

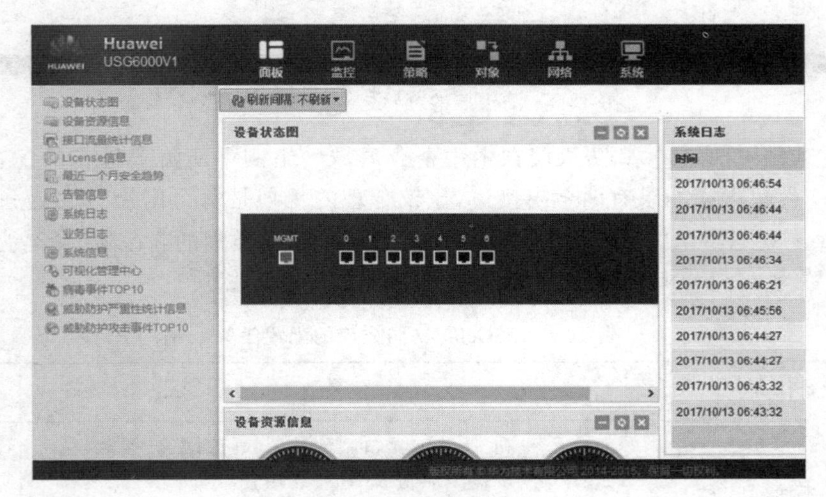

图 12-2　防火墙的面板页面

这六个选项中,防火墙组网配置中经常要用到的是“策略”和“网络”这两项,其余几项则在防火墙组网完成后进行网络管理时要用到。感兴趣的读者可以打开这些选项,了解这些选项所提供的功能。下面主要介绍“策略”和“网络”选项。

图 12-3 显示的是“策略”选项。在这个页面中可以配置防火墙的不同区域间的数据访问安全策略,还可以配置防火墙的 NAT。

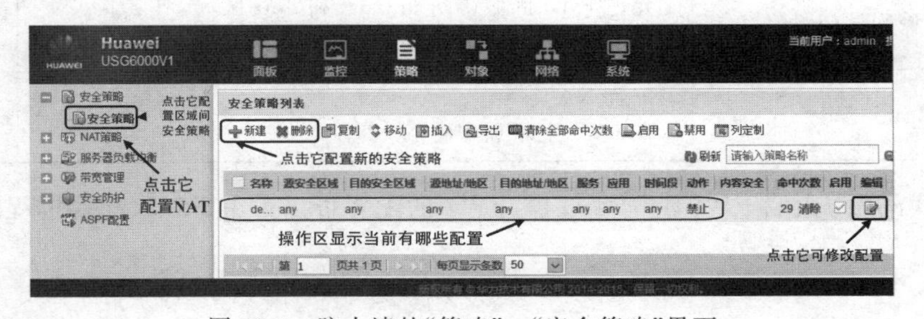

图 12-3　防火墙的“策略”→“安全策略”界面

图 12-4 显示的是“网络”选项。在这里可以配置防火墙的接口所属的区域、IP 地址、路由、查看路由表等。防火墙的 8 个接口都是“路由”模式的以太网接口。

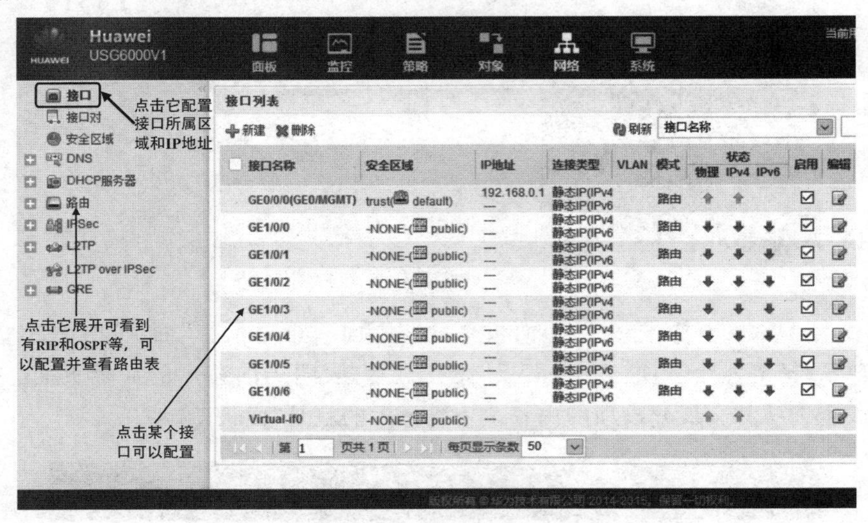

图 12-4　防火墙的“网络”→“接口”界面

表 12-1 列出 USG6000V 防火墙在本次企业局域网组网中所需要进行的配置任务。按第 11.7 节，一台防火墙如果有两个出接口，比较合理的规划是每个出接口设置一个区域，所以把 g0/0/3 规划到默认的 untrust 区，再增加一个 untrust 类型的新区域，命名为 untrust1，安全级别设置为 8，把 g0/0/4 规划到新设置的 untrust1 区域。

表 12-1　USG6000V 防火墙的配置任务

配置任务	任务清单	备注
将接口添加到区域	①g1/0/1 和 g1/0/2 接口添加到 trust 区域； g1/0/3 接口添加到 untrust 区域； g1/0/4 接口添加到 untrust1 区域(新增区域) ②FW2 增加配置 g1/0/6 接口添加到 dmz 区域	此两项一起完成
配置接口 IP 地址	①FW1 上 4 个接口需要配置 IP 地址 ②FW2 上 5 个接口需要配置 IP 地址	
配置防火墙的路由	①和局域网互通用 RIPv2 协议 ②和广域网互通用 OSPF 路由(area30)	
设置区域间访问策略	①允许 trust 区域访问 untrust 和 dmz 区域 ②在 FW2 上增加配置允许 untrust 访问 dmz 区域	
配置 NAT	①配置 NAT ②在 FW2 上增加配置 NAT Server	

下面只给出防火墙 FW2 的配置过程，FW1 的配置可以参考 FW2，配置过程略。

12.2　将接口添加到区域并配置接口的 IP 地址

点击窗口上部的“网络”，直接呈现的是“接口”界面，窗口的操作区中显示此防火墙所有的 8 个物理接口，如图 12-5 所示。其中 GE1/0/0 是管理口，默认已有 IP 地址。另外还显示了一个接口 Virtual-if0，这是一个虚拟接口，在使用虚拟防火墙功能时要用到。

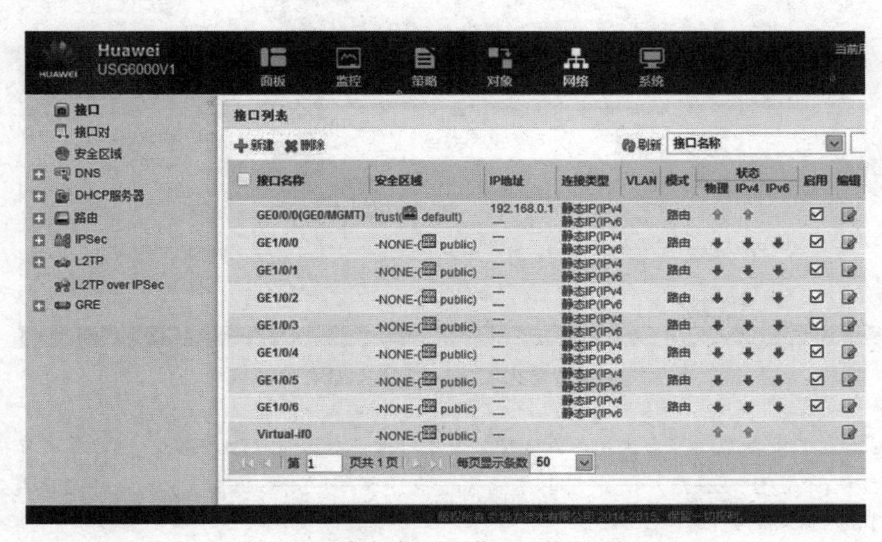

图 12-5　防火墙的“网络”→“接口”界面

点击其中一个需要配置的接口，如这里点击图 12-5 中接口“GE1/0/1”，在弹出的窗口中可以设置该接口所属的区域，以及设置接口的 IP 地址，其他的项使用默认值不需要设置，如图 12-6 所示。

> 注意：在后续的操作中，除了指定要配置的外，未指定的都使用默认值，不需要选择或配置。

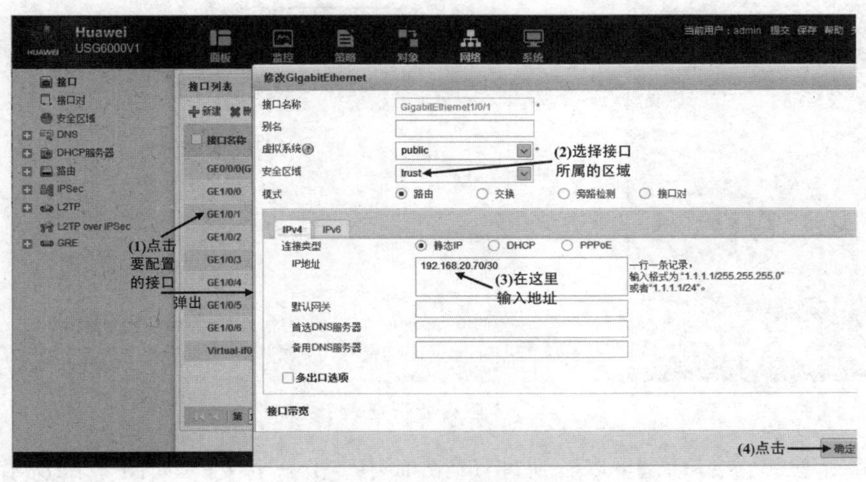

图 12-6　设置防火墙接口所属区域的 IP 地址

按上面相同的方法继续设置其余几个接口所属的区域和 IP 地址。FW2 的所有物理接口设置完成后如图 12-7 所示。

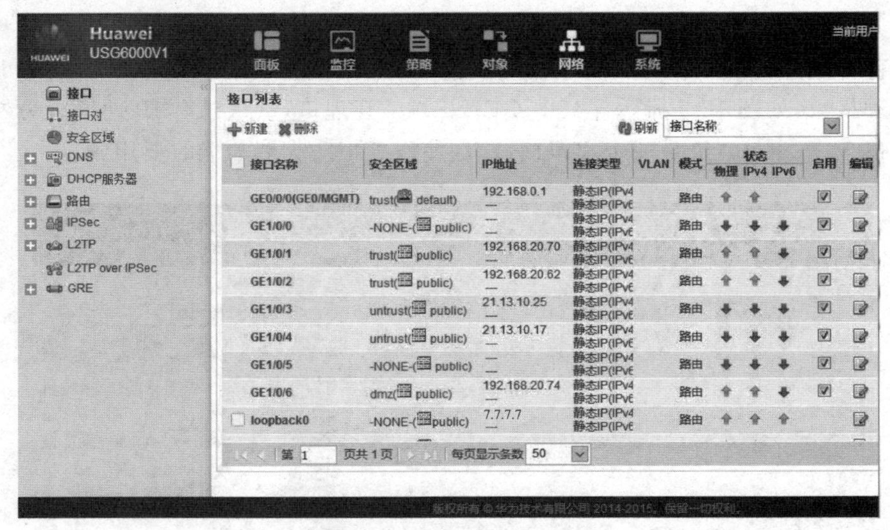

图 12-7 设置防火墙接口的 IP 地址和所属区域

> 注意：如果将 USG6000V 防火墙的两个接口划分到同一个区域中，然后将两台计算机直接连接这两个接口，设置 IP 地址后，两台计算机不能 ping 通。这与 USG5500 防火墙同一个区域内的计算机可以 ping 通不相同。

如果还要为防火墙增加逻辑接口，例如要为此防火墙增加一个本地回环 loopback0 接口，并将其 IP 地址设置为 7.7.7.7/32，就可以点击“新建”，在弹出的窗口中进行设置，如图 12-8所示。

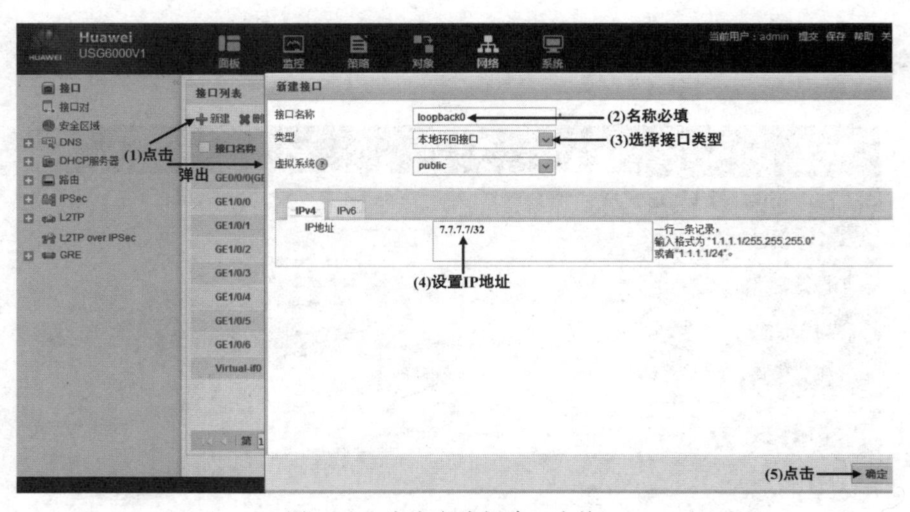

图 12-8 为防火墙新建一个接口

防火墙新增一个接口后，可以看到“接口”界面中多了一个接口，如图 12-9 所示。

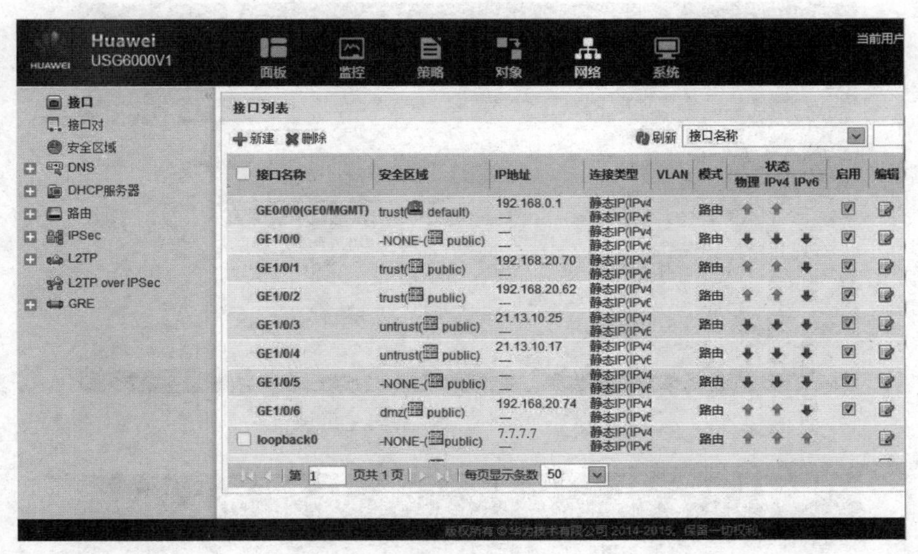

图 12-9　“接口”界面新增一个接口

点击“安全区域”，出现“安全区域”界面，如图 12-10 所示。其中只有 trust、untrust 和 dmz 区域后有“编辑”图标，点击这个编辑图标可以为区域添加接口。因为在前面的操作中已经将接口添加进区域了，所以这里就省掉了这一步操作。

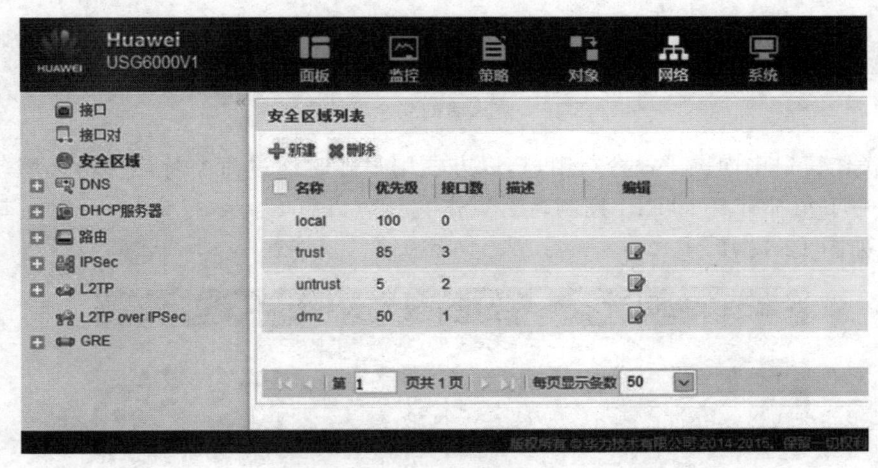

图 12-10　防火墙的“安全区域”界面

根据网络规划，防火墙 FW2 有两个出接口连接外网，比较合适的规划是每个出接口规划到一个 untrust 区域，所以还需要增加一个安全区域，可以点击“安全区域”，在弹出的窗口中设置安全区域的名称为 untrust1，优先级值为 8，如图 12-11 所示。

添加区域完成后，再次查看防火墙的“安全区域”界面，如图 12-12 所示，可以看到多了一个名称为 untrust1 的区域。其中只有新建的 untrust1 区域前面有一个小方框，可以选中这个小方框，然后点击“删除”按钮，删除这个新建的区域。但防火墙默认的四个区域前面没有这样的小方框，这也意味着不能删除防火墙默认的四个区域。

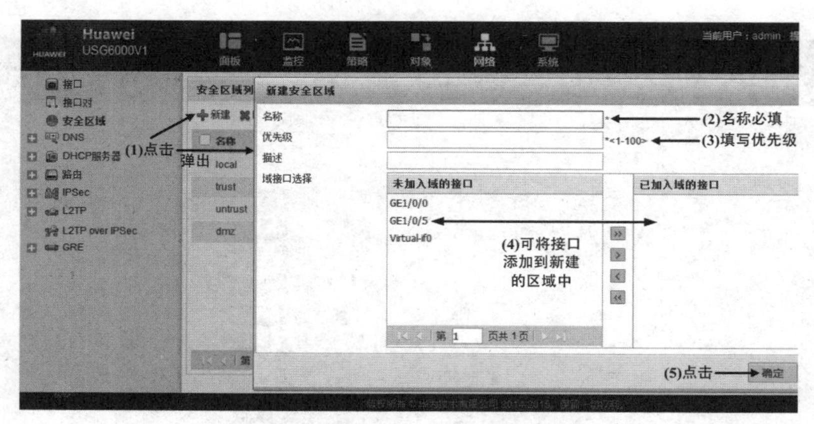

图 12-11　新建防火墙的安全区域

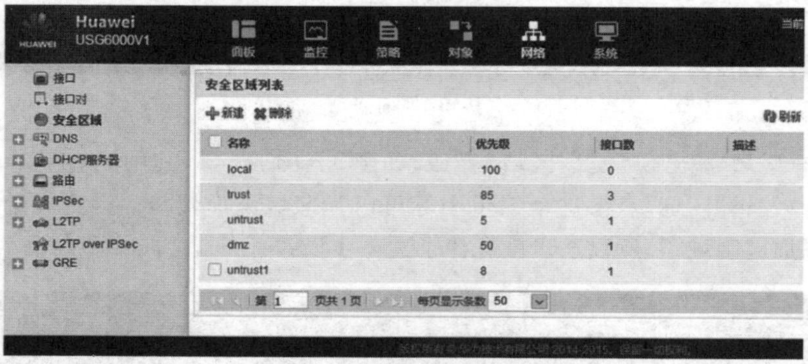

安全区域列表

名称	优先级	接口数	描述
local	100	0	
trust	85	3	
untrust	5	1	
dmz	50	1	
untrust1	8	1	

图 12-12　防火墙的安全区域显示

Web 操作窗口中内嵌了命令行窗口，以方便用户随时通过命令行操作防火墙。每打开一个页面，右下角都有一个“CLI 控制台”，点击它就可以打开命令行窗口，可以在其中进行配置操作，如图 12-13 所示。

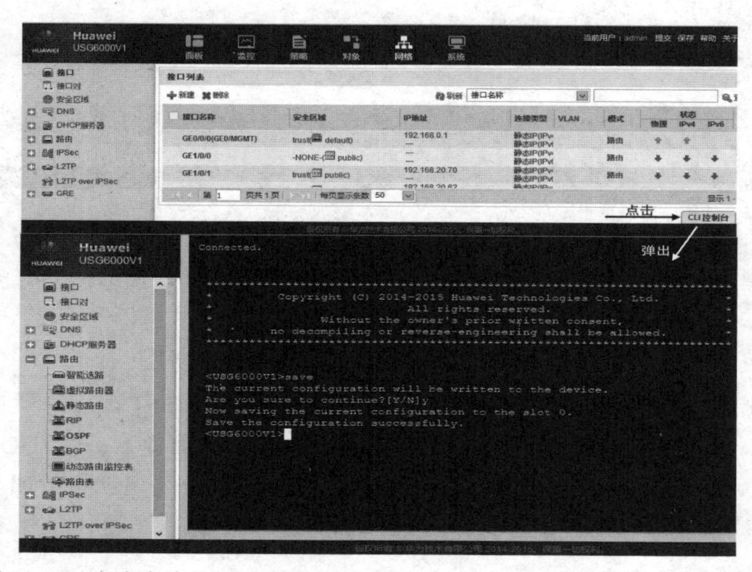

图 12-13　在防火墙的 Web 浏览器中打开防火墙的 CLI 控制台：命令行窗口

12.3　配置防火墙的路由

12.3.1　防火墙和局域网的路由

先配置防火墙和局域网的路由，使用 RIPv2 协议。选择“网络”→“路由”，展开“路由”，点击“RIP”，可以为防火墙设置 RIP 路由协议。这里只需要将窗口中的“版本号”选项设置为“2”，其他项都选择默认值不需要设置，如图 12-14 所示。

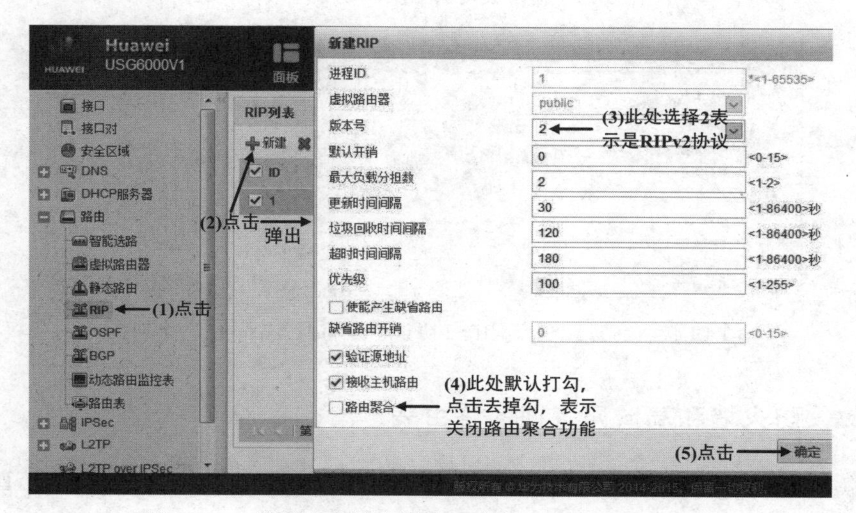

图 12-14　设置防火墙和局域网路由互通的 RIPv2 协议

设置完成后可以看到窗口的 RIP 列表中增加了一项。注意到刚才的配置中没有为 RIP 协议发布任何网段，这可以通过点击图 12-15 中的“高级”按钮来完成。

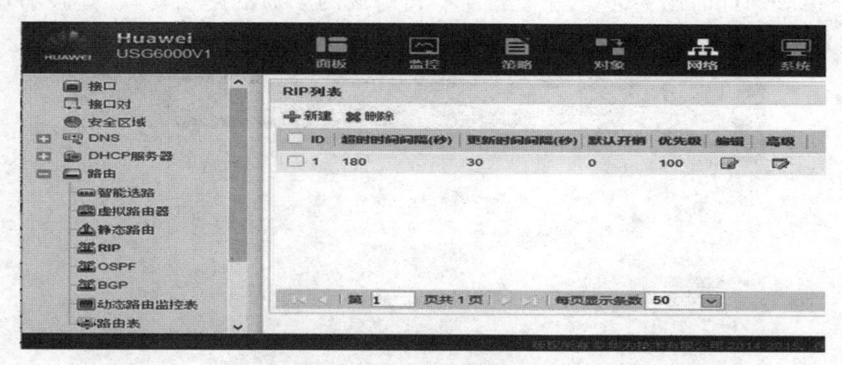

图 12-15　设置防火墙和局域网的路由的 RIPv2 协议

点击“高级”图标，在弹出的窗口中输入需要用 RIP 协议发布的网段，这个网段对应的是防火墙上的接口 IP 地址所对应的网段，如图 12-16 所示。

由于防火墙 FW2 和局域网路由使用 RIP 协议只需要发布一个网段，所以在 RIP 中只看到一个网段，如图 12-17 所示。至此 FW2 的 RIP 协议配置完成。

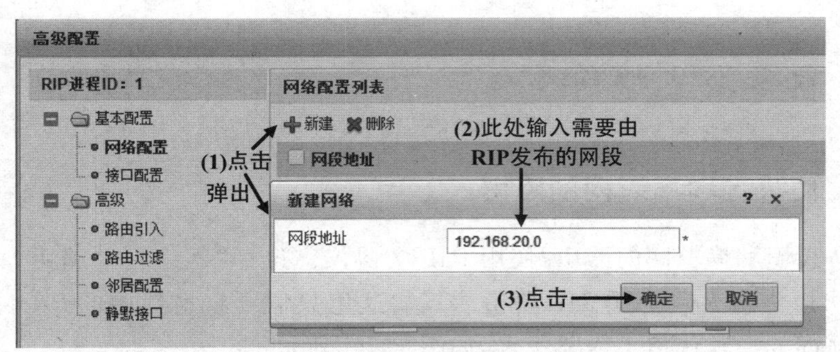

图 12-16　在防火墙的 RIPv2 协议中发布网段

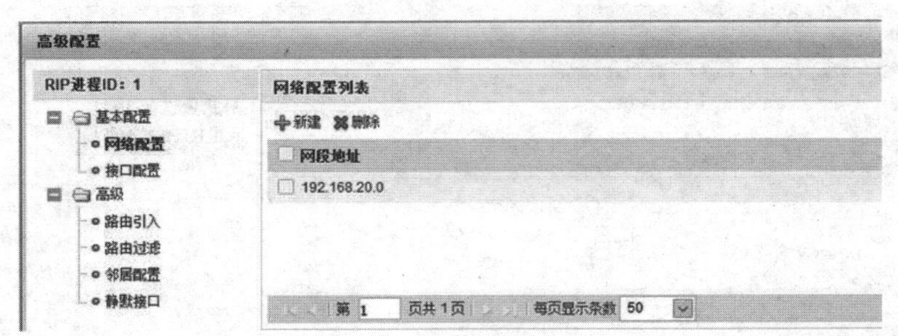

图 12-17　在防火墙用 RIPv2 协议中发布网段后：仅一个网段

12.3.2　防火墙和局域网互通的路由表

配置完防火墙和局域网的 RIPv2 路由协议后，在进行下一步工作前，应该先查看一下防火墙和局域网交换机的路由表。因为大型网络配置任务复杂，在配置过程中，首先应确保一个阶段性的任务正确完成。如果一次性把所有任务都配置完，最后网络不能互通时，无法准确地知道故障在哪一部分。要查看路由表，选择“网络”→“路由”→“路由表”，就可以看到防火墙上的路由表。此时因为防火墙只配置了和局域网互通的路由协议，还没有配置和广域网互通的 OSPF 路由协议，所以路由表中出现的都是到达局域网的路由，如图 12-18 所示。

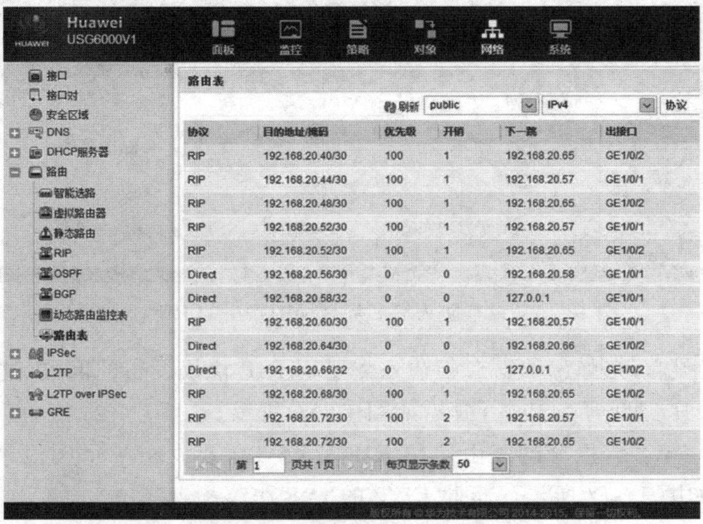

协议	目的地址/掩码	优先级	开销	下一跳	出接口
RIP	192.168.20.40/30	100	1	192.168.20.65	GE1/0/2
RIP	192.168.20.44/30	100	1	192.168.20.57	GE1/0/1
RIP	192.168.20.48/30	100	1	192.168.20.65	GE1/0/2
RIP	192.168.20.52/30	100	1	192.168.20.57	GE1/0/1
RIP	192.168.20.52/30	100	1	192.168.20.65	GE1/0/2
Direct	192.168.20.56/30	0	0	192.168.20.58	GE1/0/1
Direct	192.168.20.58/32	0	0	127.0.0.1	GE1/0/1
RIP	192.168.20.60/30	100	1	192.168.20.57	GE1/0/1
Direct	192.168.20.64/30	0	0	192.168.20.66	GE1/0/2
Direct	192.168.20.66/32	0	0	127.0.0.1	GE1/0/2
RIP	192.168.20.68/30	100	1	192.168.20.65	GE1/0/2
RIP	192.168.20.72/30	100	2	192.168.20.57	GE1/0/1
RIP	192.168.20.72/30	100	2	192.168.20.65	GE1/0/2

图 12-18　防火墙 FW2 配置 RIPv2 协议后的路由表(截取部分)

12.3.3　防火墙和局域网互通测试

配置完防火墙和局域网的 RIPv2 路由协议后，可以进行局域网互通测试工作。首先测试 PCA ping FW1 或 FW2、Web 服务器。测试结果如图 12-19 所示。

PCA ◀———局域网用户计算机IP:172.16.10.2

基础配置　命令行　组播　UDP发包工具　串口

```
PC>ping 192.168.20.69◀———防火墙FW2 g0/0/1接口地址
Ping 192.168.20.69: 32 data bytes, Press Ctrl_C to break
Request timeout!
Request timeout!
Request timeout!
Request timeout!
Request timeout!
--- 192.168.20.69 ping statistics ---
  5 packet(s) transmitted
  0 packet(s) received
  100.00% packet loss
PC>ping 172.16.255.2◀———dmz区Web服务器地址
Ping 172.16.255.2: 32 data bytes, Press Ctrl_C to break
Request timeout!
Request timeout!
Request timeout!
Request timeout!
Request timeout!
--- 172.16.255.2 ping statistics ---
  5 packet(s) transmitted
  0 packet(s) received
  100.00% packet loss
PC>
```

图 12-19　局域网用户计算机既 ping 不通防火墙又 ping 不通服务器

实际结果显示局域网用户计算机既 ping 不通防火墙，又 ping 不通服务器。但通过分析路由器又显示局域网中的各个交换机和防火墙又都学习到了各网段的路由。这是什么原因呢？这主要是因为 USG6000V 防火墙默认的安全策略，如图 12-20 所示。

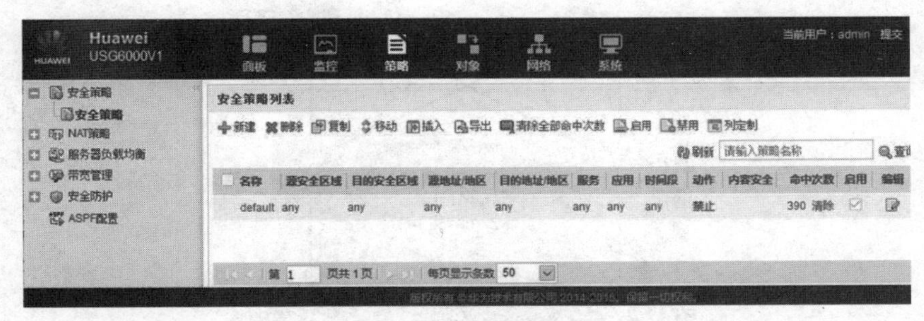

图 12-20　USG6000V 防火墙默认的安全策略

USG6000V 防火墙默认的安全策略是各个区域禁止访问，包括 trust 区域也不能访问 local 区域，这一点与 USG5500 型防火墙不同。正是因这个默认的安全策略，局域网用户既 ping 不通防火墙，也 ping 不通 dmz 区的服务器。可以根据组网需求添加安全策。图 12-21 是添加 trust 区域能够访问 dmz 区域的数据访问安全策略。

使用 Web 浏览器配置防火墙和局域网路由互通视频

工程文件下载

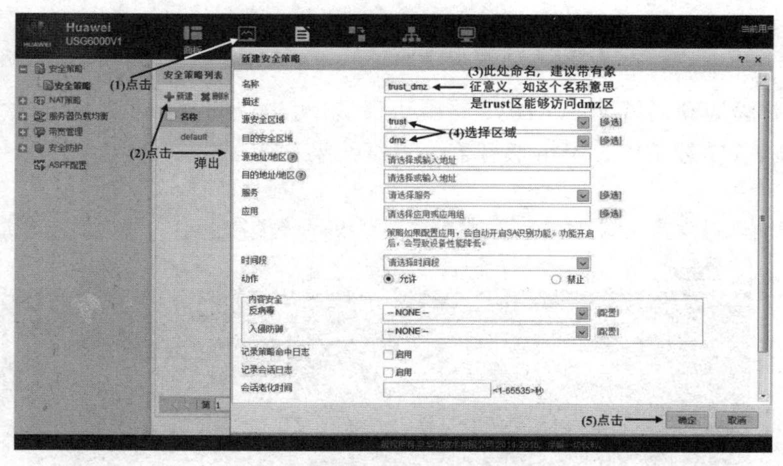

图 12-21　增加 trust 区域能够访问 dmz 区域的数据访问安全策略

增加上述策略后，PCA 就可以 ping 通 dmz 区的 Web 服务器，但仍不能 ping 通防火墙，这是因为没有增加允许 trust 区域访问 local 区域的数据访问安全策略。但除非测试需要，局域网用户计算机没有必要去 ping 通防火墙。所以这条安全策略可以不添加。

12.3.4　防火墙和广域网的路由

在第 9.2 节实现防火墙和广域网的路由互通时，曾经分析过这部分路由的最佳使用方法——防火墙配置静态路由，广域网路由器配置路由引入或直接在 OSPF 协议中发布互连网段。使用 OSPF 并不是推荐的方法。不过作为实验网络，了解防火墙配置 OSPF 路由协议的过程，也未尝不可。本节使用 OSPF 路由协议实现防火墙和广域网的路由互通。

第 6.1 节将广域网和局域网规划为三个区域，分别是 area0、area10 和 area20。防火墙连接到广域网路由器后，可以将这部分网络规划为 area30，如图 12-22 所示。由于 area30 也与骨干域直接相连，所以这个 OSPF 网络不需要配置虚连接。

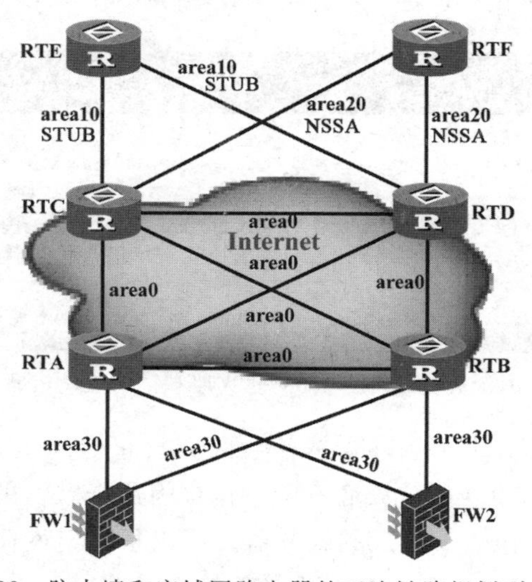

图 12-22　防火墙和广域网路由器的互连链路规划到 area30

路由器 RTA 和 RTB 要增加配置 OSPF 路由协议的 area30 及发布网段，这部分配置略。下面继续配置防火墙和广域网的路由，使用 OSPF 协议。选择“网络”→“路由”，展开“路由”可以看到有一项“OSPF”，点击“OSPF”，在弹出的窗口中可以为防火墙设置 OSPF 路由协议。这里只需要设置路由器 ID，其他项都选择默认值不需要设置，如图 12-23 所示。

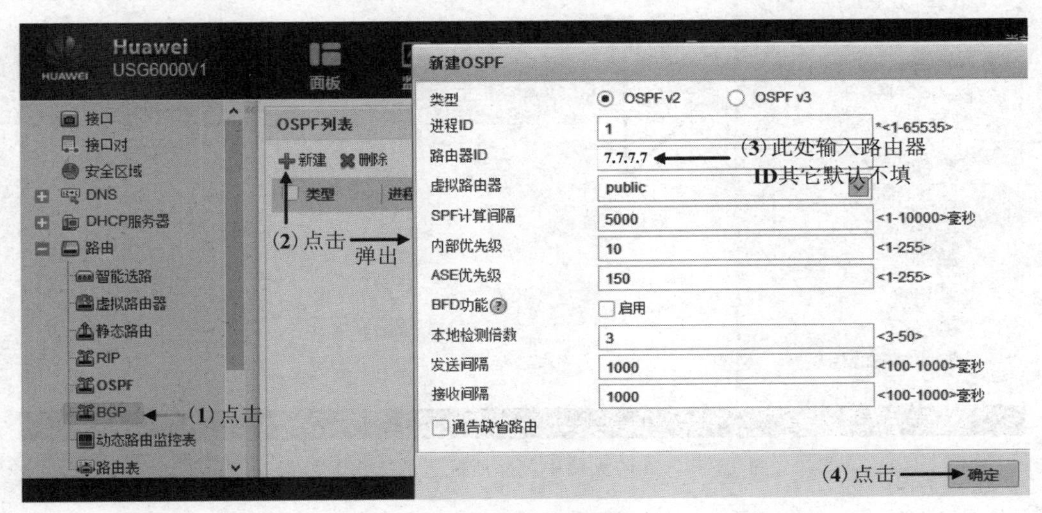

图 12-23　在防火墙配置 OSPF 协议

点击“确定”后，OSPF 列表中就新增了一条记录，如图 12-24 所示。

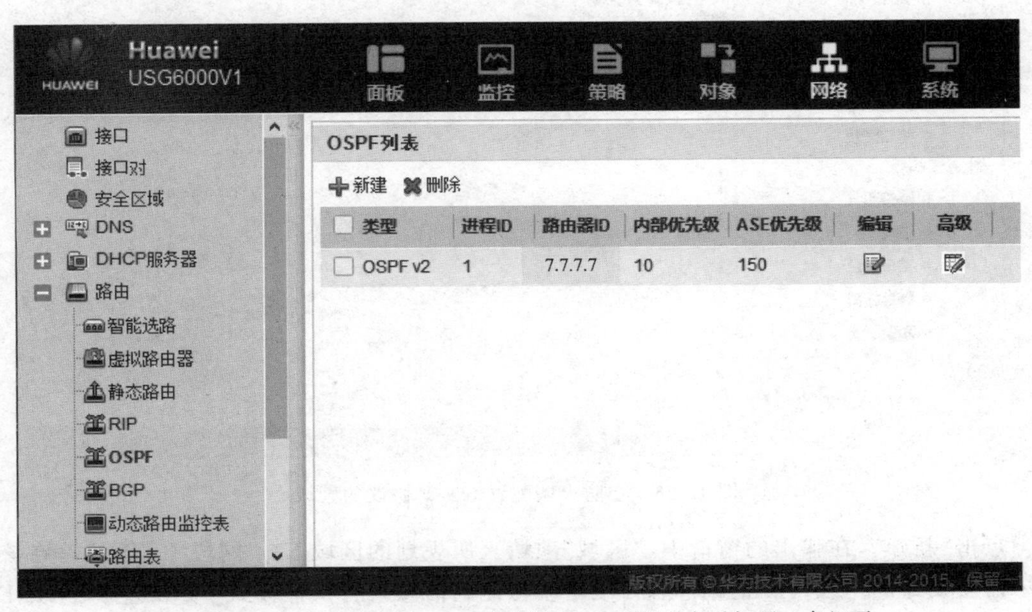

图 12-24　在防火墙配置 OSPF 协议后 OSPF 列表中增加了一条记录

如果发现刚才命名的路由器 ID 不正确，想重新命名，可以选中该条记录，然后点击上方的“删除”，该条记录将被删除，之后按前面的操作重新新建一条记录即可，如图 12-25 所示。

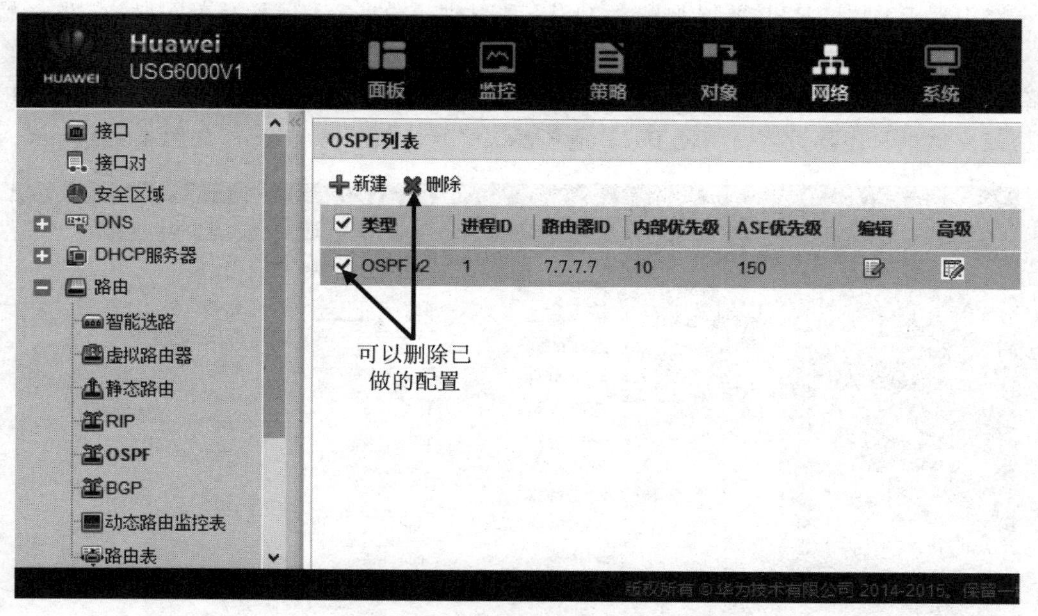

图 12-25　在防火墙中删除所配置的 OSPF 协议

点击“高级”图标，出现图 12-26 所示的窗口，在这里可以为 OSPF 协议创建区域。

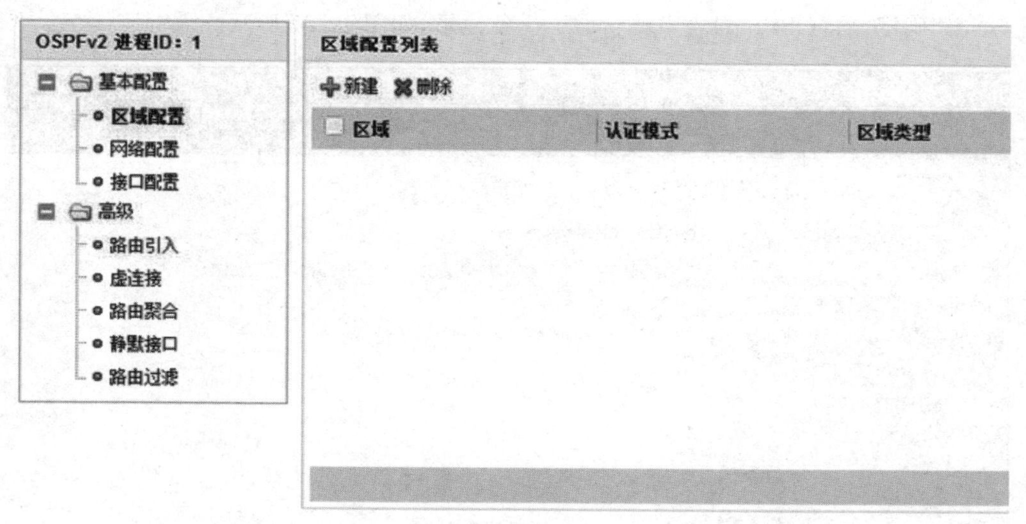

图 12-26　在防火墙配置 OSPF 协议的区域

点击“新建”，在弹出的窗口中，“区域”项填入所规划的区域 ID，“网段 IP”项填写在该区域中需要发布的网段，在“正/反掩码”项中填写掩码信息，在“认证模式”项中选择“NONE”，如图 12-27 所示。默认是“HMAC-SHA256”认证协议，改为“NONE”后即 OSPF 路由器在进行路由协商时选择不认证。如果这里防火墙选择了认证，则对端的路由器也需要配置认证，否则将会导致防火墙和路由器的 OSPF 路由协商不成功，不能建立邻接关系。

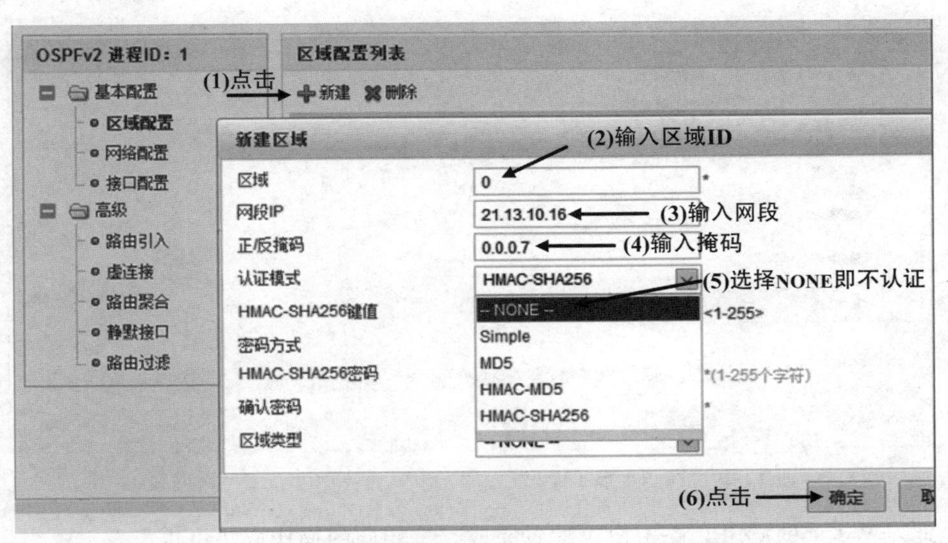

图 12-27　在防火墙配置 OSPF 协议区域 id 和发布网段

按照上面的方法还可以继续为防火墙创建第二个区域。不过本例中因为只需要创建一个区域 area30，所以只有一个区域。如果发现某个区域配置错了，可以选中该区域，然后点击“删除”即可。

在上面的区域配置中，顺便发布了网段，但是只能发布一个网段，如果一个区域中有多个网段要发布，上面的步骤就不适用了。由于这里 FW2 的 area30 要发布两个网段，点击网段后面的“高级”图标，在出现的窗口中选择填写区域 ID、另一个网段 IP 和子网掩码即可，如图 12-28 所示。

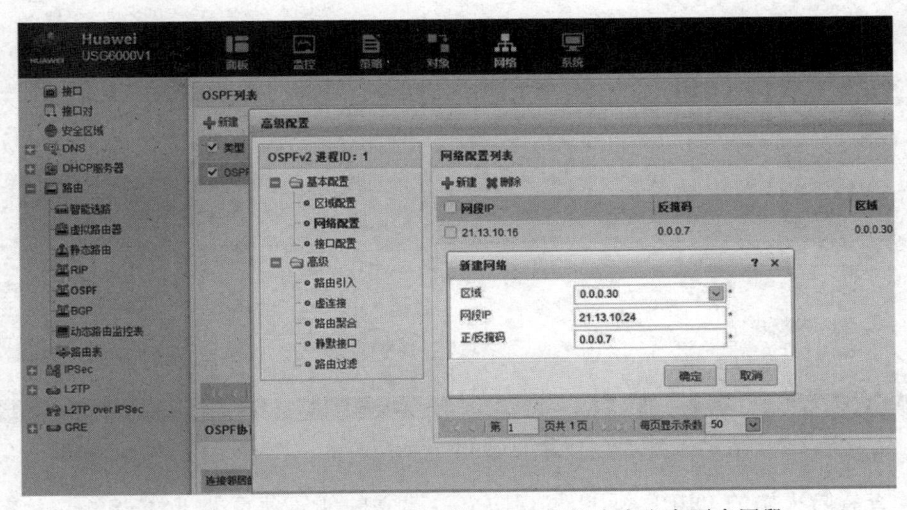

图 12-28　在防火墙 FW2 配置的 OSPF 协议中中发布更多网段

配置完成后，可以看到 FW2 的 OSPF 协议中发布了两个网段，如图 12-29 所示。

高级配置
OSPFv2 进程ID：1
基本配置
区域配置
网络配置
接口配置
高级
路由引入
虚连接
路由聚合
静默接口
路由过滤
网络配置列表
新建
删除
刷新
网段IP
反掩码
区域
21.13.10.16
0.0.0.7
0.0.0.30
21.13.10.24
0.0.0.7
0.0.0.30
第 1 页共 1 页
每页显示条数 50
显示 1-2，共 2 条
关闭

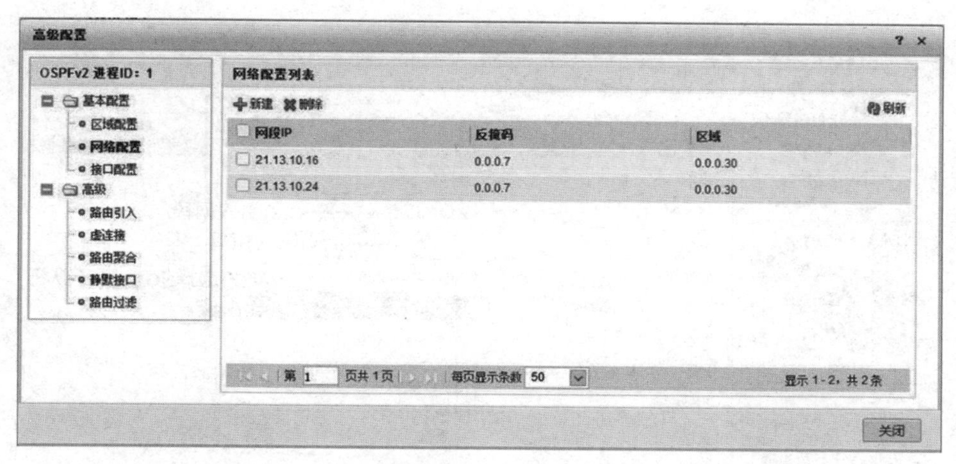

图 12-29　在防火墙 FW2 配置的 OSPF 协议中发布了两个网段

至此，FW2 上的 OSPF 路由协议配置完成。按相同的操作方法可以配置 FW1 的 OSPF 路由协议。

12.3.5　防火墙和广域网互通的路由表

配置完防火墙和广域网互通的 OSPF 路由协议后，查看一下防火墙的路由表，如图 12-30 所示，发现防火墙上没有 OSPF 协议路由只有直连路由（断开了防火墙和局域网交换机的互连链路），显示有故障存在。

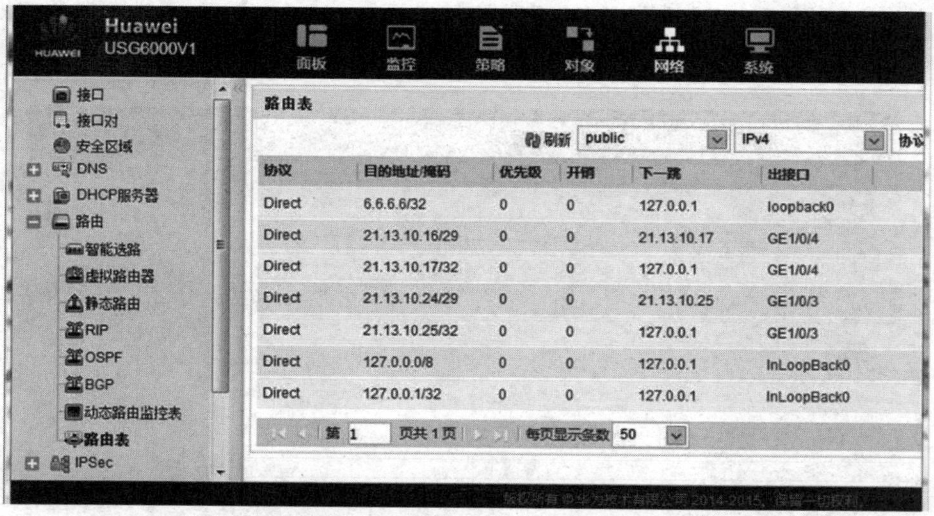

Huawei
USG6000V1
面板
监控
策略
对象
网络
系统
接口
接口对
安全区域
DNS
DHCP服务器
路由
智能选路
虚拟路由器
静态路由
RIP
OSPF
BGP
动态路由监控表
路由表
IPSec
路由表
刷新
public
IPv4
协议
目的地址/掩码
优先级
开销
下一跳
出接口
Direct 6.6.6.6/32 0 0 127.0.0.1 loopback0
Direct 21.13.10.16/29 0 0 21.13.10.17 GE1/0/4
Direct 21.13.10.17/32 0 0 127.0.0.1 GE1/0/4
Direct 21.13.10.24/29 0 0 21.13.10.25 GE1/0/3
Direct 21.13.10.25/32 0 0 127.0.0.1 GE1/0/3
Direct 127.0.0.0/8 0 0 127.0.0.1 InLoopBack0
Direct 127.0.0.1/32 0 0 127.0.0.1 InLoopBack0
第 1 页共 1 页
每页显示条数 50

图 12-30　在防火墙 FW2 配置了 OSPF 协议后路由表未发现 OSPF 协议路由

继续查看防火墙的 OSPF 邻居，发现防火墙建立的邻居关系处于“ExStart”状态。实际上在上一节为 FW2 配置 OSPF 路由协议在区域中发布网段后，就可以在发布网段页面右下方点击“刷新”按钮，可以查看邻接关系建立状态，如图 12-31 所示。

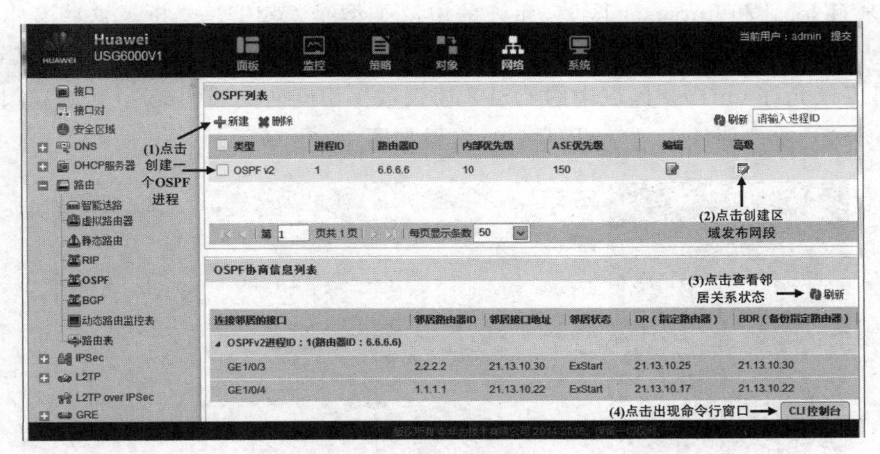

图 12-31　在防火墙 FW2 配置了 OSPF 协议后查看邻居关系建立状态

对比防火墙与局域网互通的 RIPv2 路由协议以及防火墙与广域网互通的 OSPF 路由协议，可以发现，防火墙配置 RIPv2 协议后，防火墙很顺利地和局域网建立了互通的路由，路由表中出现了整个局域网的 RIP 路由。但防火墙配置 OSPF 协议后，却发现没有和广域网互通 OSPF 路由，甚至连邻接关系都建立不起来。

其实真正的原因与这款防火墙的默认设置的区域间访问策略有关。先查看“策略”，点击“策略”，出现安全策略列表。如图 12-32 所示，当前列表中已经有一条安全策略，这条策略中的“源安全区域”“目的安全区域”“源地址/地区”“目的地址/地区”全都是“any”，“动作”是“禁止”，意为防火墙的所有区域都禁止互相访问，即全部禁止了。特别要注意的是，这个所有区域也包括防火墙的 local 区域。

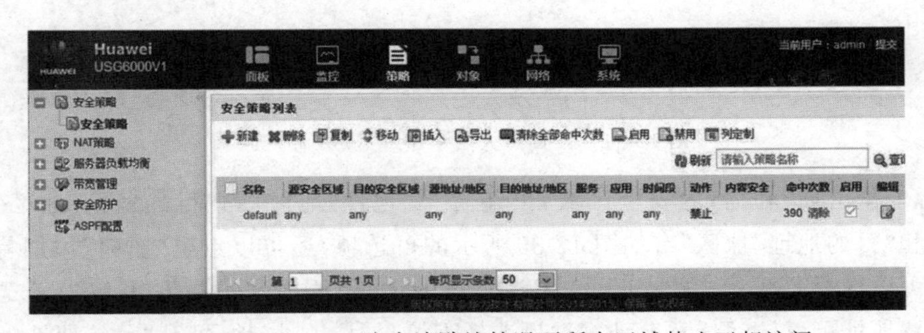

图 12-32　USG6000V 防火墙默认情况下所有区域禁止互相访问

所有区域全部禁止互相访问是华为 USG6000V 的默认设置，而 USG5500 中默认情况下，trust 区域可以访问 local 区域，local 区域可以访问另外三个区域。USG6000V 防火墙全部禁止意味着 trust 区域中的用户去 ping 防火墙也不行了。

OSPF 协议是一种与 IP 协议处于相同层次的路由协议，协议类型号为 89。配置了 OSPF 协议的防火墙需要与邻居交换 OSPF 和 untrust1 路由信息，而在默认情况下，这样的路由信息到达不了防火墙。为什么会这样？因为防火墙默认的唯一一条安全策略是“禁止所有区域互访”。要使防火墙接收路由器发送过来的路由信息，须允许 OSPF 路由信息进入防火墙。路由器发出的 OSPF 路由信息来源于 untrust 和 untrust1 区域，防火墙的接口接收路由信息来自 local 和 untrust1 区域，允许的协议类型是 OSPF。分析了这些基本信息，就可以为防火墙添加允许 untrust 和 untrust1 区域的 OSPF 协议进入 local 区域的区域间数据访问策略，仅仅允许 untrust 区域中的 OSPF 协议数据访问防火墙的 local 区域，这样设置完全是为了 OSPF 协议能够正常学习到路由，设置如图 12-33 所示。

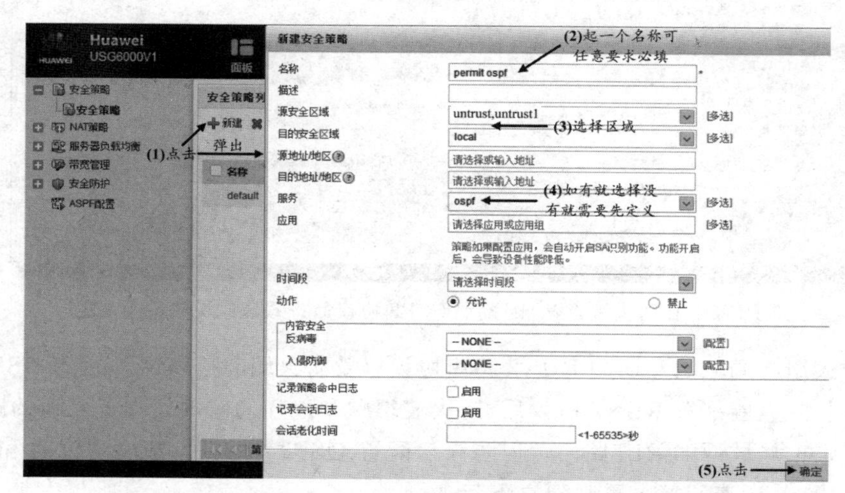

图 12-33 设置防火墙允许 untrust 区域的 OSPF 协议信息可以访问 local 区域

安全区域有如图 12-34 所示的选项可选。根据规划的安全策略，这里“源安全区域”选择 untrust 和 untrust1 区域，目的安全区域选择 local 区域。

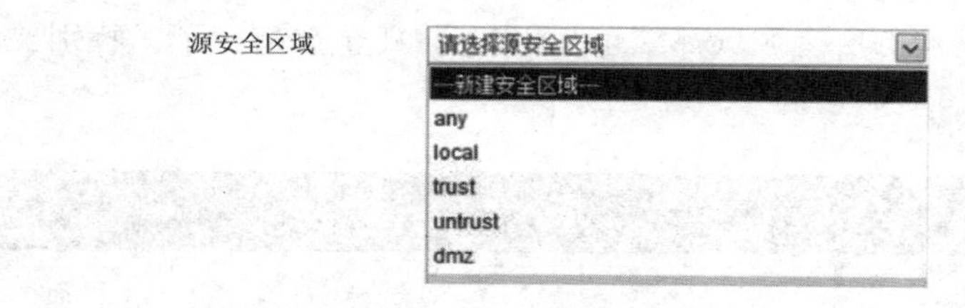

图 12-34 设置防火墙策略时区域可选项

在“源安全区域”和“目的安全区域”下还有“源地址/地区”和“目的地址/地区”，“源地址/地区”和“目的地址/地区”有如图 12-35 所示的可选项，还可以点击“新建”添加特定网段的地址。可以选择不填写“源地址/地区”和“目的地址/地区”，不填写也相当于选择的是 any，即任意地址可以访问任意地址。这里选择不填写“源地址/地区”和“目的地址/地区”。

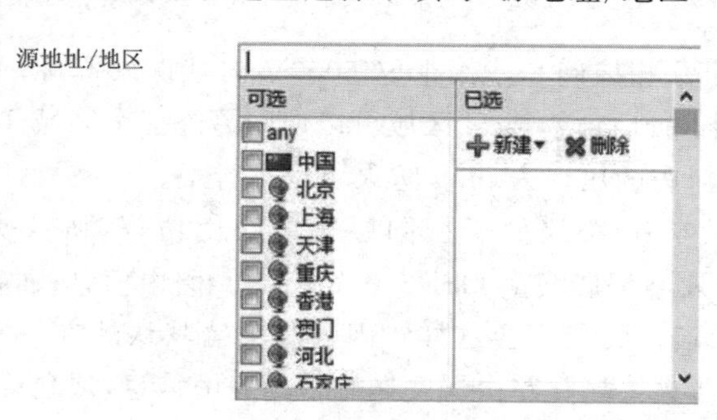

图 12-35 “源地址/地区”和“目的地/地区”址可选项

下面再看看“服务”选项。展开“服务”选项的下拉菜单，可以看到有如图 12-36 所示的多个可选服务项。这是允许或禁止用户可以访问的服务类型。这一项是选择一些协议，其中有 dns、ftp、telnet 等协议，但其中没有 OSPF 协议。由于没有 OSPF 协议，此时需要在服务选项的下拉菜单中选择“新建自定义服务”。

请选择服务

-新建服务组-	mgcp	pptp
any	mms	qq
dns	msn	ras
ftp	msn-audio	rpc
h225	msn-discard	rtsp
http	msn-stun	sip
hwcc	netbios-data	smtp
icmp	netbios-name	sqlnet
ils	netbios-session	stun
		telnet

第 1 页共 1 页

图 12-36　设置防火墙策略时服务可选项中默认没有 OSPF

打开一个“新建自定义服务”窗口，如图 12-37 所示。先给服务起一个名称，这里命名为 ospf，再点击“新建”，弹出一个“协议配置”窗口，在协议后面的下拉菜单中选择“IP”，在协议号中输入“89”。然后依次点击三个弹出窗口的“确定”按钮，这个允许 OSPF 路由协议进入防火墙 local 区域的策略就完成了。

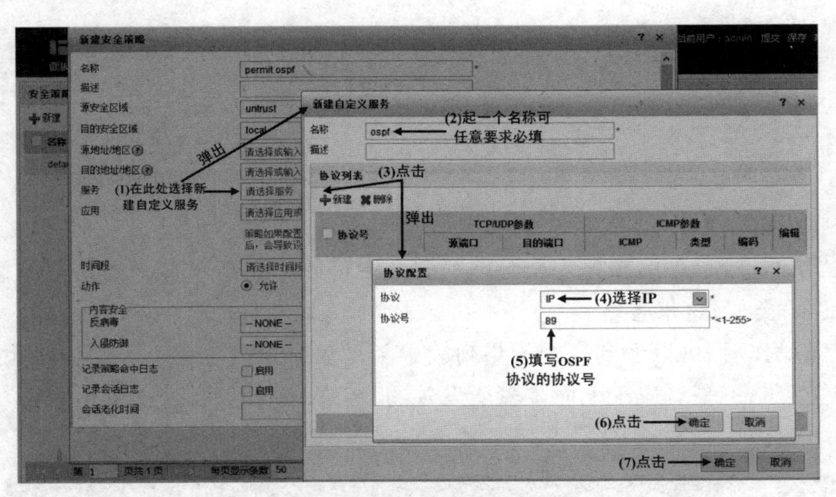

图 12-37　为防火墙的策略添加 OSPF 服务

这一步操作也可以这样完成。在前面选择服务时没有“OSPF”，是因为防火墙默认没有这个对象，可以先为防火墙创建一个 OSPF 的服务对象。点击“对象”，在对象窗口的左边导航目录中找到“服务”，展开“服务”，然后点击“服务”，选择新建，弹出“新建自定义服务”窗口，这个窗口与上面介绍的相同，在其中输入服务名称“ospf”，选择协议为“IP”并输入协议号“89”即可，如图 12-38 所示。

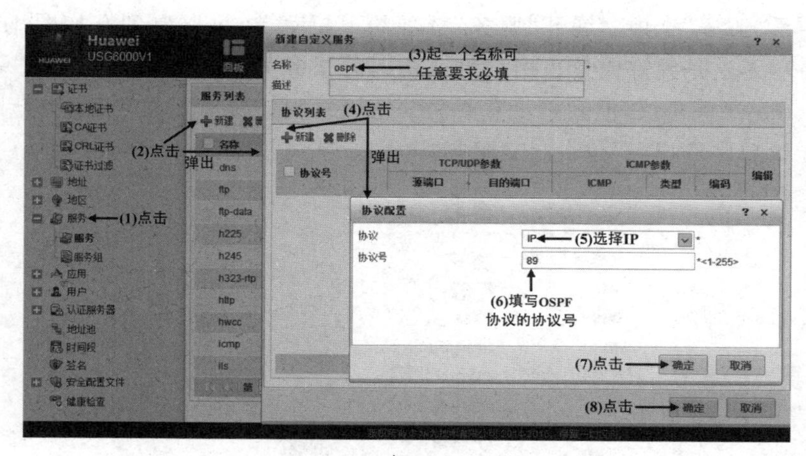

图 12-38　设置防火墙的新建自定义服务

点击“确定”后，可以看到服务列表中新增了一项“ospf”，如图 12-39 所示。

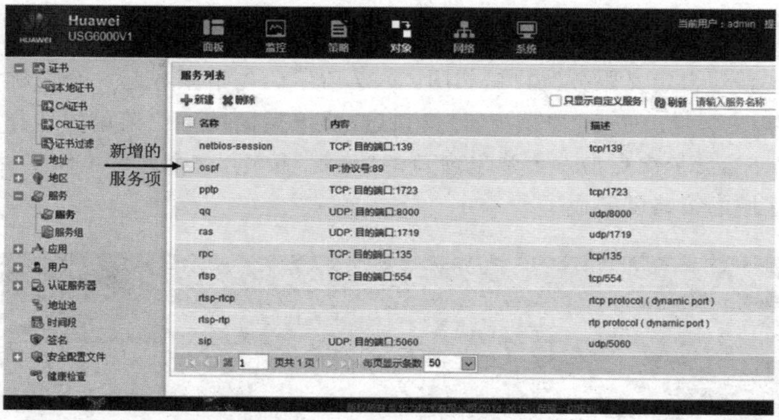

图 12-39　完成防火墙的新建自定义服务

然后在“策略”窗口中的新建安全策略的服务中可以看到已经有 OSPF 可以选择。操作方式与图 12-36 类似，这里省略。

完成上述操作后，可以看到安全策略列表中新增了一条安全策略，如图 12-40 所示。这条新增的安全策略正是对应于上面步骤所设置的，允许 untrust 区域的 OSPF 协议包与防火墙的 local 区域交互。

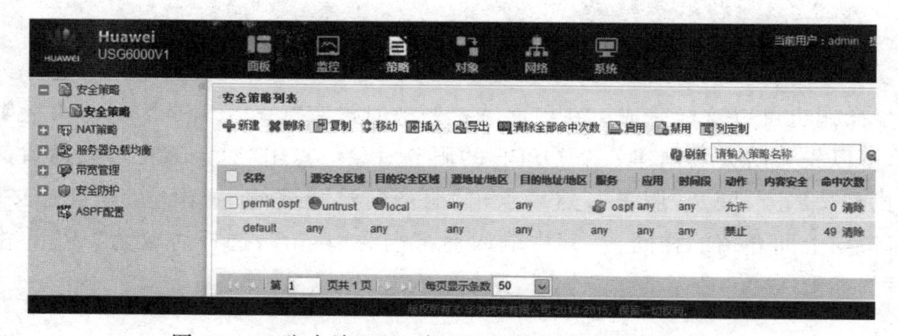

图 12-40　防火墙 FW2 为 OSPF 协议新增的安全策略

按同样的方法设置 FW1，再次查看防火墙的 OSPF 邻接关系建立状态。可以在“网络”→“路由”→“OSPF”页面查看到 OSPF 邻居(见图 12-31)。这里点击“CLI 控制台”，在出现的命令行窗口中输入“dis ospf peer”，可以查看此时防火墙建立的 OSPF 邻接关系，如图 12-41 所示。与前面图 12-31 相比，两个邻接关系现在均为 full 状态，达到正常状态。

接着查看防火墙的路由表，如图 12-42 所示。对比前面图 12-30 防火墙只出现直连路由相比，可以看到防火墙此时学习到了广域网 OSPF 协议路由。

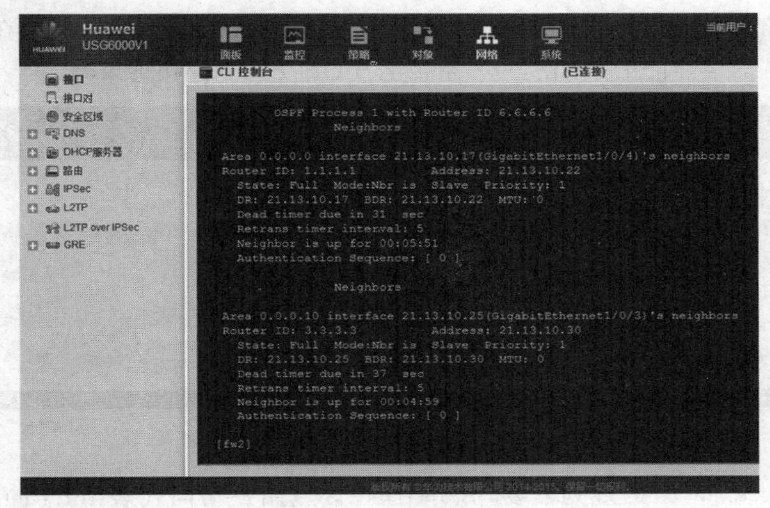

图 12-41 防火墙的两个邻接关系建立成功

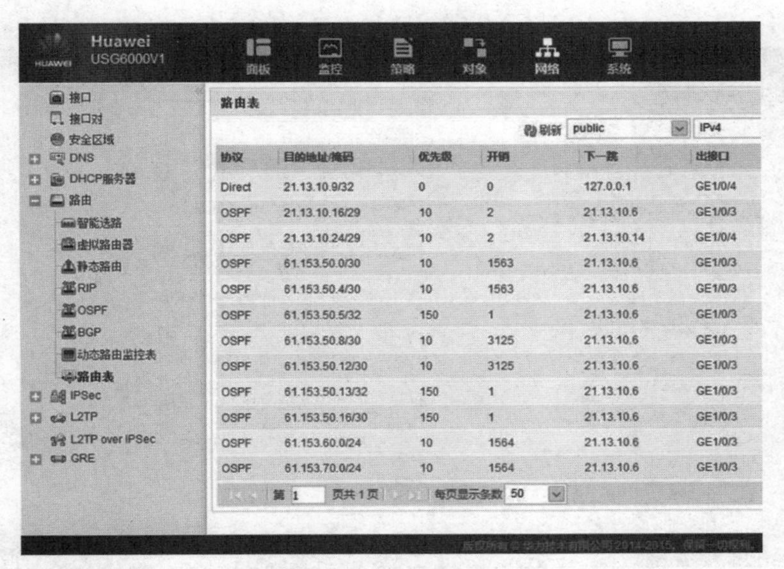

路由表

协议	目的地址/掩码	优先级	开销	下一跳	出接口
Direct	21.13.10.9/32	0	0	127.0.0.1	GE1/0/4
OSPF	21.13.10.16/29	10	2	21.13.10.6	GE1/0/3
OSPF	21.13.10.24/29	10	2	21.13.10.14	GE1/0/4
OSPF	61.153.50.0/30	10	1563	21.13.10.6	GE1/0/3
OSPF	61.153.50.4/30	10	1563	21.13.10.6	GE1/0/3
OSPF	61.153.50.5/32	150	1	21.13.10.6	GE1/0/3
OSPF	61.153.50.8/30	10	3125	21.13.10.6	GE1/0/3
OSPF	61.153.50.12/30	10	3125	21.13.10.6	GE1/0/3
OSPF	61.153.50.13/32	150	1	21.13.10.6	GE1/0/3
OSPF	61.153.50.16/30	150	1	21.13.10.6	GE1/0/3
OSPF	61.153.60.0/24	10	1564	21.13.10.6	GE1/0/3
OSPF	61.153.70.0/24	10	1564	21.13.10.6	GE1/0/3

图 12-42 FW1 的路由表(部分)

使用 Web 浏览器配置防火墙和广域网络由互通操作视频

工程文件下载

注意：①上述路由表是关闭了局域网交换机情况下的路由表，所以表中没有 RIP 协议路由。②只需要配置单向允许 untrust、untrust1 区域的 OSPF 协议包进入 local 区域的安全策略，就可以学习到 OSPF 路由，反向可以不配置。

12.4 设置区域间访问策略

实际上，在上一节为了实现防火墙学习到 OSPF 协议路由，我们已经了解过设置区域间数据访问安全策略。因为到目前为止还没有设置允许 trust 区域访问 untrust 区域，这意味着局域网内用户目前无法访问 Internet。

点击“策略”，出现安全策略列表。如图 12-43 所示，此时防火墙已经存在两条安全策略，一条是默认的全禁止互访策略，另一条是学习 OSPF 协议路由的策略。

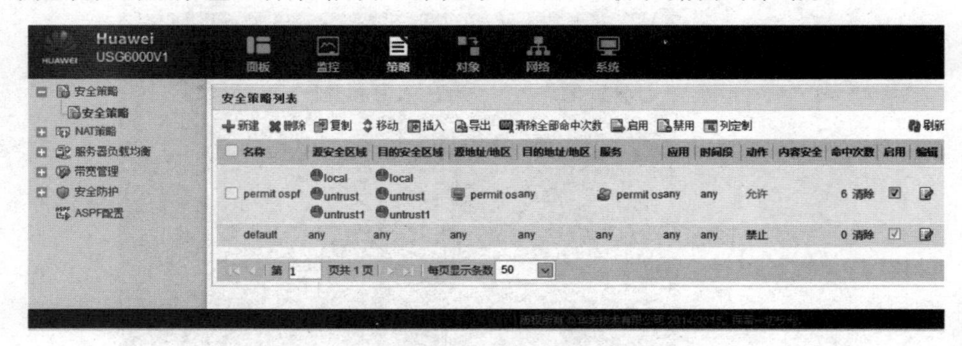

图 12-43　USG6000V 防火墙的两条策略

根据本书综合网络的规划需要，允许 trust 区域用户访问代表 Internet 外部网络的 untrust 和 untrust1 区域，同时还允许访问 dmz 区域的服务器，可以按图 12-44 所示进行设置。

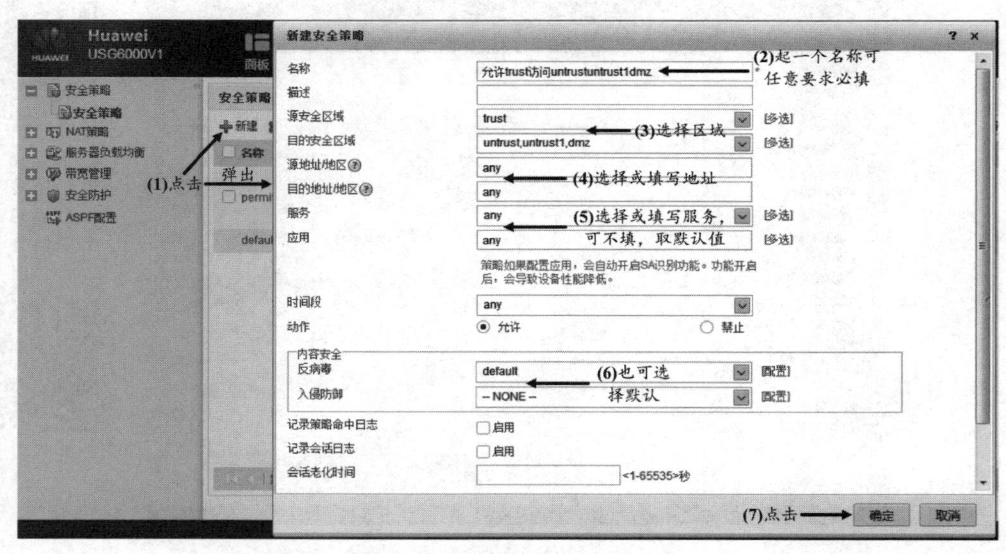

图 12-44　设置防火墙允许 trust 区域访问 untrust、untrust1 和 dmz 区域

可以选择区域后面的“多选”，一次性添加多个区域，如图 12-45 所示。

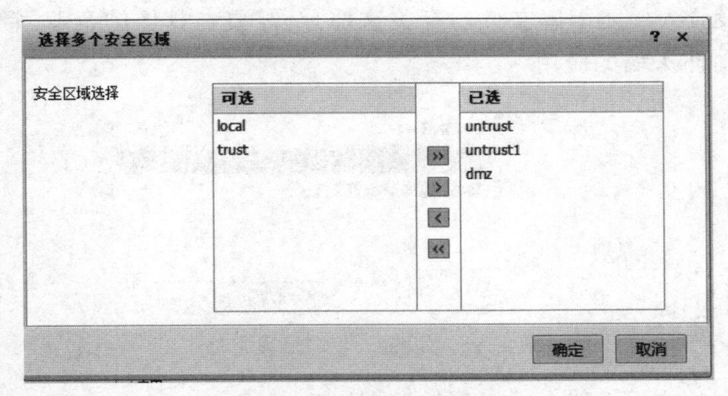

图 12-45　一次性设置多个区域

“应用”选项是允许 trust 区域用户在访问外网时所能够使用的网络服务类型。“应用”选项与上一节介绍的“服务”选项类似。“服务”选项中显示的都是英语缩略词代表的通信协议(见图 12-36),如果没有系统地学习过计算机网络课程,可能不理解这些英文缩略词对应的通信协议。而“应用”选项全部用中文显示,容易理解,一看就懂,如图 12-46 所示。

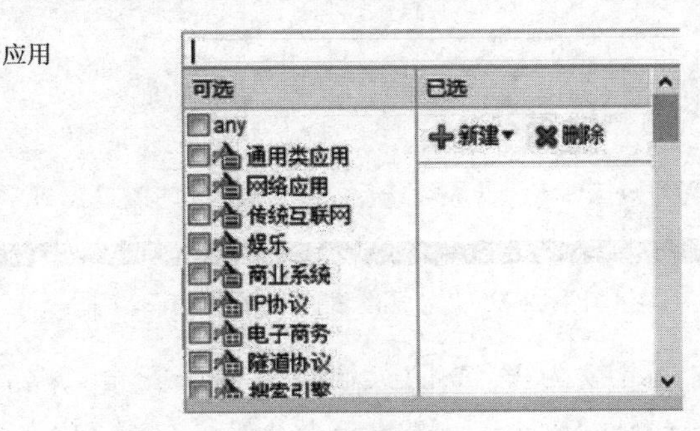

图 12-46　设置“应用”

“时间段”选项是允许 trust 用户可以出访的时间。例如学校网管设置学校学生在早上 8 点到晚上 11 点可以访问 Internet,就可以在这里设置,如图 12-47 所示。

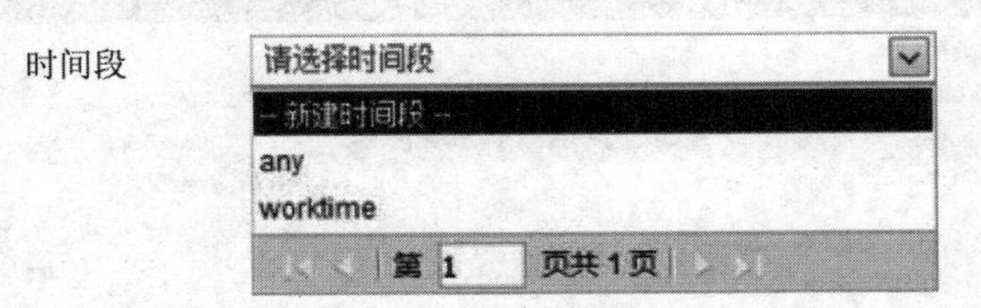

图 12-47　设置访问外网时间段

“仅病毒”选项可以设置数据在不同区域之间转发时,经过的病毒库检查项目,如图 12-48 所示。

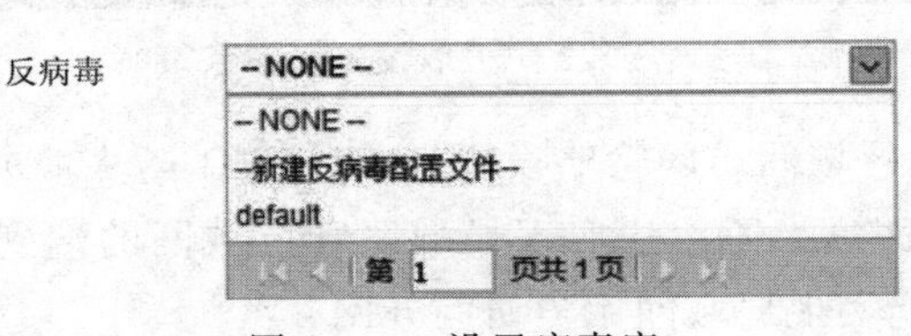

图 12-48　设置病毒库

图 12-49 是设置入侵防御库文件。有关这部分,需要在具体的企业网络管理的实际岗位中进一步加深对防火墙的应用。

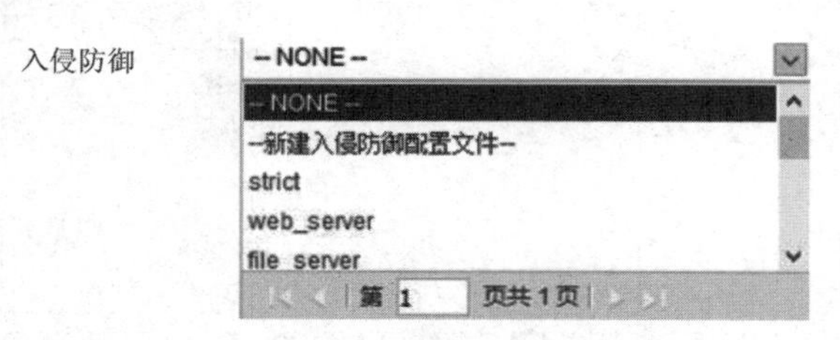

图 12-49　设置入侵防御库文件

按照上面介绍的步骤设置 trust 区域能够访问 untrust、untrust1 和 dmz 区域的数据访问安全策略,完成后如图 12-50 所示。

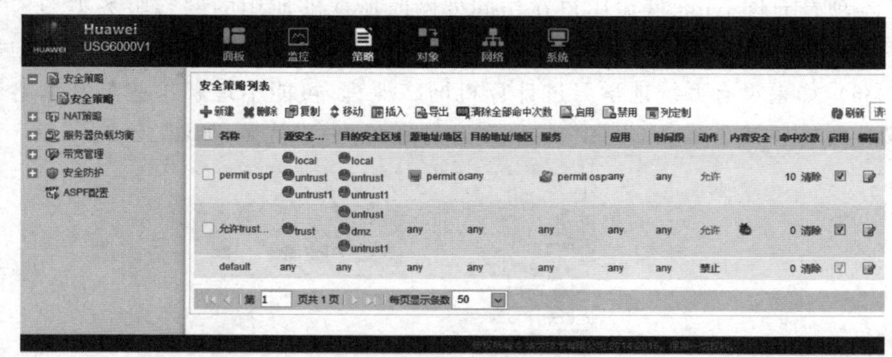

图 12-50　完成设置防火墙策略

按照上面介绍的方法继续为 FW2 防火墙设置两条安全策略,一条对应 trust 区域可以访问 untrust、untrust1 和 dmz 区域,另一条对应 untrust 和 untrust1 区域可以访问 dmz 区域。如图 12-51 所示。

使用 Web 浏览器配置防火墙的区域间数据访问安全策略操作视频

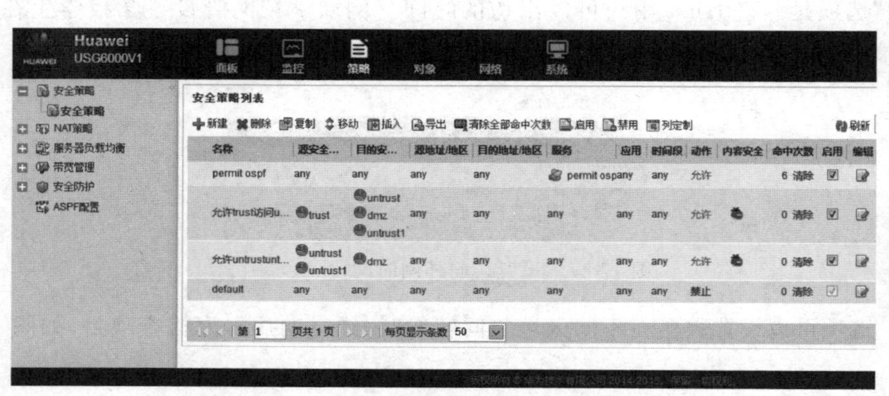

图 12-51　为 FW2 防火墙设置了三条策略

工程文件下载

至此,FW2 防火墙的区域间访问策略设置完成。FW1 防火墙的区域间访问策略配置类似。配置了区域间访问策略后,还无法实现局域网和广域网的端到端互通。因为防火墙还需要配置 NAT 技术,才能实现局域网用户访问外网。

12.5　配置防火墙的 NAT

12.5.1　配置 NAT

要在防火墙上配置 NAT，点击“策略”，在左侧导航目录中找到“NAT 策略”，展开它，可以看到有一项“源 NAT”，图 12-52 所示的窗口中显示的正是源 NAT 页面，点击“NAT 地址池”，先创建 NAT 地址池。

在“新建 NAT 地址池”页面中，输入地址池的名称、地址池的首地址和尾地址，如图 12-53 所示。

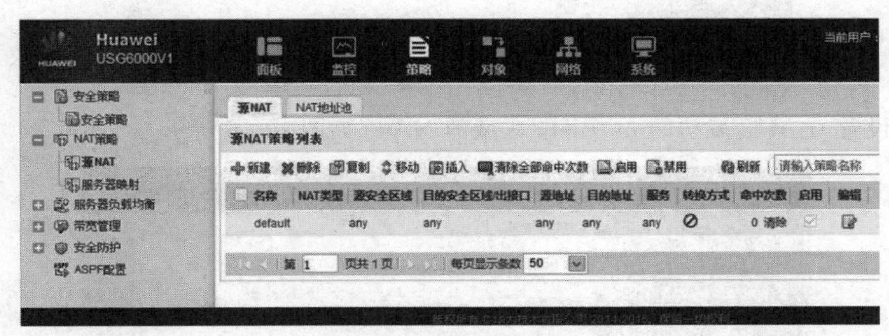

图 12-52　FW2 防火墙默认情况下区域互访不使用 NAT

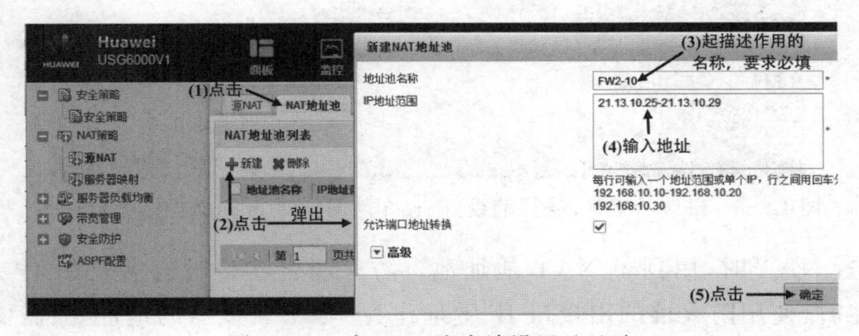

图 12-53　为 FW2 防火墙设置地址池

按上面介绍的方法，继续设置第二个 NAT 地址池，两个地址池设置完成后如图 12-54 所示。

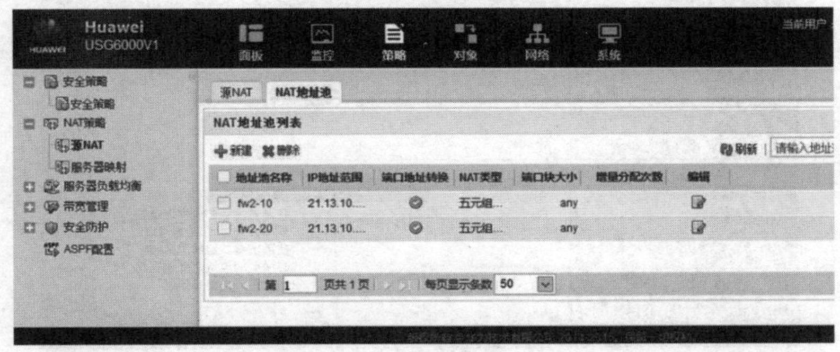

图 12-54　为 FW2 防火墙地址池设置完成

接着点击“源 NAT”，如图 12-55 所示，按图设置 NAT。注意，这里不仅要为 trust 区域访问 untrust 区域设置 NAT，前面还设置一个 untrust1 区域，还需要为 trust 区域访问 untrust1 区域设置 NAT。

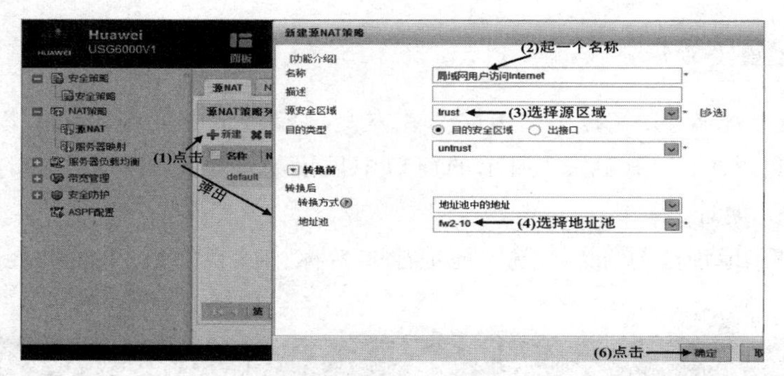

图 12-55　为 FW2 防火墙设置 trust 区域访问 untrust 区域的 NAT

继续设置 trust 区域访问 untrust1 区域的 NAT，如图 12-56 所示。

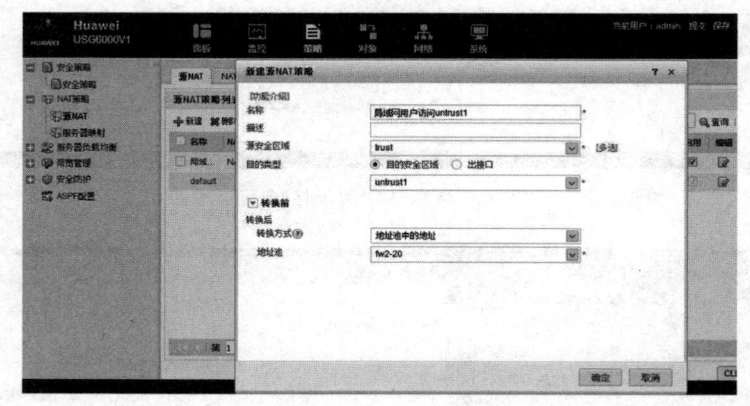

图 12-56　继续为 FW2 防火墙设置 trust 区域访问 untrust1 区域的 NAT

以上设置 NAT 时，用到了 NAT 地址池。防火墙也支持没有多余的 IP 地址来设置 NAT 地址池时，使用防火墙的出接口 IP 地址作为 NAT 转换后的地址，只需要在图 12-56“转换方式”选项框中选择“出接口地址”，如图 12-57 所示。

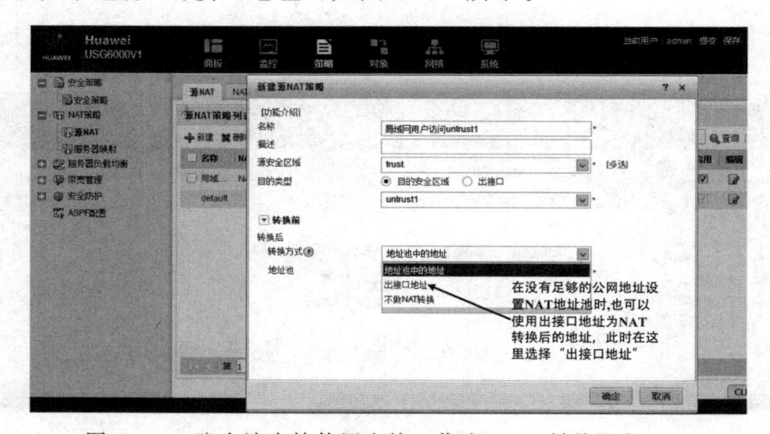

图 12-57　防火墙支持使用出接口作为 NAT 转换后的地址

NAT 设置完成后，可以看到源 NAT 策略列表中新增了两条记录，如图 12-58 所示。

图 12-58　FW2 防火墙 NAT 设置完成

至此，FW2 上的 NAT 设置完成，按相同的方法可以设置 FW1 的 NAT。

12.5.2　配置 NAT Server

下面继续在 FW2 上设置 NAT Server。按图 12-59 所示为防火墙的 dmz 区域服务器设置内网和外网的关联地址。

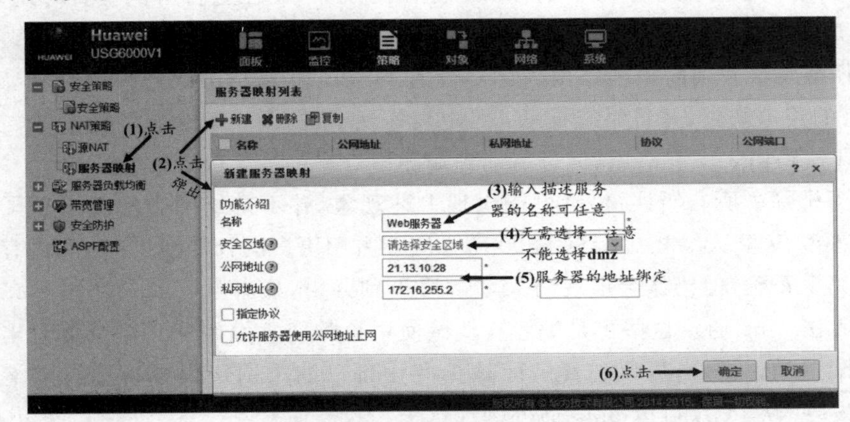

图 12-59　为 FW2 防火墙配置服务器内网关联外网的 IP 地址

在图 12-59 中，安全区域有多个区域选项可选，可以不选择或选择“NONE”。由于服务器一般放置在 dmz 区域，所以一般很容易认为这里应该选择 dmz，但在实际操作中发现，选择 dmz 后，经测试发现外网不能访问服务器。按上面的方法继续设置第二个服务器，两个服务器都设置完成后，如图 12-60 所示。

使用 Wed 浏览器为防火墙配置 NAT 操作视频

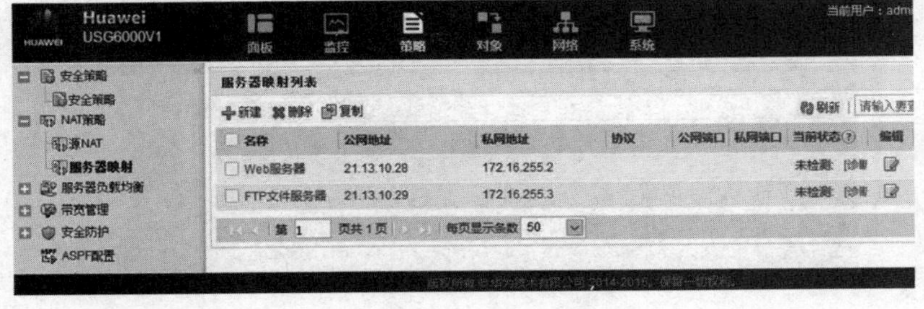

图 12-60　为 FW2 防火墙设置了两个服务器

工程文件下载

至此,FW2 上的 NAT Server 配置完成。由于 FW1 上没有连接服务器,所以 FW1 不需要配置 NAT Server。

12.6 网络互通测试

完成 USG6000V 组网的上述配置完成后,可以进行网络的互通测试工作。不过实际在进行网络联合调试及端到端测试时会遇到下列可能“并不是问题的问题”,如果不提前加以了解,可能会让初学者浪费大量的时间。

(1) eNSP 软件中,USG6000V 防火墙的路由表只能学习到最多 30 条路由,而 USG5500 防火墙没有这个限制。当然这仅仅是在 eNSP 软件中,真实的 USG6000V 防火墙路由表不会有 30 条路由数量的限制。正是这个上限值,使得利用 USG6000V 防火墙组网的大型网络,会有路由不完整的现象,导致部分网络不互通。

下面的(2)~(4)是正常出现的现象。

(2) 同时将包括局域网和广域网的全网开启时,可能会发现一个防火墙能够学习到 OSPF 路由,另一个防火墙学习不到 OSPF 路由的现象,而在进行对比检查时发现两个防火墙的配置并没有错误,使得配置者感到无所适从。

(3) 仔细观察发现防火墙路由表中尽管有 OSPF 和 RIP 协议路由信息,但路由实际上不完整,有的路由缺失,并且系统提示:路由表达到了最大 30 条的上限值。

(4) 即使路由表中有路由,但进行端到端测试时有可能无法 ping 通。

其实当排除了所有错误,仍然可能出现上述现象,并不是组网和配置出现了错误,而是因为 USG6000V 防火墙相比 USG5500 防火墙要占用更多的计算机 CPU 和内存资源,导致即使配置完全正确,但仍然会出现防火墙学习不到路由,或者学习到的路由不完整,或者端到端主机无法 ping 通。这些也是编者在调试使用这款防火墙组建大型网络时出现的现象。为了测试配置是否正确,可以选择关闭掉一些设备以缩小网络规模再进行网络互通测试。实际测试发现,从 PCA 可以 ping 通外网计算机。

图 12-61 显示的是从局域网计算机 PCA(IP 地址为 172.16.10.2)ping 外网计算机 PC4(IP 地址为 61.153.60.2)的结果。

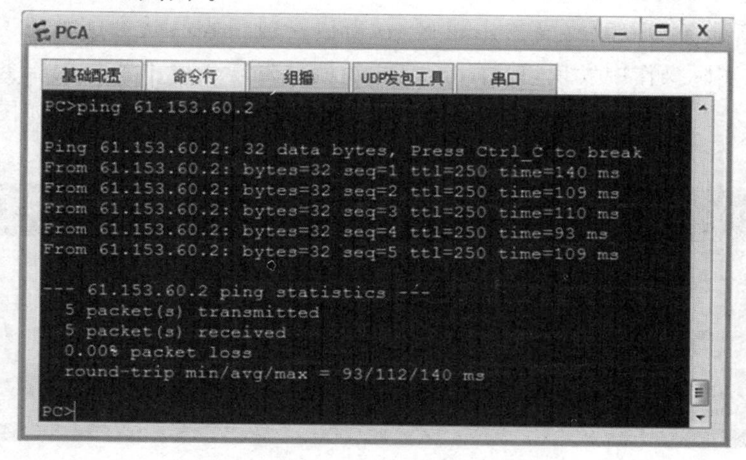

图 12-61 PCA ping 外网计算机的结果

对应在防火墙 FW1 查看到的 NAT 转换信息，如图 12-62 所示。

```
USG6000V
<USG6000V>undo t m
Info: Current terminal monitor is off.
<USG6000V>dis firewall session table
 Current Total Sessions : 5
 icmp  VPN: public --> public  172.16.10.2:14134[21.13.10.4:2083] --> 61.153.60
2:2048
 icmp  VPN: public --> public  172,16.10.2:14902[21.13.10.4:2086] --> 61.153.60
2:2048
 icmp  VPN: public --> public  172.16.10.2:15158[21.13.10.4:2087] --> 61.153.60
2:2048
 icmp  VPN: public --> public  172.16.10.2:14646[21.13.10.4:2085] --> 61.153.60
2:2048
 icmp  VPN: public --> public  172.16.10.2:14390[21.13.10.4:2084] --> 61.153.60
2:2048
<USG6000V>
```

使用 Web 浏览器为防火墙配置 NAT 和 NAT Server 后全网互通测试

图 12-62　防火墙 FW1 上的 NAT 转换信息

12.7　使用命令配置 USG6000V 防火墙

USG6000V 也可以使用命令配置，部分命令与 USG5500 相同，例如配置接口的 IP 地址，将接口添加到区域等。下面主要列出与 USG5500 不同的配置命令供参考。

配置防火墙的区域间数据访问策略

[USG6000V]**security-policy**

[USG6000V-policy-security]**rule name** *名称*　　/＊定义规则＊/

[USG6000V-policy-security]**source-zone** *any/dmz/local/trust/untrust*　　/＊定义源区域＊/

/＊可同时配置多个区域＊/

[USG6000V-policy-security]**destionation-zone** *any/dmz/local/trust/untrust*

/＊可同时配置多个区域＊/

[USG6000V-policy-security]**soruce-address** x.x.x.x　　/＊可不定义，不定义就是 any＊/

[USG6000V-policy-security]**destination-address** x.x.x.x　　/＊可不定义，不定义就是 any＊/

[USG6000V-Security-policy]**action permit**

如还有可继续定义第二至多个规则。

配置防火墙的 NAT 地址池

[USG6000V]**nat address-group** *名称*　　/＊名称须以字母开头＊/

[USG6000V-address-group]**section** *x.x.x.x(起始 ip 地址) x.x.x.x(结束 ip 地址)*

如果要排除掉上述地址池中的某个或多个地址，可以增加下述语句：

[USG6000V- address-group]**exclude-ip** *x.x.x.x*　　/＊排除不能用于转换的 ip 地址＊/

配置防火墙的 NAT

[USG6000V]**nat-policy**

[USG6000V-policy-nat]**rule name** *名称*　　/＊名称须以字母开头＊/

[USG6000V-policy-nat]**source-zone** *any/dmz/local/trust/untrust*

/＊可同时配置多个区域＊/

[USG6000V-policy-nat]**destination-zone** *any/dmz/local/trust/untrust*

/＊虽然可同时配置多个区域，但只有最后一个区域有效＊/

```
[USG6000V-policy-nat]soruce-address x.x.x.x                    /*可不定义,不定义就是any*/
[USG6000V-policy-nat]destination-address x.x.x.x               /*可不定义,不定义就是any*/
[USG6000V-policy-nat]action nat address-group name             /*前面已定义的地址池名称*/
```

配置防火墙的 NAT Server:

```
[USG6000V]nat server 名称 global x.x.x.x inside x.x.x.x          /*名称须以字母开头*/
```

定义一个服务集以便在 security-policy 中引用:

例如允许 OSPF 路由协议信息进入防火墙 local 区域时需要定义 OSPF 服务集:

```
[USG6000V]ip service-set ospf type object                      /*ospf是自定义名称*/
[USG6000V-object-service-set-ospf]service 序号 protocol 89      /*序号是数字*/
```

在安全策略中引用前面定义的服务集:

```
[USG6000V]security-policy
[USG6000V-policy-security]rule name 名称                        /*名称须以字母开头*/
[USG6000V-policy-security]source-zone any/dmz/local/trust/untrust
[USG6000V-policy-security]destionation-zone any/dmz/local/trust/untrust
[USG6000V-policy-security]service ospf                         /*ospf须在前面已定义过*/
[USG6000V-Security-policy]action permit
```

最后要说明的是,USG6000V 防火墙是华为面向市场推出的一款功能强大的防火墙,支持在防火墙上划分虚拟系统,在虚拟系统上可以实施多项功能。不过在 eNSP 软件中,虚拟系统无法开启,目前该功能只能在实体防火墙上操作。感兴趣的读者可以上网搜索了解 USG6000V 防火墙的虚拟系统。

使用命令行配置 USG6000V 防火墙的讲解视频

本章全部工程文件

第四篇　企业网络服务器

第 13 章

在 eNSP 网络模拟器上搭建服务器

附录 4 介绍了在真实的网络环境中如何安装 DNS 域名服务器、WWW 服务器和 FTP 文件服务器。可以看到，在真实的网络环境中，安装服务器工作比较烦琐。如果没有真实的网络硬件环境，也可以使用华为 eNSP 软件来实现这三种功能的服务器，而且在网络模拟器中搭建服务器要简单得多。本章主要是通过在 eNSP 软件中搭建服务器来简要了解这几种服务的功能，以及测试综合网络。

13.1　设置 DNS 服务器

这里规划将 DNS 服务器设置在广域网中一台计算机 PC5 上，其 IP 地址为 61.153.70.2。域名及其对应的公网和私网 IP 地址如表 13-1 所示。

表 13-1　DNS 服务器中添加的域名及地址

名称	域名	添加的公网地址	对应的私网主机地址
WWW 服务器	www.zwu.edu.cn	21.13.10.28	172.16.255.2
FTP 服务器	ftp.zwu.edu.cn	21.13.10.29	172.16.255.3

在搭建的综合网络中，将原广域网中计算机 PC5 替换为一台服务器型终端。双击服务器图标，打开服务器的设置窗口。在设置窗口中，有“基础配置”“服务器信息”和“日志信息”三个选项卡。首先在“基础配置”中设置本机的 IP 地址、子网掩码和网关。在服务器和客户端型终端中，没有像普通计算机终端那样的可以输入“ping”的测试窗口，而是在“PING 测试”下面的方框中输入目的 IP 地址，在“次数”后面的文本框中输入数字，完成 ping 测试。如果要测试服务器和自己的网关能不能够互通，就可以在这里操作，如图 13-1 所示。

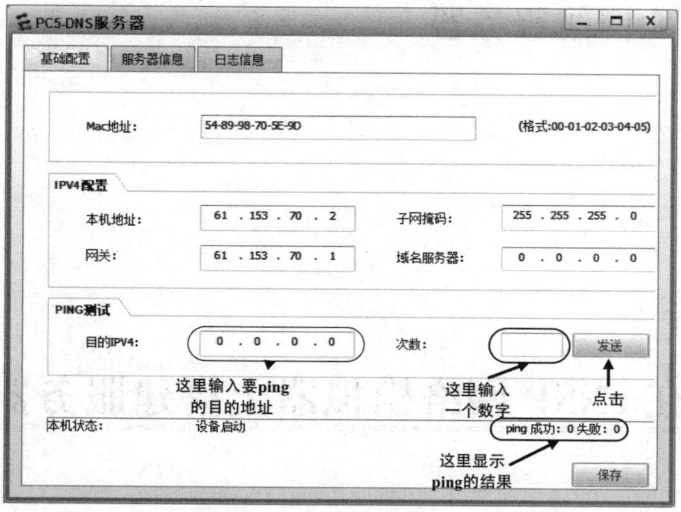

图 13-1　综合网络中 DNS 服务器的 IP 地址

接着选择“服务器信息”，选项卡窗口左侧出现三种类型服务器的名称，选择“DNSServer”，即域名服务器，表示将把这台终端当作域名服务器来使用。在窗口的主界面中，看到有“主机域名”和“IP 地址”，可在这两个文本框中添加域名和 IP 地址的绑定信息，例如在“主机域名”后的文本框中输入所规划的域名 www.zwu.edu.cn，在其下的“IP 地址”框中输入对应的 IP 地址“21.13.10.28”，这个地址不能是服务器的私网地址，必须是公网地址。这个公网地址也不是随便写的一个公网地址，它应该是第 12.5.2 节防火墙上使用 NAT Server 发布的服务器的公网地址。输入完后，点击下面的“增加”按钮，输入将被作为一条记录保存起来，如图 13-2 所示。

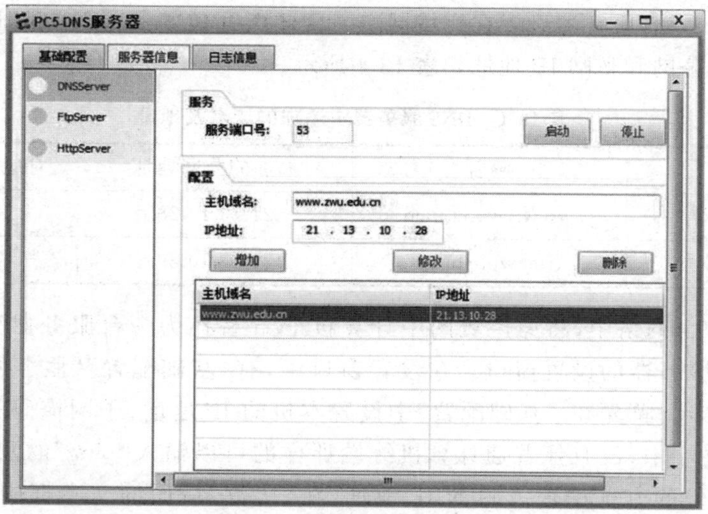

图 13-2　在 DNS 服务器中添加第一个域名及对应的公网 IP 地址

还可以继续添加其他类型的服务器，如图 13-3 所示继续添加 FTP 服务器的域名和对应的 IP 地址记录。添加完成后，还必须点击“启动”按钮，DNS 服务器才能正式工作。点击“启动”按钮后，该按钮变为灰色。设置完成后 DNS 服务器如图 13-3 所示。

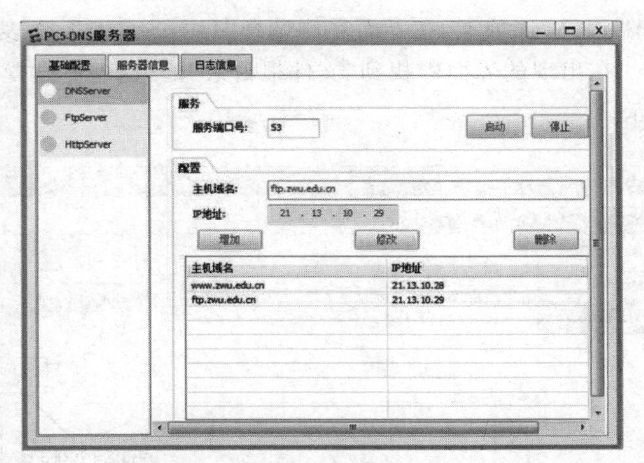

图 13-3　在 DNS 服务器中添加两个域名后启动服务器

设置 DNS 服务器操作视频

注意到“服务器信息”界面中，除了“DNS Server”还有“FtpServer”和“HttpServer”，后两者分别对应 FTP 服务器和 WWW 服务器。可以将三种类型的服务设置在一台服务器终端上，也可以分开设置，一种类型的服务使用一台服务器终端。本章使用后一种形式，即三种服务各使用一台服务器终端。

至此，DNS 服务器配置完成。如果对比现实中的 DNS 服务器设置，就会发现 eNSP 软件中的服务器设置要简单得多。

13.2　设置 WWW 服务器和测试 Web 服务

13.2.1　设置 WWW 服务器

FW2 连接的 dmz 区域中的两台计算机分别作为 WWW 服务器和 FTP 服务器。它们的 IP 地址分别为 172.16.255.2 和 172.16.255.3。

在 WWW 服务器的“基础配置”中，设置 IP 地址，如图 13-4 所示。

图 13-4　设置企业局域网 dmz 区 WWW 服务器的 IP 地址

接着选择“服务器信息”选项卡，在界面左侧选择“HttpServer”，代表这台服务器终端将用作 WWW 服务器。在出现的界面中找到“文件根目录”框，在这里设置 WWW 服务器的根目录，如图 13-5 所示。

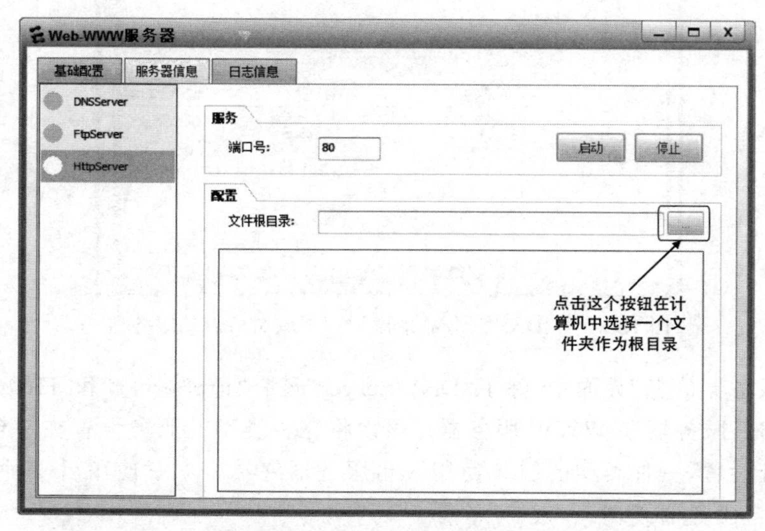

图 13-5　设置综合网络中 WWW 服务器的根目录

点击“文件根目录”框后面的按钮，将选择当前所使用计算机的某个文件夹或文件分区，可以选择一个文件夹作为 Web 服务的根目录，当然也可以选择一个电脑硬盘的完整分区作为 Web 服务的根目录，如图 13-6 所示。

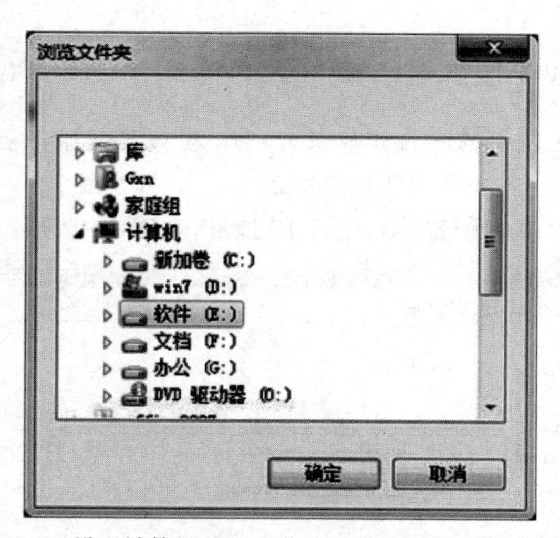

图 13-6　设置计算机的 E 盘作为 WWW 服务器的根目录

选择计算机的整个 E 盘作为 Web 服务的根目录。如图 13-7 所示，可以看到 E 盘存储的文件显示在界面中。出现在根目录中的文件就是面向 Internet，可供全体 Internet 用户访问的文件。

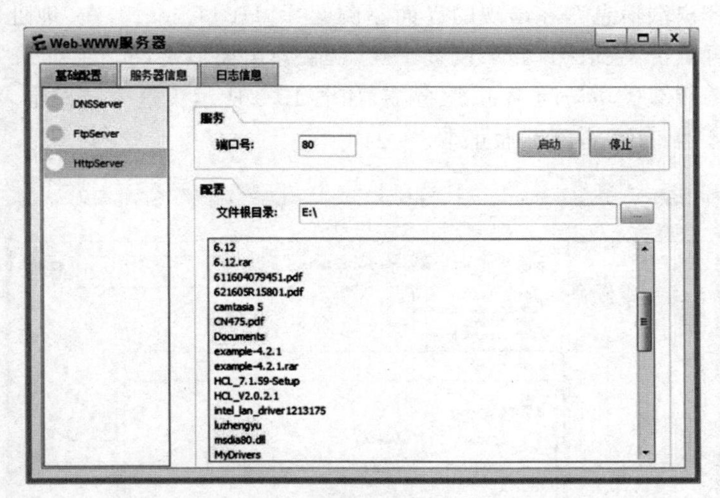

图 13-7　出现在 WWW 服务器根目录中的文件供全体 Internet 用户访问

13.2.2　测试 Web 服务

设置完成后，可以测试 DNS 服务器能否为 Internet 提供域名服务，使全网中的任意用户都通过域名 www.zwu.edu.cn 能够访问到 Web 服务器。可以分别从综合网络中有代表性的三个位置的计算机访问 Web 服务器：①从广域网中的一台计算机访问；②从分公司局域网中的一台计算机访问；③从企业局域网中的一台计算机访问。可以在全网的这三个位置各放置一台客户端测试能否通过域名访问 Web 服务器。

将原来放置在广域网中的一台计算机 PC4 替换为一台客户端类型的终端，IP 地址设置如图 13-8 所示。特别要提醒的是，在以前的网络测试中都没有要求填写域名服务器的 IP 地址，但是这里要设置“域名服务器”，域名服务器的 IP 地址就是第 13.1 节设置的 DNS 服务器的 IP 地址。

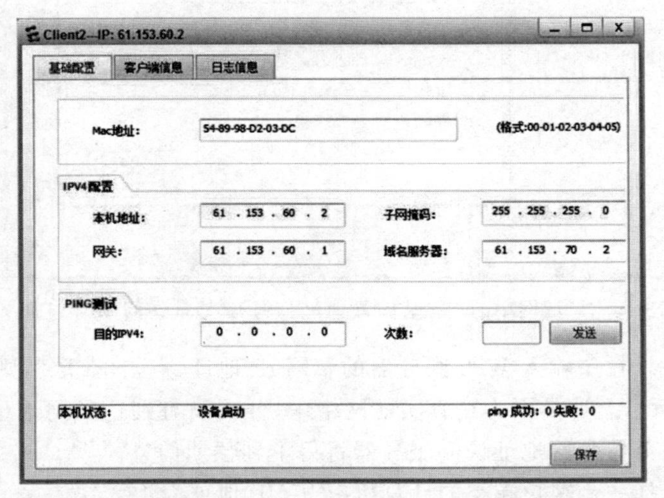

图 13-8　设置广域网中一台客户端的 IP 地址和域名服务器 IP 地址

接着选择“客户端信息”,在出现的界面左侧选择“HttpClient”,在“地址”框中输入 Web 服务器的网址,再点击“获取”。如果设置正确,就会弹出类似于网站主页的“default.htm”的窗口,表明客户端能够成功访问 Web 服务器,如图 13-9 所示。这个结果也表明了第 13.1 节设置的 DNS 服务器正确,全网互通正常。

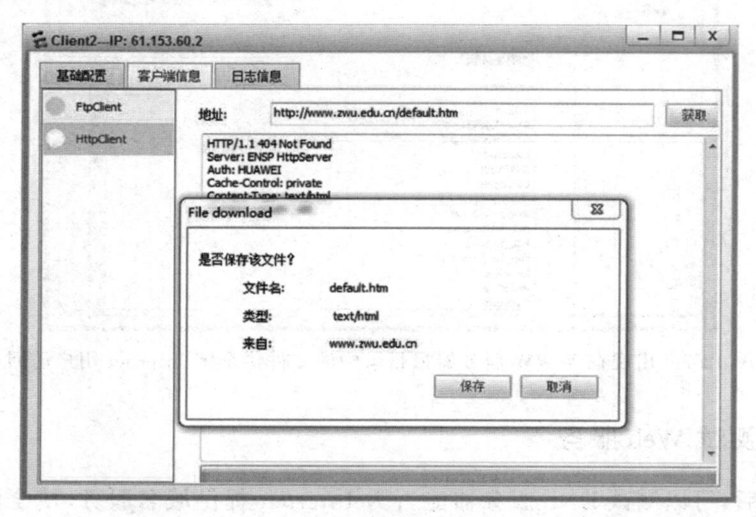

图 13-9　广域网中的一台客户端通过域名访问 WWW 服务器

如果在地址栏中输入 Web 服务器的公网 IP 地址,然后点击“获取”,也可以获得与输入网址一样的效果,如图 13-10 所示。

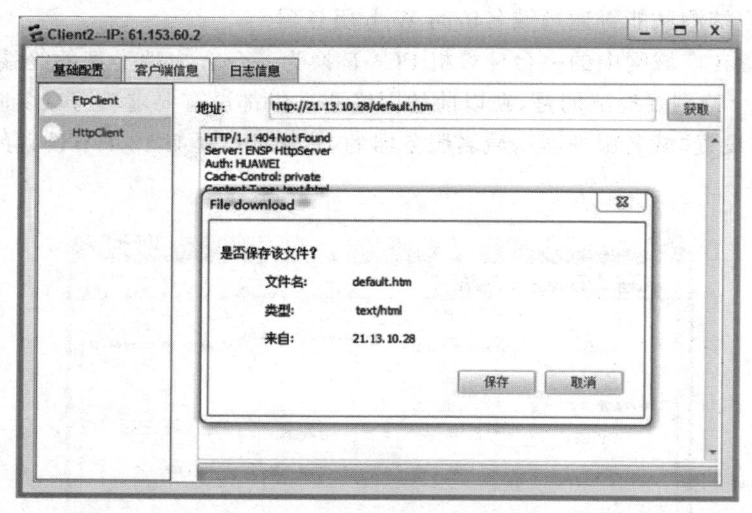

图 13-10　广域网中的一台客户端通过公网 IP 地址访问 WWW 服务器

但是如果在地址栏中输入 Web 服务器的私网 IP 地址,点击“获取”,则访问 Web 服务器失败,如图 13-11 所示。这是因为在真实的网络中,公网没有到达私网地址的路由。所以试图在公网上通过服务器私网地址访问服务器将得不到预期信息。

在局域网中选择一台客户端类的计算机 PCE(IP 地址为 172.16.14.2),按照上面相同的方法测试 Web 服务。如图 13-12 所示是通过网址即域名来访问,显示访问成功。

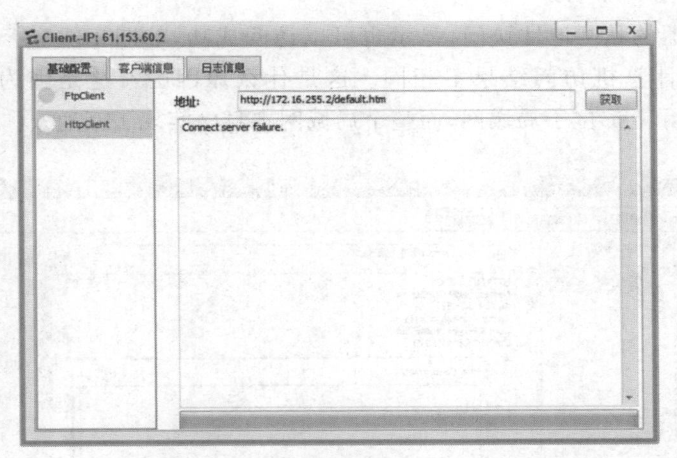

图 13-11　广域网计算机通过私网地址访问 WWW 服务器失败

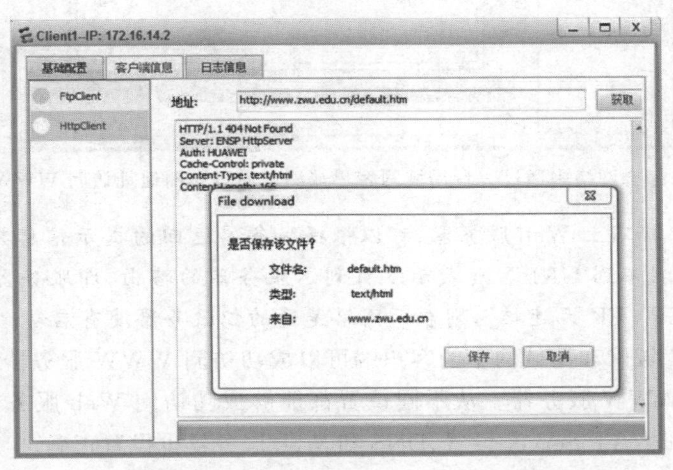

图 13-12　局域网中的一台客户端通过域名访问 WWW 服务器

再用服务器的公网地址访问,显示访问成功,如图 13-13 所示。

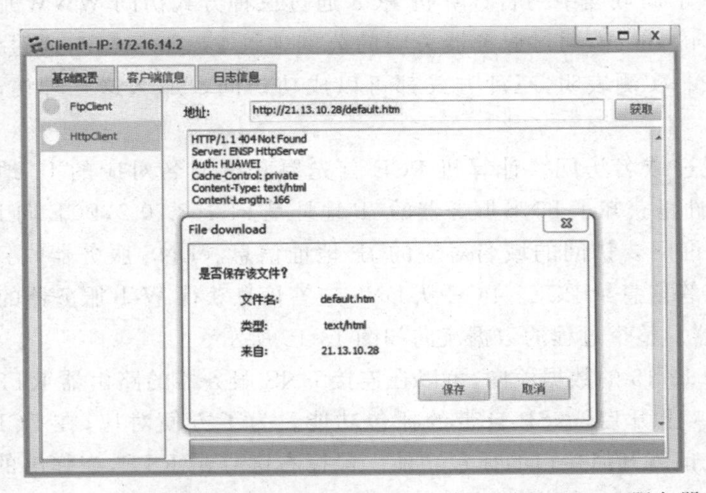

图 13-13　局域网中的一台客户端通过公网地址访问 WWW 服务器

如果用服务器的私网地址访问，显示也可以访问成功，如图 13-14 所示。这与图 13-11 所示广域网中的计算机访问结果不相同。这是什么原因呢？这是因为访问的客户端和 WWW 服务器实际上都位于局域网，而整个局域网本身已实现了互通。

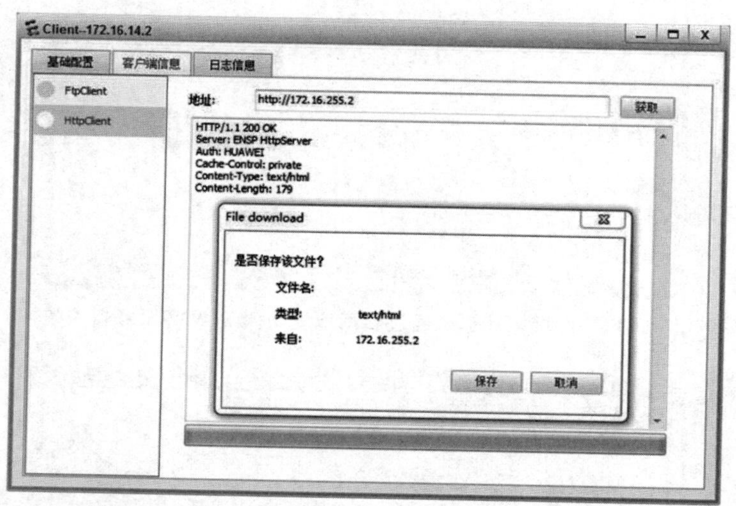

图 13-14　在综合网络中通过一台局域网客户端测试通过私网地址访问 WWW 服务器成功

说明：如果连接不上 Web 服务器，可以根据服务器返回的提示信息判断差错类型。如果返回的信息是“找不到 URL”，则表示没有到达服务器的路由，即服务器的网络不通。如返回的信息是“SERVER 无连接”，则表示网络是通的但服务器没有启动。

以上测试了广域网和局域网中的客户端可以成功访问 WWW 服务器，从分公司局域网也可以成功访问 WWW 服务器。从不同位置都能够成功访问 Web 服务器，说明综合网络是互通的，NAT 和 NAT Server 设置、DNS 和 Web 服务器也设置正确。

13.2.3　通过域名访问 Web 服务的数据流向

在上节测试了局域网中一台计算机 PCE 通过三种方式访问 WWW 服务器，分别是通过域名 www.zwu.edu.cn，通过服务器关联的公网地址 21.13.10.28，通过服务器的私网地址 172.16.255.2。实测表明，三种方式都可以成功访问。那么这三种访问方式有什么区别呢？

首先分析通过域名访问。计算机 PCE 首先要获得域名对应的 IP 地址，从其配置的 TCP/IP 地址属性里获知了 DNS 服务器的 IP 地址是 61.153.70.2，PCE 向 DNS 服务器发送 DNS 查询信息，询问要访问的域名对应的 IP 地址信息。DNS 服务器收到 DNS 查询信息后，发送 DNS 应答信息给 PCE。PCE 从 DNS 应答信息获得 Web 服务器的 IP 地址后，开始访问 Web 服务器。整个过程的数据流向如图 13-15 所示。

为了验证图 13-15 的数据流向，可以在连接 DNS 服务器的路由器 RTE 和连接 PCE 的接入层交换机 S5 上开启 eNSP 自带的抓包功能。为了方便对比，在 PCE 即将开始访问 WWW 服务器之前就开启接口的抓包功能。鼠标右键点击 RTE，在弹出的窗口中选择“数据抓包”，选择相应的接口，操作方式如图 13-16 所示。

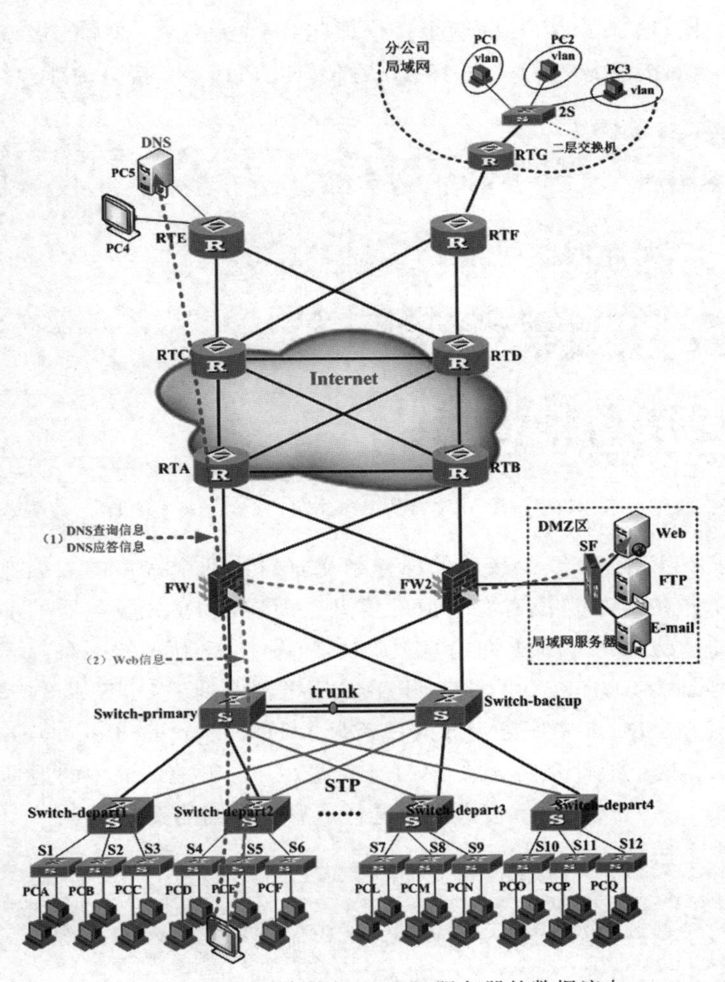

图 13-15　通过域名访问 WWW 服务器的数据流向

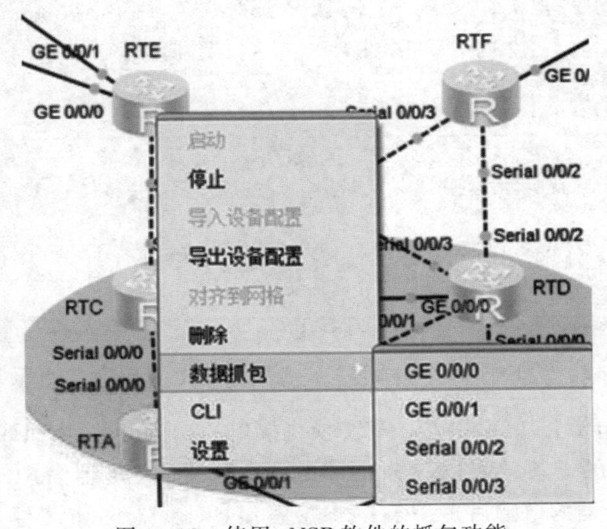

图 13-16　使用 eNSP 软件的抓包功能

这里为了对比，选择了 RTE 的两个接口抓包，一个是连接 PC4 的接口 g0/0/0，一个是连接 DNS 服务器的接口 g0/0/1。图 13-17 是 RTE 的 g0/0/0 接口的抓包结果。

```
Capturing from Standard input - Wireshark
File  Edit  View  Go  Capture  Analyze  Statistics  Telephony  Tools  Help
Filter:                                   Expression... Clear Apply
No.  Time       Source        Destination  Protocol Info
  1 0.000000   61.153.60.1   224.0.0.5    OSPF     Hello Packet
  2 10.047000  61.153.60.1   224.0.0.5    OSPF     Hello Packet
  3 20.093000  61.153.60.1   224.0.0.5    OSPF     Hello Packet
  4 30.140000  61.153.60.1   224.0.0.5    OSPF     Hello Packet
⊞ Frame 1: 78 bytes on wire (624 bits), 78 bytes captured (624 bits)
⊞ Ethernet II, Src: HuaweiTe_61:32:6c (54:89:98:61:32:6c), Dst: IPv4mcast_00:00:05 (01:00:5e:00:00:05)
⊞ Internet Protocol, Src: 61.153.60.1 (61.153.60.1), Dst: 224.0.0.5 (224.0.0.5)
⊞ Open Shortest Path First
0000  01 00 5e 00 00 05 54 89  98 61 32 6c 08 00 45 c0   ..^...T. .a2l..E.
0010  00 40 71 83 00 00 01 59  ed 82 3d 99 3c 01 e0 00   .@q....Y ..=.<...
0020  00 05 02 01 00 2c 05 05  05 05 00 00 00 0a 7a f0   .....,.. ......z.
0030  00 00 00 00 00 00 00 00  00 00 ff ff ff 00 00 0a   ........ ........
0040  00 01 00 00 00 28 3d 99  3c 01 00 00 00 00         .....(=. <.....
Standard input: <live capture in progre... | Packets: 5 Displayed: 5 Marked: 0 | Profile: Default
```

图 13-17　RTE 的 g0/0/0 接口的抓包结果（该接口未连接 DNS 服务器）

图 13-18 是 RTE 的 g0/0/1 接口的抓包结果。对比两个接口的数据抓包结果，可以看到连接计算机的 g0/0/0 接口没有有价值的信息。而连接 DNS 服务器的 g0/0/1 接口则不一样了，很明显抓取到了 DNS 查询信息（图 13-19 中序号为 4 的一条显示 DNS Standard query），其目的地址为 61.153.70.2，这表明 DNS 服务器收到了 DNS 信息。紧跟其后的是一条 DNS 应答信息（图 13-18 中序号为 5 的一条显示 DNS Standard query response），其目的地址为 21.13.10.2，这个地址是防火墙 FW1 上配置的 NAT 地址池中的地址。

双击图 13-18 中每行信息，就会弹出对这行信息更详细的解释。

```
Capturing from Standard input - Wireshark
File  Edit  View  Go  Capture  Analyze  Statistics  Telephony  Tools  Help
Filter:                                   Expression... Clear Apply
No.  Time       Source        Destination  Protocol Info
  1 0.000000   61.153.70.1   224.0.0.5    OSPF     Hello Packet
  2 9.064000   61.153.70.1   224.0.0.5    OSPF     Hello Packet
  3 18.097000  61.153.70.1   224.0.0.5    OSPF     Hello Packet
  4 19.922000  21.13.10.2    61.153.70.2  DNS      Standard query A www.zwu.edu.cn
  5 20.093000  61.153.70.2   21.13.10.2   DNS      Standard query response A 21.13.10.28
  6 27.160000  61.153.70.1   224.0.0.5    OSPF     Hello Packet
  7 36.208000  61.153.70.1   224.0.0.5    OSPF     Hello Packet
  8 45.256000  61.153.70.1   224.0.0.5    OSPF     Hello Packet
  9 54.289000  61.153.70.1   224.0.0.5    OSPF     Hello Packet
 10 63.337000  61.153.70.1   224.0.0.5    OSPF     Hello Packet
 11 72.385000  61.153.70.1   224.0.0.5    OSPF     Hello Packet
 12 81.433000  61.153.70.1   224.0.0.5    OSPF     Hello Packet
⊞ Frame 1: 78 bytes on wire (624 bits), 78 bytes captured (624 bits)
⊞ Ethernet II, Src: HuaweiTe_61:32:6d (54:89:98:61:32:6d), Dst: IPv4mcast_00:00:05 (01:00:5e:00:00:05)
⊞ Internet Protocol, Src: 61.153.70.1 (61.153.70.1), Dst: 224.0.0.5 (224.0.0.5)
⊞ Open Shortest Path First
0000  01 00 5e 00 00 05 54 89  98 61 32 6d 08 00 45 c0   ..^...T. .a2m..E.
0010  00 40 71 85 00 00 01 59  e3 80 3d 99 46 01 e0 00   .@q....Y ..=.F...
0020  00 05 02 01 00 2c 05 05  05 05 00 00 00 0a 70 f0   .....,.. ......p.
0030  00 00 00 00 00 00 00 00  00 00 ff ff ff 00 00 0a   ........ ........
0040  00 01 00 00 00 28 3d 99  46 01 00 00 00 00         .....(=. F.....
Standard input: <live capture in progre... | Packets: 13 Displayed: 13 Marked: 0 | Profile: Default
```

图 13-18　RTE 的 g0/0/1 接口的抓包结果（该接口连接 DNS 服务器）

图 13-18 是连接计算机 PCE 的接入层交换机接口的抓包结果，也抓取到了 DNS 查询信息（图 13-18 中序号为 6 的一条显示 DNS Standard query），其目的地址为 61.153.70.2，这表明这条信息是发往 DNS 服务器的。随后是一条 DNS 应答信息（图 13-18 中序号为 8 的一条显示 DNS

Standard query response),其目的地址为 172.16.14.2,表明这条信息是发往计算机 PCE 的。注意到这条应答信息中包含了一个关键的 IP 地址“21.13.10.28”,这个数据抓包结果充分显示计算机在使用域名访问 WWW 网站时,会首先向 DNS 发信息请求告知 WWW 网站域名对应的 IP 地址,DNS 服务器将存储在服务器上的域名对应的 IP 地址信息返回给计算机,计算机获得这个 IP 地址后,再开始访问 WWW 服务器(图 13-19 中序号为 9 的一条显示 http)。

图 13-18 显示 DNS 服务器返回的域名对应网址的应答信息,目的地址是防火墙地址池中的地址 21.13.10.2,而图 13-19 显示 DNS 服务器返回的应答信息是计算机的 IP 地址。为什么 DNS 返回的应答信息的目的地址会不同呢?请读者根据 NAT 技术自行解释。

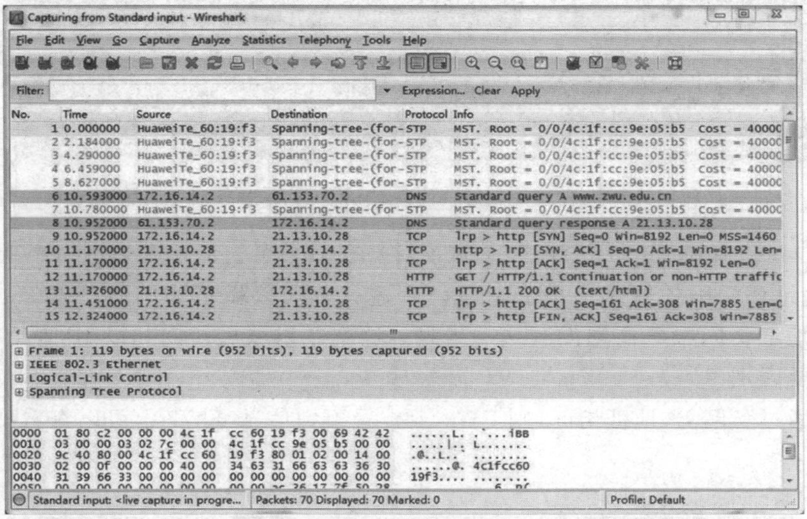

图 13-19　局域网接入层交换机 S5 的 e0/0/1 接口的抓包结果

在两个防火墙上都可以查看到局域网计算机访问 Web 服务器时的相关信息。由于 DNS 查询信息要经过防火墙转发,这条信息要经过 NAT 转换,源地址 172.16.14.2 被替换为地址池中的地址 21.13.10.2,对应图 13-20 中的“dns”条目。之后局域网计算机获得了 Web 服务器的 IP 地址后,开始访问 Web 服务器,由于 DNS 服务器解析的是服务器关联的公网地址,所以局域网计算机访问的是 Web 服务器的公网地址。Web 访问信息仍然要通过 FW1,要通过 NAT 转换,所以在 FW1 可以看到一条“http”,之后访问信息到达 FW2,可以在 FW2 上查看到相关 Web 访问信息。

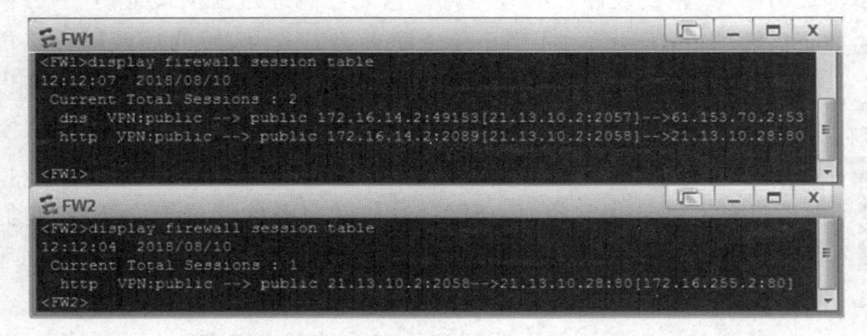

图 13-20　局域网计算机通过域名访问 Web 服务器时防火墙显示的信息

以上讨论了局域网计算机通过域名访问 Web 服务器的数据流向。通过域名访问 Web 服务器都要首先向 DNS 服务器发送 DNS 查询信息，以获得域名对应的 IP 地址。如果不通过域名而是通过 IP 地址访问，则不需要发送数据包到 DNS 服务器。

当通过 IP 地址访问时，如果是通过服务器关联的公网 IP 地址访问，局域网计算机 PCE 将通过 FW1 再到 FW2，在两个防火墙都可以查询到信息，如图 13-21 所示。

```
FW1
<FW1>dis firewall session table
13:42:15  2018/08/10
 Current Total Sessions : 1
  http  VPN:public --> public 172.16.14.2:2091[21.13.10.2:2060]-->21.13.10.28:80

<FW1>

FW2
<FW2>dis firewall session table
13:42:12  2018/08/10
 Current Total Sessions : 1
  http  VPN:public --> public 21.13.10.2:2060-->21.13.10.28:80[172.16.255.2:80]
<FW2>
```

图 13-21　局域网计算机通过关联的公网地址访问 Web 服务器时防火墙显示的信息

对比图 13-20 和图 13-21 可知，当局域网计算机以域名访问服务器时，FW1 显示的信息要比以 IP 地址访问服务器多一条 DNS 信息，这就表明以域名访问服务器经过了 DNS 查询，而以 IP 地址访问服务器则没有这一步骤。这就是以域名访问和以 IP 地址访问 WWW 服务器的主要区别。

如果是通过私网 IP 地址访问，则 FW1 上查看不到信息，FW2 上可以查看到，如图13-22 所示。

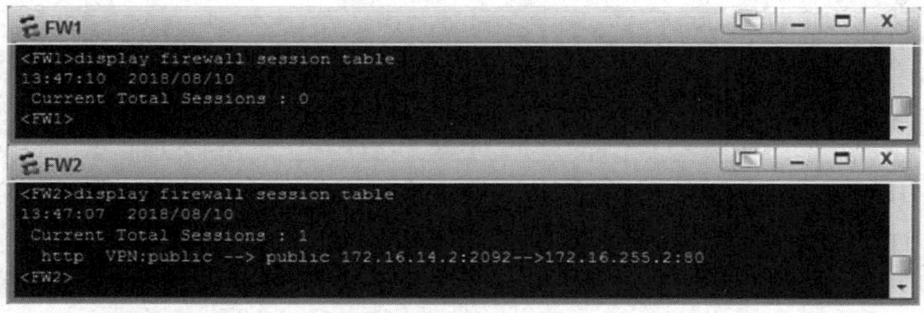

图 13-22　局域网计算机通过私网地址访问 Web 服务器时防火墙显示的信息

设置 WWW 服务器和测试 Web 操作视频

工程文件下载

图 13-21 和图 13-22 显示使用服务器关联的公网地址和服务器的私网地址访问，数据转发路径有些不同。这是因为通过公网地址访问，公网地址位于防火墙的 untrust 区，相当于位于防火墙 trust 区域的局域网计算机去访问外网，而防火墙的 trust 区访问 untrust 区是配置了 NAT 策略的，所以可以看到图 13-21 中局域网计算机的 IP 地址 172.16.14.2 经过了 NAT 转换成了地址池中的地址 21.13.10.2，然后再以这个公网地址去访问服务器 21.13.10.28。而通过私网地址访问时，局域网计算机和服务器都位于局域网，它们之间已经存在了能够互通的路由(见第 9.1 节)，局域网计算机可以直接访问服务器的私网地址。

尽管上述内容详细说明了多种方式访问 WWW 服务器，但在现实网络世界中，大都是使用域名来访问 WWW 服务，很少见到以 IP 地址访问 WWW 服务器。

注意：在实际测试中发现，连接在 Switch-backup 侧的局域网计算机无法通过域名和服务器关联的公网地址访问 WWW 服务器，只能通过服务器的私网地址来访问。关于这个问题的详细解释，可见第 11.3 节后面部分内容的介绍。

13.3 设置 FTP 服务器和测试 FTP 服务

13.3.1 安装 FTP 服务器

按照与 Web 服务器相同的设置方法，设置 FTP 文件服务器。首先选择“基础配置”设置 FTP 服务器的 IP 地址。接着选择“服务器信息”，在窗口左侧选择“FtpServer”，即这台服务器将被用作 FTP 服务器，再配置“文件根目录”，点击“文件根目录”框后面的“浏览”按钮，出现计算机中的文件，如图 13-23 所示。

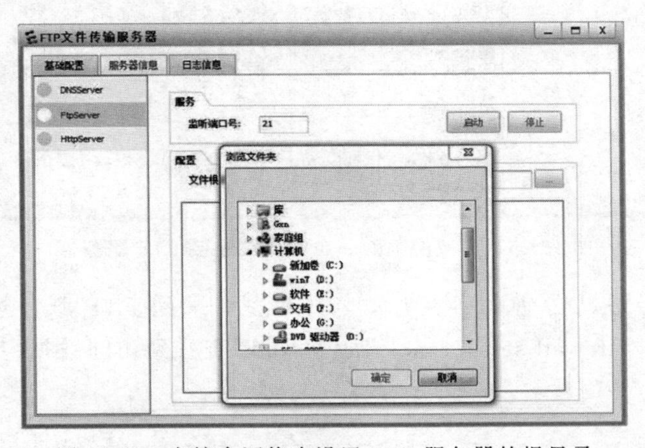

图 13-23 在综合网络中设置 FTP 服务器的根目录

选择一个打算供 Internet 用户访问的文件夹，这里选择计算机的整个 F 盘，FTP 服务器设置完成。点击“启动”按钮，代表 FTP 服务器启动工作了，如图 13-24 所示。

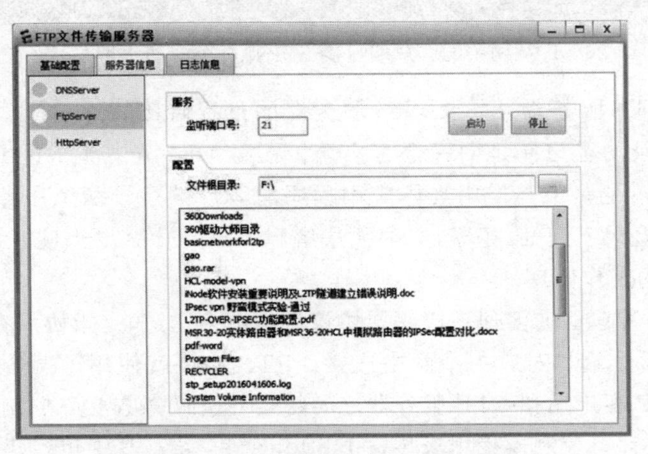

图 13-24 在综合网络中启动 FTP 服务器

13.3.2 测试 FTP 服务

与设置 Web 测试客户端相同的方法，设置一台测试 FTP 服务的客户端“FtpClient”。如图 13-25 所示，在“服务器地址”中填入要访问的 FTP 服务器的 IP 地址，这里填写第 11.2 节配置的 FTP 服务器关联的公网地址“21.13.10.29”，其他的“用户名”“密码”和“端口号”都选择默认值。之后点击“登录”，就代表这台 FTP 客户端试图访问 FTP 服务器了。

图 13-25 广域网中的一台客户端连接 FTP 服务器

点击“登录”，经过几分钟的等待后，发现无法登录到 FTP 服务器。但是在防火墙 FW2 上使用“display firewall session table”命令，可以查看到访问数据包到达了 FW2，如图 13-26 所示。

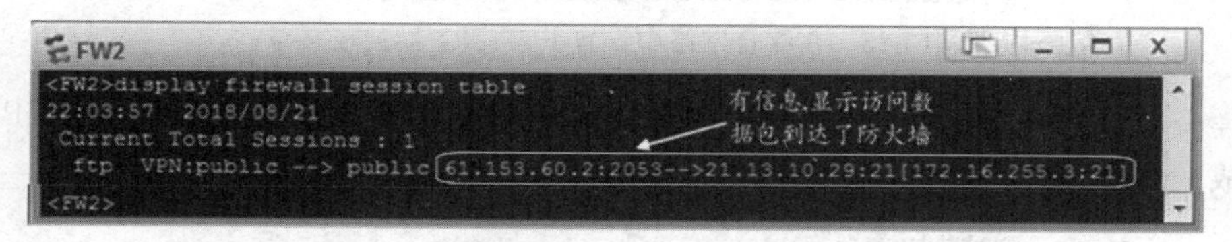

图 13-26 广域网中的客户端连接 FTP 服务器时防火墙显示的信息

如果将登录 FTP 服务器与登录 Web 服务器的过程对比的话，可以发现两个服务器所处的位置相同，登录的客户端是同一个客户端。在第 11.3 节中测试过 PC4 ping 两个服务器，发现都可以 ping 通。但是使用具体应用程序的客户端登录两个服务器，可以正常登录 Web 服务器，无法登录 FTP 服务器，似乎无法解释。这是什么原因呢？为此我们先大致了解一下 FTP 协议的工作原理。

FTP 协议是一种典型的多通道应用层协议。所谓多通道，是指协议在建立网络连接时，将使用多个端口，每个端口对应一个网络连接。FTP 协议就使用了两个端口 21 和 20。在其工作过程中，FTP 客户端和 FTP 服务器之间将会建立两条连接：控制连接使用端口 21，数据连接使用端口 20。控制连接用来传输 FTP 指令和参数，其中包括建立数据连接所需要的信息;数据连接用来获取文件目录及传输数据。数据连接使用的端口号是在控制连接中临时协商的。FTP 的简单工作过程可概括为:

(1) FTP 客户端向 FTP 服务器的端口 21 发起连接建立控制通道;

(2) 客户端通过 PORT 命令协商客户端使用的数据传输端口号;

(3) 协商成功后,服务器主动向客户端的这个端口号发起数据连接,而且每次数据传输都会协商不同的端口号 xxxx;

(4) 服务器向客户端发起数据连接的源/目的端口号分别是 20 和临时协商的端口号 xxxx。

注意到 FTP 协议首先使用端口号 21 建立网络连接,随后改变了端口号 20 进行数据传输,在数据传输过程中,其还会临时协商不断改变客户端使用的端口号。防火墙的状态检测特性把一种端口号的网络连接当作一种应用,当端口号发生变化时,就会认为这条连接的后续报文属于不同的应用,而无法匹配前一端口号建立的状态检测。因此会出现可以建立控制连接,但是无法获取 FTP 服务器的文件目录进行数据传输的现象。这正是可以但只能看到一条"ftp",端口号为 21 的状态检测信息。结果就是图 13-26 所示的 FTP 客户端无法登录服务器。

那么 Web 服务器为什么不会发生这种现象呢? 这是因为 Web 服务使用的 http 协议是单通道协议,自始至终只使用一个端口号 80。所以不会发生类似登录 FTP 服务器连接不上的现象。

事实上,除了 FTP 协议,在应用层协议中,还有很多协议属于多通道协议,比如 SQLNET 协议、多媒体协议 H.323、SIP、腾讯的 QQ 应用、一些网络游戏应用等,等都是多通道协议。要使这些多通道协议能够正常应用,就要使用一种新的状态检测技术——ASPF (Application Specific Packet Filter,应用层状态检测包过滤)技术。

13.3.3　防火墙的 ASPF 功能

ASPF 是一种使用状态检测方法过滤应用层报文的高级通信技术。所谓状态检测就是检查应用层协议和端口号等信息并且监控应用层通信连接的状态,每一个连接状态信息都将被 ASPF 维护并用于动态地决定数据包是否被允许通过防火墙,阻止不符合安全策略的数据包穿过防火墙。ASPF 可以对各种应用层协议的流量进行监测,ASPF 和普通的包过滤防火墙协同工作,以便于实施网络安全策略。ASPF 是大多数主流防火墙都会采用的技术,这类防火墙也称为状态检测防火墙。

传统的包过滤防火墙只是简单通过检测 IP 数据包头的相关内容决定数据流通过还是拒绝,包过滤防火墙只能适应固定端口的应用层协议,对多通道协议会阻止端口发生变化的连接,因而存在安全隐患。而 ASPF 采用的是一种基于会话的状态检测机制,将属于同一会话的所有报文作为一个整体的数据流看待,构成一个会话状态表。通过会话状态表与临时访问控制表的共同配合,对流经防火墙特定接口报文的各个连接状态因素加以识别判定和动态过滤。

许多应用层协议,如 Telnet、SMTP 等都是使用标准的知名端口号进行通信,但是大部分多媒体应用协议(如 H.323)等协议先使用约定的知名端口号来初始化一个控制连接,然后再动态地选择端口用于数据传输。端口的选择是通信双方动态协商临时产生的。ASPF

能够支持一个控制连接上存在多个数据连接，监听每一个应用的每一个连接所使用的端口，打开合适的通道让会话中的数据进出防火墙，在会话结束时则关闭该通道，从而对使用动态端口的应用实现有效的访问控制，使得多通道应用层程序的交互通信能够顺利完成。

在防火墙中开启 ASPF 功能非常简单，使用下面的命令即可：

```
[FW2]firewall interzone dmz untrust
[FW2-interzone-dmz-untrust]detect ftp
```

这个命令既可以使用在两个不同的区域之间，也可以使用在一个区域内。例如当应用域内 NAT 时，用户计算机和要访问的局域网服务器同属 trust 区域，当服务器是 FTP 时，就需要在 trust 区域使用下述命令：

```
[FW2]firewall zone trust
[FW2-zone-trust]detect ftp
```

可以通过相应的命令查看防火墙支持哪些多通道协议。如图 13-27 所示，可以看到有 dns、ftp、h323、mms、qq、sip 等协议。

```
[FW2-interzone-dmz-untrust]detect ?
  activex-blocking  Indicate ActiveX blocking
  dns               Indicate the DNS protocol
  ftp               Indicate the File Transfer Protocol
  h323              Indicate the H.323 protocol
  icq               Indicate ICQ protocol
  ils               Indicate the ILS protocol
  ipv6              Configure internet protocol version 6
  java-blocking     Indicate Java blocking
  mgcp              Indicate the Media Gateway Control Protocol
  mms               Indicate the MMS protocol
  msn               Indicate MSN
  netbios           Indicate the NetBIOS protocol
  pptp              Indicate the Point-to-Point Tunnel Protocol
  qq                Indicate QQ
  rtsp              Indicate the Real Time Streaming Protocol
  sip               Indicate the Session Initiation Protocol
  sqlnet            Indicate the SQL*NET protocol
  user-defined      Indicate defined by user
[FW2-interzone-dmz-untrust]detect ftp
08:11:55  2014/02/17
[FW2-interzone-dmz-untrust]detect dns
08:11:59  2014/02/17
[FW2-interzone-dmz-untrust]
```

图 13-27　防火墙的 ASPF 支持的多通道协议

在防火墙的 Web 配置方式中，开启 ASPF 功能更简单直观。点击“策略”，选择左侧“ASPF 配置”，选择打算使用的多通道协议，这里选择的是 FTP，然后点击“应用”按钮即可，如图 13-28 所示。可以看到在 Web 中配置 ASPF 功能非常简单。

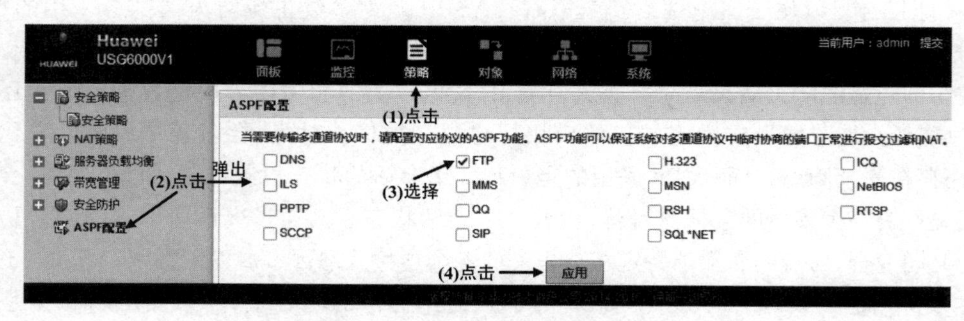

图 13-28　为 FW2 防火墙设置 ASPF

由于本书的综合网络中，只有 FW2 连接了局域网服务器，所以只需要在 FW2 配置，FW1 上没有连接服务器，所以不需要配置。且客户端是 untrust 区域的计算机，FTP 服务器位于 dmz 区域，所以是在 FW2 的 dmz 区域和 untrust 区域间开启 ASPF 功能。

配置完后，再次测试 FTP 客户端访问 FTP 服务器，结果如图 13-29 所示。配置完成后，测试 FTP 客户端登录到服务器，登录成功，可以看到“服务器文件列表”中出现了文件列表。“本地文件列表”代表的是客户端计算机的文件，“服务器文件列表”代表的是服务器端的文件。一般情形下，客户端是本地计算机，服务器是位于远程的计算机。不过这是在网络模拟器中，实际上这两者的文件列表都是本地计算机的文件，但两个文件的目录不一样。

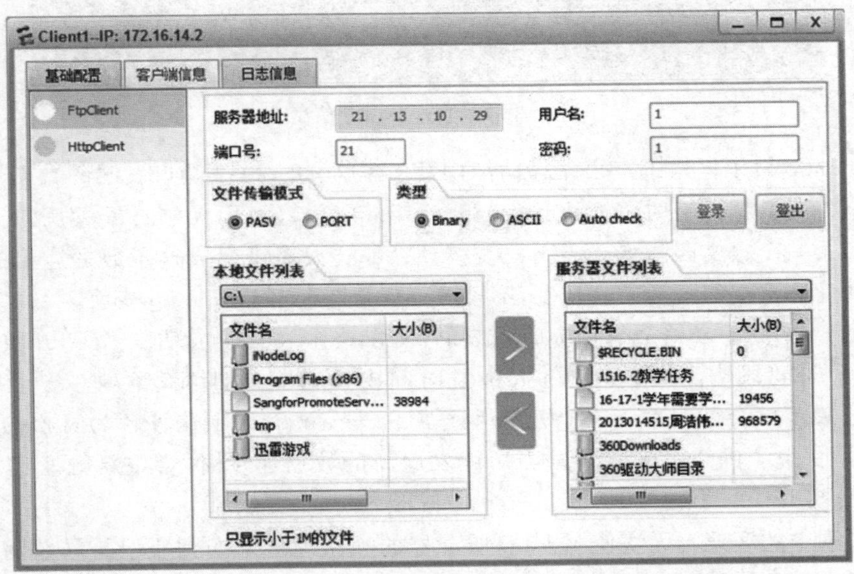

图 13-29　综合网络中的局域网客户端通过私网地址访问 FTP 服务器

同时在防火墙显示状态转换信息，如图 13-30 所示。与图 13-26 相比，显然此时多了一条“ftp-data”信息。

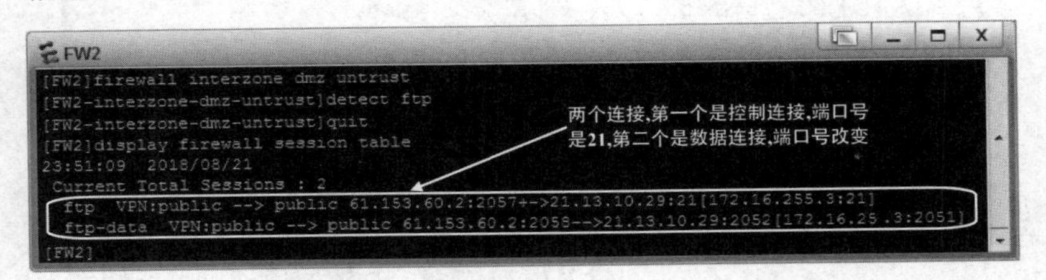

图 13-30　广域网中的客户端连接 FTP 服务器时防火墙显示的信息

ASPF 主要采用了会话状态表和临时访问控制表来实现对流经防火墙的数据包的动态控制，这个表称为 Server-map 表。Server-map 的作用是记录防火墙临时协商的数据连接，指导防火墙数据转发。这相当于在防火墙上开通了“隐形通道”，使得像多通道协议报文可以正常转发。当然这个通道不是随意开的，是防火墙分析了报文的应用层信息之后，提前预测到后面报文的行为方式，所以才打开了这样的一个通道。图 13-31 显示了防火墙的 Server-map 表。

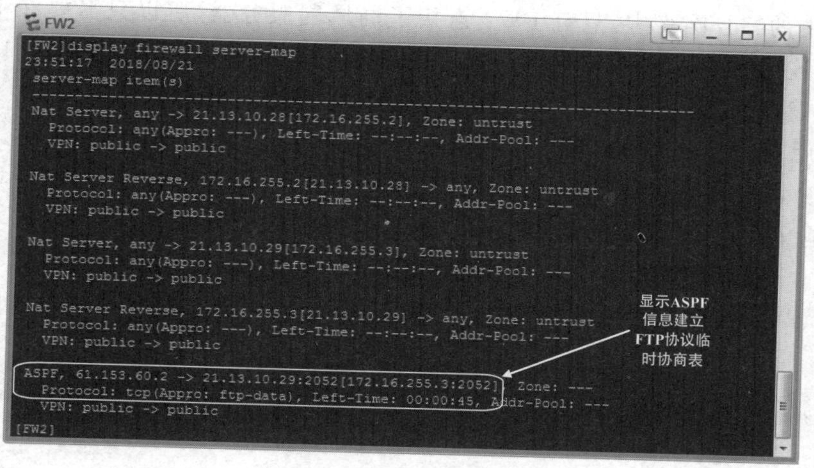
FW2
[FW2]display firewall server-map
23:51:17 2018/08/21
server-map item(s)
Nat Server, any -> 21.13.10.28[172.16.255.2], Zone: untrust
Protocol: any(Appro: ---), Left-Time: --:--:--, Addr-Pool: ---
VPN: public -> public
Nat Server Reverse, 172.16.255.2[21.13.10.28] -> any, Zone: untrust
Protocol: any(Appro: ---), Left-Time: --:--:--, Addr-Pool: ---
VPN: public -> public
Nat Server, any -> 21.13.10.29[172.16.255.3], Zone: untrust
Protocol: any(Appro: ---), Left-Time: --:--:--, Addr-Pool: ---
VPN: public -> public
Nat Server Reverse, 172.16.255.3[21.13.10.29] -> any, Zone: untrust
Protocol: any(Appro: ---), Left-Time: --:--:--, Addr-Pool: ---
VPN: public -> public
ASPF, 61.153.60.2 -> 21.13.10.29:2052[172.16.255.3:2052], Zone: ---
Protocol: tcp(Appro: ftp-data), Left-Time: 00:00:45, Addr-Pool: ---
VPN: public -> public
[FW2]
显示ASPF信息建立FTP协议临时协商表

图 13-31 显示 ASPF 信息

Server-map 表中记录了 FTP 服务器向 FTP 客户端的 2052 端口发起的数据连接，服务器向客户端发起数据连接时将匹配这个 Server-map 表转发，而无须再配置反向安全策略。数据连接的第一个报文匹配 Server-map 表转发后，防火墙将生成这条数据连接的会话，该数据连接的后续报文匹配会话表转发，不再需要重新匹配 Server-map 表项。

由于 Server-map 表项是临时协商生成的，所以这个表有生成期。当 FTP 数据传输完成后，在一个时间段内不再传输数据，这段时间内没有报文匹配，经过一定老化时间后 Server-map 表项就会被删除。这种机制保证了 Server-map 表项这种较为宽松的通道能够及时被删除，保证了网络的安全性。当后续发起新的数据连接时，会重新触发建立 Server-map 表项。

位于公网中的客户端无法使用 FTP 服务器的私网地址来访问。但是局域网中的客户端可以通过 FTP 服务器的私网来访问，如图 13-32 所示。

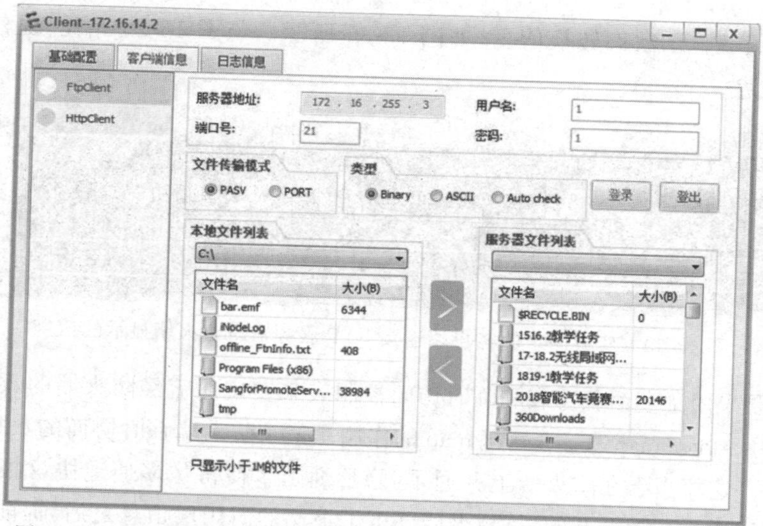
Client-172.16.14.2
基础配置
客户端信息
日志信息
FtpClient
HttpClient
服务器地址:
172 . 16 . 255 . 3
用户名:
1
端口号:
21
密码:
1
文件传输模式
PASV
PORT
类型
Binary
ASCII
Auto check
登录
登出
本地文件列表
C:\
服务器文件列表
文件名
大小(B)
bar.emf
6344
iNodeLog
offline_FtnInfo.txt
408
Program Files (x86)
SangforPromoteServ...
38984
tmp
$RECYCLE.BIN
0
1516.2教学任务
17-18.2无线局域网...
1819-1教学任务
2018智能汽车竞赛...
20146
360Downloads
只显示小于1M的文件

图 13-32 综合网络中的局域网客户端通过私网地址访问 FTP 服务器

网络模拟器中的FTP客户端和服务器可以下载和上传文件，这一点与真实网络环境中的FTP客户端和服务器相同。图13-33所示是从FTP服务器下载文件到客户端。

图13-33　广域网客户端连接FTP服务器后从服务器下载文件

图13-34提示文件下载成功，这个下载是真正的下载，不是模拟下载。可以在下载的文件路径中找到已下载的文件。

图13-34　综合网络中的局域网客户端连接FTP服务器后从服务器下载文件成功

图13-35显示可以从FTP客户端的"本地文件列表"中找到下载的文件。

图 13-35　在综合网络中的一台客户端连接 FTP 服务器后在“本地文件列表”中找到下载文件

由于网络模拟器中的文件上传和下载实际都是在本机中操作的，所以在本机的相应文件夹中可以找到上传或下载的文件。例如将服务器中的文件“2013014515 周浩伟”下载到客户端后，在本计算机的 C 盘中可以查到这个新下载的文件，在下载前该文件夹中并没有这个文件。

由于 eNSP 的限制，FTP 类型的客户端不能使用域名访问 FTP 服务器，所以这里无法测试 FTP 服务器的域名设置是否正确。

13.3.4　防火墙的 NAT ALG 功能

ALG(Application Level Gateway，应用层网关)也是应用层状态检测过滤技术，不过它是配合应用在使用了 NAT 的网络中。在使用私网地址的局域网访问 Internet 时，NAT 既要转换数据包的 IP 地址，还要转换 TCP/UDP 的端口号。对于单通道应用层协议，NAT 工作得很好，但是对于一些多通道应用层协议，会出现访问连接失败的现象。因为多通道协议需要由数据连接和控制连接共同完成，NAT 设备必须能够辨识 FTP 报文载荷字段中包含的端口号和地址信息，才能进行有效的 NAT 处理，否则可能导致 NAT 功能失败。

设置 FIP 服务器和测试 FIP 服务操作视频

为解决这一问题，当多通道应用层协议要经过 NAT 转换时，需要在 NAT 设备上配置 NAT ALG 功能。ALG 也是一种应用层动态检测技术，它的作用就是确保在控制通道连接建立后，端口号发生改变的数据通道连接建立成功。因此在有 NAT 实施的组网方案中，必须配合使用 ALG 技术才能很好地支持多通道协议，保证应用层的报文信息的解析和地址转换。ALG 虽然能够适应多通道协议，但它也适应单通道协议。ALG 技术通常和 ASPF 配合使用来组成整体的防火墙安全方案。

ASPF 和 ALG 两者的区别在于：

ASPF 功能的目的是识别多通道协议，并自动为其开放相应的包过滤策略；

NAT ALG 功能的目的是识别多通道协议，并自动转换报文载荷中的 IP 地址和端口信息。

早期有些厂商生产的防火墙产品需要单独使用"nat alg enable"等形式的命令开启 NAT ALG 功能。现在 ALG 往往和 ASPF 技术综合起来使用，只需要使用"detect"命令就同时开启这两个功能。eNSP 软件中防火墙可查询到命令"firewall alg-detect enable"，作用是确保在出现报文重传的情况下对 NAT 业务无影响。例如当 FTP 经 NAT 转换设备时，如果网络环境不好，有 PORT 报文重传时，可能会导致业务不通。此时，为避免这个情况，可以开启这个命令。实际中这个命令用得不多。

防火墙的区域之间开启 NAT ALG 功能配置如下：

```
[FW2]firewallinterzone untrust dmz
[FW2-interzone-dmz-untrust]detect ftp
[FW2-interzone- dmz-untrust]quit
```

当在 trust 区域实施域内 NAT 时，可以在一个区域内开启 NAT ALG 功能。

```
[FW2]firewall zone trust
[FW2-zone-trust]detect ftp
[FW2-zone-trust]quit
```

13.4　使用 NAT Server 关联服务器私网地址和公网地址的再讨论

在第 10.2 节中介绍了两种服务器私网地址关联公网地址的方法，这两种方法有什么区别呢？本节通过测试来进行简单的讨论分析。

使用 NAT Server 技术关联服务器私网地址和公网地址的两种方法如下。

方法一：

```
[FW2] nat server zone untrust global 21.13.10.28 inside 172.16.255.2
[FW2] nat server zone untrust global 21.13.10.29 inside 172.16.255.3
```

方法二：

```
[FW2]nat server protocol tcp global 21.13.10.28 www inside 172.16.255.2 www
[FW2]nat server protocol tcp global 21.13.10.29 ftp inside 172.16.255.3 ftp
```

第 11.3 节已经成功测试过方法一的设置，第 11.4 节测试方法二的设置，结果显示访问失败。这里继续测试方法二的设置。为此在 FW2 上删除原来的 NAT Server 配置，按方法二配置。配置完后测试客户端 ping 服务器关联的公网地址。"。

以广域网中的客户端(IP 地址为 61.153.60.2)作为测试客户端，先让客户端 ping 服务器关联的公网 IP 地址 21.13.10.28，结果显示 ping 失败，如图 13-36 所示。

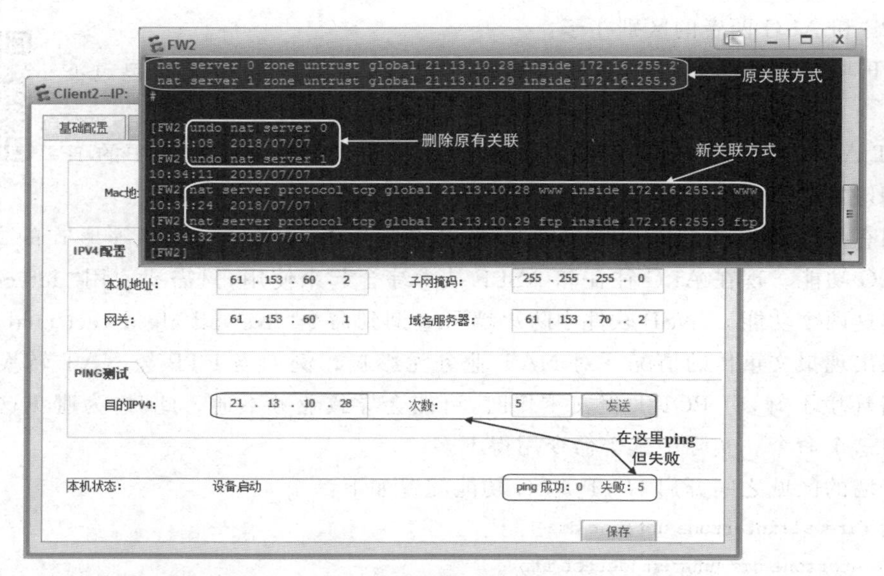

图 13-36　改变服务器的私网地址关联公网地址的方式后客户端 ping 服务器失败

尽管客户端 ping 不通服务器，但客户端可以使用浏览器访问服务器，无论是输入域名还是输入服务器关联的公网 IP 地址，都可以访问，如图 13-37 所示。

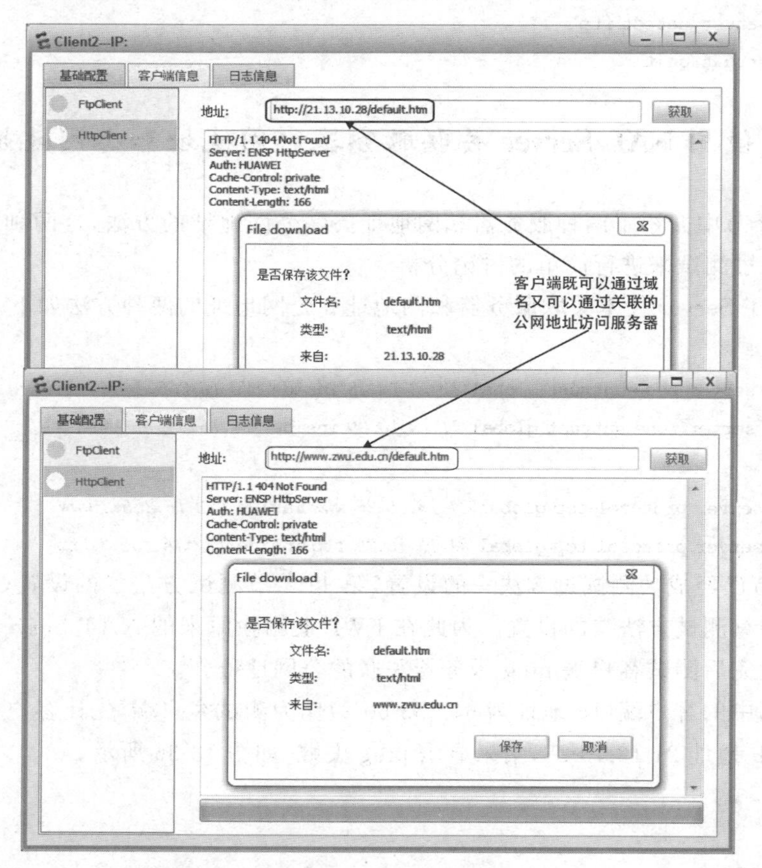

图 13-37　客户端既可以通过域名又可以通过关联的公网地址访问服务器

那么问题来了，按图 13-36 所示，客户端 ping 不通服务器，但按图 13-37 所示，客户端却可以使用浏览器访问服务器，这是什么原因呢？这里的关键原因就是在 NAT Server 中发布服务器私网地址关联的公网地址时，使用的是下面的命令：

```
[FW2]nat server protocol tcp global 21.13.10.28 www inside 172.16.255.2 www
```

这种发布方式限定了用户只能访问服务器的 Web 服务，假设这个服务器除了用作 Web 服务器外，还安装了其他类型的网络服务，则用户不能访问这台服务器上其他类型的服务，包括 ping 也不能。所以可以看到虽然用户 ping 不通服务器，但是可以通过浏览器访问 WWW 服务器。因此当只想要开放局域网服务器的某一种服务而不是所有服务给 Internet 用户访问时，使用这种方式关联服务器的公网地址和私网地址是一个比较好的选择。在实际中，还可以不写应用名称，改为写端口号，结果相同。例如：

```
[FW2]nat server protocol tcp global 21.13.10.28 80 inside 172.16.255.2 80
```

等同于开放 Web 服务给 Internet 用户访问。

由此可见，使用方式一关联服务器的私网地址和公网地址，结果是这个服务器安装的所有服务都向 Internet 用户开放。而使用方式二，则可以限定只开放指定的服务给 Internet 用户。这就是这两种方式的主要区别，在实际使用中，可以根据需要选择合适的方式。

NAT Server 关联服务器私网地址和公网地的再讨论视频讲解

NAT Server 关联服务器私网地址和公网地的再讨论工程文件

第五篇　无线局域网

第 14 章

华为无线局域网组网技术

随着智能手机的普及，人们对移动数据业务的需求越来越大。由于移动通信网络上网会产生昂贵的数据业务费用，使得人们转而向 WLAN(Wireless Local Area Network，无线局域网)寻求解决方案，这催生了政府机关、事业团体、学校、酒店宾馆、商业办公场所等积极建设 WLAN，以满足人们对移动数据业务的需求。

14.1　无线局域网组网实现架构

在家庭或小型办公室应用场合，一个小型家用无线路由器就可以将有线局域网转换为无线局域网为人们提供 WLAN 服务。但在商业的大规模应用场合，需要使用专业的无线局域网设备组建 WLAN。无线局域网设备主要有 AC(Access Point Control，无线控制器)和 AP(Access Point，接入点)。无线控制器又称为无线交换机，是 WLAN 的核心设备，负责管理 WLAN 中的所有无线 AP，实现全局的统一管理和集中的自动射频规划、漫游支持、负载均衡、接入和安全策略设置等。AP 的功能则简化为发射电磁波，与无线终端连接，提供移动终端接入的信道资源等。

使用 AC 和 AP 组建无线局域网时，AP 可以直接连接到 AC，如图 14-1 所示，但这种连接在实际的 WLAN 组网中并不常见。因为在实际 WLAN 组网中，AP 的应用量非常大，例

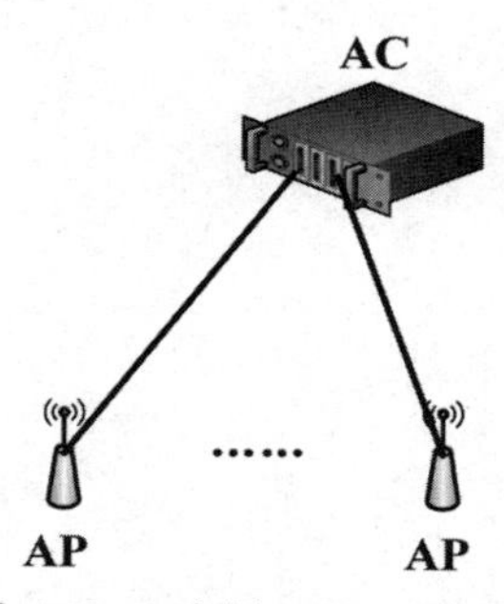

图 14-1　AP 直接连接到 AC——实际 WLAN 组网中极少使用的组网方式

如一幢小型办公楼就可能要使用数十个 AP。但是 AC 提供的接口却不多，以华为 AC6005 为例，它只有 8 个接口，意味着直接连接它最多只能接 8 个 AP。如果采用 AP 直接连接 AC 的方案，则数十个 AP 将需要多台 AC，而 AC 的价格非常高，这会使建网成本大大增加，并且这种组网方式也没有发挥 AC 的最大效用。

在实际的 WLAN 组网中，通常是 AP 连接到交换机，再连接到 AC，或者通过两个级连交换机再连接到 AC，如图 14-2 所示。这样一来，一个大型 WLAN 组网只需要一至两台 AC 就可以了。采用这种组网方式可以大大降低建网费用。

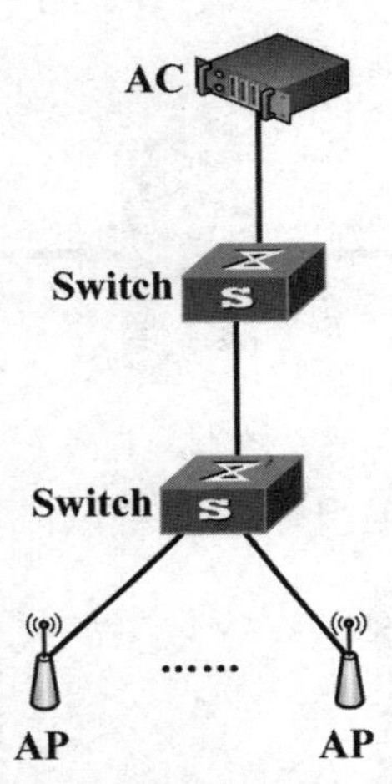

图 14-2　AP 先连接交换机再经交换机连接到 AC 的组网方式

AP 通常架设在房间或走廊通道的天花板上比较隐蔽的位置，而且 AP 的用量非常大，如果使用外部电源供电将非常麻烦，所以 AP 一般不需要外接电源。AP 通过双绞线连接到 PoE(Power over Ethernet)交换机，PoE 交换机通过这根连接的双绞线给 AP 供电。eNSP 软件中的 S3700 和 S5700 交换机是 PoE 交换机。不过在 eNSP 中，尽管 AP 连接到 S3700 和 S5700 交换机组网，但 AP 不从交换机获取电力，仍然是通过启动的形式为 AP 上电。

AP 通常不需要配置，WLAN 的组网参数都只需要在 AC 上配置。WLAN 设备上电启动联网后，AC 上所配置的无线参数将通过网络下发给 AP。AC 上的主要配置如图 14-3所示。有关各个模块更详细的说明文档可以在网上搜索华为公司出品的产品文档，这里省略。

目前通信设备生产商已向市场推出有线无线一体化交换机产品，这种交换机集成了无线控制器和千兆以太网交换机功能，非常适合于既需要建设局域网又需要建设 WLAN 的企业需求。

如果 AP 和 AC 之间通过一台或多台交换机连接，则 AP、交换机、AC 之间的连接通道也要进行合理的配置，以使 AC 上配置的无线参数能够顺利下发到 AP。由于 AP 一开始没有配置，起始当然也就没有 IP 地址(AC 配置成功下发到 AP 之后 AP 才会有 IP 地址)，AP 和 AC 之间无法通过路由(经 IP 地址转发)的方式通信，所以需要在 AP、交换机、AC 之间建立一个(不是经由 IP 地址转发的)二层通路，这可以通过将 AP 到 AC 之间所有连接的端口设置为 trunk 类型并允许通过与 WLAN 组网有关的 VLAN 来实现。有关 WLAN 组网需要设置哪些 VLAN 详见下面几小节内容。

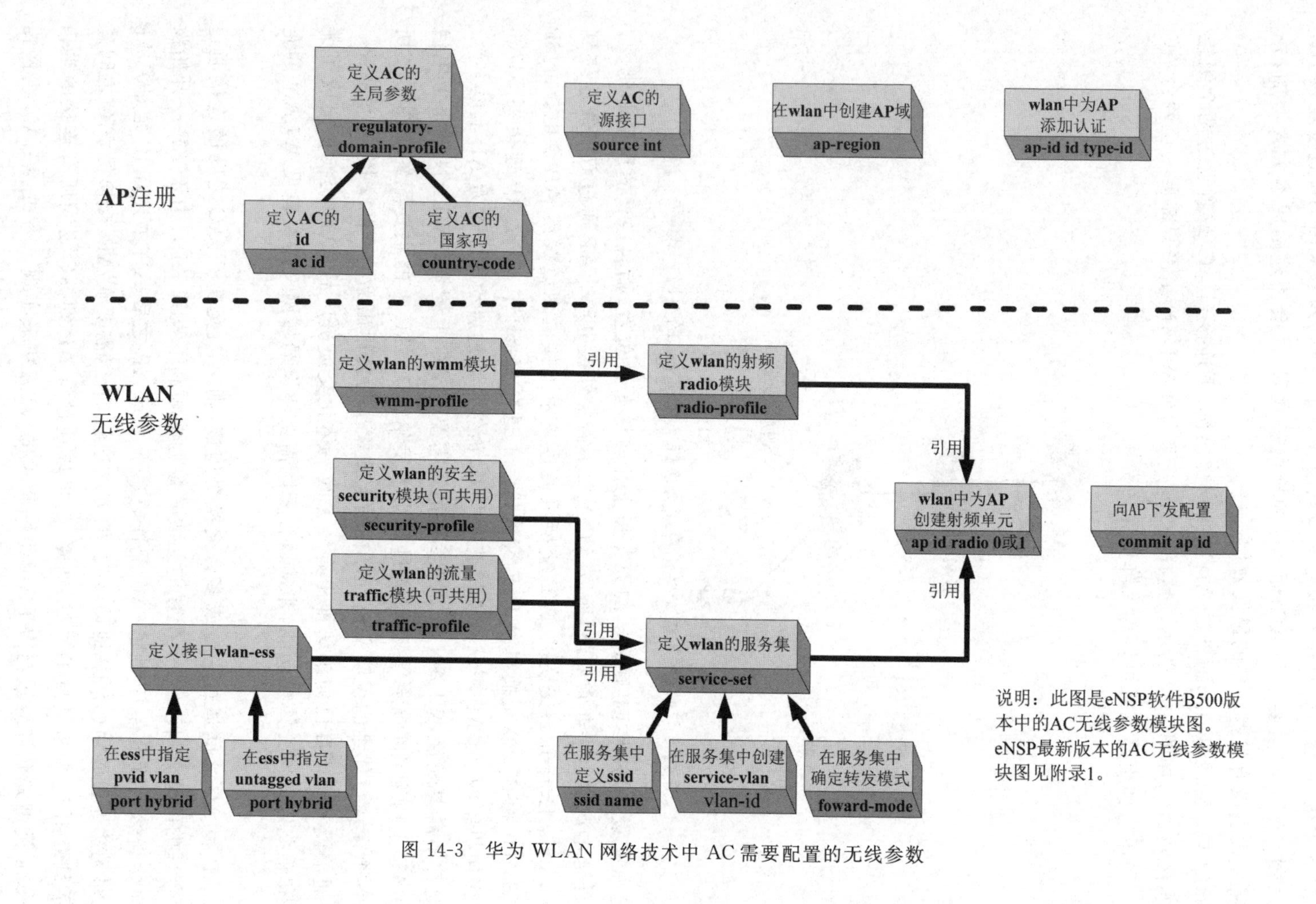

图 14-3　华为 WLAN 网络技术中 AC 需要配置的无线参数

14.2 旁挂式和直连式 WLAN 组网

旁挂式组网中，AC 只连接在网络中某个设备（通常是交换机）的一侧，看起来好像 WLAN 报文的发送和接收都不需要经过 AC 一样，当然实际上并不是这样。图 14-4 是一个旁挂式组网的例子。

图 14-5 是一个直连式 WLAN 组网的例子。直连式组网中，AC 连接在两个不同层次的交换机之间。这种组网方式直观，容易理解。

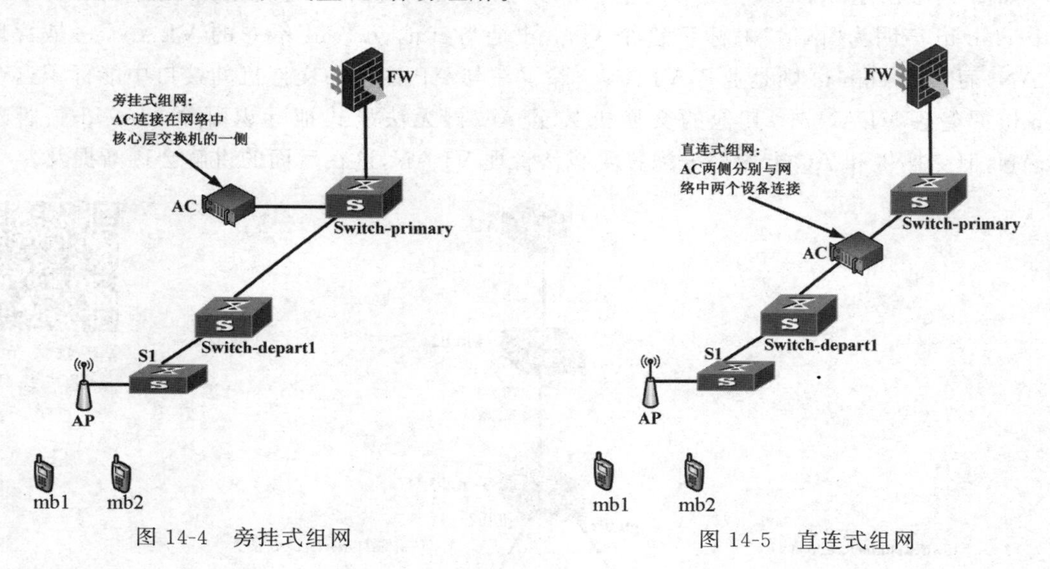

图 14-4 旁挂式组网

图 14-5 直连式组网

旁挂式组网比较适合局域网已经建好，根据需要在已经建好的局域网扩建 WLAN，为了达到对原局域网改动最小的目的，可以采用旁挂式组网。因为这种组网方式，可以直接将 AC 接在交换机的一个接口上，不需要拔掉原来网络中两个交换机间的连线。如果是局域网和 WLAN 一起建设，既可以采用旁挂式组网，也可以采用直连式组网。通过上面旁挂式或直连式组网的对比可以发现，旁挂式组网中，AC 连接在交换机的一侧，而在直连式组网中，AC 两侧都连接交换机。所以判断 WLAN 是旁挂式还是直连式组网，只需要观察 AC 的连接情况，与 AP 的连接情况无关。不过要注意的是，在网络平面结构图中，可能很容易看出 AC 是一侧连接还是双侧连接，但在实际网络中，设备都架设在机柜中，并不容易看出 AC 的连接情况。

14.3 管理报文和业务报文

WLAN 网络中传输的报文可以分为两类。一类是 AC 上的无线参数配置通过网络下发到 AP（当然也有从 AP 发出的报文上行到 AC），通常把这类报文称为管理报文。除此之外，还有一类报文，它是移动终端通过 WLAN 网络与其他网络或移动终端进行通信所发送的报文（例如通过手机 QQ 或微信等所发送的消息），这类报文称为业务报文。可以大致这样简记管理报文和业务报文：WLAN 中用于管理 AP 的报文是管理报文，移动终端发送和接收的报文是业务报文。

但在 WLAN 网络中，即使是移动终端发送和接收的业务报文，也是经由 AP 发送和接收的。那么问题来了，管理报文和业务报文实际上都要经过 AP 发送和接收，WLAN 是怎么区分这两类报文的呢？在华为 WLAN 网络技术中是采用这样的方法，配置两至多个 vlan-id，其中一个是管理 vlan-id，其余的是业务 vlan-id。管理报文在管理 vlan-id 中发送，业务报文在业务 vlan-id 中发送。

如图 14-6 所示 WLAN 网络中，通过在与 AP 连接的交换机（通常是接入层交换机）中将某个 vlan-id 声明为“pvid”来标识这个 vlan-id 是与其他 vlan-id 不同的 VLAN，它是管理 VLAN，而其他 vlan-id 则是业务 VLAN。除了在与 AP 连接的交换机的接口中能标识这个 vlan-id 是管理 VLAN 外，其他的交换机甚至 AC 再无法显式地标识哪个 vlan-id 是管理 VLAN，但交换机和 AC 上的部分配置要服从管理 VLAN，这在后面的讲解会逐渐提及。

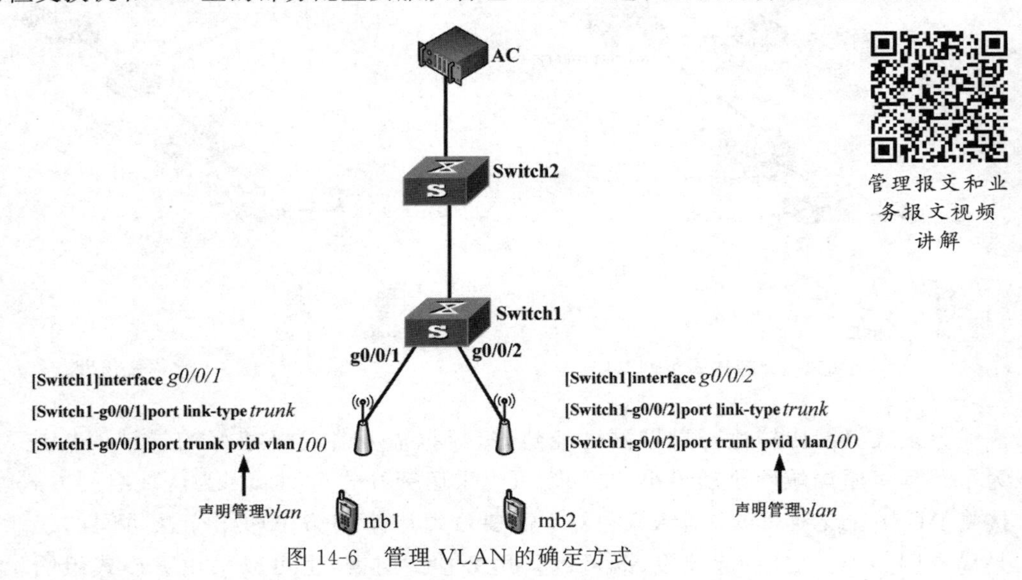

图 14-6　管理 VLAN 的确定方式

WLAN 网络中，每一个 AP 都会被分配一个 IP 地址，当网络中 AP 数量很多时，将所有的 AP 都分配到一个子网中不是一个好的网络规划。因此 WLAN 组网可以有多个管理 vlan-id，根据需要可以将数十个 AP 规划到一个子网中，对应一个管理 vlan-id，其他的数十个 AP 规划到另一个子网中，对应另一个管理 vlan-id。在本书的 WLAN 组网实现中，因为 AP 数量少，只使用一个管理 vlan-id，所有 AP 获得的 IP 地址属于一个相同的网段。读者可以自行尝试实现有多个管理 VLAN 的场景。

14.4　直接转发和隧道转发

WLAN 网络启动后，AC 和 AP 之间传输的管理报文是经由 CAPWAP（Control and provisioning of wireless access points，无线接入点的控制和配置协议）协议封装后转发的，又习惯性地把这种封装叫 CAPWAP 隧道。AC 通过与 AP 建立的 CAPWAP 隧道控制和管理 AP,在建立 CAPWAP 隧道之前,AP 首先要发现 AC。若 AC 与 AP 之间是二层网络,在 AP 注册过程中,AP 先发送 Discovery Request 广播报文自动发现 AC,然后通过 AC 响应的 Discovery Response 报文选择一个待关联的 AC 建立 CAPWAP 隧道。

隧道转发是指报文经过了 CAPWAP 协议封装后再转发。规定管理报文一定要通过 CAPWAP 协议封装后再转发,所以管理报文一定采用隧道转发模式。而业务报文则可以根据需要,既可以采用 CAPWAP 协议封装的隧道转发模式,也可以采用常规的、不使用 CAPWAP 协议封装的直接转发模式。所以 WLAN 网络中说到直接转发或隧道转发模式都是针对移动终端发送的业务 VLAN 报文而言的。下面将讨论这两种转发模式的区别。

先来看看管理 AP 报文的隧道转发过程。图 14-7 简要说明了隧道转发模式的数据处理流程。AP 和 AC 之间无论经过多少个交换机设备,只要从连接 AP 的交换机到 AC 之间构建一个能通过管理 VLAN 的二层传输通道,这个通道能够确保 AC 和 AP 交互通信,AC 上的 WLAN 管理报文就能够顺利下发给 AP。多个中间设备之间可以没有三层路由,但要求它们必须保持二层连通,这主要是通过将 AP 连接 AC 的沿途路径上的所有接口都设置为 trunk 类型并允许管理 VLAN 通过(此时即使没有 IP 地址双方也可以完成通信)。管理报文首先封装在 CAPWAP 协议中,经 AP 的以太网接口向网络转发时,是标准的(有线)局域网数据(无 vlan-id),到达交换机 S1 后,由交换机添加上管理 vlan-id(即图 14-7 中交换机 S1 中配置的 pvid vlan),之后一直携带管理 vlan-id 在网络中转发,最终到达 AC。由于管理报文一定要采用 CAPWAP 封装,从最初连接 AP 的交换机开始直到 AC 的路径上,管理报文一直携带管理 vlan-id 在网络中转发,所以称这种转发报文方式为隧道转发模式。

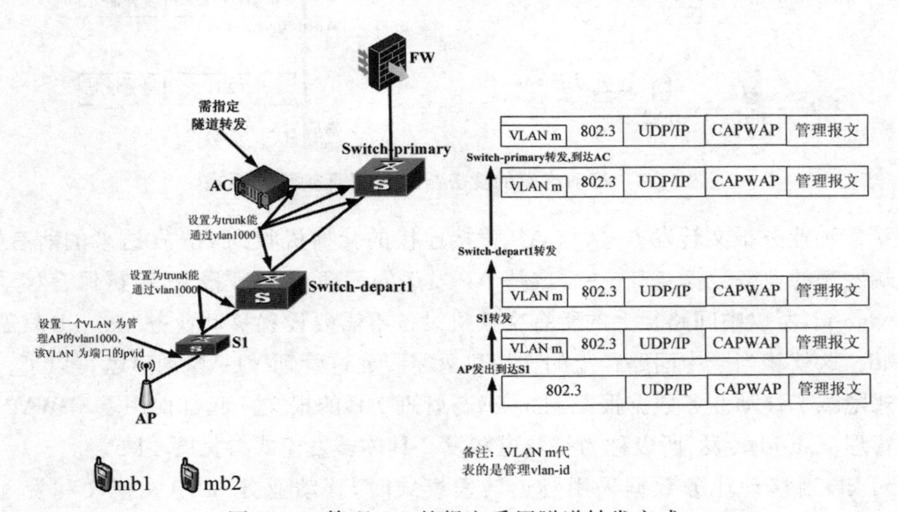

图 14-7　管理 AP 的报文采用隧道转发方式

再看看 WLAN 网络中移动终端业务报文可以使用的转发方式。在 WLAN 网络中,实际上只有移动终端和 AP 这一段是通过无线连接的,从 AP 向上的上行链路都是有线缆连接的网络。移动终端和 AP 连接是通过 WLAN 的 802.11 协议通信的,AP 接收到移动终端发出的 802.11 协议数据后,AP 从其上行端口向上行链路发送这个数据时,由于向上走是有线网络,它必须在上行端口将移动终端发来的 802.11 协议 WLAN 报文转换成 802.3 协议的以太网数据报文。在与 AP 连接的交换机接收到携带移动业务 VLAN 信息的报文后,有两种处理方式：第一种是继续保持原有移动业务 vlan-id 不变，向网络转发；第二种是向网络隐藏移动业务报文 vlan-id，将其封装成管理 vlan-id 再转发，也就是采用把 AP 发送过来的所有数据报文，不论是管理 VLAN 报文还是移动终端发送的移动业务报文，都统一看作是 AP 发送过来的，统一加上管理 AP 的 vlan-id 向网络转发。

对于第一种业务报文转发方式，由于继续保持移动端的业务 VLAN 本身携带的 vlan-id 在网络中发送，所以需要在中间路径中的所有交换机都设置这个 VLAN 并允许这个 vlan-id 通过，一直到达移动终端的网关为止。因为网关接收之后，就采用三层路由来发送这些数据包了。这种方式称为移动业务报文的直接转发模式。参考图 14-8，可以看到所谓直接转发就是在有线网络中继续保持移动终端业务报文本身携带的 vlan-id 信息。

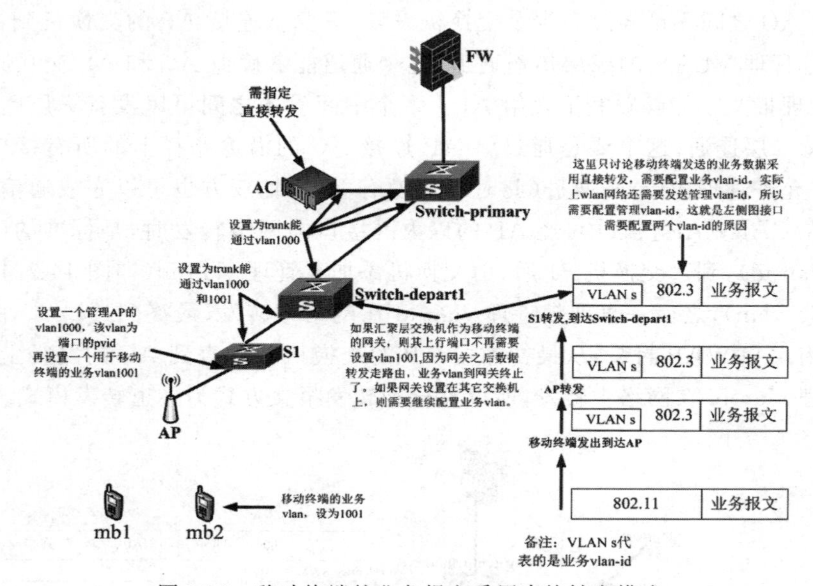

图 14-8　移动终端的业务报文采用直接转发模式

对应第二种业务报文转发方式，与 AP 直接连接的交换机收到 AP 发送来的所有数据（包括移动终端发送的业务数据）都统一看成是 AP 发送的管理 VLAN 报文，不再保有移动业务数据本身的 vlan-id，所以中间路径上的所有交换机设备不需要设置移动业务 vlan-id，只需要设置管理 vlan-id。这就相当于中间路径上的交换机只需要允许管理 VLAN 通过就可以了。显然这种转发方式隐藏了移动业务数据报文 vlan-id，与管理 AP 的报文一起都使用 CAPWAP 协议封装后携带管理 vlan-id 转发，所以称为是隧道转发。具体转发模式参见图 14-9。

由图可知，当移动业务数据采用隧道转发模式时，移动业务 VLAN 报文和管理 AP 的 VLAN 报文都被统一封装在管理 VLAN 报文中。对于上层网络中的所有沿途设备来说，它们不知道这些数据到底是管理 AP 的管理报文还是移动终端发送来的业务报文，因为都是相同的管理 VLAN 号。这些数据全都发送到了 AC，所以隧道转发模式中，通常把 AC 作为移动终端的网关。但隧道转发模式中也可以把交换机作为移动终端的网关，此时移动业务 VLAN 数据先发送到 AC，再由 AC 转发到网关。

图 14-8 所示移动终端的业务报文使用直接转发模式，将汇聚层交换机设置为移动终端的网关。但实际上，AC 也可以作为移动终端的网关。此时移动终端的业务报文都要转发到

AC,这种情况与图 14-9 所示的隧道转发模式移动终端的业务报文转发到 AC 有什么不同呢？下面通过图 14-10 进行对比说明。

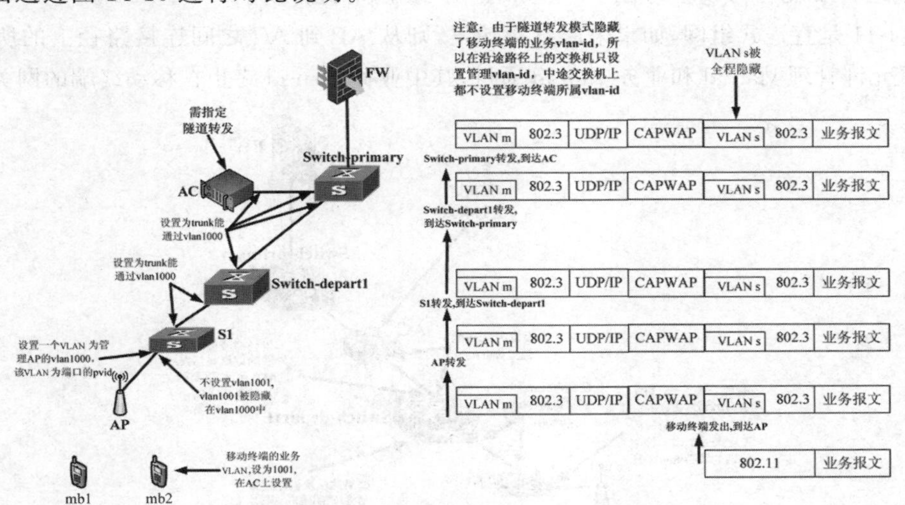

图 14-9 移动终端的业务报文采用隧道转发模式

将图 14-10 与图 14-8 进行对比,两者都是直接转发模式,但移动终端的网关所处位置不同。图 14-8 是将汇聚层交换机作为移动终端的网关,从接入层交换机开始设置的业务 VLAN 到了网关之后,后面路径上的接口和交换机就不再需要设置业务 VLAN 并允许其通过了。但如果是将网关设置在 AC 上,则一直到 AC 的路径都需要设置 VLAN 并允许其通过。

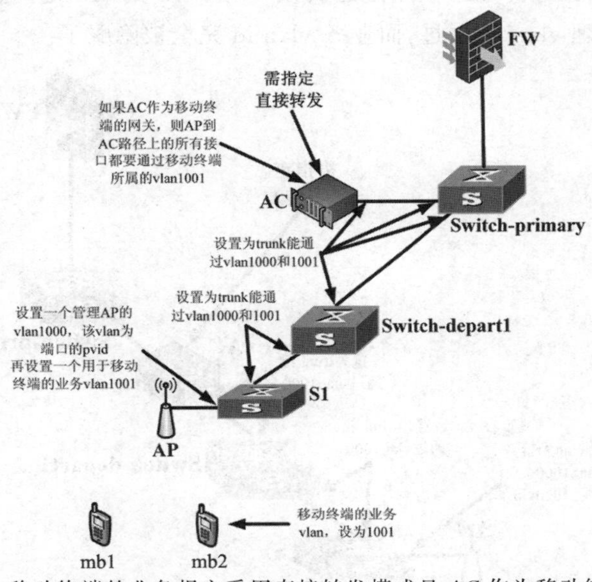

图 14-10 移动终端的业务报文采用直接转发模式且 AC 作为移动终端的网关

将图 14-10 与图 14-9 进行对比,两者都是将业务报文发送到 AC,都是将 AC 作为移动终端的网关。但由于两者的转发模式不同,隧道转发模式将移动终端的业务 VLAN 隐藏了,所以中间路径上的交换机都不需要设置这个 VLAN,但直接转发模式则需要设置这个 VLAN 并允许其通过。

上面是以旁挂式组网来说明直接转发和隧道转发。如果是直连式组网，怎么理解直接转发和隧道转发呢？可以参考图 14-11 和图 14-12 的对比分析。

图 14-11 是直连式组网，如果采用直接转发，则从 AP 到 AC 之间连接路径上的所有端口都要设置允许管理 vlan-id 和业务 vlan-id 通过，其中业务 vlan-id 终止在移动终端的网关上。

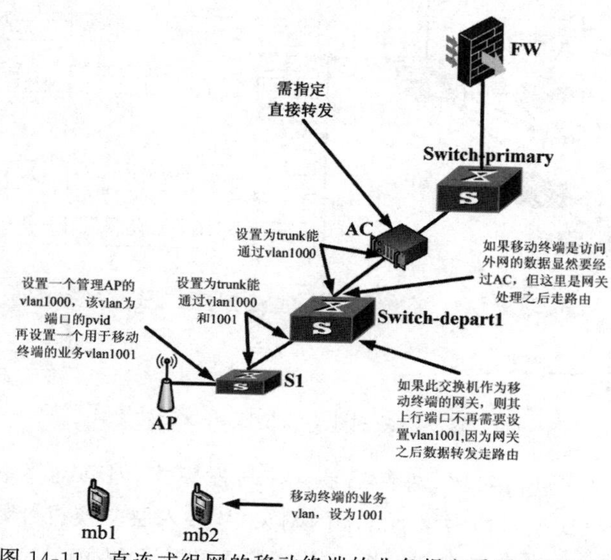

图 14-11　直连式组网的移动终端的业务报文采用直接转发

图 14-12 是直连式组网，如果使用隧道转发，则从 AP 到 AC 之间连接路径上的所有端口都只能设置允许管理 vlan-id 通过，而业务 vlan-id 完全被隐藏了。

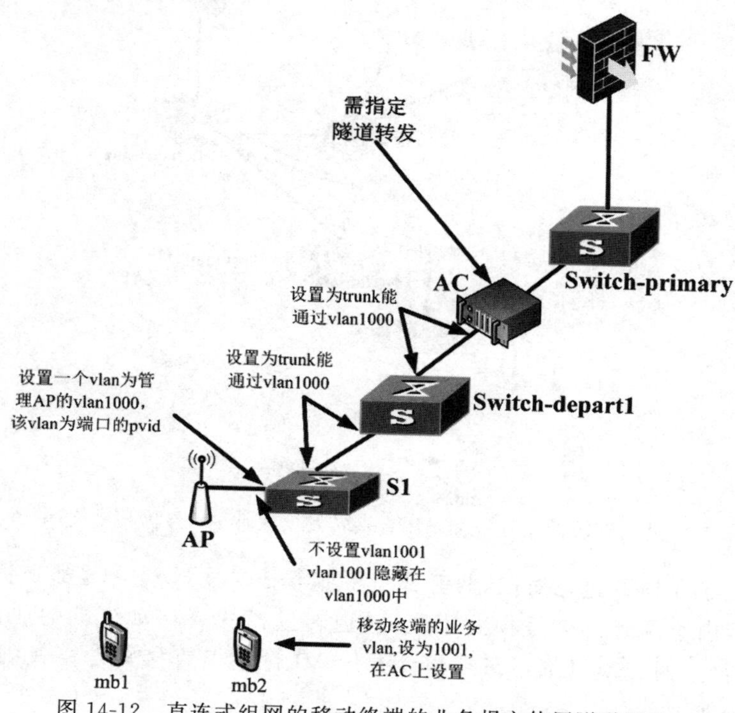

图 14-12　直连式组网的移动终端的业务报文使用隧道转发

对比直接转发和隧道转发，可以发现在直接转发模式中，与 AP 相连的交换机接口至少要通过两个 vlan-id，一个是管理 vlan-id，另一个是业务 vlan-id。而隧道转发模式中，与 AP 直接相连的交换机的接口只需要通过管理 vlan-id 就行了。

在上面的讲解图示中，都出现了移动终端属于一个 vlan1001。众所周知，现实 WLAN 网络是不会要求用户为手机设置 VLAN 的(现实中手机搜索 WLAN 网络输入密码验证通过即可连接)，AP 也不需要配置。那么这个移动终端所属的 VLAN 在哪里设置呢？实际上这个 vlan1001 是在 AC 上设置的，并利用 CAPWAP 协议(即称隧道转发模式)将一系列 WLAN 组网信息从 AC 上将配置下发给 AP，这就是 AP 和 AC 之间传输的管理报文。连接到这个 AP 服务区的所有移动终端就自动属于 vlan1001。

实验中有趣的现象：构造两个物理结构相同的 WLAN 网络，一个为隧道转发模式，一个为直接转发模式。将交换机设置为移动终端的网关，测试这两个网络中移动终端的连续 ping。在 ping 过程中，断开 AC 的连接线缆，会发现隧道转发模式的网络中，ping 立即中断，而直接转发模式中，ping 继续进行不丢包。这是因为直接转发模式中业务数据不必发往 AC，而是发往网关(交换机)，当 AC 断开了，但网关是正常的，所以通信仍然可以正常进行。而隧道转发模式由于业务数据要发往 AC，当 AC 断开了，当然也就导致通信立即中断了。

直接转发和隧道转发视频讲解

14.5 二层和三层组网

14.5.1 二层组网和三层组网的定义

所谓二层组网和三层组网是看 AP 和 AC 的 IP 地址是不是相同网段来说的。在 WLAN 组网中，AP 从网络获得一个 IP 地址(此为动态获得方式，也可以手工给 AP 配置一个 IP 地址，这种方式称为静态分配)，如果 AP 的 IP 地址和 AC 的地址是相同网段，则 WLAN 组网是二层组网，如果不是相同网段，则是三层组网。在实际组网中，AC 可能有多个 IP 地址，只要 AC 有一个 IP 地址与 AP 的 IP 地址相同，就是二层组网。

如图 14-13 所示的两个 WLAN 组网都是旁挂式组网。从网络的物理结构上看，两个 WLAN 网络结构相同，但实际在配置的时候，图 14-13(a)的 AP 和 AC 的 IP 地址是相同网段，所以是二层组网，图 14-13(b)的 AP 和 AC 的 IP 地址是不同网段，所以是三层组网。

图 14-14 是直连式组网，显然相同直连式组网，也可能是二层或三层组网。

从图 14-13 和图 14-14 可见，单纯从 WLAN 的外在结构形式上看，并不能确定它是二层组网还是三层组网。在实际学习中，经常发现初学者搞不清一个 WLAN 网络到底是二层组网还是三层组网，经常想直接从网络的外在结构形式上去区分二层、三层组网，这显然是行不通的。因为从 AC、AP 以及其他设备组成的物理网络的外观结构上根本看不出 WLAN 是二层还是三层组网。

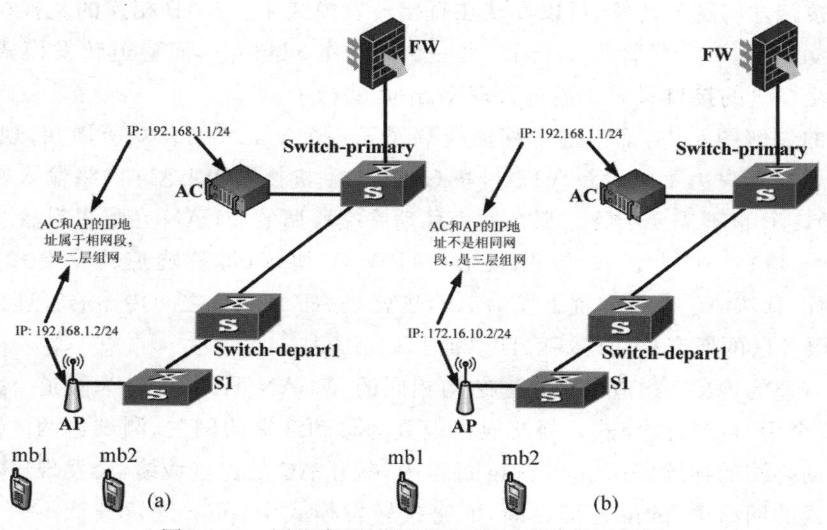

图 14-13　同为旁挂式组网由于 IP 地址设置不同可能属于不同的二层、三层 WLAN 组网

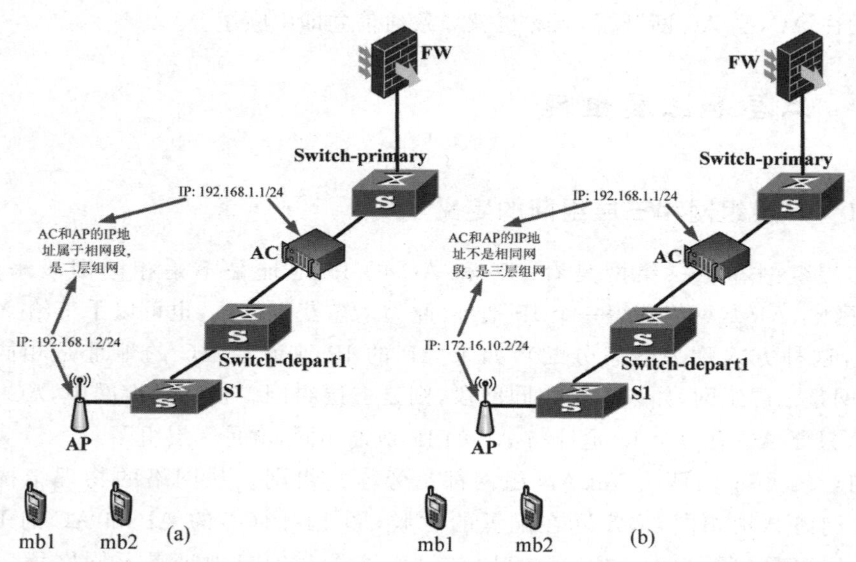

图 14-14　同为直连式组网由于 IP 地址设置不同可能属于不同的二、三层 WLAN 组网

综上所述，区分 WLAN 二层和三层组网只看 AP 的 IP 地址是不是和 AC 的 IP 地址属于同一个网段（如果 AC 配置有多个地址，那就看其中是否有一个接口的 IP 地址与 AP 在同一个网段），与 WLAN 组网所呈现的外在物理网络结构无关，也与数据转发方式是直接转发还是隧道转发模式无关。

14.5.2　二层组网的常见配置

如图 14-15 所示，将 AC 设置为为 AP 动态分配 IP 地址的 DHCP 服务器，在 AC 的管理 VLAN 的三层虚拟接口下配置 dhcp select interface，此接口将为连接到 AC 的所有 AP 动态分配 IP 地址,AC 成为管理 AP 的网关。AP 将获得与 AC 相同网段的 IP 地址,所以是二层组网。

二层组网还可以用如图 14-16 所示的方式实现。将 Switch-primary 设置为 DHCP 服务器和管理 AP 的网关。AC 也设置一个与 Switch-primary 相同网段的 IP 地址,这样 AC、AP 以及 Switch-primary 上存在某个接口的 IP 地址在相同网段,所以这种配置方式也是二层组网。

图 14-15 可以为在 AC 中成功注册的所有 AP 动态分配 IP 地址,而图 14-16 则只能为连接在此台交换机下的 AP 动态分配 IP 地址。

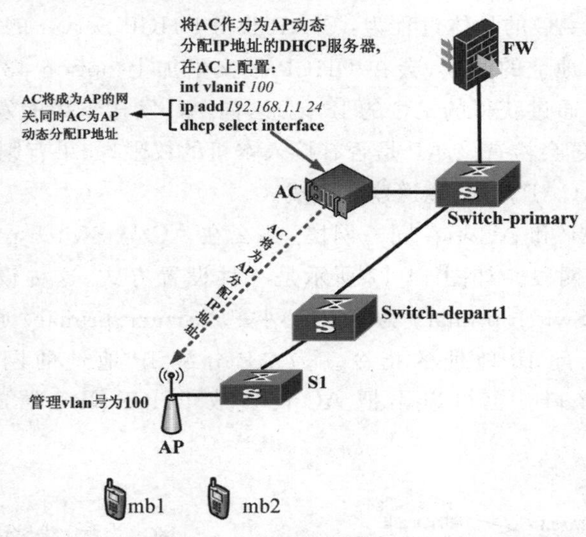

图 14-15　二层组网的实现方式一:AC 作为为 AP 动态分配 IP 地址的 DHCP 服务器

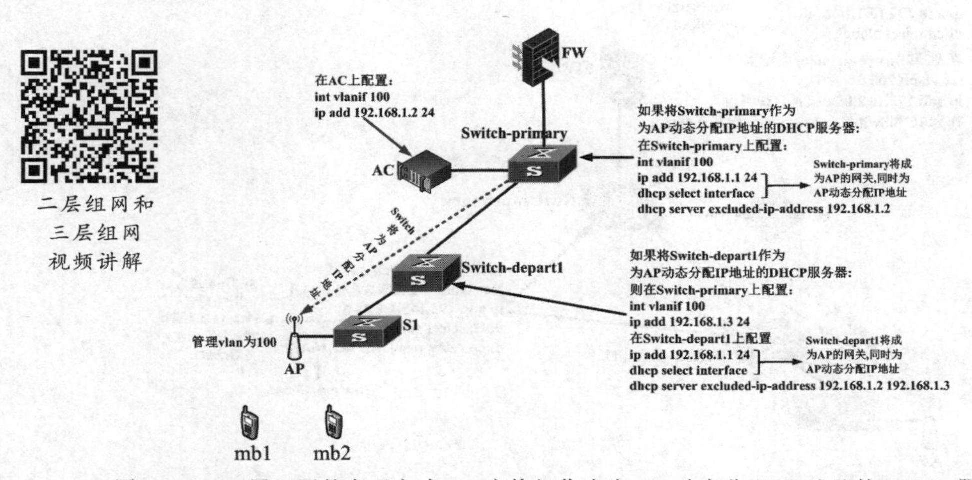

图 14-16　二层组网的实现方式二:交换机作为为 AP 动态分配 IP 地址的 DHCP 服务器

在二层组网中,无论是设置 AC 还是设置交换机为 AP 动态分配 IP 地址,都要注意设置的 VLAN 三层虚拟接口必须为对应管理 vlan-id 的三层虚拟接口,因为 AP 和 AC 之间的管理报文是通过管理 VLAN 转发的。

以上以旁挂式组网为例,直连式组网也可以按相同的方法进行讨论分析。

14.5.3　三层组网的常见配置

在 WLAN 三层组网中,AP 和 AC 的 IP 地址规划在不同网段。AP 注册之前向网络中发送 Discovery Request 广播报文自动发现 AC,由于广播报文只能在相同网段内广播,无法跨越不同的 IP 网段,AP 无法通过广播方式发现 AC(二层组网因为是同一个网段所以可以通过广播方式发现),需要通过 DHCP 服务器上配置 DHCP 响应报文中携带的 option 43 属性发现 AC。AP 发现 AC 的具体过程为:①AP 获得 DHCP Server 的 IP 地址;②DHCP 服务器在给 AP 分配 IP 地址的时候,会在 DHCP 报文里加上 option 43 属性,这个内容就是 AC 的 IP 地址;③AP 通过获得的 AC 的 IP 地址,向 AC 发送单播的发现请求报文;④接收到发现请求报文的 AC 会检查该 AP 是否有接入本机的权限,如果有则发送响应报文;⑤AP 和 AC 进行信息交互,CAPWAP 隧道建立完成。

在三层组网中,AP 和 AC 不在同一网段,那么在 AC 与 Switch-primary 的互连接口间必然要增加一个互连网段。如图 14-17 所示是一种设置方式,这种设置方式中,将 AC 设置为 DHCP 服务器,Switch-primary 为 AP 的网关。Switch-primary 通过中继(relay)的方式从 AC 获得动态分配 IP 地址的指令。为 AP 分配 IP 地址的网关必须设置成管理 VLAN 的三层虚拟接口。也可以不把 AC 设置成 DHCP 服务器,而把其他设备作为 DHCP 服务器。

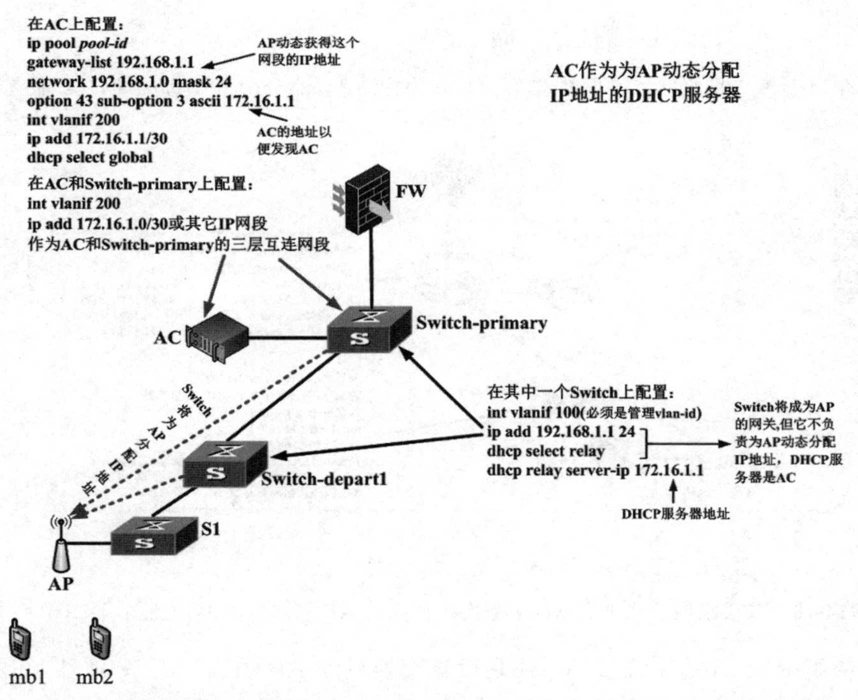

图 14-17　三层组网的实现方式一:AC 作为为 AP 动态分配 IP 地址的 DHCP 服务器

图 14-18 是另一种三层组网的实现方式。读者可以与图 14-17 对比有何不同。

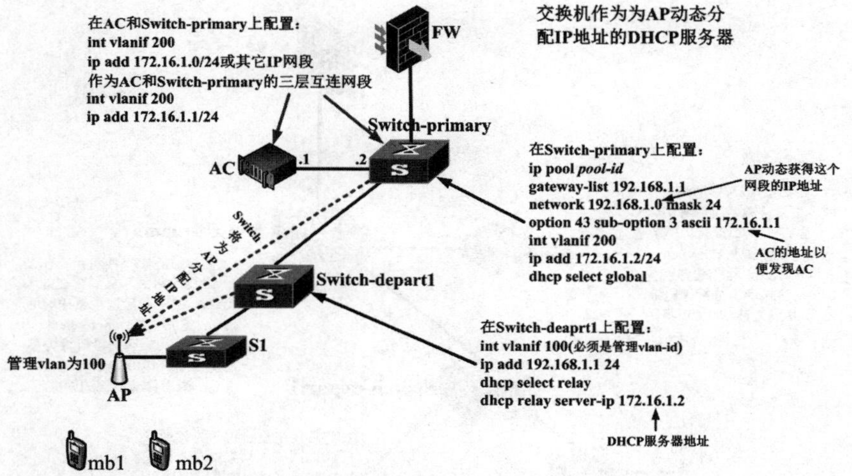

图 14-18　三层组网的实现方式二：交换机作为为 AP 动态分配 IP 地址的 DHCP 服务器

上述两种三层组网的实现方式中，方式二显得较为烦琐，除非特别场合需要，通常选择方式一即 AC 作为为 AP 动态分配 IP 地址的 DHCP 服务器。

以上以旁挂式组网为例，直连式组网方式也可以按相同方法进行讨论分析。

如果对比二层组网和三层组网的配置，可以发现三层组网需要配置 option 43 属性，而二层组网的配置中不需要配置 option 43 属性。这是因为二层组网中，AP 和 AC 的 IP 地址在相同网段，AP 发出的 Discovery Request 广播消息在同一个网段内广播就可以发现 AC。而三层组网，AP 发出的广播消息无法跨 IP 不同网段，故三层组网需要配置 option 43 属性帮助发现 AC 的 IP 地址，所以 option 43 属性后携带的是 AC 的 IP 地址，实际上是告诉 AP，提供 WLAN 配置参数的 AC 在哪里。

二层组网和三层组网各有其特点，不能说一个比另一个要好。有些特殊场景，需要配置成二层或三层网络。物理网络结构相同的 WLAN 网络，工程师可以根据自己的风格在组网配置实现时，根据需要配置成 WLAN 二层组网或三层组网。

14.6　移动终端的 DHCP 服务器和网关

第 14.5 节讨论二层组网和三层组网时，实际上顺便说明了管理 AP 的网关和为 AP 动态分配 IP 地址的服务器可以设置在同一台或者分设在 AC 或交换机上。本节将讨论移动终端的网关和为移动终端分配 IP 地址的 DHCP 服务器设置情况。

在局域网中，个人计算机可以通过两种方式获得 IP 地址。一是静态方式，就是手工设置 IP 地址；二是动态方式，计算机从网络获取动态分配的 IP 地址。但是在 WLAN 网络中，移动终端只有一种方式获得 IP 地址——从 WLAN 网络获得动态分配的 IP 地址。无论何种组网形式，三层组网还是二层组网，直接转发还是隧道转发，旁挂式还是直连式，交换机和 AC 都可以作为移动终端的网关和为移动终端动态分配 IP 地址的 DHCP 服务器。只需要在三层接口下使用命令“dhcp select interface”，该接口就成为移动终端的网关，同时也是

DHCP 服务器。下面以图 14-19 为例进行说明。

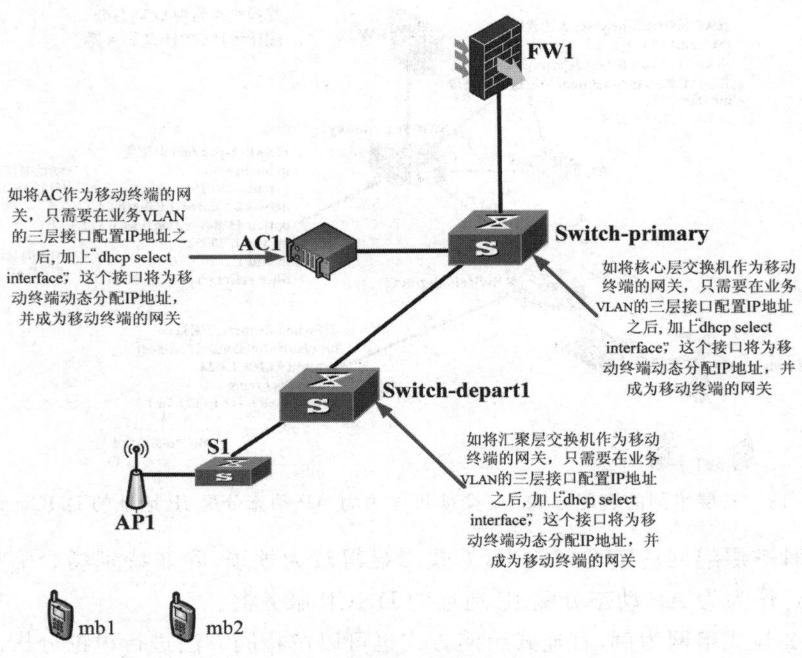

图 14-19　移动终端的 DHCP 服务器和网关

考虑到局域网计算机的网关设置在汇聚层交换机上，为了方便统一控制和策略管理，移动终端的网关比较适合设置在汇聚层交换机上。

对比前面图 14-15 至图 14-18，AP 的 IP 地址也是动态获得的，AP 的 DHCP 服务器和网关也可以设置在 AC、核心层交换机或汇聚层交换机上。AP 的 DHCP 服务器和网关可以集中设置在一台设备上，也可以分别设置于两台设备上。

隧道转发模式中，业务 VLAN 被封装在管理 VLAN 中通过 CAPWAP 隧道一直被发送到 AC，那么在隧道转发模式中，移动终端的网关设置在 AC 上，这非常容易理解。在隧道转发模式中，移动终端的网关可不可以设置在 AP 到 AC 之间路径上的中间交换机呢？当然可以，这需要在 AC 至用作网关的交换机之间的连接路径上的所有接口上要设置允许通过管理 VLAN 和业务 VLAN。而接入层交换机至用作网关的交换机之间的所有接口仍然只通过管理 VLAN。这种情况相当于业务 VLAN 被封装成管理 VLAN 后一直沿途发送到 AC，再由 AC 转发到用作移动终端网关的交换机。图 14-20 所示的组网使用隧道转发模式，把汇聚层交换机 Switch-depart1 用作移动终端的网关，同时也用作为移动终端分配 IP 地址的 DHCP 服务器。此时在配置时，接入层交换机 S1 到网关之间所有接口仅仅配置允许管理 vlan-id 通过，而网关到 AC 之间的所有接口要同时配置允许管理 vlan-id 和业务 vlan-id 通过。

如果图 14-19 所示的组网采用直接转发模式，则接入层交换机 S1 到网关之间所有接口要同时配置允许管理 vlan-id 和业务 vlan-id 通过，而网关到 AC 之间的所有接口仅仅配置允许管理 vlan-id 通过。两种模式刚好相反。

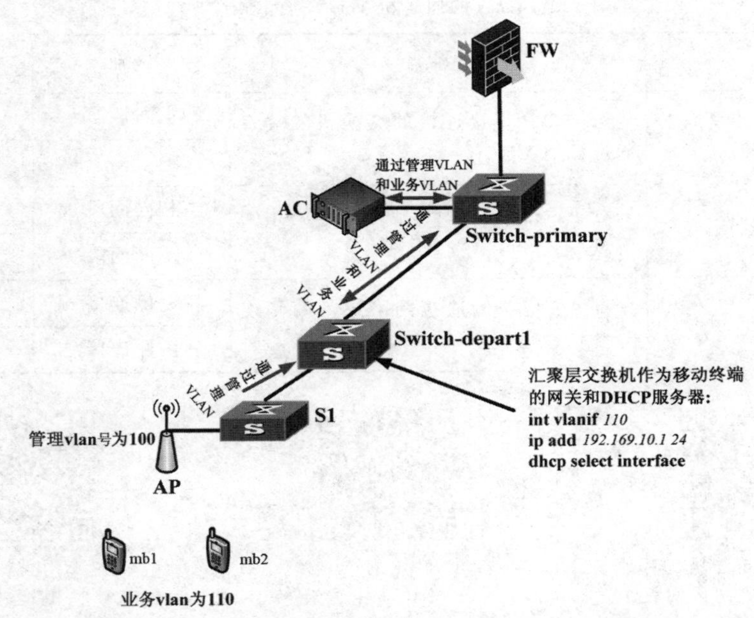

图 14-20　隧道转发模式中移动终端的 DHCP 服务器和网关不设置在 AC 上而设置在交换机上

WLAN 的直接转发模式和隧道转发模式组网，可以通过 eNSP 的数据抓包功能来查看移动终端所发送数据包在网络的流向。直接转发模式下，移动终端发送的数据包不会到达 AC，隧道转发模式下，会发送到 AC。

14.7　WLAN 组网方式对比总结

本章在叙述 WLAN 组网时，出现了一些技术术语，不好理解，这里将它们的对比总结在表 14-1 和表 14-2 中。

表 14-1　WLAN 组网技术术语对比

技术术语	解释	技术术语	解释
管理报文	AC 和 AP 之间传输的 WLAN 组网参数	业务报文	移动终端和 Internet 交互的数据
管理 VLAN	用于发送管理报文	业务 VLAN	用于发送业务报文
隧道转发	使用 CAPWAP 协议封装携带管理 VLAN 标签后转发	直接转发	直接使用局域网 802.3 协议携带业务 VLAN 标签后转发

表 14-2 如何辨析 WLAN 组网结构

名 称	关注点	区别	结论
数据业务直接转发或隧道转发	只看与 AP 直接连接的交换机的端口通过几个 VLAN	只通过一个	隧道转发
		通过多个	直接转发
二层、三层组网	只看 AP 和 AC 的 IP 地址是否属相同网段	相同网段	二层组网
		不同网段	三层组网
旁挂式或直连式组网	只看 AC 是一侧连接网络还是两侧连网络	一侧连接	旁挂式组网
		两侧连接	直连式组网

直接转发和隧道转发两种模式的数据流向区别视频

对比例子
—直接转发

对比例子
—隧道转发

第 15 章

局域网和 WLAN 的综合组网

本章在前面章节已调试互通的综合网络基础上，使用华为公司生产的 AP 和 AC 设备，扩建 WLAN，组成一个包含局域网和 WLAN 的综合网络。AP 和 AC 之间连接的交换机尽量利用原局域网中正在使用、已配置好的接入层、汇聚层和核心层交换机。AP 连接到接入层交换机，AC 连接到核心层交换机。

15.1　在局域网中扩建 WLAN 的网络结构

如前所述，WLAN 组网实现时，可采用二层组网或三层组网；AC 在网络中的连接可采用旁挂式或直连式；移动终端业务数据转发模式可采用直接转发或隧道转发；漫游方式可采用二层漫游或三层漫游。由此派生的组合实现方式实际上非常多，比如二层旁挂式组网，数据业务直接转发，二层漫游，三层旁挂式组网，数据业务隧道转发，二层漫游，三层直连式组网，数据隧道转发，三层漫游等等。如果对每一种组网都去实现则显得非常烦琐。由于全书篇幅所限，本书只采用其中一种方式实现，具体的组网需求如下。感兴趣的读者可以采用其他的组网方式自行实现。

(1) 采用旁挂式三层组网，移动终端业务报文采用直接转发模式。

(2) 移动终端的网关设置在原局域网的汇聚层交换机上，且汇聚层交换机作为为移动终端动态分配 IP 地址的 DHCP 服务器；AC 不作为 AP 的网关，将 AP 的网关设置在核心层交换机上，但 AC 作为为 AP 动态分配 IP 地址的 DHCP 服务器。

(3) 移动终端在 AP1 和 AP2 服务区之间移动属于二层漫游，从 AP1、AP2 服务区移动至 AP3 服务区则属于三层漫游。

在原有局域网基础上扩建 WLAN 后的网络结构如图 15-1 所示。

在本书第 3 章将局域网网络设备互连的 IP 网段规划在 192.168.20.x/30 网段，将局域网用户计算机和服务器规划在 172.16.x.x/24 网段。在局域网中扩建 WLAN 后，为了令 WLAN 和局域网比较容易区分开，以便网络出现故障时方便查找是哪一部分网络出现问题，将 WLAN 组网的移动终端和管理 AP 网段规划在 10.x.x.x 网段。WLAN 组网的 IP 网段具体规划结果如表 15-1 所示。

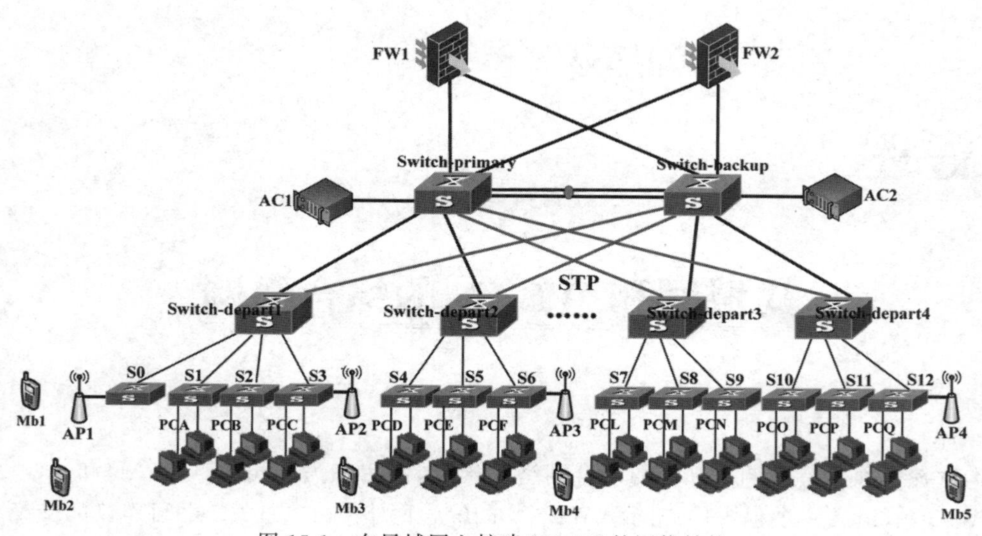

图 15-1 在局域网上扩建 WLAN 的网络结构

表 15-1 WLAN 组网规划 IP 网段

	IP 网段	网关	DHCP 服务器	对应 vlan-id
管理 AP 的网段	10.255.255.0/24	10.255.255.1/24 设置在核心层交换机上	设置在 AC 上通过中继方式	管理 vlan1000
移动终端的网段	10.1.x.0/24,如 10.1.1.024、10.1.2.0/24、10.1.3.0/24 等	10.1.x.1/24,如 10.1.1.1/24 等设置在汇聚层交换机上	设置在汇聚层交换机上	业务 vlan1001、1002、1003 等
三层组网 AC 与核心层交换机的互连网段	10.1.255.0/30	—	—	三层互连 vlan2000

第 15.2 节先实现一个 AP 和一个 AC 的 WLAN 组网,实现多个移动终端的互通,以及移动终端和局域网中的用户计算机互通。第 15.3 节再实现多个 AP 的 WLAN 组网,并实现二层漫游和三层漫游。

15.2 一个 AP 和一个 AC 组网

15.2.1 配置 AP 和 AC 之间允许多个 VLAN 通过的二层通道

下面先实现一个 AP 和一个 AC 参与组网的无线局域网。AC1 采用旁挂式连接到核心层交换机 Switch-primary。如果原局域网计算机用户较多,接入层交换机没有足够多的接口来连接 WLAN 的 AP 设备,则完全可以使用一台或数台新的接入层交换机。一台新的带 24 个端口的交换机可以最多连接 22 个 AP。上层交换机包括汇聚层和核心层交换机可以共用原有的局域网交换机，也可以使用新的交换机。本节 WLAN 组网实现使用一台新的接入层交换机 S0 连接 AP，而汇聚层交换机和核心层交换机使用原有局域网络中的设备。具体组网形式如图 15-2 所示。

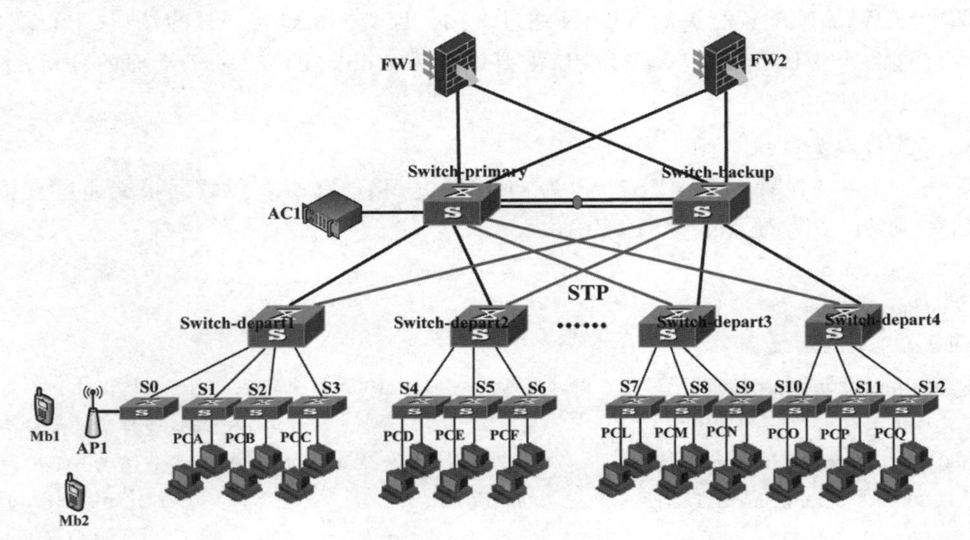

图 15-2　一个 AP 和一个 AC 参与 WLAN 组网

为了方便分析，图 15-3 单独列出 AP1 与 AC1 之间连接的交换机部分网络。按照组网要求，图中也列出了交换机中哪些接口需要设置 VLAN，并允许哪些 VLAN 通过。

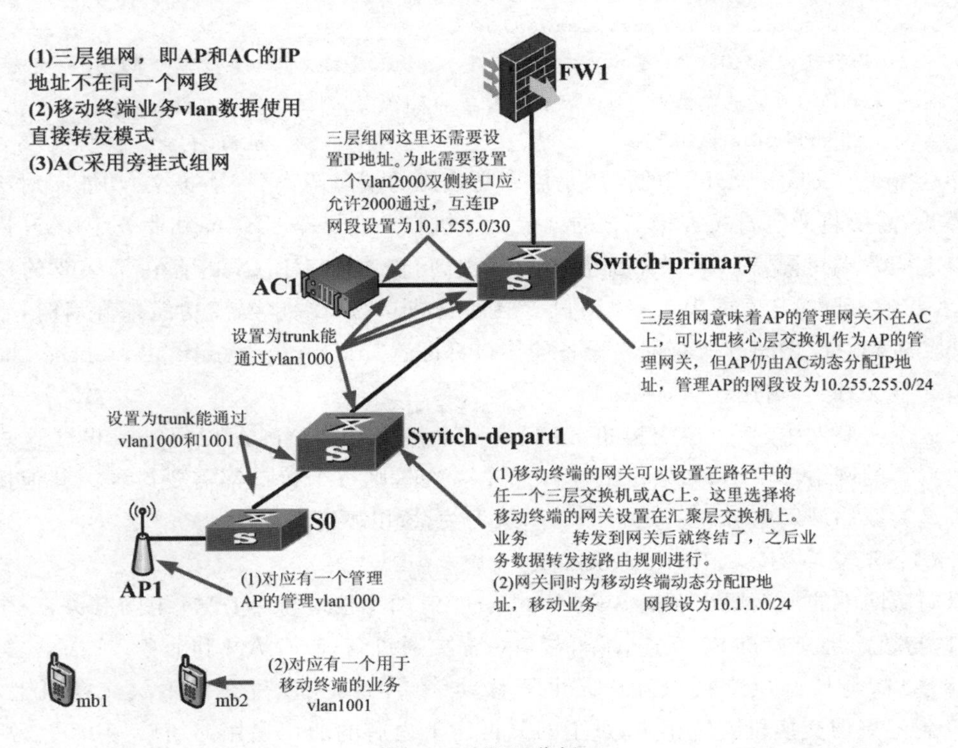

图 15-3　配置分析

采用直接转发模式时，AC 与 AP 之间的管理报文走 CAPWAP 隧道，这需要一个管理 vlan-id。同时，移动终端发送和接收的业务报文需要另一个业务 vlan-id。接入层交换机连接至汇聚层交换机的上行端口需要通过这两个 VLAN，上行端口需要设置为 trunk 类型，允许这两个与 WLAN 配置有关的 VLAN 通过。接入层交换机连接 AP 的端口（下行端口）也需要允许这两个 VLAN 通过，下行端口需要设置为 trunk 类型。基于上面的分析，下面配置接入层交换机。

1. 配置接入层交换机 S0

管理报文需要设置一个 VLAN，设为 vlan1000。移动终端业务数据报文通过直接转发方式，这需要另一个 VLAN，设为 vlan1001。

```
<Huawei>undo t m                                        /*关闭设备弹出的提示*/
<Huawei>sys
[Huawei]sysname S0
[S0]vlan batch 1000 1001        /*同时创建两个 VLAN,1000 是管理 VLAN,1001 是移动业务 VLAN*/
[S0]int g0/0/1                                      /*上行端口连接汇聚层交换机*/
[S0-G0/0/1]port link-type trunk           /*接口要允许多个 VLAN 通过,需设置为 trunk 类型*/
[S0-G0/0/1]port trunk allow-pass vlan 1000 1001          /*允许通过管理 VLAN 和业务 VLAN*/
[S0-G0/0/1]int g0/0/2                                             /*下行端口连接 AP1*/
[S0-G0/0/2]port link-type trunk
[S0-G0/0/2]port trunk pvid vlan 1000                   /*设置 1000 作为管理 AP 的 VLAN*/
                                /*设置 pvid 关键字很重要,不设置会导致 AP 无法注册到 AC*/
[S0-G0/0/2]port trunk allow-pass vlan 1000 1001
/*1000 是管理 vlan-id,1001 是移动终端的业务 vlan-id,此端口既允许管理 VLAN 通过,又允许业务 VLAN 通过,意味着采用直接转发模式。如果只允许管理 VLAN 通过,则是隧道转发模式*/
[S0-G0/0/2]port-isolate enable                     /*端口隔离,不接收无关的广播报文*/
```

命令“port-isolate enable”的作用是启用交换机的端口隔离（广播报文）功能。对于直接转发模式，需要将所有直接连接 AP 的二层交换机在 AP 管理 VLAN 和业务 VLAN 内的下行端口上配置端口隔离。如果不配置端口隔离，可能会在 VLAN 内存在不必要的广播报文，或者导致不同 AP 间的 WLAN 用户二层互通的问题。端口隔离功能未开启时，建议从接入交换机到 AC 之间的所有网络设备的接口都配置“undo port trunk allow-pass vlan 1”，防止引起报文冲突，占用端口资源。

在这个实验网中，接入层交换机 S0 只有一个接口连接 AP，所以只需要设置这一个接口。在真实的网络环境中，如果每个接口都连接 AP，则每个接口都需要设置。其他接入层交换机是为原局域网服务的，与 WLAN 网络无关，所以不需要设置。

2. 配置汇聚层交换机 Switch-depart1

原局域网中的汇聚层交换机 Switch-depart1 有两个接口与 WLAN 组网有关，一个是下行接口，与接入层交换机 S0 互连，下行接口也需要通过管理 VLAN 和业务 VLAN。另一个是上行接口，与核心层交换机互连。由于移动终端的网关设置在汇聚层交换机上，业务 VLAN 到汇聚层交换机就终止了，过了网关再往上之后的通信采用路由转发方式。所以上行接口只需要设置通过管理 VLAN 就行了。

```
<Switch-depart1>undo t m                                  /*关闭设备弹出的提示*/
<Switch-depart1>sys
[Switch-depart1]vlan batch 1000 1001           /* 1000是管理VLAN,1001是移动业务VLAN*/
[Switch-depart1]int g0/0/24                      /*新增下行接口,连接接入层交换机S0*/
[Switch-depart1-G0/0/24]port link-type trunk
[Switch-depart1-G0/0/24]port trunk allow-pass vlan 1000 1001
                                   /*1000是管理AP的VLAN,1001是移动终端的业务VLAN*/
[Switch-depart1-G0/0/24]quit
[Switch-depart1]dhcp enable                                    /*启动DHCP服务*/
[Switch-depart1]int vlan 1001
[Switch-depart1-Vlanif1001]ip address 10.1.1.1 24
                /*汇聚层交换机的此VLAN三层虚拟接口作为AP1服务区内所有移动终端的网关*/
[Switch-depart1-Vlanif1001]dhcp select interface
                /*接口配置为DHCP服务器,能为接入到AP1服务区的移动终端自动分配IP地址*/
[Switch-depart1-vlanif1001]quit
[Switch-depart1]int g0/0/1                     /*此接口为上行接口,连接核心层交换机*/
[Switch-depart1-G0/0/1]port link-type trunk
[Switch-depart1-G0/0/1]port trunk allow-pass vlan 1000
```

/*此上行接口只允许管理AP的vlan1000通过,不需要再允许业务vlan1001通过。因为这里将移动终端的网关设置在汇聚层交换机上,所以移动终端的业务VLAN数据已在其下的汇聚层交换机走路由转发了,或者说移动业务VLAN终止在移动终端的网关*/

汇聚层交换机其他连接局域网接入层交换机的端口没有变动,不需要设置。而连接核心层交换机的上行端口由于是trunk类型端口,WLAN只是在原基础上增加了让WLAN网络的VLAN通过,没有改动原局域网的VLAN,所以不会对原局域网的互通产生影响。

由于原局域网采用的RIP路由协议,新增的WLAN网络实际上是企业网络的一部分,WLAN网络使用了新的网段,所以要把新增的WLAN网段用RIP协议发布。这样做的好处是,新增的WLAN网络和原局域网通过RIP路由协议学习彼此的路由,WLAN和原局域网自然而然就互通了。稍后在完成配置后通过测试网络的连通性就可以看到这种效果。

```
/*以下在Switch-depart1配置RIP协议发布新增的无线局域网IP网段*/
[Switch-depart1]rip
[Switch-depart1-rip-1]version 2                         /*使用的是RIP版本2路由协议*/
[Switch-depart1-rip-1]undo summary              /*关闭RIPv2路由协议默认的路由汇聚功能*/
[Switch-depart1-rip-1]network 10.0.0.0                   /*发布无线局域网的IP网段*/
[Switch-depart1-rip-1]quit
```

3. 配置核心层交换机Switch-primary

核心层交换机连接汇聚层交换机和AC的接口都需要设置允许管理vlan-id通过。而允许业务VLAN的通道从AP开始到其移动终端的网关(汇聚层交换机)就终止了,这一点与组网要求中的直接转发模式相对应。同时WLAN组网要求是三层组网,所以AC与核心层交换机还需要设置一个互连网段。可以在AC和核心层交换机增加设置一个vlan2000,以便在这个VLAN上启用三层VLAN虚拟接口,设置IP地址。

```
<Switch-primary>undo t m                                    /*关闭设备弹出的提示*/
<Switch-primary>sys
[Switch-primary]vlan batch 1000 2000
        /*1000 为管理 VLAN,由于是三层组网,所以需要再设置一个 vlan2000 用于与 AC1 互连*/
[Switch-primary]int g0/0/1                            /*下行接口与汇聚层交换机互连*/
[Switch-primary-G0/0/1]port link-type trunk
[Switch-primary-G0/0/1]port trunk allow-pass vlan 1000
/*允许通过管理 vlan1000 确保从接入层交换机开始的管理 VLAN 能够一直通过二层通道到达 AC*/
[Switch-primary-G0/0/1]int g0/0/20                          /*上行端口与 AC1 互连*/
[Switch-primary-G0/0/20]port link-type trunk
[Switch-primary-G0/0/20]port trunk allow-pass vlan 1000 2000
          /*管理 vlan1000 一直要通到 AC,而允许通过 vlan2000 是因为要和 AC 三层互连*/
[Switch-primary-G0/0/20]int vlan 1000
[Switch-primary-Vlanif1000]ip address 10.255.255.1 24
/*核心层交换机的此接口作为管理 AP1 的网关。无论是直接转发模式还是隧道转发模式,无论在哪
个设备上配置接口作为管理 AP 的网关,都要使用管理 vlan-id 对应的三层接口,不能用其他 vlan-id。管理
vlan-id 与接入层交换机中连接 AP 的接口中所配置的 pvid vlan-id 相同*/
[Switch-depart1-Vlanif1000]dhcp select relay
/*relay 表示此接口不直接作为 AP1 动态分配 IP 地址的服务器,服务器设置在 AC1 上,它通过中继
方式从 AC1 获得为 AP1 动态分配 IP 地址的指令*/
[Switch-primary-Vlanif1000]dhcp relay server-ip 10.1.255.1
                                       /*10.1.255.1 是 AC1 的地址,AC 配置为 DHCP 服务器*/
[Switch-primary-Vlanif1000]quit
[Switch-primary]int vlan 2000                        /*启用 vlan2000 对应的三层虚接口*/
[Switch-primary-Vlanif2000]ip add 10.1.255.2 30
                                    /*用于与 AC1 三层 IP 地址互连,AC1 的地址为 10.1.255.1*/
[Switch-primary-Vlanif2000]quit
                         /*以下在 Switch-primary 上配置 RIP 协议发布新增的无线局域网 IP 网段*/
[Switch-primary]rip
[Switch-primary-rip-1]version2                             /*使用的是 RIP 版本 2 路由协议*/
[Switch-primary-rip-1]undo summary                   /*关闭 RIPv2 协议默认的路由汇聚功能*/
[Switch-primary-rip-1]network 10.0.0.0                         /*发布无线局域网的 IP 网段*/
```

三层组网,AP 的网关不能设置在 AC 上,这里计划设置在核心层交换机上,当然也可以设置在汇聚层交换机上。在核心层交换机上启用 VLAN 的三层接口作为 AP 的网关时,应该是启用管理 vlan-id 的三层接口,而不是其他的 vlan-id。例如这里 vlan1000 是管理 vlan-id,那只有是 vlan1000 对应的三层 VLAN 接口才能作为管理 AP 的网关。如果使用其他的 VLAN 如(vlan2000)对应的三层接口进行设置,则设置不会起作用。只有在管理 VLAN 上启用的三层接口才可以作为 AP 的网关,也适合于二层组网。对于二层组网,AP 的网关在 AC 上,那么 AC 也只能在管理 vlan-id 的三层接口上设置才会起作用。

4. 配置无线控制器 AC1

AC1 和核心层交换机相连。毫无疑问,连接的接口应该允许管理 valn-id 通过。可以注

意到，从 AP1 到 AC1 之间连接的设备，从接入层交换机开始，所有接口都设置了允许管理 vlan-id 通过，这样就相当于从 AP1 到 AC1 构建了一个完整的允许管理 vlan-id 通过的二层通道。这个二层通道确保了当 WLAN 组网设备刚启动，AP 还未分配到 IP 地址不存在路由时，AC 的配置可以通过这个二层通道下发到 AP 上。三层组网要求 AC 与核心层交换机之间设置一个互连网段，所以还需要增加设置一个 VLAN，以便在这个 VLAN 上启用 VLAN 三层虚拟接口，设置 IP 地址。

```
<AC6005>undo t m                                  /*关闭设备弹出的提示*/
<AC6005>sys                                       /*进入系统视图，以便开始配置*/
[AC6005]sysname AC1
[AC1]vlan batch 1000 1001 2000
/*一次性创建 3 个 VLAN，1000 是管理 AP 的 VLAN，1001 是分配给移动终端的业务 VLAN，2000 为用于与 Switch-primary 三层组网互连的 VLAN*/
[AC1]int g0/0/1                    /*与 Switch-primary 核心层交换机的物理接口互连*/
[AC1-G0/0/1]port link-type trunk
[AC1-G0/0/1]port trunk allow-pass vlan 1000 2000
/*允许通过 vlan1000 和 2000 有两个作用：①二层 vlan1000 数据能通过；②三层接口 vlanif2000 处于 up 状态。注意，不需要允许通过业务 vlan1001*/
[AC1-G0/0/1]int vlan 2000
[AC1-Vlanif2000]ip address 10.1.255.1 30          /*与 Switch-primary 三层 IP 地址互连*/
[AC-Vlanif2000]quit
[AC1]dhcp enable                       /*将配置 AC 作为为 AP 动态分配 IP 地址的 DHCP 服务器*/
[AC1]int vlanif 2000
[AC1-Vlanif2000]dhcp select global                /*DHCP 服务器实际是为 AP1 分配地址*/
[AC1-Vlanif2000]quit
[AC1]ip pool 10                                   /*定义为 AP1 分配地址的地址池*/
[AC1-ip-pool-10]gateway-list 10.255.255.1
                                   /*这个 IP 地址是核心层交换机上配置为 AP 网关的地址*/
[AC1-ip-pool-10]network 10.255.255.0 mask 24      /*AP1 的地址在这个网段中取*/
[AC1-ip-pool-10]option 43 sub-option 3 ascii 10.1.255.1
/*由于这里是三层组网，AC 的接口地址是 10.1.255.1/30，管理 AP 的网段是 10.255.255.0/24，跟 AC 的接口不在同一个网段，所以必须启用 option 43 来告诉 AP，AC 在哪*/
```

注意：这里是将 AC 作为为 AP 动态分配 IP 地址的 DHCP 服务器，但 AP 的管理 IP 地址的网关设置在核心层交换机上。

```
/*以下为在 AC 上使用 RIPv2 路由协议发布 WLAN 组网使用的 IP 网段*/
[AC1]rip
[AC1-rip-1]version 2
[AC1-rip-1]undo summary
[AC1-rip-1]network 10.0.0.0
```

15.2.2 AP 注册到 AC

在 WLAN 组网中,AP 通常不配置,AC 的配置通过网络下发给 AP,这首先要求 AP 能够注册到 AC。下面的配置是实现 AP 在 AC 中注册。

```
[AC1]wlan ac-global country-code cn                     /* 配置 AC 的国家码 */
[AC1]wlan ac-global ac id 1 carrier id other             /* 配置 AC 的 ID */
[AC1]wlan                                               /* 进入 WLAN 配置视图 */
[AC1-wlan-view]wlan ac source interface vlanif 2000
                /* 配置 AC 的源接口,源接口是 AC 与 AP 建立 CAPWAP 隧道的接口 */
```

AC 通过与 AP 建立的 CAPWAP 隧道控制和管理 AP。CAPWAP 隧道的一侧是 AP(的 IP 地址),另一侧是 AC(的 IP 地址)。AC 有可能定义了多个三层接口(对应存在多个 IP 地址),但只能有一个接口(的 IP 地址)与 AP(的 IP 地址)建立 CAPWAP 隧道,AC 上的这个接口称为 AC 的源接口。显然源接口是 AC 上的一个非常重要的组件,必须显式地定义出来。源接口对应的 vlan-id,可以是管理 vlan-id 也可以不是管理 vlan-id,但 AP 的网关(可以不在 AC 上)一定要是管理 vlan-id 对应的三层接口。

```
[AC1-wlan-view]ap-auth-mode mac-auth
          /* mac-auth 是指使用 AP 的 MAC 地址来认证,也可设为序列号认证或开放不认证 */
```

在 AP 注册到 AC 之前,AP 会发送 Discovery Request 广播报文自动发现 AC,接收到发现请求报文的 AC 会检查该 AP 是否有接入本机的权限,如果有则回应发现响应 Discovery Response 报文,AP 和 AC 进行信息交互,建立 CAPWAP 隧道。AC 检查 AP 是否有接入本机的权限有多种方法。缺省情况下,AC 对 AP 进行认证的方式是 MAC 认证,如果之前没有修改其默认配置,可以不用配置该命令。用户也可以选择使用序列号认证或不认证。

配置到此处,需要查询此款 AC 能够兼容的 AP 类型,可以使用命令"dis ap-type all"显示 AC 可以兼容的所有 AP。

```
[AC1] dis ap-type all
```

再看看 eNSP 软件 500 版本中所提供的唯一一款 AP 属于哪一种类型,这可以通过鼠标右键点击 AP 图标看到,如图 15-4 所示。查询到 AP 的类型是 AP6010DN-AGN,序号是 19。

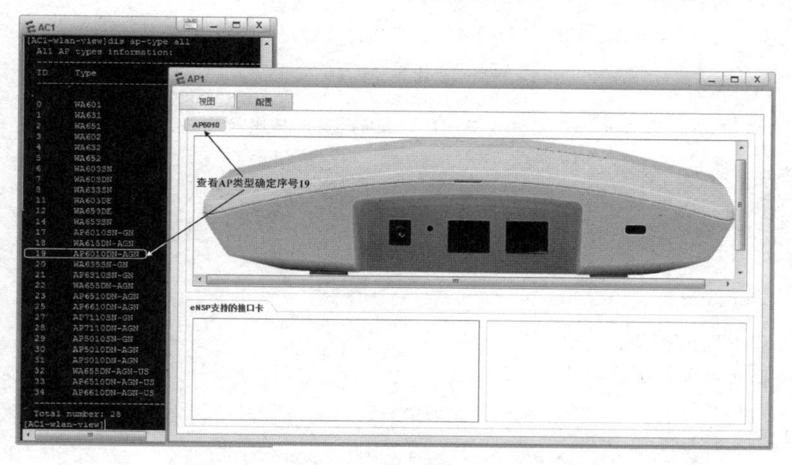

图 15-4 查询 AC 可以适配的 AP 型号

接着需要添加 AP1 的 MAC 地址。关闭 AP1,鼠标右键点击 AP1 图标,选择“设置”,在弹出的窗口中选择“配置”选项卡,可以看到 AP1 的 MAC 地址,如图 15-5 所示。通过拷贝的方式获取 AP1 的 MAC 地址,然后再粘贴到 AC1 的命令行中。

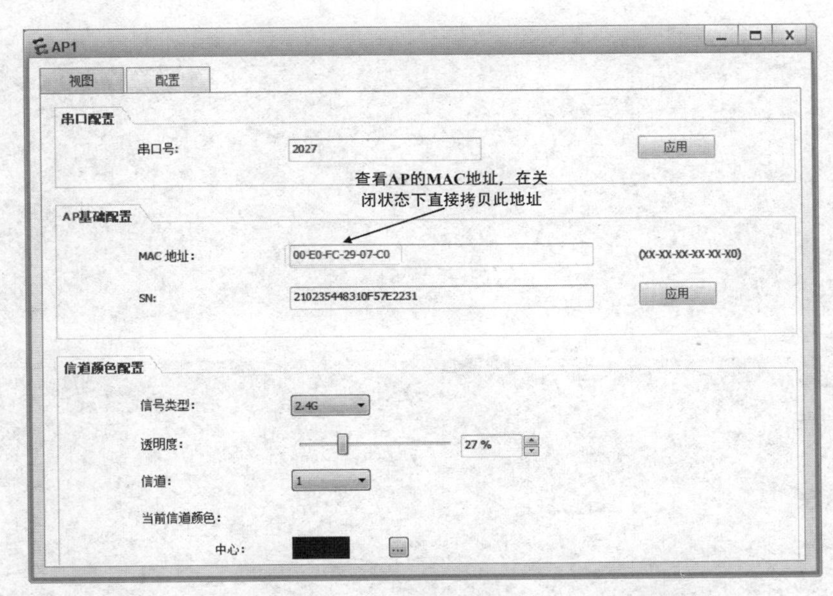

图 15-5　查看并拷贝 AP 的 MAC 地址(在 AP 断电情况下)

注意,直接拷贝过来输入到 AC 中地址形式是 00-E0-FC-29-07-C0,但 AC 中认可的 MAC 地址形式是 00E0-FC29-07C0,需要将原地址形式做一些修改。

```
[AC1-wlan-view] ap id 1 type-id 19 mac 00e0-fc29-07c0          /* 添加 AP1 的 MAC 地址 */
[AC1-wlan-ap-1] quit
```

“ap id 1”中的“1”是自己指定的 AP1 的 ID 号,也可以用别的数字。一旦指定了数字,后面将自始至终用这个数字代表这个特定的 AP。如有多个 AP,则每个 AP 的 ID 号应该各不相同。

上面的操作实际上是把 AP 的 MAC 地址提前添加到 AC 中,如果有多个 AP 要在 AC 中注册,则要把每个 AP 的 MAC 地址都添加到 AC 中。启动 AP 后,AP 就会试图注册到 AC,而 AC 就会检查该 AP 有没有接入到 AC 的权限;如果使用 MAC 认证,AC 就会检查 AP 的 MAC 地址是不是已经在 AC 中。如果有则认证通过,没有则认证失败。AP 认证失败当然 AP 就会注册失败。而如果第 15.2.1 节的配置错误,则会导致即使 AP 的 MAC 地址正确但 AP 注册失败。

完成上述过程后,建议在 AC 上查看 AP 有没有注册成功,可以在 AC1 中通过输入命令“dis ap all”查看,如图 15-6 所示。只有在 AP 状态全部为 normal(正常)的情况下才可以继续下一步工作,如果状态为 fault(错误,eNSP 的最新版本则显示为 idle)则要停止当前的工作,去排除配置过程中的错误。要注意错误不一定出现在 AC1 上,也有可能是接入层交换机 S0、汇聚层交换机 Switch-depart1 或核心层交换机 Switch-primay 上发生错误,因为 WLAN 的管理报文是从接入层交换机 S0 一直到 AC1 的路径上传输的,中间任何一个设备的二层通道的配置有误都有可能使 AP 无法注册到 AC。只有排除所有错误，使 AC 上所显示的 AP 的状态为正常后才能开始下一步的工作，否则所有问题积累到后面就不知道问题到底出在哪里了。下一节叙述了各种 AP 注册失败的一些可能原因。

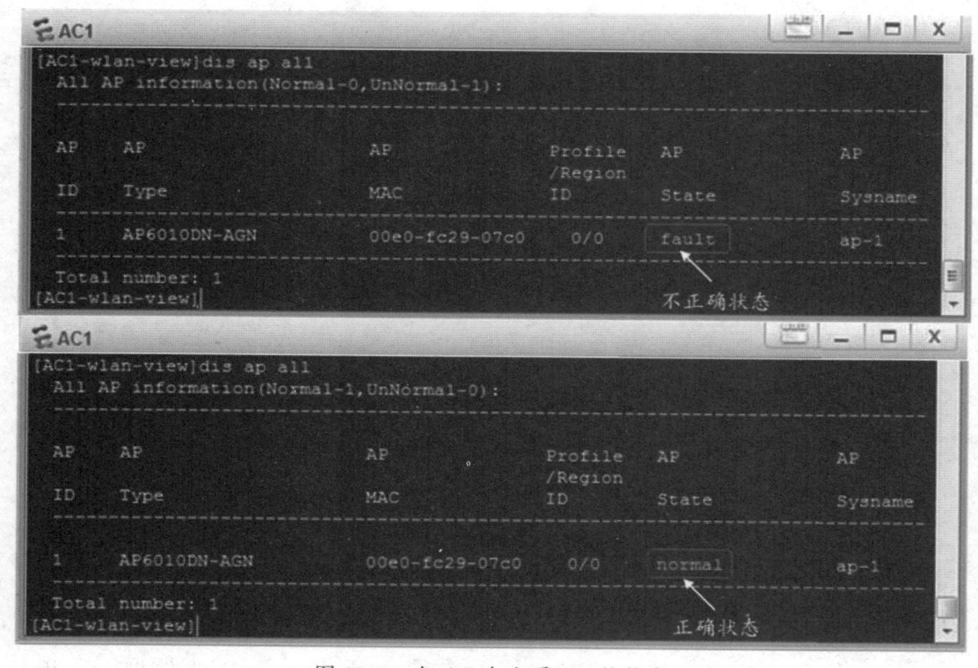

图 15-6　在 AC 中查看 AP 的状态

在 AP 状态为“normal”正常状态后，在 AP 上输入“dis ip int brief”可以看到 AP1 从 AC1 获得了动态分配的 IP 地址 10.255.255.254/24，如图 15-7 所示。在前面的配置中，从没有给 AP 配置过 IP 地址，表明 AP 的 IP 地址是从网络获取的。AP 能够获得 IP 地址，也说明第 15.2.1 节的二层通道配置是正确的。

AP 注册到 AC 的配置操作视频

工程文件下载

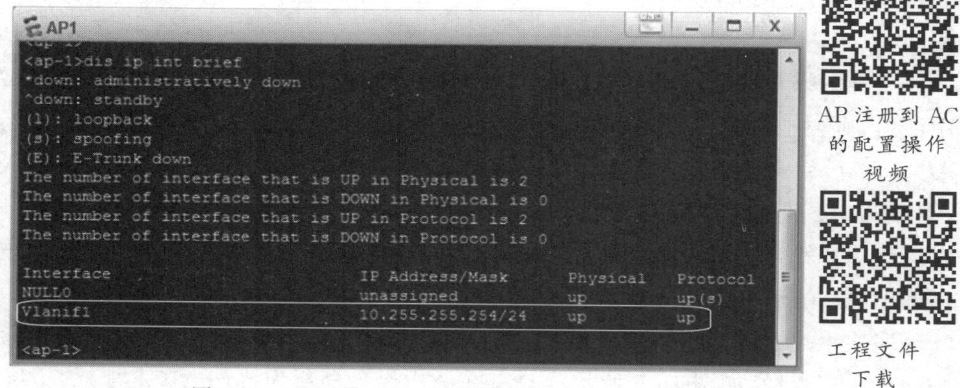

图 15-7　AP1 从 AC1 成功获得了 IP 地址

注意：尽管建议在 AP 成功注册到 AC 后再进行后续的配置，但也可以在 AP 状态为“fault”的情况下先把所有的 WLAN 参数都配置完，再一起查找错误。

15.2.3 AP注册失败的一些可能原因

AP无法注册到AC,查看AC中AP状态为fault(eNSP软件最新版本下为idle)的可能原因可以归为两大类。

与VLAN设置有关的错误。WLAN组网实现中必不可少的有管理vlan-id和业务vlan-id。如果是使用直接转发模式,路径上的交换机既要设置管理vlan-id,又要设置业务vlan-id,如果大型WLAN网络可能还有多个业务vlan-id。WLAN组网配置涉及的VLAN比较多,容易混淆出错。

(1) 接入层交换机中连接AP的接口没有配置pvid关键字,会使AP注册失败。使用关键字pvid显式地表明这个vlan-id是管理VLAN,从AP到AC路径上的所有交换机一直到AC都要允许这个valn-id通过。

假设接入层交换机连接AP的接口为e0/0/1,管理AP的VLAN设为1000,缺失下面的语句会导致AP无法注册到AC。

```
[Huawei-e0/0/1]port trunk pvid vlan 1000
```

(2) 从AP到AC的路径上的所有交换机一直到AC,如果使用了管理vlan-id但没有创建管理vlan-id会导致AP注册失败。初学者比较容易犯的错误是在接口上允许管理vlan-id通过,但没有创建管理vlan-id。而且这个错误不容易发现。

例如在三层组网、直接转发模式中,假设管理vlan-id为1000,AC1与交换机Switch-primary的互连链路要设置一个IP网段,需要设置一个VLAN,假设为2000,那么需要在这两个设备配置vlan1000和2000。但如果实际只按下面的语句设置:

```
[Switch-primary]vlan 2000
[Switch-primary-vlan2000]int g0/0/1
[Switch-primary-g0/0/1]port link-type trunk
[Switch-primary-g0/0/1]port trunk allow-pass vlan 1000 2000
[Switch-primary-g0/0/1]quit
```

由于交换机在配置“port trunk allow-pass vlan 1000 2000”语句时不会检查之前有没有创建过这些VLAN,所以当实际上没有这个VLAN时,交换机也不会弹出诸如“没有这个VLAN”的错误提示。这个时候尽管上面允许trunk类型端口通过两个VLAN,但实际上Switch-primary只创建了一个VLAN,这个漏掉的VLAN,Switch-primary交换机自始至终都不会提示,而这个VLAN刚好是管理vlan-id,从而导致AP注册失败。

事实上,如果从AP到AC的路径上的所有设备中的某一个设备缺少创建管理vlan-id,就会导致AP注册失败。

与IP地址有关的错误。在WLAN组网中,有管理AP的IP地址网段;有移动终端的IP地址网段;如果是三层组网,还有AC与交换机的互连网段。与IP地址有关的配置错误导致AP注册失败出现的频率非常高。

(3) 三层组网中,AC与交换机互连的网段分别设置为:

```
[AC]vlan 200
[AC-Vlan200]int vlan 200
[AC-Vlanif200]ip add 192.168.50.1 30
```

```
[Switch]vlan 200
[Switch-Vlan200]int vlan 200
[Switch-Vlanif200]ip add 192.168.50.254 30
```

AC将互连网段IP地址设置为192.168.50.1/30，交换机将互连网段IP地址设置为192.168.50.254/30，子网掩码长度为30。这两个地址实际上并不属于同一个IP网段，所以导致错误。192.168.50.1/30只与192.168.50.2/30为同一个网段，192.168.50.254/30只与192.168.50.254/30为同一个网段。只需要将这两个地址中的一个更改就可以了。

(4) 三层组网中，有初学者将地址池设置为：

```
[AC]ip pool 10
[AC-ip-pool-10]gateway-list 172.16.30.1
[AC-ip-pool-10]network 172.16.1.0 mask 24
……
```

这里的错误是AP的网关和地址池不在同一个网段，也会导致AP注册失败。修改地址池和网关在同一个网段即可。

(5) 如果选择某三层接口为AP直接分配IP地址，需使用语句“dhcp select interface”指定该接口作为为AP动态分配IP地址的DHCP服务器。如果漏掉了这个语句，则AP无法获得IP地址，导致AP无法成功注册。

(6) DHCP服务器中的IP地址指向错误也会导致注册不成功。例如编者在一次调试无线局域网时，为AP分配IP地址的服务器地址本来是10.1.255.1/24，但是在配置option 43 sub-option 3 ascii后面所带的服务器IP地址时，将IP地址写成了10.1.225.1，即把“255”写成了“225”，导致AP无法获得IP地址，AP就无法注册到AC。而这个错误非常不容易发现，花了很长时间去排除其他不存在的错误，最后才发现是IP地址错误。还有一次把“192.168.10.1”写成了192.16.10.1”，结果也是长时间没有看出来，导致AP注册失败，所以要特别注意IP地址配置错误。

在三层组网中为AP动态分配IP地址的服务器设置在AC上，此时要设置server-ip x.x.x.x，在option 43中要设置ascii x.x.x.x，要设置gateway-list x.x.x.x。这些地址有特定的指向，要特别注意这些IP地址的指向，如果应该指向某个IP地址但实际指向了另外一个IP地址，就会导致AP注册失败。

(7) 三层组网中，AC与AP的IP地址不在相同网段，通常的做法是在AC与其直接连接的交换机间设置一个IP互连网段。AP的网关只能设置在除AC外的其他交换机上。在这个交换机上设置AP的网关时，应该是设置管理vlan-id的三层虚拟接口和IP地址，而不能用别的vlan-id的三层接口作为AP的网关，这一点很容易让人疏忽。AC上需要设置一个VLAN的三层接口作为与交换机互连的三层接口，AC上的这个用于互连网段的vlan-id不能使用管理vlan-id，需设置一个新的vlan-id。AC的源接口不一定非要是管理vlan-id的三层虚拟接口，但AP的网关必须是管理VLAN的三层虚拟接口。如果是二层组网，AP的网关设置在AC上时，同样也应该是管理VLAN的三层接口作为AP的网关。这段话不好理解，用图15-8可以更好地说明。

(8) 子网掩码配置错误导致有的AP注册成功，有的AP注册失败。在网络中经常使用的子网掩码有 30 位和 24 位，30 位常用于设备与设备之间的连接，24 位常用于用户计算机子网。有的初学者对子网掩码的理解不透彻，将 AC 为 AP 分配 IP 地址的服务器的网段子网掩码设置为 30，由于子网掩码为 30 位的 IP 网段实际只有两个可用地址，除去管理 AP 的网关占用一个 IP 地址，这时只剩下一个 IP 地址能够分配给 AP，所以只有一个 AP 成功注册，其他的 AP 不能注册。这个错误极具隐蔽性，不容易发现。通常一遍遍地排错，都找不到其他错误，而且也不容易想到错误是出在子网掩码上。

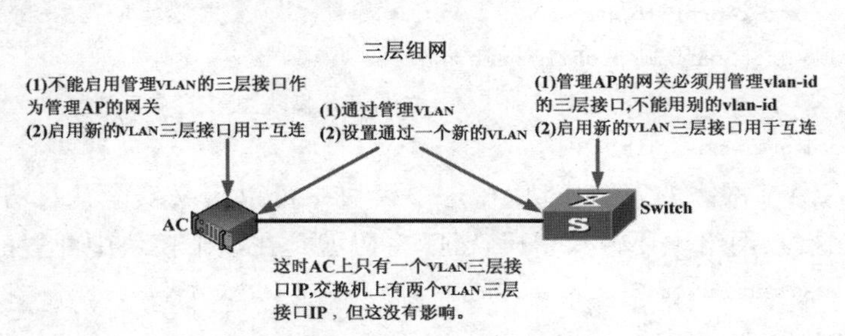

图 15-8　三层组网时 AC 和 AP 的 vlan 配置

15.2.4　在 AC 上配置无线参数

在第 14.1 节中曾经介绍过 WLAN 需要配置如图 14-3 所示的几个模块，下面的配置就是围绕图 14-3 展开的。

1. 配置 AP 所属的域

```
[AC1-wlan-view]ap-region id 10                 /＊创建一个域，域 ID 可以自由设置＊/
[AC1-wlan-ap-region-10]quit
[AC1-wlan-view]ap id 1                         /＊这里的 ap ID 1 需与前面添加到 AC 中的 ap id 相同＊/
[AC1-wlan-ap-1]region-id 10                    /＊将 AP1 添加到前面创建的域 10 中＊/
[AC1-wlan-ap-1]quit
[AC1-wlan-view]quit
```

2. 配置 wlan-ess 接口

在 WLAN 网络中，wlan-ess 接口是一个虚接口，它类似于局域网中的 VLAN。在 wlan-ess 中配置的 vlan-id，实际上是分配给 AP 服务区中的移动终端，作为移动终端的业务 vlan-id。例如下面在 wlan-ess 0 接口配置的 pvid vlan1001，将通过配置下发的方式下发到 AP1 上。而连接在 AP1 服务区下的所有移动终端都将属于 vlan1001。

```
[AC1]int wlan-ess 0                            /＊创建一个 wlan-ess 接口，0 为该接口 ID，可为其他数字＊/
[AC1-Wlan-Ess0]port hybrid pvid vlan 1001      /＊1001 实际为 AP1 服务区内移动终端所属的 VLAN＊/
[AC1-Wlan-Ess0]port hybrid untagged vlan 1001
[AC1-Wlan-Ess0]quit
```

wlan-ess 虚接口还可以启用各种安全认证、QoS 策略以及 ACL 等，但为了简单起见，这里都不配置。

3. 配置 wmm 模块

wmm 模块可以定义流量优先级。这里只定义一个 wmm 模块，名称为 zwu，意味着这个 wmm 模块里的参数全部采用系统默认的配置。这个模块提供给 radio 射频模块引用。

```
[AC1]wlan                                                  /*进入 WLAN 视图*/
[AC1-wlan-view]wmm-profile name zwu                        /*定义 wmm 模块,名称可任意*/
[AC1-wlan-wmm-prof-zwu]quit
```

4. 配置 radio 射频模块

射频模块的功能比较多,可以设置功率、802.11 类型等。射频模块必须要引用前面已定义的 wmm 模块才能起作用。模块里的其他参数可以采用系统默认配置。

```
[AC1-wlan-view]radio-profile name zwu                      /*定义射频 radio 模块,名称可任意*/
[AC1-wlan-radio-prof-zwu]wmm-profile name zwu
                                        /*在 radio 模块中引入前面已定义的 wmm 模块名 zwu*/
[AC1-wlan-radio-prof-zwu]quit
```

下面配置 WLAN 网络的安全模块,在这个模块中可以定义安全认证方式,类似于真实 WLAN 中用户在接入网络中要输入密码认证,密码就是在这个模块中配置的。

```
[AC1-wlan-view]security-profile name zwu                   /*定义安全 security 模块,名称可任意*/
[AC1-wlan-sec-prof-zwu]quit
```

这里只定义了一个名称,模块里的其他参数全部采用系统默认配置。系统默认是开放,即无线局域网用户不需要输入密码就可以自由接入 WLAN 网络。如果要配置具体的安全认证方式和密码,则需要在 zwu 名称下继续配置。有关安全认证的实现方法详见第15.2.4节内容。

5. 配置 traffic 流量模块

流量模块里可以定义流量限速等。不过这里只定义一个名称,模块里的其他参数全部采用系统默认配置。

```
[AC1-wlan-view]traffic-profile name zwu                    /*定义流量 traffic 模块,名称可任意*/
[AC1-wlan-traffic-prof-zwu]quit
```

6. 配置 service-set 服务集模块

服务集模块和射频模块将被引入到 AP 的射频中。服务集是一个庞大的参数集合。它除了要引入前面已定义的 wlan-ess 虚拟接口、流量 traffic 模块和安全 security 模块之外,还需要定义 ssid、定义 service-vlan 和业务报文转发模式 forward-mode。服务集和 ssid 名称都可以任意定义,ssid 名称就是手机中搜索 WLAN 网络时出现在手机中的 WLAN 网络名称。service-vlan 中的 vlan-id 需要与前面定义的 wlan-ess 接口的 vlan-id 对应。

```
[AC1-wlan-view]service-set name zwu                        /*定义服务集,名称可任意*/
[AC1-wlan-service-set-zwu]ssid zwu                         /*定义服务集中的 ssid,名称可任意*/
                 /* ssid 就是无线局域网用户在搜索附近的 WLAN 网络时出现在手机的 WLAN 名称*/
[AC1-wlan-service-set-zwu]wlan-ess 0                /*在 WLAN 服务集中引入前定义的 wlan-ess*/
[AC1-wlan-service-set-zwu]service-vlan 1001
/*在 WLAN 服务集中引入前面 wlan-ess 中定义的 vlan-id,这个 VLAN 就是服务于移动终端的 VLAN*/
[AC1-wlan-service-set-zwu]security-profile name zwu
                                        /*在 WLAN 服务集中引入前面已经定义好的安全模块*/
[AC1-wlan-service-set-zwu]traffic-profile name zwu
                                        /*在 WLAN 服务集中引入前面已经定义好的流量模块*/
[AC1-wlan-service-set-zwu]forward-mode direct                  /*默认直接转发,可不配置*/
```

```
[AC1-wlan-service-set-zwu]quit
```

业务报文转发模式 forward-mode 有两个参数可选，一个是 tunnel 对应隧道转发模式，另一个是 direct 对应直接转发模式。这个参数不能随便选择，它应该服从于初始的网络设计，与第 15.2.1 节所构建的二层通道紧密相关。tunnel 和 direct 两种不同的转发方式在15.2.1节中的配置会有不同。

上面将多个无线参数名称都定义为 zwu，这是允许的，因为这些参数是不同类型的参数，不会因为名称相同而相互干扰。当然相同类型的参数则需要起不同的名称以示区分。

7. 最后配置 AP 的射频单元

WLAN 网络有 2.4GHz 和 5GHz 两个通信频段。用“0”指代 WLAN 网络的 2.4GHz 通信频段，用“1”指代 5GHz 通信频段。在一次配置中，不能同时配置两个通信频段。指定了通信频段后，接着在射频单元中引入前面已定义的服务集模块和射频模块。当无线局域网中有多个 AP 时，需要在 AC 中为每一个 AP 都创建射频单元。下面只为 AP 配置2.4GHz通信频段的射频单元，双频网络的配置实现见第 15.2.8 节。以下为 AP1 分配 2.4GHz 通信频段射频单元：

```
[AC1-wlan-view]ap 1 radio 0                        /* 在 AC1 中为 AP1 创建 2.4GHz 射频单元 */
[AC1-wlan-radio-1/0]radio-profile name zwu
                                   /* 为 AP 的射频引入前面已经定义的射频 radio 模块 */
```

此处出现提示信息 Warning: Modify the Radio type may cause some parameters of Radio resume default value, are you sure to continue? [Y/N]：需输入 y

```
[AC1-wlan-radio-1/0]service-set name zwu      /* 为 AP 的射频引入前面已经定义的服务集模块 */
[AC1-wlan-radio-1/0]quit
[AC1-wlan-view]commit ap 1                              /* AC1 将无线参数下发给 AP1 */
```

此处出现提示信息 Warning: Committing configuration may cause service interruption, continue? [Y/N]：需输入 y。

输入此命令后，如果提示信息为“Error: AP in this state is not allowed to issue configuration.”这是一个告警提示，它的含义是“错误：这个状态的 AP 不允许被发送配置。”也就是表明这个 AP 未能正确注册到 AC，AP 的当前状态不为“normal 正常”状态，而是“fault 错误”状态。此时要返回到 15.2.2 节重新解决 AP 注册到 AC。只有 AP 的状态为“normal 正常”状态时 AC 才能将无线配置下发给 AP。

如果 WLAN 网络中的 AC 下带了多个 AP，可以使用命令“commit all”一次性将配置下发给所有 AP。

当 AC1 完成配置下发后，如果配置正确的话，一般需略微等待几分钟时间（具体时间依赖于个人计算机配置，有时长达半小时以上），可以看到 AP 发出类似电磁波一样的圆圈，就表明 WLAN 网络起作用了，如图 15-9 所示。

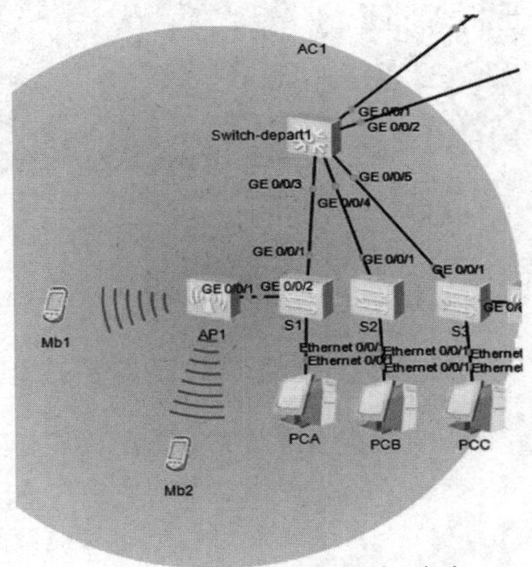

图 15-9　AP 发出无线电磁波，移动终端连接上 AP

打开 WLAN 网络中的移动终端,鼠标右键点击选中列表中的一行,点击"连接",就可以显示"正在连接""正在获得 ip 地址"直到显示"已连接",说明 WLAN 网络中的移动终端成功连接到 AP,并从网络中获得了 IP 地址,如图 15-10 所示。

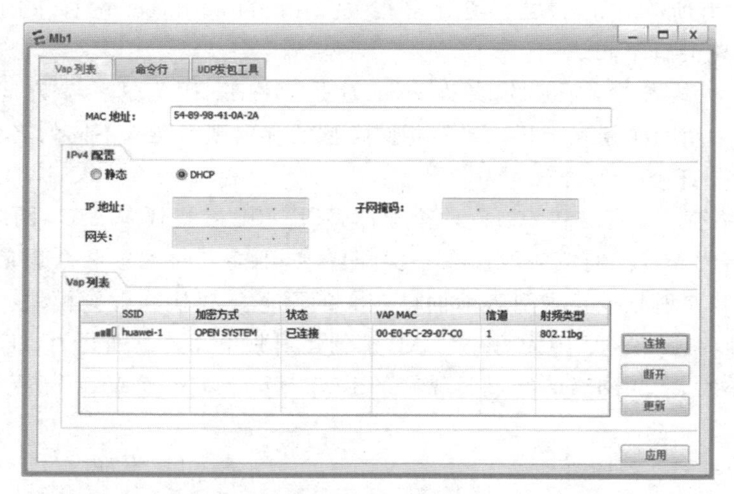

图 15-10　移动终端成功连接上无线网络并获得 IP 地址

选中移动终端界面框中的"命令行"选项卡,在命令行中输入"ipconfig",可以看到移动终端所获得的 IP 地址。图 15-11 显示移动终端 Mb1 获得了动态分配的 IP 地址 10.1.1.254。

图 15-11　移动终端获得动态分配的 IP 地址

连接上 Mb1 和 Mb2,然后 Mb1ping Mb2,显示可以 ping 通,表明 WLAN 网络组网成功。

15.2.5　无线参数配置完成但电磁波圆圈不出现的一些原因

(1) 当配置完成并确信配置没有错误后,如果 AP 电磁波圆圈长时间不出现,可以重启 AP 甚至 AC,有时候需要重启多次 AP。

(2) 当配置无误后,AP 电磁波圆圈有可能要等待半小时甚至更长时间才能出现。出现快慢取决于当时计算机的运行状况(计算机打开的程序、内存占用情况等)。当 WLAN 组网是一个大型网络时,有可能根本不出现,需要重启计算机才可以。主要原因就是大型网络仿真需要消耗大量的计算机资源。

(3) 在 AC 或相关交换机没有配置 WLAN 网段的路由也是导致电磁波圆圈不出现的一个可能原因。

(4) 在 eNSP 最新版本中,一个至多个 AP 可以划分到同一个 AP 组 ap-group,同一个组只能使用一个 vap 模块。同一个组中的所有 AP 将获得这个 vap 的所有属性。由于 vap 中只定义一个 service-vlan,所以同一个 AP 组中的所有 AP 服务区中的所有移动终端将属于同一个 VLAN,获得同一个网段的 IP 地址。不同的 AP 组可以使用相同的 vap 模块,但同一个 AP 组中不能使用两个以上的 vap 模块,因为这将使一个 AP 组中的 AP 学习混乱,不知道自己将属于哪一个 vap 模块中定义的 VLAN,会导致 AC 中显示所有 AP 注册成功,但有的 AP 出现电磁波圆圈,有的 AP 不出现电磁波圆圈。

15.2.6　移动终端连接 WLAN 失败的一些可能原因

移动终端一直处于“正在获取 ip”状态的可能原因如下:

(1) 用户配置完 WLAN 网络后,AP 发出了电磁波圆圈,如果移动终端连接到网络时一直处于“正在获得 ip 地址”状态,有可能所有配置都正确,只是计算机系统资源不够,这时可以给 AP 断电,然后再启动 AP,等待几分钟后移动终端显示连接上。如果还不能连接上,再看下面的条目。

(2) AP 至 AC 路径中的某个交换机仅仅只是在端口允许某个 VLAN 通过但没有创建某个 VLAN。在直接转发模式中,接入层交换机到配置为移动终端网关的那台交换机除了配置管理 vlan-id 外,还需要配置业务 vlan-id。初学者常常比较关注管理 vlan-id,有时忽略了业务 vlan-id,在交换机的端口中允许了某个业务 vlan-id 通过,但没有提前创建这个 vlan-id。交换机不会提示这个错误。这种情况不影响电磁波圆圈,但会导致移动终端不能获得 IP 地址,可以看到一直处于“正在获得 ip 地址”的状态。不过如果是没有提前创建管理 vlan-id 而在端口允许通过,就会导致 AP 注册失败。

AP 至 AC 的二层通道允许管理 vlan-id 或业务 vlan-id 通过的路径不完整,中间有缺失,当 AP 到 AC 路径上的某个设备缺失管理 vlan-id 时会导致 AP 获得不了 IP 地址,从而 AP 注册失败。当 AP 到 AC 路径上的某个设备缺失业务 vlan-id 时会导致移动终端获得不了 IP 地址,出现“正在获得 ip”状态。当然 AP 到 AC 路径上的某个设备多配置了,也有可能导致出现“正在获得 ip”。

(3) AP 至 AC 的二层通道允许管理 vlan-id 或业务 vlan-id 通过的路径不完整,中间有缺失。当中间缺失管理 vlan-id 时会导致 AP 获得不了 IP 地址,从而 AP 注册失败。当中间缺失业务 vlan-id 时会导致移动终端获得不了 IP 地址,出现“正在获得 ip 地址”状态。当然中间路径多配置了,也有可能导致出现“正在获得 ip 状态”。

(4) 在 AC 的无线参数和 AP 至 AC 间的二层通道都设置正确的情况下,AP 注册成功,电磁波圆圈出现,但服务集 service-set 中设置的业务报文的转发模式与二层通道实际设置不一致时,会导致移动终端一直处于“正在获得 ip”状态。例如编者在一次 WLAN 组网中,二层通道是按直接转发模式来设置的,但服务集中的转发模式却设置为隧道转发模式,结果移动终端一直显示“正在获得 ip 地址”。再如转发模式设置为隧道模式,但是连接 AP 的接入层交换机的端口又设置了允许业务 vlan-id 通过，也会导致“正在获得 ip”。这些都是 AP 至 AC 的二层通道设置与实际转发模式设置不相符。这类情况不容易排除故障，因为二层通道配置都正确，AC 的无线参数配置也正确，看不出错在哪里，仅仅是一个数据转发模式不匹配导致出现这种情况。

(5) 服务集 service-set 中 wlan-ess 和 service-vlan 两个参数中的 VLAN 不一致，会导致移动终端处于“正在获得 ip 地址”状态。

上述第(2)～(5)条都可以看作与 VLAN 配置有关，所以在 WLAN 组网的配置实现过程中，要特别注意掌握 AP 至 AC 间完整的二层通道的配置方法。

(6) AC 或交换机都可以配置为移动终端的网关，如果配置为移动终端的网关接口没有配置“dhcp select interface”语句，也会导致移动终端一直处于“正在获得 ip 地址”状态。

(7) eNSP 软件最新版本参考文档使用 vlan-pool 为移动终端划分 VLAN，但实际实验中发现使用 vlan-pool 时，移动终端在连接 WLAN 时经常处于“正在获得 ip 地址”的状态，因此建议在 service-vlan 下直接使用业务 vlan-id 号。

移动终端长时间处于“正在连接”状态之后出现“未连接”的可能原因如下：

移动终端一直处于“正在连接”状态，在排查了所有错误之后，有可能是 AP 间隔太近，两个 AP 的电磁波圆圈重叠区太多的原因。建议把 AP 拉开一点，间隔大一点。

明明将移动终端划分到了不同的 VLAN 让它们获得不同网段的 IP 地址，但最后它们仍获得相同网段的 IP 地址可能原因如下：

在 eNSP 500 版本中，这个错误不容易出现。但在 eNSP 最新版本中，这个错误比较常见，主要是将多个 AP 划分到了同一个 AP 组中。既然要为移动终端划分不同网段的 IP 地址，那么就要创建多个 vap 模块，多个 AP 组。初学者一般会注意到不同的 AP 组引用不同的 vap 模块，这样不同的 AP 组中的 AP 将获得不同的 VLAN，这样不同 AP 组中的 AP 服务区中的移动终端将获得不同的 IP 地址。这部分配置如下所示：

```
[AC-wlan-view]ap-group name zwu1
[AC-wlan-ap-group-zwu1]vap-profile zwu1 wlan 1 radio 0
[AC-wlan-ap-group-zwu1]vap-profile zwu1 wlan 1 radio 1
[AC-wlan-view]ap-group name zwu2
[AC-wlan-ap-group-zwu2]vap-profile zwu2 wlan 1 radio 0
[AC-wlan-ap-group-zwu2]vap-profile zwu2 wlan 1 radio 1
```

上面操作是将不同的 AP 组划分到了不同的 vap 中定义的 VLAN，移动终端将获得不同网段的 IP 地址，但是如果在前面没有将 AP 划分到不同的组，而是划分到一个相同的组中，这些 AP 仍然会获得一个 vap 模块中定义的 VLAN，从而使 AP 服务区中的移动终端获得相同网段的 IP 地址。例如下面的配置：

```
[AC-wlan-view]ap-id 1
[AC-wlan-ap-id-1] ap-group name zwu1
[AC-wlan-view]ap-id 2
[AC-wlan-ap-id-2] ap-group name zwu1
```

上面的操作把两个 AP 划分到同一个 AP 组 zwu1 中，使得两者都属于 vap-profile zwu1 定义的 VLAN。

在 eNSP 500 版本中,可以将多个 AP 划分到一个域中,尽管在一个域中,但不同 AP 可以获得不同网段的 IP 地址。但在最新版本中,如果将多个 AP 划分到同一个 AP 组,则因为同一个 AP 组只能引用一个 vap 模块,这些 AP 属于同一个 VLAN,只能获得相同网段的 IP 地址。这是 500 版本中的"region 域"与最新版本中的"group 组"不相同的地方。

15.2.7　WLAN 安全认证

上面 WLAN 组网实现中没有配置安全认证。实际上 WLAN 组网配置安全认证并不复杂,只需在 WLAN 的安全模块中增加安全认证的配置命令就可以了。WLAN 网络提供多种安全认证方式,其中 eNSP 软件提供 wapi、wep、wpa 和 wpa2 等四种 WLAN 安全认证方法,在命令 security-policy 中可进行选择,如图 15-12 所示。每种安全认证方法的配置略有不同,多尝试几次就可以完成配置。如果想了解这几种 WLAN 安全认证方式的技术细节可以查阅网络。

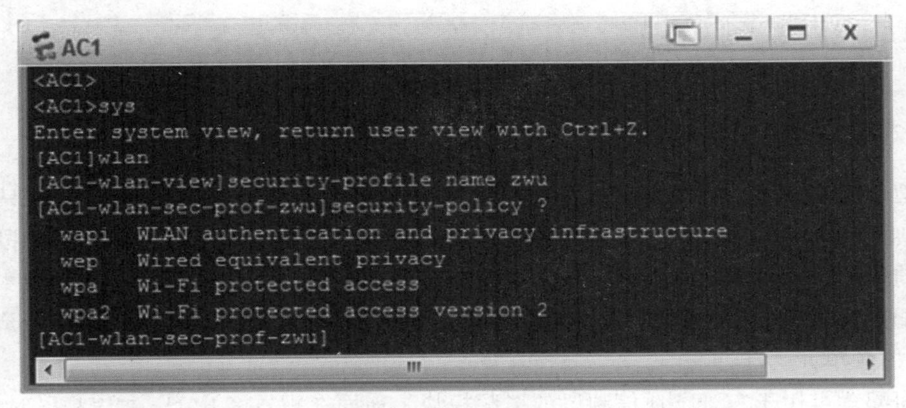

图 15-12　eNSP 软件提供四种 WLAN 安全认证方法

在第 15.2.4 节中配置安全模块 security-profile 时只使用一句命令"[AC1-wlan-view] security-profile name zwu"就完成了安全模块的配置,这样配置实际上 WLAN 采用开放的不认证方式,移动终端不需要输入密码就可以接入到 WLAN。如果要采用密码验证方式,则需要在此语句下继续配置。下面只给出 wep 认证配置,更多的安全认证方式可以在配置过程中选择。

```
[AC1-wlan-view]security-profile name zwu                    /* 在安全模块下设置密码认证 */
[AC1-wlan-sec-prof-zwu]security-policy wep                  /* 安全策略有多个可选项 */
[AC1-wlan-sec-prof-zwu]wep key wep-40 pass-phrase 0 cipher 12345
                                                            /* pass-phrase 意为密码短语 */
[AC1-wlan-sec-prof-zwu]wep authentication-method share-key
[AC1-wlan-sec-prof-zwu]quit
```

配置了安全认证后,在移动终端连接 AP 时,弹出一个窗口,要求输入密码,密码正确就可以成功连接,错误就无法连接了,如图 15-13 所示。

WLAN 网络的安全配置操作视频

工程文件下载

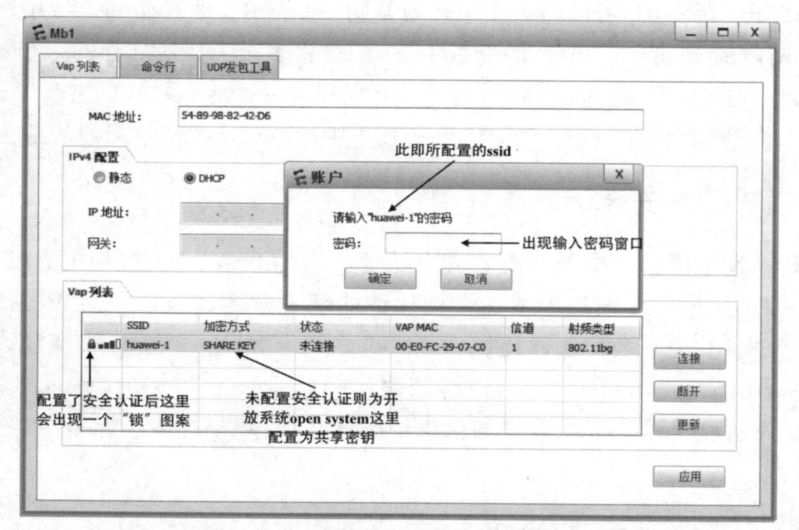

图 15-13 配置安全认证后移动终端连接 WLAN 需要输入密码

15.2.8 WLAN 双频组网

所谓双频就是指 WLAN 的 2.4GHz 和 5GHz 两个工作频段。前面的配置只实现了2.4GHz通信频段。实际 WLAN 建网中可以同时启用两个通信频段,两个通信频段可以容纳更多的用户接入到 WLAN,所以双频组网能够提高 WLAN 网络容量。

要配置实现 WLAN 双频网络,在前面配置基础上,只需要修改两个地方,一是射频模块,二是射频单元。

下面配置可用于 5GHz 通信频段的射频模块。前面在配置 2.4GHz 通信频段时,已创建了一个 radio 射频模块,但那个 radio 射频模块中没有带 radio-type 80211n 语句,不能用于5GHz,只能用于 2.4GHz。而下面配置的 radio 射频模块既可以用于 2.4GHz 通信频段,又可以用于 5GHz 通信频段。

```
[AC1-wlan-view]radio-profile name zwu-twin                /* 定义 5GHz 频段射频模块名称 */
[AC1-wlan-radio-prof-zwu-twin]radio-type 80211n
                                              /* 指定 wlan 协议版本号,5GHz 频段必配 */
[AC1-wlan-radio-prof-zwu-twin]channel-mode fixed                      /* 可不配置,默认 */
[AC1-wlan-radio-prof-zwu-twin]wmm-profile name zwu
    /* 在 radio 模块中引入前面已定义的 wmm 模块名 zwu,无特别要求,可共用之前的 wmm 配置 */
[AC1-wlan-radio-prof-zwu]quit
```

下面在 AC 中为 AP 创建射频单元。如果要在 WLAN 同时使用 2.4GHz 和 5GHz 两个频段,需要配置两次,分别配置 0 和 1。

```
/* 以下为 AP1 创建 2.4GHz 射频单元 */
[AC1-wlan-view]ap 1 radio 0                          /* 2.4GHz 射频单元 radio 必须用 0 */
[AC1-wlan-radio-1/0]radio-profile name zwu
/* 为 AP 的射频引入前面已经定义的射频 radio 模块,引入的这个 radio 模块可以是定义中不带
radio-type 80211n 语句,也可以带 radio-type 80211n 语句。可以和下面的 5GHz 共用一个 radio 模块
```

zwu-twin，但这里使用一个不同的、前面定义的 radio 模块 zwu */

```
[AC1-wlan-radio-1/0]service-set name zwu                    /*引入已经定义的服务集*/
[AC1-wlan-radio-1/0]quit
/*以下为 AP1 创建 5GHz 射频单元*/
[AC1-wlan-view]ap 1 radio 1                                 /*5GHz 射频单元 radio 必须用 1*/
[AC1-wlan-radio-1/1]radio-profile name zwu-twin
```

/*为 AP 的射频引入前面已经定义的射频 radio 模块，引入的这个 radio 模块必须定义中包含 radio-type 80211n 语句*/

```
[AC1-wlan-radio-1/1]service-set name zwu                    /*引入前面已经定义的服务集*/
[AC1-wlan-radio-1/1]quit
[AC1-wlan-view]commit ap 1                                  /*AC1 将无线参数下发给 AP1*/
```

配置下发后，可以看到 AP 出现两道明显不同的电磁波圆圈，如图 15-14 所示。

说明：当定义的服务集 service-set zwu 采用的安全认证方式为 wep 时，会提示错误"Error：802.11n is conflict with wep-open-system or wep-share-key or tkip."。这个错误意义为"802.11n 和 wep 开放系统认证或 wep 共享密钥认证或 tkip 认证方式冲突"，即 802.11n 标准和这三种认证方式不兼容。要使用 802.11n 标准建设 WLAN，服务集中引用的安全认证不能使用"wep 开放系统、wep 共享密钥以及 tkip"安全认证方式，需要使用其他的安全认证方式。

由于第 15.2.4 节安全认证中，为服务集选择了 wep 安全认证方式，所以在使用命令"[AC1-wlan-radio-1/1]service-set name zwu"时报错。需要重新定义一个服务集，安全认证采用 802.11n 兼容的安全认证方式（即非 wep 认证）。为此先定义一个安全模块，使用的安全认证方式不同于前面的 wep 认证。

```
[AC1]wlan
[AC1-wlan-view]security-profile name zwu-twin                /*定义安全模块名称 zwu-twin*/
[AC1-wlan-sec-profile-zwu-twin]security-policy wpa2                   /*选择 wpa2 认证*/
[AC1-wlan-sec-profile-zwu-twin] wpa2 authentication-method psk pass-phrase simple 6ppq * utp
encryption-method ccmp
```

/*authentication-method 后可选 dot1x 和 psk，psk 后可选有 hex 和 pass-phrase，encryption-method 后可选有 ccmp 和 tkip，密码必须使用字母+数字+字符的组合，长度为 8～63 位*/

```
[AC1-wlan-sec-profile-zwu-twin]quit
```

再定义一个新服务集 service-set，名称为 zwu-twin。这个新服务集除了引用新定义的安全模板 zwu-twin 外，其余要引用的参数与前面第 15.2.4 节定义的服务集 service-set zwu 中的参数完全相同。

```
[AC1-wlan-view]service-set name zwu-twin
[AC1-wlan-service-set name-zwu-twin]wlan-ess 0
[AC1-wlan-service-set name-zwu-twin]ssid zwu
[AC1-wlan-service-set name-zwu-twin]traffic-profile name zwu
[AC1-wlan-service-set name-zwu-twin]service-vlan 1001
[AC1-wlan-service-set name-zwu-twin]security-profile name zwu-twin
[AC1-wlan-service-set name-zwu-twin]quit
```

最后再重新为 AP1 创建一次 5GHz 射频单元。

```
/* 以下为 AP1 创建 5GHz 射频单元 */
[AC1-wlan-view]ap 1 radio 1                                  /* 5GHz 射频单元 radio 后必须用 1 */
[AC1-wlan-radio-1/1]radio-profile name zwu-twin
/* 为 AP 的射频引入前面已经定义的射频 radio 模块,引入的这个 radio 模块必须定义中包含 radio-type 80211n 语句 */
[AC1-wlan-radio-1/1]service-set name zwu-twin                /* 引入前面已经定义的无线服务集 */
[AC1-wlan-radio-1/1]quit
[AC1-wlan-view]commit ap 1                                   /* AC1 将无线参数下发给 AP1 */
```

配置完成后,eNSP 软件操作界面呈现一个双圆圈,如图 15-14 所示,外圆圈蓝灰色是 2.4GHz 工作频段,圆圈旁有极小的灰色字体显示"1/2.4G/54Mbps",其中"1"表示的是信道编号,"2.4G"表示当前 WLAN 的工作频段,"54Mbps"表示的是数据传输速率。内圆圈紫红色是 5GHz 工作频段,圆圈旁有极小的灰色字体显示"149/5 G /600Mbps",其中"149"表示当前使用的倍道编号是 149,"5G"表示当前 WLAN 的工作频段,"600Mbps"表示的是数据传输速率。可见 802.11n 标准的数据传输速率非常高。

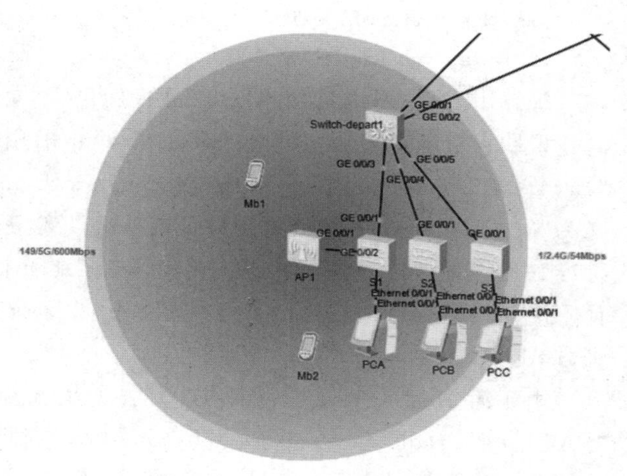

图 15-14　WLAN 双频组网

双频组网中,eNSP 软件中的移动终端可以搜索到两个 SSID 表示的无线网络,但每次只能接入到一个 SSID 表示的无线网络,它们的认证方式可以不同,如图 15-15 所示。

WLAN 双频组网操作视频

工程文件下载

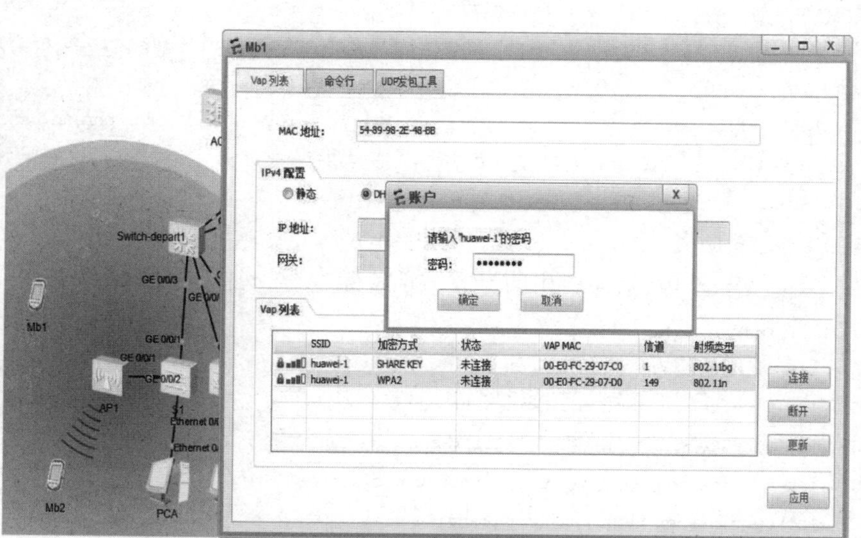

图 15-15　双频组网中移动终端每次只能接入到一个 SSID 表示的无线网络

15.2.9　局域网和 WLAN 混合组网的网络互通测试

在完成上面配置后，可以进行网络的互通测试工作，如果发现网络不互通，则需要查找网络故障。图 15-16 显示的是从移动终端 Mb2 ping 局域网用户计算机 PCA 的结果，显示可以互通。

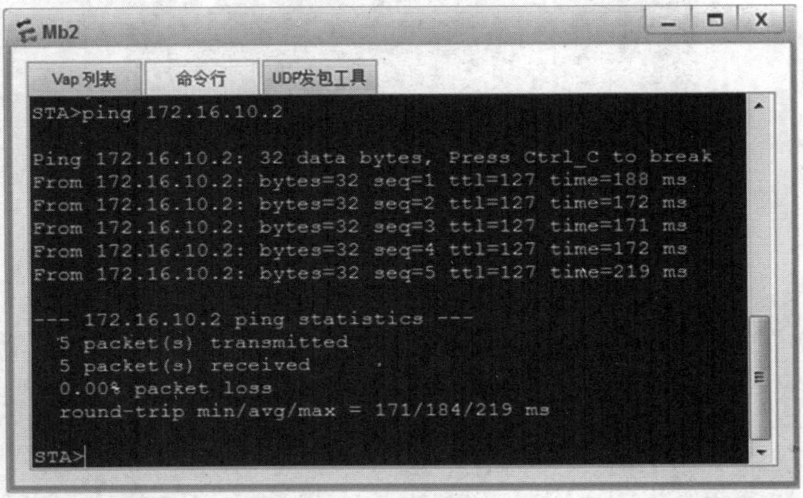

Mb2
Vap 列表
命令行
UDP发包工具
STA>ping 172.16.10.2
Ping 172.16.10.2: 32 data bytes, Press Ctrl_C to break
From 172.16.10.2: bytes=32 seq=1 ttl=127 time=188 ms
From 172.16.10.2: bytes=32 seq=2 ttl=127 time=172 ms
From 172.16.10.2: bytes=32 seq=3 ttl=127 time=171 ms
From 172.16.10.2: bytes=32 seq=4 ttl=127 time=172 ms
From 172.16.10.2: bytes=32 seq=5 ttl=127 time=219 ms
--- 172.16.10.2 ping statistics ---
5 packet(s) transmitted
5 packet(s) received
0.00% packet loss
round-trip min/avg/max = 171/184/219 ms
STA>

图 15-16　WLAN 网络中的移动终端与局域网用户计算机 PCA 互通

图 15-17 显示的是 Mb2 tracert 局域网用户计算机 PCA 的结果，显示只经过两跳。原因是两者的网关其实设置在同一个汇聚层交换机 Switch-depart1 上，只是它们被规划在不同的网段。

Mb2
Vap 列表
命令行
UDP发包工具
STA>tracert 172.16.10.2
traceroute to 172.16.10.2, 8 hops max
(ICMP), press Ctrl+C to stop
1 10.1.1.1 156 ms 141 ms 140 ms
2 172.16.10.2 172 ms 187 ms 187 ms
STA>

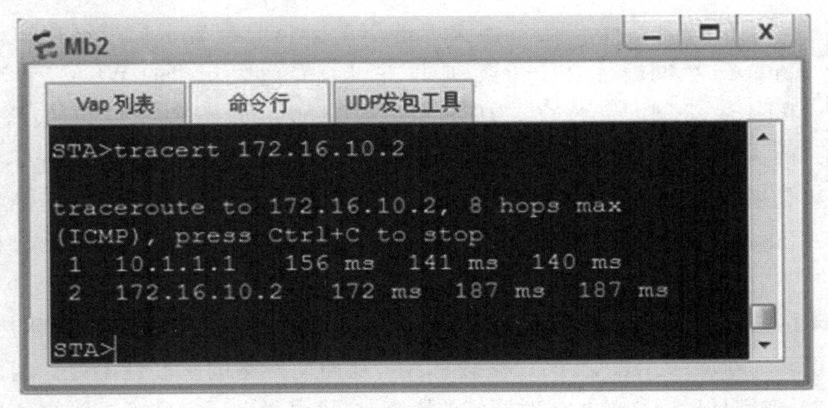

图 15-17　WLAN 网络中的移动终端 Mb2 tracert 局域网用户计算机 PCA

图 15-18 显示的是移动终端 Mb1 ping 外部网络 Internet 中一台计算机的结果，显示在原网络的防火墙没有为移动终端的网段做任何操作的情况下，移动终端也可以访问外网。

Mb1

Vap 列表 | 命令行 | UDP发包工具

```
STA>ping 61.153.60.2

Ping 61.153.60.2: 32 data bytes, Press Ctrl_C to break
From 61.153.60.2: bytes=32 seq=1 ttl=250 time=437 ms
From 61.153.60.2: bytes=32 seq=2 ttl=250 time=219 ms
From 61.153.60.2: bytes=32 seq=3 ttl=250 time=234 ms
From 61.153.60.2: bytes=32 seq=4 ttl=250 time=265 ms
From 61.153.60.2: bytes=32 seq=5 ttl=250 time=234 ms

--- 61.153.60.2 ping statistics ---
  5 packet(s) transmitted
  5 packet(s) received
  0.00% packet loss
  round-trip min/avg/max = 219/277/437 ms

STA>
```

图 15-18　移动终端 Mb1 ping 外网中的计算机 PC4

当移动终端 Mb1 ping 通 Internet 公网中的计算机 PC4 后，在防火墙 FW1 上可以查看到 NAT 转换信息，如图 15-19 所示。结果显示网络中扩展的无线局域网移动终端也通过 NAT 方式访问外网，内网地址 10.1.1.254 转换为 NAT 地址池中的地址 21.13.10.2。

FW1

```
<FW1>display firewall session table
21:49:48  2018/07/28
 Current Total Sessions : 5
  icmp  VPN:public --> public 10.1.1.254:34164[21.13.10.2:2053]-->61.153.60.2:2048
  icmp  VPN:public --> public 10.1.1.254:34420[21.13.10.2:2054]-->61.153.60.2:2048
  icmp  VPN:public --> public 10.1.1.254:34932[21.13.10.2:2055]-->61.153.60.2:2048
  icmp  VPN:public --> public 10.1.1.254:35188[21.13.10.2:2056]-->61.153.60.2:2048
  icmp  VPN:public --> public 10.1.1.254:35444[21.13.10.2:2057]-->61.153.60.2:2048
<FW1>
```

图 15-19　移动终端 Mb1 ping 外网 PC4 后防火墙的 NAT 地址转换信息

WLAN 网络和局域网广域网互通视频

在第 10.1 节中配置防火墙的 NAT 时，只配置了局域网用户计算机访问 Internet 公网进行地址转换，那里并没有专门为新建的 WLAN 移动终端访问 Internet 公网配置 NAT，为何也可以进行 NAT 转换并查询到转换信息呢？这是因为在第 10.1 节为防火墙配置 NAT 转换时，将源地址设置为"any"，也就是只要是来源于局域网中的用户，不管什么样的 IP 地址，都可以使用 NAT 技术访问 Internet。在那里曾提到设置为 any 的好处就是方便局域网后期扩建网络时可能需要增加新的 IP 网段。所以设置为 any 后，新增加的 WLAN 网段也可以顺利通过 NAT 访问 Internet。如果没有把源地址设置为 any，则在这里扩建无线局域网后，还需要回到防火墙去重新为新增的 WLAN 网段配置 NAT，从而使网络的扩展性不好。因此在实际建网时，要充分考虑到日后网络的扩建对网络的影响，应该尽量采用一些可扩展的组网技术。

15.2.10　交换机的 access 类型端口和 trunk 类型端口讨论

初学者在学习交换机的端口 access、trunk 类型时，经常不知道何种情况下使用这两类端口。本节将重点讨论这两类端口的使用特点。

1. access 类型端口

交换机连接计算机的端口要设置成 access 类型。access 类型的端口只能划分到一个

VLAN 中。默认情况下，access 类型的端口属于 vlan1。

要注意这里“交换机连接计算机的端口”不一定是直接连接，如图 15-20 所示。

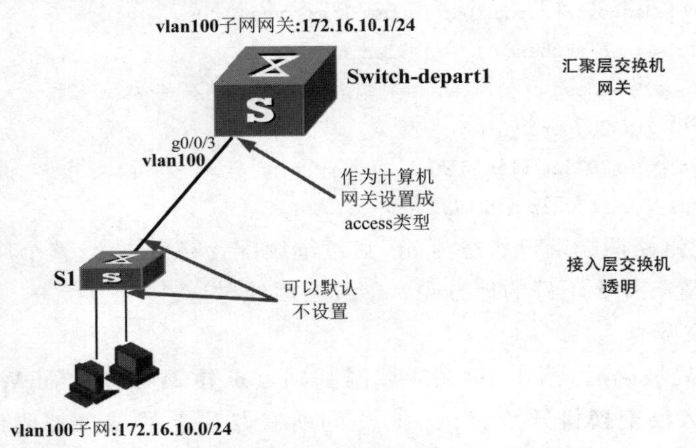

图 15-20　交换机与交换机互连端口属性讨论

交换机连接路由器的接口要设置成 access 类型。路由器的接口作单臂路由除外，但随着三层交换机的大量普及应用，路由器作单臂路由越来越少了。

交换机连接防火墙的接口设置，要看防火墙接口是二层 switch 交换模式的接口还是三层 Route 模式的接口。例如 eNSP 软件中的两款防火墙 S5500 和 S6000V 都是三层路由模式的接口，那么交换机与这两款防火墙连接时，端口要设置成 access 类型。在第 9.1 节时防火墙连接企业局域网时，都将交换机连接到防火墙的接口设置成 access 类型。

尽管交换机与交换机的互连也可以将互连端口设置成 access 类型，达到三层互连成功的目标，但不建议这样做。例如在第 3.3.2 节中曾经提到汇聚层交换机与核心层交换机的互连链路两端端口可以设置成 access 类型，如图 15-21 所示。

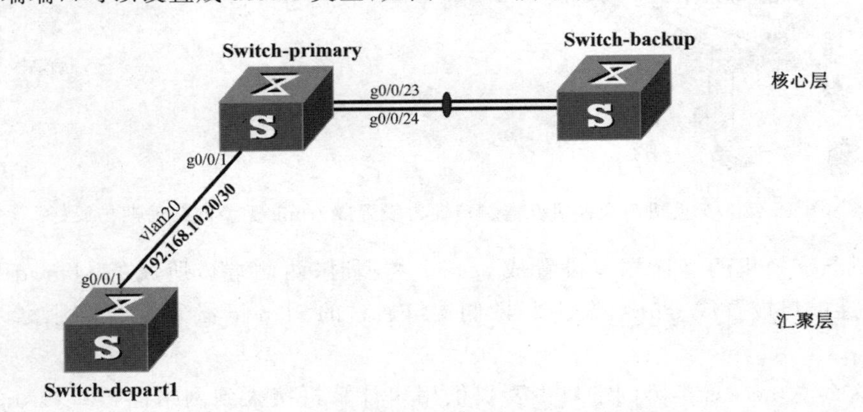

图 15-21　交换机与交换机互连端口属性讨论

```
[Switch-primary]int g0/0/1
[Switch-primary-GigabitEthernet0/0/1]port link-type access
[Switch-primary-GigabitEthernet0/0/1]vlan 20
[Switch-primary-vlan20]port g0/0/1
[Switch-primary-vlan20]int vlanif 20
```

```
[Switch-primary-Vlanif20]ip add 192.168.20.22 30
[Switch-depart1]int g0/0/1
[Switch-depart1-GigabitEthernet0/0/1]port link-type access
[Switch-depart1-GigabitEthernet0/0/1]vlan 20
/* 如果端口设置成 access 类型,vlan-id 可以与对端端口划分的 VLAN 不相同 */
[Switch-depart1-vlan20]port g0/0/1
[Switch-depart1-vlan20]int vlanif 20
[Switch-depart1-Vlanif20]ip add 192.168.20.21 30
```

完成后,互连链路两端端口状态为 up,后续继续配置路由协议,整个局域网可以互通。但是这种设置有什么不好的地方呢？继续下面的讨论。

2. trunk 类型端口

第 4 章完成局域网后,第 15 章在局域网基础上扩建 WLAN。而 WLAN 组网需要在从连接 AP 的接入层交换机开始直至 AC 之间所有路径上的端口都要设置成 trunk 类型并允许一些 VLAN 通过。如果第 4 章实现局域网互通时将交换机互连的端口设置为 access 类型,则在局域网上扩建 WLAN 时,需要将端口修改为 trunk 类型。这说明将交换机与交换机互连端口设置成 access 类型这种规划方式的扩展性不好,不利于后期网络的发展变化。因此在局域网建网时应该将交换机与交换机的互连端口设置成 trunk 类型,如图 15-22所示。

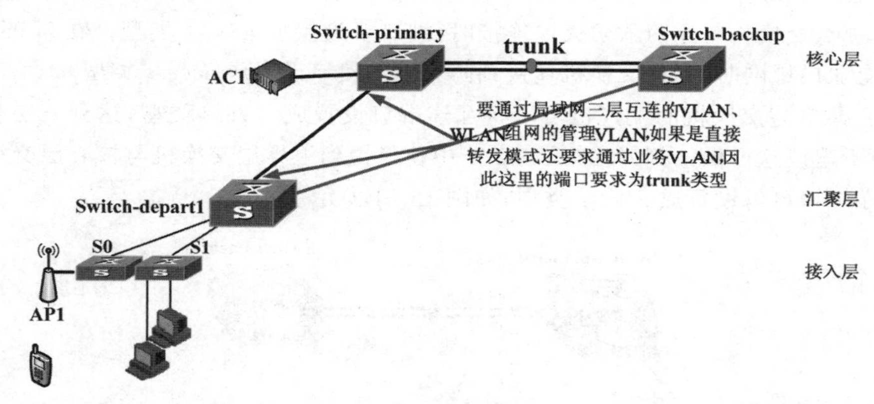

图 15-22　交换机与交换机互连端口通常设置成 trunk 类型网络后期扩展好

交换机与交换机的互连端口设置成 access 类型时,两侧端口所属的 vlan-id 可以不相同,但是互连端口设置成 trunk 类型时,两侧端口通过的 vlan-id 必须相同,否则会发生通信故障。

可以这么说,access 类型的端口主要提供用户计算机接入到网络的接口,trunk 类型的端口解决一个端口传送多个 VLAN 数据的需求。一般都是笼统地说：接计算机的端口设置成 access 类型,交换机与交换机连接的接口设置成 trunk 类型。但并不是绝对。作为初学者还是要深入理解这两类端口的主要区别和用法,力求掌握在什么组网情形下使用这两类接口。下面如图 15-23 所示又是一个设置 access 类型和 trunk 类型端口的例子,可以对比分析在组网变化后端口设置所做的变化。

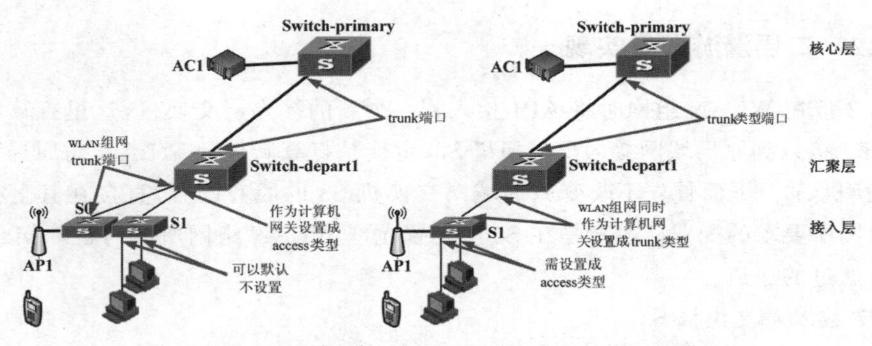

图 15-23　局域网扩展 wlan 后端口类型所做的变化

华为和 H3C 交换机中还有一种端口类型——hybrid。这种类型的端口兼具 access 和 trunk 两种类型端口属性，应用场景较少，在某些特殊场合要应用到。初学者可通过实际应用案例加深对 access、trunk 和 hybrid 等类型端口的理解。

15.3　二层漫游

上一节实现了单个 AP 和单个 AC 组成的 WLAN 网络，本节在前节 WLAN 组网基础上增加一个 AP，讨论由两个 AP 和一个 AC 组成的 WLAN 网络。不失一般性，在本节的组网中，将 AP1 和 AP2 服务区的移动终端规划到同一个 VLAN，两个 AP 服务区中所有移动终端的 IP 地址在相同网段内，它们使用同一个网关。当移动终端从 AP1 服务区移动到 AP2 服务区时，发生了 AP 切换，但移动终端所在的 IP 地址网段没有变化，IP 地址网段不变实际上就是网关没变，由于 IP 地址属于三层网络层概念，所以把这种切换了 AP，但 IP 地址网段无变化的移动称为二层漫游。

15.3.1　组网概述

本节在图 15-2 的基础上，增加一个 AP2，将 AP2 直接连接到原局域网中已使用的接入层交换机 S3（不像 AP1 连接到一台新的接入层交换机）。具体组网结构如图 15-24 所示。

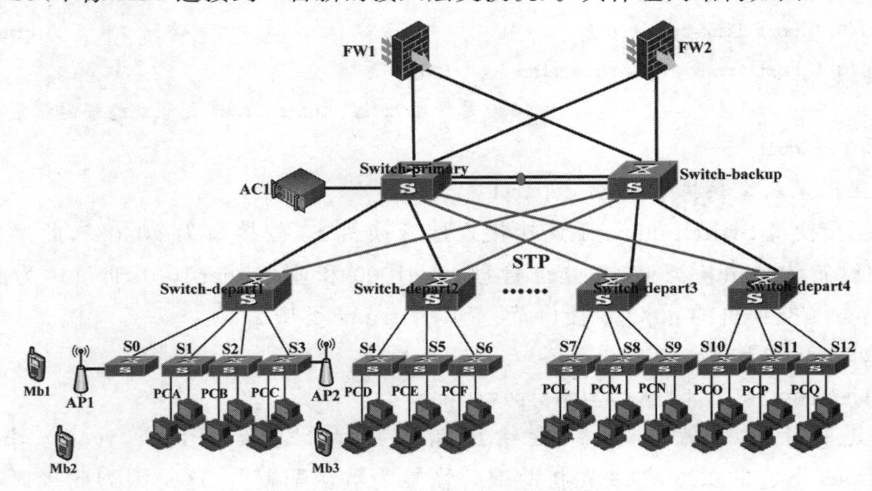

图 15-24　两个 AP 和一个 AC 参与组网

15.3.2 二层漫游配置实现

第 15.2 节在 WLAN 组网时将 AP1 接入到一个新的接入层交换机，这里打算将第二个 AP——AP2 接入到原局域网接入层交换机 S3，也就是打算新建的 WLAN 与原局域网共用接入层交换机 S3。下面首先不改变原局域网交换机 S3 的原有配置，直接在其上叠加配置 WLAN 组网所要求的配置。主要是在 S3 上配置允许 WLAN 组网所需的管理 vlan-id 和业务 vlan-id 通过的通道。

1. 配置接入层交换机 S3

```
<Huawei>undo t m                                  /*关闭设备弹出提示*/
<Huawei>sys                                       /*进入系统视图*/
[Huawei]sysname S3                                /*给交换机命名*/
[S3]vlan batch 1000 1001
        /*同时创建两个 vlan-id,1000 对应管理 vlan-id,1001 对应移动终端的业务 vlan-id*/
```

本书 WLAN 组网是一个很小的实验网，所有 AP 都规划在同一个 IP 子网网段内，所以只设置一个管理 vlan-id。一个 24 位的子网掩码网段可以有 254 个可用 IP 地址，理论上可带 253 个 AP(AP 的网关占用一个)，所以没必要将每一个 AP 的 IP 网段设置为不同。其次，将 AP2 服务区中的移动终端也规划到 vlan1001 中，与 AP1 服务区中的移动终端有相同网段的 IP 地址。这是因为这一节要实现二层漫游，二层漫游只是移动终端从一个 AP 服务区移动到另一个 AP 服务区，两个 AP 服务区中所有移动终端的 IP 地址在同一个(VLAN 子网)网段内，所属的 VLAN 应配置相同的 VLAN。

```
[S3]int g0/0/2                                    /*下行端口连接 AP2*/
[S3-G0/0/2]port link-type trunk                   /*将端口设置为 trunk 类型*/
[S3-G0/0/2]port trunk pvid vlan 1000     /*设置默认 vlan1000 作为管理 AP2 的 vlan*/
                              /*关键字 pvid 很重要,没有会导致 AP 无法注册到 AC*/
[S3-G0/0/2]port trunk allow-pass vlan 1000 1001  /*允许两个 vlan-id 通过对应直接转发模式*/
[S3-G0/0/2]port-isolate enable                    /*端口隔离,不接收无关的广播报文*/
[S3-G0/0/2]interface g0/0/1                       /*上行端口连接汇聚层交换机*/
[S3-G0/0/1]port link-type trunk                   /*将端口设置为 trunk 类型*/
[S3-G0/0/1]port trunk allow-pass vlan 1000 1001
                        /*1000 是管理 AP 的 vlan-id,1001 是移动终端的业务 vlan-id*/
[S3-G0/0/1]quit
```

2. 配置汇聚层交换机 Switch-depart1

汇聚层交换机 Switch-depart1 连接接入层交换机 S3 的接口为 g0/0/5，此接口需要在 WLAN 中设置为 trunk 类型，并允许管理 vlan1000 和业务 vlan1001 通过。为此先进入 Switch-depart1 交换机的 g0/0/5 接口，设置其为 trunk 类型。

```
[Switch-depart1]int g0/0/5
[Switch-depart1-G0/0/5]]port link-type trunk
```

但在进行上述配置时，系统会给出错误提示“Error: Please renew the default configurations.”，它的意思是“要先将此端口恢复为默认配置”。这是因为此接口在原局域网组网中配置为 access 类型，并将此端口添加到了 vlan120 之中。交换机的端口如果只是改为 access 类型，则能直接修改为 trunk 类型，但如果改为 access 类型后又把此端口添加到了某个 VLAN 中，则不能将端口直接修改为 trunk 类型，也不能使用“undo port link-type”取消原来的修改操作，需要将此 access 端口从原先设置的 vlan120 释放出来，然后再改为 trunk 类型。操作过程如下所示。

```
[Switch-depart1-G0/0/5]]vlan 120
[Switch-depart1-Vlan 120]undo port g0/0/5
/*原局域网将此接口添加到 vlan120,此处为适应 WLAN 网络将其释放出来,因为此端口要修改配置为 trunk 类型*/
[Switch-depart1]int g0/0/5                          /*下行接口连接接入层交换机 S3*/
[Switch-depart1-G0/0/5]port link-type trunk
[Switch-depart1-G0/0/5]port trunk allow-pass vlan 1000 1001
                    /*1000 是管理 AP 的 vlan-id,1001 是移动终端的业务 vlan-id*/
```

汇聚层交换机还有一个连接核心层交换机的上行接口，由于这个接口已经在 AP1 的 WLAN 组网中配置过，所以不需要配置。

3. 核心层交换机 Switch-primary

在前面第 15.2.2 节已配置，无须再配置。

4. 配置无线控制器 AC

在前面第 15.2.2 节 AC 配置中，AC 已经添加了一个 AP1 的 MAC 地址，继续添加 AP2 的 MAC 地址。查看 AP2 的 MAC 地址的方法与第 15.2.2 节介绍的相同。

```
[AC1]wlan
[AC1-wlan-view]ap id 2 type-id 19 mac 00E0-FC5A-46A0
          /*添加 AP2 的 MAC 地址,此处 2 是定义 AP2 的 ID,也可以定义为其他数字*/
```

再把 AP2 加入一个域，可以是与 AP1 相同的域，也可以是不相同的域。这里用前面已设置的相同的域 ID 10。

```
[AC1-wlan-view]ap id 2                        /*2 须与前面定义的 AP2-id 对应*/
[AC1-wlan-ap-2]region-id 10                   /*将 AP2 加入到区域 10 中*/
/*上一节将 AP1 加入到区域 10 中,AP2 可以加入到区域 10 中,也可以加到一个新的区域中,两者的域 ID 不同,不影响二层漫游*/
[AC1-wlan-ap-2]quit
```

WLAN 二层漫游实现视频

工程文件下载

由于要实现 AP1 和 AP2 两个服务区内移动终端的二层漫游，二层漫游意味着这两个服务区的所有移动终端的 IP 地址在相同网段，属于同一个 VLAN 子网。由此可知，不需要设置新的 VLAN，也就不需要配置新的 wlan-ess 虚接口。二层漫游情况下，AP2 和 AP1 可以共用一个服务集 service-set，这样可以减少配置工作量，节省工作时间。当然也可以为 AP2 单独设置一个服务集。当配置 AP2 的服务集名称与 AP1 的服务集名称不同时，服务集中引用的 wmm、radio、security、traffic 等模块参数都可以利用前面已经配置过的参数，不需要再另外配置，当然也可以再单独为 AP2 专门配置。无论是采用已有的配置还是重新配置，服务集中的 service-vlan 和 ssid 必须相同。

下面 AP2 和 AP1 使用相同的服务集，省去了为 AP2 再配置一个新的服务集。

```
[AC1]wlan
[AC1-wlan-view]ap 2 radio 0                                  /* 为 AP2 配置射频 */
[AC1-wlan-radio-2/0]radio-profile name zwu                   /* 引用前面已定义的射频 radio 模块 */
[AC1-wlan-radio-2/0]service-set zwu                          /* 引用前面已定义的服务集名称 */
[AC1-wlan-radio-2/0]quit
```

最后将配置下发到 AP2 中。

```
[AC1-wlan-view]commit ap 2
```

15.3.3 二层漫游注意事项

在由多个 AP 组成的 WLAN 网络场景中，移动终端可以在网络中自由移动，从一个 AP 服务区移动到另一个 AP 服务区。移动终端的跨 AP 服务区的移动，会发生移动信道的切换，这个过程通常称为漫游。由于上节将 AP1 和 AP2 两个服务区中的所有移动终端规划在一个 VLAN 和一个 IP 网段中，这样移动终端从 AP1 服务区移动到 AP2 服务区时，尽管移动终端连接的 AP 发生了变更，但网关没有变化，在一个相同的 IP 网段内漫游称为二层漫游。

完成上一节的 WLAN 组网配置实现后，就可以实现移动终端从一个 AP 区移动到另一个 AP 服务区。如果漫游失败，可以查找配置是否符合下述要求。

(1) 如果打算将 AP1 和 AP2 规划为二层漫游，则它们所属服务区的移动终端共用一个 VLAN，同属一个相同的 IP 网段。那么应在 WLAN 配置中，创建一个 wlan-ess 接口，设置一个 service-vlan，这样确保两个 AP 服务区内的移动终端分配到相同网段的 IP 地址。

(2) 必须使用同一个 ssid，使用相同的安全登录方式，可以使用相同或不同的服务集 service-set，可以使用相同或不同的 radio 模块。

(3) 如果两个 AP 连接在同一个接入层交换机上，则二层漫游测试不成功。如果将 AP 连接在不同的接入层交换机上，则二层漫游成功，如图 15-25 所示。本书讲述的综合网络

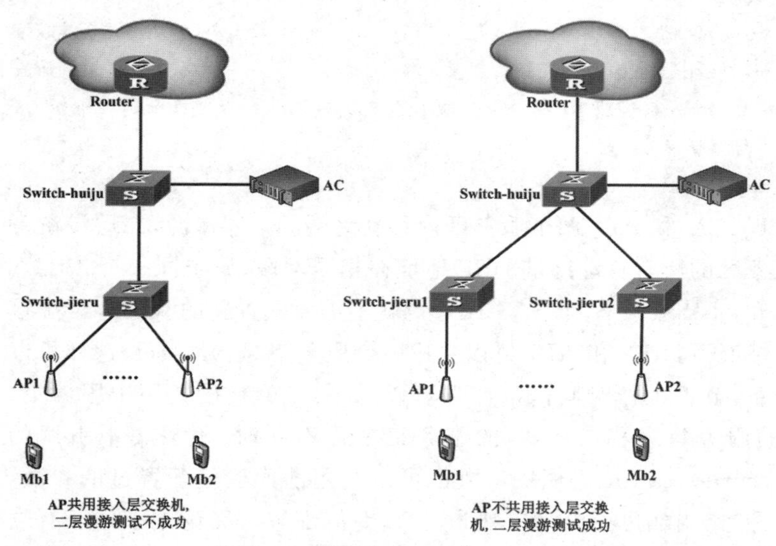

图 15-25　eNSP 软件中二层漫游成功要求 AP 不共用接入层交换机

中，AP1 和 AP2 刚好连接在不同的接入层交换机上，所以很自然而然地二层漫游测试成功。如果是简单的 WLAN 组网，要测试二层漫游成功，需要将 AP 分别连接于不同的接入层交换机。当然这只是 eNSP 模拟器的限制，实际硬件设备肯定不会这样。

(4) eNSP 最新版本下推荐的二层漫游测试方法是：移动终端在移动过程中，当快要发生切换 AP 服务区时，手动拖动移动终端到另一个 AP 服务区，此时可观测到移动过程中不丢包(或少量丢包后再成功连接)。但也有极少数情况下，二层漫游在自动移动过程中成功切换 AP 服务区，不需要手动切换。

15.3.4　测试二层漫游

在 AP1 服务区内的移动终端 Mb2 上使用命令 ping x.x.x.x-t，连续不间断地 ping AP2 服务区内的移动终端 Mb3，接着鼠标右键点击 Mb2 图标，选择“自动移动”，出现小旗标志，将鼠标移动到 AP2 服务区圆圈内的任一个位置点击，小旗就定格在这个位置，这也是 Mb2 移动结束的位置。之后 Mb2 开始移动，在移动过程中，观察两点：一是 Mb2 移动到 AP1 和 AP2 两个服务区的交界位置时，可观察到 Mb2 电磁波连接的 AP 发生切换，从原来连接的 AP1 改为连接到 AP2，Mb2 完全移动到 AP2 服务区后，一直与 AP2 发生连接；二是 Mb2 在移动过程中连续 ping Mb3 的通信不中断，可能有丢包发生，但丢几个包后通信即恢复。这表明二层漫游成功。如果 Mb2 切换到 AP2 后，电磁波连接断开，或者显示连接但连续 ping Mb3 时一直丢包，则表示二层漫游不成功。此时需要检查配置，确保测试结果满足这两个条件。

图 15-26 是移动终端从 AP1 服务区移动到 AP2 服务区的截图。

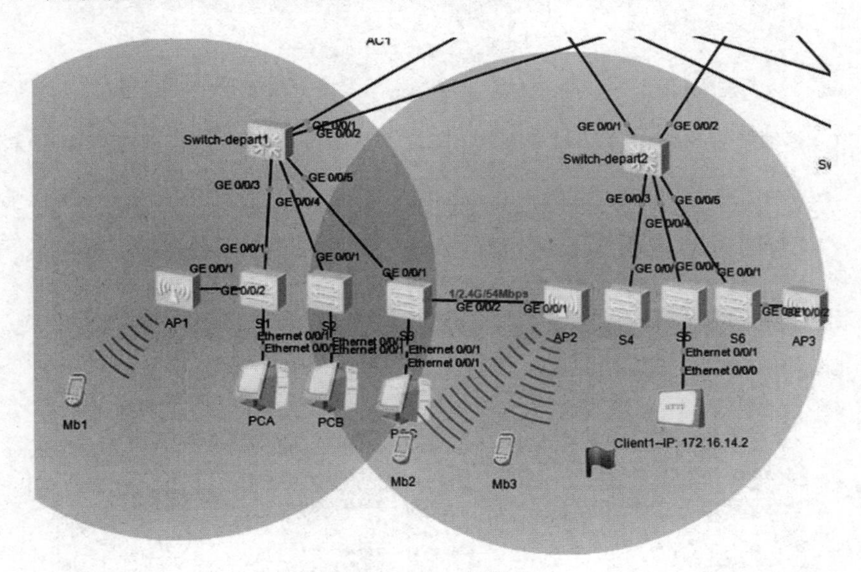

图 15-26　二层漫游

在移动终端 Mb2 移动过程中，同时打开 Mb2 连续不停 ping Mb3(连续 ping 命令为 ping 10.1.1.252-t)的窗口，观察 ping 的过程，发现没有丢包或者仅一两个数据包丢失，表明 Mb1 二层漫游过程中通信不中断，如图 15-27 所示。

在 Mb2 ping Mb3 之前，打开 AC 的数据抓包功能，抓取 AC 的 G0/0/1 接口的数据包，如图 15-28 所示。由于 WLAN 组网采用直接转发模式，移动终端的网关设置在汇聚层交换机 Switch-depart1 上，移动终端 Mb2 ping Mb3 的数据包送到网关 Switch-depart1 就终止了，不会被继续转发到 AC，所以在图 15-28 中看不到源地址或目的地址为移动终端(IP 地址为 10.1.1.254～252)，协议类型为 ICMP 的数据包，所抓取的都是 CAPWAP 协议的 WLAN 管理报文。

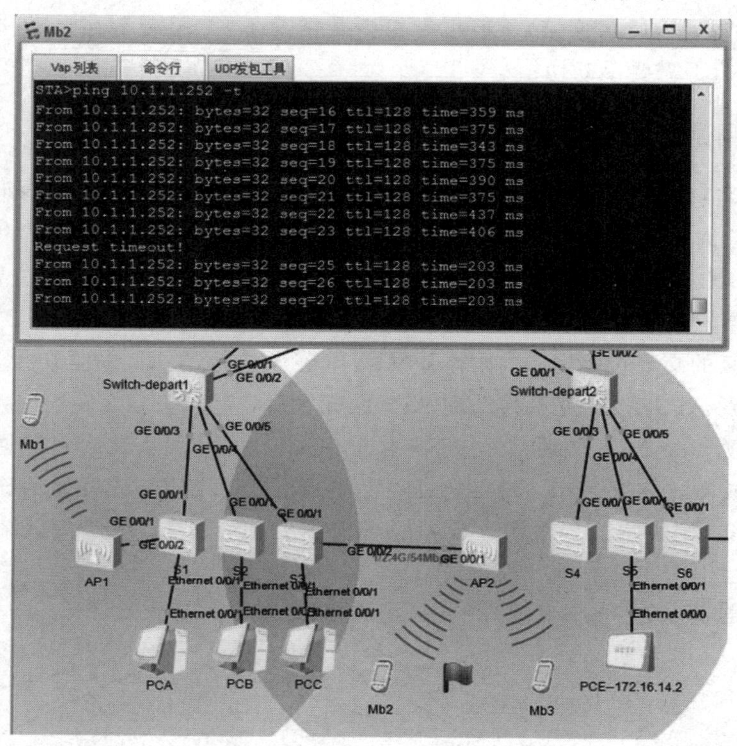

图 15-27　移动终端 Mbz 由 AP1 服务区向 AP2 服务区漫游过程中出现一个丢包但通信不中断

```
Capturing from Standard input - Wireshark
File Edit View Go Capture Analyze Statistics Telephony Tools Help
Filter:                                   Expression... Clear Apply
No. Time       Source              Destination          Protocol Info
 18 7.363000   10.255.255.1        224.0.0.9            RIPv2  Response
 19 7.363000   10.255.255.1        224.0.0.9            RIPv2  Response
 20 8.783000   HuaweiTe_9e:05:b5   Spanning-tree-(for-  STP    MST. Root = 0/0/4c:1f:cc:9e:05:b5
 21 10.936000  HuaweiTe_9e:05:b5   Spanning-tree-(for-  STP    MST. Root = 0/0/4c:1f:cc:9e:05:b5
 22 13.166000  HuaweiTe_9e:05:b5   Spanning-tree-(for-  STP    MST. Root = 0/0/4c:1f:cc:9e:05:b5
 23 15.397000  HuaweiTe_9e:05:b5   Spanning-tree-(for-  STP    MST. Root = 0/0/4c:1f:cc:9e:05:b5
 24 16.598000  10.255.255.253      10.1.255.2           CAPWAP CAPWAP-Control - Echo Request
 25 16.598000  HuaweiTe_5a:46:a0   Cellebri_23:00:10    0x2b80 Ethernet II
 26 17.113000  10.1.255.2          10.255.255.253       CAPWAP CAPWAP-Control - Echo Response
 27 17.129000  HuaweiTe_5a:46:a0   Cellebri_23:00:10    0x2b80 Ethernet II
 28 17.550000  HuaweiTe_9e:05:b5   Spanning-tree-(for-  STP    MST. Root = 0/0/4c:1f:cc:9e:05:b5
 29 17.722000  10.255.255.254      10.1.255.2           CAPWAP CAPWAP-Control - Unknown Message Ty
 30 18.112000  10.1.255.2          10.255.255.254       CAPWAP CAPWAP-Control - Unknown Message Ty
 31 18.658000  10.255.255.254      10.1.255.2           CAPWAP CAPWAP-Control - Unknown Message Ty
 32 18.767000  HuaweiTe_2b:79:d0   Cellebri_23:00:10    0xa51e Ethernet II
⊞ Frame 1: 119 bytes on wire (952 bits), 119 bytes captured (952 bits)
⊞ IEEE 802.3 Ethernet
⊞ Logical-Link Control
⊞ Spanning Tree Protocol
0000  01 80 c2 00 00 00 4c 1f  cc 9e 05 b5 00 69 42 42   ......L. .....iBB
0010  03 00 00 03 02 7c 00 00  4c 1f cc 9e 05 b5 00 00   .....|.. L.......
0020  00 00 00 00 4c 1f cc 9e  05 b5 80 15 00 00 14 00   ....L... ........
0030  02 00 0f 00 00 00 40 00  34 63 31 66 63 63 39 65   ......@. 4c1fcc9e
0040  30 35 62 35 00 00 00 00  00 00 00 00 00 00 00 00   05b5.... ........
0050  00 00 00 00 00 00 00 00  00 00 ac 36 17 7f 50 28   ........ ...6..P(
Standard input: <live capture in progre... Packets: 196 Displayed: 196 Marked: 0   Profile: Default
```

图 15-28　直接转发模式下移动终端互 ping 时 AC 接口抓包分析：无 ICMP 协议包

而同样的 WLAN 组网结构,仅仅将直接转发模式修改为隧道转发模式,移动终端的网关仍然设置在 Switch-depart1 上。同样在 AC 的 G0/0/1 接口上抓包分析,可以看到抓包图中出现了源地址或目的地址为移动终端(IP 地址为 10.1.1.254～252),协议类型为 ICMP 的数据包,显示 Mb2 ping Mb3 的数据包并没有终止在网关交换机上,而是继续转发到了 AC。这是因为隧道转发模式移动终端发送的数据包都要发送到 AC 处理。这是隧道转发模式和直接转发模式的一个不同点。下面只给出隧道转发模式下 AC 的抓包结果,如 15-29 所示,而隧道模式的配置实现省略,感兴趣的读者可以参考 WLAN 资料自行配置实现。

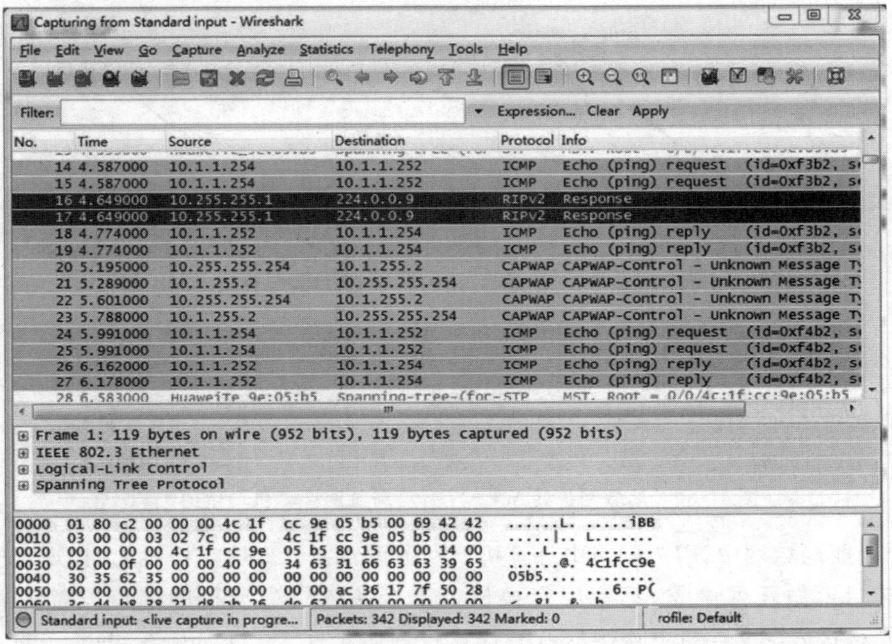

图 15-29 隧道转发模式下移动终端互 ping 时 AC 接口抓包分析:出现 ICMP 协议包

不过如果是隧道转发模式,同一个 AP 下的两个移动终端互 ping(如图 15-24 中 Mb1 ping Mb2),则在 AC1 的 G0/0/1 接口将观察不到 ping 数据包发送到了 AC 处理,甚至 ping 数据包也没有发送到网关交换机 Switch-depart1。这在 AC1 的 G0/0/1 接口和汇聚层交换机 Switch-depart1 的 g0/0/3 接口抓包就可以分析到(抓包截图略),因为抓包截图中未出现协议类型为 ICMP 的移动终端(IP 地址为 10.1.1.254～252)的数据包。这是因为同一个 AP 下的移动终端通过 AP 就进行了数据转发,AP 此时提供了局域网的集线器一样的功能。

15.3.5 新建 WLAN 网络与原局域网协调

完成二层漫游后,如果去测试原来局域网用户计算机 PCC 和网络的互通情况,就会发现 PCC 无法和网络互通了。这与前面第 15.2 节实现 AP1 时不同,当实现 AP1 组建 WLAN 时,不影响原局域网用户计算机 PCA 和网络互通。

在出现网络互通故障的时候,编者一般喜欢遵循两个原则:① 首先用计算机 ping 自己的网关,如果网关不通,则首要解决网关的问题。因为网关和计算机可以看作是一根线直接连接的(即使中间连接有接入层交换机,可以把交换机看作透明的),计算机到网关的这段网络最简单,故障相对好排除。② 如果网关不通,则要从网关及之后的三层设备(包括三层交换机、路由器和防火墙等)中开始查看和分析路由表了,查找路由表中有没有到达目的网段的路由。

当原来局域网用户计算机 PCA 无法和网络互通时,首先从计算机 ping 网关,发现网关都 ping 不通,这说明扩建 WLAN 网络的配置影响了原来已经互通的企业局域网。这是什么原因呢?这主要是因为在前面扩建 WLAN 的配置过程中,在接入层交换机 S3 增加了 WLAN 组网要求的配置,而原来的局域网中接入层交换机是不做任何配置的,如图 15-30 所示。

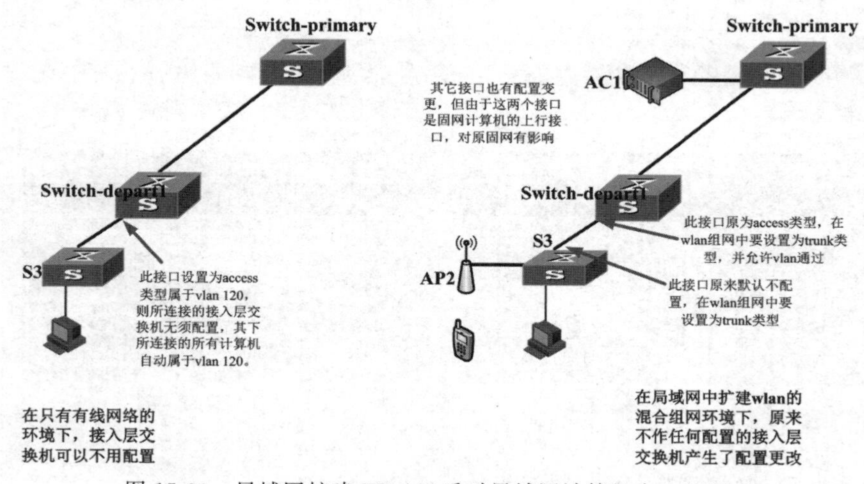

图 15-30 局域网扩建 WLAN 后对局域网计算机产生的影响

在原企业局域网中,因为网络中计算机的网关设置在汇聚层交换机上,接入层交换机的上、下行端口未做任何配置,汇聚层交换机上连接接入层交换机的端口设置为属于某个 vlan-id,则该接入层交换机下连接的所有计算机均属于这个 vlan-id,该 vlan-id 的三层接口作为局域网计算机的网关。现在扩建了 WLAN 网络后,接入层交换机和汇聚层交换机的互相连接的两个端口都设置为 trunk 类型,并允许与 WLAN 有关的两个 vlan-id 通过(管理 vlan-id 和业务 vlan-id,当然默认情况下还允许通过 vlan1)。但这样修改的结果是,局域网计算机不再属于原设定的 vlan-id,也没有网关。这就是原来的局域网用户计算机 ping 不通自己网关的原因。因此,在局域网和 WLAN 的联合组网环境中,如果要共用接入层交换机,则需要将接入层交换机中原来连接用户计算机的接口设置为在汇聚层上原网关所在的那个 vlan-id 中,并设置接入层交换机和汇聚层交换机互连的两个端口允许这个 vlan-id 通过。这样一来,接入层交换机的上行端口将允许三个 vlan-id 通过,其中一个 vlan-id 负责原局域网用户计算机和网关通信,另外两个 vlan-id 负责 WLAN 网络通信。当然,如果局域网和 WLAN 不共用接入层交换机,则原局域网的接入层交换机不需要做任何改变。

原局域网中所连接的用户计算机 PCC 属于 Switch-depart1 的 g0/0/5 接口所归属的 vlan120,这个接口被设置为 access 类型。而在扩建 WLAN 配置中,将接入层交换机的上行接口 g0/0/1 配置成了 trunk 类型,由于 trunk 类型的端口要求同一链路的两个端口同时为相同的 trunk 类型,所以将汇聚层交换机的 g0/0/3 接口由原来的 access 类型修改为 trunk 类型,并允许 vlan1000 和 vlan1001 通过。显然这么一修改,满足了 WLAN 网络的建网要求,但是原来的局域网用户计算机 PCC 本来属于 vlan120 没有着落了，虽然汇聚层交换机定义了 vlan120 及其三层接口地址，但接入层交换机 PCC 通过何种方式与 vlan120 建立联系却没有说明。也就是说，上述扩建 WLAN 网络的修改，让原来属于 vlan120 子网的局域网用户计算机 PCC 失联了。为了让网络也能为局域网中用户计算机服务，需要将接入层交换机连接 PCC 的接口划分到 vlan120，并将接入层交换机的上行接口允许原局域网 vlan120 通过。与之连接的汇聚层交换机 Switch-depart1 的 g0/0/3 接口也需要允许 vlan120 通过。这部分修改如下：

1. 接入层交换机 S3 的修改

```
< S3>sys
[S3]int g0/0/1                          /＊此接口上行连接汇聚层交换机 Switch-depart1＊/
[S3-g0/0/1]port trunk allow-pass vlan 120
    /＊此接口原已允许管理 vlan1000 和业务 vlan1001 通过，新增允许原局域网的 vlan120 通过＊/
[S3]int e0/0/1                                          /＊此接口连接局域网计算机 PCC＊/
[S3-e0/0/1]port link-type access                         /＊连接计算机故设置为 access 类型＊/
[S3-e0/0/1]vlan 120                                           /＊局域网计算机所属 VLAN＊/
[S3-vlan 100]port e0/0/1
```

这里只是将接入层交换机的一个端口划分到 vlan120，因为实验网络中 vlan120 只用到一台计算机作为代表。实际网络中如果有多台计算机同属于 vlan120，那么就需要将接入层交换机的多个端口划分到 vlan120。

2. 汇聚层交换机 Switch-depart1 的修改

```
[Switch-depart1]int g0/0/5                              /＊此接口下行连接接入层交换机 S3＊/
[Switch-depart1-g0/0/5]port trunk allow-pass vlan 120
/＊此接口原来已允许 WLAN 的管理 vlan1000 和业务 vlan1001 通过，所以只需要新增允许原局域网的
vlan120 通过＊/
```

显然在只有局域网的情形下，接入层交换机可以不用配置，但在扩建 WLAN 后，如果接入层交换机连接了 AP，则接入层交换机需要配置。局域网中扩建 WLAN 后两者协调配置如图 15-31 所示。

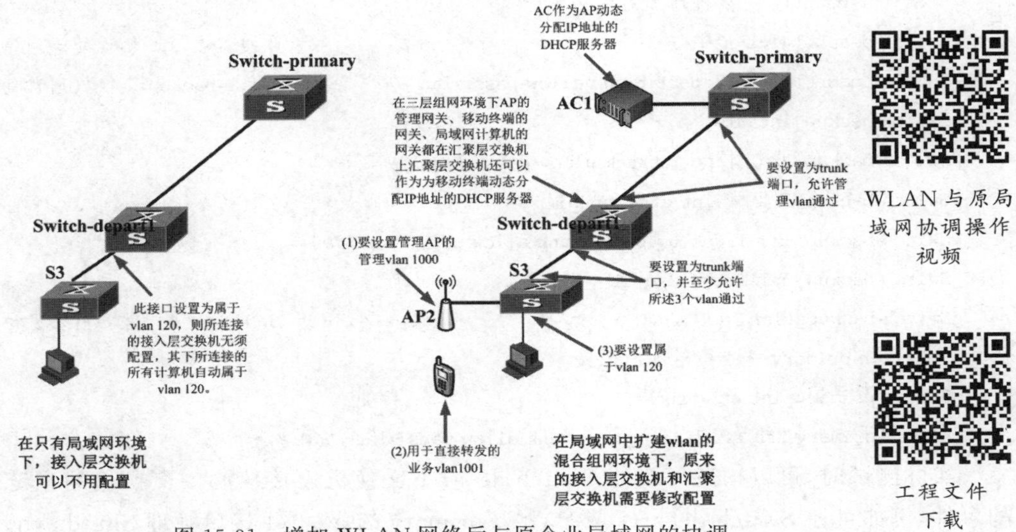

图 15-31　增加 WLAN 网络后与原企业局域网的协调

WLAN 与原局域网协调操作视频

工程文件下载

15.3.6　新建 WLAN 网络与 STP 协议协调

在第 4.4 节可以看到，原局域网汇聚层交换机与核心层交换机采用冗余连接，使用了 STP 协议消除了环路，当主链路因某种原因失效时，备份链路可以起数据转发作用。在扩建了 WLAN 后，如果汇聚层交换机的主链路失效，此时对原局域网用户没有影响，但 WLAN 网络的移动终端则会发生通信故障。这说明前面实现的 WLAN 组网没有与局域网的冗余链路协调。如何实现 WLAN 组网与 STP 协议协调呢？下面以图 15-32 进行分析说明。

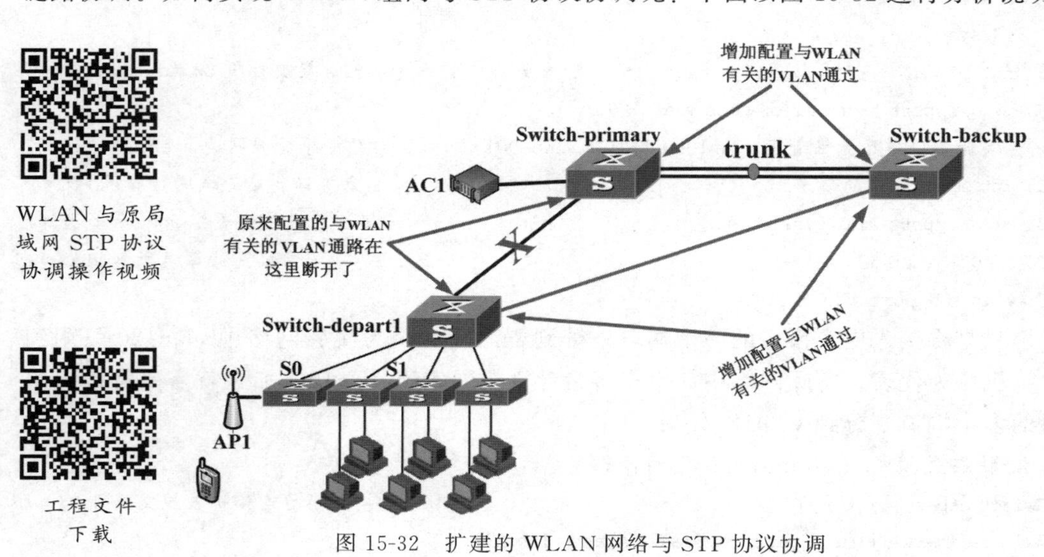

图 15-32　扩建的 WLAN 网络与 STP 协议协调

从图中可以看出，当主链路断开后，相当于原来传输 WLAN 网络的 VLAN 通路断开了，按照前面相同的思路，只需要在备份链路上把 WLAN 网络一直到 AC 的通路搭建起来，这需要在备份链路和两台核心层交换机连接的 trunk 链路上允许 WLAN 网络中设置的 VLAN 通过，也就是要进行下述配置。

```
/ * Switch-deaprt1 交换机增加的配置 * /
[Switch-deaprt1]int g0/0/2                                    / * 此接口在 STP 协议处于阻塞状态 * /
[Switch-deaprt1-G0/0/2]port trunk allow-pass vlan 1000        / * Switch-backup 交换机增加的配置 * /
[Switch-backup]int g0/0/4
[Switch-backup-G0/0/4]port trunk allow-pass vlan 1000
[Switch-backup-G0/0/4]int eth-trunk 10
[Switch-backup -Eth-Trunk10] port trunk allow-pass vlan 1000
[Switch-backup -Eth-Trunk10]quit
[Switch-backup]vlan 1000                     / * 此创建一个 id 为 1000 的 vlan,这个很容易被忽视 * /
/ * Switch-primary 交换机增加的配置 * /
[Switch-primary]int eth-trunk 10
[Switch-primary-Eth-Trunk 10] port trunk allow-pass vlan 1000
```

实际测试时，可以构造一个让 Switch-depart1 交换机连接核心层交换机的主链路失效的事件，例如可让 Switch-depart1 或 Switch-primary 的 g0/0/1 接口管理 Shutdown。

```
[Switch-deaprt1]int g0/0/1
[Switch-deaprt1-G0/0/1]shutdown
```

或

```
[Switch-primary]int g0/0/1
[Switch-primary-G0/0/1]shutdown
```

随后 STP 协议启用备份链路，Switch-depart1 交换机的 g0/0/2 端口被激活。在实测中发现，模拟软件有一定的滞后性，主链路失效启用备份链路过程中丢包较多，移动终端大约在经历 15～20 秒时长，发生 12～20 个丢包后转为通信正常。这表明 WLAN 网络与 STP 协议协调成功。

15.4 三层漫游

本节在前节基础上增加一个 AP3，讨论由三个 AP 和一个 AC 组成的 WLAN 网络。上节将 AP1 和 AP2 规划到一个 VLAN，两个服务区中的移动终端共用一个 IP 地址网段。本节将 AP3 规划到不同的 VLAN，AP3 服务区的移动终端的 IP 地址网段也不同。

15.4.1 组网结构

在图 15-24 基础上，增加一个 AP3 连接在接入层交换机 S6 上，S6 连接到汇聚层交换机 Switch-depart2。具体网络结构如图 15-33 所示。

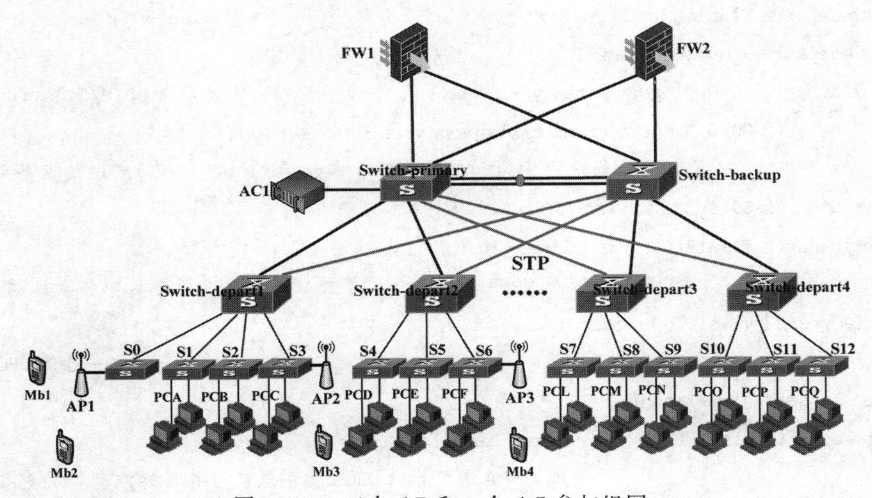

图 15-33 三个 AP 和一个 AC 参与组网

15.4.2 三层漫游配置实现

下面要实现的是 AP1、AP2 服务区中的移动终端到 AP3 服务区的三层漫游。可以参考第 15.2 节的配置。

1. 配置接入层交换机 S6

```
[Huawei]sysname S6
[S6]vlan batch 150 1000 1002
        /*150 是局域网计算机所属 vlan-id,1000 是管理 vlan-id,1002 是移动终端的业务 vlan-id*/
[S6]int g0/0/1                                          /*上行端口连接汇聚层交换机*/
[S6-G0/0/1]port link-type trunk
[S6-G0/0/1]port trunk allow-pass vlan 150 1000 1002
[S6]int g0/0/2                                          /*下行端口连接 AP3*/
[S6-G0/0/2]port link-type trunk
[S6-G0/0/2]port trunk pvid vlan 1000              /*pvid 标志这个 vlan-id 作为管理 VLAN*/
[S6-G0/0/2]port trunk allow-pass vlan 1000 1002
[S6-G0/0/2]port-isolate enable                    /*端口隔离,不接收无关的广播报文*/
```

2. 配置汇聚层交换机 Switch-depart2

```
[Switch-depart2]vlan batch 150 1000 1002
[Switch-depart2] int g0/0/5                             /*下行端口连接接入层交换机 S6*/
[Switch-depart2-G0/0/5] port link-type trunk            /*修改端口 g0/0/5 为 trunk 类型*/
```

说明：如果出现错误提示“Error: Please renew the default configurations.”,是因为这个汇聚层交换机在有线网络中将此接口配置为 access 类型,并被包含在 vlan150 中,需要在此 vlan150 中将此端口释放出来,这部分配置如下。

```
[Switch-depart2-G0/0/5]vlan 150
[Switch-depart2-Vlan150]undo port g0/0/5                /*从 vlan150 中剔除端口 g0/0/5*/
[Switch-depart2-Vlan150]int g0/0/5
[Switch-depart2-G0/0/3] port link-type trunk            /*修改端口 g0/0/5 为 trunk 类型*/
[Switch-depart2-G0/0/3] port trunk allow-pass vlan 150 1000 1002
          /*150 对应局域网计算机的 VLAN,1000 是管理 vlan-id,1002 是移动终端的业务 vlan-id*/
[Switch-depart2-G0/0/3]int vlan 1002
[Switch-depart2-Vlanif1002] ip address 10.1.2.1 24
                      /*汇聚层交换机的 vlanif1002 三层接口作为 AP3 服务区中移动终端的网关*/
[Switch-depart2-Vlanif1002]quit
[Switch-depart2]dhcp enable                                     /*启动 DHCP 服务*/
[Switch-depart2]int vlan 1002
[Switch-depart2-Vlanif1002]dhcp select interface
                                  /*接口配置为 DHCP 服务器能为移动终端动态分配 IP 地址*/
[Switch-depart2-Vlanif1002]int g0/0/1
[Switch-depart2-G0/0/1]port link-type trunk             /*此接口为上行接口连接核心层交换机*/
[Switch-depart2-G0/0/1]port trunk allow-pass vlan 1000
```

/*此上行接口只允许管理 AP 的 vlan1000 通过,因为直接转发移动终端的业务 VLAN 数据已在其下的汇聚层交换机走路由转发了,局域网 VLAN 数据亦在汇聚层交换机走路由转发了*/

```
[Switch-depart2-G0/0/1]quit
                                                    /*以下为发布无线局域网网段的路由*/
[Switch-depart2]rip
```

```
[Switch-depart2-rip-1]version 2
[Switch-depart2-rip-1]undo summary
[Switch-depart2-rip-1]network 10.0.0.0
```

3. 配置核心层交换机 Switch-primary

核心层交换机可以共用部分配置，只需要修改连接汇聚层交换机 Switch-depart2 的接口即可，其他配置与前面共用。

```
[Switch-primary]int g0/0/2                    /* 下行接口 Switch-depart2 互连 */
[Switch-primary-G0/0/2]port link-type trunk
[Switch-primary-G0/0/2]port trunk allow-pass vlan 1000
/* 允许 vlan1000 通过，确保从接入层交换机直到 AC 构成了一个管理 VLAN 可通信的二层 trunk 通道 */
```

4. 配置无线控制器 AC1

无线控制器 AC1 可以共用部分配置，只针对三层漫游部分进行配置。因为 AP3 配置成与 AP1 和 AP2 不同的三层业务网段。

```
[AC1] vlan 1002                    /* 1002 用于 AP3 下辖的移动终端的业务 vlan */
[AC1]wlan
[AC1-wlan-view]ap-auth-mode mac-auth                    /* AP3 的认证模式 */
[AC1-wlan-view]ap id 3 type-id 19 mac 00E0-FC2B-79D0
/* 添加 AP3 的 MAC 地址，3 是自定义 AP3 的 ID，也可以是其他数字，但不能与已有的 ID 重复 */
```

完成上述配置后，建议在 AC1 上查看新添加的 AP3 有没有成功注册到 AC1，可以在 AC1 中通过输入命令“dis ap all”查看。只有在所有 AP 状态为 normal(正常)的情况下才可以继续下一步工作，如果状态为 fault(错误)则要停止当前的工作，去排除配置过程中的错误。

由于要实现 AP1 和 AP2 两个服务区下带的移动终端移动到 AP3 服务区的三层漫游，三层漫游意味着 AP1 和 AP2 两个服务区的所有移动终端的 IP 地址和 AP3 服务区的移动终端的 IP 地址不是相同网段，所以 AP3 不能与前面的两个 AP 共用一个 vlan-id。由此可知，需要增加一个新的 vlan-id，从而需要配置一个新的 wlan-ess 虚接口。三层漫游还需要为 AP3 配置一个新的服务集 service-set，尽管服务集 service-set 不相同，但服务集中的 ssid 要求相同。而服务集中引用的 wmm、radio、security、traffic 等其他模块参数都可以共用，不需要另外配置，节省工作时间。当然也可以配置全新的模块参数。

AP3 可以与 AP1、AP2 共用一个区域，也可以使用一个新的区域。下面的配置是为 AP3 分配一个新的区域。

```
/* 下面为 AP3 配置一个区域 */
[AC1-wlan-view]ap-region id 30                    /* 定义一个区域 ID */
[AC1-wlan-ap-region-30]quit
[AC1-wlan-view]ap id 3
[AC1-wlan-ap-3]region-id 30                    /* 将 AP3 划归到区域 30 */
/* 前面将 AP1 和 AP2 都加入到区域 10 中，这里将 AP3 加入到一个新的区域 30 中，AP3 也可以加到和 AP1、AP2 相同的区域，三者的域 id 相同或者不同，不影响二层或三层漫游。 */
[AC1-wlan-ap-3]quit
[AC1-wlan-view]quit
/* 下面为 AP3 配置一个新的 wlan-ess 接口 */
```

```
[AC1]int wlan-ess 1                                    /*1是自定义的接口ID,可为其他数字*/
[AC1-Wlan-Ess1]port hybrid pvid vlan 1002
[AC1-Wlan-Ess1]port hybrid untagged vlan 1001 1002
/*如果要保证三层漫游成功,需要在wlan-ess中允许untagged两个VLAN*/
```

注意: 为了实现三层漫游,这里需要修改第15.2.4节wlan-ess 0接口的配置,允许该接口的untagged vlan中包含有vlan1002。

```
[AC1-Wlan-Ess1]int wlan-ess 0
[AC1-Wlan-Ess0]port hybrid untagged vlan 1001 1002
                                                       /*下面为AP3配置无线参数*/
[AC1-wlan-view]service-set name zwu-3                  /*定义WLAN的服务集名称,可任意*/
[AC1-wlan-service-set-zwu-3]ssid zwu                   /*定义服务集中的ssid名称,可任意*/
                        /*如果要保证三层漫游成功,需要确保AP3使用的ssid与AP1和AP2的相同*/
[AC1-wlan-service-set-zwu-3]wlan-ess 1                 /*在服务集中引入前定义的wlan-ess*/
[AC1-wlan-service-set-zwu-3]service-vlan 1002
      /*引入前面已定义的service-vlan,这个VLAN就是服务于AP3服务区中移动终端的VLAN*/
[AC1-wlan-service-set-zwu-3]security-profile name zwu  /*引入安全模块*/
[AC1-wlan-service-set-zwu-3]traffic-profile name zwu   /*引入流量模块*/
[AC1-wlan-service-set-zwu-3]forward-mode direct
[AC1-wlan-service-set-zwu-3]quit
                                                       /*下面为AP3分配射频单元*/
[AC1-wlan-view]ap 3 radio 0                            /*为AP3创建射频单元*/
[AC1-wlan-radio-3/0]radio-profile name zwu             /*引入前面已定义的射频radio模块*/
[AC1-wlan-radio-3/0]service-set name zwu-3             /*引入前面已经定义的服务集*/
[AC1-wlan-radio-3/0]quit
                                                       /*最后将配置下发到AP3中*/
[AC1-wlan-view]commit ap 3                             /*AC1将无线参数下发给AP3*/
```

WLAN三层漫游实现视频

工程文件下载

对比—隧道模式—WLAN三层漫游实现工程文件

15.4.3 三层漫游注意事项

当AP1或AP2服务区的移动终端移动到AP3服务区时,既发生了AP切换,也发生了IP地址网段的变更,由于IP属于三层,所以跨IP地址网段的漫游称为是三层漫游。在上述配置完成后,移动终端可以在AP服务区间自由移动并正常通信。如果发生通信中断,则可以检查以下几点:

(1) 三层漫游需要在"[AC1-Wlan-Ess1] port hybrid untagged vlan1001 1002"语句中,将不同AP服务区所属的移动终端的VLAN都设置为untagged,并且在每个wlan-ess接口

都要这样设置。

(2) 当使用直接转发模式时，要求接入层交换机与AP连接的接口还要允许另一个AP漫游区所属的业务vlan-id通过。

(3) 三层漫游中，不同AP所属的服务集service-set名称可以不同，但不同服务集中的ssid名称必须设置为相同。如果ssid名称不相同，则三层漫游不成功，移动终端移动到不同VLAN的AP服务区时，会断开连接。

(4) 当配置了安全认证时，要求所有移动终端的安全认证方法相同，密码相同。

(5) 当业务报文采用直接转发模式时，如果移动终端的网关（一个网段对应一个网关，多个网段对应多个网关）配置在一个三层交换机上，则三层漫游成功。如果多个网关不是配置在一个三层交换机上，则移动终端从所属AP服务区向另一个AP服务区移动后，显示有电磁波连接，但是ping过程中会持续丢包，显示三层漫游不成功。例如在简单的WLAN组网中，两个移动终端分属于不同的AP服务区，但移动终端的网关设置在一个交换机上，此时测试三层漫游是成功的。当采用隧道转发模式且移动终端的网关设置在AC上时，不发生丢包，三层漫游完全成功。如果三层组网，无论采用隧道转发模式还是采用直接转发模式，即使移动终端的网关都设置在核心层交换机上，此时多个网关设置在一个三层交换机上，三层漫游仍然测试不成功。当然这只是eNSP模拟器的限制，实际硬件设备肯定不会是这样。

(6) eNSP最新版本下推荐的三层漫游不成功，即使按推荐的二层漫游那样的操作方式也不会成功，或者说eNSP最新版本目前不支持三层漫游。

15.4.4　测试三层漫游

完成配置后，可以看到三个AP都能够注册到AC，操作窗口中出现三个圆圈，所有移动终端都能够连接到AP，如图15-34所示。

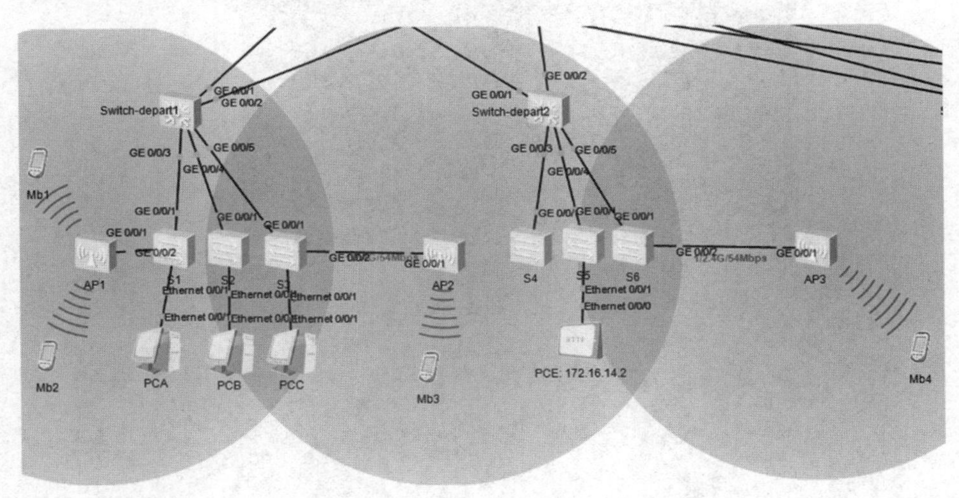

图15-34　三个AP注册到AC

接着测试移动终端 Mb1 ping Mb4 的漫游情况。鼠标右键点击 Mb1 图标,选择“移动”,然后在 AP3 服务区中点击某个位置,此位置成为 Mb1 移动的终点。Mb1 向 AP3 服务区的移动过程中,实际上经历了两种漫游,当 Mb1 切换到 AP2 服务区时,属于二层漫游,继续越过 AP2 切换到 AP3 服务区时,属于三层漫游。可以看到 Mb1 在移动过程中,首先断开 AP1 的连接,同时切换连接 AP2,随后断开 AP2 的连接,切换连接到 AP3,在此过程中一直保持无线连接不掉线,如图 15-35 所示。

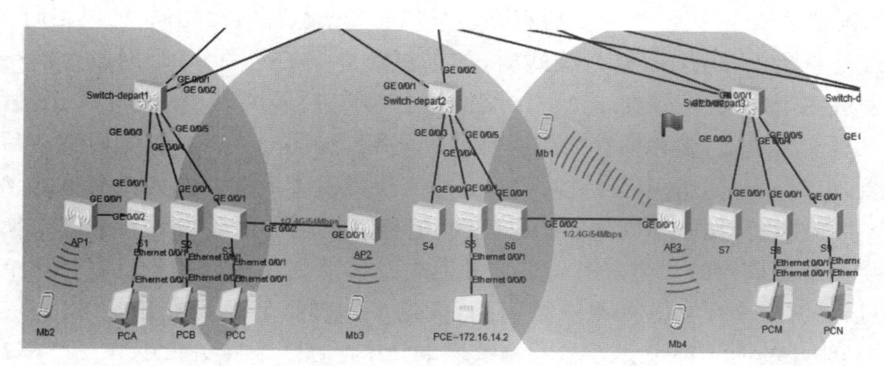

图 15-35　移动终端 Mb1 在 WLAN 网络中先经过二层漫游再成功实现三层漫游

在移动终端 Mb1 跨越二层和三层漫游过程中,同时打开 Mb1 连续不停 ping Mb4(连续 ping 命令为 ping 10.1.2.254-t)的窗口,观察 ping 的过程,发现没有丢包或者仅一两个数据包丢失,表明 Mb1 二层、三层漫游过程中通信不中断,如图 15-36 所示。

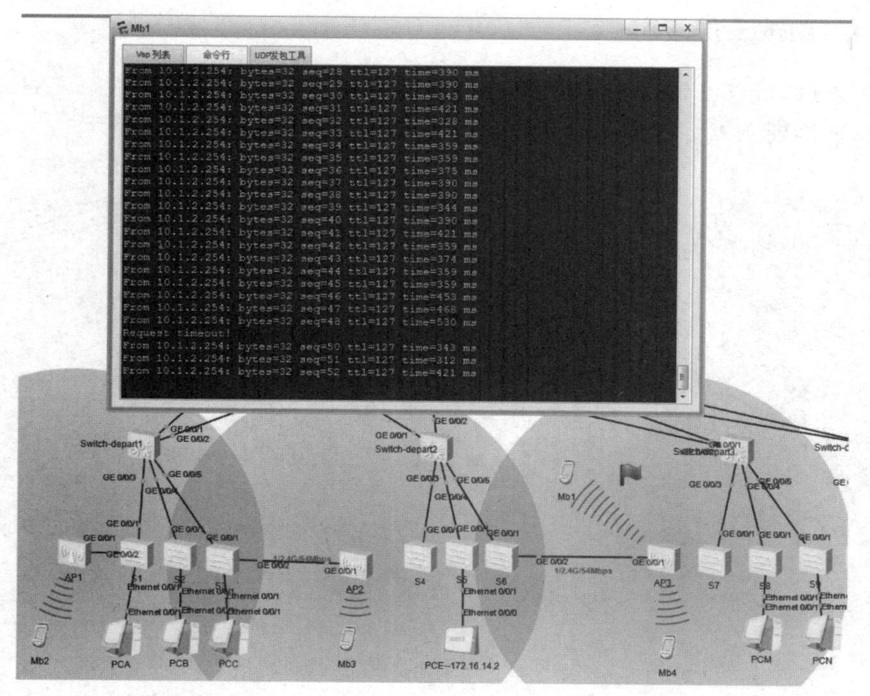

图 15-36　移动终端 Mb1ping Mb3 先经过二层漫游经再过三层漫游,通信不中断(丢一个包)

在 Mb1 漫游后，在 AP2 和 AP3 上使用"dis curnent-configuration interface"命令查看当前接口，可以看到 AP2 只有一个 vlan1001，但 AP3 出现 vlan1001 和 vlan1002，如图 15-37 所示。vlan1001 就是 Mb1 所属的 vlan-id，因为它漫游到了 AP3 服务区中，所以在 AP3 上可以看到 vlan1001。

在 AP2 和 AP3 上使用"dis vlan"命令也可以查看到 AP2 只有一个 vlan-id，AP3 上有两个 vlan-id，如图 15-38 所示。

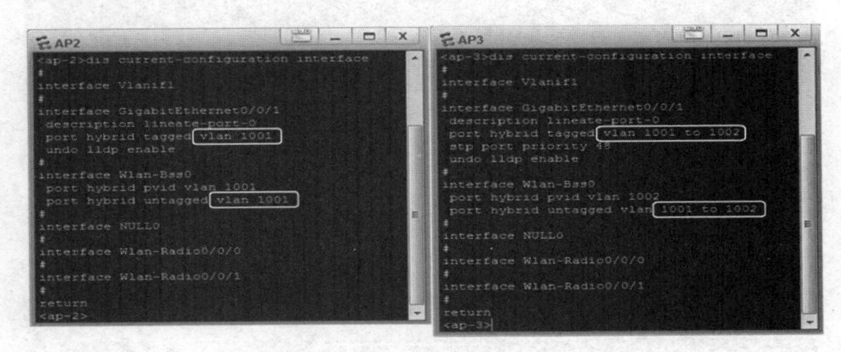

图 15-37　AP3 上可以看到两个 vlan-id

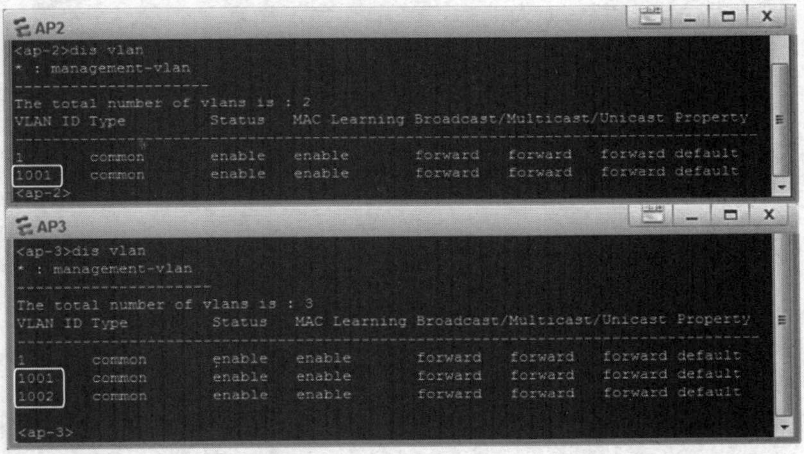

```
AP2
<ap-2>dis vlan
* : management-vlan
---------------------
The total number of vlans is : 2
VLAN ID Type         Status   MAC Learning Broadcast/Multicast/Unicast Property
--------------------------------------------------------------------------------
1       common       enable   enable       forward   forward   forward default
1001    common       enable   enable       forward   forward   forward default
<ap-2>

AP3
<ap-3>dis vlan
* : management-vlan
---------------------
The total number of vlans is : 3
VLAN ID Type         Status   MAC Learning Broadcast/Multicast/Unicast Property
--------------------------------------------------------------------------------
1       common       enable   enable       forward   forward   forward default
1001    common       enable   enable       forward   forward   forward default
1002    common       enable   enable       forward   forward   forward default

<ap-3>
```

图 15-38　AP2 上只有一个 vlan-id 而 AP3 上可以看到两个 vlan-id

在 AC1 上可以查看到移动终端 Mb3 漫游发生切换的准确时间，几时几分连接上某一个 AP 等信息，如图 15-39 所示。

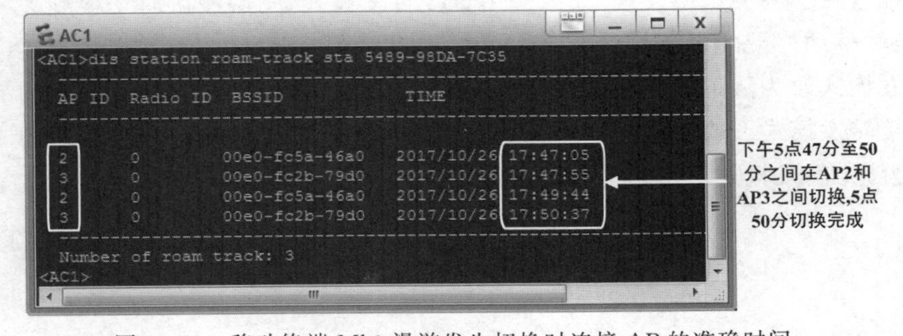

图 15-39　移动终端 Mb3 漫游发生切换时连接 AP 的准确时间

AC 上也可以查看到移动终端漫游的其他统计信息，如图 15-40 所示。

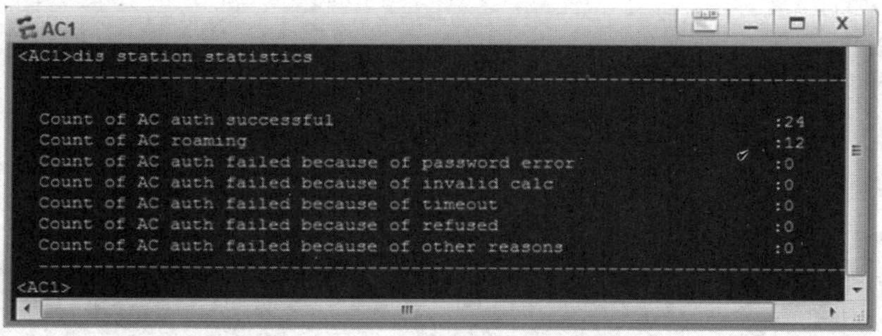

AC1
<AC1>dis station statistics
Count of AC auth successful :24
Count of AC roaming :12
Count of AC auth failed because of password error :0
Count of AC auth failed because of invalid calc :0
Count of AC auth failed because of timeout :0
Count of AC auth failed because of refused :0
Count of AC auth failed because of other reasons :0
<AC1>

图 15-40 移动终端漫游的统计信息

AC 上使用特定移动终端的 MAC 地址可以查看到指定移动终端相关信息，如图 15-41 所示。

AC1
<AC1>dis station status sta 5489-98DA-7C35
Mb3的MAC地址
Station mac-address : 5489-98da-7c35
Station ip-address : 0.0.0.0
Station gateway : 0.0.0.0
Associated SSID : huawei-1
Station online time(ddd:hh:mm:ss) : 000:00:46:27
The upstream SNR(dB) : 0.0
The upstream aggregate receive power(dBm) : 0.0
Station connect rate(Mbps) : 0
Station connect channel : 0
Station's Noise(dBm) : 0
Station's radio mode : 11
Station's AP ID : 3
Station's Radio ID : 0
Station's Authentication Method : OPEN
Station's Cipher Type : NO CIPHER
Station's Vlan ID : 1001
Station's Channel Band-width : 20MHz
Station's asso BSSID : 00e0-fc2b-79d0
Station's state : Asso with auth
<AC1>
Mb3所属VLAN

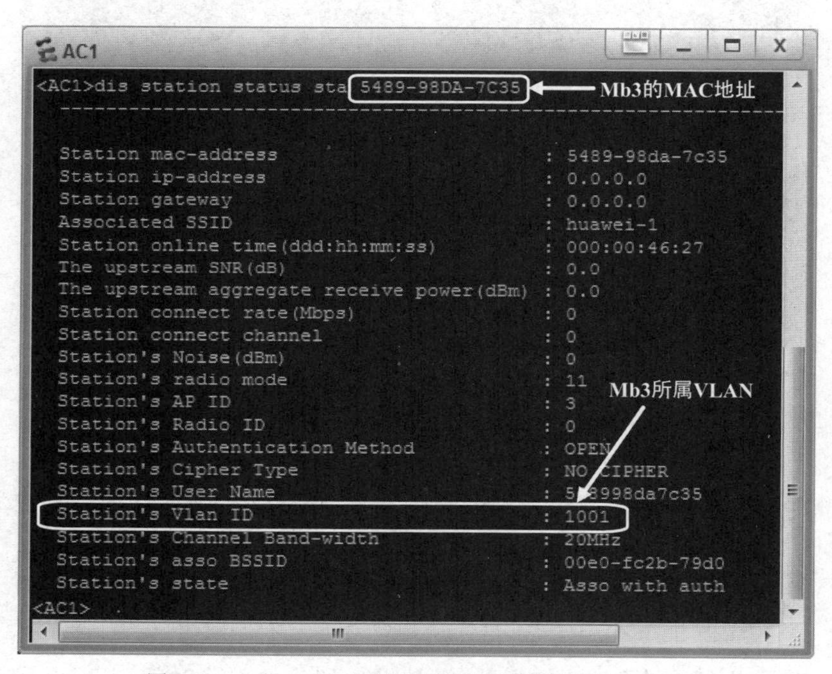

图 15-41 在 AC 上查看到指定移动终端的相关信息

不过编者在实际测试中发现，如果采用直接转发模式，三层漫游时切换到另一个 AP 服务区后，虽然移动终端的电磁波连接到 AP3 不中断，但 ping 的过程中切换后会持续丢包。将直接转发模式改为隧道转发模式后，则三层漫游不会发生持续丢包，表明目前 eNSP 软件不支持直接转发模式下的三层漫游，但很好地支持隧道模式下的三层漫游。图 15-35 和图 15-36 就是隧道转发模式下得到的测试结果。

> 注意：当把移动终端的网关设置在汇聚层交换机上时，实际实验测试发现，移动终端从一个 AP 服务区三层漫游到另一个 AP 服务区时，显示漫游后移动终端可连接上 AP，但 ping 一直丢包。即使两个 AP 位于同一个汇聚层交换机(即网关是同一台网络设备)也一直丢包。不过当把 WLAN 组网改为三层组网隧道转发时，将移动终端的网关设置在 AC 和核心层交换机上，AP 的管理网关设置在核心层交换机上(AC 仍为 AP 的 DHCP 服务器)时，三层漫游则能够成功，并且实际测试发现移动终端从 AP1 服务区移动到 AP3 服务区，先经过二层漫游，再经过三层漫游也能成功，ping 过程不会持续丢包。有关配置这里省略，读者可自行配置为隧道转发模式来测试三层漫游。

15.5 WLAN 组网实现中容易出现的错误汇编

与局域网的配置实现相比，WLAN 组网实现要复杂得多，除了配置 AC 的无线参数，还要配置 AP 到达 AC 之间的二层通路。差错有可能是无线参数配置错误，也有可能是二层通路配置错误，或者其他各种错误导致 WLAN 组网失败。对于初学者来说，往往出现了错误却只能一筹莫展，不知道如何快速定位故障并解决差错。编者将自己配置或指导学生配置 WLAN 网络时所出现的典型错误收集起来，供读者在配置实现 WLAN 网络故障排除时参考。

AP 无法成功注册到 AC 的可能原因见第 15.2.3 节。

无线参数配置完成但电磁波圆圈不出现的可能原因见第 15.2.5 节。

移动终端连接 WLAN 出现“正在获得 ip”地址或“正在连接”可能原因见第 15.2.6 节。

移动终端二层漫游、三层漫游失败时见第 15.3.3、15.4.3 节。

移动终端能够访问局域网但不能访问 Internet 的可能原因如下：

在实际实验中发现同样的物理网络结构，采用直接转发模式时，移动终端能够访问外网，但采用隧道转发模式时，移动终端就访问不了外部 Internet，不过访问局域网中的计算机和移动终端都没有问题。出现这种情况的原因是，直接转发模式下，移动终端的网关通常设置在汇聚层交换机上，由于汇聚层交换机已经在第 11 章配置了访问 Internet 的默认路由，当移动终端访问 Internet 的数据到达网关也就是汇聚层交换机后，将由汇聚层交换机继续路由这些报文。在隧道转发模式下，移动终端的网关通常设置在 AC 上，AC 只配置了和局域网的路由，没有配置到达外网的路由，AC 作为网关收到移动终端访问外网的报文后，无法路由这些报文，所以隧道转发模式下移动终端将访问不了外网。要使隧道转发模式下移动终端也能够访问外网，需要在 AC 上增加配置默认路由。

```
[AC]ip route-static 0.0.0.0 0.0.0.0 下一跳地址
```

下一跳地址是与 AC 相连的对端设备的三层接口地址，在这个综合网络中，下一跳地址是核心交换机 Switch-primary 上配置的 VLAN 三层接口地址 10.1.255.1。

实际上，因为 AC 没有访问 Internet 的路由，所以不管是哪种转发模式，只要移动终端的网关设置在 AC 上时都会发生移动终端不能访问 Internet 的情况。而隧道转发模式下，如果移动终端没有设置在 AC 上，而是设置在交换机上，则也能够正常访问 Internet，因为在第 11.1 节已为局域网交换机配置过默认路由。

15.6 多 AC 组网

15.6.1 两个 AC 组网

上面讨论的 WLAN 组网结构中，所有 AP 都是连接在 Switch-primary 核心层交换机下的接入层交换机上。如果有 AP 连接在另一个核心层交换机连接的接入层交换机上，如何让 AC1 也能够提供 WLAN 服务呢？可以通过配置两个核心层交换机之间的 trunk 链路允许管理 VLAN 通过，实现 AC1 也能够为 AP 提供服务。不过考虑到中大型企业网络中一个 AC 可能无法满足大量用户，可以再使用另一台 AC 连接到 Switch-backup 交换机上。具体网络结构如图 15-42 所示。

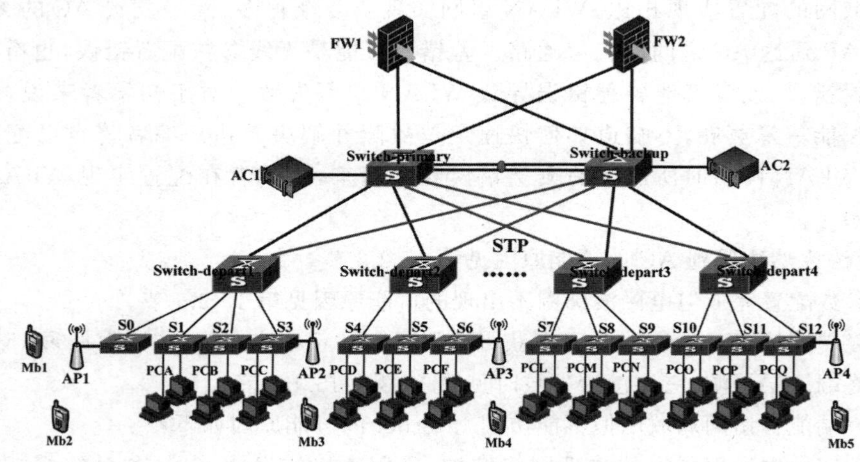

图 15-42　两个 AC 和四个 AP 参与组网

AC2 和 AP4 组网仍采用旁挂式三层组网，移动业务数据采用直接转发模式。AP4 规划到与前面三个 AP 不相同的 VLAN 中。要求连接在 Switch-depart1、Switch-depart2 下带的接入层交换机所连接的 AP 注册到 AC1，连接在 Switch-depart3、Switch-depart4 下带的接入层交换机所连接的 AP 注册到 AC2。AC2 和 AP4 组网可以参考第 15.2 节单 AC 和单 AP 的基本配置，交换机 S12、Switch-depart4、Switch-backup 需要增加为 WLAN 网络服务的二层通道配置。AC2 需要配置 WLAN 参数，AC2 的配置可以利用 AC1 的配置，从 AC1 中导出配置，进行适当修改后再导入到 AC2 中，这样可以节省配置时间。导出和导入配置方法见本书附录 3。

1. 配置接入层交换机 S12

```
<Huawei>undo t m                                        /*关闭设备弹出的提示*/
<Huawei>sys
[Huawei]sysname S12
[S12]vlan batch 250 1000 1003
    /*250 是局域网计算机 vlan-id,1000 是管理 AP 的 vlan-id,1003 是移动终端的业务 vlan-id*/
[S12]int g0/0/1                                         /*上行端口连接汇聚层交换机*/
[S12-G0/0/1]port link-type trunk
```

```
[S12-G0/0/1]port trunk allow-pass vlan 250 1000 1003
        /*250服务于局域网计算机,1000是管理AP的vlan-id,1003是移动终端的业务vlan-id*/
[S12-G0/0/1]int g0/0/2                                  /*下行端口连接AP4*/
[S12-G0/0/2]port link-type trunk
[S12-G0/0/2]port trunk pvid vlan 1000                   /*设置管理vlan-id*/
[S12-G0/0/2]port trunk allow-pass vlan 1000 1003
[S12-G0/0/2]port-isolate enable                         /*端口隔离,不接收无关的广播报文*/
[S12-G0/0/2]quit
```

2. 配置汇聚层交换机 Switch-depart4

```
<Switch-depart4>undo t m                                /*关闭设备弹出的提示*/
<Switch-depart4>sys
[Switch-depart4]vlan batch 250 1000 1003
        /*250服务于局域网计算机,1000是管理AP的vlan-id,1003是移动终端的业务vlan-id*/
[Switch-depart4] int g0/0/5                             /*下行端口连接接入层交换机S6*/
[Switch-depart4-G0/0/5] port link-type trunk
```

如果出现错误提示“Error: Please renew the default configurations.”,是因为这个汇聚层交换机在局域网络中将此接口配置为access类型,并被包含在vlan250中,需要在此vlan250中将此端口释放出来,可使用下面的配置。

```
[Switch-depart4-G0/0/5]vlan 250
[Switch-depart4-Vlan250]undo port g0/0/5
[Switch-depart4-Vlan250]int g0/0/5
[Switch-depart4-G0/0/5]port link-type trunk
[Switch-depart4-G0/0/5]port trunk allow-pass vlan 250 1000 1003
      /*250是局域网计算机vlan-id,1000是管理AP的vlan-id,1003是移动终端的业务vlan-id*/
[Switch-depart4-G0/0/5]int vlan 1003
[Switch-depart4-Vlanif1003] ip address 10.1.3.1 24
                                  /*汇聚层交换机作为AP4下带移动终端的网关*/
[Switch-depart4-Vlanif1003]quit
[Switch-depart4]dhcp enable                             /*启动DHCP服务*/
[Switch-depart4]int vlan 1003                           /*定义vlan1003对应的三层接口*/
[Switch-depart4-Vlanif1003]dhcp select interface
                         /*接口配置为DHCP服务器,能为移动终端动态分配IP地址*/
[Switch-depart4-Vlanif1003]int g0/0/1          /*此接口为上行接口连接核心层交换机*/
[Switch-depart4-G0/0/1]port link-type trunk
[Switch-depart4-G0/0/1]port trunk allow-pass vlan 1000
```

/*此上行接口只允许管理AP的vlan1000通过,因为直接转发模式移动终端的业务VLAN数据已在其下的汇聚层交换机走路由转发了*/

```
[Switch-depart4-vlanif1000]quit                        /*以下为发布无线局域网的路由*/
[Switch-depart4]rip
[Switch-depart4-rip-1]version 2
[Switch-depart4-rip-1]undo summary
```

```
[Switch-depart4-rip-1]network 10.0.0.0
[Switch-depart4-rip-1]quit
```

3. 配置核心层交换机 Switch-backup

核心层交换机可以共用部分配置,只需要修改连接汇聚层交换机 Switch-depart2 的接口即可,其他配置共用。

```
<Switch-backup>undo t m                                          /*关闭设备弹出的提示*/
<Switch-backup>sys
[Switch-backup]vlan batch 1000 2000
        /*1000是管理AP的vlan-id,2000是wlan三层组网AC2和Switch-backup互连的vlan-id*/
[Switch-backup]int g0/0/1                                 /*下行接口与汇聚层交换机互连*/
[Switch-backup-G0/0/1]port link-type trunk                        /*第4章已经设置可省略*/
[Switch-backup-G0/0/1]port trunk allow-pass vlan 1000 2000
[Switch-backup-G0/0/1]int vlan 1000                       /*定义vlan1000对应的三层接口*/
[Switch-backup-G0/0/1] ip address 10.255.254.1 24                         /*作为AP4的网关*/
[Switch-backup-G0/0/1]dhcp select relay
/*relay表示此接口不直接为AP4动态分配IP地址,而是通过中继方式从AC获得动态分配指令*/
[Switch-backup-G0/0/1]dhcp relay server-ip 10.1.255.4
                                       /* 10.1.255.4是AC2的地址,配置为DHCP服务器*/
[Switch-backup-G0/0/1]int vlan 2000                       /*定义vlan2000对应的三层接口*/
[Switch-backup-Vlanif2000]ip add 10.1.255.3 29
                          /*用于与AC2三层IP地址互连,AC2上的地址设为10.1.255.4*/
[Switch-backup-G0/0/1]int g0/0/20                                 /*上行接口与AC2互连*/
[Switch-backup-G0/0/20]port link-type trunk
[Switch-backup-G0/0/20]port trunk allow-pass vlan 1000 2000
              /*以下在核心层Switch-backup配置RIP协议发布新增的无线局域网IP网段*/
[Switch-backup-g0/0/20]quit
[Switch-backup]rip
[Switch-backup-ip-1]version 2
[Switch-backup-ip-1]undo summary
[Switch-backup-ip-1]network 10.0.0.0
[Switch-backup-ip-1]quit
```

4. 配置无线控制器 AC2

无线控制器 AC2 的配置与第 15.2 节中介绍的相同,也可以分为三个步骤:一是配置允许 VLAN 通过的二层 trunk 通道,二是配置 AP4 注册到 AC2,三是配置 AC2 的无线参数。

```
<AC>undo t m                                                     /*关闭设备弹出的提示*/
<AC>sys
[AC]sysname AC2
[AC2] vlan batch 1000 1003 2000
/*1000是管理vlan-id,1003是移动业务vlan-id,2000为用于与Switch-backup三层互连的vlan-id*/
[AC2]int g0/0/1                                /*与Switch-backup核心交换机物理接口互连*/
[AC2-g0/0/1]port link-type trunk
```

```
[AC2-g0/0/1]port trunk allow-pass vlan 1000 2000
[AC2-g0/0/1]int vlan 2000
[AC2-vlanif2000] ip address 10.1.255.4 29             /* 与 Switch-backup 三层 IP 地址互连 */
[AC2-vlanif2000] quit
[AC2]dhcp enable                  /* 即将配置 AC2 作为为 AP4 动态分配 IP 地址的 DHCP 服务器 */
[AC2]int vlanif 2000
[AC2-Vlanif2000]dhcp select global                    /* DHCP 服务器实际是为 AP4 分配地址 */
[AC2-Vlanif2000]quit
[AC2]ip pool 10                                                /* 定义为 AP4 分配地址的地址池 */
[AC2-ip-pool-10]gateway-list 10.255.254.1
                                       /* 这个 IP 地址是核心层交换机上配置为 AP4 网关的地址 */
[AC2-ip-pool-10]network 10.255.254.0 mask 24                      /* AP4 的地址在这个网段中取 */
[AC2-ip-pool-10]option 43 sub-option 3 ascii 10.1.255.4              /* 10.1.255.4 是自身地址 */
[AC2-ip-pool-10]quit
/* 由于这里是三层组网,AC2 的地址是 10.1.255.4/29,管理 AP 的网段是 10.255.254.0/24,与 AC 的地址不是相同网段,所以必须启用 option 43 来告诉 AP,AC 在哪 */
[AC1-ip-pool-10]quit
```

这里是将 AC2 作为为 AP4 动态分配 IP 地址的 DHCP 服务器,但 AP 的管理 IP 地址的网关设置在汇聚层交换机上。

```
                                                  /* 以下为在 AC 上发布无线局域网 IP 网段的路由 */
[AC1]rip
[AC1-rip-1]version 2
[AC1-rip-1]undo summary
[AC1-rip-1]network 10.0.0.0
                                                                 /* 下面配置让 AP4 注册到 AC2 */
[AC2]wlan ac-global country-code cn                                       /* 配置 AC2 的国家码 */
[AC2]wlan ac-global ac id 2 carrier id other                                  /* 配置 AC2 的 id */
                       /* 在第 15.2.2 节中将第一个 AC 的 ID 设置为 1,所以这里设置 AC2 的 ID 为 2 */
[AC2]wlan                                                               /* 进入 WLAN 配置视图 */
[AC2-wlan-view]wlan ac source interface vlanif 2000
                                   /* 配置 AC2 的源接口,源接口是 AC 与 AP 建立 CAPWAP 隧道的接口 */
[AC2-wlan-view] ap-auth-mode mac-auth                                    /* 设置 AP4 的认证模式 */
[AC2-wlan-view] ap id 4 type-id 19 mac 00E0-FCA6-4A20
                                                                        /* 添加 AP4 的 MAC 地址 */
```

AC2 目前只添加了一个 AP,这个 AP 的 ID 实际上可以从 0 开始编号,但考虑到与前面的 AP 是在同一个 WLAN 网络中,所以延续前面的 AP 编号往后递增编号,以便区分 AP。完成上述配置后,建议在 AC2 上查看新添加的 AP4 有没有注册成功。

```
                                                                     /* 下面为 AP4 配置一个区域 */
[AC2-wlan-ap-4]quit
[AC2-wlan-view]ap-region id 10                                         /* 设置一个 ID 为 10 的区域 */
[AC2-wlan-ap-region-10]quit
```

```
[AC2-wlan-view]ap id 4                              /*4要与前面自定义的AP4的ID对应*/
[AC2-wlan-ap-4]region-id 10                         /*将AP4添加到区域10中*/
[AC2-wlan-ap-4]quit
[AC2-wlan-view]quit
                                                    /*下面配置一个wlan-ess接口*/
[AC2]interface wlan-ess 0               /*创建一个wlan-ess接口,0为该接口ID,可为其他数字*/
[AC2-Wlan-Ess0]port hybrid pvid vlan 1003
                                                    /*1003实际为AP4下移动终端所属的VLAN*/
[AC2-Wlan-Ess0]port hybrid untagged vlan 1003
[AC2-Wlan-Ess0]quit
                                                    /*下面配置无线参数*/
[AC2-wlan-view] service-set name zwu-4              /*定义WLAN的服务集名称,可任意*/
[AC2-wlan-service-set-zwu-4]ssid zwu                /*定义WLAN服务集中的ssid名称,可任意*/
[AC2-wlan-service-set-zwu-4]wlan-ess 0              /*在WLAN服务集中引入前定义的wlan-ess*/
[AC2-wlan-service-set-zwu-4]service-vlan 1003       /*对应wlan-ess中的VLAN*/
[AC2-wlan-service-set-zwu-4]security-profile name zwu
                                                    /*在wlan服务集中引入前面已经定义好的安全模块*/
[AC2-wlan-service-set-zwu-4]traffic-profile name zwu
                                                    /*在wlan服务集中引入前面已经定义好的流量模块*/
[AC2-wlan-service-set-zwu-4]forward-mode direct
[AC2-wlan-service-set-zwu-4]quit
[AC2-wlan-view]ap 4 radio 0                         /*为AP4创建射频单元*/
[AC2-wlan-radio-4/0]radio-profile name zwu          /*引入前面已经定义的射频radio模块*/
[AC2-wlan-radio-4/0]service-set name zwu-4          /*引入前面已经定义的服务集*/
[AC2-wlan-radio-4/0]quit
[AC2-wlan-view]commit ap 4                          /*AC2将无线参数下发给AP4*/
```

完成配置后,将看到四个AP都能够注册到AC,eNSP操作窗口中出现四个圆圈,所有移动终端都能够连接到AP,如图15-43所示。

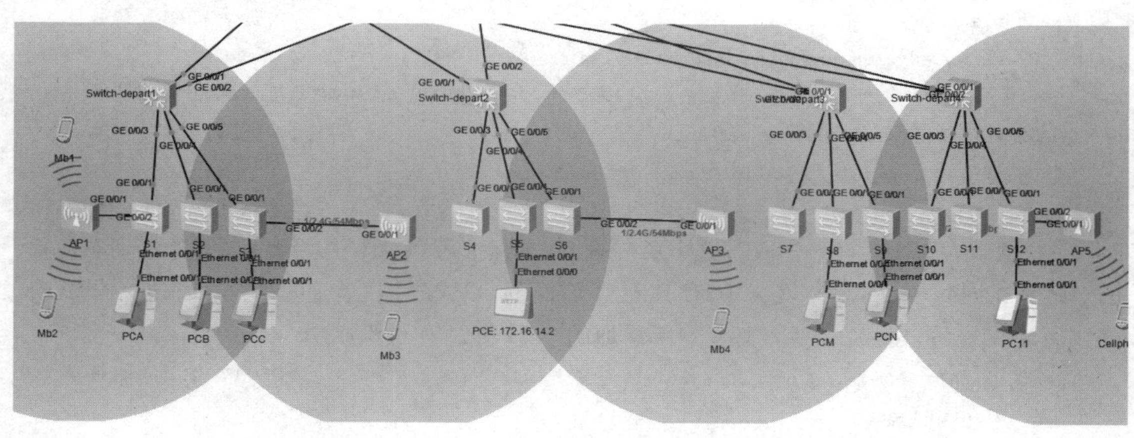

图15-43 两个AC组网的WLAN网络

下面测试 AC1 下带的移动终端和 AC2 下带的移动终端的互通情况。图 15-44 所示是 AP3 服务区中的移动终端 Mb4 ping AP4 服务区中的移动终端 Mb5，结果互通。

```
Mb4
Vap 列表  命令行  UDP发包工具
STA>ipconfig

Link local IPv6 address..........: ::
IPv6 address.....................: :: / 128
IPv6 gateway.....................: ::
IPv4 address.....................: 10.1.2.254
Subnet mask......................: 255.255.255.0
Gateway..........................: 10.1.2.1
Physical address.................: 54-89-98-C1-69-18
DNS server.......................:

STA>ping 10.1.3.254

Ping 10.1.3.254: 32 data bytes, Press Ctrl_C to break
From 10.1.3.254: bytes=32 seq=1 ttl=124 time=359 ms
From 10.1.3.254: bytes=32 seq=2 ttl=124 time=375 ms
From 10.1.3.254: bytes=32 seq=3 ttl=124 time=312 ms
From 10.1.3.254: bytes=32 seq=4 ttl=124 time=375 ms
From 10.1.3.254: bytes=32 seq=5 ttl=124 time=343 ms

--- 10.1.3.254 ping statistics ---
  5 packet(s) transmitted
  5 packet(s) received
  0.00% packet loss
  round-trip min/avg/max = 312/352/375 ms

STA>
```

图 15-44 两个 AC 下的移动终端互通

图 15-45 所示是 AP4 服务区中的移动终端 Mb5 ping 局域网中的计算机 PCA。

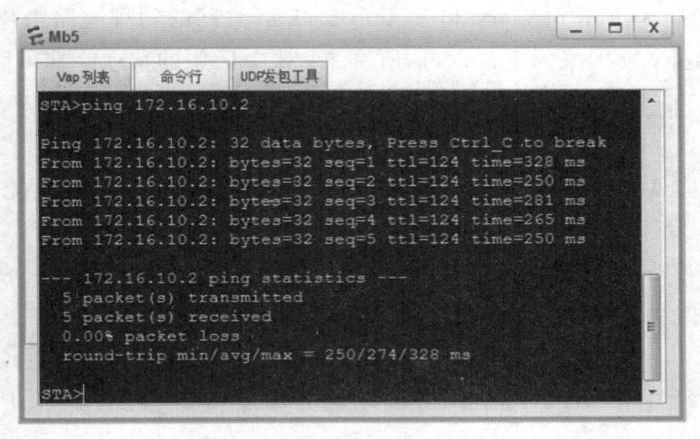

图 15-45 AP4 服务区中的移动终端 ping 局域网中的计算机 PCA

本节在 AC2 的组网中，将 AC2 与 Switch-backup 互连的 IP 地址分别设置为 10.1.255.4/29 和 10.1.255.3/29，在前面第 15.2.1 节 AC1 的组网中，将 AC1 与 Switch-primary 互连的地址分别设置为 10.1.255.1/30 和 10.1.255.2/30。实际上 10.1.255.3～4/29 包含了 10.1.255.1～2/30 网段。如果没有将 AC1 与 Switch-primary 互连的 IP 地址修改，则会出现 AP4 无法注册到 AC2。需要将 AC1 与 Switch-primary 的互连地址修改为 10.1.255.1/29 和 10.1.255.2/29。修改后，AC1、Switch-primary 的互连地址和 AC2、Switch-backup 的互连地址共四个地址在同一个网段

中，以便在第 15.6.2 节的配置中实现跨 AC 漫游，如图 15-46 所示。因为在 WLAN 组网某些场景的应用中，例如跨 AC 漫游和 AC 双链路备份中，要求 AC1 和 AC2 具有相同网段的 IP 地址。其实如果不考虑后续的配置（跨 AC 漫游或双链路备份），则 AC2 和 Switch-backup 之间的互连网段完全可以使用一个全新的网段（如 192.168.100.x/30）。要使这四个地址在同一个网段中，30 位子网掩码只提供两个可用 IP 地址不合适，需要修改子网掩码位为小于 30 的值，推荐使用 29，因为子网掩码为 29 位时，同一网段有 6 个连续可用的 IP 地址。

多 AC 组网实现视频

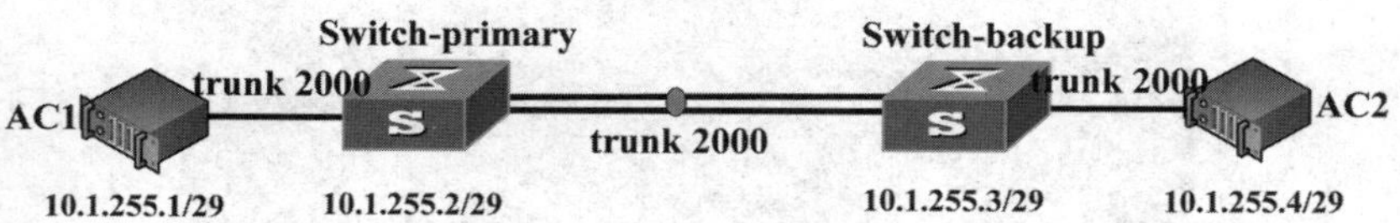

图 15-46　四个设备配置同一个网段

工程文件下载

这里 Switch-primary 和 AC1 互连的网段是 10.1.255.0/29 网段，Switch-primary 和 Switch-backup 互连的网段也是 10.1.255.0/29 网段，Switch-primary 用了同一个网段与两个设备互连，这种情况并不常见。而且这种配置只在端口类型为二层交换（Switch）类型时才可以，因为二层交换模式的端口是广播类型。如果是路由（Route）类型的端口则不能这样配置。通常一个设备和多个设备互连，要用不同的网段，要求接口上配置不同网段的地址，否则会发生冲突。不过注意到这里 Switch-primary 和其他两个设备互连，使用的是同一个接口同一个 IP 地址 10.1.255.2/29，并没有使用两个接口，这与设备上要求每个接口都配置不同网段的 IP 地址并不冲突。

实际测试发现，Switch-primary 和 Switch-backup 之间的物理链路未配置允许vlan2000 通过时，不影响 WLAN 网络的正常运行，所有 AP 服务区中的移动终端可以互相通信。

15.6.2　跨 AC 漫游

当移动终端从 AC1 管理的区域移动到 AC2 管理的区域时，属于跨 AC 漫游。跨 AC 漫游需要指定一个 AC 为主控制器（Master Controller），其他 AC 则为从控制器。在用作主控制器的 AC 上启用 master-controller 功能，并在主控制器上添加所有 AC 的 IP 地址以及创建漫游组。在从控制器的 AC 上配置主控制器的 IP 地址。

在本书 AC1 和 AC2 的 WLAN 组网中，计划将 AC1 作为主控制器，AC2 作为从属控制器。所以在 AC1 上配置 Master Controller 功能并添加 AC1 和 AC2 的 IP 地址，并在 AC1 上创建一个漫游组。

```
[AC1]master-controller enable                          /* 启用 Master Controller 功能 */
[AC1]master controller                                 /* 进入 master controller 视图 */
[AC1-master-controller]ac id 1 ip 10.1.255.1           /* 添加 AC1 的 IP 地址 */
[AC1-master-controller]ac id 2 ip 10.1.255.4           /* 添加 AC2 的 IP 地址 */
                     /* 以下为在 AC1 上配置漫游组，并添加 AC1 和 AC2 作为漫游组成员 */
[AC1-master-controller]mobility-group name roam        /* 定义漫游组名称 */
[AC1-mc-mg-roam]member ac id 1                         /* 添加漫游组成员 AC1 */
```

```
[AC1-mc-mg-roam]member ac id 2                    /* 添加漫游组成员 AC2 */
[AC1-mc-mg-roam]quit
            /* 以下在 AC2 上配置跨 AC 漫游,AC2 指定 AC1 作为自己的 Master Controller */
[AC2]wlan
[AC2-wlan-view]master-controller ip 10.1.255.1
```

跨 AC 漫游

不过 eNSP 软件 500 版本下,AC 无法配置 master-controller 命令,eNSP 软件最新版本也不支持 AC 漫游,所以都实现不了跨 AC 漫游,需要等待在 eNSP 软件后续版本支持此功能后才能完成跨 AC 漫游实验。

15.6.3　双链路备份

第 4 章规划企业局域网时,使用了两个核心层交换机,它们互为备份。正常情况下,每一台核心层交换机处理全网的一半流量,当一台失效时,另一台承担全网流量。这种互为备份的网络规划能够提高网络可靠性。在 WLAN 组网中,如果 AC 发生故障,则 WLAN 业务将会中断。如果用户希望减少业务中断时间,提高 WLAN 网络可靠性,也可以使用两个 AC 互为备份的组网规划。但 WLAN 网络无法实现像局域网那样分担 50%流量的规划。因为 WLAN 网络中 AP 需要提前在 AC 中注册,当 AC1 失效时,在 AC1 中注册的 AP 由于没有在 AC2 中注册,将永远无法上线。所以在 WLAN 网络中,只能实现某个时刻只有一个 AC 起作用的组网,无法实现类似局域网那样的两个 AC 同时工作并分担全网一半流量的冗余备份组网。

双链路备份组网,AP 所注册的 AC 会发生变化(主 AC 失效,备 AC 启用),如果将 AP 的管理网关、为 AP 动态分配 IP 地址的 DHCP 服务器、移动终端的网关设置在 AC 上,则 AC 发生变化时,这些组件都要发生变化,这会导致 WLAN 网络重新计算花费的时间太长。因此,双链路备份组网要求 AP 的管理网关、移动终端的网关不能设置在 AC 上。可以将这些组件设置在交换机上,即使 AC 发生变化,这些组件保持不变。

为了实现起来简单,将前面实现的 WLAN 网络进行下述修改。将原组网形式改为二层组网,AP1、AP2、AP3、AP4 的管理网关和 DHCP 服务器放置在核心层交换机 Switch-primary上。移动终端的网关设置在核心层交换机 Switch-primary 上。大部分配置实现过程参照前面几节内容,这里省略,只给出与双链路备份有关的配置。

```
                    /* AC1 是主 AC,配置备 AC 的 IP 地址,配置自己的优先级,用于双链路备份 */
[AC1] wlan
[AC1-wlan-view] wlan ac protect protect-ac 10.255.255.4 priority 1
/* 出现的 IP 地址不是自己的 IP 地址,是另一个 AC 的 IP 地址,优先级是自己的优先级,小的优先 */
[AC1-wlan-view] wlan ac protect restore enable
[AC1-wlan-view] wlan ac protect enable
                    /* AC2 是备 AC,配置主 AC 的 IP 地址,配置自己的优先级,用于双链路备份 */
[AC2] wlan
[AC2-wlan-view] wlan ac protect protect-ac 10.255.255.1 priority 2
          /* 出现的 IP 地址不是自己的 IP 地址,是另一个 AC 的 IP 地址,优先级是自己的优先级 */
[AC3-wlan-view] wlan ac protect restore enable
```

```
[AC4-wlan-view] wlan ac protect enable
```

配置完成后，可以看到主 AC 即 AC1 中显示所有 AP 的状态为“normal”，备 AC 即 AC2 中显示所有 AP 的状态为“standby”，如图 15-47 所示。

图 15-47 双链路备份组网主、备 AC 显示的 AP 状态

注意到 WLAN 的双链路备份中，每时每刻只有一个 AC 起作用，无法实现像局域网那样两个核心层交换机同时起作用实现负载分担。这是因为 AP 要在 AC 中注册才能连接到 WLAN。

在测试双链路备份功能时，可以断开主 AC(这里为 AC1)连接到交换机的连接线(或管理 shutdown AC1 的接口)，在 1～2 分钟后，备份 AC 里 AP 的状态转换为 normal，说明配置的双链路备份功能生效，如图 15-48 所示。

在 eNSP 中测试双链路备份网络互通时，出现下面的测试结果，仅供参考。当然实际硬件设备肯定不会这样。

(1) 当主 AC 失效 1～2 分钟后，备份 AC 中显示 AP 状态为 normal，移动终端才开始进行 ping 测试时，无论移动终端处于静止还是移动状态下 ping，连接正常，数据包不丢失，二层或三层漫游都成功。这显示备份 AC 起作用。

(2) 如果让移动终端先 ping 其他的移动终端，则断开主 AC 的连接，再 ping 数据包持续丢失，即使备 AC 显示 AP 的状态为 normal，ping 数据包也会丢失，移动中的终端连接会中断。这表明模拟器的双链路备份功能不支持移动终端在移动中 ping 测试，无法像前面的二层或三层漫游时那样平滑地切换到备份 AC。

(3) 原主 AC1 再一次连接正常后，经历大约 8～12 分钟时间(实际时间取决于个人电脑配置)，AC1 将自动重新作为主 AC，AC2 再次变为备份 AC。尽管所有移动终端显示为已连接，通过 ipconfig 都显示有 IP 地址，但它们都 ping 不通各自的网关。此时如果断开所有移动终端，然后再连接，所有移动终端都显示“正在连接”或“正在获取 ip 地址”状态，无法成功连接到 WLAN。但如果将所有 AP 都断电（AC 不断电），然后再重新启动 AP，则移动终端都可以正常连接到 WLAN，获得 IP 地址且能够 ping 通各自的网关。

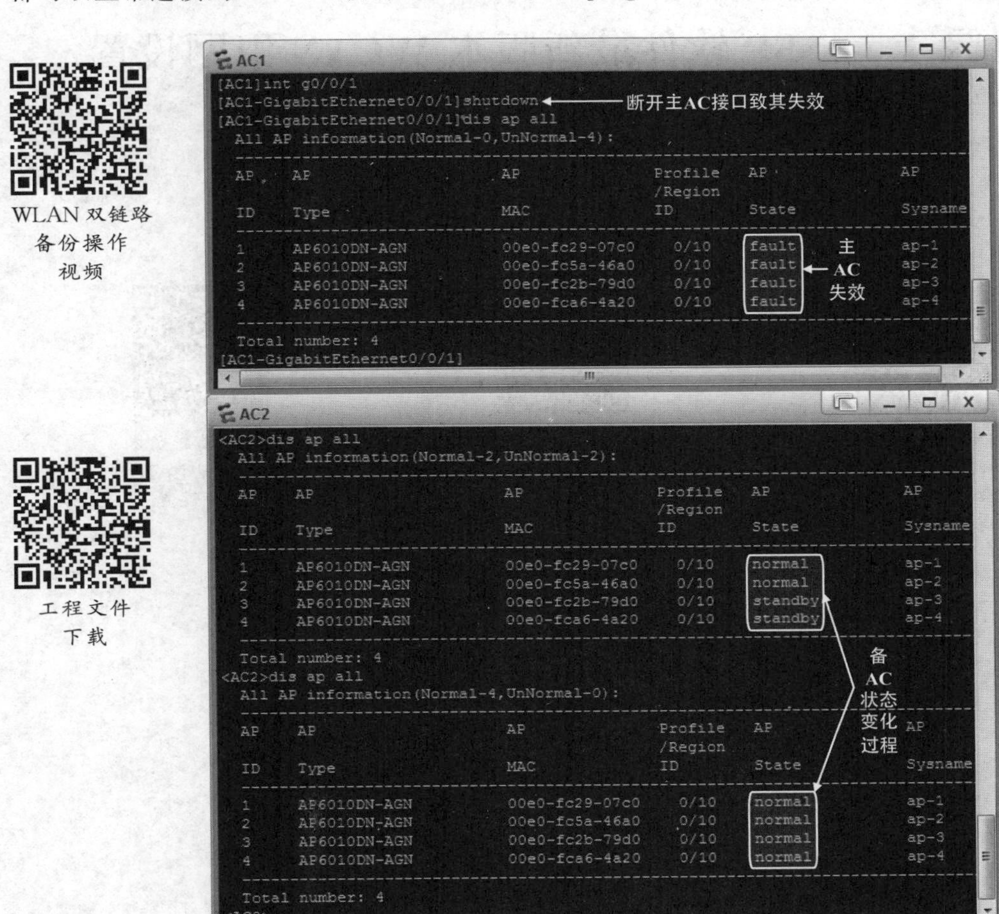

图 15-48　双链路备份组网主 AC 失效备 AC 启用

15.7　实验与练习

1. WLAN 二层组网和二层漫游有什么区别？三层组网和三层漫游呢？
2. 在本章局域网扩建 WLAN 网络中，实现 WLAN 与原局域网的 STP 协议协调。

附录1　eNSP软件最新版本WLAN组网设置

eNSP 最新版本下的 WLAN 组网配置工程文件

eNSP 最新版本下的 WLAN 配置讲解视频

eNSP 最新版本软件 WLAN 组网设置

附录 2　配套参考实训指导书

2.1　请扫码下载与本书配套的实训项目 **1～18** 的指导书文本和对应的可执行工程文件。

实验项目 1　实验项目 2　实验项目 3　实验项目 4

实验项目 5　实验项目 6　实验项目 7　实验项目 8

实验项目 9　实验项目 10　实验项目 11　实验项目 12

实验项目 13　实验项目 14　实验项目 15　实验项目 16

实验项目 17

实验项目 18

2.2 请扫码下载完整实训指导书文本。

18 个项目综合实验

附录3　eNSP 软件操作指南

3.1　获取 eNSP 软件

eNSP(Enterprise Network Simulation Platform,企业网络仿真平台)是华为技术有限公司开发的计算机网络技术仿真软件。eNSP 软件可以通过多种方式在网络上搜索获得。

本书除开无线局域网组网的部分都可以在最新的 eNSP 软件版本上运行。但第 15 章介绍的无线局域网只能在 2017 年 2 月 22 日发布 v1.2.00.500 版本上运行。书后的附录 1 中也给出了能够在最新 eNSP 软件版本上运行的 WLAN 工程文件和配置讲解视频。

3.2　设备类型介绍

eNSP 软件提供了七大类设备类型,分别是路由器、交换机、无线局域网组网设备、防火墙、计算机终端、其它设备和连接线。下面是一些类型设备的介绍。

路由器设备介绍

交换机设备介绍

防火墙设备介绍

计算机终端介绍

连接线和其它设备介绍

3.3　个人计算机通过网卡绑定网云与 eNSP 中的模拟设备通信设置

网云使用方法

网云使用方法视频

3.4 个人计算机使用 Web 浏览器登录到 eNSP 中的 USG6000V 防火墙方法介绍

登录方法文本

登录 USG6000V 防火墙方法视频

3.5 eNSP 软件操作注意事项介绍

eNSP 软件中的 BUG 介绍

操作注意事项

3.6 eNSP 软件保存配置注意事项

eNSP 软件保存配置注意事项

操作后保存视频

清空设备配置操作视频

3.7 初学者在操作 eNSP 软件时易出现的错误提示

初学者在操作 eNSP 软件时易出现的操作错误及其解决办法

附录 4　在硬件设备上构建企业网络服务器

企业建设局域网的目的除了方便本单位员工快速访问 Internet 之外，还有企业自身有数据资源需要面向 Internet 开放，因此企业局域网都会安装各种类型的服务器。本节要在实验室的真实网络环境中搭建综合网络，并安装 DNS、WWW 和 FTP 服务器，启用域名，使 Internet 任一位置的网络用户可以通过域名访问这两个服务器。服务器本身是非常复杂的技术，本附录只是通过简单的例子简要介绍服务器的搭建。请扫码下载在硬件设备上搭建企业网络服务器的简单示例。

在硬件设备上构建企业
网络服务器的简单实例